한국 산업인력공단 필기시험 집중 대비서

전자계산기기능사 필기

과년도 문제해설

계산기문제연구회 엮음

핵심이론 요약 정리 · 최근 기출문제 수록

기본 원리부터 정답에 이르기까지 명확하고 풍부한 해설을 통해 자신감은 물론
모든 문제에 탄력적으로 대응할 수 있는 능력을 키워줍니다.

도서출판 엔플북스

국립중앙도서관 출판시도서목록(CIP)

이 도서의 국립중앙도서관 출판예정도서목록(CIP)은 서지정보유통지원시스템 홈페이지(http://seoji.nl.go.kr)와 국가자료종합목록시스템(http://www.nl.go.kr/kolisnet)에서 이용하실 수 있습니다.　(CIP제어번호 : CIP2019052296)

머·리·말

현대의 산업사회가 눈부신 변화를 추구할 수 있게 된 원인은 에너지원으로서의 전기 사용이 쉬워지고, 그 활용이 확대되어 전자공학이 파생·발전되면서 산업전반의 응용과 첨단 기술로 일컬어지는 각종 전자기기 및 컴퓨터 관련 기술의 활용으로 이어지면서부터일 것이다. 또한 전자공학으로부터 출발한 컴퓨터와 그 활용 기술은 정보 산업이라는 근세생활의 첨단산업으로 그 흐름을 이어 이제 우리 생활의 일부로 깊이 침투되고 있다.

이 책은 2,000년대의 새 시대를 맞이하여 전자계산기 기능사 자격을 얻기 위한 필기시험 준비의 지침을 위해 구성한 것이다. 1,992년부터의 전자계산기 기능사의 자격시험은 이제 처리 능력의 다양성과 전문성 제고를 위해 그 기술 능력을 향상시키는 과정으로 출제 수준을 한층 강화하였다.

이 책은 이제까지 출제되었던 필기 시험문제를 가능한 한 많이 모아 강화된 출제 기준에 맞도록 각 과목을 세분하고, 각각의 문제들을 분류 해설하여 수험자들의 실제 시험 출제에 대한 새로운 경향 파악이 쉽게 되도록 구성 한 것이다.

어느 종목의 자격 시험에서도 마찬가지이겠지만 특히, 문제 자체의 유형이 다종 다양화되고 있는 현재의 실정에서는 과년도의 기출 문제를 분석하여 풀어 보는 것은 실제의 당해 시험 준비를 위해 절대적인 순서가 된다. 따라서 시험에 응시하는 수험생 제위는 이 책의 모든 문제를 충실히 읽어보고 새로운 문제의 경향을 생각하는 지혜를 얻기 바란다.

끝으로 이 책에 수록된 모든 기출 문제는 실제의 시험에 응시했던 선후배 수험자 제위의 기억과 각종 관련 시험 문제집의 부록에 산발적으로 수록되어 있는 자료를 토대로 작성된 것이므로, 실제의 시험 문제와는 어느 정도의 상위가 있을 수 있다는 점을 밝혀 두며, 불비한 지식으로 정리한 이 책을 참고로 하여 수험 준비에 임하는 수험자 제위의 건투를 진심으로 기원합니다.

출·제·기·준(필기)

직무분야	전기·전자	중직무분야	전자	자격종목	전자계산기기능사	적용기간	2015. 1. 1~2020. 12. 31

○ 직무내용 : 컴퓨터시스템을 구성하는 하드웨어(CPU(중앙처리장치), 주변장치, 입력장치, 출력장치 및 보조기억장치)를 조립하는 직무수행

필기검정방법	객관식	문제수	60	시험시간	1시간

필기과목명	문제수	주요항목	세부항목	세세항목
전기전자공학, 전자계산기구조, 프로그래밍일반, 디지털공학	60	1. 직·교류회로	1. 직류회로	1. 직·병렬회로 2. 회로망 해석의 정리, 응용
			2. 교류회로	1. 교류회로 해석 및 표시법, 계산의 기초
		2. 전원회로의 기본	1. 전원회로	1. 정류회로 2. 평활회로 3. 정전압전원회로
		3. 각종 증폭회로	1. 증폭회로	1. 각종 증폭회로 2. 연산 증폭회로
		4. 발진 및 펄스회로	1. 발진 및 변·복조회로	1. 발진회로 2. 변·복조회로
			2. 펄스회로	1. 펄스발생의 기본 2. 펄스응용회로의 기본 3. 멀티바이브레이터 회로
		5. 논리회로	1. 컴퓨터의 논리회로	1. 소규모 집적회로 2. 중규모와 대규모 집적회로
			2. 자료의 표현	1. 자료의 종류 2. 자료의 외부적 표현방식 3. 자료의 내부적 표현방식
			3. 연산	1. 산술연산 2. 논리연산
		6. 반도체	1. 반도체의 개요	1. 반도체의 종류 2. 반도체의 성질 3. 반도체의 재료 4. 전자의 개념
			2. 반도체 소자	1. 다이오드 2. BJT 3. FET 4. 특수반도체소자(광전소자, 사이리스터 등)
			3. 집적회로	1. 집적회로의 개념 2. 집적회로의 종류

필기과목명	문제수	주요항목	세부항목	세세항목
		7. 컴퓨터구조	1. 컴퓨터구조 일반	1. 컴퓨터의 기본적 내부구조
				2. CPU의 구성
			2. 명령어(instruction)와 지정방식	1. 연산자
				2. 주소지정방식
				3. 명령어의 형식
			3. 입력과 출력	1. 입·출력에 필요한 기능
			4. 컴퓨터의 구성망	1. 데이터 전송방식
				2. 터미널 구성
		8. 수의 진법과 코드화	1. 수의 진법과 연산	1. 진법
				2. 2진 연산
			2. 수의 코드화	1. 수치 코드
				2. 오류 정정 코드
		9. 불 대수	1. 불 대수의 성질	1. 불 대수 정리
				2. 드모르간의 법칙
				3. 불 대수에 의한 논리식의 간소화
				4. 카르노 도표에 의한 논리식의 간소화
		10. 플립플롭 회로	1. 플립플롭 종류와 기본동작	1. RS 플립플롭, JK 플립플롭
				2. T 플립플롭, D 플립플롭
				3. 기타 플립플롭
		11. 기본적인 논리회로	1. 논리게이트의 종류와 기본동작	1. AND, OR, NOT 게이트
				2. NAND, NOR, Ex-OR 게이트
				3. 기타 기본게이트
		12. 조합논리회로	1. 각종 조합논리회로	1. 가산기, 감산기
				2. 인코더, 디코더
				3. 멀티플렉서, 디멀티플렉서
				4. 기타 조합논리회로
		13. 순서논리회로	1. 각종 카운터회로의 기초	1. 비동기식 카운터
				2. 동기식 카운터
			2. 순서논리회로의 기초	1. 순서논리회로의 설계기초
				2. 디지털 계수 응용 회로
				3. 시프트레지스터
				4. 기타 레지스터

필기과목명	문제수	주요항목	세부항목	세세항목
		14. 프로그래밍일반	1. 프로그래밍언어의 개요	1. 프로그래밍언어의 기초 2. 프로그래밍언어의 발전과정 3. 프로그래밍언어 처리기
			2. 프로그래밍 기법	1. 프로그래밍 절차 2. 프로그램 설계 3. 구조적 프로그래밍 4. 프로그램의 구현과 검사 5. 프로그램의 문서화
		15. 시스템프로그램	1. 시스템프로그램 일반	1. 시스템프로그램의 기초 2. 응용프로그램의 기초

CONTENTS
목·차

제1편 전기·전자공학 1

제1장 직류 회로 / 2
1. 직·병렬회로 ·· 2
2. 회로망 해석의 정리, 응용 ·· 6

제2장 교류회로 / 7
1. 교류회로의 해석, 표시법, 계산의 기초 ···························· 7

제3장 전원회로 / 10
1. 정류회로 ·· 10
2. 평활회로 ·· 12
3. 정전압 전원회로 ··· 13

제4장 증폭 회로 / 14
1. 각종 증폭회로 ·· 14
2. 연산 증폭회로 ·· 16

제5장 발진 및 변·복조회로 / 21
1. 발진회로 ·· 21
2. 변·복조회로 ·· 23

제6장 펄스회로 / 27
1. 펄스 발생의 기본 ··· 27
2. 펄스 응용 회로의 기본 ·· 30

제7장 논리회로 / 35
1. 수의 표시와 불 대수 ··· 35
2. 조합 논리회로 ··· 38
3. 순서 논리회로 ··· 39
4. 계수회로 ·· 42

제8장 반도체 / 45
1. 전자 현상 ·· 45
2. 반도체 성질 ·· 49
3. 다이오드 ·· 51
4. 트랜지스터 ··· 53
5. 반도체 스위칭 소자 ··· 55
6. 집적회로 ·· 57

제2편 전자계산기 구조   59

제1장 컴퓨터 구조 일반 / 60
1. 컴퓨터의 기본적 내부 구조 ································ 60
2. 중앙처리장치의 구성 ·· 61

제2장 전자계산기의 논리회로 / 64
1. 소규모 집적회로 ·· 64
2. 중규모 집적회로와 대규모 집적회로 ··················· 64

제3장 자료의 표현 / 65
1. 자료의 표현 ·· 65
2. 자료의 외부적 표현 방식 ··································· 65
3. 자료의 내부적 표현 방식 ··································· 68

제4장 연산 / 70
1. 수학적 연산 ··· 70
2. 논리적 연산 ··· 71

제5장 인스트럭션과 지정 방식 / 74
1. 연산자 ··· 74
2. 주소지정방식 ··· 75
3. 인스트럭션의 형식 ··· 76

제6장 입력과 출력 / 78
1. 입·출력에 필요한 기능 ··· 78

제7장 전자계산기의 구성망 / 80
1. 데이터 전송 방식 ··· 80
2. 터미널 구성 ··· 81

제3편 디지털공학 83

제1장 수의 진법 및 코드화 / 84
1. 수의 진법과 연산 ··· 84

제2장 불 대수 / 87
1. 불 대수 ··· 87

제3장 기초적인 논리회로 / 89
1. 논리 게이트 회로의 종류와 기본 동작 ······························· 89

제4장 플립플롭회로 / 91
1. 플립플롭의 종류와 기본 동작 ··· 91

제5장 조합 논리회로 / 94

1. 가산기 ·· 94
2. 감산기 ·· 95
3. 인코더 ·· 96
4. 디코더 ·· 96
5. 기타 조합 논리회로 ·· 97

제6장 순서 논리회로 / 98

1. 각종 계수기 회로의 기초 ·· 98
2. 순서 논리회로의 설계 기초 ······································ 100
3. 레지스터 ·· 101

제4편 프로그래밍 일반   103

제1장 소프트웨어의 개념과 종류 / 104

1. 프로그래밍 개념 ·· 104

제2장 BASIC 언어 / 109

1. 프로그램의 구조, 요소, 입·출력 ······························ 109
2. Functions ·· 110
3. 프로그램 control 구조 ··· 112

제3장 Assembly 언어 / 115

1. Assembly 프로그래밍 ·· 115
2. 주소 지정 ·· 117
3. data 형식 ·· 118
4. 레지스터 ·· 119
5. 명령어의 실행 순서 ·· 121

제4장 순서도 작성법 / 123
    1. 순서도 작성에 관한 기초 ·· 123

제5장 Operating System / 127
    1. 정의 ·· 127
    2. 사용 목적 및 기능 ··· 128

제6장 C언어 / 129
    1. C언어의 기본 ·· 129
    2. 함수 작성 및 사용법 ·· 135
    3. 배열, 레코드, 포인터형 자료 처리 ··· 139

제5편   부록(과년도출제문제)   1

제6편   부록(해설 및 정답)   161

제7편   CBT 대비 모의고사   1

제8편   CBT 대비 모의고사 해설 및 정답   39

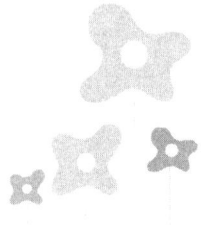

memo

전기·전자공학 01

Chapter 01 직류회로

1. 직·병렬회로

[1] 회로의 전압

① 전압 : 회로 내에 전기적인 압력으로 전류가 흐를 때 이 전기적인 압력을 전압(voltage) 또는 전위차라 한다.(볼트, [V]로 표시, $V = \dfrac{W}{Q}$ [V])

② Q는 전기량[C], W는 전기가 한 일(에너지)[J]. 어떤 도체에 Q[C]의 전기량이 이동하여 W[J]의 일을 했을 때 한 일. $W = VQ$ [J]

③ 저항 : 전류의 흐름을 방해하는 작용이다.(옴(ohm), [Ω]로 표시, $R = \dfrac{V}{I}$ [Ω])

④ 전류 : 단위 시간에 이동한 전기량으로 나타낸다.(암페어(ampere), [A]로 표시, $I = \dfrac{Q}{t}$ [A], t [sec] : 시간(초), Q [C] : 전기량)

⑤ 옴의 법칙 : 도체에 흐르는 전류(I)는 저항(R)에 반비례하고 전압(V)에 비례한다.
$I = \dfrac{V}{R}$ [A], $V = I \cdot R$ [V], $R = \dfrac{V}{I}$ [Ω]

⑥ 컨덕턴스(conductance) : 저항의 역수로서 전류가 흐르기 쉬운 정도를 나타내며, 단위로는 지멘스(siemens[S]), 또는 모(mho[℧] 또는 [Ω^{-1}])를 사용한다.
$G = \dfrac{1}{R}$ [℧]이므로 $G = \dfrac{I}{V}$ [℧], $V = \dfrac{I}{G}$ [V], $I = GV$ [A]

[2] 직렬접속

① 각 저항(R[Ω])합과 같은 것으로 직렬접속의 합성저항 또는 등가저항이라 하며, 합성저항

(R_0)이란 여러 개의 저항을 하나로 합한 저항이다.

② 직렬회로의 합성저항은 각 저항의 합과 같다.

$R_0 = R_1 + R_2 + R_3 [\Omega]$ $R_1 = R_2 = \ldots = R_n$ 일 때 $R_0 = nR[\Omega]$

(n : 저항의 개수, R : 저항 하나의 값)

③ 전류는 $I = \dfrac{V}{R_0}[A]$, $I = \dfrac{V_1}{R_1}[A]$, $I = \dfrac{V_2}{R_2}[A]$, $I = \dfrac{V_3}{R_3}[A]$

④ 각 저항에서 전압 강하의 합은 전압과 같다. 전압은 $V = IR_0 [V]$

$V_1 = IR_1[V] = \dfrac{R_1}{R_0}V[V]$, $V_2 = IR_2[V] = \dfrac{R_2}{R_0}V[V]$

$V_3 = IR_3[V] = \dfrac{R_3}{R_0}V[V]$, $V = V_1 + V_2 + V_3[V]$ 이다.

[3] 병렬접속

① 2개 이상의 저항을 한 방향으로 접속하는 것으로, 합성저항은 각 저항의 역수의 합의 역수이다.

$R = \dfrac{1}{\dfrac{1}{R_1} + \dfrac{1}{R_2} + \dfrac{1}{R_3}} = \dfrac{R_1 R_2 R_3}{R_1 R_2 + R_2 R_3 + R_3 R_1}[\Omega]$

② 합성저항은 $R_0 = \dfrac{R_1 R_2}{R_1 + R_2}[\Omega]$,

$R_1 = R_2 = \cdots = R_n$ 일 때 $R_0 = \dfrac{R}{n}[\Omega]$

③ 전류는 각 전류의 합이고, 전류의 분배는 각 저항에 반비례한다. 전압은

$V = IR_0[V]$, $V = I_1 R_1[V]$, $V = I_2 R_2[V]$

④ 전류는 $I = \dfrac{V}{R_0}[V]$, $I_1 = \dfrac{V}{R_1}[V] = \dfrac{R_0}{R_1}I[V]$, $I_2 = \dfrac{V}{R_2}[V] = \dfrac{R_0}{R_2}I[V]$

$I = I_1 + I_2[A]$ 이다.

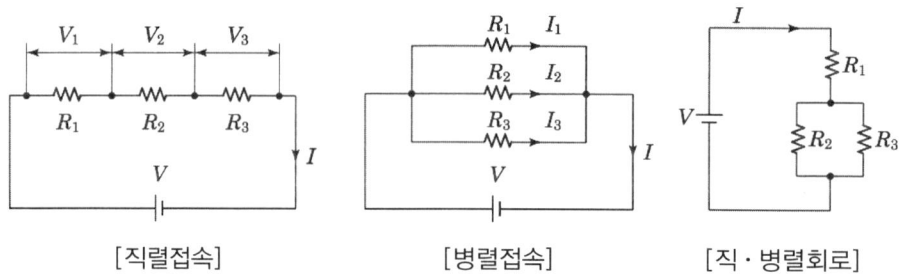

[직렬접속]   [병렬접속]   [직·병렬회로]

[4] 직·병렬접속

① 직·병렬회로에서의 합성저항은 병렬접속의 합성저항을 구한 뒤 직렬접속한 것으로 보고 직렬접속의 합성저항을 구한다.

② 합성저항은 $R_0 = R_1 + \dfrac{R_2 R_3}{R_2 + R_3}[\Omega]$

[5] 줄의 법칙(Joule's Law)

① 저항 $R[\Omega]$에 전류 $I[A]$가 $t[sec]$ 동안 흘렀을 때 발생하는 열량 $H[J]$은

$H = 0.24 I^2 R t [cal]$ ($1[J]=0.24[cal]$이다.)

$H = c m (T - T_0)[cal]$

     c : 비열 m : 질량[g]

     T_0 : 상승 전의 온도[℃]

     T : 상승 후의 온도[℃]

② 열에너지($H[J]$)는 전류($I[A]$)가 저항($R[\Omega]$)이 있는 도체에 일정시간($t[s]$) 동안 흐를 때 발생한다.($H=I^2Rt[J]$)

③ $1[cal]$는 $4.186[J]$이므로 $H = \dfrac{I^2Rt}{4.186} \fallingdotseq 0.24I^2Rt[cal]$

$1[kWh]=3.6\times10^6[J]$ ($[J]=[W\cdot sec]$)

[6] 전력량

① 열에너지($H[J]$)는 전원의 전기적인 에너지($W[J]$)에서 공급된 것이다.

② 전기적인 에너지(W[J])는 일정 시간(T[s]) 동안의 전력량(전기가 한 일)이다.

③ 옴의 법칙 V=IR에서 $W=H=I^2Rt=VIt[J]$

④ $P = VI = I^2R = \dfrac{V^2}{R}[W]$ 마력 : $1[HP]=746[W] ≒ \dfrac{3}{4}[kW]$

[7] 전력(electric power)

① 단위 시간에 얼마만큼 비율로 일을 하는지, 전력량을 소비하는가를 계산한다.

② 1초 동안 사용한 전력량으로 와트(watt, [W]로 표시)가 단위이며, $1[W]=1[J/s]$

③ 일정시간(t[s]) 동안 W[J]의 일을 한 경우에

$$P = \dfrac{W}{t} = \dfrac{VIt}{t} = VI = (IR)I = I^2R = V\left(\dfrac{V}{R}\right) = \dfrac{V^2}{R}[W]$$

[8] 휘트스톤 브리지(Whetstone bridge)

① $10^1[\Omega] \sim 10^6[\Omega]$ 정도 측정에 사용되는 브리지
   (P, Q, R : 기지 저항, R_x : 미지 저항, G : 검류계)

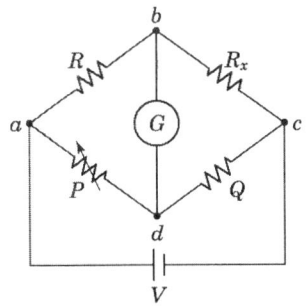

[휘트스톤 브리지]

② 브리지의 평형 조건식 : $PR_x = RQ$ 이면 G=0이므로 $R_x = \dfrac{Q}{P}R[\Omega]$

[9] 온도 상승과 허용 전류

① 온도 상승 : 질량 m[kg], 비열 C[J/kg·°K]의 물체에 Q[J]의 열에너지가 주어지면 그 온

도는 $\dfrac{Q}{mC}$ [°K]만큼 상승한다.

② 허용 전류 : 줄(Joule)열에 의한 발생열과 밖으로 퍼지는 방산열이 같아서 도체의 온도 변화가 없을 때의 전류로서 전기기기의 절연 파괴, 열화 등에 영향이 없이 안전하게 흘릴 수 있는 최대 전류를 말한다. 저항 R[Ω]인 저항체의 허용전류는 I = $\sqrt{\dfrac{P}{R}}$ [A]이다.

2. 회로망 해석의 정리, 응용

[1] 중첩의 원리

① 2개 이상의 전원을 가진 회로에서 어떤 지점의 전압이나 전류는 그 지점의 전압이나 전류의 합과 같다.

[2] 키르히호프의 법칙

① 옴의 법칙을 응용하여 제1법칙(전류의 법칙, 전류 평형)과 제2법칙(전압의 법칙, 전압 평형)이 있다.
② 제1법칙 : 입력되는 전류의 합과 출력되는 전류의 합이 같다.(ΣI=0)
③ 제2법칙 : 임의의 닫혀진 회로를 같은 방향으로 돌면서 생기는 전압 강하의 합은 그 회로 내의 기전력의 합과 같다.(ΣV=ΣRI)

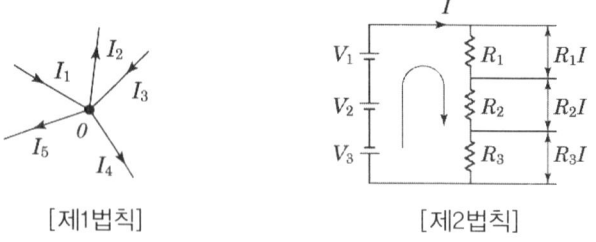

[제1법칙]   [제2법칙]

Chapter 02 교류회로

1. 교류회로의 해석, 표시법, 계산의 기초

[1] 사인파 교류

① 교류는 크기와 방향이 시간의 흐름에 따라 변하며 사인파 교류가 기본 파형이고, 실제 사용되는 교류에 많이 쓰인다.

② 순시값 $v = V_m \sin\theta [V] = V_m \sin\omega t [V]$

   v : 코일에 발생하는 전압[V]

   θ : 자기 중심축과 코일이 이루는 각도 $\theta = \omega t [rad]$

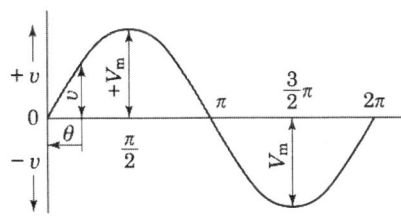

[사인파 교류의 제원]

③ 실효값(effective value)은 교류와 같은 일을 하는 직류의 값으로 표현한다. 사인파 전류에서 최댓값(I_m[A])의 약 0.707배이다.)

$$I = \frac{I_m}{\sqrt{2}} \fallingdotseq 0.707 I_m [A], \quad v = V_m \sin\omega t = \sqrt{2} V \sin\omega t [V]$$

④ 평균값은 1주기 동안의 평균으로 사인파의 경우 대칭으로 1주기의 평균은 0이다.

⑤ 사인파는 $\frac{1}{2}$ 주기의 평균으로 평균값을 구한다.

평균값 $V_a = \dfrac{2}{\pi} V_m \fallingdotseq 0.637 V_m [V]$

⑥ 사인파 교류의 실효값은 평균값의 1.11배이다.
⑦ 최댓값 : 순시값 중에서 가장 큰 값(V_m, I_m)
⑧ 피크-피크 값(peak-to-peak value) : 양(+)의 최댓값과 음(-)의 최댓값 사이의 값(V_{pp}, I_{pp})

[2] 주파수, 주기, 위상차

① 주파수(frequency) : 1초 동안에 발생하는 사이클의 수[Hz]

$f = \dfrac{1}{T}$ [Hz]   여기서, T : 주기[sec]

② 주기(period) : 1[Hz] 동안 걸리는 시간

$T = \dfrac{1}{f}$ [sec]

③ 위상각(θ) : $v = V_m \sin(\omega t + \theta)$ [V]에서 θ를 위상 또는 위상각이라 한다.
④ 위상차(ϕ) : 앞선 위상(ϕ_1)에서 뒤진 위상(ϕ_2)의 상대적인 위치의 차이이다.
⑤ 각속도(ω) : 1초 동안에 회전한 각도로 $\omega = 2\pi f$[rad/sec]

[3] 최댓값, 평균값, 실효값의 관계

① 평균값(V_a, I_a) : 교류의 (+) 또는 (-)의 반주기의 순시값의 평균값

$V_a = \dfrac{2}{\pi} V_m \fallingdotseq 0.637 V_m$

② 실효값(V, I) : 저항에 직류를 가했을 때와 교류를 가했을 때의 전력량이 각각 같았을 때

실효값 $= \sqrt{\dfrac{1}{T} \int_0^T (순시값)^2 dt}$, $V = \dfrac{V_m}{\sqrt{2}} \fallingdotseq 0.707 V_m$

[4] 파형률과 파고율

① 파형률 $= \dfrac{실효값}{평균값} = \dfrac{0.707 V_m}{0.637 V_m} \fallingdotseq 1.11$

② 파고율 $= \dfrac{\text{최댓값}}{\text{실효값}} = \dfrac{V_m}{0.707 V_m} ≒ 1.414$

[5] 역률(power factor)

① 교류전력에서의 유효전력(소비 전력) : $P = VI\cos\theta = I^2 R$ [W]

② 교류전력에서의 무효전력 : $P_r = VI\sin\theta = I^2 X$ [Var]

③ 교류전력에서의 피상전력 : $P_a = VI = I^2 Z = \sqrt{P^2 + P_r^2}$ [VA]

④ 역률(유효 역률) : $P_f = \cos\theta = \dfrac{P}{VI} = \dfrac{\text{소비전력}}{\text{피상전력}}$

⑤ 무효율(무효 역률) : $\sin\theta = \dfrac{P_r}{VI} = \sqrt{1 - \cos^2\theta} = \dfrac{\text{무효전력}}{\text{피상전력}}$

[6] 벡터 기호법에 의한 계산

① 벡터는 방향과 크기를 가진 값으로 화살표로 표시한다. 화살표와 기준선 사이의 각도가 벡터의 방향이고 화살표의 길이는 벡터의 크기이다.

② 복소수 $\dot{A} = a + jb$ 식에서 a는 실수부, b는 허수부, 절대값 $A = \sqrt{a^2 + b^2}$ 이다.

③ 허수의 단위는 $\sqrt{-1}$ 이고, (허수)^2=음수이다.

$\dot{A} = a + jb = A(\cos\theta + j\sin\theta) = A\angle\theta$, 편각 $\theta = \tan^{-1}\dfrac{b}{a}$

④ 극좌표 표시

$a = A\cos\phi$, $b = A\sin\phi$ 이므로

$\dot{A} = A\cos\phi + jA\sin\phi = A(\cos\phi + j\sin\phi) = \angle\phi$

⑤ 지수, 함수 표시

$\varepsilon j\phi = \cos\phi + j\sin\phi$

$\dot{A} = A\varepsilon j\phi$ (단, ε : 자연 로그의 밑수로서 $\varepsilon ≒ 2.71828$이다.)

⑥ 3상 교류 : 각 기전력의 크기가 같고, 서로 $\dfrac{2}{3}\pi$[rad](120°)만큼씩 위상차가 있는 교류를 대칭 3상 교류라 하며, 3상 교류의 각 순시값의 합은 0이다.

Chapter 03 전원회로

1. 정류회로

[1] 정류회로의 특성

① 전압 변동률 : 부하 전류의 변화에 따른 직류 출력 전압의 변화 정도이다.

$$\varepsilon = \frac{V - V_o}{V_o} \times 100 [\%]$$

여기서, V : 무부하 시 직류 전압, V_o : 전부하 시 직류 전압

② 맥동률 : 직류(전압) 전류 속에 포함되는 교류 성분의 정도

$$\gamma = \frac{\text{출력 파형에 포함된 교류분의 실효값}}{\text{출력 파형의 평균값(직류 성분)}} \quad \therefore \gamma = \frac{\Delta V}{V_d} \times 100 [\%]$$

③ 정류 효율 : 직류 출력 전력에 대한 교류 입력 전력의 비

$$\eta = \frac{\text{부하에 전달되는 직류 출력 전력}}{\text{교류 입력 전력}} \times 100 [\%]$$

[2] 반파 정류회로

① 전류 파형의 직류 성분 또는 평균값 : $I_{dc} = \frac{I_m}{\pi}$

② 정류 전류 : $i = \frac{V_m}{r_p + R_L} \sin\omega t$ (단, r_p : D의 순방향 저항)

③ 최댓값 : $I_m = \frac{V_m}{r_p + R_L}$

④ 전류 파형의 실효값 : $I_{mrs} = \frac{I_m}{2}$

⑤ 맥동률 : $\gamma = \sqrt{F^2-1} = 1.21$

⑥ 정류기의 효율 : $\eta = \dfrac{0.406}{\left(1+\dfrac{r_p}{R_L}\right)}[\%]$

⑦ 반파 정류회로의 최대 효율은 40.6[%]이다.

⑧ 맥동률 : 1.21(전류의 평균값에 대한 실효값의 비 F=1.57이다.(F : 파형률))

[3] 전파 정류회로

① 평균값 $I_{dc} = \dfrac{2I_m}{\pi} = \dfrac{2V_m}{\pi(r_p+R_L)^2}$

② 전파 정류의 평균값 또는 직류값 $I_{dc} = \dfrac{2I_m}{\pi}$

③ 전류 파형의 실효값 $I_{mrs} = \dfrac{I_m}{\sqrt{2}}$

④ 맥동률 $\gamma = \sqrt{F^2-1} = 0.482$

⑤ 정류기의 효율 $\eta = \dfrac{81.2}{1+\dfrac{r_p}{R_L}}[\%]$

⑥ 정류 효율은 반파 정류회로의 2배이며, 이론적으로 최대 81.2[%]이다.

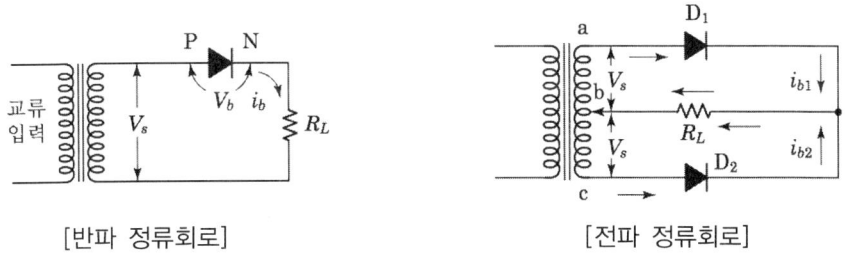

[반파 정류회로]   [전파 정류회로]

[4] 브리지 정류회로

① 처음 반주기 동안 $D_1 \to R_L \to D_4$를 통해, 나머지 반주기 신호에서는 $D_2 \to R_L \to D_3$로 전류가 흘러 전파가 출력에 나타난다.

② 장점 : 소형 변압기를 사용할 수 있고 각 다이오드의 최대 역전압비는 작다.(전파 정류회로

의 1/2이다.) 고압 정류회로에 적합하고, 트랜스의 중간 탭이 필요 없다.
③ 단점 : 정류 효율이 낮고, 많은 다이오드가 필요하므로 값이 비싸다.

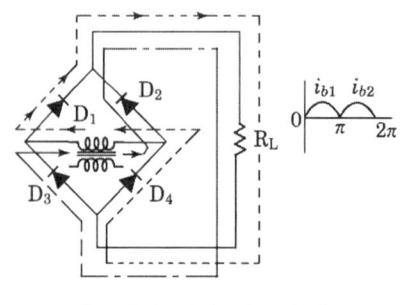

[브리지 전파 정류회로]

2. 평활회로

[1] 유도성 평활회로

① 초크 입력 여파기 : 초크 코일(choke coil)에 흐르는 전류가 급격히 변화할 때, 이 전류의 반대 방향으로 저지하는 힘에 의해 부하 전류가 평탄하게 된다.
② 맥동률은 인덕턴스에 반비례하며, 부하 저항 R_L이 작을수록, 즉 부하 전류가 클수록 맥동률은 작아진다.

[2] 용량성(콘덴서) 평활회로

① 맥동률 $\gamma = \dfrac{T}{2\sqrt{3}\,R_L C} = 1.21$. 전류 파형의 직류 성분 또는 평균값 $I_{dc} = \dfrac{I_m}{\pi}$
② 맥동률은 부하 저항 R_L 또는 콘덴서 C가 증가할수록 감소되므로 용량이 큰 콘덴서는 맥동률을 낮게 하는 데 사용된다.

3. 정전압 전원회로

[1] 직류 전압 안정회로의 기본 구성

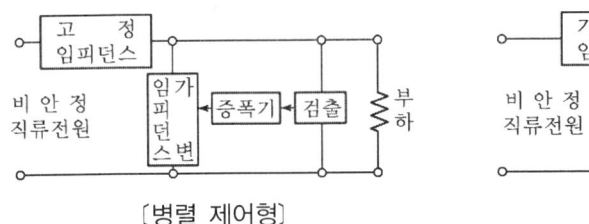

〔병렬 제어형〕

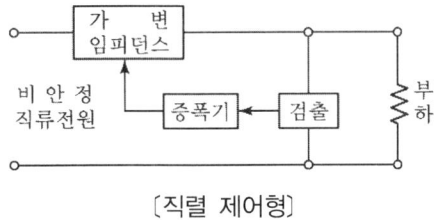

〔직렬 제어형〕

[2] 병렬 제어형 정전압회로

① 제어용 트랜지스터(가변 임피던스)와 부하 저항 R_L이 병렬로 접속된다.

② R_1이 R_L과 직렬접속되므로 전력 소비가 크고 효율이 나쁘다.

[3] 직렬 제어형 정전압회로

① 제어용 트랜지스터가 부하와 직렬로 접속된다.

② 경부하 시 효율이 병렬 제어형보다 크고, 출력 전압의 안정 범위가 넓다.

Chapter 04 증폭회로

1. 각종 증폭회로

[1] 베이스 접지(고정 바이어스)

① 동작점이 온도에 따라 변동되고 안정도가 나쁜 결점이 있고, 회로의 구성은 간단하지만 현재는 거의 사용하지 않는다.

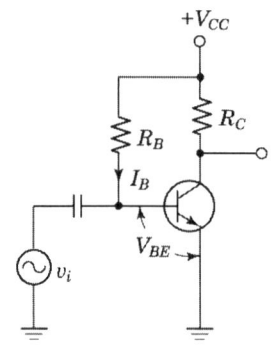

[고정 바이어스]

② 컬렉터 전류 : $I_C = \beta I_B + (1+\beta) I$

③ 베이스 전류 : $I_B = \dfrac{V_{CC} - V_{BE}}{R_B}$ (단, $V_{BE} \simeq 0.3V(Ge),\ 0.7V(Si)$)

④ 안정계수 : $S = \dfrac{\Delta I_C}{\Delta I_{CO}} = (1+\beta)$

⑤ 안정계수(S) : 바이어스회로의 안정화 정도로 S가 작을수록 안정도가 좋다.

[2] 이미터 접지(전류 궤환 바이어스)

① 온도 변화에 따른 안정을 기하기 위해 R_E에 의한 전류 되먹임이 되도록 한 것으로 증폭기 동작이 안정하여 널리 쓰인다.

② 회로의 안정계수 $S = \dfrac{(1+\beta)\left(\dfrac{R_1 R_2}{R_1 + R_2} + R_E\right)}{\dfrac{R_1 R_2}{R_1 + R_2} + (1+\beta)R_E} = (1+\beta)\dfrac{1-\alpha}{1+\beta+\alpha}$

③ α가 작아지면 S가 거의 β에 관계없이 되며, R_E가 클수록, $\dfrac{R_1 R_2}{R_1 + R_2}$가 작을수록 동작점은 안정된다.

[3] 컬렉터-베이스 접지(전압 되먹임(궤환) 바이어스)

① 컬렉터-베이스 바이어스라고도 하며 온도 상승으로 인한 컬렉터의 전류 증가를 상쇄시키기 위하여 컬렉터와 베이스 사이에 R_F를 접속하여 전압 되먹임이 되도록 하였다.

② $V_{CC} = (I_C + I_B)R_C + R_F I_B + V_{BE} + R_E(I_C + I_B)$

$S = \dfrac{\Delta I_C}{\Delta I_{CO}} = \dfrac{(1+\beta)(R_C + R_F + R_E)}{R_F + (1+\beta)R_C + (1+\beta)R_E}$

[4] 진폭 일그러짐

① 트랜지스터에서 입력 전압의 과대, 동작점의 부적당에 의해 동작 범위가 특성 곡선의 비직선 부분을 포함하기 때문에 발생하는 일그러짐이다.

② 일그러짐률 $K = \dfrac{\sqrt{V_2^2 + V_3^2 + \cdots\cdots}}{V_1} \times 100 [\%]$

(V_1 : 기본파의 실효값, V_2, V_3 : 제2, 제3고조파의 실효값)

[5] 주파수 일그러짐

주파수에 따른 증폭도가 달라 발생하는 일그러짐으로 증폭회로 내에 포함된 L, C 소자의 리액턴스가 주파수에 따라 달라진다.

[6] 위상 일그러짐

입력 전압에 포함된 다른 주파수 사이의 위상 관계가 출력에서 다르게 나타나서 발생하는 일그러짐이다.

[7] 잡음 특성

① 진공관 잡음 : 산탄 잡음과 플리커 잡음이 있다.
② 트랜지스터 잡음 : 진공관 잡음보다 크며, 주파수가 높아지면 감소하는 경향이 있다.
③ 열 잡음

　잡음 전압의 실효값 : $e = 2\sqrt{KTBR}$ [V]

　　K : 볼츠만 상수(1.38×10^{23}J/°K), T : 절대 온도[°K]($273+t$[℃])
　　B : 주파수 대역폭[Hz],　　R : 저항[Ω]

④ 잡음 지수(F) = $\dfrac{\text{입력에서의 신호 전압}(S_i)\text{과 잡음 전압}(N_i)\text{의 비}}{\text{출력에서의 신호 전압}(S_o)\text{과 잡음 전압}(N_o)\text{의 비}}$

　　🖐 잡음 지수(F)가 1이 되는 것이 이상적이다.

2. 연산 증폭회로

[1] 증폭도

① 트랜지스터 증폭회로의 증폭도는 출력 신호에 대한 입력 신호의 비로 [dB]로 표시하며, 이를 대수화하는 것이 이득이다. $G = 20\log_{10}A$[dB]

② 증폭도 : $A_p = \dfrac{\text{출력 신호 전력}(P_o)}{\text{입력 신호 전력}(P_i)}$

　　🖐 다단 직렬증폭기의 종합 증폭도 : $A_0 = A_1 \cdot A_2 \cdot A_3 \cdots A_n$[배]

③ 이득 : $G = 10\log_{10}A_p$[dB]　　A_p : 전력증폭도
　　　　$G = 20\log_{10}A_v$[dB]　　A_v : 전압증폭도

$$G = 20\log_{10} A_i \text{[dB]} \qquad A_i : \text{전류증폭도}$$

⚠ 다단 직렬증폭기의 종합이득 : $G_0 = G_1 + G_2 + G_3 + \cdots + G_n \text{[dB]}$

④ 증폭기 효율 $\eta = \dfrac{\text{교류 출력}(P_o)}{\text{교류 입력}(P_i)} \times 100 \text{[\%]}$

> **참고**
> [증폭기의 효율]
> A급 : 50[%]   B급 : 78.5[%] 이하
> AB급 : 70[%] 이상   C급 : 78.5[%] 이상

[2] 되먹임(feedback) 증폭회로

① 되먹임 증폭도 $A_f = \dfrac{V_2}{V_1} = \dfrac{A}{1-A\beta}$

   (A : 되먹임이 없을 때의 증폭도, β : 되먹임 계수)

② β가 양수이면 $A_f > A$로 양되먹임, 음수이면 $A_f < A$가 되어 음되먹임이 된다.

③ $|1-A\beta| > 1$일 때 $A_f < A$: 부궤환(음되먹임)

   $|1-A\beta| < 1$일 때 $A_f > A$: 정궤환(양되먹임)

   $|A\beta| = 1$일 때 $A_f = \infty$: 발진한다.

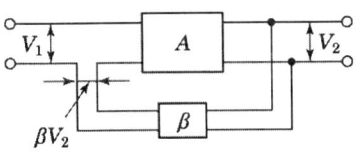

[되먹임 증폭의 계통도]

④ 증폭도와 내부 잡음, 파형 일그러짐이 감소한다.

⑤ 주파수 특성이 개선되며, 대역폭이 넓어진다.

⑥ 회로 동작이 안정되며, 임피던스가 변화한다.

[3] 전압 궤환회로

① 출력 전압의 일부 또는 전부를 입력 쪽으로 되먹임하는 방식으로, 병렬 궤환이라고도 한다.

② 되먹임 전압 : $V_f = \dfrac{R_1}{R_1 + R_2} V_o$

③ 되먹임 계수 : $\beta = \dfrac{V_f}{V_o} = \dfrac{R_1}{R_1 + R_2}$

④ 전압증폭도 : $A_f \fallingdotseq \dfrac{1}{\beta} = \dfrac{R_1 + R_2}{R_1}$

⑤ 임피던스 : 입력 임피던스는 높아지고, 출력 임피던스는 낮아진다.

[4] 전류 궤환회로

① 출력 전류의 일부 또는 전부를 입력 쪽으로 되먹임하는 방식이다.

② 되먹임 계수 : $\beta = \dfrac{I_f}{I_o} = \dfrac{R_{e_2}}{R_{e_2} + R'}$

③ 전류증폭도 : $A_{if} \approx \dfrac{1}{\beta} = \dfrac{R_{e_2} + R'}{R_{e_2}}$

④ 임피던스 : 입력 임피던스는 낮아지고, 출력 임피던스는 높아진다.

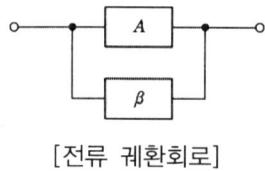

[전류 궤환회로]

[5] 연산증폭기의 특성

① 연산증폭기(operational amplifier)는 직류로부터 특정한 주파수 범위 사이에서 되먹임 증폭기를 이용하여 일정한 연산을 할 수 있도록 한 직류증폭기이다.

② 이상적인 연산증폭기의 특성
  ㉠ 전압 이득 A_v가 무한대이다. ($A_v = \infty$)
  ㉡ 입력 저항 R_f가 무한대이다. ($R_f = \infty$)

ⓒ 출력 저항 R_o이 0이고($R_o=0$), 오프셋(offset)이 0이다.
　　ⓔ 대역폭이 무한대(BW=∞)이고, 지연 응답(response delay)은 0이다.
③ 연산증폭기의 정확도를 높이기 위한 조건
　　㉠ 큰 증폭도와 좋은 안정도가 필요하다.
　　㉡ 많은 양의 음되먹임을 안정하게 걸 수 있어야 한다.
　　㉢ 좋은 차단 특성을 가져야 한다.
④ 연산증폭기의 구성
　　㉠ 직렬 차동증폭기를 사용하여 구성한다.
　　㉡ 되먹임에 대한 안정도를 높이기 위해 특정 주파수에서 주파수 보상회로를 사용한다.

[6] 푸시풀 증폭회로의 특징

① 동작점을 차단점(0바이어스) 부근에 잡아 출력을 크게 할 수 있다.
② 효율은 비교적 높다.(B급의 경우 효율은 78.5[%]이나 실제로는 50~60[%] 정도이다.)
③ B급 푸시풀에서는 직류 바이어스 전류가 매우 작아도 되고 입력이 없을 때 컬렉터 손실이 작아 큰 출력을 낼 수 있다.
④ 짝수(우수) 고조파 성분이 상쇄되므로 출력 증폭단에 많이 쓰인다.
⑤ 출력의 일그러짐이 없으나, 특유의 크로스 오버(cross over) 일그러짐이 발생한다.
⑥ 전원의 험(hum)이 출력측에 나타나지 않는다.

[7] 적분회로

① 적분회로 $v_o = -\dfrac{Z_f}{Z_i}v_i = -\dfrac{\left(\dfrac{1}{j\omega C}\right)}{R_1}v_i = -\dfrac{1}{RC}\int v_i\,dt$

② 출력 전압이 입력 전압의 적분값에 비례한다.

[8] 미분회로

$$v_o = -\dfrac{Z_f}{Z_1}v_i = -\dfrac{R}{\left(\dfrac{1}{j\omega C}\right)}v_i = -CR\dfrac{d}{dt}v_i$$

즉, 출력 전압이 입력 전압의 미분값에 비례한다.

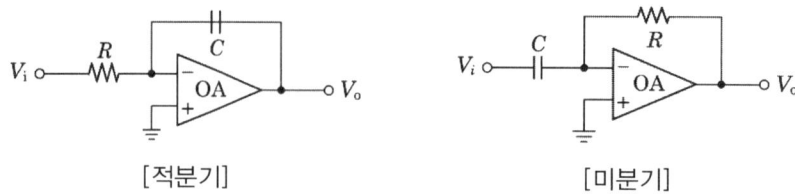

[적분기]   [미분기]

[9] 차동증폭기(differential amplifier)

① 2개의 입력 단자에 가해진 2개의 신호차를 증폭하여 출력하는 회로이다.
② 동위상 신호 제거비(CMRR, common mode rejection ratio)

$$CMRR = \frac{차동\ 이득}{동위상\ 이득}$$

(동위상 신호 제거비가 클수록 우수한 차동 특성을 나타낸다.)
③ 차동 증폭회로의 특징
   ㉠ 직류 증폭이 가능하며 직선성이 좋다.
   ㉡ 온도에 대하여 안정하다.
   ㉢ 전원 전압의 변동에도 안정하다.

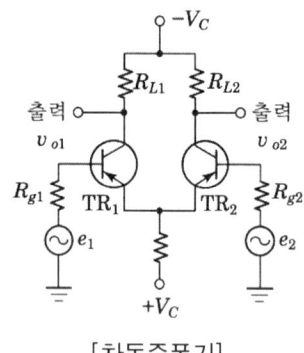

[차동증폭기]

Chapter 05 발진 및 변·복조회로

1. 발진회로

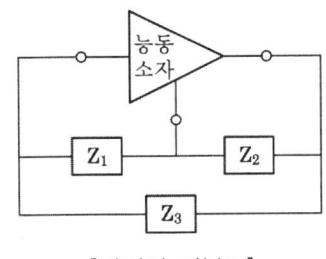

[발진의 기본도]

[1] 하틀리 발진(Hartley oscillation)회로

① 발진주파수 $f_0 = \dfrac{1}{2\pi\sqrt{(L_1+L_2+2M)C}}$ [Hz]

② 발진을 계속하기 위한 최소 전류증폭률

$h_{fe} = \dfrac{1}{\omega^2(L_2+M)C} - 1$ (단, M : 상호 인덕턴스)

[2] 콜피츠 발진(Colpitts oscillation)회로

① 발진주파수 $f_0 = \dfrac{1}{2\pi\sqrt{L\left(\dfrac{C_1 \cdot C_2}{C_1+C_2}\right)}}$ [Hz]

② 발진을 계속하기 위한 최소 전류 증폭률 $h_{fe} = \omega^2 LC_2$

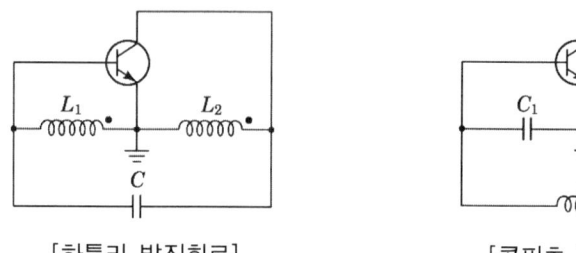

[하틀리 발진회로] [콜피츠 발진회로]

[3] 수정 발진회로

① 진동자의 직렬 공진주파수 : $f_0 = \dfrac{1}{2\pi\sqrt{L_0 C_0}}$ [Hz]

② 병렬 공진주파수 : $f_\infty = \dfrac{1}{2\pi\sqrt{L(\dfrac{C_1 \cdot C_0}{C_1 + C_0})}}$ [Hz]

③ 압전 현상을 이용한 것으로 직렬 공진주파수(f_0)와 병렬 공진주파수(f_∞) 사이에는 주파수의 범위가 대단히 좁으며 이 사이의 유도성을 이용하여 안정된 발진을 한다.($f_0 < f < f_\infty$)

[4] 수정 발진회로의 특징

① 수정진동자의 Q가 높기 때문에($10^4 \sim 10^6$ 정도) 주파수 안정도가 높다.(10^{-6} 정도)
② 수정진동자는 기계적, 물리적으로 강하다.
③ 발진 조건을 만족하는 유도성 주파수 범위가 매우 좁다.
④ 수정편에 항온조 등을 이용하므로 주위 온도의 영향이 적다.

[5] RC 발진회로

① 이상형 RC 발진회로에서의 발진주파수 $f_o = \dfrac{1}{2\pi\sqrt{6}RC}$ [Hz]

② 브리지형 RC 발진회로에서의 발진주파수 $f_o = \dfrac{1}{2\pi\sqrt{R_1 R_2 C_1 C_2}}$ [Hz]

$R_1 = R_2 = R$이고 $C_1 = C_2 = C$이면 $f_o = \dfrac{1}{2\pi RC}$ [Hz]

③ 이상형 RC 발진회로는 구조가 간단하고, 주파수 안정도가 LC 발진기보다 높다.

④ 가청 주파 이하의 발진에 적합하며, 발진주파수의 가변이 어렵다.(단점)

2. 변·복조회로

① 고주파에 저주파 신호를 포함시키는 과정을 변조(modulation)라 하며, 변조된 반송파(고주파)를 피변조파, 반송파에 가하는 신호를 변조파(저주파)라 한다.

② 변조 방식에는 진폭 변조(amplitude modulation, AM), 주파수 변조(frequency modulation, FM), 위상 변조(phase modulation, PM) 등이 있다.

③ 펄스 변조(pulse modulation)에는 펄스 진폭 변조(PAM), 펄스폭 변조(PWM), 펄스 위치 변조(PPM), 펄스 수 변조(PNM), 펄스 부호 변조(PCM) 등이 있다.

[1] 진폭 변조회로

① 진폭 변조 : 반송파의 진폭을 신호파의 진폭에 따라 변하게 하는 방법이다.

② 변조도 : 신호파의 진폭과 반송파의 진폭의 비. $m = \dfrac{I_{sm}}{I_{cm}}$

③ $m=1$인 때는 100[%] 변조, $m>1$이면 과변조이다.

④ $m=1$일 때 반송파의 점유 전력은 전전력의 $\dfrac{2}{3}$이며, 나머지 $\dfrac{1}{3}$의 전력이 상·하 양측파가 점유하는 전력이 된다.

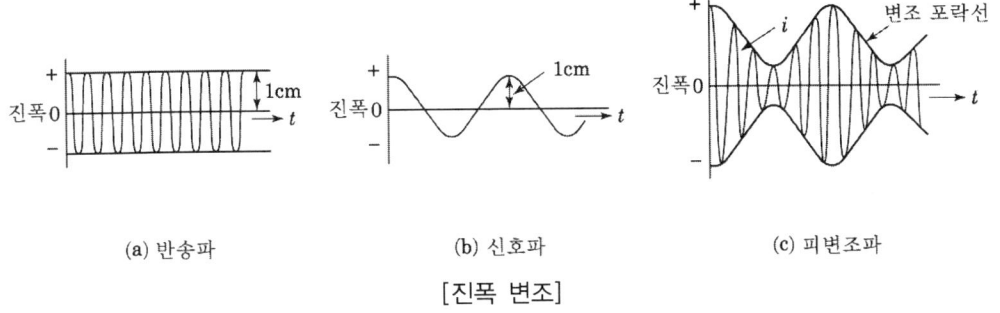

(a) 반송파 (b) 신호파 (c) 피변조파

[진폭 변조]

[2] 피변조파

① 반송파 전류의 순시값 $i_c = I_{cm} \sin \omega_c t$

② 신호파(변조파) 전류의 순시값 $i_s = I_{sm} \sin \omega_s t$

③ 피변조파 전류의 순시값 $i = (I_{cm} + I_{sm} \sin \omega_s t) \sin \omega_c t$

여기서, 변조도 $m = \dfrac{I_{sm}}{I_{cm}} = \dfrac{신호파\ 전류}{반송파\ 전류}$

④ m=1 : 100[%] 변조율, m>1 : 과변조

⑤ 과변조가 되었을 때는 피변조파의 파형의 일부가 어느 구간에는 잘려서 일그러짐이 생긴다. 대역폭이 넓어지고, 다른 통신로에 방해를 준다.

[3] 컬렉터 변조회로

① 신호파를 컬렉터에 가하고 반송파를 입력 쪽의 단자, 즉 베이스에 가하는 방식으로 송신기의 마지막 증폭단에서 실시하는 것이 보통이다.

② 특징으로는 직선성이 우수하고 100[%] 가까이까지 변조될 수 있으나 큰 변조 전력을 필요로 한다.

[4] 베이스 변조회로

① 이미터 접지 트랜지스터의 베이스에 신호파를 가하여 변조하는 방식이다.

② 변조 신호의 전력이 작아도 되며, 출력이 컬렉터 변조의 1/4로 효율이 나쁘다. 출력에 불필요한 고조파 성분이 포함되어 일그러짐이 컬렉터 변조회로보다 크다.

[5] 이미터 변조회로

① 능동 소자의 어떤 전극 전압을 신호파에 따라 변화시키더라도 변조를 시키는 방식이다.

② 특징으로는 컬렉터 변조회로와 비슷하게 매우 큰 변조 전력이 요구되나 직선성이 좋아진다.

[6] 직선 복조회로

① 검파 소자의 전류, 전압 특성 곡선의 직선부를 이용한 것으로 피변조파의 입력이 클 때 유

리하다.
② 특징으로는 입력 신호가 충분히 크면 출력 신호 전압이 입력 신호 전압에 비례하고, 비직선에 의한 고조파 일그러짐이 적다.

[7] 제곱 복조회로

① 검파 소자의 특성 곡선 중 하부 만곡부를 이용한 것으로 피변조파의 입력이 작을 때 사용된다.
② 출력 전압은 입력 신호 전압의 제곱에 비례하며, 복조 능률이 나쁘고, 출력에 고조파 일그러짐이 많다.
③ 검파의 일그러짐률 $K = \dfrac{m}{4}$

[8] 비(Ratio)검파회로

① 비검파회로의 출력 전압은 포스터-실리회로의 출력 전압과 비교할 때 $\dfrac{1}{2}$이 된다. 즉, 복조 감도가 $\dfrac{1}{2}$이 된다.
② 진폭 제한 작용의 기능이 있다.

[9] 진폭 복조(검파)회로

① 직선 복조회로 : 다이오드의 전압 전류에서의 직선 부분을 이용하도록 입력 전압을 충분히 크게 하여 복조하는 회로이다.
② 제곱 복조회로 : 비직선 부분의 제곱 특성을 이용하는 방식으로 진폭이 작은 진폭 변조파의 복조에 사용된다.

[10] 주파수 변조

① 주파수 변조 : 반송파의 주파수 변화를 신호파의 진폭에 비례시키는 변조 방식이다.
② 최대 주파수 편이 : 반송 주파수 f_C를 중심으로 변조에 의한 최대 주파수 변화분이다. (FM 방송 $\Delta f_C = \pm 75[kHz]$, TV 음성 $\Delta f_C = \pm 25[kHz]$)

③ 변조지수 : 주파수 편이 Δf_C와 주파수 f_S의 비 $m_f = \dfrac{\Delta f_C}{f_S}$

④ 실용적 주파수 대역폭 : $B = 2f_S(m_f+1) = 2(\Delta f_C + f_S)$

Chapter 06 펄스회로

1. 펄스 발생의 기본

[1] 펄스 파형

① 짧은 시간에 전압 또는 전류의 진폭이 사인파와는 다르게 급격히 변화하는 파형을 펄스(pulse)라 한다.

② 충격 계수(duty factor) $D = \dfrac{\text{펄스폭}(\tau)}{\text{펄스 반복 주기}(T)}$

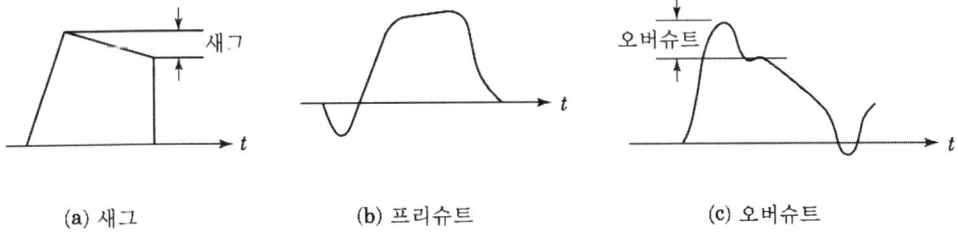

(a) 새그 (b) 프리슈트 (c) 오버슈트

[2] 상승 시간(t_r, rise time)

진폭 V의 10[%]에서 90[%]까지 상승하는 데 걸리는 시간

[3] 지연 시간(t_d, delay time)

상승 시각으로부터 진폭의 10[%]까지 이르는 실제의 펄스 시간

[4] 하강 시간(t_f, fall time)

펄스가 이상적 펄스의 진폭 V의 90[%]에서 10[%]까지 내려가는 데 걸리는 시간

[5] 축적 시간(t_s, storage time)

하강 시각에서 실제의 펄스가 V의 90[%]가 되기까지의 시간

[6] 펄스폭(τ_w, pulse width)

펄스의 파형이 상승 및 하강의 진폭 V의 50[%]가 되는 구간의 시간

[7] 오버슈트(overshoot)

상승 파형에서 이상적 펄스파의 진폭 V보다 높은 부분의 높이 α를 말하며, 이 양은 $\left(\dfrac{\alpha}{V}\right)$ ×100[%]로 나타낸다.

[8] 언더슈트(undershoot)

하강 파형에서 이상적 펄스파의 기준 레벨보다 아랫부분의 높이 d를 말하며 이 양은 $\left(\dfrac{d}{V}\right)$ ×100[%]로 나타낸다.

[9] 턴 온 시간(t_{on}, turn-on time)

① 이상적 펄스의 상승 시각에서 V의 90[%]까지 상승하는 시간
② 턴 온 시간(t_{on}) = 지연 시간(t_d) + 상승 시간(t_r)

[10] 턴 오프 시간(t_{off}, turn-off time)

① 이상적 펄스의 하강 시각에서 V의 10[%]까지 하강하는 시간
② 턴 오프 시간(t_{off}) = 축적 시간(t_s) + 하강 시간(t_f)

[11] 새그(s, sag)

① 내려가는 부분의 정도로서 낮은 주파수 성분이나 직류분이 잘 통하지 않기 때문에 생기는 것이다.

② 새그 $s = \dfrac{S}{A} \times 100 \, [\%]$

[12] 링깅(b, ringing)

펄스의 상승 부분에서 진동의 정도를 말하며, 높은 주파수 성분에 공진하기 때문에 생기는 것이다.

[13] 시상수

① $t = \tau = RC$ 에서 C의 전압 v_c는
$$v_c = V\left(1 - \dfrac{1}{\varepsilon}\right) \fallingdotseq V(1 - 0.368) \fallingdotseq 0.632 \, [V]$$

② 전원 전압의 약 63.2[%]에 도달하는 데 걸리는 시간 $\tau = RC$ [sec]가 시상수이다.

③ 방전의 경우는 전원 전압의 약 36.8[%]로 된다.

④ 상승 시간 : $t_r = t_2 - t_1 = (2.3 - 0.1)RC = 2.2RC$ [sec]

[14] 미분회로

직사각형파로부터 폭이 좁은 트리거(trigger) 펄스를 얻는 데 쓰인다.

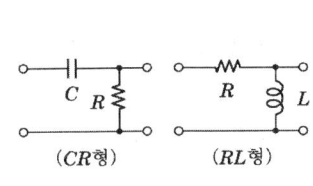

[미분회로]

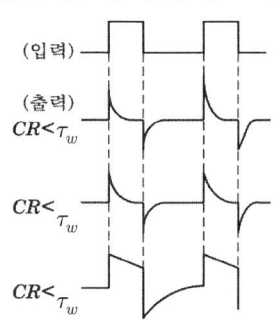

[미분회로의 출력 파형]

[15] 적분회로

시간에 비례하는 전압(또는 전류) 파형, 즉 톱날파 신호를 발생하거나 신호를 지연시키는 회로에 쓰인다.

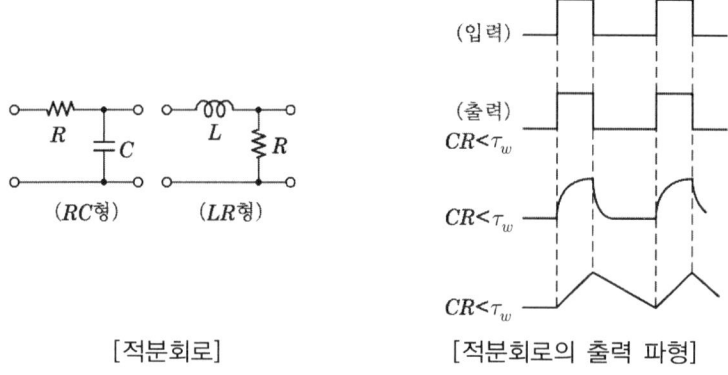

[적분회로]   [적분회로의 출력 파형]

2. 펄스 응용 회로의 기본

① 클램핑 회로 : 입력 신호의 (+) 또는 (-)의 피크를 어느 기준 레벨로 바꾸어 고정시키는 회로를 클램핑 회로, 또는 클램퍼(clamper)라 한다. 이 회로가 직류분을 재생하는 목적에 쓰일 때에는 직류분 재생회로라고도 한다.

② 클리핑 회로 : 입력 파형 중에서 어떤 일정 진폭 이상 또는 이하를 잘라낸 출력 파형을 얻는 회로를 클리퍼(clipper)라 하고, 이 작용을 클리핑이라 한다.

③ 피크 클리퍼(peak clipper) : 정(+) 방향으로 어떤 레벨이 되지 않도록 하기 위하여 입력 파형의 윗부분을 잘라내어 버리는 회로

④ 베이스 클리퍼(base clipper) : 부(-) 방향으로 어떤 레벨 이하가 되지 않도록 하기 위하여 입력 파형의 아랫부분을 잘라내어 버리는 회로

⑤ 리미터(limiter) 회로 : 진폭을 제한하는 진폭 제한회로로서 피크 클리퍼와 베이스 클리퍼를 결합하여 입력 파형의 위아래를 잘라 버린 회로

⑥ 슬라이서(slicer) : 클리핑 레벨의 위 레벨과 아래 레벨 사이의 간격을 좁게 하여 입력 파

형의 어느 부분을 잘라내는 회로

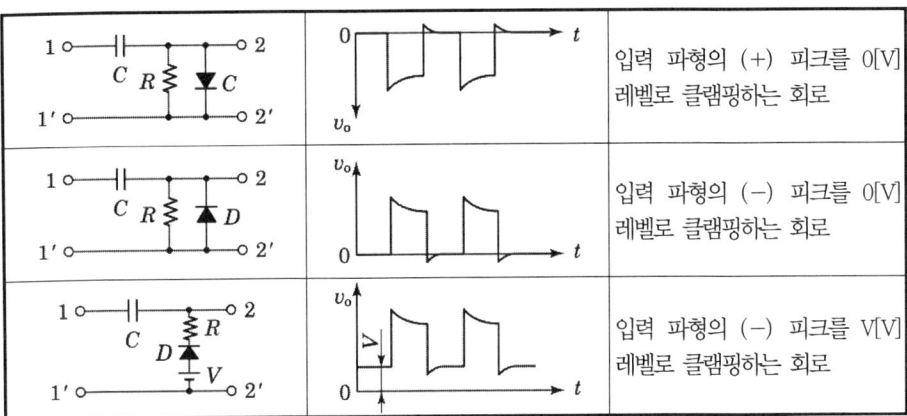

	피크 클리퍼	베이스 클리퍼
입·출력 조건	$v_i < V_B$일 때 $v_0 = v_i$ $v_i > V_B$일 때 $v_0 = v_B$	$v_i < V_B$일 때 $v_0 = v_B$ $v_i > V_B$일 때 $v_0 = v_i$
병렬형 클리핑 회로		
직렬형 클리핑 회로		
	입력 파형의 윗부분을 잘라내는 회로	입력 파형의 아랫부분을 잘라내는 회로

[1] 비안정 멀티바이브레이터(astable multi vibrator)

① 멀티바이브레이터는 2단 비동조 증폭회로에 100[%] 정궤환을 걸어준 직사각형 발진기이다.
② TR_1이 ON일 때 TR_2는 OFF이고, TR_1이 OFF일 때 TR_2는 ON이 되는 2개의 준안정 상태(일시적 안정 상태)가 있어, 이것이 일정한 주기로 되풀이된다.

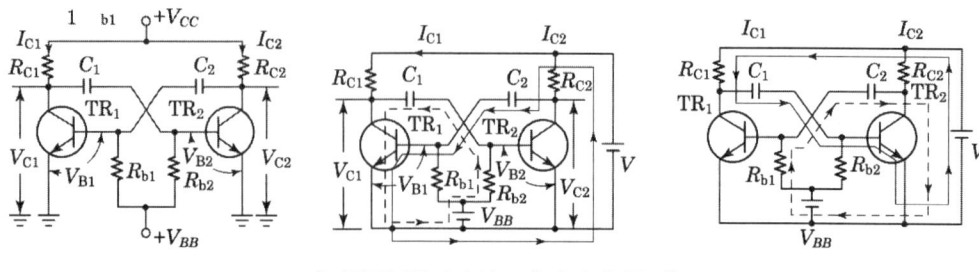

[비안정 멀티바이브레이터의 동작]

③ 2개의 AC 결합 상태로 되어 있다.

④ 반복 주기와 반복 주파수

반복 주기 : $T_r ≒ 0.7(C_1 R_{b2} + C_2 R_{b1})[\text{sec}]$

반복 주파수 : $f = \dfrac{1}{T_r} = \dfrac{1}{0.7(C_1 R_{b2} + C_2 R_{b1})}[\text{Hz}]$

[2] 단안정 멀티바이브레이터(monostable multi vibrator)

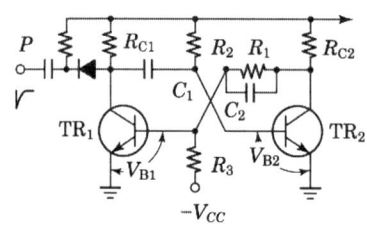

[단안정 멀티바이브레이터]

① 하나의 안정 상태와 하나의 준안정 상태를 가지며, 외부로부터 (−)의 트리거 펄스를 가하면 안정 상태에서 준안정 상태로 되었다가 어느 일정 시간 경과 후 다시 안정 상태로 돌아오는 동작을 한다.

② 반복 주기 : $T_r ≒ 0.7 R_2 C_1 [\text{sec}]$

③ 콘덴서 C_2의 역할 : C_2는 가속(speed-up) 콘덴서로서 스위칭 속도를 빠르게 하며, 동작을 정확하게 하는 동작을 한다.

④ AC 결합과 DC 결합 상태로 되어 있다.

[3] 쌍안정 멀티바이브레이터(bistable multi vibrator)

① 처음 어느 한쪽의 트랜지스터가 ON이면 다른 쪽의 트랜지스터는 OFF의 안정 상태로 되었다가, 트리거 펄스를 가하면 다른 안정 상태로 반전되는 동작을 한다.
② 입력 트리거 펄스 2개마다 1개의 출력 펄스를 얻어낼 수 있으므로, 분주기나 계산기, 계수 기억회로, 2진 계수회로 등에 사용된다.
③ 가속(speed-up) 콘덴서는 2개이고, 2개의 DC 결합으로 되어 있다.

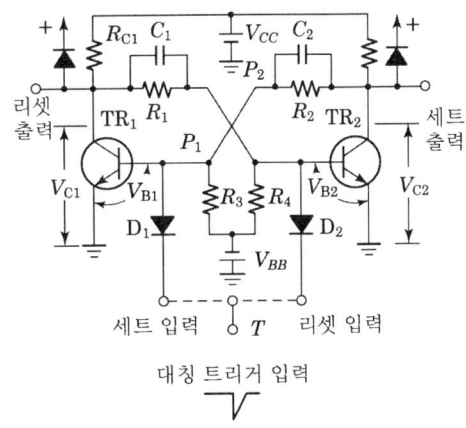

[쌍안정 멀티바이브레이터]

[4] 블로킹(blocking) 발진회로

① 1개의 트랜지스터와 변압기에 의해 정궤환 회로를 구성하여 펄스를 발생한다.
② 발진회로의 펄스폭은 변압기의 1차 코일의 인덕턴스 L_1에 의해 주로 결정되며, 반복 주기는 시상수 R_bC에 의해 결정된다.
③ 특징으로는 펄스의 상승, 하강이 예민하고, 폭이 좁은 펄스를 얻을 수 있으며, 큰 전류를 쉽게 발생 시킬 수 있다.

[5] 부트스트랩(Boot-strap)회로(톱니파 발생회로)

① 그림의 (a)와 같이 회로를 구성하여 그림 (b)의 구형파 입력 신호 전압을 가하면 베이스가 (+)로 되어 OFF가 되고, 베이스가 0 전위가 되면 ON이 된다.

② C는 TR이 OFF일 때 R을 통하여 전원으로부터 충전되며, TR이 ON이 될 때 전하를 방전하여 그림 (b)와 같은 톱니파형을 얻을 수 있다.

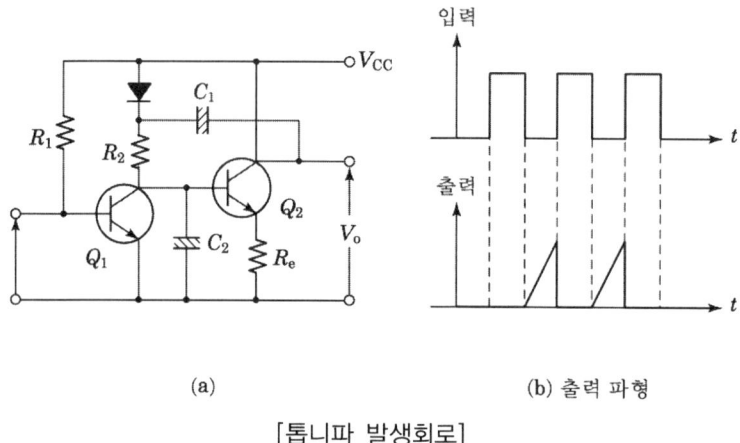

(a)　　　　　　　　　　(b) 출력 파형

[톱니파 발생회로]

Chapter 07 논리회로

1. 수의 표시와 불 대수

[1] 수의 표시

① R진법으로 표시되는 수

$$N = \sum_{i=0}^{\infty} d_i R^{i-1} (i \geq 1)$$

여기서, $d_i < R$이며, R은 기수이다. d_i는 R진법에서 i자리의 숫자를 표시하고, i는 상수이다.

② 10진-2진 변환, 10진-8진 변환

$$\begin{array}{r} 2)\underline{20} \\ 2)\underline{10} \cdots 0 \\ 2)\underline{5} \cdots 0 \\ 2)\underline{2} \cdots 1 \\ 2)\underline{1} \cdots 0 \\ 0 \cdots 1 \end{array} \quad \therefore (20)_{10} = (10100)_2$$

$$\begin{array}{r} 8)\underline{20} \\ 8)\underline{2} \cdots 4 \\ 0 \cdots 2 \end{array} \quad \therefore (20)_{10} = (24)_8$$

[2] 2진수의 연산

① 덧셈의 법칙

0+0=0, 0+1=1, 1+0=1, 1+1=10 ※ 자리올림(carry)

$$\begin{pmatrix} 1011011 \\ +\ 1011010 \\ \hline 10110101 \end{pmatrix}_2 \cdots\cdots \begin{pmatrix} 91 \\ +\ 90 \\ \hline 181 \end{pmatrix}_{10} \quad \begin{pmatrix} 001101 \\ +\ 100101 \\ \hline 110010 \end{pmatrix}_2 \cdots\cdots \begin{pmatrix} 13 \\ +\ 37 \\ \hline 50 \end{pmatrix}_{10}$$

② 뺄셈의 법칙

$0-0=0$, $1-0=1$, $1-1=0$, $0-1=10$ ※ 자리빌림(borrow)

$$\begin{pmatrix} 1000 \\ -\ \ \ 11 \\ \hline 101 \end{pmatrix}_2 \cdots\cdots \begin{pmatrix} 8 \\ -3 \\ \hline 5 \end{pmatrix}_{10} \begin{pmatrix} 110101 \\ +101010 \\ \hline 001011 \end{pmatrix}_2 \cdots\cdots \begin{pmatrix} 53 \\ -42 \\ \hline 11 \end{pmatrix}_{10}$$

③ 곱셈의 법칙

$0 \times 0=0$, $0 \times 1=0$, $1 \times 0=0$, $1 \times 1=1$

$$\begin{pmatrix} 10101 \\ \times 11011 \\ \hline 10101 \\ 10101 \\ 00000 \\ 10101 \\ \underline{10101} \\ 1000110111 \end{pmatrix}_2 \cdots\cdots \begin{pmatrix} 21 \\ \times 27 \\ \hline 147 \\ \underline{42} \\ 567 \end{pmatrix}_{10}$$

④ 나눗셈의 법칙

$0 \div 0=0$, $1 \div 1=1$, $0 \div 0=$불능, $1 \div 0=$불능

$$\begin{pmatrix} 10 \\ 101\overline{)1101} \\ \underline{101} \\ 0011 \end{pmatrix}_2 \cdots 나머지 \quad\cdots\cdots\quad \begin{pmatrix} 2 \\ 5\overline{)13} \\ \underline{10} \\ 3 \end{pmatrix}_{10} \cdots 나머지$$

[3] 보수(complement)

① 1의 보수(one's complement) : 0을 1로, 1을 0으로 변환시키는 것

  참고 예 : 101의 보수는 010

② 2의 보수(two's complement) : 1의 보수에 1을 더한 값

  2의 보수=1의 보수+1

[4] 수의 코드화

① 2진화 10진수(binary coded decimal, BCD) : 10진수 1자리를 2진수 4자리(4bit)로 표시한 것으로 자리에 따라서 8, 4, 2, 1의 값을 갖고 있으므로 8·4·2·1 부호라고도 한다.

② 부호(정보량)의 최소 단위, 즉 1 또는 0을 비트(bit)라 하고 8비트를 바이트(byte)라 하며, 몇 개의 바이트를 워드(word)로 표시한다.

③ 부호화 : 2진수와 10진수의 두 성질을 가지는 것을 부호화했을 때

㉠ 웨이티드 부호(weighted code) : 비트 자리에 따라 일정한 값을 갖는 것

㉡ 언웨이티드 부호(unweighted code) : 비트 자리에 따라 값이 다른 것

[5] 불 대수

[공리 1] 교환 법칙
$A+B=B+A \qquad A \cdot B=B \cdot A$

[공리 2] 결합 법칙
$(A+B)+C=A+(B+C) \qquad (A \cdot B) \cdot C=A \cdot (B \cdot C)$

[공리 3] 상호 분배 법칙
$A+(B \cdot C)=(A+B)(A \cdot C) \qquad A \cdot (B+C)=A \cdot B+A \cdot C$

여기서 괄호가 있는 것은 곱셈을 먼저 하고, 덧셈을 나중에 하는 법칙이 적용된다.

[공리 4] $A+0=A \qquad A \cdot 1=A$

[공리 5] $A+\overline{A}=1 \qquad A \cdot \overline{A}=0$

[정리 1] 0과 1로 연산하면 다음과 같이 성립한다.
$0+0=0 \qquad 1+0=1 \qquad 1 \cdot 1=1 \qquad 0 \cdot 1=0$

[정리 2] $\overline{0}=1 \qquad \overline{1}=0$

[정리 3] $A+1=A \qquad A \cdot 0=0$

[정리 4] $A+A=A \qquad A \cdot A=A$

[정리 5] $A+A \cdot B=A \qquad A \cdot (A+B)=A$

[정리 6] $A+\overline{A} \cdot B=A+B \qquad A \cdot (\overline{A}+A \cdot B)=AB$

[정리 7] $\overline{\overline{A}}=A$

[정리 8] 드 모르간(De Morgan)의 정리
$\overline{A+B}=\overline{A} \cdot \overline{B} \qquad A \cdot B=\overline{\overline{A}+\overline{B}}$
$\overline{A \cdot B}=\overline{A}+\overline{B} \qquad A+B=\overline{\overline{A} \cdot \overline{B}}$

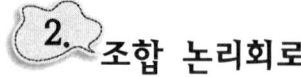

2. 조합 논리회로

[1] 기본 논리회로

기본 논리회로	논리회로	논리식	논리동작
AND 회로	A, B → Y	$Y = A \cdot B$	모든 입력이 1일 때 출력이 1로 된다.
OR 회로	A, B → Y	$Y = A + B$	입력이 하나라도 1이면 출력이 1로 된다.
NOT 회로	A → Y	$Y = \overline{A}$	입력이 1일 때 출력이 0, 입력이 0일 때 출력이 1로 된다.
NAND 회로	A, B → Y	$Y = \overline{A \cdot B}$	모든 입력이 1일 때 출력이 0으로 된다.
NOR 회로	A, B → Y	$Y = \overline{A + B}$	입력이 하나라도 1이면 출력이 0으로 된다.
EOR 회로	A, B → Y	$Y = A \oplus B$	입력이 모두 같을 때 논리 0이 되고 다를 때는 논리 1이 된다.

[2] 반가산기(half adder)

① 반가산기 : 2개의 2진수 A와 B를 더한 합(sum) S와 자리올림(carry) C를 얻는 회로
② 반가산기는 배타 논리합(EOR) 회로는 논리곱(AND) 회로를 써서 구성한다.

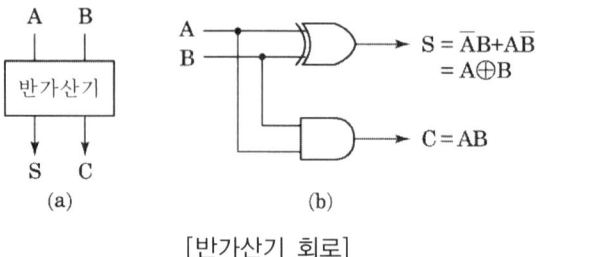

[반가산기 회로]

[3] 전가산기(full adder)

① 전가산기 : 2진수 가산을 완전히 하기 위해 자리올림 입력도 함께 더할 수 있는 기능을 갖는다.
② 입력 중 어느 하나가 1인 경우에는 출력은 1이 되고, 모든 입력이 1일 때에도 출력은 1이 되며, 자리올림 C_n은 입력 중 2개 이상이 1인 경우에는 1이 된다.

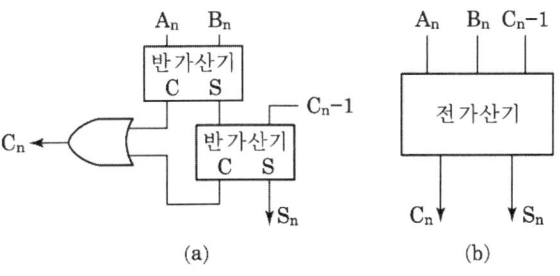

A_n	B_n	C_{n-1}	S_n	C_n
0	0	0	0	0
0	0	1	1	0
0	1	0	1	0
0	1	1	0	1
1	0	0	1	0
1	0	1	0	1
1	1	0	1	1
1	1	1	1	1

[전가산기의 구성회로와 진리표]

[4] 해독기, 멀티플렉서, 부호기

① 해독기(decoder) : 2진수로 표시된 입력 조합에 따라 출력이 하나만 동작하도록 하는 회로
② 멀티플렉서(multiplexer) : N개의 입력 데이터에서 1개의 입력씩만 선택하여 단일 통로로 송신하는 것
③ 부호기(encoder) : 여러 개의 입력을 가지고 그 중 하나만 1이 되는 N비트 코드를 발생시키는 장치

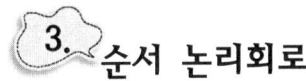 순서 논리회로

[1] RS-FF

① 2개의 입력 단자(R : reset, S : set)를 가지고 있어서 이들 입력의 상태에 따라서 출력이 정해진다.

② 출력의 상태가 한번 결정되면 입력을 0으로 하여도 출력의 상태는 그대로 유지되므로 래치 (latch) 회로라고도 한다.

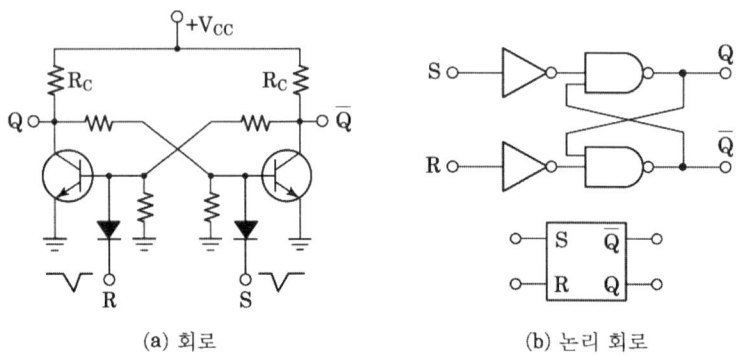

(a) 회로   (b) 논리 회로

(t_n)에서 입력		(t_{n+1})에서 출력
R	S	Q_{n+1}
0	0	Q_n
1	0	0
0	1	1
1	1	불확정

[2] 클록 입력을 가지는 RS-FF

① 3개의 입력(R : reset, S : set, C : clock)을 가지는 FF이며, RST-FF(R : reset, S : set, T : trigger)라고 한다.
② C 입력(시각 펄스 또는 트리거 펄스)이 1(high)레벨일 때에만 RS-FF와 같은 동작을 하고, 0(low)레벨일 때에는 입력 R, S의 상태에 무관하게 주어진 앞의 상태를 계속 유지한다.

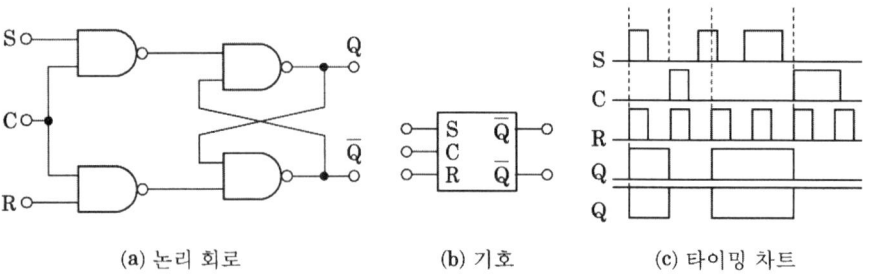

(a) 논리 회로   (b) 기호   (c) 타이밍 차트

[3] D−FF

① RS−FF에서 2개의 입력 R, S가 동시에 1인 경우에도 불확정한 출력 상태가 되지 않도록 하기 위하여 인버터(inverter) 하나를 입력 양단에 부가한 것이다.

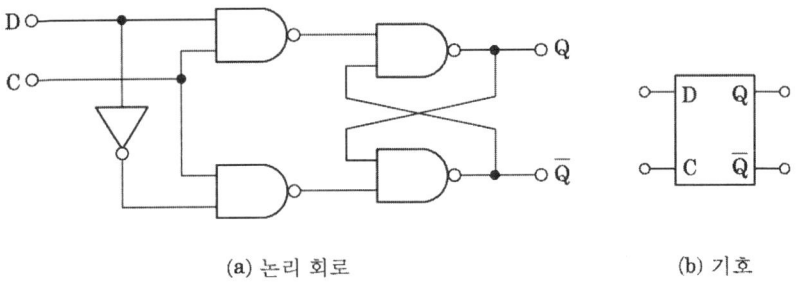

(a) 논리 회로　　　　　　　　(b) 기호

② 정보를 일시 유지하는 래치(latch) 회로나 시프트 레지스터(shift register) 등에 쓰인다.

[4] JK−FF

① J=K=0일 때 클록 펄스가 1이면 출력은 불변이며, J=1, K=0일 때 CP=1이면 출력은 0이 된다.
② J=K=1일 때 CP=1이면 출력은 현 상태에서 반전되어 나온다.
③ J=K=1을 계속 유지하고 CP가 계속 들어오면 출력은 0과 1을 반복하게 된다.
④ JK−FF에서는 출력 쪽이 입력에 되먹임되어 있기 때문에 CP=1일 때 출력 쪽의 상태가 변화하면 입력 쪽이 변하여 오동작을 유발하는 레이싱(racing)을 일으킨다.

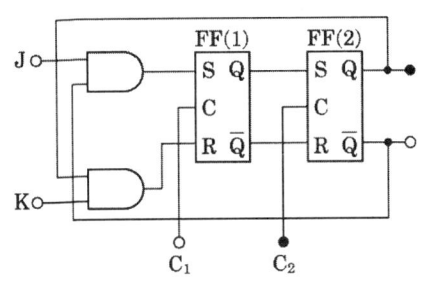

[JK−FF 진리표]

J_n	K_n	Q_{n+1}
0	0	Q_n
1	0	0
0	1	1
1	1	$\overline{Q_n}$

[5] 마스터-슬레이브 JK-FF

레이싱 현상을 피하기 위한 구성으로 2개의 FF 사이에 전달 회로를 두고 이것을 다시 CP로 제어하여 레이싱을 방지하고 있다.

4. 계수회로

[1] 계수기(Counter)

입력 펄스가 들어올 때마다 미리 정해진 순서대로 플립플롭의 상태가 변화하는 것을 이용한 것이며, 동기형과 비동기형이 있다.

① 동기형(synchronous type) 계수기 : 계수기 회로에 쓰이는 모든 플립플롭에 클록 펄스를 동시에 공급하여 출력 상태가 동시에 변화하고, 클록 펄스가 없을 때 가해진 입력 펄스에 대해서는 각각 플립플롭이 동작하지 않게 되어 있는 계수기

② 비동기형(asynchronous type) 계수기 : 계수기 회로에 쓰이는 플립플롭이 종속 연결되어 있어서 각각의 플립플롭이 동작할 때 첫 번째 플립플롭에만 입력 클록을 가하고 그 다음 플립플롭부터는 바로 앞단 플립플롭의 출력에서 보내오는 클록 펄스만으로 동작하는 계수기

[2] 비동기형 계수회로

① 2진 리플 계수기 : 주로 T 플립플롭으로 구성되며, 계수 출력 상태의 총수는 2^n개가 된다. n은 사용된 플립플롭의 개수이고, 이때 계수기는 2^n개의 자연 계수를 갖는다고 한다.

② 비동기형 2^n진 계수기 : T 플립플롭을 n개 종속 연결하여 만든 계수기로서, 첫 번째의 플립플롭만 외부에서 클록 입력이 가해져서 트리거하고, n번째의 플립플롭의 출력이 $(n+1)$번째 플립플롭을 트리거한다.

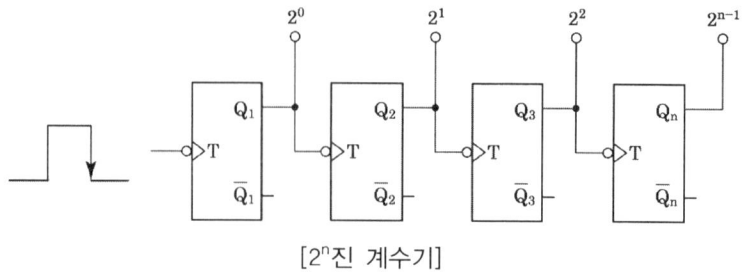

[2^n진 계수기]

[3] 비동기형 N진 계수회로

① N진 계수기는 N개의 입력 펄스를 계수할 때마다 자리올림 신호를 내는 것을 의미하며, 그 구성은 2^n진 계수기를 기본으로 하여 적당한 게이트를 사용해서 N개가 계수되도록 설계한다.

② N진 계수기를 만들려면 N-1번째의 입력 펄스를 세어 계수 종료 상태를 검출하고, 이와 같은 조건이 만족되면 다음의 펄스로 앞단을 모두 "0"(리셋) 상태가 되도록 논리회로를 구성한다.

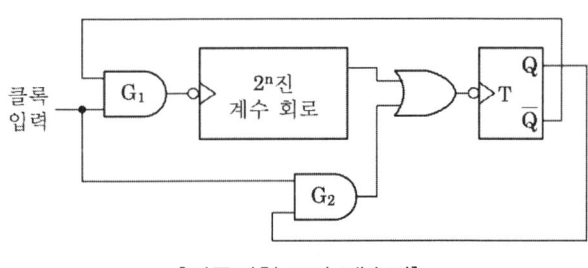

[비동기형 N진 계수기]

[4] 상향 계수기와 하향 계수기

① 상향 계수기(binary up counter) : 입력 펄스가 들어올 때마다 계수기의 내용이 승가하는 계수기로서 가산 계수기라고도 한다.

※ 다음의 16진 하향 계수기에서는 15개의 펄스를 계수하여 $1111_{(2)}$의 상태가 되고 16번째의 입력 펄스에서 $0000_{(2)}$로 되돌아가 새로운 계수를 시작한다.

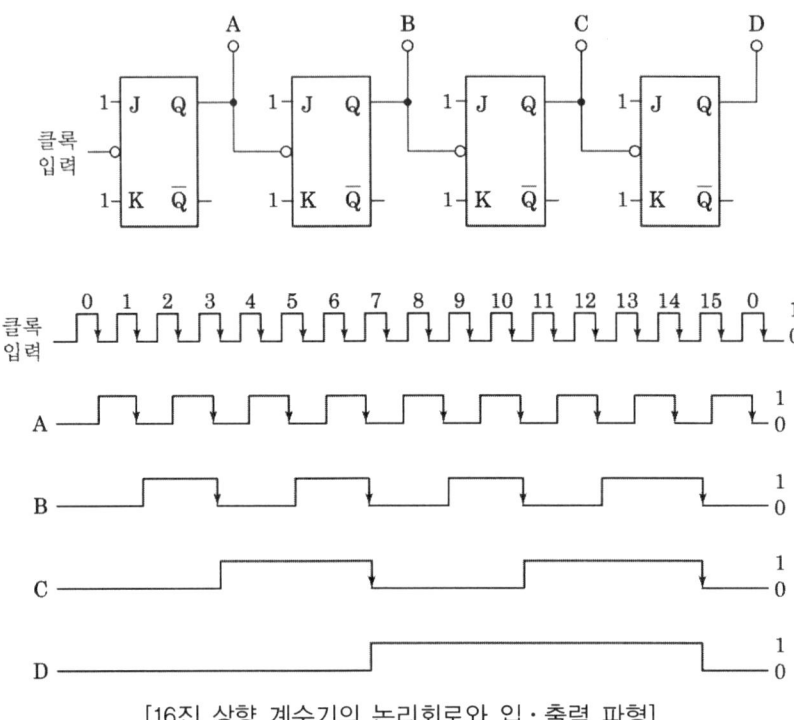

[16진 상향 계수기의 논리회로와 입·출력 파형]

② 하향 계수기(binary down counter) : 높은 자리에서 낮은 자리로 역순의 계수를 하는 2진 계수기로서 감산 계수기라고도 한다.

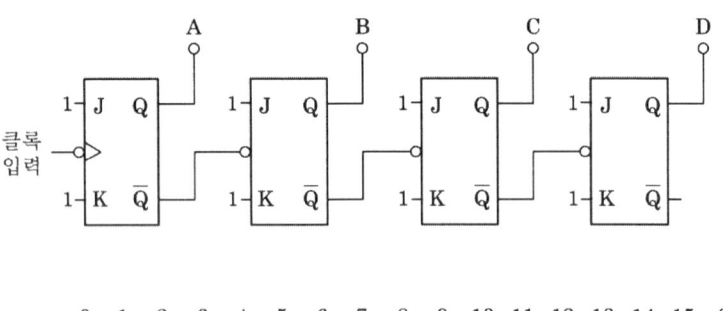

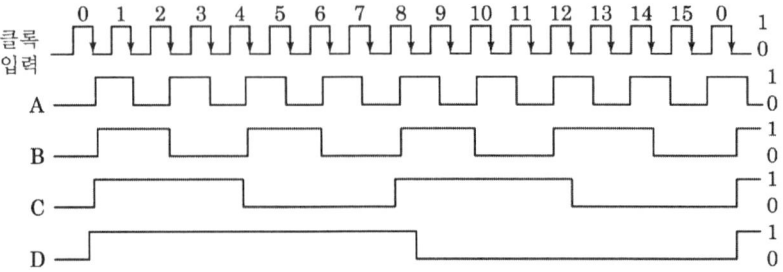

Chapter 08 반도체

1. 전자 현상

[1] 전자와 전류

① 전기소량(quantum of electricity) : 1개의 전자가 가지고 있는 (−)전하의 절대값
  $e = 1.602 \times 10^{-19}$[C]

② 전자의 질량 $m_0 = (9.1066 \pm 0.0032) \times 10^{-31}$[kg]

> **참고** 운동 중의 질량
> $$m = \frac{m_0}{\sqrt{1-(v/c)^2}} \text{[kg]}$$
> 단, c : 빛의 속도(약 3×10^8[m/sec], v : 전자의 속도[m/sec])

③ 전류 : 단위 시간에 대한 전하의 변화량
  $$전류(I) = \frac{전하의\ 변화량(dQ)}{단위\ 시간(dt)}$$

④ 도체의 단면을 통과하는 전자의 개수 N과 흐르는 전류 I[A]의 관계
  $N = nvS$[개/sec]
  $I = eN = 1.602 \times 10^{-19} nvS$[A]
  단, S : 도체의 단면적[m²]
    n : 전하의 밀도[개/m³]
    v : 전자의 평균 이동 속도[m/sec]

[2] 전장 중의 전자 운동

① 전장 속의 정지된 전자 : 쿨롱의 법칙(Coulomb's law)에 의해 전장의 방향과는 반대 방향으로 힘을 받아 가속되어 운동 에너지를 갖는다.

② 전자의 속도 : 그림의 A점에서 B점에 도달할 때의 속도

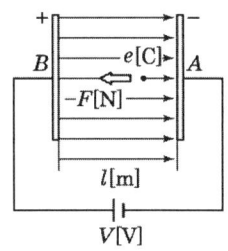

[전장 중의 전자 운동]

$$\frac{1}{2}mv^2 = eV \qquad \therefore v = \sqrt{\frac{2eV}{m}} \text{ [m/sec]}$$

전자의 전하량과 질량을 대입하면 $v \fallingdotseq 5.93\sqrt{V}\times 10^5$ [m/sec]

③ 전자의 운동 시간

㉠ 전자의 가속도

$$F = eE = ma \qquad \therefore a = \frac{eE}{m} \text{[m/sec}^2\text{]}$$

㉡ 전자의 운동 시간

$$l = \frac{1}{2}at^2 = \frac{1}{2} \cdot \frac{eE}{m}t^2 \qquad \therefore t = \sqrt{\frac{2ml}{eE}} \text{ [sec]}$$

④ 전자볼트(electron volt) : 전자가 가지는 에너지의 크기로 단위는 [eV]

$1\text{[eV]} = 1.602 \times 10^{-19}\text{[J]}$

[3] 자장 중의 전자 운동

① 전자의 운동 방향

㉠ 자장의 방향과 수직(직각)이면 : 회전 운동

㉡ 자장의 방향과 수직이 아니면 : 나선 운동

㉢ 자장의 방향과 같으면 : 자장의 영향을 받지 않는다.

② 회전 운동 : 플레밍의 왼손법칙을 따른다.
③ 나사선 운동 : 자장의 방향과 θ의 각도를 이룰 때

$$v_x = v\sin\theta\,[\text{m/sec}] \qquad v_y = v\cos\theta\,[\text{m/sec}]$$

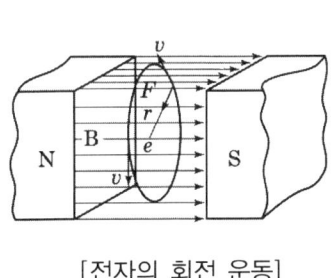

[전자의 회전 운동]

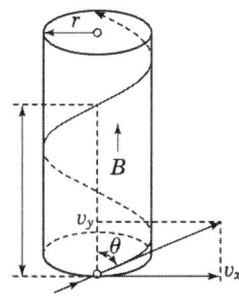

[전자의 나사선 운동]

[4] 열전자방출

① 열전자방출 : 금속을 가열할 때 전자가 전위장벽을 넘어 공간으로 탈출하는 현상
② 열전자방출 재료 : 텅스텐, 토륨-텅스텐, 산화물 피복 음극

> **참고** 진공관의 음극 재료 조건
> ㉠ 일 함수가 작을 것
> ㉡ 융점이 높을 것
> ㉢ 진공 속에서 증발이 안 될 것
> ㉣ 방출 효율 I_w가 좋을 것
> ㉤ 가공 공작이 쉬울 것

③ 일함수(work function)
㉠ 0°K(-273[℃])에서 자유전자를 방출시키는 데 필요한 최소의 에너지
㉡ $W = e\phi\,[\text{J}]$에서 ϕ를 물질의 일함수라 하고 단위는 [eV]를 쓴다.

[5] 광전자방출

① 광전자방출 : 도체에 빛을 비추면 그 표면에서 전자를 방출하는 현상(광전 효과)
② 물질에서 방출되는 전자의 양은 광자의 양, 즉 빛의 세기에 비례한다.

$$\frac{1}{2}mv_m^2 = hf - W\,[\text{J}]$$

③ 가시광선(약 400~700[μm])의 영역에서 광전자를 얻어낼 수 있는 금속은 알칼리 금속에 한한다.

[6] 2차 전자방출

① 2차 전자방출 : 전자가 금속판면에 부딪칠 때에 금속표면의 전자가 튀어나오는 현상
② 2차 전자방출비 : 2차 전자와 1차 전자의 수의 비(2차 전자 이득)
   $\delta = \dfrac{n_s}{n_p}$ (단, n_s : 2차 전자의 수, n_p : 1차 전자의 수)

[7] 고전장 방출

① 고전장 방출 : 금속표면에 10^8[V/m] 정도의 강한 전장을 가하면 상온에서도 금속의 표면에서 전자가 방출되는 현상(냉음극 방출)
② 쇼트키(Sohottky) 효과에 의해 전자의 방출량은 전장의 세기에 따라 변하며, 온도에는 관계가 없다.

[8] 브라운관

① 전자총, 편향 전극, 형광면 등의 주요 부분으로 되어 있다.
② 집속 방법
   ㉠ 전자 집속
   ㉡ 정전 집속

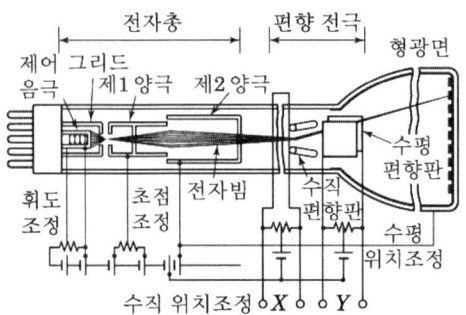

③ 각 부의 조절
　㉠ 초점 조절 : 제1양극의 전압을 변화시켜 전자 렌즈 효과를 조절한다.
　㉡ 수직 위치 조절 : 수직 편향판에 가해지는 전압을 변화시켜 준다.
　㉢ 수평 위치 조절 : 수평 편향판에 가해지는 전압을 변화시켜 준다.
　㉣ 휘도 조절 : 제어 전극의 전압을 변화시켜 전자빔의 양을 조절해 준다.

2. 반도체 성질

[1] 저항률에 의한 물질의 구분

① 도체(conductor) : 10^{-4} [Ωm] 이하의 물질(은, 구리 등)
② 절연체(insulator) : 10^{7} [Ωm] 이상의 물질(베이클라이트, 고무 등)
③ 반도체(semiconductor) : $10^{8} \sim 10^{-5}$ [Ωm] 사이의 물질(Ge, Si 등)

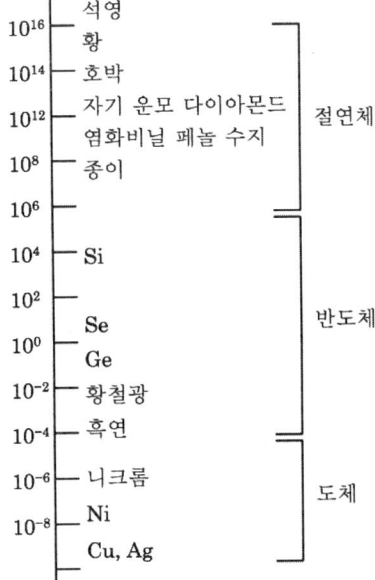

[2] 에너지대 구조

① 허용대(allowed band) : 고체 중에서 전자가 존재할 수 있는 에너지 준위
② 금지대(forbidden band) : 허용대와 허용대 사이의 전자가 존재할 수 없는 범위
③ 충만대(filled band) : 전자가 가득 찬 허용대(가전자대라고도 한다)
④ 공대(empty band) : 전자가 1개도 들어 있지 않은 허용대
⑤ 전도대(conduction band) : 대역의 일부가 전자로 채워져 있는 허용대

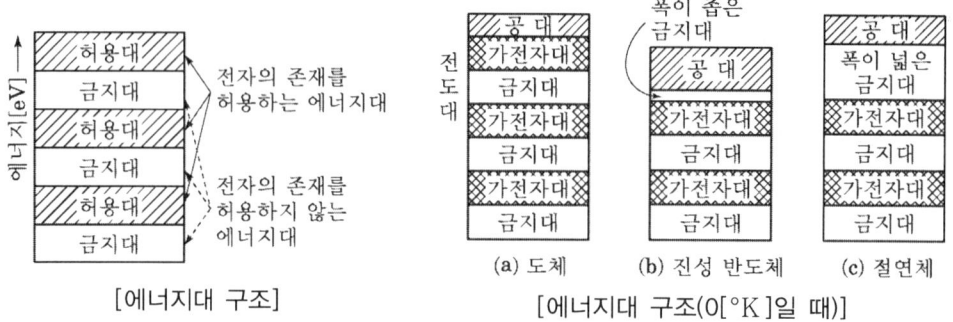

[에너지대 구조]   [에너지대 구조(0[°K]일 때)]

[3] 진성 반도체와 불순물 반도체

① 진성 반도체(intrinsic semiconductor) : 불순물이 전혀 섞이지 않은 반도체
② 불순물 반도체(extrinsic semiconductor)
  ㉠ N형 반도체 : 과잉전자(excess electron)에 의해서 전기전도가 이루어지는 불순물 반도체
    • 도너(donor) : N형 반도체를 만들기 위한 불순물 원소(Sb, As, P, Pb)
  ㉡ P형 반도체 : 정공에 의해서 전기전도가 이루어지는 불순물 반도체
    • 억셉터(acceptor) : P형 반도체를 만들기 위한 불순물 원소(Ga, In, B, Al)

[4] 반도체의 홀 효과(hall effect)

홀 전압 $V = k_H \dfrac{IB}{t}$ [V]

여기서, k_H : 홀 계수[m²/C], t : 금속의 너비[m]
B : 자속밀도[Wb/m²], I : 전류[A]

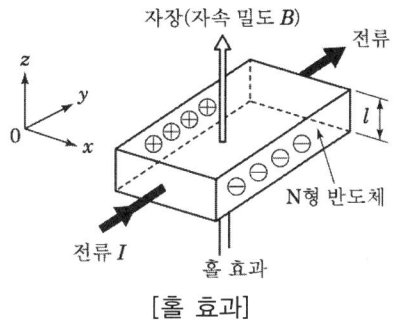

[홀 효과]

3. 다이오드

[1] PN 접합 다이오드(PN junction diode)

① P형 반도체와 N형 반도체를 접합시켜 만든다.
② 다이오드의 특성

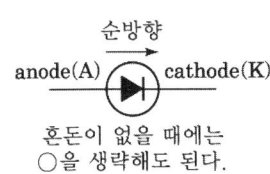

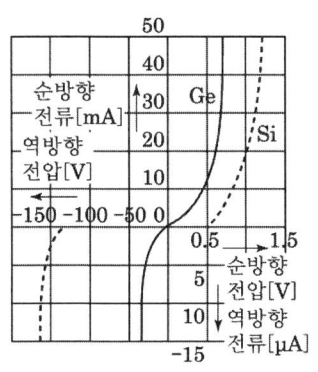

[다이오드의 전압 전류특성]

③ 다이오드의 종류
  ㉠ 점 접촉형
  ㉡ 접합형(합금 접합형, 확산 접합형)

[2] 제너 다이오드(zener diode)

① 전압을 일정하게 유지하기 위한 전압 제어소자로 정전압 다이오드로도 불리며, 정전압회로에 사용된다.

② 재료의 배합에 따라 1[V]에서 1000[V] 정도까지의 제너 전압(V_E)이 결정된다.

[3] 터널 다이오드(tunnel diode)

불순물 농도를 매우 크게 만들어 부성 저항 특성을 갖는 소자로 마이크로파대의 발진이나 전자계산기의 고속 스위칭 소자로 사용된다.

[4] 서미스터(thermistor)

온도에 따라 저항값이 변하는 소자로서 음(-)의 온도계수를 갖는 소자로 저항 온도 변화의 보상, 전력계, 자동제어, 온도계 등에 쓰인다.

[5] 배리스터(varistor)

전압에 의해 저항이 크게 변하는 소자로서 고압 송전 피뢰기, 전자기와 통신기기의 불꽃 잡음의 흡수 등에 사용된다.

[6] 가변 용량 다이오드(varactor diode)

① 역방향 전압의 변화로 다이오드 양단의 공간 전하 용량이 가변되는 특성을 이용한 소자

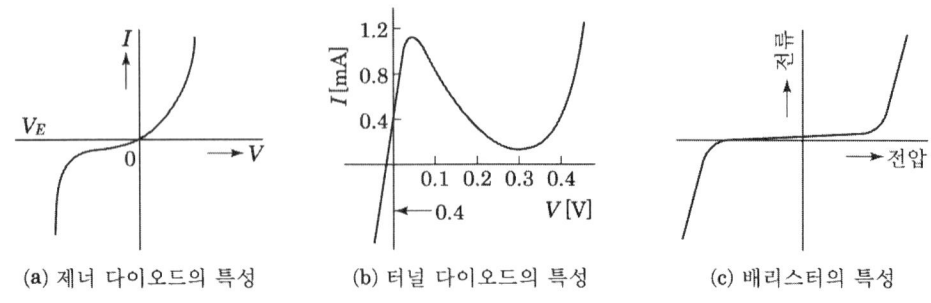

(a) 제너 다이오드의 특성   (b) 터널 다이오드의 특성   (c) 배리스터의 특성

② 수신기의 동조회로, 주파수 변조회로 등의 용량 변화 소자로 쓰인다.

4. 트랜지스터

[1] 트랜지스터의 구조

① 이미터(emitter, E) : 전류의 반송자를 주입하는 전극
② 베이스(base, B) : 주입된 반송자를 제어하는 전류 공급
③ 컬렉터(collector, C) : 전류의 반송자를 모으는 부분의 전극

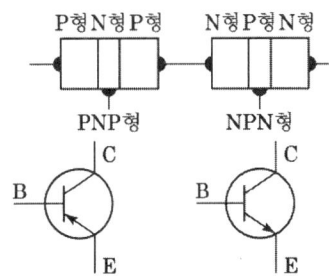

[2] 트랜지스터의 동작

① NPN형 트랜지스터의 동작
  ㉠ E와 B 사이의 순방향 전압 V_{BE}에 의해 E의 전자가 B로 이동한다.
  ㉡ C와 B 사이의 역방향 전압 V_{CB}에 의해 E에서 B쪽으로 가던 전자의 대부분이 C쪽의 높은 전압에 끌려서 전류가 흐르게 된다.
  ㉢ PNP형과는 전지 연결이 반대 극성이다.

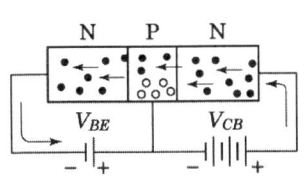 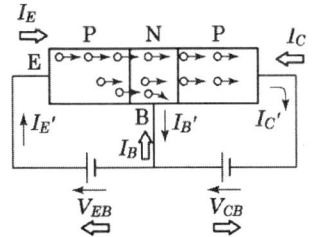

[트랜지스터의 작용(NPN형)]   [트랜지스터의 전류]

② 전류 증폭률
  ㉠ 트랜지스터의 전류 분배 : $I'_E = I'_B + I'_C$
  ㉡ 이미터와 컬렉터 사이의 전류 증폭률(베이스 접지 전류 증폭률)
  $$\alpha = \left| \frac{\Delta I_C}{\Delta I_E} \right| \ (V_{CB} \text{ 일정})$$
  ㉢ 베이스와 컬렉터 사이의 전류 증폭률(이미터 접지 전류 증폭률)

$$\beta = \left|\frac{\Delta I_C}{\Delta I_B}\right| \ (V_{CE}\, 일정)$$

㉣ α와 β 사이의 관계 : $\alpha = \dfrac{\beta}{1+\beta}$, $\beta = \dfrac{\alpha}{1-\alpha}$

㉤ 보통 α는 0.95~0.99, β는 20~100 정도이다.

[3] 트랜지스터의 종류

① 합금 접합형 트랜지스터(alloy junction type transistor)
② 성장 접합형 트랜지스터(grown junction type transistor)
③ 확산 접합형 트랜지스터(diffusion junction type transistor)

[4] 전장 효과 트랜지스터

전장 효과 트랜지스터(FET, field effect transistor)는 다수 반송자에 의해 전류가 흐르고 5극 진공관과 비슷한 특성을 가지며 입력 임피던스가 매우 높은 특징이 있다.

[5] 접합형 FET

① 구조와 기호

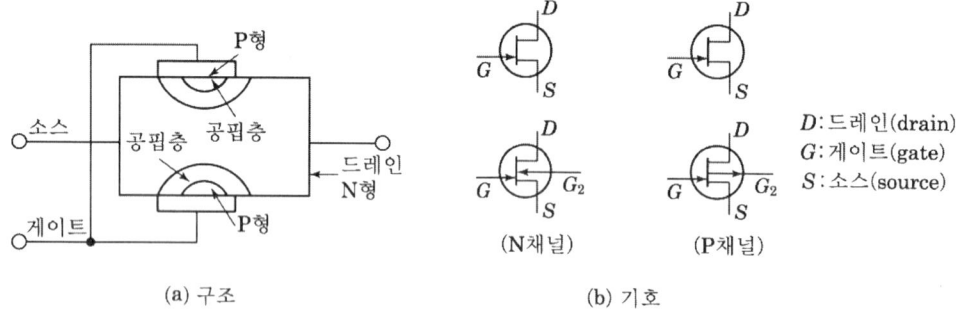

(a) 구조　　　　　　　　(b) 기호

② 게이트와 소스 사이에 역바이어스를 걸고 드레인에 (+)전압을 걸어 사용한다.
③ 전달 컨덕턴스 : 드레인 전류의 변화분에 대한 게이트 전압의 변화분의 비

$$g_m = \frac{\Delta I_D (드레인\ 전류의\ 변화분)}{\Delta V_G (게이트\ 전압의\ 변화분)}\ [\mho]$$

④ MOS형 FET : P형 실리콘에 n^+층을 만든 후 표면 산화시킨 다음 알루미늄 전극을 붙여

만든다.

5. 반도체 스위칭 소자

[1] 실리콘 제어정류소자(SCR, silicon controlled rectifier)

① PNPN 소자의 P_2에 게이트 단자를 달아 P_2, N_2 사이에 전류를 흘릴 수 있게 만든 단방향성 소자이다.

② 애노드(A)가 캐소드(K)에 대해 (+)인 경우에만 도통상태로 되며, 일단 도통상태가 되면 게이트는 제어 능력을 상실하여 애노드 전압을 0 또는 (−)로 해야만 차단 상태로 된다.

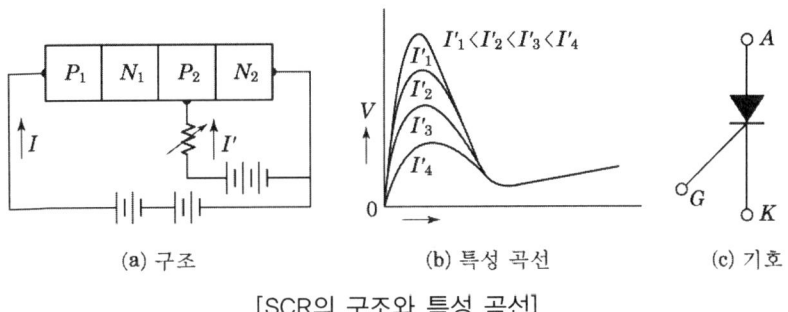

(a) 구조　　　　(b) 특성 곡선　　　　(c) 기호

[SCR의 구조와 특성 곡선]

[2] 다이액 소자(DIAC, diode AC switch)

① 역방향이라도 통전 상태와 차단 상태가 있는 쌍방향성 2단자 스위칭 소자로서, 실리콘 대칭형 스위치(silicon symmetrical switch, SSS)라고도 한다.

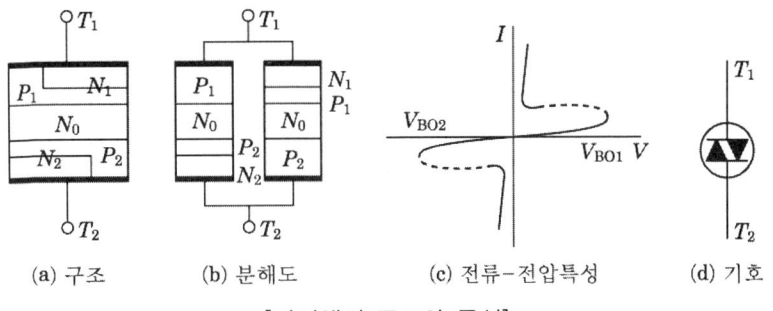

(a) 구조　　(b) 분해도　　(c) 전류-전압특성　　(d) 기호

[다이액의 구조와 특성]

② 교류회로의 전류제어회로, 조명조정장치, 온도조정장치 등에 쓰인다.

[3] 트라이액(triac)소자

① 쌍방향성 소자로서 T_1, T_2 사이에 순방향 또는 역방향 어느 한쪽 방향으로 전압을 가해줄 때 게이트에 어느 값 이상의 전류가 흘러 들어가거나 나가면 T_1, T_2 사이는 단락(도통)된다.

② 게이트에 (+) 또는 (-)의 어느 값 이상 전류를 흘리면 트리거(trigger)시킬 수 있고 비교적 약한 전력으로 동작시킬 수 있다.

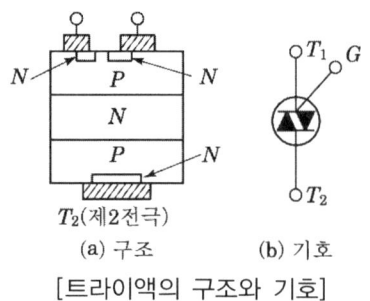

[트라이액의 구조와 기호]

[4] 단일 접합 트랜지스터(uni-junction transistor, UJT)

① N형의 실리콘 막대 양단에 단자 B_1, B_2를 만들고 중간 부분에 P층을 형성하여 이 부분을 E(이미터)로 하고 B_1, B_2를 베이스로 한 것으로 더블 베이스 다이오드라고도 한다.

② 부성 저항 특성에 의한 발진 작용으로 사이리스터의 트리거 펄스 발생회로 등에 사용된다.

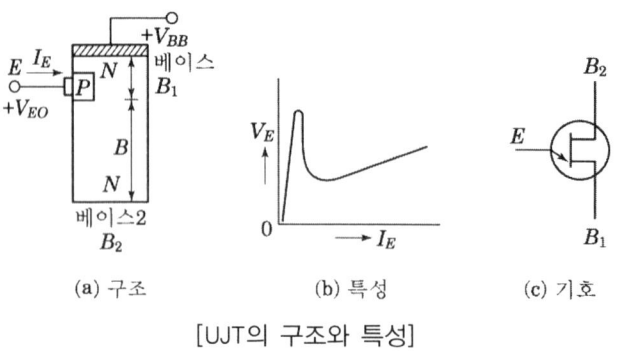

[UJT의 구조와 특성]

6. 집적회로

[1] 집적회로(integrated circuit, IC)의 분류

```
        ┌ 반도체 IC    ┌ 바이폴러 IC
        │              └ MOS IC
   IC ──┤ 하이브리드 IC ┌ 하이브리드 박막 IC
        │              └ 하이브리드 후막 IC
        └ 박막 IC
```

① 반도체 IC : 실리콘 단결정 기판 속에 여러 개의 능동 및 수동 소자를 만들고, 이들을 금속 막으로 결선하여 구성시킨 것으로 모놀리식(monolithic) IC라고도 한다.

② 박막(thin-film) IC : 회로구성 소자인 능동, 수동 소자를 모두 박막 기술로 만들어 낸 것

③ 하이브리드(hybrid) IC : 반도체 제조 기술과 박막 기술을 혼용하여 만든 것

④ 집적도에 의한 IC의 분류

　㉠ SSI(small scale integration) : 집적도 100 정도의 소규모 집적회로

　㉡ MSI(medium scale integration) : 집적도 300~500 정도의 중규모 집적회로

　㉢ LSI(large scale integration) : 집적도가 1000 이상의 대규모 집적회로

　㉣ VLSI(very large scale integration) : 집적도가 수10~수100만의 초대규모 집적회로

[2] IC화에 적합한 회로

① L 및 C가 거의 필요 없고 R의 값이 작은 회로

② 전력 출력이 작아도 되는 회로

③ 신뢰성이 특히 중요시되며 소형, 경량을 요하는 회로

[3] 반도체 IC의 제조 공정

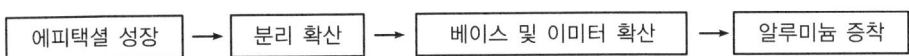

① 에피택셜 성장 : Si 기판 위에 N형의 에피택셜층 형성 → SiO_2(산화물) 피막 형성

② 분리 확산 : 사진부식으로 SiO_2막을 부분적으로 제거한 후 P형 불순물을 선택 확산시켜 P^+형 확산층으로 각 영역을 분리한다.

③ 베이스 확산 : 베이스가 될 부분의 SiO_2층을 사진 부식으로 제거하고 P형 불순물을 확산시킨다.

④ 이미터 확산 : 이미터로 될 부분의 SiO_2층을 제거하고 N형 불순물을 확산시킨다.

⑤ 알루미늄 증착 : 전극이 될 부분의 SiO_2를 제거하고 웨이퍼의 전면에 알루미늄막을 진공 증착시키고, 사진 부식의 방법으로 배선을 한다.

[4] 반도체 IC의 조립

① 스크라이빙(scribing) : 하나의 웨이퍼(wafer) 안에 공정한 매우 많은 동일한 IC 칩에서 하나씩 나누는 것을 말한다.

② 펠릿 접속(Pellet bonding) : IC칩을 용기에 붙이는 작업

③ 선 접속(wire bonding) : IC칩의 알루미늄 증착 배선의 단부와 용기의 리드선 사이를 가는 선으로 접속하는 작업

④ IC의 용기 : TO-5형, 플레이트형, 듀얼 인 라인(dual in line)형 등이 있다.

[5] 대규모 집적회로의 제작 과정

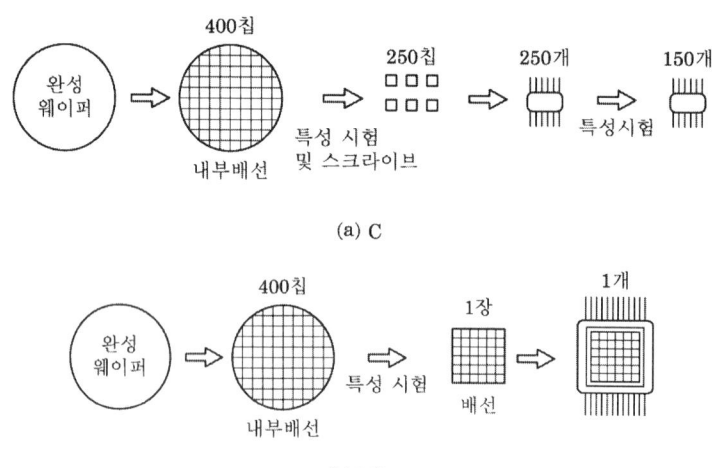

(a) C

(b) LSI

전자계산기 구조 02

Chapter 01 컴퓨터 구조 일반

1. 컴퓨터의 기본적 내부 구조

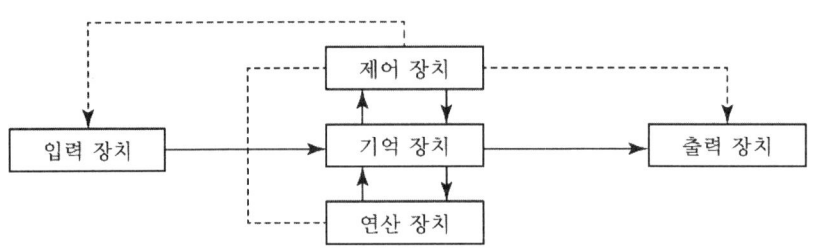

① 입력장치 : 프로그램과 자료(data)들이 입력장치를 통하여 컴퓨터 내에서 처리될 수 있도록 전달한다.

② 중앙처리장치(CPU, Central Processing Unit) : 처리장치와 제어장치로 구분된다. 처리장치는 산술논리장치(ALU)와 자료처리 연산 등을 실행한다. 제어장치는 각 장치 사이의 흐름을 감독한다.

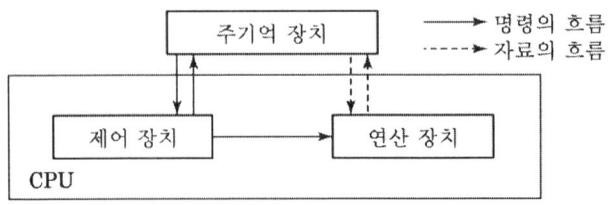

[중앙처리장치의 구성]

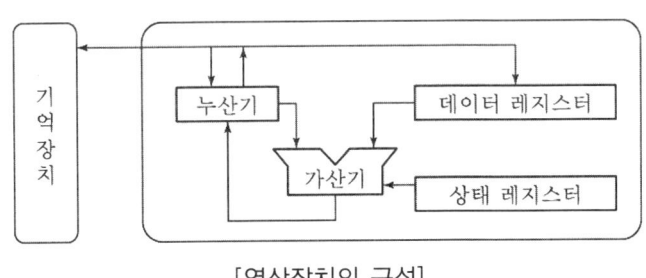

[연산장치의 구성]

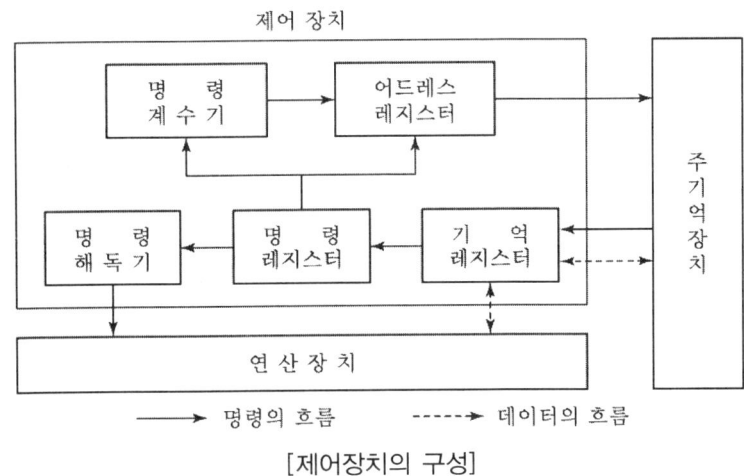

[제어장치의 구성]

③ 출력장치 : 처리된 결과를 사용자가 원하는 형태로 볼 수 있게 하는 장치이다.
④ 기억장치 : 실행한 프로그램과 여러 자료들을 저장 보관하는 장치이다. 주기억장치와 보조기억장치로 구분한다.

2. 중앙처리장치의 구성

[1] 중앙처리장치의 기능

① 중앙처리장치는 제어장치, 산술연산장치, 주기억장치로 이루어진다.
② 기억장치는 레지스터(register)인 플립플롭(flipflop)이나 래치(latch)로 구성된다.

③ 연산 기능을 하는 장치(ALU)는 산술 연산과 논리 연산을 실행한다.
④ 전달 기능의 장치는 버스(bus)를 이용하여 연산기로 입·출력되며 내부 버스와 외부 버스로 이루어진다.
⑤ 제어기능은 각 명령들이 정확하게 실행되고 있는지, 각 장치들이 제 기능을 수행하는지를 제어한다.

[2] 레지스터의 기능

① 연산용 레지스터(arithmetic register)와 인덱스 레지스터 프로그램에 의해 레지스터의 내용을 바꿀 수 있다.
② 명령 레지스터(instruction register) : 프로그램에 의해 레지스터의 내용을 바꿀 수는 없지만 프로그램 실행 시 제어의 기능을 한다. 명령부(OP-code)와 번지부(operand)로 구성된다.
③ 프로그램 번지 레지스터(program address register) : 저장된 자료나 자료의 번지를 읽을 때 그 번지를 임시로 저장한다.
④ 명령 계수기(instruction counter) : 명령 실행 시 1씩 증가하여 다음에 실행할 명령의 번지를 기억한다.
⑤ 누산기(accumulator) : 연산장치의 중심 레지스터로 산술 논리 연산의 결과를 임시로 기억한다.
⑥ 상태 레지스터(status register) : 연산의 결과에서 자리올림(carry)이나 오버플로(overflow) 발생과 인터럽트 신호 등의 상태를 기억한다.

[3] 주기억장치

① ROM(read only memory) : 비소멸성의 기억소자로 저장되어 있는 내용을 꺼낼 수는 있으나, 새로운 데이터를 저장할 수 없는 반도체 소자이다.
② 마스크 ROM(mask ROM) : 제조과정에서 내용을 미리 기억시킨 곳으로 사용자는 어떤 경우에도 그 내용을 바꿀 수 없다.
③ PROM(programmable ROM) : 제조 후 사용자가 비교적 간단한 방법으로 ROM의 내용을 써 넣을 수 있도록 제작된 반도체 소자이다.
④ EPROM(erasable PROM) : PROM을 개량한 소자로서, 자외선이나 높은 전압으로 그 내용

을 지워서 다시 사용할 수 있다.
⑤ RAM(random access memory) : 저장한 번지의 내용을 인출하거나 새로운 데이터를 저장할 수 있으나, 전원이 꺼지면 내용이 소멸된다.
⑥ 정적 RAM(static RAM) : 플립플롭으로 구성되어, 속도가 빠르다.
⑦ 동적 RAM(dynamic RAM) : 단위 기억 비트당 가격이 저렴하고 집적도가 높으나 일정 시간이 지나면 refresh 작업이 필요하다.

[4] 보조기억장치

① 외부 기억장치라 하며, 주기억장치의 용량 부족을 보충하기 위해 사용한다.
② 자기드럼장치 : 표면에 자성체를 도금한 금속 원통을 일정한 속도로 회전시켜 그 주변에 설치된 자기 헤드(head)에 의해 자성면에 데이터를 기록한다.
③ 자기디스크장치 : 알루미늄 합금 표면에 자성체를 입힌 원판(레코드판과 비슷하다.)으로 고속으로 회전하는 원판의 표면에 자기 헤드에 의해 데이터가 기록된다.
④ 자기테이프장치 : 순차 처리만 가능한 보조기억장치로 중간 결과를 기록하거나 대량의 자료를 반영구적으로 보존할 때 사용한다.

Chapter 02 전자계산기의 논리회로

1. 소규모 집적회로

① 소규모 집적회로(Small Scale Integration Circuit, SSIC)는 일정 단위 내에 몇 개의 독립된 게이트(gate)를 내장하고 있어 입·출력 핀에 직접 연결한다. 내장 게이트의 수는 10개 이하이며 집적회로에서 이용할 수 있는 핀의 수도 적다.

2. 중규모 집적회로와 대규모 집적회로

① 중규모 집적회로(Medium Scale Integration Circuit, MSIC)는 일정 단위 내에 10개에서 100개 정도의 게이트(gate)를 갖는 구조로 디코더(decoder), 가산기(adder), 레지스터나 특정 목적의 디지털 함수의 기능을 실행한다.
② 대규모 집적회로(Large Scale Integration Circuit, LSIC)는 수백에서 수천개의 게이트를 갖는 구조로 프로세스, 기억장치 등에 사용된다.
③ 초대규모 집적회로(Very Large Scale Integration Circuit, VLSIC)는 수천개 이상의 게이트를 갖는 구조로 대규모 기억장치나 복잡한 마이크로프로세서 등이 있다. 값이 싸고 크기가 작아 경제적인 구조 설계가 가능하다.

Chapter 03 자료의 표현

1. 자료의 표현

① 비트(bit) : binary digit의 약자이며 기억 장소의 최소 단위로 0, 1로 표현된다.
② 바이트(byte) : 8비트가 모여서 1개의 문자나 일정한 수를 기억하는 단위이며 8비트를 1바이트라고 한다.
③ 워드(word) : 한 기억 장소에 기억되는 데이터의 범위로, 하프 워드(half word=2바이트), 풀 워드(full word=4바이트), 더블 워드(double word=8바이트) 등으로 구분한다.
④ 필드 또는 항목(field or item)은 정보를 전달하는 최소의 문자 집단이다. 레코드(record)는 서로 관련 있는 필드의 모임이다.
⑤ 논리적 레코드(logical record) : 파일에서 자료를 항목별로 가지고 있는 정보 구성 단위이다. 1개 이상이 모여서 물리적 레코드를 구성한다.
⑥ 물리적 레코드(physical record) : 블록(block)이라고도 하며, 정보가 기억되는 기본 단위이다.
⑦ 파일(file)은 모든 레코드의 집합이고, 데이터베이스(database)는 매우 큰 파일이나 여러 개의 파일 집합을 말한다.
⑧ 비트 → 바이트 → 워드 → 항목(item) → 레코드 → 파일 → 데이터베이스의 순이다.

2. 자료의 외부적 표현 방식

[1] BCD(Binary Coded Decimal) 코드

① BCD 코드는 0부터 9까지의 10진 숫자에 4비트 2진수를 대응시킨 것으로, 각 자리는 8, 4,

2, 1의 무게를 가지므로 8421 코드라고도 한다.

```
  7        8        4        5      ← 10진수(decimal number)
8 4 2 1  8 4 2 1  8 4 2 1  8 4 2 1  ← 자리값(weight)
0 1 1 1  1 0 0 0  0 1 0 0  0 1 0 1  ← BCD 코드
```

[2] 표준 2진화 10진 코드(standard binary coded decimal code)

① BCD 코드를 확장한 것으로서 6개의 데이터 비트와 1개의 체크 비트(check bit)로 구성되며 7트랙 코드(seven track code)라고도 한다.

② 이 코드는 실제로 6개의 비트로 문자를 표현하는 종류가 $64(2^6)$가지이며, 문자의 그룹을 표시하는 존 비트(zone bit)와 디짓 비트(digit bit)가 있다.

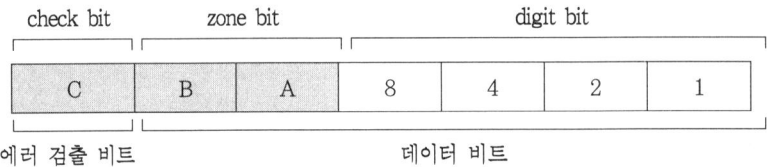

zone bit {
11 : A~I까지 영문자 표시
10 : J~R까지 영문자 표시
01 : S~Z까지 영문자 표시
00 : 0~9의 숫자 표시
혼용 : 특수문자 표시 및 기타
}

[표준 2진화 10진 코드의 구성]

[3] EBCDIC 코드(extended binary coded decimal interchange code)

① EBCDIC 코드(확장 2진화 10진 코드)는 1개의 체크 비트와 8개의 데이터 비트로 구성되며, 데이터 비트 8개는 존 비트(zone bit) 4개와 디짓 비트 4개로 $256(2^8)$가지의 문자를 표현하므로 영문자, 숫자, 특수문자 등의 사용이 가능한 코드이다.

② 일반적으로 EBCDIC 코드의 8비트를 1바이트(byte)라 하며 존 비트는 각각의 문자를 식별하는 데 사용되고, 디짓 비트는 숫자(numeric) 비트로서 4비트의 2진수가 코드화된다.

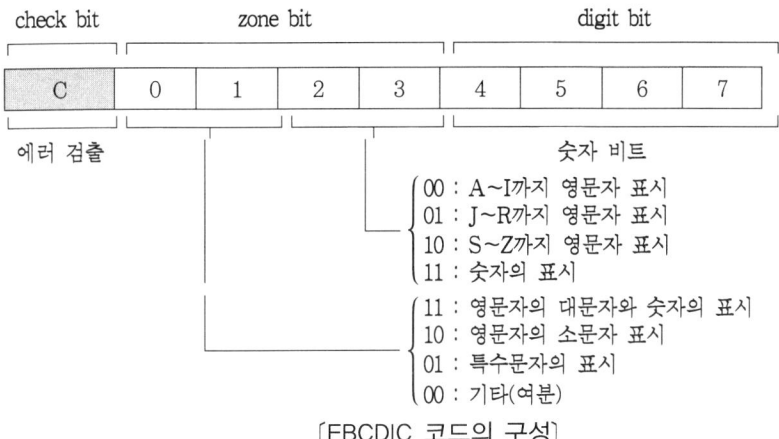

〔EBCDIC 코드의 구성〕

[4] ASCII 코드(American standard code for information interchange)

① ASCII 코드는 7개의 데이터 비트로 한 문자를 표시하는데 3개의 존 비트와 4개의 디짓 비트로 구성되며, 8비트의 ASCII 코드도 있다.

② ASCII 코드의 비트 번호는 오른쪽에서 왼쪽으로 부여한다.

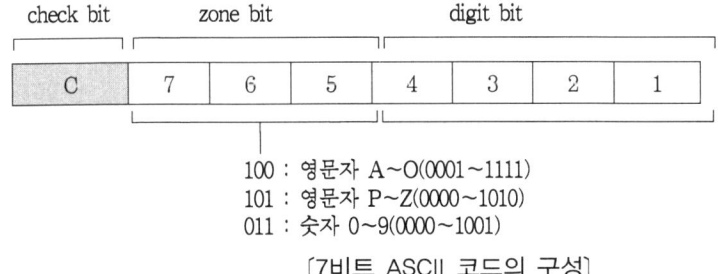

〔7비트 ASCII 코드의 구성〕

3. 자료의 내부적 표현 방식

[1] 고정 소수점(fixed point) 표현 방식

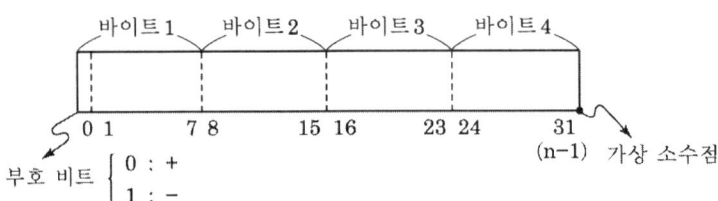

[고정 소수점 표현(1워드가 32비트인 경우)]

① 부호와 절대값(signed magnitude) 표현 : 1~n−1에 절대값을, 0비트에 부호를 표시하는 방법으로, $-(2n^{n-1}-1) \leq N \leq (2^{n-1}-1)$ 범위의 수를 표현할 수 있다.

② 1의 보수(1's complement) 표현 : 음수의 경우 절대값에 대한 1의 보수로 표시하므로 $-(2^{n-1}-1) \leq N \leq (2^{n-1}-1)$ 범위의 수를 표현할 수 있다.

③ 2의 보수(2's complement) 표현 : 음수의 경우 절대값에 대한 2의 보수로 표시하므로 $-(2^{n-1}) \leq N \leq (2^{n-1}-1)$ 범위의 수를 표현할 수 있다.

[2] 부동 소수점(floating point) 표현 방식

① 한 개의 부호 비트, 지수부(exponent part), 가수부(mantissa part)로 구성되며, 소수점을 포함한 실수도 표현 가능하다. 소수점의 위치를 정해진 위치로 이동하는 과정을 정규화(normalization)라 한다.

② 수의 표현 시 고정 소수점 방식보다 정밀도를 높일 수 있으므로 과학, 공학, 수학적인 응용 면에서 주로 사용한다.

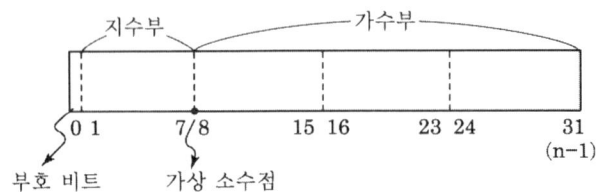

[부동 소수점 표현(1워드가 32비트인 경우)]

[3] 10진 데이터 표현

① 비팩 10진(unpacked decimal) 형식 : 1바이트에 1자리의 10진수를 표현하는 방법으로 존 10진(zone decimal) 형식이라고도 한다.

② 팩 10진(packed decimal) 형식 : 1바이트에 두 자리의 10진수를 표현하고, 마지막 4비트로는 부호를 표현한다.

Chapter 04 연산

1. 수학적 연산

[1] 데이터의 성질에 따른 구분

① 비수치적 연산 : 비수치적 데이터에 대한 처리로, 논리적인 AND, OR, 컴플리먼트(complement) 등과 시프트(shift), 로테이트(rotate) 등이 있다.
② 컴퓨터의 연산이란 컴퓨터의 외부에서 들어오는 입력 데이터, 기억장치 내의 데이터와 CPU 내의 레지스터에 기억된 데이터 등을 CPU의 연산기(ALU, arithmetic and logic unit)를 이용하여 처리하는 것이다.
③ 수치적 연산은 고정 소수점 방식과 부동 소수점 방식으로 표현된 수에 대한 가감승제와 산술적 시프트를 포함한다.

[2] 데이터의 수에 따른 구분

① 유너리(unary) 연산 : 연산에 사용되는 데이터의 수가 한 개인 경우로 시프트, 로테이트 및 컴플리먼트가 있다.
② 바이너리(binary) 연산 : 두 개의 데이터에 대한 연산으로 AND, OR와 4칙 연산이 있다.

[3] 고정 소수점 연산 방식

① 더하기의 경우 부호와 절대값에 의한 표현 방식에서는 부호의 비교, 필요한 뺄셈 등의 과정을 거친다.
② 1의 보수인 경우에는 부호를 포함하여 가산을 행한 후 올림수(carry)가 발생하면 가산 결과에 다시 1을 더한다.

③ 2의 보수의 경우에는 부호를 포함하여 가산하면 올림수가 발생하여도 관계없다.
④ 감산에서 2진수 감산은 부호와 절대값에 의한 표현 방식에서만 필요하다. 1의 보수 또는 2의 보수 방식에서는 빼는 수에 대해 부호를 포함하여 1의 보수 또는 2의 보수를 취해 가산으로 처리한다.
⑤ 승·제산 : 산술 이동(arithmetic shift)과 가산의 연속으로 처리한다.

[4] 부동 소수점 표현 방식의 연산

① 실수를 나타내는 방식으로 지수부와 정수부 또는 소수부의 두 부분으로 나누어져 있는데, 이 두 부분에 대해 각각 고정 소수점 연산을 한다.
② 가·감산 : 두 수의 지수부를 일치시킨 후 가수부에 대하여 가·감산을 행하여 정규화(normalization)시킨다.
③ 승·제산 : 지수부에 대하여 승산의 경우에는 가산을, 제산의 경우에는 감산을 행하고, 가수부에 대하여는 고정 소수점 방식의 승·제산을 적용한다.

[5] 산술 시프트 연산

① 왼쪽 시프트(left shift, 왼쪽 자리 이동) 연산과 오른쪽 시프트(right shift, 오른쪽 자리 이동) 연산이 있으며, 왼쪽 시프트를 한 번 행할 때마다 2배의 연산 결과를, 오른쪽 시프트를 한 번 행할 때마다 1/2배의 연산 결과를 나타내게 된다.
② 산술 시프트 연산에서 채워지는 비트는 수치 데이터의 부호 비트를 고려하기 때문에 부호 비트에 따라 달라질 수 있고, 왼쪽 시프트인가 또는 오른쪽 시프트인가에 따라서도 달라질 수 있다.

2. 논리적 연산

[1] MOVE

① 하나의 입력 데이터를 갖는 연산으로서 연산기의 입력 데이터를 그대로 출력하므로 레지스터에 기억된 데이터를 다른 레지스터로 옮길 때 이용된다.

② CPU와 기억장치 사이에 있어, 기억장치로부터 데이터를 읽어낼 때나, 또는 CPU 내의 데이터를 기억장치에 기억시킬 경우에 데이터가 연산기를 통과하면, 연산기는 MOVE 연산을 실행한다.

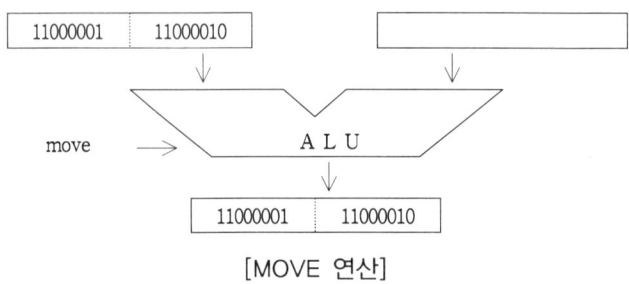

[MOVE 연산]

[2] 컴플리먼트(complement)

① 유너리(단항) 연산으로서 연산 결과는 입력 데이터의 1의 보수가 된다.
② 논리회로에서의 인버터(inverter)와 같이 복잡한 논리 연산을 위한 기본 연산자로 이용된다.

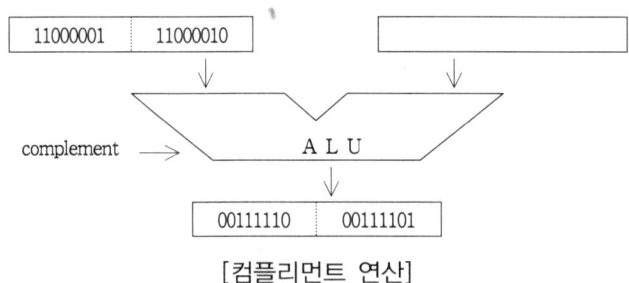

[컴플리먼트 연산]

[3] 시프트와 로테이트

① 시프트 : 입력 데이터의 모든 비트들을 각각 서로 이웃한 비트 자리로 시프트(이동)시키는 연산으로서, 왼쪽 시프트와 오른쪽 시프트로 나누어지는데, 이때 들어오는 비트는 0이다.
② 로테이트 : 시프트와 비슷한 연산으로 나가는 비트가 들어오는 비트로 사용되는 연산으로서, 문자의 위치 변환에 주로 사용된다.

[4] AND와 OR

① AND : 비수치 데이터 중에서 필요없는 일부의 비트 또는 문자를 지워 버리고 나머지 비트만을 가지고 처리하기 위해 사용되는 연산이다.

② 마스크(mask) : AND 연산을 이용하여 다른 비트 패턴 중에 있는 특정 비트의 정보를 변경하거나 리셋(reset)하기 위한 문자나 비트 패턴을 의미한다.

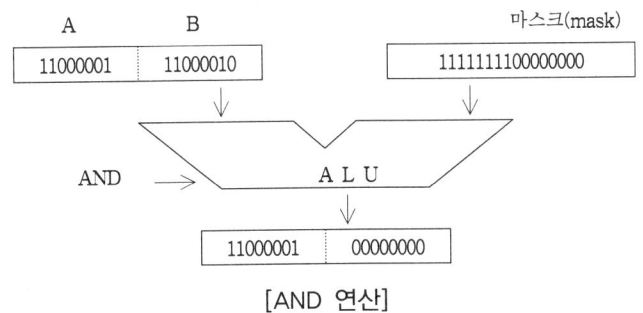

[AND 연산]

③ OR : AND와는 반대의 연산을 행하는 것으로 2개의 데이터를 섞을 때(문자의 삽입 등) 사용하는 연산이다.

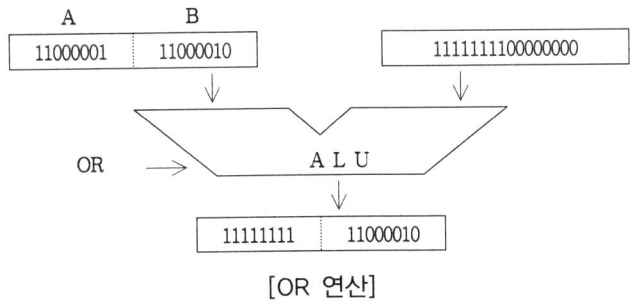

[OR 연산]

Chapter 05 인스트럭션과 지정 방식

 연산자

[1] 인스트럭션

① 컴퓨터의 기계어에서 사용되는 인스트럭션(instruction)은 연산자(operation code, OP 코드)와 주소(address) 부분으로 구성된다.
② 연산자 부분은 인스트럭션의 형식, 연산자 및 자료의 종류를 나타내며, 주소 부분은 자료의 주소를 구하는 데 필요한 정보 및 명령의 순서를 나타낸다.

[2] 연산자의 기능

① 함수 연산 기능(functional operation) : 하나의 기본적인 컴퓨터 기능을 수행하는 연산 기능으로서, 산술 연산과 논리 연산을 포함한다.
② 전달 기능(transfer operation) : 한 기억 장소 또는 기억 매체로부터 다른 곳으로 정보를 이동시키는 기능으로서, 판독, 기록, 복사, 전달, 교환 등이다.
③ 제어 기능(control operation) : 프로그램의 수행 순서를 프로그래머의 의도에 따라 변경시키는 기능으로서, 조건 분기와 무조건 분기가 있다.
④ 입·출력 기능(input/output operation) : 입력 데이터를 입력장치를 통해 받아들이거나, 연산의 결과를 출력장치를 통해 출력하는 기능이다.

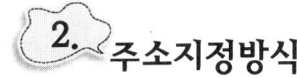
2. 주소지정방식

[1] 주소지정방식의 개념

① 자료의 접근 방법이나 주소의 표현 방식 등의 여러 방법이 있으며, 실제의 컴퓨터에서는 용도별로 여러 주소지정방식을 섞어서 사용한다.
② 주소 설계 시 주소를 효율적으로 나타낼 수 있어야 한다.(주소 표현의 효율성)
③ 주소 설계 시 주소 공간과 기억 공간을 독립시켜야 한다.(장치 공간의 독립성)
④ 주소 설계 시 사용자에게 사용하기 편리하여야 된다.(사용의 편리성)

[2] 자료의 접근 방법에 따른 주소지정방식

① 절대 주소 : 주소부의 값이 그대로 실제 데이터가 들어 있는 기억장치의 주소인 경우로 이해하기는 쉬우나, 기억장치의 이용 효율이 저하된다.
② 상대 주소 : 주소의 값이 실제 데이터가 기억되어 있는 주소의 변위를 표시하는 경우로 기억장치의 이용 효율이 좋으나 이해하기가 어렵다.
③ 직접 주소지정방식(direct addressing mode) : 기억 장소를 주소부에 직접 사상(mapping)시킬 수 있게 되어 있는 방식으로, 주소부에서 지정한 기억 장소의 내용을 오퍼랜드(operand)로 취급 가능하다.
④ 간접 주소지정방식(indirect addressing mode) : 데이터가 기억된 장소에 직접 또는 간접으로 사상시킬 수 있는 방식으로, 짧은 길이의 명령에서 상당히 큰 용량을 가진 기억장치의 주소를 나타내는 데 적합하다.
⑤ 계산에 의한 주소 지정 : 주어진 주소에 상수 또는 별도로 특정 레지스터에 기억된 주소의 일부분을 합산 또는 감산하여 기억된 장소에 사상(mapping)시킬 수 있는 유효 주소를 구하는 방식이다.
⑥ 즉시 주소지정방식(immediate addressing mode) : 명령 내의 주소 부분에 직접 데이터를 쓰는 방식으로, 다른 주소지정방식보다 신속하다.

[3] 주소 표현 방식에 따른 주소지정방식

① 완전 주소 : 정보가 주소이든 데이터이든 그 기억된 장소에 직접 사상시킬 수 있는 완전한

주소로서, 가장 많은 비트 수가 필요하다.
② 약식 주소 : 주소의 일부를 생략한 주소로, 계산에 의한 주소지정방식에 속한다.
③ 생략 주소 : 주소를 구체적으로 나타내지 않아도 원하는 정보가 기억된 것을 알 수 있을 경우에 사용되는 주소로서, 인스트럭션의 길이를 단축할 수 있다.
④ 자료 자신 주소 : 즉시 주소지정방식의 형태이다.

3. 인스트럭션의 형식

[1] 3주소 형식

① 자료의 주소들로 인하여 명령어 길이가 길어지기 때문에 기억장치의 주소와 레지스터 주소를 섞어서 사용하는 경우가 많다.
② 하나의 명령어를 수행하는 데 최소한 4회 기억장치에 접근하므로, 수행 시간이 길어 별로 사용하지 않는다.

연산자 OP-code	자료 1-주소 A_1	자료 2-주소 A_2	결과 주소 A_3

[2] 2주소 형식

① 3-주소 형식에서 연산 후 입력 자료 보존의 필요성이 없을 때 연산 결과를 자료 2-주소에 기억시키는 방식이다.
② 3-주소 형식보다 명령어 길이가 짧으며, 범용 레지스터를 갖는 컴퓨터에서 가장 많이 사용하는 일반적인 형식이다.

연산자 OP-code	자료 1-주소 A_1	자료 2-주소=결과주소 A_2

[3] 1주소 형식

① CPU 내에 누산기(accumulator, AC)가 반드시 필요한 형식으로 연산 결과는 항상 누산기에 기억된다.

연산자	자료 1-주소 A_1

[4] 0주소 형식

① 모든 연산을 스택(stack)을 이용하여 처리하는 컴퓨터에서 사용되는 형식으로, 연산 데이터의 위치와 결과의 입력 위치가 결정되어 있어 주소를 필요로 하지 않는다.

Chapter 06 입력과 출력

1. 입·출력에 필요한 기능

[1] 입·출력에 필요한 기능

① 하드웨어적 기능 : 기억장치와 입·출력장치 사이의 데이터 전달을 위한 송·수신 회선과 이들의 동작상의 차이점을 보완하는 하드웨어 요소들에 의해 이루어져야 한다.
② 소프트웨어적 기능 : 입·출력이 행해지도록 프로그램을 하는 데 사용되는 인스트럭션들을 의미한다.
③ 입·출력 동작의 제어는 항상 CPU에 의해 실행된다.

[2] 입·출력 시스템의 제어

① CPU에 의한 입·출력 : 입·출력 과정에서 CPU가 모든 명령을 수행하는 방식인데, 프로그램에 의한 입·출력과 인터럽트 처리에 의한 입·출력이 있다.
② 프로그램에 의한 입·출력 : CPU가 데이터의 입·출력 및 전송 가능 여부를 계속해서 프로그램에 의해 입·출력장치의 인터페이스를 감시하는 장치이다.
③ 인터럽트 처리 방식에 의한 입·출력 : 입·출력 기기의 준비나 동작이 완료되는 것을 입·출력 제어 프로그램에 의해 확인한 후 입·출력하는 방법으로서, 대기 루프(waiting loop) 방식이라고도 한다.
④ DMA(direct memory access)에 의한 입·출력 : DMA장치는 데이터를 전송할 때 CPU와 독립된 채널(channel)을 구성하여 메모리와 입·출력 기기들 사이에서 직접 데이터를 주고받을 수 있도록 제어하는 회로이다.
⑤ 채널에 의한 입·출력 : 채널은 CPU 대신에 입·출력 조작을 거의 독립적으로 실행하는

장치이므로 이로 인해 CPU는 입·출력 조작으로부터 벗어나 다른 연산 작업을 계속할 수 있다.
⑥ 미니 컴퓨터(mini computer)에서는 입·출력 및 직접 기억장치 접근(DMA) 방법 등을 사용하며, 대형 컴퓨터에서는 채널(channel)을 이용한 입·출력 방식을 사용한다.

[3] 채널

① 채널은 자료의 빠른 처리를 위해 주기억장치와 입·출력장치 사이에 설치하는 장치로 처리 속도가 빠른 CPU와 속도가 느린 입·출력장치 사이의 속도 차이로 인한 작업의 낭비를 줄여 준다.
② 전용 채널 : 특정한 입·출력 제어장치에 채널의 기능을 삽입시킨 것으로 확장성과 유연성이 낮다.
③ 고정 채널 : 입·출력장치마다 채널을 독립시킨 것으로, 확장성과 유연성이 높다.
④ 셀렉터 채널(selector channel) : 입·출력 동작이 개시되어 종료까지 하나의 입·출력장치를 사용하는 채널로서, 디스크와 같은 고속장치에서 사용한다.
⑤ 멀티플렉서 채널(multiplexer channel) : 다수의 입·출력장치를 접속해서 동시에 입·출력 동작을 할 수 있는 채널로서, 키보드와 같은 속도가 느린 장치에서 사용한다.
⑥ 블록 멀티플렉서 채널(block multiplexer channel) : 멀티플렉서 채널과 셀렉터 채널의 양면을 복합한 것으로, 다수의 고속도 장치를 연결할 수 있다.

Chapter 07 전자계산기의 구성망

1. 데이터 전송 방식

[1] 통신 방식

① 단방향(simplex) 통신 방식 : 한쪽 방향으로만 데이터를 전송할 수 있는 방식을 말한다.
② 반이중(half duplex) 통신 방식 : 데이터를 양쪽 방향으로 전송할 수 있으나 동시에 양쪽 방향으로 전송할 수는 없으며, 한 순간에 어느 한쪽 방향으로만 데이터를 전송할 수 있다.
③ 전이중(full duplex) 통신 방식 : 접속된 두 장치 사이에서 동시에 양방향으로 데이터의 흐름을 가능하게 하는 방식으로서, 상호의 데이터 전송이 자유롭다.

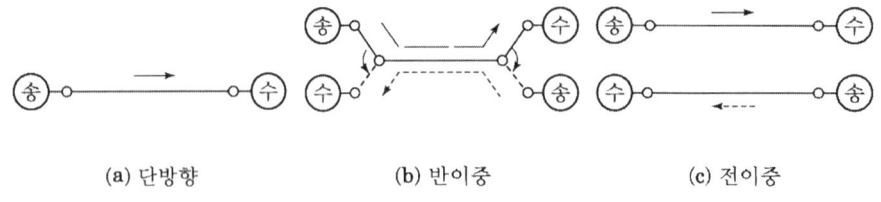

(a) 단방향　　　　　(b) 반이중　　　　　(c) 전이중

[2] 전송 방식

① 직렬(serial) 전송 : 하나의 문자 정보를 나타내는 데이터 비트를 직렬로 나열한 후 하나의 통신 회선을 사용하여 1비트씩 순차적으로 전송하는 방식

② 병렬(parallel) 전송 : 하나의 데이터를 구성하는 다수 개의 비트별로 각각의 통신 회선을 두어 한꺼번에 전송하는 방식
③ 비동기(asynchronous) 전송 : 한 번에 한 문자 데이터씩 전송하는 방식으로 조보식 또는 스타트 스톱(start stop) 방식이라고도 한다.
④ 동기(synchronous) 전송 : 한 문자 단위가 아닌 미리 정해진 만큼의 문자열을 구성하여 일시에 전송하는 방식으로서, 비트 동기, 문자 동기, 프레임 동기 방식이 있다.

[3] 전송 속도

① 단위로는 1초당 전송되는 비트 수를 나타내는 bps(bit/s)와 매초당의 신호 변환 또는 상태 변환 수를 나타내는 보(baud)가 있다.
② 데이터 신호 속도 : 부호를 구성하고 있는 비트가 1초 동안에 얼마나 전송되는가를 나타내며, 단위로는 bps를 사용한다.
③ 변조 속도 : 신호의 변조 과정에서 1초 동안에 몇 번의 변조가 수행되었는가를 나타내며, 단위로는 보(baud)의 단위를 사용한다.
④ 데이터 전송 속도 : 대응하는 장치 사이에 전송되는 단위 시간당의 비트, 문자, 블록 수를 표시하는 데 이용되며, 특별히 정해진 단위는 없고 단위 시간으로 초, 분, 시간 등이 사용된다.
⑤ 베어러(bearer) 속도 : 기저대 전송 방식에서 데이터 신호 이외에 동기 신호, 상태 신호 등을 포함하는 전송 속도를 말하며, 단위로는 bps가 사용된다.

2. 터미널 구성

① 성형 통신망(star network) : 중앙집중형 통신망(centralized network)으로 중앙에 컴퓨터(host computer)가 있고, 주위에 단말기를 연결된 형태이다.
② 계층형 통신망(hierarchical network) : 목형 통신망(tree network)이라고도 하며, 중앙에 컴퓨터가 있고 일정 지역 단말기까지는 하나의 통신 회선으로 연결시키고, 그 외의 단말기는 일정 지역에 설치된 단말기에서 연장되는 형태이다.
③ 루프형 통신망(loop network) : 환형 통신망(ring network)이라고도 하며, 컴퓨터 및 단말

기들이 횡적으로 서로 이웃하는 것끼리만 연결된 형태로, 양방향으로 데이터 전송이 가능하여 통신 회선 장애 시에 융통성을 가질 수 있다.

④ 그물형 통신망(mesh network) : 통신의 신뢰도가 중요시되는 구성 형태로, 완전 분산형(complete distributed network) 구조를 통하여 주컴퓨터의 중계없이 단말기 사이의 데이터 통신이 가능하므로 통신망의 효율이 향상된다.

⑤ 근거리 통신망 : 근거리 통신망(local area network, LAN)은 빌딩이나 공장, 학교 구내 등 일정 지역 내에 설치된 통신망으로, 약 10[km] 이내의 거리에서 100[Mbps] 이내의 빠른 속도로 데이터 전송이 수행되는 시스템이다.

⑥ 부가 가치 통신망 : 부가 가치 통신망(value added network, VAN)은 공중 전기 통신 사업자로부터 통신망을 빌려서 컴퓨터와 접속시켜 구성한다.

⑦ 종합 정보 통신망(integrated services digital network, ISDN)은 아날로그 전송을 기본으로 한 전화 중심의 통신망을 디지털 전송에 의한 통신망으로 실현하여 전화, 데이터, 화상, 팩시밀리 등 모든 전기 통신 서비스를 통합적으로 제공하는 디지털 통신망으로서, 상호간의 접속성과 고도의 통신 서비스를 제공한다.

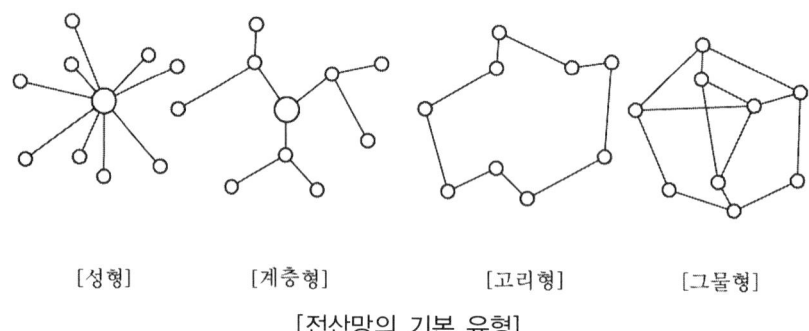

[성형]   [계층형]   [고리형]   [그물형]

[전산망의 기본 유형]

디지털공학 03

Chapter 01 수의 진법 및 코드화

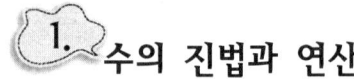 수의 진법과 연산

[1] 진법

① 전자계산기에서는 논리 '1'과 논리 '0'의 2진수(binary number)를 사용하며, 이러한 계산법을 2진법(binary number system)이라 한다.
② 2진법 : 기수는 2이며, 2진수의 1자리(각 자리)는 비트(bit, binary digit)이다.
③ 8진법(octal number system) : 기수는 8이며, 0에서 7로 이루어진다.
④ 16진법(hexadecimal number system) : 기수가 16으로서, 0에서 9까지 10개의 숫자와 A, B, C, D, E, F(각 10, 11, 12, 13, 14, 15에 대응)의 영문자를 사용한다.

10진수	0	1	2	3	4	5	6	7	8	9	10	11	12	13	14	15	16	17
2진수	0	1	10	11	100	101	110	111	1000	1001	1010	1011	1100	1101	1110	1111	10000	10001
8진수	0	1	2	3	4	5	6	7	10	11	12	13	14	15	16	17	20	21
16진수	0	1	2	3	4	5	6	7	8	9	A	B	C	D	E	F	10	11

[10진수와 각 진수의 변환]

[2] 수의 변환(진법 변환)

① 전자계산기 내부에서는 2진수로 모든 정보가 표현되지만, 실제의 정보를 표현할 때에는 8진수나 16진수로 한다.
② 10진수를 2진수로 변환 : 10진수를 2로 나누어 나머지를 구하고, 그 몫을 또 2로 나누어

몫이 0이 될 때까지 되풀이한다.

③ 2진수를 10진수로 변환 : 2진수의 최하 자리로부터 차례로 2^0, 2^1, 2^2, $\cdots$ 2^n을 곱하고 그 결과를 덧셈한다.

[3] 2진수의 연산

① 덧셈의 법칙
   0+0=0
   0+1=1
   1+0=1
   1+1=10 ※ 자리올림(carry)

② 뺄셈의 법칙
   0-0=0
   1-0=1
   1-1=0
   0-1=1 ※ 자리빌림(borrow)

③ 곱셈의 법칙
   0×0=0
   0×1=0
   1×0=0
   1×1=1

④ 나눗셈의 법칙
   0÷1=불능
   1÷1=1
   0÷0=0
   1÷0=불능

⑤ 1의 보수 : 0을 1로, 1을 0으로 변환하여 얻는다.
   (예) 101의 보수는 → 010

⑥ 2의 보수 : 1의 보수에 1을 더하여 구한다.
   (예) 2의 보수 → 1의 보수+1

[4] 수치 데이터 코드

① BCD(Binary Coded Decimal) 코드 : '0'과 '1'을 사용하여 10진수를 나타내는 2진수의 10진법 표현 방식으로서 2진화 10진 코드라고도 한다.

② 0에서 9까지의 10진 숫자를 나타내기 위해서는 4개의 비트가 필요하며(2^4=16 중 10개 사용), BCD 코드의 각 자리는 왼쪽부터 8, 4, 2, 1의 값을 가지므로 8421 코드라고도 한다.

③ BCD 코드는 10진수로의 변환이 간단하지만 산술 연산이 복잡하다.

④ 3초과 코드(Excess-3 BCD Code) : BCD 코드에 $3_{(10)}$=$0011_{(2)}$을 더해 얻은 것으로 BCD 코드의 단점인 산술 연산을 보다 쉽게 한 것이다.

⑤ 그레이 코드(Gray Code) : 연속적인 숫자에서 한 자릿수만 1만큼 다르고 나머지는 똑같은 표현으로 나타내는 2진 코드이다.

[5] 문자 부호

① 문자 부호는 36개 이상의 다른 문자를 코드화해야 하므로 최소한 6비트 이상(5비트로 2^5=32개, 6비트로 2^6=64, 7비트로 2^7=128, 8비트로 2^8=256문자)이어야 한다.

② 7비트 ASCII(American Standard Code for Information Interchange) 코드 : 2^7=128개의 서로 다른 문자를 표시할 수 있는 코드로서, 6비트 BCD 코드로는 불가능한 영어의 대문자와 소문자를 구별하여 나타낼 수 있다.

③ ASCII-8 코드 : 7비트 ASCII에 착오 검색을 위해 사용되는 패리티(parity) 비트를 부가한 8비트 코드

④ EBCDIC(Extended Binary Coded Decimal Interchange Code) 코드 : 8비트로 필요한 경우 패리티 체크 비트를 부가하는 9비트 코드로 한다.

Chapter 02 불 대수

1. 불 대수

[1] 불 대수의 법칙

① 교환 법칙 $A+B = B+A,\ A \cdot B = B \cdot A$

② 결합 법칙 $(A+B)+C = A+(B+C),\ (A \cdot B) \cdot C = A \cdot (B \cdot C)$

③ 분배 법칙 $A+(B \cdot C) = (A+B) \cdot (A+C),\ A \cdot (B+C) = A \cdot B + A \cdot C$

[2] 기본 정리

① $A + 0 = A$ ② $A \cdot 1 = A$ ③ $A + \overline{A} = 1$

④ $A \cdot \overline{A} = 0$ ⑤ $A + A = A$ ⑥ $A \cdot A = A$

⑦ $A + 1 = 1$ ⑧ $A \cdot 0 = 0$

[3] 드 모르간(De Morgan)의 정리

① $\overline{A+B} = \overline{A} \cdot \overline{B}$ ② $\overline{A \cdot B} = \overline{A} + \overline{B}$

③ $A \cdot B = \overline{\overline{A} + \overline{B}}$ ④ $A + B = \overline{\overline{A} \cdot \overline{B}}$

[4] 불 대수의 응용

① $A + A \cdot B = A$ ② $A \cdot (A + B) = A$

③ $A + \overline{A} \cdot B = A + B$ ④ $A \cdot (\overline{A} + A \cdot B) = AB$

[5] 카르노도법에 의한 최소화

① 논리회로의 논리식을 간소화하는 것을 최소화(minimization)라 하며, 불 대수의 정리 및 법칙을 이용하여 최소화하는 방법으로, 논리식이 비교적 단순할 때 사용한다.
② 논리식에 해당하는 부분을 카르노도 표에 '1'을 쓰고, 그 밖에는 '0'을 쓴다.
③ 이웃된 '1'을 2, 4, 8, 16개로 가능한 한 크게 원을 만든다. 이때 이들 원은 중복되어도 좋다.
④ 다른 원과 중복된 '1'의 원이 있으면 이것은 삭제해도 좋다.
⑤ 원으로 묶인 부분에서 변화되지 않은 변수만을 불 대수로 쓰면 된다.

Chapter 03 기초적인 논리회로

1. 논리 게이트 회로의 종류와 기본 동작

[1] 논리합(OR) 회로

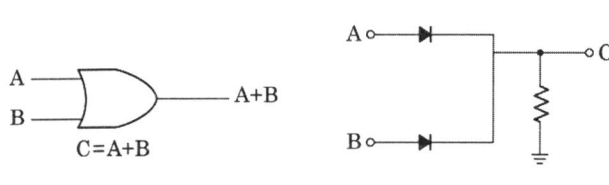

[2] 논리곱(AND) 회로

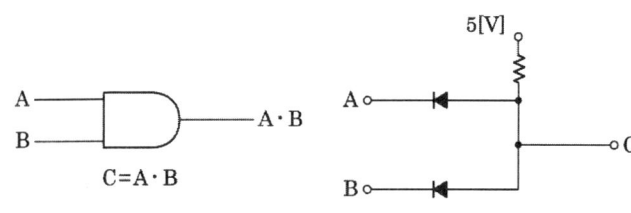

[3] 부정(NOT) 회로

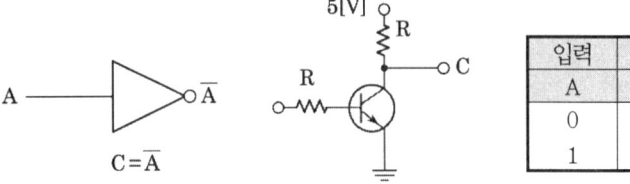

[4] 부정 논리합(NOR) 회로

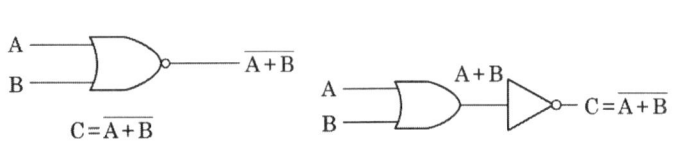

입력		출력
A	B	C
0	0	1
0	1	0
1	0	0
1	1	0

[5] 부정 논리곱(NAND) 회로

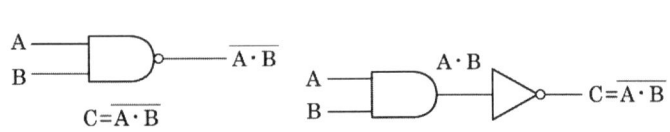

입력		출력
A	B	C
0	0	1
0	1	1
1	0	1
1	1	0

[6] 배타 논리합(EOR) 회로

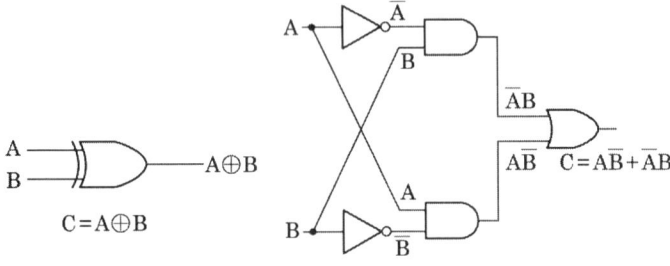

입력		출력
A	B	C
0	0	0
0	1	1
1	0	1
1	1	0

Chapter 04 플립플롭회로

1. 플립플롭의 종류와 기본 동작

[1] RS 플립플롭

① NOR 게이트에 의한 RS 플립플롭(flip-flop) : S(set)와 R(reset)의 2개의 입력과 2개의 출력 Q, $\overline{Q}$를 가지며, 2진 데이터를 저장하는 레지스터(register)나 기억(memory) 소자로서 이용된다.

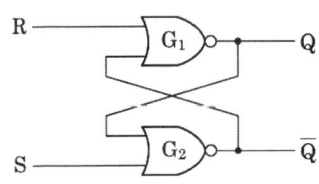

S	R	Q_{n+1}
0	0	Q_n
0	1	0
1	0	1
1	1	불확정

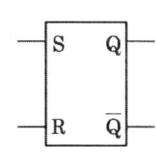

② 클록형 RS 플립플롭 : 기본적인 RS 래치에 필요한 클록 동작을 부가시킨 회로

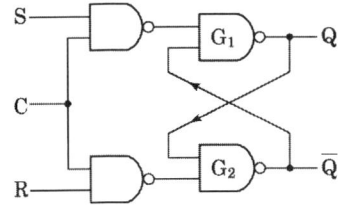

C	S	R	Q_{n+1}
	0	0	Q_n
	0	1	0
	1	0	1
	1	1	불확정

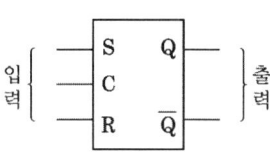

③ 주·종(master slave)형 RS 플립플롭 : 주(master) 플립플롭과 종(slave) 플립플롭 2개의 플립플롭을 종속 연결한 회로로, 1개의 인버터를 주·종 간 클록 단자 사이에 연결한 플립플롭

[2] JK 플립플롭

① RS 플립플롭에서 R=S=1의 경우 동작이 불확실한 상태로 되는데, RS 플립플롭에서 Q를 R로 $\overline{Q}$를 S로 되먹임시켜 불확실한 상태가 없도록 한 회로이다.

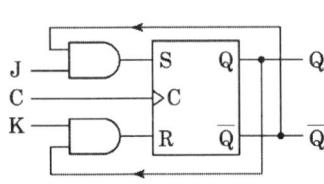 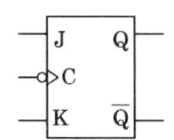

② RS, D, T 플립플롭의 동작을 모두 실행할 수 있어 실용의 범위가 매우 넓다.
③ 주·종형 JK 플립플롭 : J=K=0일 때 클록 펄스가 1이면 출력은 불변이다. J=1, K=0일 때 CP=1이면 출력은 1이다. J=K=1일 때, CP=1이면 출력은 현상태에서 반전된다.(J=K=1을 계속 유지하고 CP가 계속 들어오면 출력은 0과 1을 반복하게 된다.)
④ 레이싱(racing) 현상을 피하기 위한 것이 마스터-슬레이브 JK-FF이다.
⑤ 레이싱(racing) 현상이란 JK-FF에서 CP=1일 때 출력 쪽의 상태가 변화하면 입력 쪽이 변하여 오동작을 발생하고, 이 오동작은 다른 오동작을 일으키는 현상이다.

[3] D 플립플롭

① 클록형 RS 플립플롭 또는 JK 플립플롭을 변형시킨 것으로, 데이터 입력 신호 D가 그대로 출력 Q에 전달되는 특성으로 데이터의 일시적인 보존이나 디지털 신호의 지연 등에 이용된다.

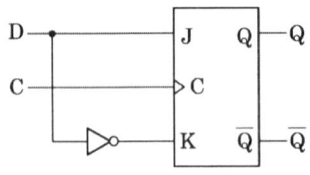

[4] T 플립플롭

① JK 플립플롭의 입력 J 및 K를 서로 묶어서 하나의 데이터 입력으로 한다.
② 클록 펄스가 가해질 때마다 출력 상태가 반전하는 토글(toggle) 또는 스위칭 작용을 하므로 계수기(counter)에 사용된다.

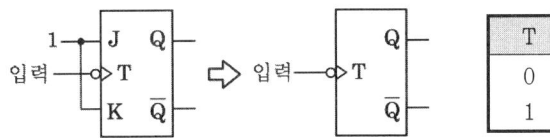

T	Q_{n+1}
0	Q_n
1	$\overline{Q}_n$

Chapter 05 조합 논리회로

 가산기

[1] 반가산기(half-adder)

① 2개의 2진수와 A와 B를 더한 합(sum) S와 자리올림 수(carry) C를 얻는 회로로 배타 논리합 회로와 논리곱 회로로 구성된다.

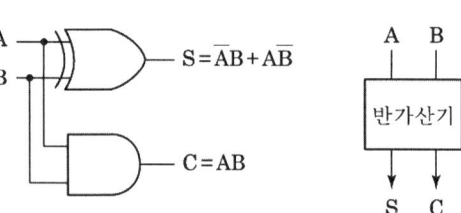

입력		출력	
A	B	S	C
0	0	0	0
0	1	1	0
1	0	1	0
1	1	0	1

[2] 전가산기(full-adder)

① 2진수 가산을 완전히 하기 위해 아래 자리로부터의 자리올림 입력도 함께 더할 수 있는 기능을 갖게 만든 가산기로 2개의 반가산기와 1개의 논리합 회로를 연결하여 구성한다.

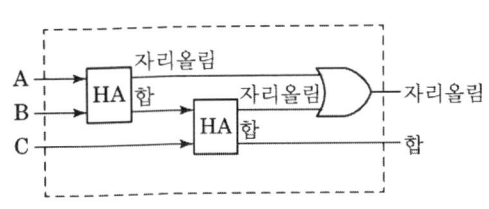

A	B	C	자리올림 C_0	합 S
0	0	0	0	0
0	0	1	0	1
0	1	0	0	1
0	1	1	1	0
1	0	0	0	1
1	0	1	1	0
1	1	0	1	0
1	1	1	1	1

[3] 그 외 가산기의 종류

① 직렬 가산기(serial adder) : 여러 비트로 구성된 두 수를 한 번에 한 비트씩 차례로 더하는 가산기로서, 아무리 비트 수가 많아도 1개의 전가산기로 구성할 수 있으나 속도가 느리다.

② 병렬 가산기(parallel adder) : 여러 비트로 구성된 2진수를 한꺼번에 더하기 위해 여러 개의 전가산기를 병렬로 연결한 가산기이다.

③ BCD 가산기 : BCD로 나타낸 수를 더하여 합과 자리올림 수를 BCD로 출력하는 가산기로서, 9가 넘는 2진수 1010(2) 이상은 교정하여 BCD 자리올림으로 해 주도록 구성된다.

2. 감산기

[1] 반감산기와 전감산기

① 반감산기(half-subtractor) : 피감수와 감수만 다루고, 아래 자리에서의 빌림수는 취급하지 않으므로 2진수 1자리의 감산에만 사용할 수 있다.

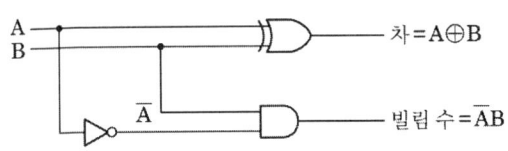

A	B	빌림수	차
0	0	0	0
0	1	1	1
1	0	0	1
1	1	0	0

② 전감산기(full-subtractor) : 3개의 입력을 가진 2진수 뺄셈 회로, 즉 피감수와 감수 및

자리빌림 수의 3개의 입력이 필요하며, 2개의 반감산기와 1개의 OR 게이트로 구성할 수 있다.

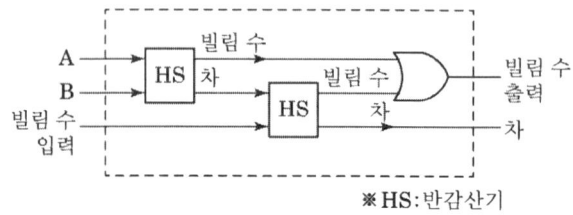

※ HS : 반감산기

③ 병렬 감산기(parallel subtractor) : 여러 가지의 2진수 감산을 위해 여러 개의 전감산기를 병렬로 연결한 감산기이다.

3. 인코더

① 인코더(encoder, 부호기) : 인간계의 말을 디지털계의 말로 번역, 즉 부호화하는 조합 논리 회로로서, 해독기와 정반대의 기능을 가진다.
② n개의 비트로 구성되는 코드는 최대 2^n개의 서로 다른 정보를 나타낼 수 있으므로 인코더는 2^n개 이하의 입력과 n개의 출력을 가진다.

4. 디코더

① 디코더(decoder, 해독기) : 입력 단자에 가해지는 부호화된 2진 데이터를 출력에 해독해 내는 조합 논리회로이다.
② n개의 입력과 m개의 출력을 가지는 n×m 디코더 : 입력에 가해지는 N비트 코드를 해독하여 그 값에 따라 m개의 출력 중에서 특정한 하나의 출력을 '1'로 하고 나머지 출력들은 '0'으로 만든다.

5. 기타 조합 논리회로

[1] 멀티플렉서(multiplexer)

① 2개 이상의 입력 중에서 필요로 하는 신호를 외부로부터의 선택 기호에 의해 1개만 선택하여, 출력 신호로 꺼낼 수 있는 기능을 가진 조합 논리회로이다.

② 게이트를 사용하여 구성하는 멀티플렉서는 2^n개의 입력선과 입력 선택을 위한 n개의 선택선 및 하나의 출력선을 가지며, 이 선택선에 가하는 비트 조합에 따라 입력 중의 하나가 선택된다.

[2] 디멀티플렉서(demultiplexer)

① 한 신호원으로부터의 데이터를 제어 입력에 의해 여러 개의 출력단 중에서 선택된 출력단에 출력하는 회로이다.

② 1×2^n 디멀티플렉서는 하나의 입력과 2^n개의 출력선 중에서 하나를 선택하기 위한 n개의 선택선을 가진다.

Chapter 06 순서 논리회로

1. 각종 계수기 회로의 기초

[1] 카운터(counter)

① 카운터(계수기)는 입력 펄스가 들어올 때마다 미리 정해진 순서대로 플립플롭의 상태가 변화하는 것을 이용한 것이다.

② 동기형(synchronous type) 카운터 : 계수회로에 쓰이는 모든 플립플롭에 클록 펄스를 동시에 공급하면 출력 상태가 동시에 변화하고, 클록 펄스가 없을 때 가해진 입력 펄스에 대해서는 각각의 플립플롭이 동작하지 않는다.

③ 비동기형(asynchronous type) 카운터 : 계수회로에 쓰이는 플립플롭이 종속 연결되어 있어 첫 플립플롭에만 입력 클록을 가하고 다음 플립플롭부터는 바로 앞단 플립플롭의 출력에서 보내오는 클록 펄스만으로 동작한다.

[2] 비동기형 계수회로

① 2진 리플 카운터 : 주로 T 플립플롭으로 구성되며, 계수 출력의 총 수는 2^n개가 된다.(n은 사용된 플립플롭의 개수)

② 비동기형 2^n진 카운터 : T 플립플롭을 n개 종속 연결하여 만든 카운터로서, 첫번째의 플립플롭만 외부에서 클록 입력이 가해져서 트리거하고 n번째의 플립플롭의 출력이 (n+1)번째 플립플롭을 트리거한다.

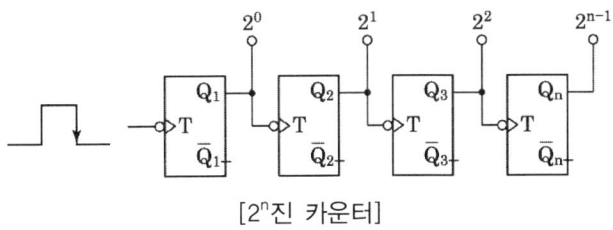

[2^n진 카운터]

[3] 비동기형 N진 계수회로

① N진 카운터는 n개의 입력 펄스를 계수할 때마다 자리올림 신호를 내는 것을 의미하며, 그 구성은 2^n진 카운터를 기본으로 하여 적당한 게이트를 사용해서 n개가 계수되도록 설계한다.

② N진 카운터를 만들려면 n-1번째의 입력 펄스를 세어 계수 종료 상태를 검출하고, 이와 같은 조건이 만족되면 다음의 펄스로 앞 단을 모두 '0'(리셋) 상태가 되도록 논리회로를 구성하면 된다.

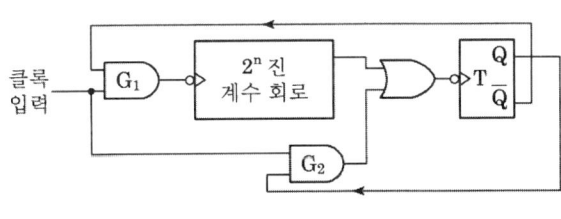

[비동기형 N진 카운터]

[4] 그 외의 카운터

① 상향 카운터(binary up counter) : 입력 펄스가 들어올 때마다 카운터의 내용이 증가하는 카운터로서 가산 카운터라고도 한다.

② 하향 카운터(binary down counter) : 높은 자리에서 낮은 자리로 역순의 계수를 하는 2진 카운터로서 감산 카운터라고도 한다.

③ 동기형 카운터는 앞 단에 연결되어 있는 플립플롭의 출력을 AND 게이트로 논리곱을 잡아 다음 단의 데이터 입력으로 하므로, 플립플롭의 출력 상태가 모두 '1'일 때 계수 펄스와 동기되면서 다음 플립플롭의 모두 출력에 의해 AND 게이트가 열리도록 회로를 구성시킬 수

있다.

2. 순서 논리회로의 설계 기초

[1] 조합 논리회로와 순서 논리회로

① 조합 논리회로 : 출력 신호가 현재의 입력 신호의 조합만으로 결정되는 회로로서 논리 게이트로 구성된다.
② 순서 논리회로 : 출력 신호가 현재의 입력 신호와 과거의 입력 신호에 의하여 결정되는 논리회로로서 플립플롭(flip-flop)과 같은 기억 소자와 논리 게이트로 구성된다.

[2] 순서 논리회로의 구성 요건

① 회로의 동작은 되먹임 신호를 이용하므로 시간적인 요소가 명시되어야 한다.
② 기억 소자에 입력되는 2진 정보는 언제든지 순서에 따라 출력 상태를 나타내고, 외부 입력에 의한 2진 정보는 기억 소자의 현재와 함께 출력 쪽에서 2진값을 결정한다.

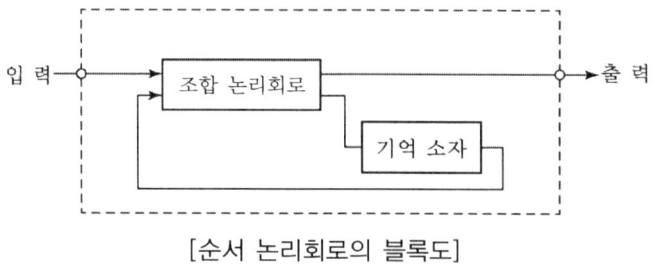

[순서 논리회로의 블록도]

[3] 순서 논리회로의 설계 순서

① 회로의 작동을 글로 서술한다. (이것은 상태도, 타이밍도 또는 정보를 써서 기술할 수 있다.)
② 회로에 관해 주어진 정보로부터 상태표를 얻는다.
③ 만일 순서회로가 상태의 수에 무관한 입력 출력 관계에 의해 특성지어질 수 있다면 상태 축소 방법에 의해 상태의 수를 줄인다.

④ ②번이나 ③번의 과정에서 얻어진 상태표가 문자 기호를 갖고 있으면 각 상태에 2진값을 할당한다.
⑤ 필요한 플립플롭의 수를 결정해서 각각에 문자 기호를 부여한다.
⑥ 사용될 플립플롭의 형을 선택한다.
⑦ 상태표에서 동기표와 출력표를 유도한다.
⑧ 맵 또는 다른 어떤 단순화 방법을 써서 회로 출력 함수와 플립플롭의 입력 함수를 구한다.
⑨ 논리도를 그린다.

3. 레지스터

[1] 레지스터/시프트 레지스터

① 레지스터(register) : 2진 데이터를 일시 저장하는 데 적합한 2진 기억 소자들의 집합이며, 1개의 플립플롭은 2진 데이터의 1비트를 저장할 수 있는 기억 소자의 역할을 하므로 레지스터는 플립플롭의 집합이라 할 수 있다.
② 일반적으로 입·출력의 기능을 바꾸어 오른쪽으로 시프트하거나 왼쪽으로 시프트할 수 있도록 하는데, 이와 같은 것을 범용 레지스터라고 한다.
③ 시프트 레지스터(shift register) : 2진수를 직렬로 1비트씩 차례로 입력시키면 레지스터가 기억하고 있는 데이터를 오른쪽 또는 왼쪽으로 한 자리씩 이동(shift)시킬 수 있는 레지스터이다.

[2] 직렬 시프트 레지스터

① 직렬(serial) 시프트 레지스터 : 2진수의 1비트를 기억할 수 있는 플립플롭 여러 개를 직렬로 연결한 것이다.
② 링 카운터(ring counter) : 시프트 레지스터의 출력을 입력 쪽에 되먹임시킴으로써 펄스가 가해지는 한 같은 2진수가 레지스터 내부에서 순환하도록 만든 것이며, 환상 카운터(circulating register)라고도 한다.
③ 시프트 레지스터(shift register) : 직렬 시프트 레지스터에 역되먹임시켜 구성한 것으로, 동작 상태가 주기적이며, 출력 파형이 플립플롭을 시프트해 간다.

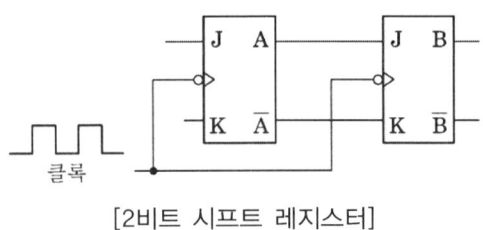

[2비트 시프트 레지스터]

[3] 병렬 시프트 레지스터

① 병렬(parallel) 시프트 레지스터는 레지스터의 모든 비트를 클록 펄스에 의해 새로운 데이터(입력 데이터)로 동시에 바꾸어 로드해 주는 시프트 레지스터이다.
② 각 비트의 플립플롭은 완전히 독립되어 있으므로 입력 신호가 동시에 들어가면 그에 따라 출력 상태가 동시에 나타난다.

프로그래밍 일반 04

Chapter 01 소프트웨어의 개념과 종류

1. 프로그래밍 개념

[1] 프로그래밍 개념

① 프로그램(program) : 어떤 일을 수행하기 위하여 기본적인 동작으로 세분하여 이들의 순서를 정해 놓는 것을 말하는데, 컴퓨터가 어떤 일을 수행하도록 지시하기 위한 명령들을 말하며, 이는 데이터와는 별도로 작성되고, 미리 작성된 프로그램을 컴퓨터에 입력시켜 그 프로그램에 데이터가 입력되고 처리되도록 한다.

② 프로그래밍(programming) : 프로그램을 작성하기 위한 일련의 작업을 말한다.

[2] 프로그램 작성 절차

> **참고**
> ① 문제 분석 → ② 시스템 설계(입·출력 설계) → ③ 순서도 작성 → ④ 프로그램 코딩 및 입력 → ⑤ 디버깅 → ⑥ 실행 → ⑦ 문서화

① 문제 분석 : 프로그램을 작성할 때 발생되는 제안 문제를 분석
② 시스템 설계 : 시스템 분석 단계에서 얻어진 데이터와 정해진 방법에 따라 입·출력, 각종 파일의 형식, 시스템의 개발을 위한 전체 과정의 설계, 데이터베이스의 설계, 운영을 위한 관리도를 설계한다.
③ 순서도 작성 : 프로그램의 설계도와 같으므로 모든 사람이 알기 쉽도록 작성하며, 모든 논리적 검토가 이루어져야 한다.
④ 프로그램 코딩 및 입력 : 순서도에 나타난 논리에 따라 프로그래밍 언어를 사용하여 원시

프로그램을 작성하고, 컴퓨터가 읽을 수 있는 기억 매체에 기록한다. 이때 프로그램 코딩은 정해진 논리에 대하여 각 언어별로 정해진 문법에 맞도록 하여야 한다.

⑤ 디버깅(debugging) : 원시 프로그램을 기계어로 번역해서 문법오류(syntax error)를 검사하여 오류를 수정하고, 논리적 오류를 검사하기 위하여 테스트 런(test run)을 통하여 모의 데이터를 입력해서 결과를 검사하여 오류를 올바르게 수정한다.

⑥ 실행 : 문법적 오류와 논리적 오류가 없는 프로그램이 완료되면 실제의 데이터를 이용하여 동작시켜, 결과를 이용한다.

⑦ 문서화 : 작성된 프로그램은 분석 단계에서부터 작성된 데이터와 코드표, 각종 설계도, 순서도와 원시 프로그램 등의 관련된 내용을 문서로 작성하여 보관토록 한다. 문서화가 이루어지면 시스템의 유지 보수와 관리가 용이하고 담당자가 바뀌어도 업무의 파악이 용이하여, 업무의 연속성이 유지된다.

[3] 프로그래밍 언어의 개념

컴퓨터를 이용하여 특정한 작업을 수행하는 각종 프로그램을 작성하기 위한 프로그램을 프로그래밍 언어라 하며, 컴퓨터 중심의 저급 언어와 인간 중심의 고급 언어로 구분한다.

(1) 저급 언어(Low Level Language)

사용자가 이해하고 사용하기에는 불편하지만 컴퓨터가 처리하기 용이한 컴퓨터 중심의 언어이다.

① 기계어(Machine Language) : 컴퓨터가 직접 이해할 수 있는 2진 코드(0과 1)로 기종마다 다르고, 프로그램의 작성 및 수정, 해독이 매우 어려워 거의 사용되지 않으나, 컴퓨터에서의 수행 속도는 가장 빠른 장점을 지닌다.

② 어셈블리어(Assembly Language) : 사람이 기억하고 이해하기 쉬운 연상코드(문자, 숫자, 특수문자 등으로 기호화 : 니모닉)를 사용함으로써 프로그램의 작성이 기계어보다 용이하고, 프로그램의 수정이 편리하다는 장점이 있으나, 어셈블러(assembler)에 의한 번역 과정이 필요하므로 처리 속도가 느리고 컴퓨터마다 어셈블러가 다르므로 호환성이 적다.

(2) 고급 언어(High Level Language)

자연어에 가까워 그 의미를 쉽게 이해할 수 있는 사용자 중심의 언어로, 기종에 관계없이 공통적으로 사용할 수 있는 언어로, 기계어로 변환하기 위한 컴파일러가 필요하다.

① 베이직(BASIC : Beginner's All-purpose Symbolic Instruction Code) : 1965년 개발된 언

어로, 언어구조가 쉽고 간단해서 초보자들이 배우기 쉬운 대화형의 인터프리터 중심의 언어이다. 그러나 기존의 프로그래밍 언어와 달리 미래의 바람직한 언어 개념에 관련시킬 만할 주요 개념을 거의 찾아볼 수 없는 단점이 있으나, 현재는 운영체제의 발전과 더불어 가장 쉬운 윈도즈용 프로그램 개발 도구로 비쥬얼 베이직(Visual Basic)이 각광받고 있다.

② FORTRAN(Formula Translation) : 고급 언어 중 가장 먼저(1957년) 개발된 과학기술용 프로그램 언어로, 과학자·공학자 및 수학을 하는 사람들의 편리성을 위하여 설계되어, 복잡한 수학계산에 연산자를 사용하여 쉽게 나타낼 수 있는 언어로, 과학기술분야에 널리 사용되었다.

③ COBOL(Common Business Oriented Language) : 1960년 개발된 언어로 인사, 자재, 판매, 회계, 생산관리 등에 주로 사용되는 상업용 사무처리를 위하여 일상에서 사용하는 영어와 같은 표현으로 기술하도록 설계된 프로그래밍 언어로, 기계와 독립적으로 설계되어, 메이커와 기종이 상이하더라도 큰 변화없이 프로그램의 작성 및 실행을 할 수 있도록 한 사무 처리용 언어이다.

④ PASCAL : 1971년 개발된 언어로 구조화 프로그래밍 개념에 따라 개발된 언어로서, 여러 가지 다양한 자료의 정의 방법 등을 포함한 풍부한 자료형들을 갖춘 언어로서, 일반성에 배제되지 않는 한 단순성과 효율성, 그리고 신뢰성을 가지도록 설계되었다. 이 언어는 쉽게 프로그래밍 언어를 가르치기 위한 교육용으로 많이 사용되었다. 특히 구조화 프로그래밍을 가능하게 하는 언어로 교육용 언어로 많이 쓰였다.

⑤ C언어 : 1974년 개발된 언어로 UNIX 시스템을 구축하기 위한 시스템 프로그래밍 언어로서 수식이나 제어 및 데이터 구조를 가장 간편하게 제공하고 있다. C언어는 원래 시스템 프로그램으로 개발되었으나 기종에 관계없이 수치 해석, 텍스트 처리, 데이터베이스 처리를 위한 프로그램에도 많이 활용되고 있으며, UNIX 운영체제를 위해 개발한 시스템 프로그램 언어로 저급 언어와 고급 언어의 특징을 모두 갖춘 언어이다.

⑥ LIPS(List Processing) : 1960년에 개발이 시작된 언어로, 리스트(list) 및 원자(atom)라고 부르는 두 종류의 개체를 중심으로 데이터가 다루어지는데 실제 자료(데이터)와 프로그램이 동일한 형태로 표현되는 새로운 개념을 도입하였다. 기본 자료구조로 연결 리스트(Linked list)를 사용하며, 이 리스트에 대한 일반적인 연산이 가능하다. 게임 이론, 정리 증명, 로봇 문제 및 자연어 처리 등의 인공지능과 관련된 분야에 사용되는 언어이다.

⑦ PL/1(Programming Language One) : FORTRAN, COBOL, ALGOL 등의 장점을 포함하려고 시도한 범용언어로서, APL 배열을 기본요소로 하여 배열 자체의 연산을 지원하며 어떤 기계에도 종속되지 않는 매크로 언어를 가진 인터프리터형 언어이다.

⑧ ALGOL 60(Algorithmic Language 60) : 최초의 블록 중심 언어로 수치 자료와 동질의 배열을 강조한 과학계산용 언어로서, COBOL과 같은 인사, 자재, 판매, 회계, 생산관리 등에 주로 사용되는 상업용 자료처리에 영어 문장 형태로 프로그램을 작성하므로 프로그램 작성이 간편한 장점을 지닌 언어이다.

⑨ C++ : 1980년대 초에 C언어를 기반으로 개발된 언어로 C++는 컴퓨터 프로그래밍의 객체지향 프로그래밍을 지원하기 위해 C언어에 객체지향 프로그래밍에 편리한 기능을 추가하여 사용의 편리성을 향상시킨 언어이다.

⑩ 자바(JAVA) : 썬마이크로시스템사에서 개발한 새로운 객체지향 프로그래밍 언어로, 메모리 관리를 언어 차원에서 관리함으로써 보다 안정적인 프로그램을 작성할 수 있고, 선행처리 및 링크과정을 제거하여 개발속도와 편의성을 향상시켜 네트워크 분산환경에서 이식성이 높고, 인터프리터 방식으로 동작하는 사용자와의 대화성이 높은 프로그래밍 언어이다.

[4] 프로그래밍 언어의 번역과 번역기

(1) 프로그램 언어의 번역 과정

① 원시 프로그램(Source Program) : 사용자가 각종 프로그램 언어로 작성한 프로그램
② 목적 프로그램(Object Program) : 번역기에 의해 기계어로 번역된 상태의 프로그램
③ 로드 모듈(Load Module) : Linkage Editor에 의해 실행 가능한 상태로 된 모듈

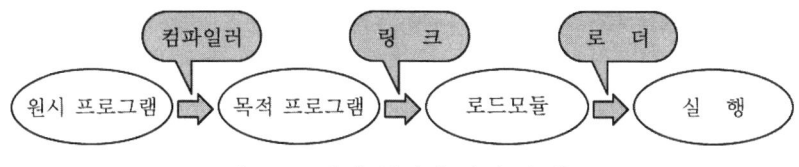

[프로그래밍 언어의 번역 과정]

(2) 번역기의 종류

① 어셈블러(Assembler) : 어셈블리 언어로 작성된 원시 프로그램을 기계어로 번역하는 프로그램이다.

② 컴파일러(Compiler) : 전체 프로그램을 한 번에 처리하여 목적 프로그램을 생성하는 번역기로, 기억 장소를 차지하지만 실행 속도가 빠르다. 한번 번역해 두면 목적 프로그램이 생성되므로 재차 실행 시에 다시 번역할 필요가 없다.

> **참고**
> 컴파일러를 사용하는 언어는 ALGOL, PASCAL, FORTRAN, COBOL, C 등이 있다.

③ 인터프리터(Interpreter) : 작성된 원시 프로그램을 한 줄씩 읽어 번역 및 실행하는 작업을 반복하는 프로그램이다. 목적 프로그램이 남지 않으며, 일괄 처리가 아니므로 대화형이라 한다. 실행속도가 느리지만 기억 장소를 적게 차지한다.

> **참고**
> 인터프리터를 사용하는 언어는 BASIC, LISP, 자바(JAVA), PL/1 등이 있다.

④ 링커(Linker) : 기계어로 번역된 목적 프로그램을 실행 프로그램 라이브러리를 이용하여 실행 가능한 형태의 로드 모듈로 번역하는 번역기

⑤ 로더(Loader) : 로드 모듈을 수행하기 위해 메모리에 적재시켜 주는 기능을 수행

⑥ 크로스 컴파일러(Cross Compiler) : 원시 프로그램을 다른 컴퓨터의 기계어로 번역하는 프로그램

⑦ 전처리기(Preprocessor) : 원시 프로그램을 번역하기 전에 미리 언어의 기능을 확장한 원시 프로그램을 생성시켜 주는 시스템 프로그램

Chapter 02 BASIC 언어

1. 프로그램의 구조, 요소, 입·출력

[1] 베이직 언어의 구조

① 문법과 규칙이 간단하여 프로그램을 작성하기 쉽다.
② 즉시 번역되어 실행되는 대화형 언어이다.
③ 프로그램의 삽입, 삭제, 수정 등의 작업이 쉽다.
④ 과학계산용으로 사용할 수 있다.

[2] 베이직 언어의 구성

① 영문자(A, B, C, …, X, Y, Z)와 숫자(0, 1, 2, …, 9)와 특수문자 등이 사용된다.
② 베이직 문장의 맨 앞쪽에 문장 번호(줄번호), 명령어, 실행 대상으로 구성된다.
③ 줄번호는 0~65,535까지 사용하며 10단위로 부여한다.
④ 명령어는 의미가 있는 단어로 사용자가 마음대로 사용할 수 없고 정확하게 지정해야 한다.
⑤ 실행 대상은 상수, 변수, 문자열 등으로 구성된다.

[3] 상수와 변수

① 상수는 프로그램의 실행 중에 값이 변하지 않는 지정된 값이다.
② 문자 상수는 " "내에 지정한 문자로 공백도 하나의 문자이며, 255문자까지 지정할 수 있다.
③ 정수형 상수는 소수점이 없이 −32,768~+32,767까지 표현 가능하다. 콤마(,)는 사용할

수 없다.
④ 실수형 상수는 소수점이나 지수를 포함하는 수이다.
⑤ 변수는 계산 결과 등을 기억할 기억 장소의 이름으로 첫 자는 영문자이고, 영문자(A~Z)와 숫자(0~9)로 구성한다.
⑥ 변수의 크기는 40자 이내로 #, $, %, ! 등은 사용할 수 없고, 변수 내에 공백이 없어야 하고, 명령어를 사용할 수 없다.
⑦ 정수형 변수는 정수만을 기억하며, 변수 이름 뒤에 %를 붙이고 −32,768~+32,767까지 기억한다.
⑧ 실수형 변수는 소수점을 갖는 실수를 기억하며 숫자가 너무 크거나 작으면 지수 형태로 기억한다.
⑨ 문자 변수는 문자 상수를 기억하는 변수 이름 뒤에 $를 붙이고, 255문자까지 기억 가능하다.

[4] 연산 기호

① 산술 연산 기호 : 사칙 연산(+, −, *, /)과 거듭제곱(↑ 또는 **)
② 관계 연산 기호 : 비교 판단 등에 사용되며 같다(=), 보다 크다(>), 보다 작다(<), 크거나 같다(>=), 작거나 같다(<=), 같지 않다(<>, ><)
③ 우선순위 : 괄호 → 거듭제곱 → 곱셈, 나눗셈 → 덧셈, 뺄셈 → 관계 연산 → 논리 연산 (NOT, AND, OR)의 순으로 실행된다.

2. Functions

[1] 라이브러리 함수

① 라이브러리 함수는 수학에서 자주 사용되는 함수를 시스템에서 직접 제공하는 함수로 필요할 때 직접 함수명으로 호출할 수 있도록 만들어 놓은 함수이다.

함수명	의미	설명	보기
INT(x)	정수화	x를 넘지 않는 최대 정수	INT(3.14)=3
FIX(x)	정수화	소수점 아래를 버린 정수값	FIX(3.14)=3
ABS(x)	절대값	x의 절대값	ABS(-5.4)=5.4
SGN(x)	부호	x>0이면 1 x=0이면 0 x<0이면 -1	SGN(15.4)=1 SGN(0)=0 SGN(-24)=-1
EXP(x)	지수 함수	e^x (e=2.7182818)	EXP(1)=2.7182818
LOG(x)	자연 로그	$\log e^x$ (단, x>0)	LOG(3)=1.0986123
RND(x)	난수	난수를 만든다.	0과 1 사이에 난수가 발생한다.
SQR(x)	제곱근	$\sqrt{x}$ (단, x≥0)	SQR(9)=3 SQR(0)=0
SIN(x) COS(x) TAN(x) ATAN(x)	삼각함수	sin x cos x tan x $\tan^{-1} x$	x는 radian 값이어야 한다.

[2] 사용자 정의 함수

① 사용자 정의 함수는 라이브러리 함수 이외에 사용자가 임의로 정의하여 사용하는 함수를 말한다.
② DEF FN 문을 사용하여 정의하고, 수식에서 호출하여 사용할 수 있다.

[3] 문자 함수

① 문자 함수는 문자의 왼쪽, 오른쪽 또는 가운데 부분을 지정하여 편집하는 기능으로 256문자까지 편집할 수 있다.
② LEN 함수 : 지정된 문자열에서 글자의 길이를 나타내는 함수이다.
③ MID$ 함수 : 지정된 문자열의 위치에서부터 규정한 문자수만큼 문자를 떼어 내어, 새로운 문자열을 만드는 함수이다.
④ LEFT$ 함수 : 기억된 문자열에서 왼쪽부터 지정한 문자수만큼 새로운 문자열을 만드는 함

수이다.
⑤ RIGHT$ 함수 : 기억된 문자열에서 오른쪽부터 지정한 문자수만큼 새로운 문자열을 만드는 함수이다.
⑥ STR$ 함수 : ASCII 코드값 또는 문자열을 지정한 숫자만큼 문자로 변환하는 함수이다.
⑦ ASC 함수 : 기억된 문자 변수 또는 문자열의 첫 자를 ASCII 코드값으로 변환하는 함수이다.
⑧ CHR$ 함수 : ASC 함수의 반대 기능으로 기억된 ASCII 코드값을 문자로 바꿀 때 사용하는 함수이다.
⑨ VAL 함수 : 여러 개의 글자로 이루어진 문자열을 숫자 자료로 바꾸는 함수이다.(STR$ 함수와 반대의 기능을 수행한다.)

3. 프로그램 control 구조

[1] 연산문

① 연산문에서 등호(=) 기호는 오른쪽의 계산 결과를 왼쪽에 있는 변수에 기억하는 명령문이다.
② 등호(=) 왼쪽에는 반드시 하나의 변수명이 있어야 한다.

[2] 입·출력문

① 입·출력문은 프로그램을 수행하는 동안 데이터를 입력하거나 수행된 결과를 출력할 때 사용하는 명령문이다.
② PRINT문 : 기억된 데이터나 계산값의 결과를 인쇄장치나 화면에 출력하는 문장으로 콤마(,)나 세미콜론(;)으로 구분한다.
③ 문자열에서 데이터의 출력은 인용 부호(" ")로 묶어서 사용한다.
④ 콤마는 출력 영역(14자 또는 16자)마다 각 리스트가 출력되고, 세미콜론은 숫자는 한 자리의 간격으로, 문자는 띄지 않고 간격없이 출력된다.
⑤ READ문은 DATA문에 준비된 자료를 읽어 그 값을 READ문에 정의된 변수에 기억시킨다.

⑥ READ문에서 변수를 여러 개 지정하려면 콤마(,)로 구분하고, READ문은 항상 DATA문과 함께 사용한다.

⑦ DATA문은 READ문이 있을 경우에만 실행되는 비실행문이고, 프로그램에서만 지정하고, DATA문에 표현된 자료의 형(type)은 READ문에서 지정한 변수의 형(type)과 일치하여야 한다.

⑧ RESTORE문 : READ 명령으로 읽은 DATA문의 데이터를 지정된 문번호부터 다시 읽을 수 있도록 하는 명령문이다.

⑨ INPUT문 : 키보드로 자료를 입력할 때 사용하는 명령문으로 INPUT문을 만나면 화면에 "?"가 나타나고 입력을 받을 준비를 한다.

⑩ INPUT문은 키보드를 통하여 입력하고 여러 개의 변수일 경우 콤마(,)로 구분하여 자료를 입력한다.

⑪ PRINT USING문 : 출력 시 숫자 항목의 소수점의 위치나 자릿수 위치, 숫자를 편집할 때 사용하는 명령문이다.

[3] 제어문

① 같은 명령문을 여러 번 반복하여 실행하거나 조건에 의해 실행 순서를 바꿀 경우 사용하는 명령문이다.

② END문 : 프로그램의 끝을 알려주는 명령문이다.

③ STOP문 : 프로그램의 실행을 일시 정지하는 명령문이다.

④ GOTO문 : 지정한 문번호로 무조건 분기하는 명령문이다.

⑤ ON~GOTO문 : 실행 순서를 주어진 조건에 의해 지정된 문번호로 바꿀 때 사용하는 문번호이다.

⑥ IF문 : 조건에 따라 프로그램의 흐름을 제어하는 명령문이다.

⑦ 산술 IF문 : 주어진 조건과 비교하여 조건의 결과에 따라 분기하는 명령문이다.

⑧ 논리 IF문 : 논리식이나 논리 변수의 값이 참인지 거짓인지에 따라 실행하는 명령문이다.

⑨ FOR~NEXT문 : 일정한 명령문을 반복 실행할 때 사용하는 명령문으로 FOR문은 반복 실행 과정의 시작과 조건을 표시하고, NEXT문은 반복 실행의 끝을 표시하는 명령문이다.

⑩ FOR~NEXT문에는 단순 FOR~NEXT문과 다중 FOR~NEXT문이 있다.

[4] 선언문

① DIM문 : 프로그램에서 변수이름을 선언하거나 기억 장소를 확보할 때 사용하는 명령문이다.

② DIM문에 의해 배열을 확보하고 1차원, 2차원, 3차원 배열을 사용한다.

Chapter 03 Assembly 언어

1. Assembly 프로그래밍

[1] 프로그램의 체계

① 어셈블리어(assembly language) : 2진수로 작성된 기계어 프로그램의 동작 코드부와 어드레스부를 각각 프로그래머가 이해하기 쉽고 사용하기 쉬운 기호로 바꾸어 프로그래밍을 할 수 있도록 한 언어로, 기호 언어(symbolic language)라고도 한다.

② 어셈블리어로 작성된 프로그램은 어셈블러(assembler)라는 언어 번역 프로그램에 의해 번역 실행되며, 번역되는 과정을 어셈블(assemble)한다고 한다.

③ 어셈블리어는 실행 명령과 의사 명령(pseudo)으로 구분되며, 각 명령어는 4개의 부분으로 구성된다.

| 이름 | 명령 코드 | 오퍼랜드 | 주석부 |

④ 명령코드(OP-code) : 기계 동작을 정의하거나 어셈블러의 작동을 지시하는 기호화된 명령 코드이다.

⑤ 오퍼랜드(operand) : 명령 실행 시 필요한 자료나 번지를 기술하는 부분으로 하나 이상 지정할 수 있다.

⑥ 주석부(comment) : 프로그램의 설명을 표시하는 부분으로 프로그램 실행과 관계없다.

[2] 명령어의 유형

① 기계 명령어(machine instruction), 어셈블리 명령어(또는 pseudo instruction), 매크로 명령어(macro instruction) 등이 있다.

② 명령어의 형식 : 명령이 갖는 오퍼랜드 영역의 번지 형태에 따라 번지부가 없는 무번지 명령어, 1개의 번지부를 갖는 1-번지 명령어, 2개의 번지부를 갖는 2-번지 명령어, 3개의 번지를 갖는 3-번지 명령어로 구분한다.

```
              연산 코드부    번지부
무번지 명령어  [ OP 코드 ]
1-번지 명령어  [ OP 코드 | OP1(번지부) ]
2-번지 명령어  [ OP 코드 | OP1(번지부-1) | OP2(번지부-2) ]
3-번지 명령어  [ OP 코드 | OP1(번지부-1) | OP2(번지부-2) | OP3(번지부-3) ]
```

[3] 어셈블리 명령어

① 선언 명령(declarative statement) : 데이터가 기억될 장소를 확보하고, 상수값을 설정하며, 파일의 형식 등을 선언문 형식으로 표현하는 명령들이다.

② 데이터 처리 명령(data processing statement) : 데이터의 이동, 계산, 편집, 결과의 치환 등의 데이터에 직접 어떠한 조작(operation)을 가해 변화를 가져오도록 하는 명령이다.

③ 입·출력 명령(input/output statement) : 외부장치와 주기억장치 사이에서 데이터 전달이 이루어지게 하는 명령들이다.

④ 프로그램의 통제 명령 : 프로그램의 흐름 제어, 데이터의 이동, 논리 산술 연산, 입·출력 등의 명령이다.

⑤ 서브 프로그램 처리 명령 : 주 프로그램과 부 프로그램을 연결하여 하나로 편집되도록 하는 명령이다.

[4] 명령어의 형식

① SS(storage to storage)형 : 주기억장치 내에서 데이터 처리가 이루어지는 명령(SS1 명령과 SS2 명령 형식으로 구분한다.)

② SI(storage to immediate data)형 : 주기억장치와 직접 데이터 사이의 처리가 이루어지는 명령

③ RX(register to index storage)형 : 레지스터와 인덱스 레지스터를 사용하여 지정한 기억장

치 내의 데이터 처리 명령

④ RR(register to register)형 : 레지스터와 레지스터 사이의 데이터 처리 명령

 주소 지정

[1] 절대 번지(absolute address)

① 기억장치 내의 데이터나 명령의 위치를 계산하지 않고 직접 번지를 지정한다.
② 컴퓨터 설계 시 만들어(결정)지며, 기억장치의 실제 번지로 주기억장치의 처음부터 1[byte]씩 번호를 붙이는 방법이다.
③ 임의로 변경할 수 없으며, 절대 번지만이 명령어 해독기로 해석할 수 있다.

[2] 기호 번지(symbolic address)

① 이름(symbol)으로 번지를 지정하여 절대 번지 대신 사용한다.
② 특정한 번지에 이름을 지정하여 사용하므로 절대 번지 지정보다 사용자가 프로그램을 쉽게 작성할 수 있다.

[3] 자기 번지(self define address)

① 프로그램 내에서 위치를 직접 지정한다.
② *로 표시하여 사용하며 LC(location counter)의 값이 된다.

[4] 간접 번지(indirect address)

① 기억장치 내에서 데이터나 명령에 의해 위치를 계산하여 번지를 결정한다.
② 상대 번지(relative address) : 기준이 되는 베이스값과 변위값(displacement)과 인덱스 레지스터값을 더하여 지정한다.
③ 기호 상대 번지(symbolic relative address) : 지정된 기호 번지에 다음의 위치를 다른 기호로 지정하지 않고 떨어진 byte수를 더하거나 빼기로 지정한다.

④ 자기 상대 번지(self define relative address) : 자기 번지에 어떤 계산을 하여 번지를 지정한다.

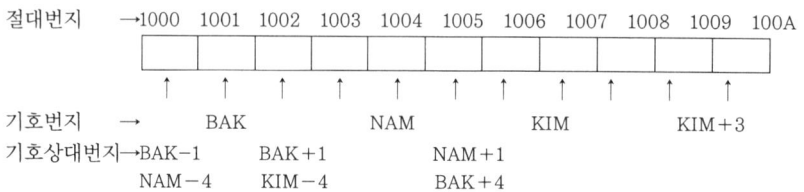

 DATA 형식

[1] 바이트 머신에서의 자료 형식

① 8[bit]와 1[parity bit]로 구성된다.
② 2바이트의 하프 워드(half word), 4바이트의 풀 워드(full word), 8바이트의 더블 워드(double word)가 있다.

[2] 2진수의 자료 형식

① 하프 워드와 풀 워드로 표현한다.
② 제일 왼쪽 비트(MSB)는 부호 비트로 0은 +, 1은 -이다.

[3] 16진수의 자료 형식

① 0, 1, 2, …, 8, 9, A(10), B(11), C(12), D(13), E(14), F(15)로 표현한다.
② 주기억장치에서의 절대번지도 16진수로 표현한다.

[4] 10진수의 자료 형식

① 비팩 형식(unpacked format) : 존(zone)부분과 숫자(digit)부분으로 1바이트에 숫자 1자를 표시한다.
② 팩 형식(packed format) : 1바이트에 숫자 2자를 표현하며 제일 오른쪽의 4비트에 부호를

표시한다.
③ 비팩 형식은 인쇄는 가능하나 연산에 사용할 수 없고, 팩 형식은 연산은 가능하나 인쇄할 수 없다.

4. 레지스터

[1] 범용 레지스터(general purpose register)

① 16개의 범용 레지스터가 있으며 각 레지스터의 길이는 full word(4바이트)로 고정 소수점 표현법에 의해 데이터를 표현한다.
② 범용 레지스터는 인덱스 레지스터, 베이스 레지스터, 명령의 오퍼랜드 등으로 사용된다.

[2] 부동 소수점 레지스터(floating point register)

① double word(8바이트)의 길이를 가지며, 부동 소수점 연산 명령에 사용된다. 0, 2, 4, 6으로 번호가 지정되었으며, 데이터 표현은 부동 소수점 표현에 의한다.
② short-floating point

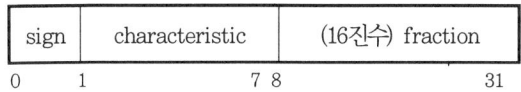

③ long-floating point

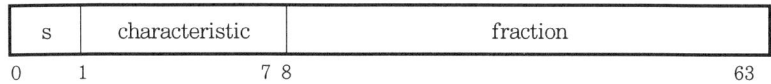

④ 제어 레지스터(control register) : 시스템 자체에서 사용하므로 사용자와는 관계가 없다.
⑤ 유효 번지=base reg.값+index reg.값+displacement 바이트 수
⑥ 베이스 레지스터의 값 : 베이스 레지스터가 갖고 있는 값
⑦ 인덱스 레지스터의 값 : 인덱스 레지스터가 갖고 있는 값으로 사용하지 않아도 된다.
⑧ 디스플레이스먼트의 값 : 베이스 레지스터가 갖고 있는 값으로부터 떨어져 있는 바이트의 수(변위값)

[3] PSW(program status word)

① 프로그램 처리 시 필요로 하는 명령어의 번지와 상태 코드(condition code), 다음에 필요한 영역 등을 포함하고 있으며, 프로그램 처리 시 시스템의 상태를 표시하고 보관한다.(double word로 표시된다.)

system mask	key	EMWP	interrupt code	ILC	CC	program mask	instruction address
8	4	4	16	2	2	4	24

② system mark : 어떤 channel로부터 인터럽트를 받았는지에 관한 정보를 가진다.

③ key : 보호를 목적으로 한다.

④ interrupt code : interrupt 형태에 관한 정보를 보관하고 있다.

⑤ ILC(instruction length code) : 마지막으로 수행된 명령의 길이를 가지고 있다.

⑥ CC(condition code) : 현재의 condition code 값을 가지고 있다.

⑦ PM(program mask) : 다른 종류의 interrupt 정보를 가지고 있다.

⑧ instruction address : 다음에 실행할 주소를 기억하고 있다.

[4] CAW(channel address word)

① 기억장치 내의 적당한 위치에 기억되며 channel에 의해 실행될 첫 번째 주소를 가지고 있다.(full word로 구성되어 있다.)

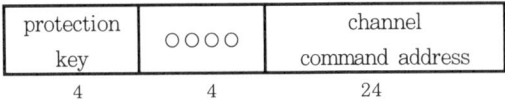

protection key	○○○○	channel command address
4	4	24

[5] CSW(channel status word)

① channel의 상태를 나타내고 있다.(double word로 구성되어 있다.)

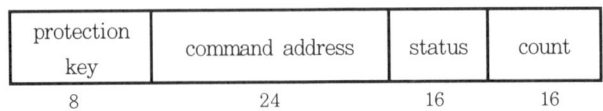

protection key	command address	status	count
8	24	16	16

② protection key : channel program과 관련된 것으로부터 복사된다.

③ command address : 다음 channel(CCW)의 주소를 지적한다.

④ status : I/O completed, I/O error 등 기타 channel에 관한 정보를 기록한다.

⑤ count : data의 길이를 표시하고 interrupt가 발생하기 전에 사용된 마지막 CCW에 관한 나머지 정보를 저장한다.

[6] CCW(channel command word)

① 기억장치로부터 channel command(명령어)를 fetch한다.(가져온다.)

command code	data address	flag	사용 ×	count
8	24	5	11	16

② command code : read, write, read backward, control, sence와 transfer- in-channel의 6개 채널 중 1개를 지정한다.

③ data address : I/O operation에 사용될 메모리의 buffer address를 기억한다.

④ flag : chain-data(32bit), chain-command(32bit), suppress-length-indicator(34bit), skip-flag(35bit), program-controlled-interrupt(36bit) 등의 특정한 command를 나타낸다.

⑤ count : read/write byte(data의 길이)를 기억한다.

5. 명령어의 실행 순서

[1] 어셈블리 언어

① 어셈블리 언어로 씌어진 원시 프로그램(source program)을 어셈블러가 목적 모듈(object module)로 번역하는 과정을 어셈블(assemble)이라 한다.

② 목적 모듈은 명령 코드부만 기계어 코드로 바꾸고, 번지부는 베이스 레지스터와 변위 형태인 재배치 가능한 상대 번지 형태로 바꾼다.

③ 어셈블러가 원시 프로그램을 목적 모듈로 번역하기 위해서는 두 번의 작업을 해야 하는데, 앞단계를 pass-1, 뒷단계를 pass-2라 한다.

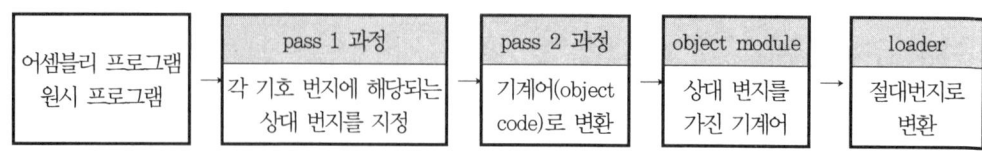

[어셈블 과정]

[2] pass-1 과정

① 기계어 길이를 결정한다.

② PC(program counter) 상태를 확인한다.

③ symbol(기호)을 pass-2 과정까지 보관한다.

④ EQU, DS 같은 의사 코드(pseudo code)를 실행한다.

⑤ symbol table, literal table, source program 사본, error 등의 정보를 출력한다.

[3] pass-2 과정

① pass-1에서 보관된 symbol 값을 조사한다.

② 기계어, machine data를 생성한다.

③ 의사 코드(명령)를 실행한다.

④ pass-1에서 source program 사본, symbolic table, literal table을 pass-2로 입력한다.

⑤ 목적 프로그램, 원시 프로그램 리스트, 링커와 로더에 의해 만들어진 정보 및 error 등 기타 정보를 출력한다.

Chapter 04 순서도 작성법

1. 순서도 작성에 관한 기초

[1] 순서도의 특성

① 순서도(flowchart)는 처리할 일의 순서를 약속된 도형을 이용하여 표현하는 것이다.
② 일의 흐름을 그림으로 표현하여 논리적 단위로 구분할 수 있고 이해하기 쉽다.
③ 다른 사람도 프로그램의 내용을 이해하기 쉽고, 프로그램의 수정, 보수 등이 쉽다.
④ 프로그램을 동시에 작성하기 쉽고 공동 작업이 용이하다.
⑤ 프로그램 작성이 기초 자료로 문서화가 쉽다.

[2] 순서도의 종류

순서도
- 시스템 순서도(process 순서도)
- 프로그램 순서도
  - 개요 순서도(general flowchart, block flowchart)
  - 상세 순서도(detail flowchart)

① 시스템 순서도(system flowchart) : 처리하려는 일의 전체적이고 종합적인 흐름을 표현한 순서도이다. 입·출력은 명확하게 표현하고 중간 처리 과정은 간단히 표현한다.
② 개요 순서도(general flowchart) : 처리하려는 일의 처리 과정을 종합적이고 일반적으로 표현하는 순서도이다. 컴퓨터로 처리할 업무를 개략적으로 표현한 것으로 시스템 설계 단계에서 작성하여 검토한다. 자료의 발생 부서와 자료의 이동, 자료의 변환, 자료의 관계, 자료의 처리 과정과 출력까지, 입력에서 출력까지의 전 과정을 표시하여 전체적인 구조와 기

능을 알 수 있다.

③ 상세 순서도(detail flowchart) : 프로그램 설계 시 작성되며 처리 과정의 모든 조작과 자료의 이동 과정을 순서대로 표시하여 그대로 프로그래밍할 수 있도록 작성된다. 프로그램 작성 시 자료의 검토, 프로그램의 작성, 코딩 시의 준비 자료로 이용된다.

[3] 순서도의 작성 요령

① 위에서 아래로 내려가면서 작성한다.
② 조건에 따라 분기할 경우에 왼쪽에서 오른쪽으로 작성한다.
③ 화살표(→)를 이용하여 흐름을 표시하고 기호 안에 처리 내용을 기술한다.

[4] 순서도 작성에 사용되는 기호

기호	명칭	기호	명칭	기호	명칭
	단말/시작·끝		입·출력		천공 테이프
	비교·판단		정의된 처리		자기 테이프
	서류/문서		수동입력		자기 드럼
	처리		온라인 기억장치		자기 디스크
	준비		디스켓		병렬 형태
	화면표시		정렬/분류		흐름선
	조합		주해		통신 연결
	추출		천공 카드		연결자

[5] 프로그래밍의 절차

문제 분석 → 입·출력 설계 → 순서도 작성 → 프로그램의 구현과 검사 → 프로그램의 문서화

[6] 순서도의 역할

① 프로그램의 순서도(flowchart)란 처리하고자 하는 문제를 분석하고 입·출력 설계를 한 후에, 그 처리 순서와 방법을 결정해서 이를 일정한 기호를 사용하여 일목요연하게 나타낸 그림이다.
② 프로그램 코딩의 직접적인 자료가 되고, 프로그램의 인수, 인계가 용이하다.
③ 프로그램의 정확성 여부를 검증하는 자료가 되고, 논리적인 체계 및 처리 내용을 쉽게 파악할 수 있으며, 문서화의 역할을 한다.
④ 오류 발생 시 그 원인을 찾아내는 데 이용하면 쉽게 원인을 발견할 수 있다.

[7] 프로그램 문서화의 목적

① 프로그램 문서화(program documentation)란 프로그램의 운용에 필요한 사항, 즉 자료의 입력이나 프로그램 수행 중의 메시지 출력, 프로그램의 제약 조건 등을 체계적으로 정리하여 기록하는 작업이다.
② 프로그램의 개발 요령과 순서를 표준화함으로써 보다 효율적인 개발이 이루어지도록 한다.
③ 개발 후 운영 과정에서 프로그램의 유지, 보수가 용이하다.
④ 프로그램 개발 중의 변경 사항에 대한 대처가 용이하다.
⑤ 프로그램의 인수 인계가 용이하며, 프로그램의 운용을 쉽게 할 수 있다.

[8] 구조적 프로그래밍(structured programming)

① 데이크스트라(Edsgar Dijkstra)가 일반화시킨 기법으로서, 프로그램의 흐름이 복잡해지는 것을 막고, 프로그램을 구성하는 각 요소를 다루기 쉽도록 보다 작은 규모로 조직화하는 개념이다.
② 하향식(top-down) 설계 기법 : 처음에는 최상위의 관점에서 기술한 프로그램을 점차 구체화시켜 나가는 작업을 반복 수행하며, 최종적으로 원시 코드 단계까지 진행해 나가는 설계

방법을 말한다.

③ 순차 구조(sequence) : 하나의 일이 수행된 후 다음이 순서적으로 수행된다.

④ 선택 구조(If-then-else) : 어떤 조건이 만족되면 then 다음의 일이 수행되고, 그렇지 않은 경우에는 else 다음의 일이 수행된다.

⑤ 반복 구조(repetition) : 어떤 조건이 만족될 때까지 특정 일이 반복 수행된다.

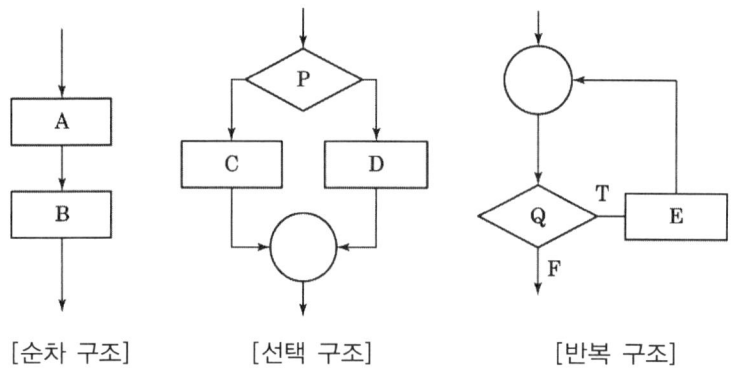

[순차 구조]　　　　[선택 구조]　　　　[반복 구조]

[9] 구조적 프로그래밍의 필요성

① 프로그램을 읽기 쉽게 하여 프로그램의 개발 및 유지 보수의 효율성을 높인다.

② 프로그램의 신뢰성을 높이고, 프로그램의 테스트를 용이하게 한다.

③ 프로그래밍에 대한 규율을 제공하고, 소요되는 경비를 감소시킨다.

Chapter 05 운영체제(Operating

 1. 정의

[1] 운영체제의 기능

① 운영체제(operating system)는 컴퓨터의 여러 가지 자원(하드웨어 및 각종 정보)을 효율적으로 관리하며, 사용자에게 편리하게 이용할 수 있고 자원을 공유할 수 있게 한다.
② 실제의 운영체제는 스루풋(throughput), 턴어라운드 타임(turn around time), 신뢰도, 사용의 용이성 등을 고려하여 구성한다.
③ 스루풋(throughput) : 일정기간 동안 처리하는 일의 양으로 클수록 좋다.
④ 턴어라운드 타임(turn around time) : 사용자가 하나의 작업을 입력하여 결과를 얻을 때까지 경과한 시간으로 짧을수록 좋다.
⑤ 신뢰도 : 컴퓨터가 정확하게 작동하는가를 의미한다.
⑥ 사용의 용이성 : 사용자에게 편의를 제공하는 기능을 말한다.

[2] 운영체제의 구성

운영체제
- 제어 프로그램
  - 감독 프로그램
  - 자료 관리 프로그램
  - 작업 관리 프로그램
- 처리 프로그램
  - 언어 번역 프로그램
  - 서비스 프로그램
  - 사용자 프로그램

① 제어 프로그램(control program) : 컴퓨터의 모든 자원을 관리하며, 일반적인 처리 프로그

램의 실행을 관리 제어하는 역할을 하는 프로그램들의 집합이다.
② 감독 프로그램(supervisor program) : 컴퓨터의 자원 전체를 제어하기 위한 프로그램으로서 항상 주기억장치에 상주한다.
③ 작업 관리 프로그램(job management program) : 사용자가 의뢰한 작업을 처리하기 위하여 컴퓨터에 입력된 작업의 시작(initiate), 실행, 종료 등 작업 실행의 흐름을 계획, 제어한다.
④ 자료 관리 프로그램(data management program) : 입·출력장치와 관계되는 모든 자료를 관리하는 프로그램이다.
⑤ 처리 프로그램 : 실제 자료 처리를 행하기 위한 프로그램으로서, 컴퓨터 제작 회사에서 제공하는 언어 번역 프로그램과 서비스 프로그램 및 사용자 프로그램이 여기에 속한다.

2. 사용 목적 및 기능

[1] 운영체제의 기능

① 작업 관리 프로그램 : 제어 프로그램과 처리 프로그램 전체의 인터럽트 관리 및 작업 관리를 중심으로 하여 시스템 처리에 관한 기본적인 기능을 수행한다.
② 자료 관리 프로그램 : 각종의 자료를 총괄적으로 관리하여 주기억장치와 보조기억장치 사이의 자료 전송, 관리, 보수 등의 기능을 담당한다.
③ 언어 번역 프로그램(language translator) : 각종 고급 언어의 번역을 위한 컴파일러(compiler)와 어셈블리어를 기계어로 번역하는 어셈블러(assembler) 및 번역된 기계어를 실행 가능한 상태로 만드는 연결 프로그램(linkage editor program) 등이 있다.
④ 서비스 프로그램(service program) : 사용자가 보다 편리하게 컴퓨터를 이용할 수 있도록 하기 위해 하드웨어의 제작 회사에서 제공하는 처리 프로그램으로 분류/조합 프로그램(sort/merge program), 유틸리티 프로그램(utility program) 및 라이브러리 관리 프로그램(library management program) 등이 있다.

Chapter 06 C언어

1. C언어의 기본

[1] C언어의 형식

① 행번호가 없다. main( )은 한 프로그램에서 한 개만 존재한다. END문은 기술하지 않는다.
② main( )으로 시작하고 문장은 반드시 ;로 끝난다.
③ 프로그램의 몸체는 {와 }로 묶는다.
④ 프로그램의 시작에 모든 변수의 형(type)을 선언한다.
⑤ 대문자와 소문자를 구분하고, 프로그램은 소문자로 기술한다.
⑥ 주석문(설명문)은 /*와 */로 묶어서 표현한다.

[2] 형(type), 수식, 연산자

(1) 변수

① 변수의 첫 글자는 영문자나 _(underline)으로 시작하며, 소문자와 대문자의 의미가 다르다.
② 8자 이내이며 숫자가 앞에 오면 안 된다.

(2) 정수형 : int, long, short

① 2[byte]로 표현하고, 큰 값을 기억할 때는 long type을 정의하고, 상위 1[byte]의 첫 비트는 부호를 표시한다.
② 8진수 : 10진수 앞에 "O"를 붙인다. 예) O15
③ 16진수 : 10진수 앞에 "Ox"를 붙인다. 예) Ox15
④ 2[byte]의 경우 : 0~65535까지 표현하며, 음수는 2의 보수로 기억되고, 10진수, 8진수,

16진수로 출력한다.

⑤ unsigned 정수는 최상위 비트를 부호로 사용하지 않고 모든 수를 표현한다.

(3) 실수형 : float, double

① 부동 소수점을 저장하기 위해 사용하며, 4바이트가 필요하고, 밀도를 높일 때는 double로 정의한다.
② 정수+정수=정수, 정수+실수=실수, 실수+실수=실수의 결과를 갖는다.
③ 첫 바이트는 부호와 지수를 표현하고, 나머지 3바이트는 BCD(2진화 10진수) 형식으로 표시한다.
④ 소수형(%f)과 지수형(%e)으로 출력한다.

(4) 문자형

① 문자 상수는 단일 따옴표(' ') 내에 표시한다.
② 문자형 데이터는 8비트 ASCII 코드값을 1바이트에 저장한다.

(5) 문자열

① 문자열 상수는 이중 따옴표(" ") 내에 표시하고, 문자형 상수의 집합이 문자열이다.
② 문자열은 배열 형태로 기억되고 맨 끝에 null('\0')이 추가되어 기억된다.

[3] 연산자

(1) 연산자 정의

① ( ) : 우선 순위를 빠르게 할 때 사용
② [ ] : 배열 선언, 배열 요소 지정
③ • : 구조체 직접 항목 연산자
④ → : 구조체 간접 항목 연산자
⑤ 증감 시기에 따라 전위형 : ++x, 후위형 : x--
⑥ ! : 논리 부정
⑦ - : unary minus(단항 연산자) 예) -(-3) = +3
⑧ ++ : 1 증가 연산자(increment), -- : 1 감소 연산자(decrement)

(2) 산술 연산자

① +, -, *, / : 더하기, 빼기, 곱하기, 나누기(나누기에서 정수의 연산은 소수 이하 나머지를 버린다.)
② % : 나머지 결과를 저장하며 정수 연산에서만 사용한다.
③ ++, -- : 1 증가 또는 1 감소하는 연산자

(3) 관계 연산자

① <, >, ==, <=, >=, != 등이 있으며, 2항 연산자이다.(단, =<. =>의 표기는 오류(error)이다.)
② 조건식이 참이면 1, 거짓이면 0의 값을 갖는다.

(4) 논리 연산자

① 참 또는 거짓을 판정하며, 논리곱(&&), 논리합(||), 논리 부정(!)이 있다.
② 논리 부정 → 논리곱 → 논리합의 순으로 연산한다.
③ 참값은 1, 거짓값은 0의 값을 갖는다.
④ 논리곱(&&)은 두 조건이 참일 경우에만 참이다.
⑤ 논리합(||)은 두 조건 중 하나 이상이 참이면 참이다.

(5) 비트 연산자와 논리곱 연산자

① 비트합 연산자(OR, |로 표시) : 2진수로 비트합(OR)을 구하며 특정 비트를 1로 set할 때 사용한다.
② 비트곱 연산자(AND, &로 표시) : 2진수로 비트합(AND)을 구하며 특정 비트를 0으로 할 때 사용한다.
③ 배타적 논리합(XOR, ^로 표시) : 두 비트가 같으면 0, 다르면 1이다.

(6) shift 연산자 : ≪, ≫

① 오른쪽(≫) 또는 왼쪽(≪)으로 이동한다.
② 왼쪽 이동은 무조건 0이 채워지지만, 오른쪽 이동은 0 또는 1이 채워지는 경우가 있다.
③ 밀려가는 쪽은 없어지고, 비어 있는 반대 비트는 0으로 채워진다.
④ 왼쪽 이동은 2를 곱한 것과 같고, 오른쪽 이동은 2로 나눈 결과이다.

(7) sizeof 연산자

① 변수나 데이터형(type)의 이름을 받아들여 변수나 자료의 형이 차지하는 메모리의 바이트 수를 결과로 출력한다.
② 차지하는 기억 장소의 크기를 바이트 단위로 알려준다.

(8) ? 연산자

① if문을 연산자로 표현한 것으로 3개의 피연산자를 갖는다.
② 〈식2〉와 〈식3〉을 동시에 취하지 않는다.
③ 〈식1〉이 참이면 〈식2〉의 값을, 거짓이면 〈식3〉의 값을 갖는다.
④ 〈식1〉 ? 〈식2〉 : 〈식3〉 ;

[4] if문

① 조건식에 따라 실행 순서를 바꾼다.
② if-else문 다음에 ; 기호를 첨가하고, then은 사용하지 않는다.
③ { }(대괄호)를 사용하여 구분한다.
④ 조건식의 등호는 ==이고, =이 아니며, 조건식은 반드시 괄호로 구분된다.

(1) 단순 if문

① 주어진 조건과 비교하여 결과에 따라 실행문을 수행한다.
② if (조건식)
    실행문;

(2) if-else문

① 조건에 따라 서로 다른 실행문을 실행한 후 그 다음의 처리를 수행한다.
② 실행문은 여러 문장(복문)일 경우 {와 }로 묶어서 정의한다.
③ else가 있을 경우 실행문1에서 복문일 경우 ;을 정의하지 않는다.
④ if (조건)
    실행문1;
  else

실행문2;

(3) 복합 if문

① if문 내에 또 다른 if문을 사용하여 비교·판단한다.

② if (조건식1)

　　　실행문1;

　else if (조건식2)

　　　실행문2;

　else (조건식3)

　　　실행문3;

[5] 순환문

(1) for문

① 특정 부분을 반복 수행하기 위해 사용된다.(BASIC의 FOR-NEXT문과 같다.)
② ,(콤마)를 사용하여 2개 이상의 첨자를 사용할 수 있고, goto문은 거의 사용하지 않는다.
③ for문의 괄호에는 ;을 붙이지 않는다.
④ 초기값은 for문 실행 동안 한 번만 실행되고 ,(콤마)로 구분하여 여러 식을 정의할 수 있다.
⑤ 조건식은 실행 중 매번 검사하여 한 문장만을 기술한다.
⑥ 모든 요소가 생략되면 무한 루프(loop)이다.
⑦ for문을 임의로 벗어날 때는 break문을 사용한다.
⑧ for (식1;식2;식3) 반복할 실행문;

　for (식1;식2;식3) {

　　　반복할 부분;
　　　　⋮
　　};

(2) while문

① 조건식의 결과가 참(1)일 경우 반복 부분을 실행하고, 거짓(0)이면 다음 문장을 실행한

다.(파스칼의 while-do와 같은 기능이다.)

② while(1) {실행문;}은 무한 루프이다.

③ 조건식을 먼저 검사하므로 반복 부분이 한 번도 실행되지 않을 경우도 있다.

④ 초기값이나 반복식이 없으므로 이를 기술해야 하고, 조건식의 변수를 바꾸지 않으면 무한 루프에 빠진다.

⑤ while (조건식)

　　　　실행문;

(3) do-while문

① while문과 같은 기능을 수행하나, do-while문은 반복 부분을 실행한 후 조건을 판단한다. (파스칼의 repeat-until문과 같은 기능이다.)

② 반복 부분이 적어도 한 번은 실행되고, 조건이 참일 경우에만 실행된다.

③ do 실행문;

　　while (조건);

(4) break/continue문

① break문 : 순환문이나 switch문을 벗어난다.

② continue문 : 순환문을 벗어난 후 다시 순환문의 처음으로 돌아가는 것이다. continue문의 뒷부분에 있는 실행문은 수행되지 않는다.

③ 변수의 영역(scope rule) : 변수의 선언 위치에 따라 값이 다르고 영역도 다르다. 같은 변수라도 선언 위치에 따라 값이 다를 수 있다.

(5) switch문

① 조건이 다양한 경우 사용하며, 선택값은 상수 또는 상수식이다.(베이직의 ON-GOTO문과 파스칼의 case문과 비슷하다.)

② break;문을 만나면 } 다음의 첫문장을 실행한다.(블록을 벗어나고 첫문장)

③ 선택 변수에 따라 실행문이 수행되며, 없으면 default:문의 실행문이 수행된다.

④ case문을 실행한 후에도 나머지 case문을 실행한 후 switch 블록을 벗어난다. 하나의 case문을 실행한 후 벗어나려면 각 case문에 break;문을 기술한다.

⑤ switch(선택 변수) {

　　　case 선택값1: 실행문1; break;

case 선택값2: 실행문2; break;
　…;
case 선택값n; 실행문n; break;
default: 실행문;
}

(6) goto문

① goto문은 거의 사용하지 않는다.
② goto문으로 분기할 위치는 반드시 ":"으로 끝나야 한다.
③ goto문의 레이블로 영문자나 정수가 가능하다.
④ 레이블 : 실행문;
　　　…;
　　goto 레이블;

2. 함수 작성 및 사용법

[1] 함수 프로그램의 구조

① C 프로그램은 한 개 이상의 함수의 집합으로 변수들의 유효 범위는 변수들이 정의된 함수 내에서만 유효하다.
② 함수 종료 시에 인자가 없는 return문을 사용한다.
③ 계층적 구조가 없고 함수 사이의 수평적 구조로 main( ) 함수에서 어느 함수나 호출할 수 있다.
④ 함수는 입력 인자를 통해서 값을 계산하고 그 결과를 돌려준다. return문으로 계산 결과를 전달한다.

[2] C 프리프로세서

(1) 심벌 상수의 정의

① 임의의 문자열을 지정한 심벌 명칭으로 정의하는 것이다.
② #define문의 맨 뒤에 ;을 붙이지 않고, 심벌 상수 이름은 대문자를 사용한다.
③ #define문에 의해 정의된 심벌은 파일에서 상수 정의 이후 어느 곳에서나 유효하다.
④ #define 심벌 상수 이름 정의되는 문자열

(2) #include

① #include에서 지정한 파일을 오픈(open)하여 #include 내의 헤더 파일(header file) 내용을 읽어 기록한다.
② stdio.h 헤더 파일에는 프로그램 작성에 필요한 정의들이 포함되어 있다.
③ ctype.h 헤더 파일에는 문자 처리 매크로가 정의되어 있다.
④ #define 〈파일 이름〉
　 #define "파일 이름"

[3] 표준 입·출력 함수

(1) printf 함수

① 출력할 문자열과 자료의 형(type)을 지정한다.
② 제어부의 스트링 내부에서 % 기호 다음에 나타나는 문자가 해당 변수의 형(type)을 지정한다.
③ 제어부는 printf의 첫번째 인자로, 이중 따옴표로 구분한다.

(2) scanf 함수

① printf 함수와 반대로 형(type) 지정 입력을 실행한다.
② 모든 변수에 & 기호가 사용되며, 공백이나 리턴(return)에 의해 데이터가 구분된다.

(3) getchar( )/purchar( )

① 터미널에서 한 문자를 받아들이고, 터미널에 한 문자를 출력한다.

(4) gets( )/purs( )

① 한 행의 문자열을 읽고 그 문자열의 마지막에 리턴 문자를 널(NULL) 문자로 바꾼다.

② 널 문자를 리턴 문자로 바꾸어 지정된 문자열을 출력하고 자동적으로 행 바꿈을 실행한다.

[4] 스트링(문자열) 처리 함수

① strlen( ) : 입력 문자열의 길이를 계산한다. 널 문자는 포함하지 않는다.

② strcmp( ) : 문자열을 사전 순서에 의해 비교한다.

③ strcpy( ) : 첫번째 인자 문자열로 복사한다.

④ strcat( ) : 첫번째 인자 문자열의 끝에 연결한다.

[5] 산출 함수

① sin(x), cos(x), tan(x) : 삼각함수의 값을 구하며, 함수의 인수는 항상 실수형이고, 반환되는 값도 실수형이다. 함수의 인수는 라디안값(각도*3.1415/180)이어야 한다.

② pow(x, y) : xy

③ log(x) : 자연 대수, log10(x) : 상용 대수

④ rand : 난수 발생 함수

[6] 형 정의(type define)

① 프로그램 작성 시 미리 형(type)의 이름을 정의하여 그 이름으로 형을 지정하여 사용한다. 선언명(define name)은 사용자가 정의한다.

② type 형(type) 선언명[, 선언명, …];

[7] 기타 함수

① atoi( ) : 숫자로 구성된 문자열을 실제 숫자(정수)로 바꾸어 그 값을 돌려준다. 문자열로 된 숫자를 실제 숫자로 바꾸어 변환하는 함수이다.

② malloc( ) : 프로그램에서 필요로 하는 메모리를 할당하고 그 시작 주소를 돌려준다.

③ free( ) : 할당된 메모리를 다시 시스템에 돌려준다.

④ qsort : quick sort를 사용하는 함수이다.

[8] 파일 처리 함수

(1) fopen( )/fclose( )
① 지정한 이름의 파일로 오픈하고(fopen), 파일을 닫는다.(fclose)
② 파일 오픈 시 읽기, 쓰기, 읽기쓰기 겸용의 3가지 형태가 있다.

(2) getc( )/putc( )
① 파일에서 한 문자를 읽고, 값을 돌려주고, 파일에 한 문자를 기록한다.

(3) fgetc( )/fputc( )
① getc( )와 putc( )의 기능과 같은 함수이다.

(4) fgets( )/fputs( )
① 파일에서 리턴 문자를 만날 때까지 문자열을 읽어 기록한다.
② 널 문자를 리턴 문자로 바꾸어 파일에서 문자열을 출력한다.

(5) fscanf( )/fprintf( )
① 파일에 포맷된 입력과 출력을 행한다.

(6) fseek( )
① 특정 위치에 있는 문자를 읽기 위해 파일 포인터를 임의의 위치로 이동한다.

[9] 기억 장소(class)의 종류

(1) 자동 변수(automatic, auto)
① 함수 내에서만 유효한 변수로 자동 변수의 선언을 위해 auto를 명시하지 않아도 된다.(지역 변수)
② 자동 변수를 초기화하지 않으면 그 값을 알 수 없고, 실행이 끝나면 소멸되며, 호출할 때마다 초기값을 갖는다.

(2) 외부 변수(external, extern)

① 함수 외부에서 정의되어 프로그램의 나머지 부분에서 유효한 전역 변수이다.
② 여러 원시 프로그램에서 같은 이름으로 참조되고 실행될 때 정의하는 변수이다. 부작용(side effect)이 발생하고 함수 사이의 독립성을 유지할 수 없다.
③ 외부 변수가 선언된 파일과 다른 파일(또는 프로그램)에 속한 함수는 반드시 extern 선언 후 사용한다.
④ 프로그램의 수행이 완료될 때까지 기억 장소에 존재하여 그 값이 유효하다.

(3) 정적 변수(static)

① 자동 변수는 포함되어 있는 함수의 수행이 끝나면 소멸되지만, static 선언을 하면 함수가 수행이 완료되어도 변수의 값이 유효하게 된다.
② 지역 변수나 전역 변수에 모두 사용할 수 있다. 정적 변수의 초기화는 컴파일 시에 한 번만 되고, 다시 호출할 경우 그 전의 값을 사용할 수 있다.

(4) 레지스터 변수(register)

① 함수 내부에서만 선언되는 자동 변수에만 적용되며, 기억 장소가 아니라 CPU의 레지스터에 저장된다.
② 레지스터에 저장하면 CPU의 레지스터로 가져오는 시간이 절약된다.
③ 레지스터가 비어 있을 경우에만 사용 가능하고 레지스터가 없으면 자동 변수로 할당된다.

3. 배열, 레코드, 포인터형 자료 처리

[1] 배열

① 일련의 공간에 저장된 자료의 집합이고, 자료를 배열 요소(arrary element)라 한다.
② 꺾쇠([ ])를 이용하여 지정하며, 생략하면 배열 전체를 의미하고, 데이터형, 배열명, 크기 등을 선언한다.
③ int, long, float, double, char 등의 모든 데이터형을 지정할 수 있다.
④ 배열을 1차원, 2차원, 3차원 등으로, 변수 선언 시 배열을 선언한다.

⑤ ,(콤마)로 구분하지 않고 각각 [ ]로 표현하며, 문자열은 자동적으로 1차원 배열이다.
⑥ 정적 배열과 동적 배열이 있으며, 정적 배열은 "static"으로 기술한다.
⑦ 0부터 시작되고 문자 배열의 경우 맨 뒤에 공문자(null string, \0)가 붙으므로 1개 이상의 크기로 배열을 지정한다.
⑧ 열 우선으로 기억되고, 배열명은 배열의 선두 번지를 가리키는 포인터 상수이다.
⑨ 배열의 크기가 변하는 경우 배열 선언 시 크기를 생략할 수 있다.

[2] 구조체

① 한 개의 자료가 여러 개의 데이터형으로 구성되는 복합 자료형이다.
② 여러 개의 단순 항목(field 또는 item)이 모여 하나의 집단 항목(record 또는 structure)을 이룬 것이 구조체이다.
③ struct는 구조체 정의 시 사용되는 예약어이고 {와 }로 구조체의 시작과 끝을 나타낸다. main( ) 함수 앞에서 선언한다.
④ 구조체 항목을 참조하거나 구조체 요소에 값을 할당할 경우 연산자(•)를 이용한다. 멤버나 변수 사이는 ,로 구분하며, 맨 마지막에 ;을 찍는다.
⑤ struct 명칭 { 항목 리스트 } [선언 이름[, 선언 이름, …]];(명칭은 사용자가 정의한다.)

[3] 포인터

① 포인터 연산자(*)를 이용하여 포인터가 가리키는 실체의 형에 맞게 선언한다.
② &는 번지 자체로, 포인터는 포인터 변수가 가리키는 번지의 내용을 의미한다.
③ 구조체 포인터 변수에서 구조체의 멤버를 참조할 경우 구조체 연산자 "→"를 사용한다.(구조체 포인터 변수 → 항목명으로, p → addr : p가 가리키는 구조체의 addr을 표시한다.)
④ & 연산자(번지 연산자) : 번지가 할당되어 있는 기억 장소의 번지를 알고자 할 때 변수 이름 앞에 표시하여 사용한다. 포인터 변수는 포인터의 값으로 기억 장소의 번지를 저장하는 변수이다.
⑤ * 연산자(간접 지정 연산자) : 포인터가 지정하는 기억 장소 번지의 내용을 알고자 할 때 사용한다.

부 록 (과년도출제문제) 05

2009년 제1회 과년도출제문제

01 저항 5[Ω]의 도체에 3[A]의 전류가 2초 동안 흘렀을 때 도체에서 발생하는 열량은 몇 [J]인가?
① 10[J]　② 16[J]
③ 30[J]　④ 90[J]

02 무궤환 시 증폭도 $A_o = 200$인 증폭회로에서 궤환율 $\beta = \dfrac{1}{50}$의 부궤환을 걸었을 때 증폭도 A는?
① 4　② 40
③ 50　④ 68

03 다음 중 주파수 변별기의 용도로 가장 적합한 것은?
① 잡음 방지
② 방송파의 제거
③ 주파수 변조 방송채널 구분
④ 주파수 변화를 진폭 변화로 변환

04 다음 중 정현파 발생회로인 것은?
① LC 발진기
② 블로킹 발진기
③ UJT 발진기
④ 멀티바이브레이터

05 다음 중 직류 안정화 전원회로의 기본 구성 요소로 가장 적합한 것은?
① 기준부, 비교부, 검출부, 증폭부, 지시부
② 기준부, 비교부, 검출부, 증폭부, 제어부
③ 기준부, 발진부, 검출부, 제어부, 증폭부
④ 기준부, 지시부, 검출부, 증폭부, 발진부

06 다음 회로에 150[V]의 전압을 인가할 때 3[Ω]의 저항에 흐르는 전류는 몇 [A]인가?

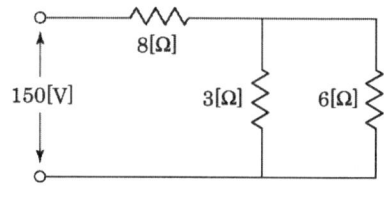

① 5[A]　② 8[A]
③ 10[A]　④ 15[A]

07 다음 중 디지털 변조 방식이 아닌 것은?
① PM　② FSK
③ PSK　④ ASK

08 권선비가 1(입력) : 2(출력)인 변압기에 입력으로 60[Hz], 100[V]의 전압을 인가하면 출력측 전압의 최대치는 약 몇 [V]가 되는가?
① 141[V]　② 200[V]
③ 283[V]　④ 300[V]

09 트랜지스터에서 α의 값이 0.95일 때 β의 값은?
① 0.5　② 5.5
③ 19　④ 50

10 다음 중 크기가 다른 세 개의 저항을 직렬로 연결했을 경우에 대한 설명으로 적합하지 않은 것은?
① 각 저항에 흐르는 전류는 모두 같다.
② 각 저항에 걸리는 전압은 모두 같다.
③ 전체 저항은 각 저항의 합과 같다.
④ 가장 큰 저항값을 필요로 할 때의 연결 방법이다.

11 AND 연산에서 레지스터 내의 어느 비트 또는 문자를 지울 것인지를 결정하는 데이터는?
① mask bit   ② parity bit
③ sign bit   ④ check bit

12 다음 그림과 같이 ALU에서 MOVE 연산이 실행될 때 C 레지스터의 내용은?

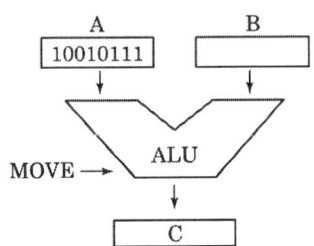

① 01101000   ② 10010111
③ 10001111   ④ 11110000

13 명령을 구성하는 비트 길이에는 제한을 받지 않고 속도를 빠르게 하는 것이 필요한 컴퓨터의 명령세트(instruction set)를 구성한다고 할 때 다음 중 어떤 주소지정방식의 명령을 많이 갖도록 하는 것이 유리한가?
① direct address
② indirect address
③ relative address
④ immediate address

14 가장 먼저 들어온 데이터를 가장 먼저 내보내는 처리방법은?
① FIFO   ② DMA
③ CAM   ④ DASD

15 각각의 자리마다 별도의 크기값을 갖는 가중 코드(Weighted Code)가 아닌 것은?
① 8421 Code
② Biquinary Code
③ Excess-3 Code
④ 2421 Code

16 하나의 논리 소자에서 출력으로 나온 신호를 다른 논리 소자에 입력할 수 있는 선의 개수를 말하는 것은?
① 팬-인(Fan-In)
② 팬-아웃(Fan-Out)
③ 잡음 한계(Noise Margin)
④ 전력 소모(Power Dissipation)

17 컴퓨터 내부에서 수치 자료를 표현하는 방식으로 사용되지 않는 것은?
① 부동 소수점 방식
② 10진수의 언팩 방식
③ 10진수의 팩 방식
④ ASCII 코드 방식

18 연산회로 중 시프트에 의하여 바깥으로 밀려나는 비트가 그 반대편의 빈 곳에 채워지는 형태의 직렬이동은?
① rotate   ② AND

③ OR　　　　　④ complement

19 다음 중 직접 접근 기억장치가 아닌 것은?
① 하드디스크　　② 플로피디스크
③ 자기테이프　　④ CD-ROM

20 다음 중 입·출력 기능이 아닌 것은?
① 입·출력 버스
② 입·출력 인터페이스
③ 입·출력 제어
④ 입·출력 교환

21 근거리의 컴퓨터들을 서로 연결하여 상호 간에 통신이 이루어지도록 하는 것은?
① LAN　　　　② VAN
③ ISDN　　　　④ WAN

22 인터럽트 순위에서 가장 높은 우선순위에 해당되는 것은?
① 정전　　　　② 기계적 고장
③ 프로그램 오류　④ 입력과 출력

23 기억된 프로그램의 명령을 하나씩 읽고, 해독하여 각 장치에 필요한 지시를 하는 기능은?
① 입력 기능　　② 연산 기능
③ 제어 기능　　④ 기억 기능

24 주기억장치와 입·출력장치 사이에 있는 임시 기억장치는?
① 스택　　　　② 버스
③ 버퍼　　　　④ 블록

25 컴퓨터에서 다음에 수행할 명령어의 주소를 기억하고 있는 것은?
① PC(PROGRAM COUNTER)
② IR(INSTRUCTION REGISTER)
③ MBR(MEMORY BUFFER REGISTER)
④ MAR(MEMORY ADDRESS REGISTER)

26 컴퓨터의 ALU의 입력에 접속된 레지스터로 연산에 필요한 데이터와 연산 결과를 저장하는 레지스터는?
① 누산기
② 스택 포인터
③ 프로그램 카운터
④ 명령 레지스터

27 주소지정방식 중에서 명령어가 현재 오퍼랜드에 표현된 값이 실제 데이터가 기억된 주소가 아니고, 그곳에 기억된 내용이 실제의 데이터 주소인 방식은?
① 직접 주소지정방식(Direct addressing)
② 상대 주소지정방식(Relative addressing)
③ 간접 주소지정방식(Indirect addressing)
④ 즉시 주소지정방식(Immediate addressing)

28 다음 중 명령을 수행하고 데이터를 처리하는 장치로서 사람의 뇌에 해당하며, 연산장치와 제어장치로 구성되어 있는 장치는?
① 주변장치　　　② 주기억장치
③ 중앙처리장치　④ 입력장치

29 컴퓨터에서 사칙연산을 수행하는 장치는?
① 연산장치　　　② 제어장치
③ 주기억장치　　④ 보조기억장치

30 통신을 원하는 두 개체 간에 무엇을, 어떻게, 언제 통신할 것인가를 서로 약속한 규약으로 컴퓨터 간에 통신할 때 사용하는 규칙은?
① OSI ② protocol
③ ASCII ④ EBCDIC

31 C언어에서 나머지를 구하는 연산자는?
① && ② &
③ % ④ #

32 운영체제를 기능상 분류할 경우 처리 프로그램에 해당하지 않는 것은?
① Service Program
② Problem Program
③ Supervisor Program
④ Language Translator Program

33 프로그래밍 언어의 해독 순서로 옳은 것은?
① 링커 → 로더 → 컴파일러
② 컴파일러 → 링커 → 로더
③ 로더 → 컴파일러 → 링커
④ 로더 → 링커 → 컴파일러

34 로더의 기능으로 거리가 먼 것은?
① Allocation ② Linking
③ Loading ④ Translation

35 고급 언어로 작성된 원시 프로그램을 기계어로 된 목적 프로그램으로 번역하는 것은?
① 컴파일러 ② DBMS
③ 운영체제 ④ 로더

36 프로그램 개발 과정에서 프로그램 안에 내재해 있는 논리적 오류를 발견하고 수정하는 작업을 무엇이라고 하는가?
① Debugging ② Loading
③ Linking ④ Mapping

37 기계어에 대한 설명으로 옳지 않은 것은?
① 프로그램의 실행 속도가 빠르다.
② 2진수 0과 1만을 사용하여 명령어와 데이터를 나타내는 기계 중심 언어이다.
③ 호환성이 없고 기계마다 언어가 다르다.
④ 프로그램에 대한 유지 보수 작업이 용이하다.

38 구문 분석기가 올바른 문장에 대하여 그 문장의 구조를 트리로 표현한 것을 무엇이라고 하는가?
① 구조 트리 ② 문맥 트리
③ 문장 트리 ④ 파스 트리

39 C언어의 기억 클래스(Storage Class)에 해당하지 않는 것은?
① 내부 변수(Internal Variable)
② 자동 변수(Automatic Variable)
③ 정적 변수(Static Variable)
④ 레지스터 변수(Register Variable)

40 BNF 표기법에서 정의를 의미하는 것은?
① ::= ② #
③ < > ④ ==

41 2진수 $(1011)_2$을 10진수로 고치면?

① $(9)_{10}$ ② $(10)_{10}$
③ $(11)_{10}$ ④ $(12)_{10}$

42 BCD(Binary Coded decimal) 코드에 의한 수 0100 0101 0010을 10진수로 나타내면?
① 542   ② 452
③ 442   ④ 432

43 다음 그림에서 논리식은?

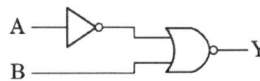

① $Y = \overline{A} + B$ ② $Y = A\overline{B}$
③ $Y = A + \overline{B}$ ④ $Y = A + B$

44 다음 그림에서 출력 X를 불 대수로 표시하면?

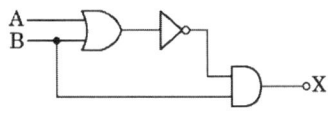

① $\overline{(A+B)} \cdot B$ ② $\overline{(A \cdot B)} + B$
③ $Y \cdot B$ ④ $A \cdot \overline{B}$

45 불 대수 X=AC+ABC를 간단히 하면?
① A   ② AB
③ BC   ④ AC

46 다음 진리표(True Table)와 맞는 논리회로는?

A	B	F
0	0	0
0	1	1
1	0	1
1	1	0

① NOT   ② Exclusive-OR
③ NAND   ④ NOR

47 다음 중 아날로그 정보를 디지털 정보로 변환하는 데 가장 편리한 코드는?
① BCD Code   ② Excess Code
③ Gray Code   ④ 51111 Code

48 시프트 레지스터를 올바르게 설명한 것은?
① Flip-Flop에 기억을 방해시키는 레지스터를 말한다.
② Flip-Flop에 기억된 정보를 소거시키는 레지스터를 말한다.
③ Flip-Flop에 CLOCK 입력을 기억시키기만 하는 레지스터를 말한다.
④ Flip-Flop에 기억된 정보를 다른 Flip-Flop에 옮기는 동작을 하는 레지스터를 말한다.

49 레지스터의 구성 회로는 무슨 회로가 널리 사용되는가?
① AND   ② EX-OR
③ OR   ④ Flip-Flop

50 데이터 전송 시 발생할 수 있는 착오를 검출하고 교정이 가능한 코드는?
① EBCDIC 코드   ② Hamming 코드
③ Gray 코드   ④ BCD 코드

51 출력신호가 현재의 입력신호와 과거의 입력신호에 의하여 결정되는 논리회로로서 플립플롭과 같은 기억소자와 논리 게이트로 구성되는 회로는?

① 조합 논리회로 ② 순서 논리회로
③ 매트릭스 회로 ④ 비교회로

52 어떤 입력상태에 대해 출력이 무엇이 되든지 상관없는 경우 출력상태를 임의 상태(don't care condition)라고 하는데, 진리표나 카르노 도에서는 임의 상태를 일반적으로 어떻게 표시하는가?
① X ② 0
③ 1 ④ Y

53 클록 펄스가 가해질 때마다 출력 상태가 반전하므로 계수기에 많이 사용되는 플립플롭은?
① D-FF ② T-FF
③ RS-FF ④ JK-FF

54 다음 스위치회로와 같은 게이트는?

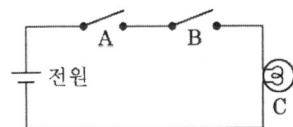

① AND ② OR
③ NAND ④ XOR

55 8개의 데이터 비트와 1개의 에러 검출용 비트로 구성되어 있으므로 총 256가지의 정보를 표현할 수 있는 코드는?
① BCD ② ASCII
③ CCITT ④ EBCDIC

56 디지털 시스템에서 음수를 표현하는 방법으로 옳지 않은 것은?

① 6비트 BCD 부호
② 1의 보수(1's complement)
③ 2의 보수(2's complement)
④ 부호와 절대값(signed magnitude)

57 다음 그림과 같은 회로를 반감산기로 하려면 □ 안에 무슨 게이트(gate)를 넣어야 하는가?

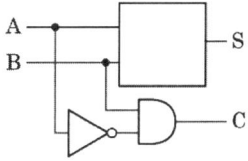

① AND ② OR
③ EX-OR ④ NOT

58 J-K 플립플롭에서 J=K=1일 때 출력은 clock에 의해 어떤 변화를 보이는가?
① 이전의 상태를 유지한다.
② 출력은 0이 된다.
③ 출력은 1이 된다.
④ 출력이 반전된다.

59 2의 보수 표기법에서 8비트로 표시되는 숫자의 범위는?
① -128~+127 ② -128~+128
③ -127~+127 ④ -127~+128

60 32개의 입력단자를 가진 인코더(encoder)는 몇 개의 출력단자를 가지는가?
① 5개 ② 8개
③ 32개 ④ 64개

2009년 제2회 과년도출제문제

01 이미터 접지 증폭회로 I_B가 $-20[\mu A]$에서 $-50[\mu A]$로 변화하면 I_C는 $-1[mA]$에서 $-4[mA]$로 변화한다. 베이스 접지 증폭회로에서의 전류증폭률 α의 값은 약 얼마인가?

① 0.9 ② 0.99
③ 90   ④ 99

02 100[Ω]의 저항에 10[A]의 전류를 1분간 흐르게 하였을 때 발열량은 몇 [kcal]인가?

① 36[kcal]   ② 72[kcal]
③ 144[kcal] ④ 288[kcal]

03 다음과 같은 회로의 명칭은?

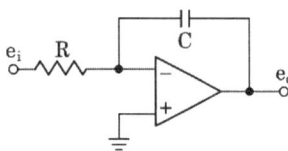

① 적분기 ② 미분기
③ 가산기 ④ 이상기

04 진폭변조와 비교하여 주파수 변조에 대한 설명으로 적합하지 않은 것은?

① 신호대 잡음비가 좋다.
② 충격성 잡음이 많아진다.
③ 초단파 통신에 적합하다.
④ 점유주파수 대역폭이 넓다.

05 다음과 같은 회로에서 4[Ω]의 저항에 1.5[A]의 전류가 흐르고 있다면 A, B 단자 사이의 전위차는 몇 [V]인가?

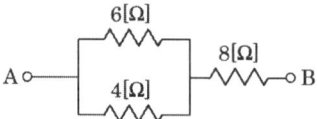

① 20[V] ② 26[V]
③ 34[V] ④ 42[V]

06 다음 중 이미터 폴로어의 특징에 대한 설명으로 적합하지 않은 것은?

① 입력전압과 출력전압의 위상이 동상이다.
② 전압증폭도가 1보다 작으므로 전력증폭이 되지 않는다.
③ 임피던스가 높은 회로와 낮은 회로 사이의 임피던스 정합에 많이 사용된다.
④ 입력 임피던스는 이미터 접지 증폭회로에 비하여 매우 높다.

07 다음 중 단측파대(SSB)통신에 사용되는 변조회로는?

① 컬렉터 변조회로
② 베이스 변조회로
③ 주파수 변조회로
④ 링 변조회로

08 전원회로에서 부하 시의 전압이 100[V]일 때 전압변동률은 10[%]였다고 한다. 무부하 시의 전압은 약 몇 [V]인가?

① 90[V]   ② 100[V]
③ 110[V] ④ 120[V]

09 다음과 같은 연산증폭기회로에서 출력전압 V_o는 몇 [V]인가?

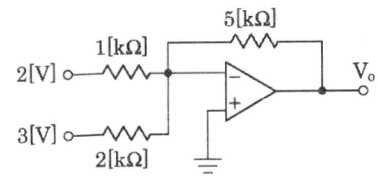

① $-17.5[V]$　　② $18.5[V]$
③ $19.5[V]$　　④ $-20.5[V]$

10 다음 중 RC 결합 증폭회로에 대한 설명으로 적합하지 않은 것은?
① 비교적 주파수 특성이 좋다.
② 회로가 복잡하고 비경제적이다.
③ 전원 이용률이 나쁘다.
④ 입력 임피던스가 낮고 출력 임피던스가 높으므로 임피던스 정합이 어렵다.

11 컴퓨터의 내부구조를 설명할 때 사용하는 연산방식이 아닌 것은?
① 2진수 연산　　② 6진수 연산
③ 8진수 연산　　④ 16진수 연산

12 중앙처리장치의 간섭을 받지 않고 기억장치에 접근하여 입·출력 동작을 제어하는 방식은?
① DMA방식
② 스트로브 제어 방식
③ 핸드셰이킹 제어방식
④ 채널에 의한 방식

13 16진수 A7을 2진수로 표시하면 몇 비트가 필요한가?

① 6　　② 8
③ 10　　④ 16

14 컴퓨터의 연산기가 수행하는 논리 연산 명령에 해당하지 않는 것은?
① AND
② OR
③ COMPLEMENT
④ MOVE

15 7비트로 한 문자를 나타내며 128문자까지 나타낼 수 있고, 데이터 통신과 소형 컴퓨터에 많이 사용하는 코드는?
① ASCII 코드
② GRAY 코드
③ EBCDIC 코드
④ 표준 BCD 코드

16 주소지정방식 중에서 명령어 내의 주소부에 실제 데이터값을 지정하는 것은?
① 즉시 주소지정방식
② 직접 주소지정방식
③ 간접 주소지정방식
④ 계산에 의한 주소지정방식

17 다음 중 연산장치 구성에서 연산에 관계되는 상태와 외부 인터럽트(interrupt) 신호를 나타내어 주는 것은?
① 누산기
② 데이터 레지스터
③ 가산기
④ 상태 레지스터

18 레지스터의 일종으로 산술 연산이나 논리 연산의 결과를 일시적으로 기억시키는 장치는?
① 오퍼레이터　② 시프터
③ 메모리　　　④ 누산기

19 다음 명령어 중 제어명령에 속하는 것은?
① 로드(load)　② 무브(move)
③ 점프(jump)　④ 세트(set)

20 2진수 $(1100)_2$의 2의 보수는?
① 0100　② 1100
③ 0101　④ 1001

21 다음 중 디지털컴퓨터와 관계가 깊은 것은?
① 연산방식은 미적분 연산이다.
② 주요 구성회로는 논리회로이다.
③ 가격이 싸고, 프로그램이 거의 불필요하다.
④ 입력형식이 길이, 각도, 온도, 압력 등의 물리량이다.

22 512×8[bit] EAROM의 총 용량은 몇 [bit]인가?
① 8[bit]　② 512[bit]
③ 4[Kbit]　④ 8[Kbit]

23 입·출력장치를 구별하여 선택하고자 한다. 다음 설명이 의미하는 방식으로 옳은 것은?

- 주기억장치의 일부를 입·출력장치에 할당한다.
- 입·출력장치의 번지와 주기억장치 번지의 구별이 없다.
- 주기억장치 이용 효율이 낮다.

① 격리형 입·출력 방식
② 메모리 맵 입·출력 방식
③ 혼합형 입·출력 방식
④ 버스형 입·출력 방식

24 2개의 Zone Bit와 4개의 Digit Bit로 구성되어 있으며, 6비트로 1문자를 표현하는 코드는?
① BCD 코드　② EBCDIC 코드
③ ASCII 코드　④ BINARY 코드

25 양쪽 방향으로 신호의 전송이 가능하기는 하나 어떤 순간에는 반드시 한쪽 방향으로만 전송이 이루어지는 통신 방식은?
① 단방향 통신방식
② 반이중 통신방식
③ 전이중 통신방식
④ 우회 통신방식

26 마이크로 오퍼레이션에 대한 다음 정의 중 옳은 것은?
① 컴퓨터의 빠른 계산 동작
② 2진수 계산에서 쓰이는 동작
③ 플립플롭 내에서 기억되는 동작
④ 레지스터 상호간에 저장된 데이터의 이동에 의해 이루어지는 동작

27 컴퓨터의 기본 기능에 해당하지 않는 것은?
① 판단 기능　② 연산 기능

③ 제어 기능   ④ 기억 기능

③ 컴파일러   ④ 전처리기

28 다음 중 고정 소수점 표현 방식이 아닌 것은?
① 부호와 절대치 표현
② 1의 보수에 의한 표현
③ 2의 보수에 의한 표현
④ 9의 보수에 의한 표현

29 다음에서 설명하고 있는 디스플레이장치는?

> "네온 또는 아르곤 혼합 가스로 채워진 셀에 고전압을 걸어 나타나는 현상을 이용하여 화면을 표시하는 장치로 주로 대형 화면으로 사용된다. 두께가 얇고 가벼우며, 눈의 피로가 적은 편이나 전력소비가 많으며, 열을 많이 발생시킨다."

① 차세대 디스플레이(OLED)
② LCD 디스플레이(Liquid crystal display)
③ 플라즈마 디스플레이(plasma display panel)
④ 전계방출형 디스플레이(FED-field emission display)

30 다음 중 컴퓨터의 출력장치와 관계가 먼 것은?
① 라인 프린터   ② 카드천공장치
③ 영상표시장치   ④ 증폭장치

31 원시 프로그램을 구성하는 각각의 명령문을 한 줄씩 명령문 단위로 번역하여 직접 실행하기 때문에 문법 오류를 쉽게 수정할 수 있으나, 목적 프로그램이 생성되지 않고 프로그램 수행 속도가 느린 단점이 있는 것은?
① 어셈블러   ② 인터프리터

32 C언어에서 사용되는 문자열 출력 함수는?
① printchar( )   ② prints( )
③ putchar( )   ④ puts( )

33 프로그램 작성 시 플로우차트를 작성하는 이유로 거리가 먼 것은?
① 프로그램을 나누어 작성할 때 대화의 수단이 된다.
② 프로그램의 수정을 용이하게 한다.
③ 에러 발생 시 책임 구분을 명확히 한다.
④ 논리적인 단계를 쉽게 이해할 수 있다.

34 운영체제의 운영기법 중 다음 설명에 해당하는 것은?

> – 하나의 시스템을 여러 명의 사용자가 시간을 분할하여 동시에 작업할 수 있도록 하는 방식
> – 주어진 시간 동안 사용자가 터미널을 통해서 직접 컴퓨터와 접촉하여 대화식으로 작동하는 방식

① Batch Processing System
② Multi Programming System
③ Time Sharing System
④ Parallel Processing System

35 고급 언어를 기계어로 바꾸는 것은?
① 컴파일러
② 로더
③ DBMS
④ OPERATING SYSTEM

36 프로그램의 실행 과정으로 옳은 것은?
① 원시 프로그램 → 목적 프로그램 → 로드 모듈 → 실행
② 로드 모듈 → 목적 프로그램 → 원시 프로그램 → 실행
③ 원시 프로그램 → 로드 모듈 → 목적 프로그램 → 실행
④ 목적 프로그램 → 원시 프로그램 → 로드 모듈 → 실행

37 운영체제에 대한 설명으로 옳지 않은 것은?
① 운영체제는 컴퓨터를 편리하게 사용하고 컴퓨터 하드웨어를 효율적으로 사용할 수 있도록 한다.
② 운영체제는 컴퓨터 사용자와 컴퓨터 하드웨어 간의 인터페이스로서 동작하는 일종의 하드웨어장치이다.
③ 운영체제는 작업을 처리하기 위해서 필요한 CPU, 기억장치, 입·출력장치 등의 자원을 할당 관리해 주는 역할을 수행한다.
④ 운영체제는 다양한 입·출력장치와 사용자 프로그램을 통제하여 오류와 컴퓨터의 부적절한 사용을 방지하는 역할을 수행한다.

38 객체지향기법에서 객체가 메시지를 받아 실행해야 할 객체의 구체적인 연산을 정의한 것은?
① 애트리뷰트 ② 메시지
③ 클래스   ④ 메소드

39 프로그램 개발 과정 단계 중 프로그래밍 과정의 모든 자료, 입·출력 설계, 순서도, 기타 운영 절차나 지침을 체계적으로 관리하는 것과 가장 밀접한 관계가 있는 것은?
① 문제 분석
② 입·출력 설계
③ 프로그래밍 작성
④ 프로그램의 문서화

40 독자적으로 번역된 여러 개의 목적 프로그램과 프로그램에서 사용되는 내장 함수들을 하나로 모아서 컴퓨터에서 실행 가능하도록 하는 것은?
① 스프레드 시트 ② 에디터
③ 디버거   ④ 링커

41 다음 중 입력이 모두 같으면 "0", 다르면 "1"로 되는 논리회로는?
① 논리곱(AND) 회로
② 논리합(OR) 회로
③ 부정(NOT) 회로
④ 배타논리합(EX-OR) 회로

42 다음과 같은 논리식에서 Z=0이 되는 입력 A, B, C의 조건은?

$$Z = AB + \overline{C}$$

① A=0, B=0, C=0
② A=1, B=1, C=0
③ J=1, K=1
④ A=0, B=1, C=1

43 J-K 플립플롭을 T 플립플롭으로 이용하기 위한 방법은?
① J=0, K=0
② K와 Q를 연결한다.

③ J=1, K=1
④ J와 Q를 연결한다.

44 다음 논리 게이트와 기능이 같은 부논리 게이트는?

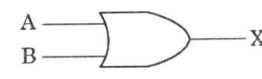

① A─⊐D─X
   B
② A─○⊐D─X
   B
③ A─⊐D─X
   B
④ A─○⊐D─X
   B

45 데이터의 일시적인 보존이나 디지털 신호의 지연 등에 사용되는 플립플롭은?
① RS 플립플롭 ② JK 플립플롭
③ D 플립플롭   ④ T 플립플롭

46 한 수에서 다음 수로 진행할 때 오직 한 비트만 변화하기 때문에, 연속적으로 변화하는 양을 부호화하는 데 적합한 코드는?
① 3초과 코드   ② BCD 코드
③ 그레이 코드 ④ 패리티 코드

47 다음 연산은 불 대수의 기본 법칙 중 무엇인가?
$$A+B \cdot C=(A+B) \cdot (A+C)$$
① 교환 법칙   ② 결합 법칙
③ 분배 법칙   ④ 드 모르간 법칙

48 다음 중 전감산기의 출력 D(차)와 결과가 같은 것은?
① 전가산기 S(합) 출력
② 반가산기 C(자리올림수)
③ 전감산기 B(자리내림수)
④ 전가산기 C(자리올림수)

49 2진수 "1011"을 8진수로 나타내면?
① 11   ② 13
③ 15   ④ 17

50 다음 중 그 값이 다른 하나는?
① $(16)_{10}$ ② $(F)_{16}$
③ $(17)_8$ ④ $(1111)_2$

51 다음 블록도의 명칭으로 적당한 것은?

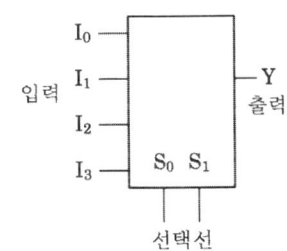

① 가산기   ② 디멀티플렉서
③ 디코더   ④ 멀티플렉서

52 다음 플립플롭의 명칭은?

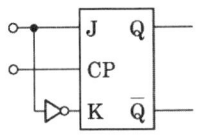

① JK FF   ② D FF
③ T FF   ④ RST FF

53 다음과 같은 진리표를 갖는 논리회로는?

입력 A	입력 B	출력 Y
0	0	1
0	1	0
1	0	0
1	1	0

① NOR 게이트 ② NOT 게이트
③ NAND 게이트 ④ AND 게이트

54 반가산기에서 입력되는 변수를 A와 B, 계산 결과의 합(SUM)을 S, 자리올림(CARRY)을 C라 하면, 합과 자리올림이 올바르게 표현된 것은?

① $S = \overline{A \oplus B}, C = \overline{A}B$
② $S = A \oplus B, C = A\overline{B}$
③ $S = A \oplus B, C = AB$
④ $S = \overline{\overline{A \oplus B}}, C = AB$

55 다음 기본 논리 게이트와 같은 결과를 가지는 회로는?

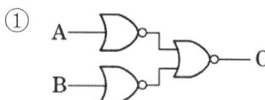

①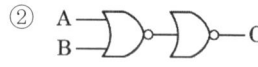

②

③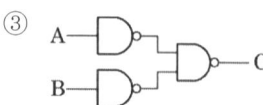

④

56 펄스가 입력되면 현재와 반대의 상태로 바뀌게 하는 토글(toggle) 상태를 만드는 회로는?

① D형 플립플롭
② T형 플립플롭
③ 주종 플립플롭
④ 레지스터형 플립플롭

57 다음 중 10진수 365를 3초과 코드로 표현하면?

① 0011 0110 0101
② 0110 1001 1000
③ 0011 0110 0101 1100
④ 11110011 11110110 11110101

58 다음 중 오류검출뿐만 아니라 정정할 수도 있는 코드는?

① BCD 코드 ② 그레이 코드
③ 패리티 코드 ④ 해밍 코드

59 다음 JK 플립플롭 여기표(excitation table)에 들어갈 값은?(단, X는 무관조건이다.)

Q_n	Q_{n+1}	J	K
0	0	0	X
0	1	1	X
1	0	(㉠)	(㉡)
1	1	X	0

① ㉠:1, ㉡:X ② ㉠:X, ㉡:1
③ ㉠:X, ㉡:0 ④ ㉠:0, ㉡:X

60 조합 논리회로에 해당하지 않는 것은?

① 비교회로 ② 패리티 체크 회로
③ 인코더회로 ④ 계수회로

2009년 제5회 과년도출제문제

01 10분 동안에 600[C]의 전기량이 이동했다고 하면 이때 전류의 크기는?
① 0.1[A] ② 1[A]
③ 6[A] ④ 60[A]

02 트랜지스터의 전류증폭률 β가 19일 때 α의 값은?
① 0.93 ② 0.95
③ 0.98 ④ 1.05

03 다음과 같은 연산증폭기의 출력 e_o는?

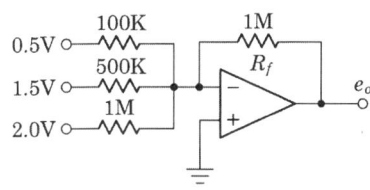

① −6[V] ② −10[V]
③ −15[V] ④ −20[V]

04 다음 발진회로 중 Q값이 매우 크고, 가격이 고가이며, 시계, 송신기, PLL 회로 등에 사용되는 것은?
① RC 발진회로
② LC 발진회로
③ 수정 발진회로
④ 세라믹 발진회로

05 무궤환 시 증폭도 A_0=100인 증폭회로에 궤환율 β=0.01의 부궤환을 걸면 증폭도는?
① 10 ② 20
③ 50 ④ 100

06 다음 전원 안정화회로에서 제너 다이오드 Z_o의 역할은?

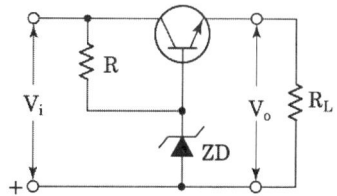

① 정류작용
② 제어작용
③ 검파작용
④ 기준전압 유지작용

07 펄스폭이 2[μs]이고 주기가 20[μs]인 펄스의 듀티 사이클은?
① 0.1 ② 0.2
③ 0.5 ④ 20

08 정현파 교류의 실효값이 220[V]일 때, 이 교류의 최댓값은 약 몇 [V]인가?
① 110[V] ② 141[V]
③ 283[V] ④ 311[V]

09 AM 변조의 과변조파를 수신(복조)했을 때 나타나는 현상으로 가장 적합한 것은?
① 검파기가 과부하된다.
② 음성파 전력이 작다.
③ 음성파가 찌그러진다.

④ 음성파 전력이 크다.

10 20[Ω]의 저항과 R[Ω]의 저항이 병렬로 접속되고, 20[Ω]의 저항에 흐르는 전류가 4[A], R[Ω]의 저항에 흐르는 전류가 2[A] 이면 저항 R[Ω]은?
① 10[Ω] ② 20[Ω]
③ 30[Ω] ④ 40[Ω]

11 문자 표현의 최소 단위이며, 8비트로 구성되어 있는 것은?
① 레코드 ② 바이트
③ 필드   ④ 워드

12 컴퓨터에서 주기억장치에 기억된 명령어를 제어장치로 꺼내오는 과정은?
① 명령어 저장 ② 명령어 인출
③ 명령어 해독 ④ 명령어 실행

13 다음 용어의 관계 중 옳지 않은 것은?
① PUSH-POP
② BCD-8421 코드
③ FIFO-스택(STACK)
④ 큐(QUEUE)와 스택의 복합-데큐(DEQUE)

14 기억장치(Memory Unit)에서 레지스터(Register)로 옮겨가는 명령은?
① ADD   ② BRANCH
③ LOAD   ④ STORE

15 주기억장치의 크기가 4[Kbyte]일 때 번지(Address) 수는?
① 1번지에서 4000번지까지
② 0번지에서 3999번지까지
③ 1번지에서 4095번지까지
④ 0번지에서 4095번지까지

16 컴퓨터의 중앙처리장치에 대한 설명으로 틀린 것은?
① DOS용과 Windows용으로 구분하여 생산한다.
② 연산, 제어, 기억 기능으로 구성되어 있다.
③ CPU라고 하며 사람의 두뇌에 해당된다.
④ 마이크로프로세서는 중앙처리장치의 기능을 하나의 칩에 집적한 것이다.

17 EBCDIC 코드에 대한 설명으로 틀린 것은?
① 최대 128문자까지 표현할 수 있다.
② 4개의 존 비트(Zone Bit)를 가지고 있다.
③ 4개의 디짓 비트(Digit Bit)를 가지고 있다.
④ 대문자, 소문자, 특수 문자 및 제어 신호를 구분할 수 있다.

18 입·출력 전용장치인 채널(Channel)의 워드(Word)가 아닌 것은?
① CDW(Channel Data Word)
② CSW(Channel Status Word)
③ CAW(Channel Address Word)
④ CCW(Channel Command Word)

19 다음 그림에서 1의 보수(1's complement) 연산을 수행하였을 때 결과 값은?

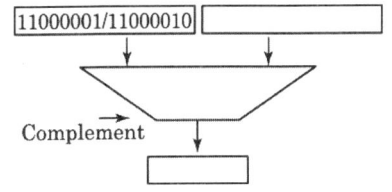

① 11000001 11000010
② 00111110 00111101
③ 00111110 11000010
④ 11000001 00111101

20 다음 중 입·출력 제어방식이 아닌 것은?
① DMA 방식
② 채널에 의한 방식
③ 중앙처리에 의한 방식
④ 핸드셰이킹에 의한 방식

21 컴퓨터 소자의 발달 과정을 순서대로 옳게 나열한 것은?
① 트랜지스터 → 집적회로 → 고밀도 집적회로 → 진공관
② 진공관 → 트랜지스터 → 집적회로 → 고밀도 집적회로
③ 집적회로 → 고밀도 집적회로 → 진공관 → 트랜지스터
④ 진공관 → 집적회로 → 고밀도 집적회로 → 트랜지스터

22 전자석의 원리를 사용하여 1과 0 등의 데이터를 처리하는 방식이 아닌 것은?
① 자기테이프   ② 하드디스크
③ 종이테이프   ④ 디스켓

23 다음 그림과 같이 컴퓨터 내부에서 2진수 자료를 표현하는 방식은?

| 부호 | 지수 | 소수 |

① 팩 형식(Pack Format)
② 부동 소수점 형식(Floating Point Format)
③ 고정 소수점 형식(Fixed Point Format)
④ 언팩 형식(Unpack Format)

24 비수치 연산에서 1개의 입력 데이터를 연산기에 넣어 그대로 출력을 내어 보내는 단일 연산은?
① MOVE   ② AND
③ OR   ④ Complement

25 컴퓨터에서 데이터를 전송하는 통로는?
① Bus   ② Buffer
③ Channel   ④ Address

26 양쪽 방향에서 동시에 정보를 송·수신할 수 있는 정보통신 방식은?
① 단방향 통신   ② 반이중 통신
③ 전이중 통신   ④ 무방향 통신

27 입·출력에 필요한 기능이 아닌 것은?
① 입·출력 버스
② 입·출력 인터페이스
③ 입·출력 제어장치
④ 입·출력 기억장치

28 전자계산기에서 프로그램을 해독하는 장치는?
① 연산장치   ② 제어장치
③ 입력장치   ④ 출력장치

29 다음 중 정보통신망 구성 시 필요 없는 장치는?
① 통신 제어장치 ② 모뎀
③ 단말기 ④ 통신 연산장치

30 스택(stack)에 대한 설명으로 틀린 것은?
① 0-주소지정에 이용된다.
② LIFO(Last-In First-Out)의 구조이다.
③ 일괄처리, 스풀(SPOOL) 운영에 사용한다.
④ 작업 시 리스트의 한쪽에서만 처리되는 선형 구조이다.

31 예약어(Reserved Word)에 대한 설명으로 틀린 것은?
① 프로그래머가 변수 이름으로 사용할 수 없다.
② 새로운 언어에서는 예약어의 수가 줄어들고 있다.
③ 프로그램 판독성을 증가시킨다.
④ 프로그램의 신뢰성을 향상시켜 줄 수 있다.

32 하나의 시스템을 여러 명의 사용자가 시간을 분할하여 동시에 작업할 수 있도록 하는 방식은?
① Distributed System
② Batch Processing System
③ Time Sharing System
④ Real Time System

33 다음 중 반복문에 해당되지 않는 것은?
① if문 ② for문
③ while문 ④ do-while문

34 운영체제의 성능 평가 기준과 거리가 먼 것은?
① 사용가능도(Availability)
② 신뢰도(Reliability)
③ 처리능력(Throughput)
④ 비용(Cost)

35 프로그래머가 작성한 것으로 기계어로 번역되기 전의 프로그램은?
① 원시 프로그램 ② 목적 프로그램
③ 루트 프로그램 ④ 해석 프로그램

36 기계어에 대한 설명으로 틀린 것은?
① 프로그램의 유지 보수가 용이하다.
② 2진수 0과 1만을 사용하여 명령어와 데이터를 나타낸다.
③ 실행 속도가 빠르다.
④ 호환성이 없고 기계마다 언어가 다르다.

37 고급 언어를 기계어로 바꾸는 역할을 하는 것은?
① 에디터 ② 링커
③ 로더 ④ 컴파일러

38 프로그램이 수행되는 동안 변하지 않는 값을 나타내는 데이터는?
① 변수 ② 주석
③ 배열 ④ 상수

39 프로그램 작성 시 반복되는 일련의 명령어

들을 하나의 명령으로 만들어 실행시키는 방법은?
① 매크로　② 디버깅
③ 스케줄링　④ 모니터

40 C언어에서 저장 클래스를 명시하지 않는 변수는 기본적으로 무엇으로 간주되는가?
① Static Variable
② Register Variable
③ Internal Variable
④ Automatic Variable

41 논리곱의 명제를 나타내고 있는 불 대수는?
① A+1=1　② Y=A+B
③ Y=A·B　④ Y=$\overline{A}$

42 다음 논리회로가 나타내는 것은?

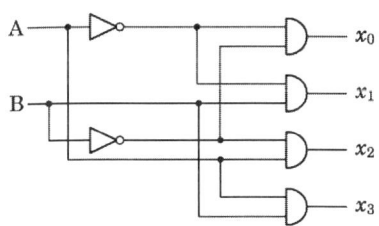

① 멀티플렉서
② 비교기
③ 해독기(decoder)
④ 부호기(encoder)

43 RS형 플립플롭의 S 입력을 NOT 게이트를 거쳐서 R 쪽에도 입력되도록 연결하면 어떤 플립플롭이 되는가?
① RS형 플립플롭
② T형 플립플롭
③ D형 플립플롭
④ 마스터 슬레이브

44 다음 RS 플립플롭 진리표의 출력(Q_{n+1}) 중 틀린 것은?

	S	R	Q_{n+1}
㉠	0	0	Q_n
㉡	0	1	0
㉢	1	0	1
㉣	1	1	1

① ㉠　② ㉡
③ ㉢　④ ㉣

45 입력이 모두 1일 때만 출력이 0이고, 그 외는 1인 게이트는? (단, 정 논리인 경우)
① AND　② OR
③ NAND　④ NOR

46 입력단자 A인 NOT 게이트의 논리식은?
① Y=A　② Y=$\overline{A}$
③ Y=A+B　④ Y=A·B

47 불 대수식 AB+ABC를 간소화하면?
① AB　② AC
③ BC　④ ABC

48 디코더(decoder)에서 4개의 입력이 들어간다면 최대 출력 개수는?
① 2　② 4
③ 8　④ 16

49 8421코드에 별도로 3비트의 패리티 체크 비트를 부가하여 7비트로 구성한 코드로 오

류 검사뿐만 아니라 교정까지도 가능한 코드는?
① 3초과 코드　② 해밍 코드
③ 그레이 코드　④ 2421 코드

50 10진수 13을 Gray Code로 바꾸면?
① 1011　② 0100
③ 1001　④ 1101

51 J-K 플립플롭에서 J입력과 K입력이 1일 때 출력은 clock에 의해 어떻게 되는가?
① 0　② 1
③ 반전　④ 기억보지

52 반감산기에서 차를 얻기 위한 게이트는?
① OR　② AND
③ NAND　④ EX-OR

53 드 모르간의 정리를 올바르게 나타낸 것은?
① $\overline{A+B+C+D} = \overline{A} \cdot \overline{B} \cdot \overline{C} \cdot \overline{D}$
② $\overline{A+B} = A \cdot B$
③ $\overline{A+B} = A \cdot B$
④ $\overline{A \cdot B \cdot C \cdot D} = A+B+C+D$

54 10진-2진 부호기(인코더)에서 입력선이 10개일 때 출력선은 최소 몇 개이어야 하는가?
① 2　② 3
③ 4　④ 10

55 다음 중 동기성 계수기로 사용할 수 없는 것은?
① BCD 계수기
② 리플 계수기
③ 2진 계수기
④ 2진 업-다운 계수기

56 다음 중 소비전력이 가장 적은 것은?
① CMOS　② RTL
③ TTL　④ ETL

57 불 대수의 공리 중 틀린 것은?
① $A + \overline{A} = 1$
② $A + 0 = 0$
③ $(A+B)+C = A+(B+C)$
④ $A+(B \cdot C) = (A+B) \cdot (A+C)$

58 플립플롭이 갖는 안정상태의 출력 개수는?
① 1개　② 2개
③ 3개　④ 4개

59 다음 T 플립플롭의 진리표에서 ( ) 안에 알맞은 출력값은?

입력	출력
T	Q_{n+1}
0	( )
1	$\overline{Q_n}$

① 0　② 1
③ Q_n　④ Q_{n+1}

60 다음 중 순서 논리회로인 것은?
① 가산기　② 인코더
③ 멀티플렉서　④ 레지스터

2010년 제1회 과년도출제문제

01 20[kΩ] 저항 및 양 단자에 100[V]를 인가했을 때 흐르는 전류는?
① 1[mA]   ② 5[mA]
③ 10[mA] ④ 20[mA]

02 수정발진기에 대한 설명으로 틀린 것은?
① 수정진동자의 Q는 매우 높다.
② 압전기 현상을 이용한 발진기이다.
③ 발진주파수는 수정편의 두께에 반비례한다.
④ 발진주파수 변경이 용이하다.

03 이미터 접지 증폭회로와 비교한 컬렉터 접지 증폭회로의 특징에 대한 설명으로 틀린 것은?
① 입력 임피던스가 크다.
② 출력 임피던스가 낮다.
③ 전압이득이 크다.
④ 입력전압과 출력전압의 위상은 동상이다.

04 부궤환 증폭회로의 일반적인 특징에 대한 설명으로 적합하지 않은 것은?
① 이득이 증가한다.
② 안정도가 증가한다.
③ 왜율이 개선된다.
④ 주파수 특성이 개선된다.

05 트랜지스터를 증폭기로 사용하는 영역은?
① 차단영역
② 포화영역
③ 활성영역
④ 차단영역 및 포화영역

06 어떤 도선의 단면을 1분 동안에 30[C]의 전하가 이동하였다면 이때 흐른 전류는 몇 [A]인가?
① 0.1[A]   ② 0.3[A]
③ 0.5[A]   ④ 3[A]

07 A급 증폭기의 입력전압이 60[mV]이고, 출력전압이 6[V]일 때 전압이득은?
① 10[dB]   ② 20[dB]
③ 40[dB]   ④ 60[dB]

08 이미터 접지 고정 바이어스 증폭회로의 안정도 S는?
① $1+\alpha$ ② $1-\alpha$
③ $1+\beta$ ④ $1-\beta$

09 다음 ( ) 안에 들어갈 내용으로 가장 적합한 것은?

> "상승시간(rise time)이란 실제의 펄스가 이상적인 펄스 진폭의 10[%]에서 ( )까지 상승하는데 걸리는 시간을 말한다."

① 50[%]   ② 64[%]
③ 90[%]   ④ 100[%]

10 실효값이 100[V]인 교류전압의 평균값은 약 몇 [V]인가?
① 64[V]   ② 70[V]
③ 90[V]   ④ 141[V]

11 다음 중 자기 보수적(self complement) 성질이 있는 코드는?
① 3초과 코드   ② 해밍 코드
③ 그레이 코드   ④ BCD 코드

12 CPU의 간섭을 받지 않고 메모리와 입·출력장치 사이에 데이터 전송이 이루어지는 방식은?
① DMA
② COM
③ interrupt I/O
④ Programmed I/O

13 자료를 일정 시간(기간) 동안 모아 두었다가 한 번에 처리하는 시스템은?
① 일괄(Batch) 처리 시스템
② 지연(Delayed) 처리 시스템
③ 실시간(Real time) 처리 시스템
④ 시분할(Time sharing) 처리 시스템

14 6비트 BCD 코드로 서로 다른 문자를 표현할 수 있는 수는 최대 몇 개인가?
① 16   ② 32
③ 64   ④ 128

15 부동 소수점 수가 기억장치 내에 있을 때 비트를 필요로 하지 않는 것은?
① 부호(sign)
② 지수(exponent)
③ 소수(mantissa)
④ 소수점(decimal point)

16 산술 및 논리 연산의 결과를 일시적으로 기억하는 레지스터는?
① Instruction 레지스터
② Storage 레지스터
③ Accumulator 레지스터
④ Address 레지스터

17 전가산기의 진리표이다. A, B, C, D값으로 옳은 것은?

X	Y	Z	S	C
0	0	0	0	0
0	0	1	1	0
0	1	0	1	0
0	1	1	0	(A)
1	0	0	1	0
1	0	1	(B)	1
1	1	0	0	1
1	1	1	(C)	(D)

① A=0, B=0, C=1, D=1
② A=1, B=0, C=1, D=0
③ A=1, B=0, C=1, D=1
④ A=1, B=0, C=0, D=1

18 어큐뮬레이터에 있는 10진수 $(12)_{10}$를 왼쪽으로 2번 시프트시킨 후의 값은?
① 12   ② 24
③ 36   ④ 48

19 바코드를 대체할 수 있는 기술로 지금처럼 계산대에서 물품을 스캐너로 일일이 읽지 않아도 쇼핑 카트가 센서를 통과하면 구입물품의 명세

와 가격이 산출되는 시스템을 실용화할 수 있으며, 지폐나 유가 증권의 위조 방지, 항공사의 수하물 관리 등 물류 혁명을 일으킬 수 있는 기술은?
① 태블릿(tablet)
② 터치스크린(touch screen)
③ 광학 마크 판독기(OMR-optical mark reader)
④ 전자 태그(radio frequency identification, RFID)

20 다음 그림의 비트 구조로 알맞은 코드는?

① BCD 코드　　② EBCDIC 코드
③ ASCII 코드　　④ 3초과 코드

21 다음 주소지정방식 중 속도가 가장 빠른 것은?
① immediate addressing
② direct addressing
③ indirect addressing
④ indexed addressing

22 2진수 0011을 3-초과 코드로 변환하면?
① 1001　　② 1000
③ 0111　　④ 0110

23 명령어의 번지와 프로그램 카운터(PC)가 더해져서 유효번지를 결정하는 방식은?
① 상대번지 모드(Relative Addressing Mode)
② 간접번지 모드(Indirect Addressing Mode)
③ 인덱스드 어드레싱 모드(Indexed Addressing Mode)
④ 레지스터 어드레싱 모드(Register Addressing Mode)

24 정수 표현에서 음수를 나타내는 표현 방식이 아닌 것은?
① 부호와 절대치
② 부호와 0의 보수
③ 부호와 1의 보수
④ 부호와 2의 보수

25 네온 또는 아르곤의 혼합가스를 셀(Cell)에 채워 높은 전압을 가할 때 나오는 빛을 이용한 출력장치는?
① 음극선관(CRT)
② X-Y 플로터(X-Y plotter)
③ 플라즈마 디스플레이(Plasma Display)
④ 액정 디스플레이(Liquid Crystal Display)

26 다음 중 산술적 연산에서 필요하지 않은 명령은?
① AND　　② ADD
③ SUBTRACT　　④ DIVIDE

27 다음 중 시프트 레지스터(shift register)로 이용할 수 있는 기능과 거리가 먼 것은?
① 비교 기능　　② 나눗셈 기능
③ 곱셈 기능　　④ 직렬 전송 기능

28 명령형식을 구분함에 있어 오퍼랜드를 구

성하는 주소의 수에 따라 0주소 명령, 1주소 명령, 2주소 명령, 3주소 명령 등으로 구분할 수 있다. 이 중 스택(stack) 구조를 가지는 명령 형식은?
① 0주소 명령 ② 1주소 명령
③ 2주소 명령 ④ 3주소 명령

29 카드 리더(Card Reader)에서 읽기 전에 카드를 쌓아두는 곳은?
① 호퍼 ② 스태커
③ 롤러 ④ 리젝트 스태커

30 조합 논리회로를 다음과 같이 설계할 때 일반적인 순서로 옳은 것은?

> A. 간소화된 논리식을 구한다.
> B. 진리표에 대한 카르노도를 작성한다.
> C. 논리식을 기본 게이트로 구성한다.
> D. 입·출력 조건에 따라 변수를 결정하여 진리표를 작성한다.

① D → B → A → C
② D → A → B → C
③ B → D → A → C
④ B → D → C → A

31 순서도의 역할에 대한 설명으로 틀린 것은?
① 프로그램의 논리 오류를 검색, 수정하기 쉽게 도와준다.
② 프로그래밍 언어에 따라 순서도 사용 방법이 다르다.
③ 여러 명이 공동으로 프로그램을 작성할 때 대화의 수단이 된다.
④ 프로그래밍을 작성하는 기초 자료로 코딩의 기본이 된다.

32 로더(Loader)의 역할에 해당하지 않는 것은?
① 할당(Allocation)
② 연결(Linking)
③ 로딩(Loading)
④ 해석(Interpret)

33 프로그래밍 언어의 선정 기준으로 적합하지 않은 것은?
① 프로그래머 개인의 선호성은 고려 대상에 포함되지 않는다.
② 프로그래밍의 효율성이 고려되어야 한다.
③ 어느 컴퓨터에나 쉽게 설치될 수 있어야 한다.
④ 응용 목적에 부합하는 언어이어야 한다.

34 다음의 운영체제 스케줄링 정책 중 가장 바람직한 것은?
① 대기시간을 늘리고 반환시간을 줄인다.
② 반환시간과 처리율을 늘린다.
③ 응답시간을 최소화하고 CPU 이용률을 늘린다.
④ CPU 이용률을 줄이고 반환시간을 늘린다.

35 프로그래밍 작성 절차 중 다음 설명에 해당하는 것은?

> - 프로그램의 개발 목적 및 과정을 표준화하여 효율적인 작업이 되도록 함
> - 유지 보수를 용이하게 함
> - 개발 과정에서의 추가 및 변경에 따르는 혼란을 감소시킴
> - 시스템 개발팀에서 운용팀으로 인계, 인수를 쉽게 할 수 있음
> - 시스템 운용자가 용이하게 시스템을 운용할 수 있음

① 프로그램 구현

② 프로그램 문서화
③ 문제 분석
④ 입·출력 설계

36 어셈블리어에 대한 설명으로 옳은 것은?
① 고급 언어에 해당한다.
② 호환성이 좋은 언어이다.
③ 실행을 위하여 기계어로 번역하는 과정이 필요 없다.
④ 기호 언어이다.

37 원시 프로그램을 기계어 프로그램으로 번역하는 대신에 기존의 고수준 컴파일러 언어로 전환하는 역할을 수행하는 것은?
① Interpreter   ② Assembler
③ Preprocessor   ④ Linker

38 BNF 표기법에서 "정의"를 의미하는 기호는?
① #   ② &
③ | ④ ::=

39 고급 언어에 대한 설명으로 틀린 것은?
① 사람 중심의 언어이다.
② 컴퓨터가 직접 이해할 수 있어 실행 속도가 빠르다.
③ 상이한 기계에서 별다른 수정 없이 실행 가능하다.
④ 실행을 위해서는 기계어로 번역하는 과정이 필요하다.

40 운영체제의 평가 기준 중 단위 시간 내에 처리할 수 있는 일의 양을 나타내는 것은?
① Availability

② Reliability
③ Turn Around Time
④ Throughput

41 JK 플립플롭에서 Q_n이 RESET 상태일 때, J=0, K=1 입력신호를 인가하면 출력 Q_{n+1}의 상태는?
① 0   ② 1
③ 부정   ④ 입력금지

42 레지스터(Register)와 계수기(Counter)를 구성하는 기본소자는?
① 해독기   ② 감산기
③ 가산기   ④ 플립플롭

43 다음 중 조합 논리회로는?
① 계수기(Counter)
② 레지스터(Register)
③ 해독기(Decoder)
④ 플립플롭(Flip-Fiop)

44 카운터를 구성하는 모든 플립플롭이 하나의 클록신호에 의해 동시에 동작하는 방식을 무엇이라 하는가?
① 리플 카운터
② 동기식 카운터
③ 비동기식 카운터
④ 링 카운터

45 다음 논리회로의 출력에 대한 논리식 Z는?

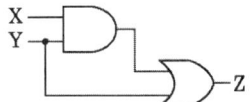

① X　　② Y
③ X+Y　　④ XY

46 다음 진리표에 해당되는 논리게이트는?

입력		출력
A	B	X
0	0	1
0	1	1
1	0	1
1	1	0

① AND　　② OR
③ NAND　　④ NOT

47 다음 논리식의 결과 값은?

$$(\overline{\overline{A}+B})(\overline{\overline{A}+\overline{B}})$$

① 0　　② 1
③ A　　④ B

48 2진수 $(1011101011000010)_2$을 16진수로 변환하면?
① $(ABC3)_{16}$　　② $(BAC2)_{16}$
③ $(CAB4)_{16}$　　④ $(16ACD)_{16}$

49 클록 펄스의 개수나 시간에 따라 반복적으로 일어나는 행위를 세는 장치로서 여러 개의 플립플롭으로 구성되는 것은?
① 계수기　　② 누산기
③ 가산기　　④ 감산기

50 멀티플렉서에서 입력이 16개이면 필요한 선택선의 개수는?
① 2개　　② 3개
③ 4개　　④ 5개

51 플립플롭에 대한 다음 설명 중 ( )에 알맞은 것은?

"플립플롭의 출력은 입력 상태에 따라 가해지는 클록 펄스에 의해 변환한다. 이와 같은 변화를 플립플롭이 ( )되었다고 한다."

① 트리거　　② 세트업
③ 상승　　④ 하강

52 다음과 같은 카르노 도표를 보고 논리함수 f를 구하면?

AB\C	0	1
00	0	1
01	1	0
11	1	0
10	0	1

① $BC+\overline{B}\,\overline{C}$　　② $B\overline{C}+\overline{B}C$
③ $AB+BC$　　④ $A\overline{B}+\overline{B}C$

53 드 모르간의 정리를 나타낸 것은?
① $\overline{\overline{X}}=X$
② $\overline{X \cdot Y}=\overline{X}+\overline{Y}$
③ $X+\overline{X}=1$
④ $\overline{X+Y}=\overline{X}+\overline{Y}$

54 비동기식 6진 리플 카운터를 구성하려고 한다. T 플립플롭이 최소한 몇 개 필요한가?
① 2　　② 3
③ 4　　④ 5

55 클록 펄스가 들어올 때마다 플립플롭의 상태가 반전되는 회로는?

① RS FF ② D FF
③ T FF ④ JK FF

56 한 비트의 2진수를 더하여 합과 자리올림 값을 계산하는 반가산기를 설계하고자 할 때 필요한 게이트는?
① 배타적 OR 2개, OR 1개
② 배타적 OR 1개, AND 1개
③ 배타적 NOR 1개, NAND 1개
④ 배타적 OR 1개, AND 1개, NOT 1개

57 8Bit로 2의 보수 표현 방법에 의해 10과 -10을 나타내면?
① 00001010, -00001010
② 00001010, 10001010
③ 00001010, 11110101
④ 00001010, 11110110

58 그레이 코드 $(0111)_G$을 2진수로 변환하면?
① $(0101)_2$ ② $(0100)_2$
③ $(1010)_2$ ④ $(1011)_2$

59 다음 중 시프트 레지스터에 대한 설명으로 옳은 것은? (단, FF는 Flip Flop이다.)
① FF에 기억되는 것을 방해시키는 레지스터를 말한다.
② FF에 기억된 정보를 소거시키는 레지스터를 말한다.
③ FF에 clock 입력을 기억시키기만 하는 레지스터를 말한다.
④ FF에 기억된 정보를 다른 FF에 옮기는 동작을 하는 레지스터를 말한다.

60 다음 논리 소자 중에서 소비 전력이 가장 작은 것은?
① DTL ② ECL
③ MOS ④ C-MOS

2010년 제2회 과년도출제문제

01 정류기의 평활회로는 어느 것에 속하는가?
① 고역 통과 여파기
② 저역 통과 여파기
③ 대역 통과 여파기
④ 대역 소거 여파기

02 DSB 변조에서 반송파의 주파수가 700[kHz]이고, 변조파의 주파수가 5[kHz]일 때 주파수 대역폭은?
① 5[kHz]   ② 10[kHz]
③ 705[kHz]   ④ 710[kHz]

03 연산증폭기의 입력 오프셋 전압에 대한 설명으로 가장 적합한 것은?
① 출력전압과 입력전압이 같게 될 때의 증폭기 입력전압
② 차동 출력전압이 0[V]일 때 두 입력단자에 흐르는 전류의 차
③ 차동 출력전압이 무한대가 되도록 하기 위하여 입력단자 사이에 걸어주는 전압
④ 차동 출력전압이 0[V]가 되도록 하기 위하여 입력단자 사이에 걸어주는 전압

04 어떤 증폭기에서 입력전압이 1[mV]일 때 출력전압이 1[V]이었다면, 이 증폭기의 전압이득은?
① 20[dB]   ② 40[dB]
③ 60[dB]   ④ 80[dB]

05 다음 중 P형 반도체를 만드는 불순물 원소는?
① 붕소(B)   ② 인(P)
③ 비소(As)   ④ 안티몬(Sb)

06 다음 중 반도체의 재료로 가장 많이 사용되는 것은?
① He   ② Fe
③ Cr   ④ Si

07 무궤환 시 전압이득이 90인 증폭기에서 궤환율 $\beta=0.1$의 부궤환을 걸었을 때 증폭기의 전압이득은?
① 5   ② 9
③ 45   ④ 81

08 자체 인덕턴스가 10[H]인 코일에 1[A]의 전류가 흐를 때 저장되는 에너지는?
① 1[J]   ② 5[J]
③ 10[J]   ④ 20[J]

09 용량이 같은 콘덴서 n개를 병렬 접속하면 콘덴서 용량은 1개일 경우의 몇 배로 되는가?
① n ② $\dfrac{1}{n}$
③ $n-1$ ④ $\dfrac{1}{n-1}$

10 고주파 전력증폭기에 주로 사용되는 증폭 방식은?

① A급　② B급
③ C급　④ AB급

11 게이트당 소비전력이 가장 낮은 것은?
① DTL　② TTL
③ MOS　④ CMOS

12 개인용 컴퓨터에서 자료의 외부적 표현방식으로 가장 많이 사용하는 ASCII 코드는 7비트이다. 표현할 수 있는 최대 정보의 수는?
① 7　② 49
③ 128　④ 1024

13 중앙처리장치로부터 입·출력 지시를 받으면 직접 주기억장치에 접근하여 데이터를 꺼내어 출력하거나 입력한 데이터를 기억시킬 수 있고, 입·출력에 관한 모든 동작을 자율적으로 수행하는 입·출력 제어방식은?
① 프로그램 제어방식
② 인터럽트 방식
③ DMA 방식
④ 채널 방식

14 주기억장치의 크기가 3K바이트(Byte)일 때 실제 바이트(Byte) 수는?
① 300바이트　② 3000바이트
③ 3072바이트　④ 3333바이트

15 특별한 조건이나 신호가 컴퓨터에 인터럽트되는 것을 방지하는 것은?
① 인터럽트 마스크
② 인터럽트 레벨
③ 인터럽트 카운터
④ 인터럽트 핸들러

16 ADD 동작이 산술연산 명령이라면, OR 동작은?
① 제어 명령
② 논리연산 명령
③ 데이터전송 명령
④ 분기 명령

17 해밍 코드(hamming code)의 대표적 특징은?
① 데이터 전송 시 신호가 없을 때를 구별하기 쉽다.
② 자기보수(self complement)적인 성질이 있다.
③ 기계적인 동작을 제어하는 데 사용하기 알맞은 코드이다.
④ 패리티 규칙으로 잘못된 비트를 찾아서 수정할 수 있다.

18 이항(Binary) 연산에 해당하는 것은?
① MOVE
② EX-OR
③ SHIFT
④ COMPLEMENT

19 순차 접근 저장 매체(SASD)에 해당하는 것은?
① 자기 테이프　② 자기 드럼
③ 자기 디스크　④ 자기 코어

20 프로그램 실행 중에 강제적으로 제어를 특

정 주소로 옮기는 것으로 프로그램의 실행을 중단하고 그 시점에서의 주요 데이터를 주기억장치로 되돌려 놓은 다음 특정 주소로부터 시작되는 프로그램에 제어를 옮기는 것은?
① 명령 실행   ② 인터럽트
③ 명령 인출   ④ 간접 단계

21 내부 인터럽트에 해당하는 것은?
① 전원 이상 인터럽트
② 기계 착오 인터럽트
③ 입·출력 인터럽트
④ 프로그램 검사 인터럽트

22 다음 중 입력장치가 아닌 것은?
① 마우스   ② 터치스크린
③ 디지타이저 ④ 플로터

23 양방향 데이터 전송은 가능하나 동시 전송이 불가능한 방식은?
① Simplex   ② Half duplex
③ Full duplex ④ Dual duplex

24 레지스터에 저장된 데이터를 가지고 하나의 클록 펄스 동안에 실행되는 기본적인 동작을 마이크로 동작이라고 한다. 다음 중 마이크로 동작이 아닌 것은?
① 시프트(SHIFT)
② 카운트(COUNT)
③ 클리어(CLEAR)
④ 인터럽트(INTERRUPT)

25 PCM(Pulse Code Modulation) 전송방식의 기본 과정으로 필요하지 않은 것은?
① 아날로그화 ② 표본화
③ 양자화   ④ 부호화

26 PROGRAM 수행 중 서브루틴(Sub-Routine)으로 돌입할 때 프로그램의 리턴번지(Return Address) 수를 LIFO(Last-In First-out) 기술로 메모리의 일부에 저장한다. 이 메모리와 가장 밀접한 자료구조는?
① 큐   ② 트리
③ 스택   ④ 그래프

27 2진수 $1111_{(2)}$을 그레이 코드(Gray code)로 변환하면?
① $0000_{(G)}$ ② $1000_{(G)}$
③ $1010_{(G)}$ ④ $1111_{(G)}$

28 다음에 수행될 명령어의 주소를 나타내는 것은?
① Accumulator
② Instruction
③ Stack pointer
④ Program counter

29 최대 클록 주파수가 가장 높은 논리소자는?
① TTL   ② ECL
③ MOS   ④ CMOS

30 EX-OR 논리회로에 대한 설명 중 옳지 않은 것은?
① $Y = \overline{A}B + A\overline{B}$
② 입력 A, B가 모두 1일 때 출력은 1

③ 입력 A, B가 서로 다를 때 출력은 1
④ 반가산기 설계 시 사용

31 구조적 프로그램의 기본 구조가 아닌 것은?
① 순차(Sequence)
② 그물(Mesh) 구조
③ 선택(Selection) 구조
④ 반복(Repetition) 구조

32 시스템 프로그래밍 언어로 가장 적합한 것은?
① C
② ALGOL
③ PL/1
④ COBOL

33 저급(Low Level)언어부터 고급(High Level) 언어 순서로 옳게 나열한 것은?
① C언어 → 기계어 → 어셈블리어
② 어셈블리어 → 기계어 → C언어
③ 기계어 → 어셈블리어 → C언어
④ 어셈블리어 → C언어 → 기계어

34 언어번역 프로그램에 해당하지 않는 것은?
① 어셈블러
② 로더
③ 컴파일러
④ 인터프리터

35 프로그래밍 작업의 절차로 옳은 것은?
① 요구분석 → 입·출력 설계 → 순서도 작성 → 프로그램의 구현과 검사 → 프로그램의 문서화
② 입·출력 설계 → 요구분석 → 순서도 작성 → 프로그램의 문서화 → 프로그램의 구현과 검사
③ 순서도 작성 → 입·출력 설계 → 요구분석 → 프로그램의 구현과 검사 → 프로그램의 문서화
④ 프로그램의 구현과 검사 → 프로그램의 문서화 → 요구분석 → 입·출력 설계 → 순서도 작성

36 BNF 기호 중 정의를 의미하는 것은?
① < >
② |
③ ::=
④ $

37 순서도에 대한 설명과 가장 거리가 먼 것은?
① 프로그램 개발 비용을 산출하는 역할을 한다.
② 프로그램 인수인계 시 문서 역할을 할 수 있다.
③ 프로그램의 오류 수정을 용이하게 해 준다.
④ 프로그램에 대한 이해를 도와준다.

38 운영체제의 평가 기준과 가장 거리가 먼 것은?
① 처리능력
② 응답시간
③ 비용
④ 신뢰도

39 교착상태의 해결 기법 중 점유 및 대기 부정, 비선점 부정, 환형 대기 부정 등과 관계되는 것은?
① 예방(Prevention)
② 회피(Avoidance)
③ 발견(Detection)
④ 회복(Recovery)

40 프로그램 문서화의 목적으로 옳지 않은

것은?
① 프로그램의 개발 방법과 순서의 비표준화로 효율적 작업 환경을 구성한다.
② 프로그램의 유지 보수가 용이하다.
③ 프로그램의 인수인계가 용이하다.
④ 프로그램의 변경, 추가에 따른 혼란을 방지할 수 있다.

41 J-K 플립플롭에서 입력 J=K=1인 상태의 출력은?
① 세트   ② 리셋
③ 반전   ④ 불변

42 비동기식 카운터에 대한 설명으로 틀린 것은?
① 직렬 카운터 또는 리플 카운터라고도 한다.
② 비트 수가 많은 카운터에 적합하다.
③ 전단의 출력이 다음 단의 트리거 입력이 된다.
④ 지연시간으로 고속 카운팅에 부적합하다.

43 다음 불 대수식 중 드 모르간의 정리를 옳게 나타낸 것은?
① $\overline{A+B} = \overline{A} \cdot \overline{B}$
② $\overline{A \cdot B} = \overline{A} - \overline{B}$
③ $\overline{A+B} = \overline{A} + \overline{B}$
④ $\overline{A \cdot B} = \overline{A} \cdot \overline{B}$

44 3-초과 코드(excess-3 code)에서 사용하지 않는 것은?
① 1100   ② 0101
③ 0010   ④ 0011

45 2진수 코드를 10진수로 변화하는 것은?
① 디코더   ② 인코더
③ A/D 변환기   ④ 카운터

46 시프트 레지스터(Shift Register)를 만들고자 할 경우 가장 적합한 플립플롭은?
① RST 플립플롭
② D 플립플롭
③ RS 플립플롭
④ T 플립플롭

47 6진 카운터를 만들기 위한 최소 플립플롭의 수는?
① 2개   ② 3개
③ 4개   ④ 5개

48 전가산기(Full Adder) 입력의 개수와 출력의 개수는?
① 입력 2개, 출력 3개
② 입력 2개, 출력 4개
③ 입력 3개, 출력 3개
④ 입력 3개, 출력 2개

49 동기식 9진 카운터를 만드는 데 필요한 플립플롭의 개수는?
① 1개   ② 2개
③ 3개   ④ 4개

50 10진수 463을 16진수로 옳게 나타낸 것은?
① 1FC   ② 1DA
③ 1CF   ④ 1AD

51 다음 회로의 출력은?

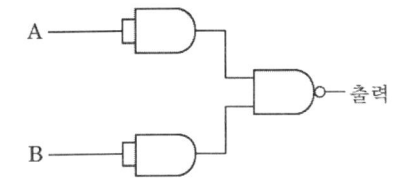

① $A \cdot B$ 　　　② $A + B$
③ $\overline{A} + \overline{B}$ 　　　④ $\overline{A + B}$

52 디지털 신호를 아날로그 신호로 변환하는 장치는?
① A/D 변환기
② D/A 변환기
③ 해독기(Decoder)
④ 비교회로

53 논리식 Y=AB+B를 옳게 간소화시킨 것은?
① A 　　　② B
③ $A \cdot B$ 　　　④ A+B

54 플립플롭(FF)의 종류가 아닌 것은?
① RS-FF 　　　② JK-FF
③ CP-FF 　　　④ T-FF

55 다음 그림과 같이 A와 B에서 값이 입력될 때 출력값은?

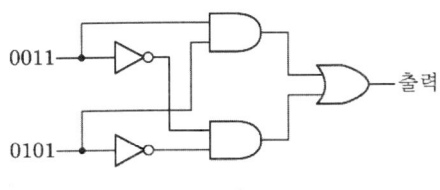

① 1001 　　　② 0101
③ 0100 　　　④ 0011

56 어떤 입력상태에 대해 출력이 무엇이 되든지 상관없는 경우 출력상태를 임의상태(don't care condition)라고 하는데, 진리표나 카르노도에서는 임의상태를 일반적으로 어떻게 표시하는가?
① X 　　　② 0
③ 1 　　　④ Y

57 반가산기에서 입력 A=1이고, B=0이면 출력합(S)과 올림수(C)는?
① S=0, C=0
② S=1, C=0
③ S=1, C=1
④ S=0, C=1

58 다음 그림과 같은 회로의 명칭은?

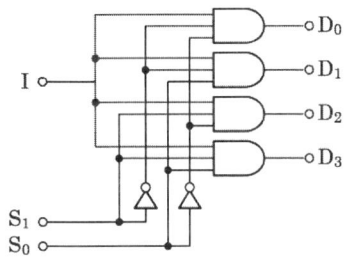

① Decoder
② Demultiplexer
③ Multiplexer
④ Encoder

59 플립플롭 중 데이터의 일시적인 보존 또는 디지털 신호의 지연작용에 많이 사용되는 것은?
① D-FF 　　　② JK-FF
③ RST-FF 　　　④ M/S-FF

60 레지스터를 구성하는 데 가장 많이 사용되는 회로는?

① Encoder
② Decoder
③ Half-Adder
④ Flip-Flop

2010년 제5회 과년도출제문제

01 발진기는 부하의 변동으로 인하여 주파수가 변화되는데 이것을 방지하기 위하여 발진기와 부하 사이에 넣는 회로는?
① 동조증폭기　② 직류증폭기
③ 결합증폭기　④ 완충증폭기

02 이상적인 연산증폭기의 특징에 대한 설명으로 틀린 것은?
① 주파수 대역폭이 무한대이다.
② 입력 임피던스가 무한대이다.
③ 오픈 루프 전압이득이 무한대이다.
④ 온도에 대한 드리프트(Drift)의 영향이 크다.

03 펄스의 상승부분에서 진동의 정도를 말하는 링잉(Ringing)에 대한 설명으로 옳은 것은?
① RC 회로의 시정수가 짧기 때문에 생긴다.
② 낮은 주파수 성분에서 공진하기 때문에 생기는 것이다.
③ 높은 주파수 성분에서 공진하기 때문에 생기는 것이다.
④ RL 회로에서 그 시정수가 매우 짧기 때문에 생기는 것이다.

04 연산증폭기에서 차동 출력을 0[V]가 되도록 하기 위하여 입력단자 사이에 걸어주는 전압은?
① 입력 오프셋 전압
② 출력 오프셋 전압
③ 입력 오프셋 드리프트 전압
④ 출력 오프셋 드리프트 전압

05 2[Ω]의 저항 3개와 6[Ω]의 저항 2개를 모두 직렬로 연결하였을 때 합성저항은?
① 6[Ω]　② 18[Ω]
③ 30[Ω]　④ 38[Ω]

06 제너 다이오드를 사용하는 회로는?
① 검파회로
② 고압 정류회로
③ 고주파 발진회로
④ 전압 안정회로

07 기준레벨보다 높은 부분을 평탄하게 하는 회로는?
① 게이트회로　② 미분회로
③ 적분회로　④ 리미터회로

08 다음 증폭회로 중 100[%] 궤환하는 것은?
① 전압 궤환회로
② 전류 궤환회로
③ 이미터 폴로어 회로
④ 정격 궤환회로

09 100[Ω]의 저항에 10[A]의 전류를 1분간 흐르게 하였을 때의 발열량은?
① 35[kcal]　② 72[kcal]
③ 144[kcal]　④ 288[kcal]

10 다음 중 정현파 발진기가 아닌 것은?
① LC 반결합 발진기
② CR 발진기
③ 멀티바이브레이터
④ 수정발진기

11 비휘발성(Non-Volatile) 메모리가 아닌 것은?
① 자기 코어   ② SRAM
③ 자기 디스크 ④ 자기 드럼

12 잘못된 정보를 발견하고, 수정할 수 있도록 한 코드는?
① BCD 코드   ② 해밍 코드
③ 그레이 코드 ④ 3초과 코드

13 자기 보수 코드(Self Complement Code)가 아닌 것은?
① 2421 Code
② Gray Code
③ 51111 Code
④ Excess-3 Code

14 10진수 85를 BCD 코드로 변환하면?
① 0101 0101   ② 1010 1010
③ 1000 0101   ④ 0111 1010

15 AND 연산에서 레지스터 내의 어느 비트 또는 문자를 지울 것인지를 결정할 때 사용하는 것은?
① Parity bit
② Mask bit
③ MSB(Most Significant Bit)
④ LSB(Least Significant Bit)

16 명령의 오퍼랜드 부분의 주소값과 프로그램 카운터의 값이 더해져 실제 데이터가 저장된 기억장소의 주소를 나타내는 주소지정방식은?
① 베이스 레지스터 주소지정방식
② 인덱스 레지스터 주소지정방식
③ 간접 주소지정방식
④ 상대 주소지정방식

17 자기디스크에서 기록 표면에 동심원을 이루고 있는 원형의 기록 위치를 트랙(track)이라 하는데 이 트랙의 모임을 무엇이라고 하는가?
① field   ② record
③ cylinder   ④ access arm

18 컴퓨터와 단말기의 연결을 서로 이웃하는 것끼리만 연결시킨 형태로서 양방향으로 데이터전송이 가능한 형태로서 근거리 네트워크에 많이 채택되는 방식은?
① 성형   ② 트리형
③ 링형   ④ 그물형

19 컴퓨터의 내부적 자료 표현에 해당하지 않는 것은?
① 정수의 표현
② 실수의 표현
③ 10진 데이터의 표현
④ 동영상의 표현

20 오버플로를 검출하기 위해서는 부호비트 전단에서 발생한 캐리(carry)와 부호비트로부터 발생한 캐리를 비교하여 검출하는데 이때 필요한 Gate는?
① OR   ② X-OR
③ NOT   ④ AND

21 소프트웨어(software)에 의한 우선순위(priority) 체제에 관한 설명 중 옳지 않은 것은?
① 폴링 방법이라고 한다.
② 별도의 하드웨어가 필요 없으므로 경제적이다.
③ 인터럽트 요청장치의 패널에 시간이 많이 걸리므로 반응 속도가 느리다.
④ 하드웨어 우선순위 체제에 비해 우선순위(priority)의 변경이 매우 복잡하다.

22 입·출력장치와 중앙처리장치 간의 데이터 전송 방식으로 거리가 먼 것은?
① 스트로브 제어방식
② 핸드셰이킹 제어방식
③ 비동기 직렬 전송방식
④ 변복조 지정 전송방식

23 사진이나 그림 등에 빛을 쪼여 반사되는 것을 판별하여 복사하는 것처럼 이미지를 입력하는 장치는?
① 플로터   ② 마우스
③ 프린터   ④ 스캐너

24 컴퓨터가 중간변환 과정 없이 직접 이해할 수 있는 것은?
① Machine Language
② Assembly Language
③ ALGOL
④ C Language

25 다음 그림의 연산 결과를 올바르게 나타낸 것은?

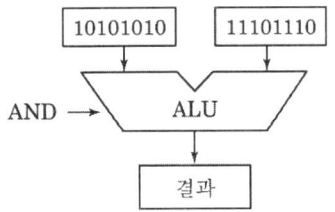

① 10011001   ② 10101010
③ 10101110   ④ 11101110

26 2진수 (01101001)₂이 1의 보수기를 통과하였다. 누산기에 보관된 내용은?
① 10010110   ② 01101001
③ 00000000   ④ 11111111

27 2진수 101011을 10진수로 변환하면 어떻게 되는가?
① 38   ② 43
③ 49   ④ 52

28 10진수 946에 대한 BCD 코드는?
① 1001 0101 0110
② 1001 0100 0110
③ 1100 0101 0110
④ 1100 0011 0110

29 제일 먼저 들어온 항목이 제일 먼저 나가게

정보를 저장하는 메모리장치는?
① FIFO 버퍼
② 스택(STACK)
③ 플래그(FLAG)
④ 인터럽트(INTERRUPT)

30 명령(instruction)의 기본 구성은?
① 오퍼레이션과 오퍼랜드
② 오퍼랜드와 실행 프로그램
③ 오퍼레이션과 제어 프로그램
④ 제어 프로그램과 실행 프로그램

31 순서도의 역할이 아닌 것은?
① 프로그램의 정확성 여부를 확인하는 자료가 된다.
② 오류 발생 시 원인 규명이 용이하다.
③ 논리적인 체계 및 처리 내용을 쉽게 파악할 수 있다.
④ 원시 프로그램을 목적 프로그램으로 번역한다.

32 시분할 시스템을 위해 고안된 방식으로 FCFS 알고리즘을 선점 형태로 변형한 스케줄링 기법은?
① SRT   ② SJF
③ Round Robin   ④ HRN

33 원시 프로그램을 목적 프로그램으로 번역하는 것은?
① 운영체제(operating system)
② 컴파일러(compiler)
③ 로더(loader)
④ 링커(linker)

34 기계어에 대한 설명과 거리가 먼 것은?
① 유지 보수가 용이하다.
② 호환성이 없다.
③ 2진수를 사용하여 데이터를 표현한다.
④ 프로그램의 실행 속도가 빠르다.

35 구조화 프로그래밍의 기본 제어 구조가 아닌 것은?
① 순차 구조   ② 선택 구조
③ 블록 구조   ④ 반복 구조

36 프로그램에서 "Syntax Error"란?
① 물리적인 오류
② 논리적인 오류
③ 기계적인 오류
④ 문법적인 오류

37 프로그램의 처리 과정 순서로 옳은 것은?
① 적재 → 실행 → 번역
② 적재 → 번역 → 실행
③ 번역 → 실행 → 적재
④ 번역 → 적재 → 실행

38 일정량, 일정기간 동안에 모아진 데이터를 한꺼번에 처리하는 자료 처리 시스템은?
① 시분할 처리 시스템
② 실시간 처리 시스템
③ 일괄 처리 시스템
④ 다중 처리 시스템

39 프로그램이 동작하는 동안 값이 수시로 변할 수 있으며, 기억장치의 한 장소를 추상화

한 것은?
① 상수　　　② 주석
③ 예약어　　④ 변수

40 로더의 종류 중 다음 설명에 해당하는 것은?

- 목적 프로그램을 기억 장소에 적재시키는 기능만 수행
- 할당 및 연결 작업은 프로그래머가 프로그램 작성 시 수행하며, 재배치는 언어번역 프로그램이 담당

① Absolute Loader
② Compile And Go Loader
③ Direct Linking Loader
④ Dynamic Loading Loader

41 한 수에서 다음 수로 진행할 때 오직 한 비트만 변화하기 때문에, 연속적으로 변화하는 양을 부호화하는 데 가장 적합한 코드는?
① 3초과 코드　② BCD 코드
③ 그레이 코드　④ 패리티 코드

42 JK 플립플롭을 이용하여 시프트 레지스터를 구성하려고 한다. 데이터가 입력되는 단자는?
① J　　　　② K
③ J와 K　　④ CK

43 플립플롭회로 1개가 있다. 이것은 몇 bit의 2진수를 기억하는가?
① 8[bit]　　② 4[bit]
③ 2[bit]　　④ 1[bit]

44 JK 플립플롭에서 J와 K의 입력이 모두 1일 때 출력 상태는?

① 0　　　　② 1
③ 불변상태　④ 반전상태

45 회로의 안정 상태에 따른 멀티바이브레이터의 종류가 아닌 것은?
① 비안정 멀티바이브레이터
② 단안정 멀티바이브레이터
③ 쌍안정 멀티바이브레이터
④ 주파수 안정 멀티바이브레이터

46 2진수 $(0000001)_2$을 2의 보수로 나타내면?
① 1111110　② 0000000
③ 1111111　④ 0000001

47 부동 소수점 방식과 거리가 먼 것은?
① 지수부　　② 소수부
③ 가수부　　④ 보수부

48 디지털시스템에서 사용되는 2진 코드를 우리가 쉽게 인지할 수 있는 숫자나 문자로 변환해 주는 회로는?
① 인코더회로　　② 디코더회로
③ 플립플롭회로　④ 전가산기회로

49 불 대수의 기본 법칙 중 다음과 같은 연산과 관계되는 법칙은?

$$A+B \cdot C = (A+B)(A+C)$$

① 교환 법칙　② 결합 법칙
③ 분배 법칙　④ 드 모르간 법칙

50 다음 그림이 나타내는 논리 게이트의 법칙은?

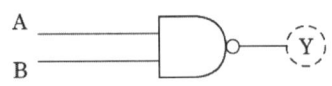

① Y = A · B   ② Y = $\overline{A+B}$
③ Y = $\overline{A \cdot B}$ ④ Y = $\overline{A+B}$

51 조합 논리회로에 해당하지 않는 것은?
① 비교회로
② 패리티 체크회로
③ 인코더회로
④ 계수회로

52 멀티플렉서에서 4개의 입력 중 1개를 선택하기 위해 필요한 입력 선택 제어선의 수는?
① 1개   ② 2개
③ 3개   ④ 4개

53 5진 카운터를 만들려면 T형 플립플롭이 최소 몇 개 필요한가?
① 1   ② 2
③ 3   ④ 4

54 논리식 f=(A+B)(A+$\overline{B}$)를 최소화하면?
① f= A + B   ② f= A + $\overline{B}$
③ f= A   ④ f= 0

55 그림과 같은 회로의 명칭은?

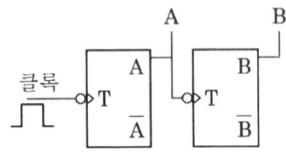

① 2진 리플 계수기

② 4진 리플 계수기
③ 동기형 2진 계수기
④ 동기형 4진 계수기

56 4변수 카르노 맵에서 최소항(minterm)의 개수는?
① 4   ② 8
③ 12   ④ 16

57 다음은 반감산기의 논리회로이다. 빌림 수를 출력하는 단자는?

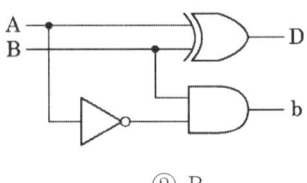

① A   ② B
③ C   ④ D

58 레지스터(register)의 역할에 대한 설명으로 틀린 것은?
① 2진 데이터를 기억장치에서 읽어낸다.
② 전송된 데이터를 영구적으로 기억한다.
③ 데이터를 한 장치에서 다른 장치로 전송한다.
④ 2진수의 곱하기나 나누기 연산에도 사용된다.

59 병렬 계수기(Parallel Counter)라고도 말하며 계수기의 각 플립플롭이 같은 시간에 트리거되는 계수기는?
① 링 계수기
② 10진 계수기
③ 동기형 계수기

④ 비동기형 계수기

60 다음 그림과 같이 구성된 회로에서 A의 값이 0011, B의 값은 0101이 입력되면 출력 F의 값은?

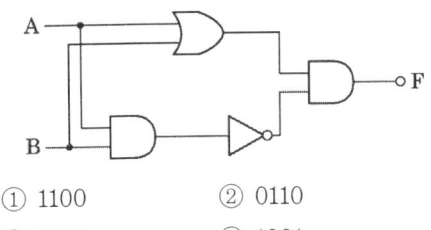

① 1100 ② 0110
③ 0011 ④ 1001

2011년 제1회 과년도출제문제

01 다음 회로에서 베이스 전류 I_B는?(단, $V_{CC}=6[V]$, $V_{BE}=0.6[V]$, $R_C=2[k\Omega]$, $R_B=100[k\Omega]$이다.)

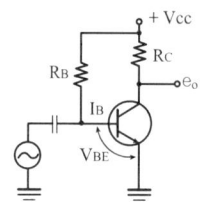

① 27[μA]　　② 36[μA]
③ 54[μA]　　④ 60[μA]

02 비오-사바르의 법칙은 어떤 관계를 나타내는 법칙인가?
① 전류와 자장
② 기자력과 자속밀도
③ 전위와 자장
④ 기자력과 자장

03 다음 그림은 어떤 종류의 바이어스 회로인가?

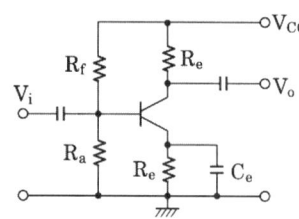

① 전류궤환 바이어스
② 전압궤환 바이어스
③ 고정 바이어스
④ 전압·전류궤환 바이어스

04 10[Ω] 저항 10개를 이용하여 얻을 수 있는 가장 큰 합성 저항값은?
① 1[Ω]　　② 10[Ω]
③ 50[Ω]　　④ 100[Ω]

05 10[V]의 전압이 100[V]로 증폭되었다면 증폭도는?
① 20[dB]　　② 30[dB]
③ 40[dB]　　④ 50[dB]

06 Y 결선의 전원에서 각 상의 전압이 100[V]일 때 선간 전압은?
① 약 100[V]　　② 약 141[V]
③ 약 173[V]　　④ 약 200[V]

07 수정진동자의 직렬공진주파수를 f_0, 병렬공진주파수를 f_s라 할 때 수정진동자가 안정한 발진을 하기 위한 리액턴스 성분의 주파수 f의 범위는?
① $f_0 < f < f_s$　　② $f_0 < f_s < f$
③ $f_s < f < f_0$　　④ $f = f_s = f_0$

08 다음 중 맥동률이 가장 작은 정류방식은?
① 단상 전파정류　　② 3상 전파정류
③ 단상 반파정류　　④ 3상 반파정류

09 다음 중 디지털 변조에 속하지 않는 것은?
① PM　　② ASK
③ QAM　　④ QPSK

10 펄스 변조 중 정보 신호에 따라 펄스의 유무를 변화시키는 방식은?
① PCM
② PWM
③ PAM
④ PNM

11 중앙처리장치의 간섭을 받지 않고 기억장치에 접근하여 입·출력 동작을 제어하는 방식은?
① DMA 방식
② 스트로브 제어 방식
③ 핸드셰이킹 제어 방식
④ 인터럽트에 의한 방식

12 다음 중 출력장치로만 묶어 놓은 것은?
① 키보드, 디지타이저
② 스캐너, 트랙볼
③ 바코드, 라이트 펜
④ 플로터, 프린터

13 3초과 코드는 신호가 없을 때 구별하기 쉽게 하기 위해 사용하는데, 3초과 코드(excess-3 code)에서 존재하지 않는 값은?
① 1010
② 0011
③ 1100
④ 0001

14 2진수 1001과 0011을 더하면 그 결과는 2진수로 얼마인가?
① 1110
② 1101
③ 1100
④ 1001

15 다음 중 게이트당 소모 전력(mW)이 가장 적은 IC는?
① TTL
② RTL
③ DTL
④ CMOS

16 입·출력장치의 역할로 가장 적합한 것은?
① 정보를 기억한다.
② 명령의 순서를 제어한다.
③ 기억 용량을 확대시킨다.
④ 컴퓨터의 내·외부 사이에서 정보를 주고받는다.

17 다음 설명에 해당하는 것은?

"입력과 출력 회로를 모두 트랜지스터로 구성한 회로로서 동작 속도가 빠르고 잡음에 강한 특징이 있으며, Fan-out를 크게 할 수 있고 출력 임피던스가 비교적 낮으며 응답속도가 빠르고 집적도가 높다."

① TTL
② CMOS
③ RTL
④ ECL

18 컴퓨터에서 연산을 위한 수치를 표현하는 방법 중 부호, 지수(exponent) 및 가수로 구성되는 것은?
① 부동 소수점 표현 형식
② 고정 소수점 표현 형식
③ 언팩 표현 형식
④ 팩 표현 형식

19 문자 자료의 표현 방법에 해당하지 않는 것은?
① BCD 코드
② ASCII 코드
③ EBCDIC 코드
④ EX-OR 코드

20 10진수 $(682)_{10}$을 8진수로 변환하면?

① (1152)₈   ② (1251)₈
③ (1252)₈   ④ (1250)₈

21 명령어를 해독하기 위해서 주기억장치로부터 제어장치로 해독할 명령을 꺼내오는 것은?
① 실행(execution)
② 단항 연산(unary operation)
③ 직접 번지(direct address)
④ 명령어 인출(instruction fetch)

22 다음 코드 중 데이터 통신용으로 널리 사용되며, 소형 컴퓨터에서 많이 채택하고 있는 것은?
① ASCII   ② BCD
③ EBCDIC   ④ Hamming

23 CPU가 어떤 작업을 수행하고 있는 중에 외부로부터의 긴급 서비스 요청이 있으면 그 작업을 잠시 중단하고 요구된 일을 먼저 처리한 후에 다시 원래의 작업을 수행하는 것은?
① 시분할   ② 인터럽트
③ 분산처리   ④ 채널

24 제한된 영역 내에 데이터를 어느 한쪽에서는 입력만 시키고, 그 반대쪽에서는 출력만 수행함으로써 가장 먼저 입력된 데이터가 가장 먼저 출력되는 선입선출 형식의 구조는?
① 스택(stack)   ② 큐(queue)
③ 버스(bus)   ④ 캐시(cache)

25 위성통신의 장점에 속하지 않는 것은?
① 기후의 영향을 받지 않는다.
② 광대역 통신이 가능하다.
③ 통신망 구축이 용이하다.
④ 수명이 영구적이다.

26 주소부분이 없기 때문에 스택을 이용하여 연산을 수행하는 명령어는?
① 0-주소 명령어
② 1-주소 명령어
③ 2-주소 명령어
④ 3-주소 명령어

27 다음과 같은 회로도는?

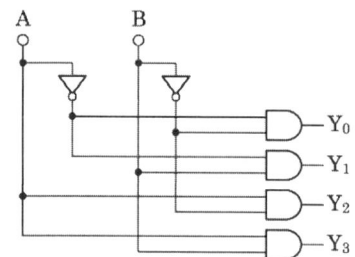

① 인코더   ② 카운터
③ 가산기   ④ 디코더

28 레지스터의 일종으로 산술 연산이나 논리 연산의 결과를 일시적으로 기억시키는 장치는?
① 오퍼레이터   ② 시프터
③ 메모리   ④ 누산기

29 정보의 송·수신이 동시에 가능한 통신 방식은?
① Simplex 방식
② Complex 방식

③ Half Duplex 방식
④ Full Duplex 방식

30 프로그램 카운터가 지시한 명령의 오퍼랜드가 기억된 주소를 표시하는 주소지정방식은?
① 직접 번지 지정 방식
② 간접 번지 지정 방식
③ 즉시 번지 지정 방식
④ 레지스터 번지 지정 방식

31 운영체제의 역할과 거리가 먼 것은?
① 사용자와 시스템 간의 인터페이스 역할
② 데이터 공유 및 주변장치 관리
③ 자원의 효율적 운영 및 자원 스케줄링
④ 저급 언어를 고급 언어로 변환

32 C언어에서 사용되는 자료형이 아닌 것은?
① double ② float
③ char ④ integer

33 고급 언어의 특징 설명으로 틀린 것은?
① 기종에 관계없이 사용할 수 있어 호환성이 높다.
② 2진수 형태로 이루어진 언어로 전자계산기가 직접 이해할 수 있는 형태의 언어이다.
③ 하드웨어에 관한 전문적 지식이 없어도 프로그램 작성이 용이하다.
④ 프로그래밍 작업이 쉽고, 수정이 용이하다.

34 명령 단위로 차례로 번역하여 즉시 실행하는 방식의 언어번역 프로그램은?
① 컴파일러 ② 링커
③ 로더 ④ 인터프리터

35 프로그래밍 언어의 수행 순서는?
① 컴파일러 → 로더 → 링커
② 로더 → 컴파일러 → 링커
③ 링커 → 로더 → 컴파일러
④ 컴파일러 → 링커 → 로더

36 프로그래밍 언어의 구문 요소 중 프로그램의 이해를 돕기 위해 설명을 적어두는 부분으로 프로그램의 실행과는 관계가 없고, 프로그램의 판독성을 향상시키는 요소는?
① Reserved Word
② Operator
③ Key Word
④ Comment

37 운영체제의 페이지 교체 알고리즘 중 최근에 사용하지 않은 페이지를 교체하는 기법으로서, 최근의 사용 여부를 확인하기 위해서 각 페이지마다 2개의 비트가 사용되는 것은?
① NUR ② LFU
③ LRU ④ FIFO

38 프로그래밍 언어가 갖추어야 할 요건과 거리가 먼 것은?
① 프로그래밍 언어의 구조가 체계적이어야 한다.
② 언어의 확장이 용이하여야 한다.

③ 효율적인 언어이어야 한다.
④ 많은 기억 장소를 사용하여야 한다.

39 구조적 프로그래밍의 설명으로 틀린 것은?
① 프로그램의 수정 및 유지 보수가 용이하다.
② 순차, 조건, 반복 구조를 기본 구조로 사용한다.
③ GOTO 문을 많이 사용하여 기능별로 모듈화시킨다.
④ 프로그램의 구조가 간결하며 흐름의 추적이 가능하다.

40 다음의 소프트웨어 개발 과정 중 가장 먼저 수행되는 단계는?
① 시스템 디자인
② 코딩 및 구현
③ 요구 분석
④ 테스팅 및 에러 교정

41 가장 간단한 레지스터 회로는 외부 게이트가 전혀 없이 어떤 회로로 구성되는가?
① 플립플롭   ② AND 게이트
③ X-OR 게이트   ④ 자기 코어

42 카운터와 같이 플립플롭을 사용하는 디지털회로를 무엇이라고 하는가?
① 조합 논리회로
② 순서 논리회로
③ 아날로그 논리회로
④ 멀티플렉서 논리회로

43 불 대수식 AB+ABC를 간소화하면?

① AB   ② AC
③ BC   ④ ABC

44 2진 정보의 저장과 클록 펄스를 가해 좌우로 한 비트씩 이동하여 2진수의 곱셈이나 나눗셈을 하는 연산장치에 이용되는 것은?
① 가산기(adder)
② 카운터(counter)
③ 플립플롭(flip flop)
④ 시프트 레지스터(shift register)

45 디지털장치에서 DATA선이 4개라면 최대 몇 가지 상태로 기호화할 수 있는가?
① 4가지   ② 8가지
③ 16가지   ④ 32가지

46 반감산기회로에서 차를 구하기 위해 사용되는 게이트는?
① AND   ② OR
③ NAND   ④ EX-OR

47 하나의 공통된 시간 펄스에 의해 플립플롭들이 트리거되어 모든 플립플롭의 상태가 동시에 변화하는 계수회로의 명칭은?
① 이동 계수회로
② 상향 계수회로
③ 비동기형 계수회로
④ 동기형 계수회로

48 클록 펄스의 개수나 시간에 따라 반복적으로 일어나는 행위를 세는 장치로서 여러 개의 플립플롭으로 구성되는 것은?
① 계수기   ② 누산기

③ 가산기 ④ 감산기

49 BCD(Binary Coded Decimal) 코드에 의한 수 "0100 0101 0010"을 10진수로 나타내면?
① 542 ② 452
③ 442 ④ 432

50 플립플롭이 n개일 때 카운터가 셀 수 있는 최대의 수 N은?
① $N = 2^n$ ② $N = 2^n + 1$
③ $N = 2^n - 1$ ④ $N = 2n + 1$

51 일반적 디지털 시스템에서 음수 표현 방법이 아닌 것은?
① 부호와 절대값 ② "−" 표시
③ 1의 보수 ④ 2의 보수

52 다음 논리회로 기호에서 입력 A=1, B=0일 때 출력 Y의 값은?

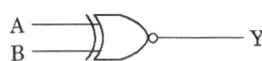

① Y=0 ② Y=1
③ Y=이전상태 ④ Y=반대상태

53 10진수 3을 Gray code 4bit로 올바르게 변환한 것은?
① 0001 ② 0010
③ 0011 ④ 0100

54 다음 그림과 같은 동기적 RS 플립플롭회로에 S=1, R=0, C=1의 입력일 때 출력 Q와 $\overline{Q}$의 값은?

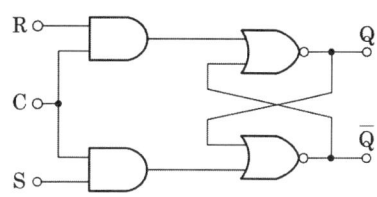

① Q =0, $\overline{Q}$ =1
② Q =1, $\overline{Q}$ =0
③ Q =0, $\overline{Q}$ =이전상태
④ Q =이전상태, $\overline{Q}$ =이전상태

55 다음 진리표(True Table)에 해당하는 논리회로는?

A	B	F
0	0	0
0	1	1
1	0	1
1	1	0

① NOT ② Exclusive−OR
③ NAND ④ NOR

56 T 플립플롭회로 2개가 직렬로 연결되어 있을 경우 500[Hz]의 사각형파를 입력시킬 경우 마지막 출력되는 주파수는?
① 100[Hz] ② 125[Hz]
③ 150[Hz] ④ 175[Hz]

57 디지털 신호를 아날로그 신호로 바꾸는 것은?
① 멀티플렉서 ② 인코더
③ D/A 변환기 ④ 디코더

58 불 대수의 공식으로 옳지 않은 것은?
① A+1=1 ② A+A=A

③ A·A=A   ④ A·1=1

59 2진수 1111의 2의 보수는?
① 0000   ② 0001
③ 1000   ④ 1111

60 플립플롭회로가 불확정한 상태가 되지 않도록 반전기(NOT gate)를 설치한 회로는?
① JK-FF   ② RS-FF
③ T-FF   ④ D-FF

2011년 제2회 과년도출제문제

01 그림 (a)의 회로를 그림 (b)와 같은 간단한 등가회로로 만들고자 한다. V와 R은 각각 얼마인가?

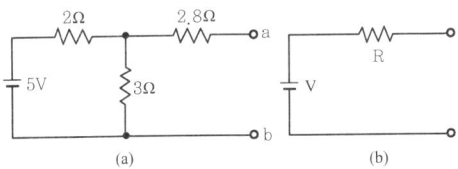

① 5[V], 4[Ω]
② 3[V], 2.8[Ω]
③ 5[V], 2.8[Ω]
④ 3[V], 4[Ω]

02 증폭기의 잡음지수가 어떤 값을 가질 때 가장 이상적인가?
① 0
② 1
③ 100
④ 무한대

03 저역통과 RC회로에서 시정수가 의미하는 것은?
① 응답의 상승 속도를 표시한다.
② 응답의 위치를 결정해 준다.
③ 입력의 진폭 크기를 표시한다.
④ 입력의 주기를 결정해 준다.

04 저주파 증폭기의 주파수 특성을 나타내고 있는 것은?
① 주파수에 대한 입력 임피던스 관계
② 주파수에 대한 출력 임피던스 관계
③ 입력전압에 대한 출력전압의 관계
④ 주파수에 대한 이득의 관계

05 다음 중 콘덴서의 용량을 증가시키기 위한 방법으로 옳은 것은?
① 콘덴서 소자를 직렬로 연결한다.
② 콘덴서 소자를 병렬로 연결한다.
③ 평판 콘덴서에서 서로 마주보는 간격을 크게 한다.
④ 평판 콘덴서에서 서로 마주보는 면적을 좁게 한다.

06 펄스의 상승 변화 시 펄스와 반대방향으로 생기는 상승부분의 최대 돌출 부분을 무엇이라 하는가?
① 새그
② 오버슈트
③ 스파이크
④ 링잉

07 다음 중 저주파 정현파 발진기로 주로 사용되는 것은?
① 빈 브리지 발진회로
② LC 발진회로
③ 수정 발진회로
④ 멀티바이브레이터

08 신호주파수가 4[kHz], 최대 주파수 편이가 16[kHz]이면 변조 지수는?
① 0.25
② 0.5
③ 4
④ 16

09 진폭 변조와 비교하여 주파수 변조에 대한 설명으로 가장 적합하지 않은 것은?
① 신호대 잡음비가 좋다.
② 반향(echo)영향이 많아진다.
③ 초단파 통신에 적합하다.
④ 점유주파수 대역폭이 넓다.

10 그림의 회로에서 제너 다이오드와 직렬로 연결된 저항 680[Ω]에 흐르는 전류 I_s는 약 몇 [mA]인가?

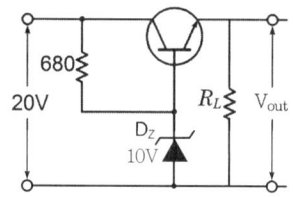

① 12.7   ② 14.7
③ 16.7   ④ 18.7

11 입·출력장치와 CPU의 실행 속도차를 줄이기 위해 사용하는 것은?
① Parallel I/O Device
② Channel
③ Cycle steal
④ DMA

12 하나의 회선에 여러 대의 단말장치가 접속되어 있는 방식으로 공통 회선을 사용하며, 멀티드롭 방식이라고도 하는 것은?
① Point-to-point 방식
② Multipoint 방식
③ Switching 방식
④ Broadband 방식

13 현재 수행 중에 있는 명령의 다음 명령(next instruction)의 주소를 지시하는 레지스터는?
① data register
② program counter
③ memory address
④ instruction register

14 7비트로 구성된 ASCII 코드가 나타낼 수 있는 문자의 가지 수는?
① 64개   ② 128개
③ 256개 ④ 512개

15 프로세서가 인터럽트의 요청을 받으면 소프트웨어에 의하여 접속된 장치 중에서 어떤 장치가 요청하였는지를 순차적으로 조사하는 것은?
① 플래그(flag)
② 폴링(polling)
③ 오퍼랜드(operand)
④ 분기 명령(branch instruction)

16 10진수 9를 3초과 코드(excess-3 code)로 옳게 표현한 것은?
① 0011   ② 1001
③ 1011   ④ 1100

17 자료 배열에 따른 구조 중 비선형 구조는?
① tree   ② stack
③ queue ④ deque

18 10진수 0.6875를 2진수로 옳게 바꾼 것은?

① 0.1101 ② 0.1010
③ 0.1011 ④ 0.1111

19 조합 논리회로 중 두 개의 입력이 서로 같을 때만 출력이 "1"이 되는 논리 게이트는?
① X-NOR ② X-OR
③ AND   ④ OR

20 컴퓨터 입력장치에 해당하지 않는 것은?
① X-Y 플로터 ② 키보드
③ 마우스   ④ 스캐너

21 마이크로프로세서가 주변 소자들과 데이터 교환을 위한 통로로 사용되는 3대 시스템 버스가 아닌 것은?
① 제어(Control) 버스
② 데이터(Data) 버스
③ 입출력(I/O) 버스
④ 주소(Address) 버스

22 8진수 $(7560)_8$을 10진수로 변환하면?
① 2931 ② 3051
③ 3952 ④ 4092

23 양쪽 방향에서 동시에 정보를 송·수신할 수 있는 정보통신 방식은?
① 단방향 통신 ② 반이중 통신
③ 전이중 통신 ④ 무방향 통신

24 이항(Binary) 연산에 해당하는 것은?
① Rotate   ② Shift
③ Complement ④ OR

25 전자계산기의 중앙처리장치에 속하지 않는 것은?
① 연산장치 ② 제어장치
③ 기억장치 ④ I/O 장치

26 Y=(A+B)(A+C)의 논리식을 간단히 한 결과로 옳은 것은?
① Y=A   ② Y=A+B
③ Y=A+BC ④ Y=A+AC

27 스택(stack)에 대한 설명으로 틀린 것은?
① 0-주소지정에 이용된다.
② LIFO(Last In First Out)의 구조이다.
③ 일괄처리, 스풀(SPOOL) 운영에 사용한다.
④ 작업이 리스트의 한쪽에서만 처리되는 구조이다.

28 전자계산기의 제어 상태 중 명령을 기억장치로부터 읽어들이는 상태는?
① 인출 상태 ② 간접 상태
③ 실행 상태 ④ 인터럽트 상태

29 -10에 대한 1의 보수를 8bit 2진수로 나타내면?
① 11110101 ② 11111010
③ 00000101 ④ 00001010

30 기억장치에서 명령어를 가져올 때 그 명령어에 이미 처리할 데이터가 포함되어 있는 방식은?
① 즉시 주소지정방식

② 직접 주소지정방식
③ 간접 주소지정방식
④ 상대 주소지정방식

31 프로그래밍 작성 절차 중 다음 설명에 해당하는 것은?

> - 프로그램의 개발 목적 및 과정을 표준화하여 효율적인 작업이 되도록 함
> - 유지 보수를 용이하게 함
> - 개발 과정에서의 추가 및 변경에 따르는 혼란을 감소시킴
> - 시스템 개발팀에서 운용팀으로 인계, 인수를 쉽게 할 수 있음
> - 시스템 운용자가 용이하게 시스템을 운용할 수 있음

① 프로그램 구현
② 프로그램 문서화
③ 문제 분석
④ 입·출력 설계

32 페이지 교체 알고리즘 중 각 페이지가 주기억장치에 적재될 때마다 그때의 시간을 기억시켜 가장 먼저 들어와서 가장 오래 있었던 페이지를 교체하는 기법은?

① LRU
② FIFO
③ LFU
④ NUR

33 예약어(Reserved Word)에 대한 설명으로 틀린 것은?

① 프로그래머가 변수 이름으로 사용할 수 없다.
② 새로운 언어에서는 예약어의 수가 줄어들고 있다.
③ 프로그램 판독성을 증가시킨다.
④ 프로그램의 신뢰성을 향상시켜 줄 수 있다.

34 고급 언어로 작성한 프로그램을 기계어로 번역해 주는 것은?

① 어셈블러
② 컴파일러
③ 로더
④ 링커

35 시스템 프로그래밍 언어로 가장 적합한 것은?

① COBOL
② C
③ BASIC
④ FORTRAN

36 기계어에 대한 설명으로 틀린 것은?

① 프로그램의 유지 보수가 용이하다.
② 2진수 0과 1만을 사용하여 명령어와 데이터를 나타낸다.
③ 실행 속도가 빠르다.
④ 호환성이 없고 기계마다 언어가 다르다.

37 프로세스가 일정 시간 동안 자주 참조하는 페이지들의 집합을 무엇이라고 하는가?

① 워킹 세트
② 스래싱
③ 세그먼트
④ 세마포어

38 프로그래밍 절차 중 문제 분석 단계에서 이루어져야 할 작업으로 거리가 먼 것은?

① 프로그램 설계
② 전산화의 타당성 검사
③ 프로그래밍 작업의 문제 정의
④ 입·출력 및 자료의 개괄적 검토

39 구조화 프로그래밍의 기본 구조 중 어떤 조건을 만족하는 동안 또는 만족할 때까지 같

은 처리를 반복하여 실행하는 것은?
① 순차구조 ② 트리구조
③ 반복구조 ④ 선택구조

40 운영체제의 기능으로 옳지 않은 것은?
① 자원을 효율적으로 관리하기 위해 자원의 스케줄링 기능을 제공한다.
② 시스템의 오류를 검사하고 복구한다.
③ 두 개 이상의 목적 프로그램을 합쳐서 실행 가능한 프로그램으로 만든다.
④ 사용자와 시스템 간의 편리한 인터페이스를 제공한다.

41 불 대수의 정리에서 옳지 않은 것은?
① A+0=A
② A+B=B+A
③ A·(B·C)=(A·B)·C
④ A·1=1

42 플립플롭에 기억된 정보에 대하여 시프트 펄스를 하나씩 공급할 때마다 순차적으로 다음 플립플롭에 옮기는 동작을 하는 레지스터를 무엇이라고 하는가?
① 직렬 이동 레지스터
② 병렬 이동 레지스터
③ 공간 이동 레지스터
④ 상황 이동 레지스터

43 안정된 상태가 없는 회로이며, 직사각형파 발생회로 또는 시간 발생기로 사용되는 회로는?
① 플립플롭
② 비안정 멀티바이브레이터
③ 쌍안정 멀티바이브레이터
④ 단안정 멀티바이브레이터

44 오류 검출뿐만 아니라 정정도 가능한 코드는?
① BCD 코드 ② 그레이 코드
③ 패리티 코드 ④ 해밍 코드

45 여러 회선의 입력이 한 곳으로 집중될 때 특정 회선을 선택하도록 하므로, 선택기라고도 하는 회로는?
① 멀티플렉서(multiplexer)
② 리플 계수기(ripple counter)
③ 디멀티플렉서(demultiplexer)
④ 병렬 계수기(parallel counter)

46 다음 중 부정(NOT) 논리회로를 나타낸 것은?

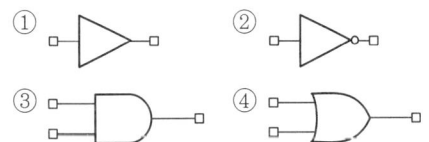

47 계수기에서 가장 기본이 되는 계수기로서, 흔히 리플 계수기라고도 불리는 것은?
① 상향 계수기
② 하향 계수기
③ 비동기형 계수기
④ 동기형 계수기

48 다음 중 가장 큰 수는?
① $(109)_{10}$ ② $(156)_8$
③ $(1101110)_2$ ④ $(6F)_{16}$

49 논리식 $Y = A + AB + \overline{A}B$를 최소화한 것은?
① $A + \overline{B}$
② $\overline{A} + B$
③ $A + B$
④ 0

50 4개의 플립플롭으로 구성된 직렬 시프트 레지스터에서 MSB 레지스터에 기억된 내용이 출력으로 나오기 위하여 필요한 클록 펄스는 몇 개인가?
① 2개
② 4개
③ 6개
④ 8개

51 두 수를 비교하여 그들의 상대적 크기를 결정하는 조합 논리회로는?
① 가산기
② 디코더
③ 비교기
④ 모뎀

52 다음 게이트회로와 등가인 논리식은?

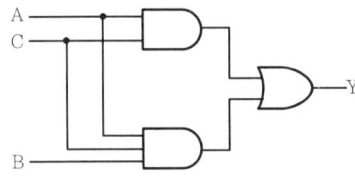

① $Y = AC$
② $Y = A\overline{B} + \overline{A}C$
③ $Y = (A+B) \cdot (A+C)$
④ $Y = (A+C) \cdot (A+B+C)$

53 플립플롭 중 데이터의 일시적인 보존 또는 디지털 신호의 지연 작용에 많이 사용되는 것은?
① D-FF
② JK-FF
③ RS-FF
④ M/S-FF

54 다음 중 조합 논리회로 설계 시 가장 먼저 해야 할 일은?
① 진리표 작성
② 논리회로의 구현
③ 주어진 문제의 분석과 변수의 정리
④ 각 출력에 대한 불 함수의 유도 및 간소화

55 8개의 입력펄스마다 계수 주기가 반복되는 계수기를 8진 계수기 또는 모듈러스 8 계수기(modulus 8 counter)라고 한다. 6진 계수기를 만들려고 하며 최소 몇 개의 플립플롭(F/F)이 필요한가?
① 2개
② 3개
③ 4개
④ 6개

56 RS 플립플롭의 작동 규칙에 대한 설명으로 옳지 않은 것은?
① S=0이고, R=0이면 Q는 현재 상태를 유지한다.
② S=1이고, R=0이면 Q=0이다.
③ S=0이고, R=1이면 Q=0이다.
④ S=1이고, R=1이면 다음 상태는 예측이 불가능하다.

57 다음 그림과 같이 A와 B에서 값이 입력될 때 출력값은?

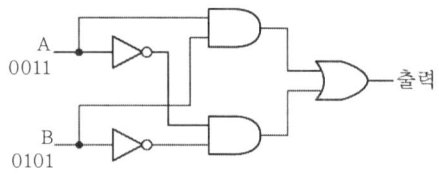

① 1001
② 0101
③ 0100
④ 0011

58 어떤 입력상태에 대해 출력이 무엇이 되든지 상관없는 경우 출력상태를 임의상태(don't care condition)라고 하는데, 진리표나 카르노도에서는 임의 상태를 일반적으로 어떻게 표시하는가?
① X
② #
③ %
④ &

59 동기식 순서회로를 설계하는 방식이 순서대로 옳게 나열된 것은?

> ㉠ 플립플롭의 제어 신호를 결정한다.
> ㉡ 클록 신호에 대한 각 플립플롭의 상태 변화를 표로 작성한다.
> ㉢ 카르노도를 이용하여 단순화한다.

① ㉡ → ㉠ → ㉢
② ㉢ → ㉡ → ㉠
③ ㉠ → ㉡ → ㉢
④ ㉡ → ㉢ → ㉠

60 레지스터의 설명으로 옳지 않은 것은?
① 2진식 기억소자의 집단
② Flip-Flop으로 구성
③ 타이밍 변수를 만드는 데 유용
④ 직렬입력, 병렬출력으로만 동작

2011년 제5회 과년도출제문제

01 90[kΩ]의 저항 R_1과 10[kΩ]의 저항 R_2가 직렬로 연결된 화로 양단에 3[V]의 전원을 인가했을 때 저항 R_2 양단의 전압은?
① 0.3[V]   ② 0.9[V]
③ 1.8[V]   ④ 2.7[V]

02 다음과 같은 연산증폭기의 기능으로 가장 적합한 것은?(단, $R_i=R_f$ 이고 연산증폭기는 이상적이다.)

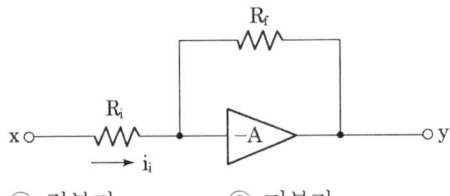

① 적분기   ② 미분기
③ 배수기   ④ 부호변환기

03 피어스(Pierce) BE 수정발진기에 대한 설명으로 가장 옳은 것은?
① 컬렉터 회로의 임피던스가 유도성일 때 가장 안정된 발진을 한다.
② 컬렉터 회로의 임피던스가 용량성일 때 가장 안정된 발진을 한다.
③ 컬렉터 회로에 저항 성분만이 존재할 때 가장 안정된 발진을 한다.
④ 컬렉터 회로의 임피던스가 저항성 및 용량성이 동시에 존재할 때 가장 안정된 발진을 한다.

04 일함수 100×10^{19}[eV]의 에너지는 몇 [J]인가?
① 1.602[J]   ② 16.02[J]
③ 160.2[J]   ④ 1602[J]

05 어떤 전지의 외부회로의 저항은 3[Ω]이고, 전류는 5[A]이다. 외부회로에 3[Ω] 대신 8[Ω]의 저항을 접속하면 전류는 2.5[A] 떨어진다. 전지의 기전력은 몇 [V]인가?
① 15   ② 20
③ 25   ④ 30

06 트랜지스터 증폭기회로에 부궤환을 걸었을 때 나타나는 특성이 아닌 것은?
① 대역폭 확대
② 이득이 다소 저하
③ 일그러짐과 잡음 감소
④ 입력 및 출력 임피던스 감소

07 다음 그림과 같은 회로의 명칭으로 가장 적합한 것은?(단, 다이오드는 정밀급이다.)

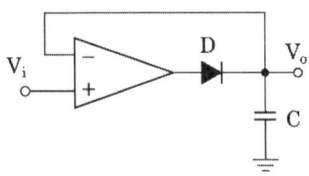

① (+)피크 검파기
② 배압 검파기
③ 정밀 클램프
④ 적분기

08 입력 임피던스가 높고 출력 임피던스가 낮아 주로 버퍼단으로 사용하는 것은?
① 베이스 접지 증폭회로
② 변압기 결합 증폭회로
③ 이미터폴로어 증폭회로
④ 저항 결합 증폭회로

09 이상형 CR 발진회로의 CR을 3단 계단형으로 조합할 경우, 컬렉터측과 베이스측의 총 위상편차는 몇 도인가?
① 90°
② 120°
③ 180°
④ 360°

10 실효전압 E[V]를 다이오드로 반파정류하였을 때 다이오드의 역내전압은 몇 [V]인가?
① $\sqrt{2}E$
② $2E$
③ $\dfrac{E}{\sqrt{2}}$
④ $\dfrac{E}{2}$

11 중앙처리장치로부터 입·출력 지시를 받으면 직접 주기억장치에 접근하여 데이터를 꺼내어 출력하거나 입력한 데이터를 기억시킬 수 있고, 입·출력에 관한 모든 동작을 자율적으로 수행하는 입·출력제어 방식은?
① 프로그램 제어방식
② 인터럽트 방식
③ DMA 방식
④ 채널 방식

12 연산회로 중 시프트에 의하여 바깥으로 밀려나는 비트가 그 반대편의 빈 곳에 채워지는 형태의 직렬이동과 관계되는 것은?
① AND
② OR
③ Rotate
④ Complement

13 이항(Binary) 연산자이면서 논리(Logical) 연산자인 것은?
① MOVE
② ADD
③ Multiply
④ AND

14 입력단자에 나타난 정보를 코드화하여 출력으로 내보내는 것으로 해독기와 정반대의 기능을 수행하는 조합 논리회로는?
① 부호기(Encoder)
② 멀티플렉서(Multiplexer)
③ 플립플롭(Flip-Flop)
④ 가산기(Adder)

15 특별한 조건이나 신호가 컴퓨터에 인터럽트되는 것을 방지하는 것은?
① 인터럽트 마스크
② 인터럽트 레벨
③ 인터럽트 카운터
④ 인터럽트 핸들러

16 프로그램 실행 중에 강제적으로 제어를 특정 주소로 옮기는 것으로 프로그램의 실행을 중단하고 그 시점에서의 주요 데이터를 주기억장치로 되돌려 놓은 다음 특정 주소로부터 시작되는 프로그램에 제어를 옮기는 것은?
① 명령 실행
② 인터럽트
③ 명령 인출
④ 간접 단계

17 주기억장치로부터 명령어를 읽어서 중앙처리장치로 가져오는 사이클은?
① fetch cycle
② indirect cycle
③ execute cycle
④ interrupt cycle

18 PCM(pulse code modulation) 전송 방식의 기본 과정으로 필요하지 않은 것은?
① 아날로그화
② 표본화
③ 양자화
④ 부호화

19 최대 클록 주파수가 가장 높은 논리 소자는?
① CMOS
② ECL
③ MOS
④ TTL

20 순차 접근 저장 매체(SASD)에 해당하는 것은?
① 자기 코어
② 자기 테이프
③ 자기 디스크
④ 자기 드럼

21 "0"과 "1"로 구성되며 정보를 나타내는 최소 단위는?
① word
② bit
③ byte
④ file

22 미국에서 개발한 표준 코드로서 개인용 컴퓨터에 주로 사용되며, 7비트로 구성되어 128가지의 문자를 표현할 수 있는 코드는?
① EBCDIC
② UNICODE
③ ASCII
④ BCD

23 접속한 두 장치 사이에서 데이터의 흐름 방향이 한 방향으로 한정되어 있는 통신 방식은?
① Simplex 통신 방식
② Half duplex 통신 방식
③ Full duplex 통신 방식
④ Multi point 통신 방식

24 근거리 통신망의 구성 중 회선 형태의 케이블에 송·수신기를 통하여 스테이션을 접속하는 것으로 그림과 같은 형은?

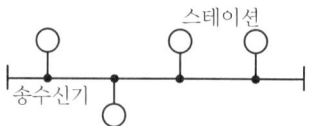

① 성(star)형
② 루프(loop)형
③ 버스(bus)형
④ 그물(mesh)형

25 산술 연산과 논리 연산의 결과를 임시로 기억하는 것은?
① 누산기
② 상태 레지스터
③ 기억 레지스터
④ 데이터 레지스터

26 다음 중 자기 보수적(self complement) 성질이 있는 코드는?
① 3초과 코드
② 해밍 코드
③ 그레이 코드
④ BCD 코드

27 다음 중 입력장치로만 짝지어진 것은?
① 바코드, 프린터
② OCR, 콤(COM)

③ 키보드, 플로터
④ 스캐너, OMR

28 주소지정방식 중에서 명령어가 현재 오퍼랜드에 표현된 값이 실제 데이터가 기억된 주소가 아니고, 그곳에 기억된 내용이 실제의 데이터 주소인 방식은?
① 직접 주소지정방식(Direct addressing)
② 상대 주소지정방식(Relative addressing)
③ 간접 주소지정방식(Indirect addressing)
④ 즉시 주소지정방식(Immediate addressing)

29 다음에 수행될 명령어의 주소를 나타내는 것은?
① Stack pointer
② Instruction
③ Program counter
④ Accumulator

30 네온 또는 아르곤의 혼합가스를 셀(Cell)에 채워 높은 전압을 가할 때 나오는 빛을 이용한 출력장치는?
① 음극선관(CRT)
② X-Y 플로터(X-Y plotter)
③ 플라즈마 디스플레이(Plasma Display)
④ 액정 디스플레이(Liquid Crystal Display)

31 운영체제의 기억장치 배치전략 중 프로그램이나 데이터가 들어갈 수 있는 크기의 빈 영역 중에서 단편화를 가장 많이 남기는 분할 영역에 배치시키는 방법은?
① Worst Fit   ② First Fit
③ Best Fit   ④ Last Fit

32 BNF 표기법에서 "정의"를 의미하는 기호는?
① #   ② &
③ | ④ ::=

33 스케줄링 기법 중 다음과 같은 우선순위 계산 공식을 이용하여 CPU를 할당하는 기법은?

> 우선순위계산식
> =(대기시간+서비스시간)/서비스시간

① HRN   ② SJF
③ FCFS   ④ PRIORITY

34 C언어의 기억 클래스(Storage Class)에 해당하지 않는 것은?
① 내부 변수(Internal Variable)
② 자동 변수(Automatic Variable)
③ 정적 변수(Static Variable)
④ 레지스터 변수(Register Variable)

35 프로그래밍 절차에서 해결해야 할 문제가 무엇인지 정의하고, 소요 비용 및 기간 등에 대한 조사, 분석을 통하여 타당성을 검토하는 단계는?
① 문서화   ② 문제 분석
③ 입·출력 설계   ④ 순서도

36 어셈블리어에 대한 설명으로 옳지 않은 것은?
① 기호 코드(Mnemonic Code)라고도 한다.
② 어셈블러라는 언어번역 프로그램에 의해서 기계어로 번역된다.
③ 자연어에 가까운 고급 언어이다.
④ 컴퓨터 기종마다 상이하여 호환성이 없다.

37 C언어의 특징으로 거리가 먼 것은?
① 구조적 프로그램이 가능하다.
② 이식성이 뛰어나 기종에 관계없이 프로그램을 작성할 수 있다.
③ 기계어에 대하여 1 : 1로 대응된 기호화한 언어이다.
④ 시스템 프로그래밍에 주로 사용되는 언어이다.

38 원시 프로그램을 구성하는 각각의 명령문을 한 줄씩 명령문 단위로 번역하여 직접 실행하기 때문에 문법 오류를 쉽게 수정할 수 있으며, 목적 프로그램이 생성되지 않는 것은?
① 어셈블러　② 인터프리터
③ 컴파일러　④ 전처리기

39 고급 언어로 작성된 프로그램 구문을 분석하여 작성된 표현식이 BNF의 정의에 의해 바르게 작성되었는지를 확인하기 위해 만들어진 트리는?
① Parse Tree　② Binary Tree
③ Shift Tree　④ Lexical Tree

40 운영체제의 성능평가 기준으로 거리가 먼 것은?
① 처리능력　② 사용 가능도
③ 비용　④ 신뢰도

41 다음 중 전감산기의 출력 D(차)와 결과가 같은 것은?
① 전가산기 S(합) 출력
② 반가산기 C(자리올림수)
③ 전감산기 B(자리내림수)
④ 전가산기 C(자리올림수)

42 1×4 디멀티플렉서에 최소로 필요한 선택선의 개수는?
① 1개　② 2개
③ 3개　④ 4개

43 순서 논리회로를 설계할 때 사용되는 상태표(state table)의 구성 요소가 아닌 것은?
① 현재 상태　② 다음 상태
③ 출력　④ 이전 상태

44 제어 입력이 "1"이면 버퍼와 동일하고, 제어 입력이 "0"이면 출력이 끊어지고, 고임피던스 상태가 되는 것은?
① Totem-pole 버퍼
② O.C output 버퍼
③ Tri-state 버퍼
④ Inverted output 버퍼

45 JK 플립플롭에서 반전 동작이 일어나는 경우는?
① J=1, K=1인 경우
② J=0, K=0인 경우
③ J와 K가 보수 관계일 때
④ 반전 동작은 일어나지 않는다.

46 다음 논리식의 결과값은?
$$(\overline{A+B})(\overline{\overline{A+B}})$$
① 0　② 1
③ A　④ B

47 다음 논리 대수의 정리 중 옳지 않은 것은?
① $A + AB = A + B$
② $A(B+C) = AB + AC$
③ $A + BC = (A+B) \cdot (A+C)$
④ $A + (B+C) = (A+B) + C$

48 레지스터(Register)와 계수기(Counter)를 구성하는 기본 소자는?
① 해독기　　② 감산기
③ 가산기　　④ 플립플롭

49 2진수 1010의 1의 보수는?
① 0101　　② 0110
③ 1001　　④ 0111

50 전가산기회로(Full Adder)는 몇 개의 입력과 몇 개의 출력을 갖고 있는가?
① 입력 2개, 출력 3개
② 입력 3개, 출력 4개
③ 입력 3개, 출력 2개
④ 입력 2개, 출력 1개

51 시프트 레지스터(shift register)를 만들고자 할 경우 가장 적합한 플립플롭은?
① RS 플립플롭　　② T 플립플롭
③ D 플립플롭　　④ RST 플립플롭

52 비동기식 카운터에 대한 설명으로 틀린 것은?
① 비트 수가 많은 카운터에 적합하다.
② 지연시간으로 고속 카운팅에 부적합하다.
③ 전단의 출력이 다음 단의 트리거 입력이 된다.
④ 직렬 카운터 또는 리플 카운터라고도 한다.

53 2진수 $(110100)_2$을 그레이 부호로 변환한 것은?
① 100110　　② 110100
③ 111111　　④ 101110

54 플립플롭이 특정 현재 상태에서 원하는 다음 상태로 변화하는 동작을 하기 위한 입력을 표로 작성한 것은?
① 카르노표　　② 게이트표
③ 트리표　　④ 여기표

55 다음 T 플립플롭의 특성표에서 ( ) 안에 알맞은 출력값은?

입력	출력
T	Q_{n+1}
0	( )
1	$\overline{Q_n}$

① 0　　② 1
③ Q_n　　④ Q_{n+1}

56 반가산기에서 입력 A=1이고, B=0이면 출력합(S)과 올림수(C)는?
① S=1, C=0　　② S=0, C=1
③ S=1, C=1　　④ S=0, C=0

57 32개의 입력단자를 가진 인코더(encoder)는 몇 개의 출력단자를 가지는가?
① 5개　　② 8개

③ 32개   ④ 64개

58 3-초과 코드(excess-3 code)에서 사용하지 않는 것은?
① 1100   ② 0101
③ 0010   ④ 0011

59 다음 중 제일 큰 수는?
① 10진수 256
② 16진수 FE
③ 2진수 11111111
④ 8진수 377

60 동기식 9진 카운터를 만드는 데 필요한 플립플롭의 개수는?
① 1개   ② 2개
③ 3개   ④ 4개

2012년 제1회 과년도 출제문제

01 정류기의 평활회로에는 어느 것을 이용하는가?
① 저항 감쇠기 ② 대역 여파기
③ 고역 여파기 ④ 저역 여파기

02 연산증폭기의 입력 오프셋 전압에 대한 설명으로 가장 적합한 것은?
① 출력전압과 입력전압이 같게 될 때의 증폭기 입력전압
② 차동 출력전압이 0[V]일 때 두 입력단자에 흐르는 전류의 차
③ 차동 출력전압이 무한대가 되도록 하기 위하여 입력단자 사이에 걸어주는 전압
④ 차동 출력전압이 0[V]가 되도록 하기 위하여 입력단자 사이에 걸어주는 전압

03 연산증폭기의 응용회로가 아닌 것은?
① 미분기 ② 가산기
③ 적분기 ④ 멀티플렉서

04 그림과 같은 미분회로의 입력에 장방형파 e_i가 공급될 때 출력 e_o의 파형 모양은? (단, $\dfrac{RC}{t_p} \ll 1$일 경우로 한다.)

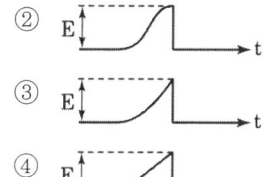

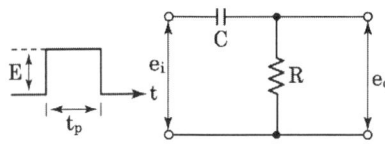

05 전력에 대한 설명으로 옳은 것은?
① 전류에 의해서 단위시간에 이루어지는 힘의 양을 말한다.
② 전류에 의해서 단위시간에 이루어지는 열량의 양을 말한다.
③ 전류에 의해서 단위시간에 이루어지는 전하의 양을 말한다.
④ 전류에 의해서 단위시간에 이루어지는 일의 양, 즉 일의 공률을 말한다.

06 터널(tunnel) 다이오드와 관계가 없는 것은?
① 초고주파 발진
② 스위칭 회로
③ 에사키 다이오드
④ 정류회로

07 펄스폭이 0.2초, 반복 주기가 0.5초일 때 펄스의 반복 주파수는 몇 [Hz]인가?
① 0.5[Hz] ② 1[Hz]
③ 2[Hz] ④ 4[Hz]

08 반송파 주파수가 100[MHz]인 주파수 변조에서 신호 주파수가 1[kHz], 최대 주파수 편이가 4[kHz]일 때 변조지수는?

① 0.25　　② 0.4
③ 4　　　 ④ 10

09 다음 중 부궤환증폭기의 특징으로 옳지 않은 것은?
① 종합이득 향상
② 파형 찌그러짐 감소
③ 주파수특성 향상
④ 안정도 개선

10 다음 회로에서 C_2가 방전 중이면 각 TR의 on, off 상태는?

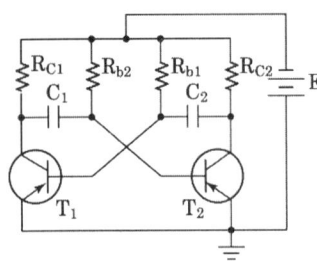

① T_1 : off, T_2 : on
② T_1, T_2 동시 off
③ T_1 : on, T_2 : off
④ T_1, T_2 동시 on

11 3-주소 명령어의 설명으로 옳지 않은 것은?
① 오퍼랜드부가 3개로 구성된다.
② 레지스터가 많이 필요하다.
③ 원시 자료를 파괴하지 않는다.
④ 스택을 이용하여 연산한다.

12 EBCDIC 코드에 대한 설명으로 옳지 않은 것은?
① 최대 128문자까지 표현할 수 있다.
② 4개의 존 비트(zone bit)를 가지고 있다.
③ 4개의 디짓 비트(digit bit)를 가지고 있다.
④ 대문자, 소문자, 특수 문자 및 제어 신호를 구분할 수 있다.

13 전자계산기나 단말장치의 출력단에서 직류 신호를 교류 신호로 변환하거나 또는 거꾸로 전송되어 온 교류 신호를 직류 신호로 변환해 주는 장치는?
① DSU　　② MODEM
③ BPS　　④ PCM

14 다음 중 2의 보수를 나타내는 산술 마이크로 동작은?
① $A \leftarrow \overline{A}$　　② $A \leftarrow \overline{A} + 1$
③ $A \leftarrow A - B$　　④ $A \leftarrow A + \overline{B}$

15 출력장치에 해당하는 것은?
① 키보드　　② 플로터
③ 스캐너　　④ 바코드 판독기

16 컴퓨터가 정상적인 인출단계를 실행하지 못하고, 긴급한 상황에서 특별히 부과된 작업을 실행하는 것을 무엇이라고 하는가?
① 인터페이스　　② 제어장치
③ 인터럽트　　　④ 버퍼

17 특정 위치의 비트(bit)를 시험하고, 문자의 위치를 교환하는 경우에 이용되는 것은?
① 오버랩(overlap)
② 로테이트(rotate)

③ 디코더(decoder)
④ 무브(move)

18 부호화된 2진 데이터를 10진의 문자나 기호로 다시 변환시키는 회로는?
① Encoder
② Decoder
③ Counter
④ Hoffer

19 3초과 코드(Excess-3 code) 중 사용하지 않는 것은?
① 0010
② 1100
③ 1000
④ 0110

20 사칙연산, 논리연산 등 중간 결과를 기억하는 기능을 가지고 있는 연산장치의 중심 레지스터는?
① 누산기(accumulator)
② 데이터 레지스터(data register)
③ 가산기(adder)
④ 상태 레지스터(status register)

21 다음에서 설명하고 있는 디스플레이 장치는?

> "네온 또는 아르곤 혼합 가스로 채워진 셀에 고전압을 걸어 나타나는 현상을 이용하여 화면을 표시하는 장치로 주로 대형 화면으로 사용된다. 두께가 얇고 가벼우며, 눈의 피로가 적은 편이나 전력소비가 많으며, 열을 많이 발생시킨다."

① 차세대 디스플레이(OLED)
② LCD 디스플레이(Liquid crystal display)
③ 플라즈마 디스플레이(plasma display panel)
④ 전계방출형 디스플레이(FED-field emission display)

22 다음 진리표에 해당하는 논리식으로 옳은 것은?

A	B	Y
0	0	0
0	1	1
1	0	1
1	1	0

① $Y = A + B$
② $Y = \overline{A}B + AB$
③ $Y = A \cdot B$
④ $Y = \overline{A}B + A\overline{B}$

23 2진수 $(110010101011)_2$을 8진수와 16진수로 올바르게 변환한 것은?
① $(6253)_8$, $(BAB)_{16}$
② $(5253)_8$, $(BAB)_{16}$
③ $(6253)_8$, $(CAB)_{16}$
④ $(5253)_8$, $(CAB)_{16}$

24 연산한 결과의 상태를 기록, 자림올림 및 오버플로우 발생 등의 연산에 관계되는 상태와 인터럽트 신호까지 나타내어 주는 것은?
① 누산기
② 데이터 레지스터
③ 가산기
④ 상태 레지스터

25 오퍼랜드부에 표현된 주소를 이용하여 실제 데이터가 기억된 기억장소에 직접 사상시킬 수 있는 주소지정방식은?
① direct addressing
② indirect addressing
③ immediate addressing
④ register addressing

26 직렬전송에 대한 설명으로 옳지 않은 것은?

① 하나의 통신회선을 사용하여 한 비트씩 순차적으로 전송하는 방식이다.
② 하나의 문자를 구성하는 비트별로 각각 통신회선을 따로 두어 한꺼번에 전송하는 방식이다.
③ 원거리 전송인 경우에는 통신 회선이 한 개만 필요하므로 경제적이다.
④ 병렬전송에 비하여 데이터 전송속도가 느리다.

27 플립플롭을 여러 개 종속 접속하여 펄스(pulse)를 하나씩 공급할 때마다 순차적으로 다음 플립플롭에 데이터가 전송되도록 만들어진 레지스터는?
① 기억 레지스터(buffer register)
② 주소 레지스터(address register)
③ 시프트 레지스터(shift register)
④ 명령 레지스터(instruction register)

28 2진수 $(1100)_2$의 2의 보수는?
① 0100　② 1100
③ 0101　④ 1001

29 기억장치에 있는 명령어를 해독하여 실행하는 것은?
① CPU　② 메모리
③ I/O 장치　④ 레지스터

30 입·출력 인터페이스에서 오류의 검사를 위해 짝수 패리티 비트를 채용하여, 짝수 패리티 생성 회로에 필요한 논리 게이트를 2개만 사용하려고 한다. 이 논리 게이트는?
① AND　② NAND

③ NOR　④ XOR

31 저급(Low Level)언어에 대한 설명으로 틀린 것은?
① 하드웨어를 직접 제어할 수 있어서 전자계산기 측면에서 볼 때 처리가 쉽고 속도가 빠르다.
② 2진수 체제로 이루어진 언어로 전자계산기가 직접 이해할 수 있는 형태의 언어이다.
③ 프로그램 작성 및 수정이 어렵다.
④ 기종에 관계없이 사용할 수 있어 호환성이 좋다.

32 프로그래밍 작업 시 문서화의 목적과 거리가 먼 것은?
① 개발 과정에서의 추가 및 변경에 따르는 혼란을 감소시키기 위해서이다.
② 프로그램의 개발 목적 및 과정을 표준화하여 효율적인 작업이 되도록 한다.
③ 프로그램의 활용을 쉽게 한다.
④ 프로그래밍 작업 시 요식적 행위의 목적을 달성하기 위해서이다.

33 C언어의 기억 클래스 종류가 아닌 것은?
① 정적 변수　② 자동 변수
③ 레지스터 변수　④ 내부 변수

34 프로그램이 수행되는 동안 변하지 않는 값을 의미하는 것은?
① Constant　② Pointer
③ Comment　④ Variable

35 운영체제(operating system)의 목적과 거리가 먼 것은?
① 신뢰도(reliability)의 향상
② 처리능력(throughput)의 향상
③ 응답시간(turn around time)의 단축
④ 코딩(coding) 작업의 용이

36 프로그램의 실행 과정으로 옳은 것은?
① 원시 프로그램 → 목적 프로그램 → 로드 모듈 → 실행
② 로드 모듈 → 목적 프로그램 → 원시 프로그램 → 실행
③ 원시 프로그램 → 로드 모듈 → 목적 프로그램 → 실행
④ 목적 프로그램 → 원시 프로그램 → 로드 모듈 → 실행

37 프로그램 작성 시 플로우차트를 작성하는 이유로 거리가 먼 것은?
① 프로그램을 나누어 작성할 때 대화의 수단이 된다.
② 프로그램의 수정을 용이하게 한다.
③ 에러 발생 시 책임 구분을 명확히 한다.
④ 논리적인 단계를 쉽게 이해할 수 있다.

38 운영체제의 기능이 아닌 것은?
① 프로세서, 기억장치, 입·출력장치, 파일 및 정보 등의 자원 관리
② 시스템의 각종 하드웨어와 네트워크에 대한 관리, 제어
③ 원시 프로그램에 대한 목적 프로그램 생성
④ 자원의 스케줄링 기능 제공

39 C언어에서 사용되는 문자열 출력 함수는?
① putchar( )
② printf( )
③ printchar( )
④ puts( )

40 언어번역 프로그램에 해당하지 않는 것은?
① 어셈블러
② 로더
③ 컴파일러
④ 인터프리터

41 전원을 끄면 그 내용이 지워지는 메모리는?
① RAM
② ROM
③ PROM
④ EPROM

42 입력 A가 01101100이고, 입력 B가 11100101일 때 ALU에서 AND 연산이 이루어졌다면 출력 결과는?
① 00100101
② 01101101
③ 01100100
④ 01111100

43 일반적으로 어떤 데이터의 일시적 보존이나 디지털 신호의 지연 작용 등의 목적으로 많이 쓰이는 플립플롭은?
① RS 플립플롭
② JK 플립플롭
③ D 플립플롭
④ T 플립플롭

44 디지털 신호를 아날로그 신호로 변환하는 장치는?
① A/D 변환기
② D/A 변환기
③ 해독기(Decoder)
④ 비교기(Comparator)

45 리플 계수기(ripple counter)의 설명으로

틀린 것은?
① 회로가 간단하다.
② 동작 시간이 길다.
③ 동기형 계수기이다.
④ 앞단의 플립플롭 출력 Q가 다음 단 플립플롭의 클록 입력 CLK로 연결된다.

46 논리식을 최소화시키는 데 간편한 방법으로 진리표를 그림 모양으로 나타낸 것은?
① 카르노 도
② 드 모르간 도
③ 비트 도
④ 클리어 도

47 JK 플립플롭의 두 입력이 "J=1", "K=1"일 때 출력 (Q_{n+1})의 상태는?
① Q_n
② $\overline{Q_n}$
③ 0
④ 1

48 불대수를 사용하는 목적으로 틀린 것은?
① 디지털회로의 해석을 쉽게 한다.
② 같은 기능의 간단한 회로를 복잡한 다른 회로로 표시한다.
③ 변수 사이의 진리표 관계를 대수형식으로 표시한다.
④ 논리도의 입·출력 관계를 대수형식으로 표시한다.

49 여러 개의 플립플롭이 접속될 경우, 계수 입력에 가해진 시간 펄스의 효과가 가장 뒤에 접속된 플립플롭에 전달되려면 한 개의 플립플롭에서 일어나는 시간 지연(time delay)이 생긴다. 이러한 문제를 해결하기 위해 만든 계수기는?
① 상향 계수기
② 하향 계수기
③ 동기형 계수기
④ 직렬 계수기

50 A=1, B=0, C=1일 때 논리식의 값이 0이 되는 것은?
① $AB+BC+CA$
② $A+\overline{B}(\overline{A}+C)$
③ $B+\overline{A}(B+C)$
④ $A\overline{B}C$

51 한 개의 선으로 정보를 받아들여 n개의 선택선에 의해 2^n개의 출력 중 하나를 선택하여 출력하는 회로로 Enable 입력을 가진 디코더와 등가인 회로는?
① 멀티플렉서
② 디멀티플렉서
③ 비교기
④ 해독기

52 디코더(decoder)는 일반적으로 무슨 회로의 집합인가?
① OR+AND
② NOT+AND
③ AND+NOR
④ NOR+NOT

53 플립플롭을 일반적으로 무엇이라고 하는가?
① 시프트 레지스터
② 쌍안정 멀티바이브레이터
③ 단안정 멀티바이브레이터
④ 비안정 멀티바이브레이터

54 레지스터의 사용에 대한 설명으로 틀린 것

은?
① 출력장치에 정보를 전송하기 위해 일시 기억하는 경우
② 사칙 연산장치의 입력부분에 장치하여 데이터를 일시 기억하는 경우
③ 기억장치 등으로부터 이송된 정보를 일시적으로 기억시켜 두는 경우
④ 일시 저장된 정보 내용을 영구히 고정시키는 경우

55 2진수 10110을 그레이 코드로 변화하면?
① 01001   ② 11011
③ 11101   ④ 10110

56 컴퓨터를 포함한 디지털 시스템에서 여러 가지 연산 동작을 위하여 1비트 이상의 2진 정보를 임시로 저장하기 위해 사용하는 기억장치는?
① 가산기   ② 감산기
③ 레지스터   ④ 해독기

57 다음 논리회로의 논리식은?

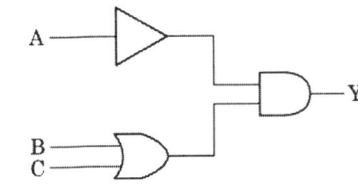

① $Y = \overline{A}(B+C)$
② $Y = A(B+C)$
③ $Y = \overline{A}+(B+C)$
④ $Y = \overline{A}BC$

58 다음 레지스터 마이크로 명령에 대한 설명으로 옳은 것은?

$$A \leftarrow A + 1$$

① A 레지스터의 어드레스를 1 증가시킨 레지스터의 데이터 값을 전송하기
② A 레지스터의 어드레스를 1 증가시키고 어드레스를 A 레지스터에 저장하기
③ A 레지스터의 데이터 값을 1 증가시키고 A 레지스터에 저장하기
④ A 레지스터의 데이터 값을 1 증가시키고 A+1 레지스터에 저장하기

59 인버터(inverter) 회로라고 부르는 것은?
① 부정(NOT) 회로
② 논리합(OR) 회로
③ 논리곱(AND) 회로
④ 배타적(EX-OR) 회로

60 전감산기의 입력과 출력의 개수는?
① 입력 2, 출력 2
② 입력 3, 출력 2
③ 입력 2, 출력 3
④ 입력 3, 출력 3

2012년 제2회 과년도출제문제

01 수정발진기는 수정의 임피던스가 어떻게 될 때 가장 안정된 발진을 계속하는가?
① 저항성 ② 용량성
③ 유도성 ④ 무한대

02 적분회로의 입력에 구형파를 가할 때 출력 파형은?(단, 시정수(CR)는 입력 구형파의 펄스폭(τ)에 비해 매우 크다.)
① 정현파 ② 삼각파
③ 구형파 ④ 톱니파

03 그림의 회로에서 출력전압 V_o의 크기는? (단, V는 실효값이다.)

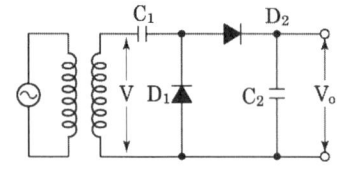

① 2V ② $\sqrt{2}$ V
③ $2\sqrt{2}$ V ④ V^2

04 8100[kHz] 반송파를 5[kHz]의 주파수로 진폭 변조하였을 때 그 주파수 대역은 몇 [kHz]대인가?
① 5 ② 10
③ 8100±5 ④ 8100±10

05 연산증폭기의 설명 중 옳지 않은 것은?
① 직렬 차동증폭기를 사용하여 구성한다.
② 연산의 정확도를 높이기 위해 낮은 증폭도가 필요하다.
③ 차동증폭기에서 TR 특성의 불일치로 출력에 드리프트가 생긴다.
④ 직류에서 특정 주파수 사이의 되먹임 증폭기를 구성, 일정한 연산을 할 수 있도록 한 직류증폭기이다.

06 시정수가 매우 큰 RC 저역통과 여파회로의 기능으로 가장 적합한 것은?
① 적분기 ② 미분기
③ 가산기 ④ 감산기

07 어떤 증폭기에서 궤환이 없을 때 이득이 100이다. 궤환율 0.01의 부궤환을 걸면 이 증폭기의 이득은?
① 15 ② 20
③ 25 ④ 50

08 단측파대(single side band) 통신에 사용되는 변조회로는?
① 컬렉터 변조회로
② 베이스 변조회로
③ 주파수 변조회로
④ 링 변조회로

09 다음 중 디지털 변조방식이 아닌 것은?
① AM ② FSK
③ PSK ④ ASK

10 플립플롭회로를 사용하지 않는 것은?
① 2진계수회로
② 리미터회로
③ 분주회로
④ 전자계산기 기억회로

11 다음 중 컴퓨터의 출력장치가 아닌 것은?
① 플로터   ② 빔 프로젝터
③ 모니터   ④ 마우스

12 AND 연산에서 레지스터 내의 어느 비트 또는 문자를 지울 것인지를 결정할 때 사용하는 것은?
① Parity bit
② Mask bit
③ MSB(Most Significant Bit)
④ LSB(Least Significant Bit)

13 중앙처리장치와 주기억장치의 사이에 존재하며, 수행속도를 빠르게 하는 것은?
① 캐시기억장치
② 보조기억장치
③ ROM
④ RAM

14 누산기(Accumulator)에 대한 설명 중 옳은 것은?
① 연산 부호를 해석하는 장치
② 연산 명령의 순서를 기억시키는 장치
③ 연산 명령이 주어지면 연산 준비를 하는 장치
④ 레지스터의 일종으로 논리 연산, 산술 연산의 결과를 기억하는 장치

15 컴퓨터에서 명령을 실행할 때 마이크로 동작을 순서적으로 실행시키기 위해서 필요한 회로는?
① 분기동작회로
② 인터럽트회로
③ 제어신호 발생회로
④ 인터페이스회로

16 입·출력 제어방식인 DMA(Direct Memory Access) 방식의 설명으로 옳은 것은?
① 중앙처리장치의 많은 간섭을 받는다.
② 가장 원시적인 방법이며 작업효율이 낮다.
③ 입·출력에 관한 동작을 자율적으로 수행한다.
④ 프로그램에 의한 방법과 인터럽트에 의한 방법을 갖고 있다.

17 다음 중 입력장치로만 묶인 것은?
① OMR, OCR, CRT
② 프린터, 스피커, 플로터
③ 플로터, 라이트 펜, 스캐너
④ 마우스, 키보드, 스캐너

18 다음은 어떤 명령어의 형식인가?

오퍼레이션 코드	피연산자의 주소(A)	피연산자의 주소(B)

① 단일 주소 명령어
② 2주소 명령어
③ 3주소 명령어
④ 4주소 명령어

19 7비트로 한 문자를 나타내며 128문자까지 나타낼 수 있고, 데이터 통신과 소형 컴퓨터에 많이 사용하는 코드는?
① ASCII 코드
② 표준 BCD 코드
③ EBCDIC 코드
④ GRAY 코드

20 다음 그림과 같이 컴퓨터 내부에서 2진수 자료를 표현하는 방식은?

부호	지수	가수

① 팩 형식(pack format)
② 부동 소수점 형식(floating point format)
③ 고정 소수점 형식(fixed point format)
④ 언팩 형식(unpack format)

21 컴퓨터 인터럽트 입·출력 방식의 처리 방식이 아닌 것은?
① 소프트웨어 폴링
② 데이지 체인
③ 우선순위 인터럽트
④ 핸드셰이크

22 10진수 114를 16진수로 변환하면?
① 52
② 62
③ 72
④ 82

23 공유하고 있는 통신회선에 대한 제어신호를 각 노드 간에 순차적으로 옮겨가면서 수행하는 방식은?
① CSMA 방식
② CD 방식
③ TOKEN PASSING 방식
④ ALOHA 방식

24 연산 후 입력 자료가 보존되고, 프로그램의 길이를 짧게 할 수 있다는 장점은 있으나 명령 수행시간이 많이 걸리는 주소지정방식은?
① 0-주소 명령 형식
② 1-주소 명령 형식
③ 2-주소 명령 형식
④ 3-주소 명령 형식

25 통신을 원하는 두 개체 간에 무엇을, 어떻게, 언제 통신할 것인가를 서로 약속한 규약으로 컴퓨터 간에 통신할 때 사용하는 규칙은?
① OPERATING SYSTEM
② DOMAIN
③ PROTOCOL
④ DBMS

26 컴퓨터의 중앙처리장치에 대한 설명으로 옳지 않은 것은?
① 마이크로프로세서는 중앙처리장치의 기능을 하나의 칩에 집적한 것이다.
② CPU라고 하며 사람의 두뇌에 해당된다.
③ 연산, 제어, 기억 기능으로 구성되어 있다.
④ 도스용과 윈도우용으로 구분하여 생산한다.

27 복수 개의 입력단자와 복수 개의 출력단자를 가진 다출력 조합회로로서 입력단자에 어떤 조합의 부호가 가해졌을 때 그 조합에

대응하여 출력단자에 변형된 조합의 신호가 나타나도록 하는 회로는?
① complement
② full adder
③ decoder
④ parity generator

28 다음 중 최대 클록 주파수가 가장 높은 논리 소자는?
① TTL ② ECL
③ MOS ④ CMOS

29 다음 IC의 분류 중 집적도가 가장 큰 것은?
① SSI ② MSI
③ LSI ④ VLSI

30 주소지정방식 중에서 명령어가 현재 오퍼랜드에 표현된 값이 실제 데이터가 기억된 주소가 아니고, 그곳에 기억된 내용이 실제의 데이터 주소인 방식은?
① 간접 주소지정방식(Indirect addressing)
② 즉시 주소지정방식(Immediate addressing)
③ 상대 주소지정방식(Relative addressing)
④ 직접 주소지정방식(Direct addressing)

31 운영체제의 목적으로 거리가 먼 것은?
① 사용 가능도 향상
② 처리 능력 향상
③ 신뢰성 향상
④ 응답 시간 연장

32 프로그램 문서화에 대한 설명으로 거리가 먼 것은?

① 프로그램 개발 과정의 요식적 절차이다.
② 프로그램의 유지 보수가 용이하다.
③ 개발 중간의 변경사항에 대하여 대처가 용이하다.
④ 프로그램의 개발 목적 및 과정을 표준화하여 효율적인 작업이 이루어지게 한다.

33 프로그램 개발 과정에서 프로그램 안에 내재해 있는 논리적 오류를 발견하고 수정하는 작업을 무엇이라 하는가?
① Linking ② Coding
③ Loading ④ Debugging

34 기계어에 대한 설명으로 거리가 먼 것은?
① 2진수를 사용하여 데이터를 표현한다.
② 호환성이 없다.
③ 프로그램의 실행 속도가 빠르다.
④ 유지 보수가 용이하다.

35 이항 연산에 해당하는 것은?
① SHIFT
② XOR
③ MOVE
④ COMPLEMENT

36 운영체제의 운용 기법 중 일정량 또는 일정 기간 동안 데이터를 모아서 한꺼번에 처리하는 방식은?
① 시분할 시스템
② 다중 프로그래밍 시스템
③ 실시간 처리 시스템
④ 일괄 처리 시스템

37 페이지 교체 기법 중 기억공간에 가장 먼저 들어온 페이지를 제일 먼저 교체하는 방법을 사용하는 것은?
① LFU　　　② NUR
③ LRU　　　④ FIFO

38 프로그램 개발 순서 단계가 옳은 것은?
① 분석 및 설계 → 구현단계 → 운영단계 → 전산화계획
② 구현단계 → 운영단계 → 전산화계획 → 분석 및 설계
③ 운영단계 → 전산화계획 → 분석 및 설계 → 구현단계
④ 전산화계획 → 분석 및 설계 → 구현단계 → 운영단계

39 C언어의 기억 클래스(Storage Class)에 해당하지 않는 것은?
① 내부 변수(Internal Variable)
② 자동 변수(Automatic Variable)
③ 정적 변수(Static Variable)
④ 레지스터 변수(Register Variable)

40 C언어에서 사용되는 문자열 출력 함수는?
① puts(　)　　　② printf(　)
③ putchar(　)　　④ printchar(　)

41 불 대수 X=AC+ABC를 간단히 하면?
① A　　　② AB
③ BC　　　④ AC

42 한 수에서 다음 수로 진행할 때 오직 한 비트만 변화하기 때문에, 연속적으로 변화하는 양을 부호화하는 데 가장 적합한 코드는?
① 3초과 코드　　② BCD 코드
③ 그레이 코드　　④ 패리티 코드

43 하나의 입력 회선을 여러 개의 출력 회선에 연결하여 선택 신호에서 지정하는 하나의 회선에 출력하는 분배기라고도 하는 것은?
① 비교기(comparator)
② 3초과 코드(excess-3 code)
③ 디멀티플렉서(demultiplexer)
④ 코드 변환기(code converter)

44 레지스터에 대한 설명으로 옳은 것은?
① 저항 소자의 일종이다.
② 레지스터는 4비트만 저장할 수 있다.
③ 플립플롭회로로 구성되어 있다.
④ ROM으로 구성되어 있다.

45 디코더회로가 4개의 입력단자를 갖는다면 출력단자는 몇 개를 갖는가?
① 2개　　　② 4개
③ 8개　　　④ 16개

46 JK 플립플롭을 이용하여 시프트 레지스터를 구성하려고 한다. 데이터가 입력되는 단자는?
① CK　　　② J
③ K　　　④ J와 K

47 2진수 $(1010)_2$의 1의 보수를 3초과 코드로 변환한 것은?
① 1000　　　② 1001

③ 1100 ④ 1101

48 반가산기에서 입력 A=1이고, B=0이면 출력 합(S)과 올림수(C)는?
① S=1, C=0
② S=0, C=0
③ S=1, C=1
④ S=0, C=1

49 동기형 16진 계수기를 만들려면 JK 플립플롭이 최소 몇 개 필요한가?
① 3 ② 4
③ 8 ④ 16

50 일반적으로 디지털 시스템과 아날로그 시스템을 비교할 때 디지털 시스템의 특징으로 거리가 먼 것은?
① 신뢰도가 높다.
② 측정 오차가 없다.
③ 정보의 기억이 쉽다.
④ 신호의 형태가 연속적이다.

51 다음 논리회로 기호에서 입력 A=1, B=0일 때 출력 Y의 값은?

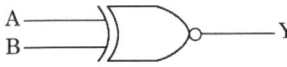

① Y=0 ② Y=1
③ Y=이전상태 ④ Y=반대상태

52 JK 플립플롭에서 J입력과 K입력이 1일 때 출력은 clock에 의해 어떻게 되는가?
① 0
② 1
③ 반전
④ 현 상태 그대로 출력

53 다음 스위치회로와 같은 게이트는?

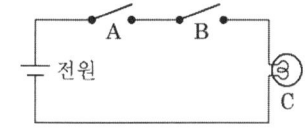

① AND ② OR
③ NAND ④ XOR

54 디지털 계수기에서 계수기로 주로 사용되는 회로는?
① 비안정 멀티바이브레이터
② 쌍안정 멀티바이브레이터
③ 단안정 멀티바이브레이터
④ 슈미트 트리거 회로

55 4단의 계수기는 몇 개의 펄스를 셀 수 있는가?
① 4 ② 8
③ 10 ④ 16

56 5개의 플립플롭으로 구성된 2진 계수기의 모듈러스(modulus)는 몇 개인가?
① 5 ② 8
③ 16 ④ 32

57 4변수 카르노 맵에서 최소항(minterm)의 개수는?
① 4 ② 8
③ 12 ④ 16

58 출력은 입력과 같으며, 어떤 내용을 일시적으로 보존하거나 전해지는 신호를 지연시키는 플립플롭은?
① RS ② D
③ T   ④ JK

59 다음 불 대수식 중 성립하지 않는 것은?
① A + A = A   ② A + 1 = 1
③ A + $\overline{A}$ = 1   ④ A · A = 1

60 그림과 같은 회로의 명칭은?

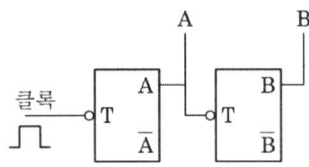

① 동기형 2진 계수기
② 동기형 4진 계수기
③ 2진 리플 계수기
④ 4진 리플 계수기

2012년 제5회 과년도출제문제

01 발진기는 부하의 변동으로 인하여 주파수가 변화되는데 이것을 방지하기 위하여 발진기와 부하 사이에 넣는 회로는?
① 동조증폭기 ② 직류증폭기
③ 결합증폭기 ④ 완충증폭기

02 데이터 전송에 있어 시간 지연을 만드는 플립플롭은?
① D ② T
③ RS ④ JK

03 저항 24[Ω], 리액턴스 7[Ω]의 부하에 100[V]를 가할 때 전류의 유효분은 몇 [A]인가?
① 1.51[A] ② 2.51[A]
③ 3.84[A] ④ 4.61[A]

04 AM 변조에서 변조도가 100[%]보다 작아지면 작아질수록 반송파가 점유하는 전력은?(단, 피변조파의 전력은 일정할 때의 경우임)
① 동일하다. ② 커진다.
③ 작아진다. ④ 없다.

05 저주파 발진기의 출력 파형을 정현파에 가깝게 하기 위해 일반적으로 사용하는 회로는?
① 저역 여파기(LPF)
② 수정 여파기
③ 대역 소거 여파기(BEF)
④ 고역 여파기(HPF)

06 전원주파수가 60[Hz]인 정류회로에서 출력에 120[Hz]인 리플 주파수를 나타내는 정류회로 방식은?
① 단상 반파정류
② 단상 전파정류
③ 3상 반파정류
④ 3상 전파정류

07 B급 푸시풀 증폭기에서 트랜지스터의 부정합에 의한 찌그러짐을 무엇이라 부르는가?
① 위상 찌그러짐
② 바이어스 찌그러짐
③ 변조 찌그러짐
④ 크로스오버 찌그러짐

08 0.2[V]의 교류 입력이 20[V]로 증폭되었다면 증폭이득은 몇 [dB]인가?
① 10[dB] ② 20[dB]
③ 30[dB] ④ 40[dB]

09 다음 증폭회로 중 100[%] 궤환하는 것은?
① 전압 궤환회로
② 전류 궤환회로
③ 이미터 폴로어 회로
④ 정격 궤환회로

10 그림과 같은 회로의 명칭은?

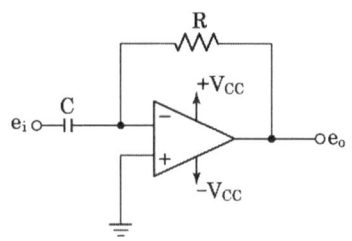

① 슈미트 트리거 회로
② 미분회로
③ 적분회로
④ 비교회로

11 10진수 85를 BCD 코드로 변환하면?
① 0101 0101 ② 1010 1010
③ 1000 0101 ④ 0111 1010

12 입력장치의 종류가 아닌 것은?
① 스캐너(scanner)
② 라이트펜(light pen)
③ 디지타이저(digitizer)
④ 플로터(plotter)

13 컴퓨터의 ALU의 입력에 접속된 레지스터로 연산에 필요한 데이터와 연산 결과를 저장하는 레지스터는?
① 누산기
② 스택 포인터
③ 프로그램 카운터
④ 명령 레지스터

14 명령의 오퍼랜드 부분의 주소값과 프로그램 카운터의 값이 더해져 실제 데이터가 저장된 기억장소의 주소를 나타내는 주소지정방식은?

① 베이스 레지스터 주소지정방식
② 상대 주소지정방식
③ 인덱스 레지스터 주소지정방식
④ 간접 주소지정방식

15 소프트웨어(software)에 의한 우선순위(priority) 체제에 관한 설명 중 옳지 않은 것은?
① 폴링 방법이라고 한다.
② 별도의 하드웨어가 필요 없으므로 경제적이다.
③ 인터럽트 요청장치의 패널에 시간이 많이 걸리므로 반응 속도가 느리다.
④ 하드웨어 우선순위 체제에 비해 우선순위(priority)의 변경이 매우 복잡하다.

16 두 개의 통신 회선을 사용하여 접속된 두 장치 사이에서 동시에 양방향으로 데이터를 전송하는 통신 방식은?
① 전이중 통신 방식
② 단방향 통신 방식
③ 반이중 통신 방식
④ 독립 이중 통신 방식

17 8진수 62를 2진수로 변환하면?
① 110 101 ② 110 010
③ 111 010 ④ 101 101

18 컴퓨터 내부에서 정보(자료)를 처리할 때 사용되는 부호는?
① 2진법 ② 8진법
③ 10진법 ④ 16진법

19 AND 연산에서 레지스터 내의 어느 비트 또

는 문자를 지울 것인지를 결정하는 데이터는?
① mask bit   ② parity bit
③ sign bit   ④ check bit

20 다음 중 시스템 프로그램에 속하지 않는 것은?
① 로더(loader)
② 컴파일러(compiler)
③ 엑셀(excel)
④ 운영체제(OS)

21 하나의 채널이 고속 입·출력장치를 하나씩 순차적으로 관리하며, 블록(Block) 단위로 전송하는 채널은?
① 사이클 채널(Cycle channel)
② 셀렉터 채널(Selector channel)
③ 멀티플렉서 채널(Multiplexer channel)
④ 블록 멀티플렉서 채널(Block multiplexer channel)

22 패리티 규칙으로 코드의 내용을 검사하여 잘못된 비트를 찾아서 수정할 수 있는 코드는?
① 3초과 코드   ② 그레이 코드
③ ASCII 코드   ④ 해밍 코드

23 다음에 수행될 명령어의 주소를 나타내는 것은?
① Instruction
② Stack pointer
③ Program counter
④ Accumulator

24 2진수 데이터 1100 1010과 1001 1001을 AND 연산한 경우 결과 값은?
① 1101 1011   ② 1001 0100
③ 1000 1000   ④ 0110 0101

25 다음 중 전가산기는 어떠한 회로로 구성되는가?
① 반가산기 2개와 OR 게이트 1개
② 반가산기 1개와 OR 게이트 2개
③ 반가산기 2개와 AND 게이트 1개
④ 반가산기 1개와 AND 게이트 2개

26 주소의 개념이 거의 사용되지 않는 보조기억장치로서, 순서에 의해서만 접근하는 기억장치(SASD)라고도 하는 것은?
① 자기디스크   ② 자기테이프
③ 자기코어   ④ 램

27 입·출력장치의 동작 속도와 컴퓨터 내부의 동작 속도를 맞추는 데 사용되는 레지스터는?
① 어드레스 레지스터
② 시퀀스 레지스터
③ 버퍼 레지스터
④ 시프트 레지스터

28 다음 논리 함수를 간소화한 것은?

$$Y=(A+B) \cdot (A+C)$$

① $Y=A+B$ ② $Y=A+BC$
③ $Y=AB+AC$ ④ $Y=A$

29 기억된 프로그램의 명령을 하나씩 읽고, 해독하여 각 장치에 필요한 지시를 하는

기능은?
① 입력 기능   ② 연산 기능
③ 제어 기능   ④ 기억 기능

30 컴퓨터에서 주기억장치에 기억된 명령어를 제어장치로 꺼내오는 과정은?
① 명령어 실행   ② 명령어 해독
③ 명령어 인출   ④ 명령어 저장

31 프로그램에서 사용되는 기억장소를 의미하며, 프로그램 실행 중에 그 값이 변할 수 있는 것은?
① 주석   ② 상수
③ 변수   ④ 함수

32 기계어에 대한 설명과 거리가 먼 것은?
① 유지 보수가 용이하다.
② 호환성이 없다.
③ 2진수를 사용하여 데이터를 표현한다.
④ 프로그램의 실행 속도가 빠르다.

33 구조화 프로그래밍의 기본 제어 구조가 아닌 것은?
① 순차 구조   ② 선택 구조
③ 블록 구조   ④ 반복 구조

34 예약어(Reserved Word)에 대한 설명으로 옳지 않은 것은?
① 프로그래머가 변수 이름이나 다른 목적으로 사용할 수 없는 핵심어이다.
② 새로운 언어에서는 예약어의 수가 줄어들고 있다.
③ 번역과정에서 속도를 높여준다.
④ 프로그램의 신뢰성을 향상시켜 줄 수 있다.

35 구문 분석기가 올바른 문장에 대해 그 문장의 구조를 트리로 표현한 것으로 루트, 중간, 단말 노드로 구성되는 트리를 무엇이라 하는가?
① 개념 트리   ② 파스 트리
③ 유도 트리   ④ 정규 트리

36 C언어에서 나머지를 구할 때 사용하는 산술연산자는?
① %   ② &&
③ || ④ =

37 다음 운영체제 스케줄링 정책 중 가장 바람직한 것은?
① 대기시간을 늘리고 반환시간을 줄인다.
② 응답시간을 최소화하고 CPU 이용률을 늘린다.
③ 반환시간과 처리율을 늘린다.
④ CPU 이용률을 줄이고 반환시간을 늘린다.

38 순서도에 대한 설명으로 거리가 먼 것은?
① 의사전달 수단으로도 사용된다.
② 처리 순서를 그림으로 나타낸 것이다.
③ 사용자의 의도에 따라 기호가 상이하다.
④ 작업의 순서, 데이터의 흐름을 나타낸다.

39 운영체제에 대한 설명으로 옳지 않은 것은?
① 운영체제는 다양한 입출력장치와 사용자 프로그램을 통제하여 오류와 컴퓨터

의 부적절한 사용을 방지하는 역할을 수행한다.
② 운영체제는 컴퓨터 사용자와 컴퓨터 하드웨어 간의 인터페이스로서 동작하는 하드웨어장치이다.
③ 운영체제는 작업을 처리하기 위해서 필요한 CPU, 기억장치, 입·출력장치 등의 자원을 할당 관리해 주는 역할을 수행한다.
④ 운영체제는 컴퓨터를 편리하게 사용하고 컴퓨터 하드웨어를 효율적으로 사용할 수 있도록 한다.

40 하나의 시스템을 여러 명의 사용자가 시간을 분할하여 동시에 작업할 수 있도록 하는 방식은?
① Real Time System
② Time Sharing System
③ Batch Processing System
④ Distributed System

41 다음과 같은 진리표를 갖는 논리회로는?

입력 A	입력 B	출력 Y
0	0	1
0	1	0
1	0	0
1	1	0

① NOR 게이트　② NOT 게이트
③ NAND 게이트　④ AND 게이트

42 시프트 레지스터의 출력을 입력 쪽에 되먹임시킨 계수기는?
① 비동기형 계수기
② 리플 계수기
③ 링 계수기
④ 상향 계수기

43 다음 그림에서 출력 F가 0이 되기 위한 조건은?

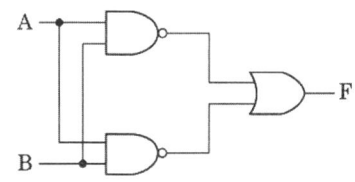

① A=0, B=0　② A=0, B=1
③ A=1, B=0　④ A=1, B=1

44 다음의 논리회로가 수행하는 기능으로 올바른 것은?

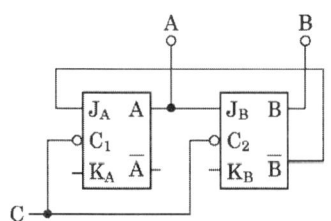

① 동기형 3진 카운터
② 비동기형 3진 카운터
③ 동기형 5진 카운터
④ 비동기형 5진 카운터

45 다음 설명에 해당하는 것은?

"안정된 두 가지의 상태를 가지고 있고, 상반된 두 가지의 동작 상태를 가지며, 출력을 입력에 되먹임시켜 파형 발생회로에 사용한다."

① 단안정 멀티바이브레이터
② 슈미트 트리거
③ 쌍안정 멀티바이브레이터

④ 비안정 멀티바이브레이터

46 J-K 플립플롭에서 입력 J=K=1인 상태의 출력은?
① 세트 ② 리셋
③ 반전 ④ 불변

47 다음 논리식 중 드 모르간의 정리를 나타낸 것은?
① $\overline{A+B} = \overline{A} \cdot \overline{B}$
② $\overline{A+B} = \overline{AB}$
③ $\overline{A+B} = \overline{\overline{A}} \cdot \overline{\overline{B}}$
④ $\overline{A+B} = \overline{\overline{A+B}}$

48 논리식에서 최소항의 개수를 16개 만들기 위한 변수의 개수는?
① 2 ② 4
③ 8 ④ 16

49 정상적인 경우 8×1 멀티플렉서는 몇 개의 선택선을 가지는가?
① 1 ② 2
③ 3 ④ 4

50 8Bit로 2의 보수 표현 방법에 의해 10과 -10을 나타내면?
① 00001010, 11110110
② 00001010, 11110101
③ 00001010, 10001010
④ 00001010, -00001010

51 플립플롭에 대한 다음 설명 중 ( ) 안에 알맞은 것은?
"플립플롭의 출력은 입력 상태에 따라 가해지는 클록 펄스에 의해 변화한다. 이와 같은 변화를 플립플롭이 ( )되었다고 한다."
① 트리거 ② 세트업
③ 상승 ④ 하강

52 입력펄스의 적용에 따라 미리 정해진 상태의 순차를 밟아가는 순차회로는?
① 카운터 ② 멀티플렉서
③ 디멀티플렉서 ④ 비교기

53 다음 중 가장 큰 수는?
① 2진수, 11101110
② 8진수, 365
③ 10진수, 234
④ 16진수, FA

54 그림과 같은 논리도의 명칭은?

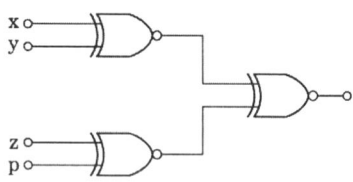

① 반가산기
② 전가산기
③ 4비트 홀수 패리티 검사기
④ 4비트 홀수 패리티 발생기

55 2진수 코드를 10진수로 변환하는 것은?
① 카운터 ② 디코더
③ A/D 변환기 ④ 인코더

56 기억장치에 접근하는 순서가 하나의 모듈에서 차례대로 수행되지 않고 여러 모듈에 번지를 분해하는 기억장치를 무엇이라 하는가?
① 인터리빙(Interleaving)
② 연상 기억장치(Associative storage)
③ 캐시 기억장치(Cache memory)
④ 가상 기억장치(Virtual storage)

57 클록 펄스가 들어올 때마다 플립플롭의 상태가 반전되는 회로는?
① RS FF   ② D FF
③ T FF   ④ JK FF

58 비동기형 리플 카운터에 대한 설명으로 거리가 먼 것은?
① 모든 플립플롭 상태가 동시에 변한다.
② 회로가 간단하다.
③ 동작시간이 길다.
④ 주로 T형이나 JK 플립플롭을 사용한다.

59 논리식 $f=(A+B)(A+\overline{B})$를 최소화하면?
① $f=A+B$ ② $f=A$
③ $f=B$ ④ $f=A \cdot B$

60 다음 그림과 같은 회로의 명칭은?

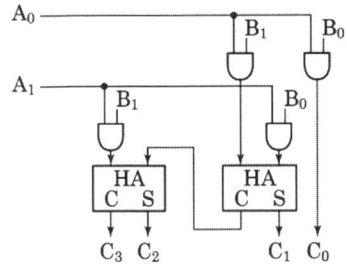

① 곱셈회로   ② 가산회로
③ 감산회로   ④ 나눗셈회로

2013년 제1회 과년도출제문제

01 다음 중 압전 효과를 이용한 발진기는?
① LC 발진기   ② RC 발진기
③ 수정발진기   ④ 레이저 발진기

02 전력증폭기의 직류 입력은 200[V], 400[mA]이다. 부하에 흐르는 전류가 5[A]이고 이 증폭기의 능률이 60[%]이면 부하에서 소비되는 전력은 몇 [W]인가?
① 32[W]   ② 48[W]
③ 80[W]   ④ 120[W]

03 슈미트 트리거 회로의 출력 파형은?
① 톱니파   ② 구형파
③ 정현파   ④ 삼각파

04 220[V], 60[Hz] 전원정류회로에서 맥동주파수가 180[Hz]되는 정류방식은?
① 3상 반파형   ② 3상 전파형
③ 단상 반파형   ④ 단상 전파형

05 RC 결합 증폭회로의 특징이 아닌 것은?
① 효율이 매우 높다.
② 회로가 간단하고 경제적이다.
③ 직류신호를 증폭할 수 없다.
④ 입력 임피던스가 낮고 출력 임피던스가 높으므로 임피던스 정합이 어렵다.

06 0.4[μF]의 콘덴서에 정전용량이 얼마인 콘덴서를 직렬로 접속하면 합성정전용량이 0.3[μF]이 되는가?
① 0.4   ② 0.7
③ 1.0   ④ 1.2

07 다이오드를 사용한 정류회로에서 2개의 다이오드를 직렬로 연결하여 사용하면?
① 부하 출력의 리플전압이 커진다.
② 부하 출력의 리플전압이 줄어든다.
③ 다이오드는 과전류로부터 보호된다.
④ 다이오드는 과전압으로부터 보호된다.

08 다음 중 정현파 발진기가 아닌 것은?
① LC 반결합 발진기
② CR 발진기
③ 멀티바이브레이터
④ 수정발진기

09 그림의 회로에서 시상수가 $CR \ll \tau_w$ 인 경우, 출력파형은 어떻게 나타나는가?(단, τ_w는 펄스폭이다.)

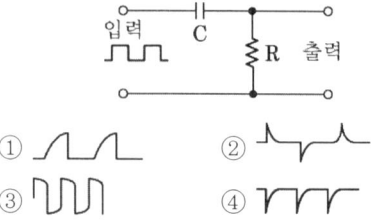

10 다음 회로의 클록 펄스(clock pulse) 발진주파수는 약 몇 [kHz]인가?

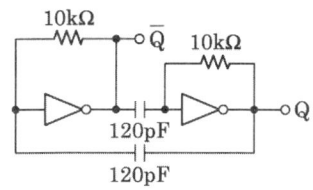

① 292   ② 458
③ 583   ④ 854

11 컴퓨터 내부에서 사용하는 디지털 신호를 전송하기에 편리한 아날로그 신호로 변환시켜 주고, 전송받은 아날로그 신호는 다시 컴퓨터에서 사용하는 디지털 신호로 변환시켜 주는 장치는?
① 통신제어장치   ② 모뎀
③ 통신회선   ④ 단말기

12 명령의 오퍼랜드 부분의 주소값과 프로그램 카운터의 값이 더해져 실제 데이터가 저장된 기억장소의 주소를 나타내는 주소지정방식은?
① 베이스 레지스터 주소지정방식
② 인덱스 레지스터 주소지정방식
③ 간접 주소지정방식
④ 상대 주소지정방식

13 해밍 코드(hamming code)의 대표적 특징은?
① 기계적인 동작을 제어하는 데 사용하기 알맞은 코드이다.
② 데이터 전송 시 신호가 없을 때를 구별하기 쉽다.
③ 자기보수(self complement)적인 성질이 있다.
④ 패리티 규칙으로 잘못된 비트를 찾아서 수정할 수 있다.

14 컴퓨터의 중앙처리장치에 대한 설명으로 틀린 것은?
① DOS용과 Windows용으로 구분하여 생산한다.
② 연산, 제어, 기억 기능으로 구성되어 있다.
③ CPU라고 하며 사람의 두뇌에 해당된다.
④ 마이크로프로세서는 중앙처리장치의 기능을 하나의 칩에 집적한 것이다.

15 연산회로 중 시프트에 의하여 바깥으로 밀려나는 비트가 그 반대편의 빈 곳에 채워지는 형태의 직렬이동과 관계되는 것은?
① Complement   ② Rotate
③ OR   ④ AND

16 순차접근저장매체(SASD)에 해당하는 것은?
① 자기 테이프   ② 자기 드럼
③ 자기 디스크   ④ 자기 코어

17 중앙처리장치에서 마이크로 동작(Micro Operation)이 순서적으로 일어나게 하기 위하여 필요한 것은?
① 모뎀   ② 레지스터
③ 메모리   ④ 제어신호

18 주기억장치와 입·출력장치 사이에 있는 임시 기억장치는?
① 스택   ② 버스
③ 버퍼   ④ 블록

19 자료가 리스트에 첨가되는 순서에서 그 반대의 순서로만 처리 가능한 LIFO 형태의 자료구조는?
① 큐(Queue) ② 스택(Stack)
③ 데큐(Deque) ④ 트리(Tree)

20 양방향 데이터 전송은 가능하나 동시 전송이 불가능한 방식은?
① Half duplex
② Dual duplex
③ Full duplex
④ Simplex

21 비휘발성(Non-Volatile) 메모리가 아닌 것은?
① 자기 코어 ② 자기 디스크
③ 자기 드럼 ④ SRAM

22 연산기의 입력 자료를 그대로 출력하는 것으로 컴퓨터 내부에 있는 하나의 레지스터에 기억된 자료를 다른 레지스터로 옮길 때 이용되는 논리 연산은?
① MOVE 연산
② AND 연산
③ OR 연산
④ UNARY 연산

23 집적회로의 일반적인 특징에 대한 설명으로 옳은 것은?
① 수명이 짧다.
② 크기가 대형이다.
③ 동작 속도가 빠르다.
④ 외부와의 연결이 복잡하다.

24 프로그램은 일의 처리 순서를 기술한 명령의 집합이다. 각 명령은 어떻게 구성되어 있는가?
① 연산자와 오퍼랜드
② 명령코드와 실행 프로그램
③ 오퍼랜드와 제어 프로그램
④ 오퍼랜드와 목적 프로그램

25 필요 없는 부분을 지워버리고 나머지 비트만을 가지고 처리하기 위하여 사용되는 연산자는?
① MOVE ② Shift
③ AND ④ OR

26 입·출력장치의 역할로 가장 적합한 것은?
① 정보를 기억한다.
② 컴퓨터의 내·외부 사이에서 정보를 주고 받는다.
③ 명령의 순서를 제어한다.
④ 기억용량을 확대시킨다.

27 명령어를 해독하기 위해서 주기억장치로부터 제어장치로 해독할 명령을 꺼내오는 것은?
① 실행(execution)
② 단항 연산(unary operation)
③ 명령어 인출(instruction fetch)
④ 직접 번지(direct address)

28 다음과 같은 회로도는?

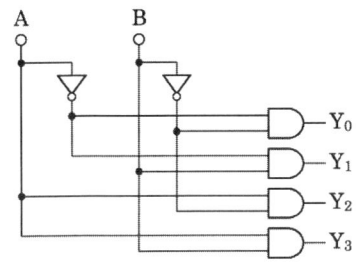

① 인코더　　② 디코더
③ 카운터　　④ 가산기

29 게이트당 소모전력[mW]이 가장 적은 IC는?
① TTL　　② CMOS
③ RTL　　④ DTL

30 출력장치로만 묶어 놓은 것은?
① 키보드, 디지타이저
② 스캐너, 트랙볼
③ 바코드, 라이트 펜
④ 플로터, 프린터

31 C언어의 기억 클래스 종류가 아닌 것은?
① 내부 변수　　② 정적 변수
③ 자동 변수　　④ 레지스터 변수

32 C언어에서 사용되는 문자열 출력 함수는?
① printchar( )　　② puts( )
③ prints( )　　④ putchar( )

33 고급 언어(High Level Language)에 대한 설명으로 거리가 먼 것은?
① 사람이 일상 생활에서 사용하는 자연어에 가까운 형태로 만들어진 언어이다.
② 사람이 인식 가능하고 배우기 쉽다.
③ 2진수 체계로 이루어진 언어로 컴퓨터가 직접 이해할 수 있는 형태의 언어이다.
④ 기종에 관계없이 사용할 수 있어 호환성이 좋다.

34 기계어에 대한 설명으로 옳지 않은 것은?
① 프로그램의 실행 속도가 빠르다.
② 2진수 0과 1만을 사용하여 명령어와 데이터를 나타내는 기계 중심 언어이다.
③ 호환성이 없고 기계마다 언어가 다르다.
④ 프로그램에 대한 유지 보수 작업이 용이하다.

35 C언어에서 문자형 변수를 정의할 때 사용하는 것은?
① int　　② long
③ float　　④ char

36 프로그램에서 "Syntax Error"란?
① 논리적인 오류
② 문법적인 오류
③ 물리적인 오류
④ 기계적인 오류

37 프로그램의 처리 과정 순서로 옳은 것은?
① 적재 → 실행 → 번역
② 적재 → 번역 → 실행
③ 번역 → 실행 → 적재
④ 번역 → 적재 → 실행

38 언어번역 프로그램에 해당하지 않는 것은?
① 컴파일러　　② 로더

③ 인터프리터　　④ 어셈블러

39 시분할 시스템을 위해 고안된 방식으로 FCFS 알고리즘을 선점 형태로 변형한 스케줄링 기법은?
① SRT　　② SJF
③ Round Robin　　④ HRN

40 프로그래밍 작업 시 문서화의 목적과 거리가 먼 것은?
① 프로그램의 활용을 쉽게 한다.
② 프로그램의 개발 목적 및 과정을 표준화하여 효율적인 작업이 되도록 한다.
③ 프로그래밍 작업 시 요식적 행위의 목적을 달성하기 위해서이다.
④ 개발 과정에서의 추가 및 변경에 따르는 혼란을 감소시키기 위해서이다.

41 2진수 10011+10110의 덧셈 결과는?
① 111001　　② 101011
③ 101001　　④ 100001

42 기억장치 내의 내용을 해당되는 문자나 기호로 다시 변환시키는 것은?
① 인코더　　② 호퍼
③ 디코더　　④ 카운터

43 비동기형 리플 카운터에 대한 설명으로 거리가 먼 것은?
① 회로가 간단하다.
② 동작시간이 길다.
③ 주로 T형이나 JK 플립플롭을 사용한다.
④ 모든 플립플롭 상태가 동시에 변한다.

44 입력펄스의 적용에 따라 미리 정해진 상태의 순차를 밟아가는 순차회로는?
① 멀티플렉서
② 디멀티플렉서
③ 카운터
④ 비교기

45 불 대수식 AB+ABC를 간소화하면?
① AC　　② AB
③ BC　　④ ABC

46 JK 플립플롭에서 반전 동작이 일어나는 경우는?
① J=0, K=0인 경우
② J=1, K=1인 경우
③ J와 K가 보수 관계일 때
④ 반전 동작은 일어나지 않는다.

47 RS 플립플롭회로에서 불확실한 상태를 없애기 위하여 출력을 입력으로 궤환시켜 반전 현상이 나타나도록 한 회로는?
① RST 플립플롭회로
② D 플립플롭회로
③ T 플립플롭회로
④ JK 플립플롭회로

48 인코더(encoder)에 대한 설명으로 옳은 것은?
① 해독기를 말한다.
② 입력 신호를 부호화하는 회로이다.
③ 출력단자에 신호를 보내는 회로이다.
④ 2진 부호를 10진수로 변환하는 회로이다.

49 플립플롭이 특정 현재 상태에서 원하는 다음 상태로 변화하는 동작을 하기 위한 입력을 표로 작성한 것은?
① 카르노표　② 여기표
③ 게이트표　④ 진리표

50 입력 전부가 "0"이어야만 출력이 "1"이 나오는 게이트는?
① OR　② NOR
③ AND　④ NAND

51 다음 논리회로의 출력에 대한 논리식 Z는?

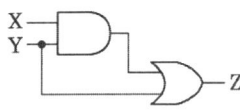

① Z=X　② Z=Y
③ Z=X+Y　④ Z=XY

52 10진수 13을 Gray Code로 바꾸면?
① 1011　② 0100
③ 1001　④ 1101

53 회로의 안정 상태에 따른 멀티바이브레이터의 종류가 아닌 것은?
① 비안정 멀티바이브레이터
② 단안정 멀티바이브레이터
③ 쌍안정 멀티바이브레이터
④ 주파수 안정 멀티바이브레이터

54 2진 정보의 저장과 클록 펄스를 가해 좌우로 한 비트씩 이동하여 2진수의 곱셈이나 나눗셈을 하는 연산장치에 이용되는 것은?
① 가산기(adder)
② 시프트 레지스터(shift register)
③ 카운터(counter)
④ 플립플롭(flip flop)

55 5진 카운터를 만들려면 T형 플립플롭이 최소 몇 개 필요한가?
① 1　② 2
③ 3　④ 4

56 다음 중 그 값이 다른 하나는?
① $(16)_{10}$　② $(1111)_2$
③ $(17)_8$　④ $(F)_{16}$

57 병렬 계수기(Parallel Counter)라고도 말하며 계수기의 각 플립플롭이 같은 시간에 트리거되는 계수기는?
① 링 계수기　② 10진 계수기
③ 동기형 계수기　④ 비동기형 계수기

58 반가산기의 출력 중 합(S)의 논리식은?
① $S=AB$　② $S=\overline{A}B+A\overline{B}$
③ $S=\overline{A}B$　④ $S=A\overline{B}$

59 불 대수에 관한 기본 정리 중 옳지 않은 것은?
① $A+0=A$　② $A+A=A$
③ $A \cdot \overline{A}=1$　④ $A+\overline{A}=1$

60 1×4 디멀티플렉서에 최소로 필요한 선택선의 개수는?
① 1개　② 2개
③ 3개　④ 4개

2013년 제2회 과년도출제문제

01 정류기의 평활회로는 어느 것에 속하는가?
① 고역 통과 여파기
② 대역 통과 여파기
③ 저역 통과 여파기
④ 대역 소거 여파기

02 정전용량 100[μF]의 콘덴서에 1[C]의 전하가 축적되었다면 양 단자의 전압은 몇 [V]인가?
① 10[V] ② 100[V]
③ 1000[V] ④ 100000[V]

03 다음 설명과 가장 관련이 깊은 것은?

"한 폐회로 내에서 전압상승과 전압강하의 대수합은 영이다."

① 테브낭의 정리
② 노턴의 정리
③ 키르히호프의 법칙
④ 패러데이의 법칙

04 펄스폭이 1[sec]이고 반복주기가 4[sec]이면 주파수는 몇 [Hz]인가?
① 0.1[Hz] ② 0.25[Hz]
③ 1[Hz] ④ 5[Hz]

05 순시값=$100\sqrt{2}\sin\omega t$[V]의 실효값은 몇 [V]인가?
① 100[V] ② 141[V]
③ 200[V] ④ 282[V]

06 FM 방식에서 변조를 깊게 했을 때 최대 주파수 편이가 Δf_m 이라면 필요한 주파수 대역폭 B는?
① $B = 0.5\Delta f_m$ ② $B = \Delta f_m$
③ $B = 2\Delta f_m$ ④ $B = 4\Delta f_m$

07 연산증폭기의 입력 오프셋 전압에 대한 설명으로 가장 적합한 것은?
① 차동출력을 0[V]가 되도록 하기 위하여 입력단자 사이에 걸어주는 전압이다.
② 출력전압이 무한대가 되게 하기 위하여 입력단자 사이에 걸어주는 전압이다.
③ 출력전압과 입력전압이 같게 될 때의 증폭기의 입력전압이다.
④ 두 입력단자가 접지되었을 때 두 출력단자 사이에 나타나는 직류전압의 차이다.

08 다음과 같은 연산증폭기의 회로에서 2[MΩ]에 흐르는 전류는?

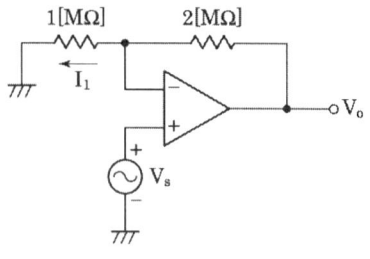

① 0 ② I_1
③ $2I_1$ ④ $4I_1$

09 LC 발진기에서 일어나기 쉬운 이상 현상이

아닌 것은?
① 기생 진동(parasitic oscillation)
② 인입 현상(pull-in phenomenon)
③ 블로킹(blocking) 현상
④ 자왜(磁歪) 현상

10 그림과 같은 회로의 입력측에 정현파를 가할 때 출력측에 나오는 파형은 어떻게 되는가?(단, $V_i = V_2 \sin\omega t$[V]이고 $V_m > V_R$이다.)

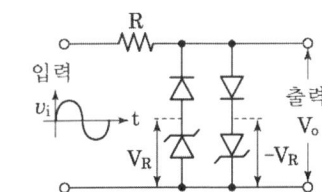

11 컴퓨터의 기능 중 프로그램의 명령을 꺼내어 판단하며 지시 감독하여 명령하는 기능은?
① 기억기능   ② 제어기능
③ 연산기능   ④ 출력기능

12 논리적 연산 중 이항(binary) 연산에 해당되는 것은?
① Complement   ② Shift
③ MOVE   ④ OR

13 8진수 62를 2진수로 옳게 변환한 것은?
① 110010   ② 101101
③ 111010   ④ 110101

14 중앙처리장치로부터 입·출력 지시를 받으면 직접 주기억장치에 접근하여 데이터를 꺼내어 출력하거나 입력한 데이터를 기억시킬 수 있고, 입·출력에 관한 모든 동작을 자율적으로 수행하는 입·출력 제어방식은?
① 프로그램 제어방식
② 인터럽트 방식
③ DMA 방식
④ 폴링 방식

15 기억장치에 기억된 명령(instruction)이 기억된 순서대로 중앙처리장치에서 실행될 수 있도록 그 주소를 지정해 주는 레지스터는?
① 누산기(accumulator)
② 스택 포인터(stack pointer)
③ 프로그램 카운터(program counter)
④ 명령 레지스터(instruction register)

16 공유하고 있는 통신회선에 대한 제어신호를 각 노드 간에 순차적으로 옮겨가면서 수행하는 방식은?
① CSMA 방식
② CD 방식

③ ALOHA 방식
④ TOKEN PASSING 방식

17 연산장치에서 주기억장치로부터 연산을 수행할 데이터를 제공받아 보관하거나 가산기의 입력 데이터를 보관하며, 연산 결과를 보관하는 것은?
① 데이터 레지스터
② 상태 레지스터
③ 누산기
④ 가산기

18 자기 디스크에서 기록 표면에 동심원을 이루고 있는 원형의 기록 위치를 트랙(track)이라 하는데 이 트랙의 모임을 무엇이라고 하는가?
① cylinder   ② access arm
③ record   ④ field

19 주소의 개념이 거의 사용되지 않는 보조기억장치로서, 순서에 의해서만 접근하는 기억장치(SASD)라고도 하는 것은?
① Magnetic Tape
② Magnetic Core
③ Magnetic Disk
④ Random Access Memory

20 부동 소수점(Floating point number) 표현 형식의 특징이 아닌 것은?
① 실수 연산에 사용된다.
② 부호, 지수부, 가수부로 구성된다.
③ 가수는 정규화하여 유효 숫자를 크게 한다.
④ 고정 소수점 형식에 비해 연산 속도가 빠르다.

21 "0"과 "1"로 구성되며 정보를 나타내는 최소 단위는?
① file   ② bit
③ word   ④ byte

22 어떤 회로의 입력을 A, B, 출력을 Y라 할 때 Y=A+B인 논리회로의 명칭은?
① AND   ② OR
③ NOT   ④ EX-OR

23 입력단자에 나타난 정보를 코드화하여 출력으로 내보내는 것으로 해독기와 정반대의 기능을 수행하는 조합 논리회로는?
① 가산기(Adder)
② 플립플롭(Flip-Flop)
③ 멀티플렉서(Multiplexer)
④ 부호기(Encoder)

24 컴퓨터 내부에서 음수를 표현하는 방법이 아닌 것은?
① 부호와 2의 보수
② 부호와 상대값
③ 부호와 1의 보수
④ 부호와 절대값

25 주소지정방식(Addressing Mode)이 아닌 것은?
① 즉시(Immediate) 주소지정방식
② 임시(Temporary) 주소지정방식
③ 간접(Indirect) 주소지정방식

④ 직접(Direct) 주소지정방식

26 명령(instruction)의 기본 구성은?
① 오퍼레이션과 오퍼랜드
② 오퍼랜드와 실행 프로그램
③ 오퍼레이션과 제어 프로그램
④ 제어 프로그램과 실행 프로그램

27 하나의 채널이 고속 입·출력장치를 하나씩 순차적으로 관리하며, 블록(Block) 단위로 전송하는 채널은?
① 사이클 채널(Cycle channel)
② 셀렉터 채널(Selector channel)
③ 멀티플렉서 채널(Multiplexer channel)
④ 블록 멀티플렉서 채널(Block Multiplexer channel)

28 디지털 데이터를 아날로그 신호로 바꾸고, 아날로그 신호로 전송된 것을 다시 디지털 데이터로 바꾸는 신호 변환 장치는?
① MODEM   ② CCU
③ DECODER   ④ TERMINAL

29 중앙처리장치가 한 명령어의 실행을 끝내고 다음에 실행될 명령어를 기억장치에서 꺼내올 때까지의 동작단계를 무엇이라 하는가?
① 명령어 인출   ② 명령어 저장
③ 명령어 해독   ④ 명령어 실행

30 2진수 $(1011)_2$을 그레이 코드로 변환하면?
① $(1000)_G$ ② $(0111)_G$
③ $(1010)_G$ ④ $(1110)_G$

31 프로그램에서 사용되는 기억장소를 말하며, 프로그램 실행 중에 그 값이 변할 수 있는 것은?
① Coding   ② Operand
③ Constant   ④ Variable

32 프로그래밍 언어를 사용하여 사용자가 어떤 업무 처리를 위하여 작성한 프로그램을 의미하는 것은?
① 목적 프로그램
② 컴파일러
③ 원시 프로그램
④ 로더

33 프로그램의 문서화에 대한 설명으로 거리가 먼 것은?
① 프로그램의 유지 보수가 용이하다.
② 개발자 개인만 이해할 수 있도록 작성한다.
③ 개발 중간의 변경사항에 대하여 대처가 용이하다.
④ 프로그램의 개발 목적 및 과정을 표준화하여 효율적인 작업이 이루어지게 한다.

34 로더의 기능이 아닌 것은?
① 할당   ② 링킹
③ 재배치 ④ 번역

35 하나의 시스템을 여러 명의 사용자가 시간을 분할하여 동시에 작업할 수 있도록 하는 방식은?

① Distributed System
② Batch Processing System
③ Time Sharing System
④ Real Time System

36 시스템 프로그래밍 언어로서 가장 적당한 것은?
① FORTRAN   ② BASIC
③ COBOL   ④ C

37 프로그래밍 단계에서 "프로그래밍 언어를 선정하여 명령문을 기술하는 단계"로 적합한 것은?
① 순서도 작성
② 프로그램 코딩
③ 데이터 입력
④ 프로그램 모의실험

38 C언어의 특징으로 옳지 않은 것은?
① 자료의 주소를 조작할 수 있는 포인터를 제공한다.
② 시스템 소프트웨어를 개발하기에 편리하다.
③ 이식성이 높은 언어이다.
④ 인터프리터 방식의 언어이다.

39 기계어에 대한 설명으로 옳지 않은 것은?
① 프로그램의 유지 보수가 어렵다.
② 호환성이 없고 기계마다 언어가 다르다.
③ 2진수를 사용하여 명령어의 데이터를 표현한다.
④ 사람이 일상생활에서 사용하는 자연어에 가까운 형태로 만들어진 언어이다.

40 프로그래밍 절차가 옳게 나열된 것은?
① 문제분석 → 입·출력 설계 → 순서도 작성 → 프로그램 코딩 → 프로그램 실행
② 문제분석 → 입·출력 설계 → 프로그램 코딩 → 프로그램 실행 → 순서도 작성
③ 문제분석 → 입·출력 설계 → 프로그램 코딩 → 순서도 작성 → 프로그램 실행
④ 문제분석 → 순서도 작성 → 프로그램 코딩 → 입·출력 설계 → 프로그램 실행

41 다음 SW 회로에 대한 논리함수 Y는?

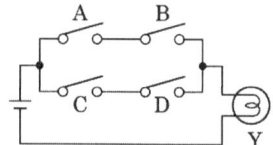

① $Y=(A+B)(C+D)$
② $Y=AC+BD$
③ $Y=ABCD$
④ $Y=AB+CD$

42 반가산기 2개와 OR 게이트 1개를 사용하여 구성할 수 있는 회로는?
① 반감산기   ② 전감산기
③ 전가산기   ④ 레지스터

43 펄스가 입력되면 현재와 반대의 상태로 바뀌게 하는 토글(toggle) 상태를 만드는 것은?
① T 플립플롭   ② D 플립플롭
③ JK 플립플롭 ④ RS 플립플롭

44 2진수 0.1011을 10진수로 변환하면?
① 0.1048 ② 0.2048
③ 0.4875 ④ 0.6875

45 2ⁿ 개의 입력선으로 입력된 값을 n개의 출력선으로 코드화해서 출력하는 회로는?
① 디코더(decoder)
② 인코더(encoder)
③ 전가산기(full adder)
④ 인버터(inverter)

46 다음 기호로 사용되는 논리 게이트의 기능으로 옳지 않은 것은?

① 지연 시간(delay time) 기능
② 팬 아웃(fan out)의 확대
③ 고주파 발진 기능
④ 감쇠 신호의 회복 기능

47 여러 개의 플립플롭이 접속될 경우, 계수 입력에 가해진 시간 펄스의 효과가 가장 뒤에 접속된 플립플롭에 전달되려면 한 개의 플립플롭에서 일어나는 시간 지연이 여러 개 생긴다. 이러한 시간 지연을 방지하기 위해 만든 계수기를 무엇이라 하는가?
① 비동기형 계수기
② 동기형 계수기
③ 하향 계수기
④ 상향 계수기

48 논리식 X=AC+ABC를 간소화하면?
① AC ② AB
③ C ④ C+1

49 비동기형 10진 계수기를 T 플립플롭으로 구성하려 한다. 최소 몇 개의 플립플롭이 필요한가?
① 2 ② 4
③ 5 ④ 10

50 JK 플립플롭에서 J=1, K=1일 때 클록 펄스가 인가되면 출력 상태는?
① 전상태 유지 ② 반전
③ 1 ④ 0

51 8421 코드에 별도로 3비트의 패리티 체크 비트를 부가하여 7비트로 구성한 코드로 오류 검사뿐만 아니라 교정까지도 가능한 코드는?
① 3초과 코드 ② 해밍 코드
③ 그레이 코드 ④ 2421 코드

52 논리식 $Y = \overline{A}B + A\overline{B}$ 가 나타내는 게이트는?
① NAND ② NOR
③ EX-OR ④ EX-NOR

53 전가산기(Full Adder) 입력의 개수와 출력의 개수는?
① 입력 2개, 출력 3개
② 입력 2개, 출력 4개
③ 입력 3개, 출력 3개
④ 입력 3개, 출력 2개

54 좌측 시프트 레지스터를 사용하여 0011의 데이터를 2회 시프트 펄스를 인가하였을 때 출력의 10진수 값은?
① 3
② 6
③ 8
④ 12

55 플립플롭을 4단 연결한 2진 하향 계수기를 리셋시킨 후 첫 번째 클록 펄스가 인가되면 나타나는 출력은?
① 3
② 5
③ 8
④ 15

56 불 대수의 결합 법칙은?
① A+B=B+A
② A·(B+C)=A·B+A·C
③ A+B·C=(A+B)·(A+C)
④ A+(B+C)=(A+B)+C

57 출력기의 일부가 입력측에 궤환되어 유발되는 레이스 현상을 없애기 위하여 고안된 플립플롭은?
① JK 플립플롭
② D 플립플롭
③ 마스터-슬레이브 플립플롭
④ RS 플립플롭

58 2진 데이터의 입·출력 또는 연산할 때 일시적으로 데이터를 기억하는 2진 기억소자를 무엇이라 하는가?
① RAM
② REGISTER
③ CACHE
④ ARRAY

59 n개의 플립플롭으로 기억할 수 있는 상태의 개수는?
① 2^n 개
② $2^{(n-1)}$ 개
③ $2^{(n+1)}$ 개
④ n 개

60 조합 논리회로가 아닌 것은?
① 가산기와 감산기
② 해독기와 부호기
③ 멀티플렉서와 디멀티플렉서
④ 동기식 계수기와 비동기식 계수기

2013년 제5회 과년도출제문제

01 베이스 접지 증폭기에서 전류증폭률이 0.98인 트랜지스터를 이미터 접지 증폭기로 사용할 때 전류증폭률은?
① 0.98　　② 9.5
③ 49　　　④ 100

02 이상적인 상태에서 100[%] 변조된 AM파는 무변조파에 비하여 출력이 몇 배로 되는가?
① 1　　② 1.5
③ 2　　④ 2.5

03 다음 그림은 펄스파형을 나타낸 것이다. 그림에서 높이 a를 무엇이라 하는가?

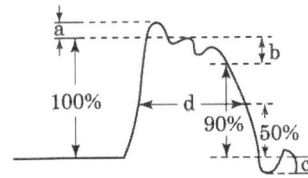

① 언더슈트　　② 스파이크
③ 오버슈트　　④ 새그

04 증폭기에서 바이어스가 적당하지 않으면 일어나는 현상으로 옳지 않은 것은?
① 이득이 낮다.
② 파형이 일그러진다.
③ 전력손실이 많다.
④ 주파수 변화 현상이 일어난다.

05 그림과 같은 회로는 무슨 회로인가?(단, V_i는 직사각형 파이다.)

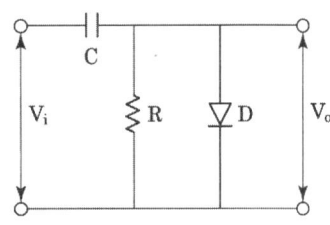

① 클리핑회로
② 클램핑회로
③ 콘덴서 입력형 필터회로
④ 반파 정류회로

06 차동증폭기의 동상신호제거비(CMRR)에 대한 설명으로 가장 적합한 것은?
① CMRR이 클수록 차동증폭기 성능이 좋다.
② 동상신호이득(A_c)이 클수록 CMRR이 증대한다.
③ 차동신호이득(A_d)이 작을수록 CMRR이 증대한다.
④ CMRR이 크면 차동증폭기의 잡음 출력이 크다.

07 다음과 같은 V-I 특성을 나타내는 스위칭 소자는?

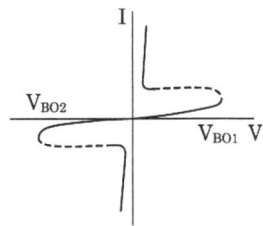

① SCR　　② UJT

③ 터널 다이오드 ④ DIAC

08 연산증폭기의 정확도를 높이기 위한 조건으로 옳지 않은 것은?
① 주파수 차단 특성이 좋아야 한다.
② 큰 증폭도와 좋은 안정도가 필요하다.
③ 특정 주파수에서 주파수 보상회로를 사용한다.
④ 많은 양의 양되먹임을 안정하게 걸 수 있어야 한다.

09 트랜지스터 바이어스 회로방식 중 안정도가 가장 높은 것은?
① 혼합 바이어스
② 전류 궤환 바이어스
③ 고정 바이어스
④ 자기 바이어스

10 증폭기의 출력에서 기본파 전압이 50[V], 제2고조파 전압이 4[V], 제3고조파 전압이 3[V]이면 이 증폭기의 왜율은?
① 5[%] ② 10[%]
③ 15[%] ④ 20[%]

11 비수치적 자료 중에서 필요 없는 부분을 지워버리고 남은 비트만 가지고 처리하기 위해 사용하는 연산은?
① OR 연산
② AND 연산
③ SHIFT 연산
④ COMPLEMENT 연산

12 AND 연산에서 레지스터 내의 어느 비트 또는 문자를 지울 것인지를 결정하는 것은?
① check bit ② mask bit
③ sign bit ④ parity bit

13 다음에 수행될 명령어의 주소를 나타내는 것은?
① Accumulator
② Instruction
③ Stack pointer
④ Program counter

14 미국에서 개발한 표준 코드로서 개인용 컴퓨터에 주로 사용되며, 7비트로 구성되어 128가지의 문자를 표현할 수 있는 코드는?
① BCD ② ASCII
③ UNICODE ④ EBCDIC

15 주소지정방식 중 명령어 내의 오퍼랜드부에 실제 데이터가 저장된 장소의 번지를 가진 기억장소의 번지를 표현하는 것은?
① 계산에 의한 주소지정방식
② 직접 주소지정방식
③ 간접 주소지정방식
④ 임시적 주소지정방식

16 순차 접근 저장매체(SASD)에 해당하는 것은?
① 자기 드럼 ② 자기 테이프
③ 자기 디스크 ④ 자기 코어

17 입·출력 제어 방식에 해당하지 않는 것은?
① 인터페이스 방식

② 채널에 의한 방식
③ DMA 방식
④ 중앙처리장치에 의한 방식

18 FIFO와 관련되는 선형 자료구조는?
① 큐(Queue) ② 스택(Stack)
③ 그래프(Graph) ④ 트리(Tree)

19 사진이나 그림 등에 빛을 쪼여 반사되는 것을 판별하여 복사하는 것처럼 이미지를 입력하는 장치는?
① 플로터 ② 마우스
③ 프린터 ④ 스캐너

20 시스템 소프트웨어가 아닌 것은?
① 포토샵 ② 운영체제
③ 컴파일러 ④ 로더

21 CPU가 어떤 작업을 수행하고 있는 중에 외부로부터의 긴급 서비스 요청이 있으면 그 작업을 잠시 중단하고 요구된 일을 먼저 처리한 후에 다시 원래의 작업을 수행하는 것은?
① 시분할 ② 인터럽트
③ 분산처리 ④ 채널

22 입·출력 겸용장치에 해당하는 것은?
① 터치스크린 ② 트랙볼
③ 라이트 펜 ④ 디지타이저

23 컴퓨터나 단말기 내부에서 사용하는 디지털 신호를 전송하기에 편리한 아날로그 신호로 변환시켜 주고, 전송받은 아날로그 신호를 다시 컴퓨터에서 사용되는 디지털 신호로 변환시켜 주는 장치는?
① 통신 회선 ② 단말기
③ 모뎀 ④ 통신제어장치

24 하나의 논리 소자에서 출력으로 나온 신호를 다른 논리 소자에 입력할 수 있는 선의 개수를 말하는 것은?
① 팬-인(Fan-In)
② 팬-아웃(Fan-Out)
③ 잡음 한계(Noise Margin)
④ 전력 소모(Power Dissipation)

25 입력단자 하나로 펄스가 입력되면 현재와 반대의 상태로 바뀌게 하는 토글(toggle) 상태를 만드는 회로는?
① T 플립플롭 ② R 플립플롭
③ RS 플립플롭 ④ JK 플립플롭

26 고정 소수점 표현 형식 중 음수를 표현하는 방식이 아닌 것은?
① 부호와 절대치
② 부호와 0의 보수
③ 부호와 1의 보수
④ 부호와 2의 보수

27 2진수 $(01101001)_2$이 1의 보수기를 통과하였다. 누산기에 보관된 내용은?
① 10010110 ② 01101001
③ 00000000 ④ 11111111

28 최대 데이터 전송률을 결정하는 요인으로 전송시스템의 성능을 평가하는 가장 중요

한 변수는?
① 지연 왜곡
② 신호 대 잡음비
③ 감쇠 현상
④ 증폭도

29 입력단자와 출력단자는 각각 하나이며, 입력단자가 1이면 출력단자는 0이 되고, 입력단자가 0이면 출력단자가 1이 되는 회로는?
① OR 회로
② NAND 회로
③ AND 회로
④ NOT 회로

30 기억된 프로그램의 명령을 하나씩 읽고, 해독하여 각 장치에 필요한 지시를 하는 기능은?
① 입력 기능
② 제어 기능
③ 연산 기능
④ 기억 기능

31 프로그래밍 언어의 해독 순서로 옳은 것은?
① 링커 → 로더 → 컴파일러
② 컴파일러 → 링커 → 로더
③ 로더 → 컴파일러 → 링커
④ 로더 → 링커 → 컴파일러

32 고급 언어의 특징으로 옳지 않은 것은?
① 기종에 관계없이 사용할 수 있어 호환성이 높다.
② 2진수 형태로 이루어진 언어로 전자계산기가 직접 이해할 수 있는 형태의 언어이다.
③ 하드웨어에 관한 전문적 지식이 없어도 프로그램 작성이 용이하다.
④ 프로그래밍 작업이 쉽고, 수정이 용이하다.

33 C언어에서 데이터 형식을 규정하는 서술자에 대한 설명으로 옳지 않은 것은?
① %e : 지수형
② %c : 문자열
③ %f : 소수점 표기형
④ %μ : 부호 없는 10진 정수

34 C언어의 특징으로 옳지 않은 것은?
① 이식성이 높은 언어이다.
② 인터프리터 방식의 언어이다.
③ 자료의 주소를 조작할 수 있는 포인터를 제공한다.
④ 시스템 소프트웨어를 개발하기에 편리하다.

35 로더의 기능으로 거리가 먼 것은?
① Translation
② Allocation
③ Linking
④ Loading

36 언어 번역 프로그램에 해당하지 않는 것은?
① 인터프리터
② 로더
③ 컴파일러
④ 어셈블러

37 고급 언어로 작성된 프로그램을 구문 분석하여, 각각의 문장을 문법 구조에 따라 트리 형태로 구성한 것은?
① 어휘 트리
② 목적 트리
③ 링크 트리
④ 파스 트리

38 운영체제의 운영방식 중 다음 설명에 해당하는 것은?

- 하나의 시스템을 여러 명의 사용자가 시간을 분할하여 동시에 작업할 수 있도록 하는 방식
- 주어진 시간 동안 사용자가 터미널을 통해서 직접 컴퓨터와 대화식으로 작동

① 일괄 처리 시스템
② 다중 처리 시스템
③ 실시간 처리 시스템
④ 시분할 시스템

39 프로그램 문서화의 목적과 거리가 먼 것은?
① 프로그램 개발 과정의 요식 행위화
② 프로그램 개발 중 추가 변경에 따른 혼란 방지
③ 프로그램 이관의 용이함
④ 프로그램 유지 보수의 효율화

40 프로그램이 수행되는 동안 변하지 않는 값을 의미하는 것은?
① Variable   ② Comment
③ Constant   ④ Pointer

41 비동기식 6진 리플 카운터를 구성하려고 한다. T 플립플롭이 최소한 몇 개 필요한가?
① 3   ② 4
③ 5   ④ 6

42 시간 펄스나 제어를 위한 펄스의 수를 세는 회로를 무엇이라고 하는가?
① 제어회로   ② 명령회로
③ 계수회로   ④ 펄스회로

43 불 대수의 기본 정리 중 옳지 않은 것은?
① $A \cdot 0 = 0$ ② $A \cdot A = A$
③ $A + A = A$ ④ $A + 1 = A$

44 JK-FF에서 J=K=1인 상태이면 클록이 "0" 상태로 갈 때 Q 출력은 어떻게 되는가?
① 변화 없음   ② 세트
③ 리셋   ④ 반전

45 다음과 같은 회로의 명칭은?

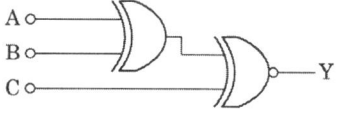

① 비교회로
② 다수결 회로
③ 인코더회로
④ 패리티 발생회로

46 JK 플립플롭의 두 입력을 하나로 묶어서 만들며, 보수가 출력되는 플립플롭은?
① RS 플립플롭
② 마스터-슬레이브 플립플롭
③ D 플립플롭
④ T 플립플롭

47 10진수 8이 기억되어 있는 5비트 시프트 레지스터를 좌측으로 1비트 시프트했을 때 기억되는 값은?
① 2   ② 4
③ 8   ④ 16

48 멀티플렉서에서 4개의 입력 중 1개를 선택하기 위해 필요한 입력 선택 제어선의 수는?

① 1개   ② 2개
③ 3개   ④ 4개

49 전원 공급에 관계없이 저장된 내용을 반영구적으로 유지하는 비휘발성 메모리는?
① RAM   ② ROM
③ SRAM   ④ DRAM

50 클록 펄스가 들어올 때마다 플립플롭의 상태가 반전되는 것을 무엇이라고 하는가?
① 리셋   ② 클리어
③ 토글   ④ 트리거

51 다음 진리표를 만족하는 논리 게이트는?

입 력		출 력
A	B	Y
0	0	0
0	1	1
1	0	1
1	1	1

① OR 게이트
② AND 게이트
③ NOT 게이트
④ XOR 게이트

52 회로의 안정 상태에 따른 멀티바이브레이터의 종류가 아닌 것은?
① 비안정 멀티바이브레이터
② 주파수 안정 멀티바이브레이터
③ 단안정 멀티바이브레이터
④ 쌍안정 멀티바이브레이터

53 다음 그림에서 논리식은?

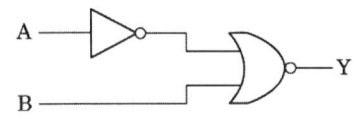

① $Y = \overline{A} + B$ ② $Y = A\overline{B}$
③ $Y = A + \overline{B}$ ④ $Y = \overline{A}B$

54 논리식 Y=AB+B를 간소화시킨 것은?
① Y=A   ② Y=B
③ Y=A·B   ④ Y=A+B

55 병렬 계수기(Parallel Counter)라고도 말하며 계수기의 각 플립플롭이 같은 시간에 트리거되는 계수기는?
① 링 계수기
② 동기형 계수기
③ 10진 계수기
④ 비동기형 계수기

56 다음 논리 IC 중 속도가 가장 빠른 것은?
① DTL   ② ECL
③ CMOS   ④ TTL

57 반가산기에서 입력 A=1이고, B=0이면 출력 합(S)과 올림수(C)는?
① S=0, C=0   ② S=1, C=0
③ S=1, C=1   ④ S=0, C=1

58 2×4 디코더에 사용되는 AND 게이트의 최소 개수는?
① 1개   ② 2개
③ 3개   ④ 4개

59 13을 8비트 1의 보수방식으로 표현하면?

① 11100010
② 11101010
③ 11110110
④ 11110010

60 배타적-NOR의 출력이 0일 때는 언제인가?

① A, B 모두 0일 때
② A, B 모두 1일 때
③ A와 B가 다를 때
④ A와 B가 같을 때

2014년 제1회 과년도출제문제

01 다음 중 3가의 불순물이 아닌 것은?
① In ② Ga
③ Sb ④ B

02 다음 중 플립플롭(flip-flop) 회로에 해당하는 것은?
① 블로킹 발진기
② 단안정 멀티바이브레이터
③ 쌍안정 멀티바이브레이터
④ 비안정 멀티바이브레이터

03 펄스폭이 0.5초, 반복주기가 1초일 때 이 펄스의 반복 주파수는 몇 [Hz]인가?
① 0.5[Hz] ② 1[Hz]
③ 1.5[Hz] ④ 2[Hz]

04 상용전원의 정류방식 중 맥동주파수가 180[Hz]가 되었다면 이때의 정류회로는?
① 3상 전파정류기
② 3상 반파정류기
③ 2배 전압정류기
④ 브리지형 정류기

05 정류회로에서 직류전압이 100[V]이고 리플전압이 0.2[V]이었다. 이 회로의 맥동률은 몇 [%]인가?
① 0.2[%] ② 0.3[%]
③ 0.5[%] ④ 0.8[%]

06 다음 그림에서 변조도 m을 나타내는 공식은?

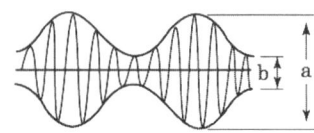

① $m = \dfrac{a-b}{a+b} \times 100[\%]$
② $m = \dfrac{a+b}{a-b} \times 100[\%]$
③ $m = \dfrac{a}{a-b} \times 100[\%]$
④ $m = \dfrac{b}{a+b} \times 100[\%]$

07 단상 전파 정류회로의 이론상 최대 정류 효율은?
① 12.1[%] ② 40.6[%]
③ 48.2[%] ④ 81.2[%]

08 전력증폭도가 1000배일 때 이것을 데시벨(dB)로 나타내면?
① 10[dB] ② 20[dB]
③ 30[dB] ④ 40[dB]

09 가정용 전등선의 전압이 실효값으로 100[V]일 때 이 교류의 최댓값은?
① 약 110[V] ② 약 121[V]
③ 약 130[V] ④ 약 141[V]

10 정현파 교류의 실효값이 220[V]일 때, 이 교류의 최댓값은 약 몇 [V]인가?

① 110[V]   ② 141[V]
③ 283[V]   ④ 311[V]

11 제조회사에서 미리 만들어진 것으로 사용자는 절대로 지우거나 다시 입력할 수 없는 메모리는?
① RAM
② Mask ROM
③ EAROM
④ Flash Memory

12 다음 중 최대 클록 주파수가 가장 높은 논리소자는?
① TTL   ② ECL
③ MOS   ④ CMOS

13 명령어 인출(instruction fetch)이란?
① 제어장치에 있는 명령을 해독하는 것
② 제어장치에서 해독된 명령을 실행하는 것
③ 주기억장치에 기억된 명령을 제어장치로 꺼내 오는 것
④ 보조기억장치에 기억된 명령을 주기억장치로 꺼내 오는 것

14 번지부에 표현된 값이 실제 데이터가 기억된 번지가 아니고, 유효번지(실제 데이터의 번지)를 나타내는 번지 지정 형식은?
① 직접 번지 형식
② 간접 번지 형식
③ 상대 번지 형식
④ 직접 데이터 형식

15 입력장치에 해당하지 않는 것은?
① 마우스   ② 키보드
③ 플로터   ④ 스캐너

16 중앙처리장치에서 사용하고 있는 버스의 형태에 해당하지 않는 것은?
① Data Bus   ② System Bus
③ Address Bus   ④ Control Bus

17 다음 그림과 같이 A, B 레지스터에 있는 2개의 자료에 대해 ALU에 의한 OR 연산이 이루어졌을 때 그 결과가 저장되는 C 레지스터의 내용은?

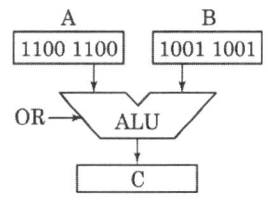

① 11111110   ② 10000001
③ 10110110   ④ 11011101

18 컴퓨터 시스템에서 ALU의 목적은?
① 어드레스 버스 제어
② 필요한 기계 사이클 수의 계산
③ OP 코드의 번역
④ 산술과 논리 연산의 실행

19 에러 검출뿐만 아니라 교정까지 가능한 코드는?
① Biquinary Code
② Hamming Code
③ Gray Code
④ ASCII Code

20 두 입력이 같으면 출력이 0, 두 입력이 서로 다르면 출력이 1이 되는 논리 연산은?
① X-OR ② AND
③ OR ④ NOT

21 다음 설명에 해당하는 코드는?
- 7비트 코드로 미국 표준협회에서 개발하였다.
- 1개의 문자를 3개의 존 비트와 4개의 디짓 비트로 표현한다.
- 통신 제어용 및 마이크로컴퓨터의 기본 코드로 사용한다.

① ASCII ② BCD
③ EBCDIC ④ EXCESS-3

22 컴퓨터가 어떤 프로그램을 실행 중에 긴급사태 등이 발생하면 진행 중인 프로그램을 일시 중단하여 긴급사태에 대처하고, 긴급 처리가 끝나면 중단했던 프로그램을 재개하는 것은?
① 채널 ② 스택
③ 버퍼 ④ 인터럽트

23 CPU의 간섭을 받지 않고 메모리와 입·출력장치 사이에 데이터 전송이 이루어지는 방식은?
① COM
② Interrupt I/O
③ DMA
④ Programmed I/O

24 컴퓨터나 단말기 내부에서 사용하는 디지털 신호를 전송하기에 편리한 아날로그 신호로 변화시켜 주고, 전송받은 아날로그 신호를 다시 컴퓨터에서 사용되는 디지털 신호로 변환시켜 주는 장치는?
① 단말기 ② 모뎀
③ 통신회선 ④ 통신제어장치

25 어떤 회로의 입력을 A, 출력을 Y라 할 때, 출력 $Y = \overline{A}$ 인 논리회로의 명칭은?
① AND ② OR
③ NOT ④ X-OR

26 근거리 통신망의 구성 중 회선 형태의 케이블에 송, 수신기를 통하여 스테이션을 접속하는 것으로 그림과 같은 형은?

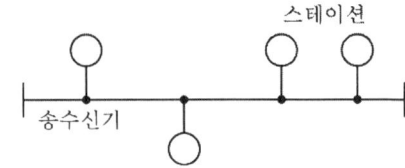

① 버스(bus)형 ② 성(star)형
③ 루프(loop)형 ④ 그물(mesh)형

27 휴대용 무전기와 같이 데이터를 양쪽 방향으로 전송할 수 있으나, 동시에 양쪽 방향으로 전송할 수 없는 전송 방식은?
① 단일 방식 ② 단방향 방식
③ 반이중 방식 ④ 전이중 방식

28 명령형식을 구분함에 있어 오퍼랜드를 구성하는 주소의 수에 따라 0 주소 명령, 1 주소 명령, 2 주소 명령, 3 주소 명령 등으로 구분할 수 있다. 이 중 스택(Stack) 구조를 가지는 명령 형식은?
① 3 주소 명령 ② 2 주소 명령

③ 1 주소 명령   ④ 0 주소 명령

29 다음 논리도와 진리표는 어떤 회로인가?

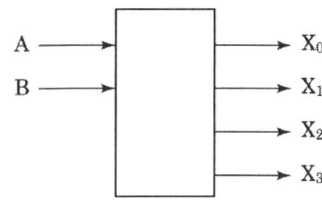

A	B	X_0	X_1	X_2	X_3
0	0	1	0	0	0
0	1	0	1	0	0
1	0	0	0	1	0
1	1	0	0	0	1

① 가산기   ② 해독기
③ 부호기   ④ 비교기

30 출력장치로만 묶어 놓은 것은?
① 키보드, 디지타이저
② 스캐너, 트랙볼
③ 바코드, 라이트 펜
④ 플로터, 프린터

31 고급 언어의 특징으로 거리가 먼 것은?
① 하드웨어에 관한 전문적인 지식이 없어도 프로그램 작성이 용이하다.
② 번역과정 없이 실행 가능하다.
③ 일상생활에서 사용하는 자연어와 유사한 형태의 언어이다.
④ 프로그램 작성이 쉽고, 수정이 용이하다.

32 다음 중 반복문에 해당되지 않는 것은?
① if 문   ② for 문
③ while 문 ④ do-while 문

33 프로그램 개발 과정에서 프로그램 안에 내재해 있는 논리적 오류를 발견하고 수정하는 작업은?
① deadlock   ② semaphore
③ debugging   ④ scheduling

34 운영체제에 대한 설명으로 옳지 않은 것은?
① 운영체제는 컴퓨터를 편리하게 사용하고 컴퓨터 하드웨어를 효율적으로 사용할 수 있도록 한다.
② 운영체제는 컴퓨터 사용자와 컴퓨터 하드웨어 간의 인터페이스로서 동작하는 일종의 하드웨어장치이다.
③ 운영체제는 작업을 처리하기 위해서 필요한 CPU, 기억장치, 입·출력장치 등의 자원을 할당 관리해 주는 역할을 수행한다.
④ 운영체제는 다양한 입·출력장치와 사용자 프로그램을 통제하여 오류와 컴퓨터의 부적절한 사용을 방지하는 역할을 수행한다.

35 C언어의 특징으로 옳지 않은 것은?
① 인터프리터 방식의 언어이다.
② 시스템 소프트웨어를 개발하기에 편리하다.
③ 자료의 주소를 조작할 수 있는 포인터를 제공한다.
④ 이식성이 높은 언어이다.

36 기계어에 대한 설명으로 옳지 않은 것은?
① 유지 보수가 용이하다.
② 2진수로 데이터를 나타낸다.

③ 실행 속도가 빠르다.
④ 전문적인 지식이 없으면 이해하기 힘들다.

37 프로그래밍 언어의 구문 요소 중 프로그램의 이해를 돕기 위해 설명을 적어두는 부분으로 프로그램의 실행과는 관계가 없고, 프로그램의 판독성을 향상시키는 요소는?
① Comment
② Reserved Word
③ Operator
④ Key Word

38 운영체제의 성능 평가 사항과 거리가 먼 것은?
① 처리 능력(Throughput)
② 반환 시간(Turn Around Time)
③ 사용 가능도(Availability)
④ 비용(Cost)

39 프로그래밍 언어가 갖추어야 할 요건과 거리가 먼 것은?
① 프로그래밍 언어의 구조가 체계적이어야 한다.
② 언어의 확장이 용이하여야 한다.
③ 많은 기억 장소를 사용해야 한다.
④ 효율적인 언어이어야 한다.

40 로더(loader)의 기능이 아닌 것은?
① 할당(allocation) ② 번역(compile)
③ 연결(link) ④ 적재(load)

41 다음 중 그 값이 다른 하나는?
① $(F)_{16}$ ② $(17)_8$
③ $(16)_{10}$ ④ $(1111)_2$

42 JK 플립플롭의 두 입력선을 묶어 한 개의 입력선으로 구성한 플립플롭이며, 1이 입력될 경우 현재의 상태를 토글(toggle)시키는 것은?
① M/S 플립플롭
② D 플립플롭
③ RS 플립플롭
④ T 플립플롭

43 비동기식 카운터에 대한 설명으로 옳지 않은 것은?
① 비트 수가 많은 카운터에 적합하다.
② 지연시간으로 고속 카운팅에 부적합하다.
③ 전단의 출력이 다음 단의 트리거 입력이 된다.
④ 직렬 카운터 또는 리플 카운터라고도 한다.

44 플립플롭(Flip-Flop)은 몇 bit 기억 소자인가?
① 1 ② 2
③ 4 ④ 8

45 2진 정보의 저장과 클록 펄스를 가해 좌우로 한 비트씩 이동하여 2진수의 곱셈이나 나눗셈을 하는 연산장치에 이용되는 것은?
① 가산기(adder)
② 카운터(counter)
③ 플립플롭(flip flop)
④ 시프트 레지스터(shift register)

46 JK 플립플롭에서 J=1, K=0일 때 출력은 clock에 의해 어떤 변화를 보이는가?
① 출력은 0이 된다.
② 출력은 1이 된다.
③ 출력이 반전된다.
④ 이전의 상태를 유지한다.

47 2진수 01111의 2의 보수는?
① 10010 ② 10001
③ 10011 ④ 01110

48 논리식을 최소화하는 방법으로 가장 바람직한 것은?
① Venn diagram
② 카르노 맵
③ 승법 표준형
④ 가법 표준형

49 컴퓨터 내부 연산 시 숫자 자료를 보수로 표현하는 이유로 가장 적절한 것은?
① 실수를 표현하기 쉽다.
② 음수를 표현하기 쉽다.
③ 수를 표현하는 데 저장장치를 절약할 수 있다.
④ 덧셈과 뺄셈을 덧셈 회로로 처리할 수 있다.

50 레지스터의 설명으로 옳지 않은 것은?
① 2진식 기억소자의 집단
② Flip-Flop으로 구성
③ 타이밍 변수를 만드는 데 유용
④ 직렬 입력, 병렬 출력으로만 동작

51 1개의 입력선으로 들어오는 정보를 2^n개의 출력선 중 1개를 선택하여 출력하는 회로이며, 2^n개의 출력선 중 1개의 선을 선택하기 위해 n개의 선택선을 이용하는 것은?
① 인코더 ② 멀티플렉서
③ 디멀티플렉서 ④ 디코더

52 1×4 디멀티플렉서에 최소로 필요한 선택선의 개수는?
① 1개 ② 2개
③ 3개 ④ 4개

53 다음 논리들 중 입력 A=1, B=1일 때 출력 Y가 1이 되는 경우는?
① AND ② X-OR
③ NOR ④ NAND

54 다음 논리식을 최소화한 것은?
$$Z = X(\overline{X}+Y)$$
① $Z = X$ ② $Z = Y$
③ $Z = XY$ ④ $Z = \overline{X} \cdot \overline{Y}$

55 2진수 11011을 그레이 코드로 옳게 변환한 것은?
① 10110 ② 10001
③ 11011 ④ 11101

56 불 대수의 법칙 중 옳지 않은 것은?
① A+B=B+A
② A+(B+C)=(A+B)+C
③ A+(B·C)=(A+B)·(A+C)

④ A+A=1

57 동기식 순서회로를 설계하는 방식이 순서대로 옳게 나열된 것은?

> ㉠ 플립플롭의 제어 신호를 결정한다.
> ㉡ 클록 신호에 대한 각 플립플롭의 상태 변화를 표로 작성한다.
> ㉢ 카르노도를 이용하여 단순화한다.

① ㉠ → ㉢ → ㉡
② ㉡ → ㉠ → ㉢
③ ㉢ → ㉡ → ㉠
④ ㉡ → ㉢ → ㉠

58 다음 중 반가산기는 어떤 논리회로의 결합으로 구성되어 있는가?
① AND와 OR
② EX-OR와 AND
③ EX-OR와 OR
④ NAND와 NOR

59 순서 논리회로를 설계할 때 사용되는 상태표(state table)의 구성 요소가 아닌 것은?
① 현재 상태 ② 다음 상태
③ 출력   ④ 이전 상태

60 다음 논리회로를 논리식으로 바꿀 때 옳은 것은?

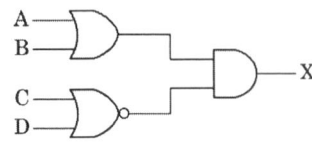

① $X = (A+B)\overline{(C \cdot D)}$
② $X = (A+B)\overline{(C+D)}$
③ $X = (A \cdot B)\overline{(C+D)}$
④ $X = (A+B)(C \cdot D)$

2014년 제2회 과년도출제문제

01 정류회로의 종류로 옳지 않은 것은?
① 고역 정류회로
② 반파 정류회로
③ 전파 정류회로
④ 브리지 정류회로

02 전하의 성질을 설명한 것으로 옳은 것은?
① 같은 종류의 전하는 서로 흡인한다.
② 힘의 크기에 따라 작용하는 성질이 다르다.
③ 전하는 가장 안정한 상태를 유지하려고 한다.
④ 다른 종류의 전하는 서로 반발한다.

03 진폭변조에서 변조도를 나타내는 것은?
(단, I_o=반송파 진폭, I_m=변조파 진폭이다.)
① $\dfrac{I_m}{I_o - I_m}$
② $\dfrac{I_m}{I_o + I_m}$
③ $\dfrac{I_m}{I_o}$
④ $\dfrac{2I_o}{I_m}$

04 다음 중 부성 저항 특성을 이용한 발진회로는?
① CR 발진회로
② LC 발진회로
③ 수정 발진회로
④ 터널 다이오드 발진회로

05 다음 중 전계 효과 트랜지스터의 설명으로 옳지 않은 것은?
① 전압제어형 소자이다.
② 고주파 증폭 또는 고속 스위치로 사용한다.
③ 유니폴러(Uni-polar) 트랜지스터라고도 한다.
④ 오프셋(off set) 전압, 전류가 작아서 우수한 초퍼(chopper) 회로로 사용된다.

06 트랜지스터 증폭회로에 부궤환을 걸었을 때 나타나는 특성이 아닌 것은?
① 대역폭 확대
② 이득이 다소 저하
③ 일그러짐과 잡음 감소
④ 입력 및 출력 임피던스 감소

07 6[Ω]과 8[Ω]의 저항 2개를 병렬로 접속하고 여기에 48[V]의 전압을 가할 때 6[Ω]에 흐르는 전류는 몇 [A]인가?
① 6[A]
② 8[A]
③ 10[A]
④ 12[A]

08 실효값이 I[A]인 교류의 최댓값[A]은?
① $\sqrt{2}\,I$
② $\dfrac{I}{\sqrt{2}}$
③ $\dfrac{\sqrt{2}}{I}$
④ $2\pi I$

09 궤환이 없을 때 증폭도가 100인 증폭회로에 궤환율 β=0.01의 부궤환을 걸었을 때

증폭도는?
① 1 ② 5
③ 10 ④ 50

10 다음 중 저주파 구형파 발진기로 가장 적합한 회로는?
① 수정발진기
② 멀티바이브레이터
③ CR 발진기
④ 컬렉터 동조발진기

11 하나의 클록 펄스 동안에 실행되는 기본적인 동작을 의미하며, 명령을 수행하기 위하여 CPU 내의 레지스터 플래그의 상태 변환을 일으키는 동작을 의미하는 것은?
① 고정배선 제어
② 마이크로 오퍼레이션
③ 제어 메모리
④ 프로그램 카운터

12 개인용 컴퓨터에서 자료의 외부적 표현 방식으로 가장 많이 사용하는 ASCII 코드는 7비트이다. 표현할 수 있는 최대 정보의 수는?
① 7 ② 49
③ 128 ④ 1024

13 연산장치의 구성 중 초기에 연산될 데이터의 보관 장소로 사용되며 연산 후에는 산술 및 논리연산 결과를 일시적으로 보관하는 것은?
① status register ② accumulator
③ data register ④ complementary

14 입·출력장치의 역할로 가장 적합한 것은?
① 정보를 기억한다.
② 명령의 순서를 제어한다.
③ 기억 용량을 확대시킨다.
④ 컴퓨터의 내·외부 사이에서 정보를 주고받는다.

15 함수 Y=(A+B)·(A+C)를 간략화하면?
① A+BC ② A+AC
③ A ④ BC

16 프로그램 실행 중에 강제적으로 제어를 특정 주소로 옮기는 것으로 프로그램의 실행을 중단하고 그 시점에서의 주요 데이터를 주기억장치로 되돌려 놓은 다음 특정 주소로부터 시작되는 프로그램에 제어를 옮기는 것은?
① 명령 실행 ② 인터럽트
③ 명령 인출 ④ 간접 단계

17 데이터 전송 방식 중 데이터의 진행방향이 일정한 한 방향으로만 진행되는 통신 방법으로 라디오 방송 등에서 사용하는 것은?
① 반이중(Half Duplex) 통신
② 양방향(Duplex) 통신
③ 단방향(Simplex) 통신
④ 전이중(Full Duplex) 통신

18 마이크로컴퓨터에서 MPU란?
① 기억장치
② 입력장치
③ 출력장치
④ 마이크로프로세서 장치

19 주기억장치로부터 명령어를 읽어서 중앙처리장치로 가져오는 사이클은?
① fetch cycle   ② indirect cycle
③ execute cycle ④ interrupt cycle

20 데이터 전송방식 중 병렬전송방식에서 문자와 문자 사이의 간격을 식별하기 위해서 사용하는 신호로 가장 적합한 것은?
① 스트로브(strobe) 신호
② 임팩트(impact) 신호
③ 시프트(shift) 신호
④ 로드(load) 신호

21 여러 개의 입력 중에서 하나만을 선택하여 출력에 연결시키는 멀티플렉서는 선택선이 3개일 때 입력선은 최대 몇 개까지 가능한가?
① 3개   ② 6개
③ 8개   ④ 12개

22 2진수 0011을 3초과 코드로 변환하면?
① 1001   ② 1000
③ 0111   ④ 0110

23 다음 설명에 해당하는 것은?

> "입력과 출력회로를 모두 트랜지스터로 구성한 회로로서 동작 속도가 빠르고 잡음에 강한 특징이 있으며, Fan-out을 크게 할 수 있고 출력 임피던스가 비교적 낮으며 응답속도가 빠르고 집적도가 높다."

① CMOS   ② RTL
③ ECL   ④ TTL

24 중앙처리장치와 기억장치 간의 정보 교환을 위한 스트로브 제어 방법의 결점을 보완한 것으로 입·출력장치와 인터페이스 간의 비동기 데이터 전송을 위해 사용하는 제어 방법은?
① 비동기 직렬 전송
② 입·출력장치 제어
③ 핸드셰이킹 제어
④ 고정 배선 제어

25 다음 진리표에 해당하는 논리식으로 옳은 것은?

A	B	Y
0	0	0
0	1	1
1	0	1
1	1	0

① $Y = A + B$
② $Y = \overline{AB} + AB$
③ $Y = A \cdot B$
④ $Y = \overline{A}B + A\overline{B}$

26 바로 앞단의 플립플롭 출력을 다음 단 플립플롭의 클록 입력으로 사용하는 것으로, 전체적인 동작 시간은 각 플립플롭의 동작시간을 더한 것과 같으므로 시간이 길어진다는 단점은 있으나 비교적 회로가 간단하다는 장점을 가지는 것은?
① 동기형 계수기
② TTL IC 계수기
③ 리플 계수기
④ 시프트 레지스터

27 자외선을 사용하여 저장된 내용을 지워서 다시 사용할 수 있는 반도체 기억소자는?

① UVEPROM   ② Mask ROM
③ SRAM   ④ DRAM

28 10진수 946에 대한 BCD 코드는?
① 1001 0101 0110
② 1001 0100 0110
③ 1100 0101 0110
④ 1100 0011 0110

29 CPU의 간섭을 받지 않고 메모리와 입·출력장치 사이에 데이터 전송이 이루어지는 방식은?
① DMA
② COM
③ Interrupt I/O
④ Programmed I/O

30 해독기(Decoder)에 대한 설명으로 옳지 않은 것은?
① 2진수를 10진수로 변환하는 조합 논리 회로이다.
② n개의 입력으로부터 코드화된 2진 정보를 최대 2^n개의 출력을 얻는다.
③ 2×4 해독기란 2개의 입력과 4개의 출력을 가지는 해독기이다.
④ 해독기는 주로 OR 논리 게이트로 구성된다.

31 기계어에 대한 설명으로 거리가 먼 것은?
① 프로그램 작성이 쉽다.
② 처리 속도가 빠르다.
③ 저급 언어이다.
④ 컴퓨터가 직접 처리하는 언어이다.

32 C언어의 특징으로 옳지 않은 것은?
① 이식성이 높은 언어이다.
② 자료의 주소를 조작할 수 있는 포인터를 제공한다.
③ 시스템 소프트웨어를 개발하기에 편리하다.
④ 인터프리터 방식의 언어이다.

33 운영체제의 평가 기준 중 단위시간에 처리하는 일의 양을 의미하는 것은?
① Throughput
② Reliability
③ Turn Around Time
④ Availability

34 C언어에서 한 문자 출력함수는?
① printf( )   ② putchar( )
③ puts( )   ④ gets( )

35 고급 프로그래밍 언어의 실행 순서로 옳은 것은?
① 링커 → 로더 → 컴파일러
② 컴파일러 → 링커 → 로더
③ 로더 → 컴파일러 → 링커
④ 로더 → 링커 → 컴파일러

36 어셈블리어에 대한 설명으로 옳은 것은?
① 고급 언어에 해당한다.
② 호환성이 좋은 언어이다.
③ 실행을 위하여 기계어로 번역하는 과정이 필요 없다.
④ 기호언어이다.

37 운영체제의 기능으로 옳지 않은 것은?
① 자원 보호 기능을 제공한다.
② 데이터 및 자원의 공유 기능을 제공한다.
③ 원시 프로그램을 목적 프로그램으로 변환하는 기능을 제공한다.
④ 사용자와 시스템 간의 편리한 인터페이스를 제공한다.

38 고급 언어로 작성된 원시 프로그램을 기계어로 된 목적 프로그램으로 번역하는 것은?
① 컴파일러　　② DBMS
③ 운영체제　　④ 로더

39 순서도의 역할로 거리가 먼 것은?
① 프로그램 작성의 기초가 된다.
② 프로그램의 인수, 인계가 용이하다.
③ 계산기의 내부 조작 과정을 쉽게 파악할 수 있다.
④ 프로그램의 정확성 여부와 오류를 쉽게 판단할 수 있다.

40 프로그램이 수행되는 동안 변하지 않는 값을 의미하는 것은?
① Variable　　② Comment
③ Pointer　　④ Constant

41 디지털 신호를 아날로그 신호로 변환하는 장치는?
① A/D 변환기
② D/A 변환기
③ 해독기(Decoder)
④ 비교기(Comparator)

42 2진수 10010011을 8진수로 변환하면?
① 223　　② 243
③ 234　　④ 443

43 논리식을 최소화시키는 데 간편한 방법으로 진리표를 그림 모양으로 나타낸 것은?
① 드 모르간 도　　② 비트 도
③ 클리어 도　　　④ 카르노 도

44 카운터(계수회로)에 대한 설명으로 옳은 것은?
① 동기식 카운터는 모든 플립플롭이 하나의 클록 신호에 의해 동시에 변화한다.
② 카운터는 모두 동기식 회로로 설계하여야 한다.
③ 비동기식 카운터는 클록이 빠를수록 오동작의 가능성이 적다.
④ 비동식 카운터에서 플립플롭의 수는 오동작과 전혀 관계가 없다.

45 순서 논리회로에 기억소자로 쓰이는 회로는?
① 고조파 발진기
② 비안정 멀티바이브레이터
③ 단안정 멀티바이브레이터
④ 쌍안정 멀티바이브레이터

46 다음 중 인코더의 반대 동작을 하는 장치는?
① 디코더　　② 전가산기
③ 멀티플렉서　　④ 디멀티플렉서

47 동기형 계수기로 사용할 수 없는 것은?

① BCD 계수기 ② 존슨 계수기
③ 2진 계수기 ④ 리플 계수기

48 클록 펄스의 개수나 시간에 따라 반복적으로 일어나는 행위를 세는 장치로서 여러 개의 플립플롭으로 구성되는 것은?
① 계수기 ② 누산기
③ 가산기 ④ 감산기

49 한 개의 선으로 정보를 받아들여 n개의 선택선에 의해 2^n개의 출력 중 하나를 선택하여 출력하는 회로로 Enable 입력을 가진 디코더와 등가인 회로는?
① 멀티플렉서 ② 디멀티플렉서
③ 비교기 ④ 해독기

50 일반적 디지털 시스템에서 음수 표현 방법이 아닌 것은?
① 부호와 절대값 ② "-" 표시
③ 1의 보수 ④ 2의 보수

51 반감산기에서 차를 얻기 위한 게이트는?
① OR ② AND
③ NAND ④ XOR

52 다음 불대수 기본 법칙 중 분배법칙을 나타내는 것은?
① A+B=B+A
② A+(A·B)=A
③ A·(B·C)=(A·B)·C
④ A·(B+C)=(A·B)+(A·C)

53 JK 플립플롭의 특성표에서 J=1, K=1일 때 출력 ($Q_{(t+1)}$)의 상태는?
① 불변($Q_{(t)}$) ② Reset(0)
③ Set(1) ④ 반전($\overline{Q_{(t)}}$)

54 레지스터의 사용이 요구되는 상황으로 거리가 먼 것은?
① 출력장치에 정보를 전송하기 위해 일시 기억하는 경우
② 사칙 연산장치의 입력부분에 장치하여 데이터를 일시 기억하는 경우
③ 기억장치 등으로부터 이송된 정보를 일시적으로 기억시켜 두는 경우
④ 일시 저장된 정보 내용을 영구히 고정시키는 경우

55 다음 논리식의 결과 값은?
$$\overline{(\overline{A}+B)}(\overline{A}+\overline{B})$$
① 0 ② 1
③ A ④ B

56 Flip-Flop 6개로 구성된 계수기가 가질 수 있는 최대의 2진 상태는?
① 24 ② 32
③ 64 ④ 96

57 펄스가 입력되면 현재와 반대의 상태로 바뀌게 하는 토글(toggle) 상태를 만드는 회로는?
① D형 플립플롭
② 주종 플립플롭
③ T형 플립플롭

④ 레지스터형 플립플롭

58 디지털 시스템에서 전송의 착오(error) 여부를 검색하는 장치로 가장 적합한 것은?
① 디코더(Decoder)
② 인코더(Encoder)
③ 멀티플렉서(Multiplexer)
④ 패리티 검사기(Parity Checker)

59 어떠한 입력 중에서 하나라도 1이면 출력이 0이 되고, 모든 입력이 0일 때에만 출력이 1이 되는 논리 게이트는?
① NAND   ② NOR
③ AND   ④ OR

60 게이트 입력단자에 신호가 들어와 출력단자로 나오기까지 걸리는 시간을 나타내는 것은?
① 상승시간   ② 하강시간
③ 전달지연시간   ④ 팬아웃

2014년 제5회 과년도출제문제

01 전파 정류회로에 대한 설명으로 옳은 것은?
① 직류의 한쪽 전압을 한쪽 방향으로 흐르게 하는 정류회로이다.
② 직류의 양쪽 전압을 한쪽 방향으로 흐르게 하는 정류회로이다.
③ 교류의 한쪽 전압을 양쪽 방향으로 흐르게 하는 정류회로이다.
④ 교류의 양쪽 전압을 한쪽 방향으로 흐르게 하는 정류회로이다.

02 다음 중 플립플롭회로는 어느 회로에 속하는가?
① 단안정 멀티바이브레이터
② 쌍안정 멀티바이브레이터
③ 비안정 멀티바이브레이터
④ 블로킹 발진회로

03 그림과 같은 회로의 전원에서 본 등가저항은 몇 [Ω]인가?

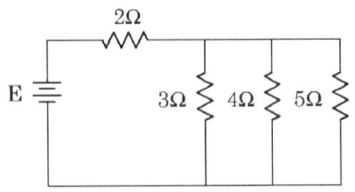

① $\dfrac{154}{60}$ [Ω]　② $\dfrac{154}{47}$ [Ω]
③ $\dfrac{167}{60}$ [Ω]　④ $\dfrac{167}{47}$ [Ω]

04 제너 다이오드를 사용하는 회로는?
① 검파회로
② 고압 정류회로
③ 고주파 발진회로
④ 전압 안정회로

05 반도체에 정공을 만들기 위한 불순물(억셉터)에 속하는 것은?
① P　② Sb
③ Ga　④ As

06 저주파 증폭기의 출력 기본파 전압이 50[V], 제2고조파 전압이 4[V], 제3고조파 전압이 3[V]인 경우 왜율은 몇 [%]인가?
① 5[%]　② 10[%]
③ 15[%]　④ 20[%]

07 다음 중 저주파 정현파 발진기로 주로 사용되는 것은?
① 빈 브리지 발진회로
② LC 발진회로
③ 수정 발진회로
④ 멀티바이브레이터

08 다음 그림과 같은 회로의 명칭으로 가장 적합한 것은? (단, 다이오드는 정밀급이다.)

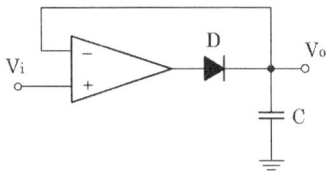

① 적분기　　② 배압검파기
③ 정밀 클램프　④ (+)피크 검파기

09 진폭 변조와 비교하여 주파수 변조에 대한 설명으로 가장 적합하지 않은 것은?
① 신호대 잡음비가 좋다.
② 초단파 통신에 적합하다.
③ 반향(echo) 영향이 많아진다.
④ 점유주파수 대역폭이 넓다.

10 트랜지스터(TR)가 정상적으로 증폭작용을 하는 영역은?
① 활성영역　　② 포화영역
③ 차단영역　　④ 역포화영역

11 다음 중 최대 클록 주파수가 가장 높은 논리 소자는?
① CMOS　　② ECL
③ MOS　　　④ TTL

12 스택(stack)에 대한 설명으로 옳지 않은 것은?
① 0-주소지정에 이용된다.
② LIFO(Last In First Out)의 구조이다.
③ 운영체제의 작업 스케줄링에 주로 사용된다.
④ 작업이 리스트의 한쪽에서만 처리되는 구조이다.

13 컴퓨터에서 사칙연산을 수행하는 장치는?
① 연산장치　　② 제어장치
③ 주기억장치　④ 보조기억장치

14 미국에서 개발한 표준 코드로서 개인용 컴퓨터에 주로 사용되며, 7비트로 구성되어 128가지의 문자를 표현할 수 있는 코드는?
① EBCDIC　　② UNICODE
③ ASCII　　　④ BCD

15 바코드를 대체할 수 있는 기술로 지금처럼 계산대에서 물품을 스캐너로 일일이 읽지 않아도 쇼핑 카트가 센서를 통과하면 구입 물품의 명세와 가격이 산출되는 시스템을 실용화할 수 있으며, 지폐나 유가 증권의 위조 방지, 항공사의 수하물 관리 등 물류 혁명을 일으킬 수 있는 기술은?
① 태블릿(tablet)
② 터치 스크린(touch screen)
③ 광학 마크 판독기(OMR, optical mark reader)
④ 전자 태그(RFID, radio frequency identification)

16 에러 검출뿐만 아니라 교정까지 가능한 코드는?
① Biquinary Code
② Gray Code
③ ASCII Code
④ Hamming Code

17 10진수 0.6875를 2진수로 옳게 바꾼 것은?
① 0.1101　　② 0.1010
③ 0.1011　　④ 0.1111

18 프로그램을 실행하는 도중에 예기치 않은 상황이 발생할 경우, 현재 실행 중인 작업

을 즉시 중단하고 발생된 상황을 우선 처리한 후 실행 중이던 작업으로 복귀하여 계속 처리하는 것을 무엇이라고 하는가?
① 명령 실행   ② 간접 단계
③ 명령 인출   ④ 인터럽트

19 자료를 일정 시간(기간) 동안 모아 두었다가 한 번에 처리하는 시스템은?
① 지연(Delayed) 처리 시스템
② 실시간(Real Time) 처리 시스템
③ 일괄(Batch) 처리 시스템
④ 시분할(Time Sharing Time) 처리 시스템

20 근거리 또는 동일 건물 내에서 다수의 컴퓨터를 통신회선을 이용하여 연결하고, 데이터를 공유하게 함으로써 종합적인 정보처리 능력을 갖게 하는 통신망은?
① WAN   ② VAN
③ LAN   ④ DAN

21 X축과 Y축을 움직여 종이에 그림을 그려주는 출력장치는?
① 마우스   ② 모니터
③ 스피커   ④ 플로터

22 중앙처리장치로부터 입·출력 지시를 받으면 직접 주기억장치에 접근하여 데이터를 꺼내어 출력하거나 입력한 데이터를 기억시킬 수 있고, 입·출력에 관한 모든 동작을 자율적으로 수행하는 입·출력 제어방식은?
① 프로그램 제어방식

② 인터럽트 방식
③ DMA 방식
④ 채널 방식

23 양방향 데이터 전송은 가능하나 동시 전송이 불가능한 방식은?
① Simplex   ② Half duplex
③ Full duplex   ④ Dual duplex

24 순차접근저장매체(SASD)에 해당하는 것은?
① 자기 코어   ② 자기 디스크
③ 자기 드럼   ④ 자기 테이프

25 이항(Binary) 연산에 해당하는 것은?
① MOVE
② SHIFT
③ COMPLEMENT
④ XOR

26 10진수 25를 2진수로 표현하면?
① 11001   ② 11010
③ 11100   ④ 11110

27 컴퓨터 메모리의 스택 영역을 이용하여 연산을 실행하는 경우로서 명령어에는 연산자 부분만 존재하고 오퍼랜드 부분이 없는 것은?
① 1 주소 명령어
② 2 주소 명령어
③ 3 주소 명령어
④ 0 주소 명령어

28 음의 정수를 컴퓨터 내부에 표현하는 일반적 방법이 아닌 것은?
① 부호와 1의 보수
② 부호와 2의 보수
③ 부호와 3의 보수
④ 부호와 절대값

29 다음과 같은 회로도는?

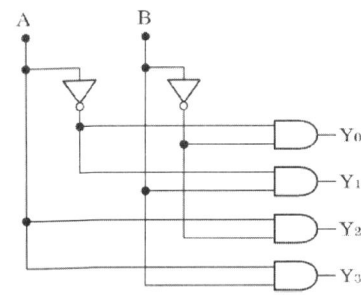

① 인코더 ② 카운터
③ 가산기 ④ 디코더

30 다음 그림과 같이 중심 노드를 경유하여 다른 노드와 연결하는 방식으로 전화망 등에 사용되는 통신망은?

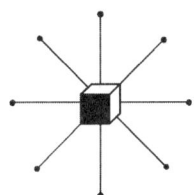

① 루프형 통신망(loop network)
② 성형 통신망(star network)
③ 그물형 통신망(mesh network)
④ 계층형 통신망(hierarchical network)

31 다음 중 일괄 처리 시스템에 가장 적합한 업무는?
① 승차권 예약 업무
② 입·출금 조회 업무
③ 급여 계산 업무
④ 본·지점 거래내역 업무

32 고급 언어로 작성된 프로그램을 한 줄씩 받아들여 프로그램의 내용을 해석하고 번역한 다음, 번역과 동시에 프로그램의 한 줄씩 즉시 실행시키는 것은?
① 어셈블러 ② 컴파일러
③ 인터프리터 ④ 운영체제

33 구조적 프로그래밍 기법에 대한 설명으로 옳지 않은 것은?
① 프로그램의 수정 및 유지 보수가 용이하다.
② 가능한 한 GOTO문을 많이 사용하여야 한다.
③ 프로그램의 정확성이 증가된다.
④ 프로그램의 구조가 간결하다.

34 시분할 시스템을 위해 고안된 방식으로 FCFS 알고리즘을 선점 형태로 변형한 스케줄링 기법은?
① SRT ② SJF
③ Round Robin ④ HRN

35 프로그래밍 언어의 수행 순서로 옳은 것은?
① 컴파일러 → 로더 → 링커
② 로더 → 컴파일러 → 링커
③ 링커 → 로더 → 컴파일러
④ 컴파일러 → 링커 → 로더

36 기계어에 대한 설명으로 옳지 않은 것은?
① 컴퓨터가 직접 이해할 수 있는 숫자로 표기된 언어를 의미한다.
② 전자계산기 기종마다 명령 부호가 다르다.
③ 인간에게 친숙한 영문 단어로 표현된다.
④ 작성된 프로그램의 수정 보수가 어렵다.

37 운영체제의 페이지 교체 알고리즘 중 최근에 사용하지 않은 페이지를 교체하는 기법으로서, 최근의 사용 여부를 확인하기 위해서 각 페이지마다 2개의 비트가 사용되는 것은?
① NUR   ② LFU
③ LRU   ④ FIFO

38 좋은 프로그래밍 언어가 갖추어야 할 요소와 거리가 먼 것은?
① 효율적인 언어이어야 한다.
② 언어의 확장이 용이해야 한다.
③ 언어의 구조가 체계적이어야 한다.
④ 하드웨어에 의존적이어야 한다.

39 C언어에서 사용되는 문자열 출력 함수는?
① puts( )   ② gets( )
③ putchar( )   ④ getchars( )

40 순서도를 사용하는 이유로 거리가 먼 것은?
① 알고리즘의 논리적인 단계를 쉽게 파악할 수 있다.
② 프로그램을 작성할 때 기초적인 자료가 된다.
③ 프로그램에 오류가 발생했을 때 쉽게 잘못된 부분을 발견하고 수정할 수 있다.
④ 하드웨어에 관한 전문적인 지식이 증가된다.

41 다음 중 시프트 레지스터에 대한 설명으로 옳은 것은? (단, FF는 Flip Flop이다.)
① FF에 기억되는 것을 방해시키는 레지스터를 말한다.
② FF에 기억된 정보를 소거시키는 레지스터를 말한다.
③ FF에 clock 입력을 기억시키기만 하는 레지스터를 말한다.
④ FF에 기억된 정보를 다른 FF에 옮기는 동작을 하는 레지스터를 말한다.

42 JK 플립플롭의 두 입력이 "J=1", "K=1"일 때 출력(Q_{n+1})의 상태는?
① Q_n ② $\overline{Q_n}$
③ 0   ④ 1

43 회로의 안정 상태에 따른 멀티바이브레이터의 종류가 아닌 것은?
① 비안정 멀티바이브레이터
② 단안정 멀티바이브레이터
③ 쌍안정 멀티바이브레이터
④ 주파수 안정 멀티바이브레이터

44 4변수 카르노 맵에서 최소항(minterm)의 개수는?
① 16   ② 12
③ 8   ④ 4

45 카운터와 같이 플립플롭을 사용하는 디지털 회로를 무엇이라고 하는가?
① 조합 논리회로
② 순서 논리회로
③ 아날로그 논리회로
④ 멀티플렉서 논리회로

46 반가산기에서 입력 A=1이고, B=0이면 출력 합(S)과 올림수(C)는?
① S=0, C=0　② S=1, C=1
③ S=1, C=0　④ S=0, C=1

47 그레이(Gray) 부호 1110을 2진수로 변환하면?
① $(1001)_2$　② $(1110)_2$
③ $(1011)_2$　④ $(0111)_2$

48 여러 회선의 입력이 한 곳으로 집중될 때 특정 회선을 선택하도록 하므로, 선택기라고도 하는 회로는?
① 멀티플렉서(multiplexer)
② 리플 계수기(ripple counter)
③ 디멀티플렉서(demultiplexer)
④ 병렬 계수기(parallel counter)

49 동기적 동작이나 비동기적 동작이 모두 가능하며, 펄스가 가해질 때마다 출력상태가 반전(toggle)되는 플립플롭은?
① D 플립플롭　② T 플립플롭
③ RS 플립플롭　④ JK 플립플롭

50 다음 그림의 게이트 명칭은?

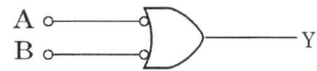

① OR　② AND
③ NAND　④ NOR

51 다음 논리회로 기호에서 입력 A=1, B=0일 때 출력 Y의 값은?

① Y=0
② Y=1
③ Y=이전상태
④ Y=반대상태

52 2진수 $(10100101)_2$의 2의 보수로 옳은 것은?
① 01011010　② 00001111
③ 11110000　④ 01011011

53 계수기에서 가장 기본이 되는 계수기로서, 흔히 리플 계수기라고도 불리는 것은?
① 비동기형 계수기
② 상향 계수기
③ 하향 계수기
④ 동기형 계수기

54 불 대수의 기본으로 옳지 않은 것은?
① $A + \overline{A} = 1$　② $A + A = A$
③ $A \cdot \overline{A} = 1$　④ $A \cdot A = A$

55 컴퓨터 내의 연산 시 숫자 자료를 보수로 표현하는 이유로 가장 타당한 것은?
① 덧셈과 뺄셈을 덧셈 회로로 처리할

수 있다.
② 수를 표현하는 데 저장장치를 절약할 수 있다.
③ 실수를 표현하기 쉽다.
④ 미국표준협회에서 개발되어 대중성을 확보하고 있다.

56 다음 레지스터 마이크로 명령에 대한 설명으로 옳은 것은?

$$A \leftarrow A+1$$

① A 레지스터의 어드레스를 1 증가시킨 레지스터의 데이터 값을 전송하기
② A 레지스터의 어드레스를 1 증가시키고 어드레스를 A 레지스터에 저장하기
③ A 레지스터의 데이터 값을 1 증가시키고 A 레지스터에 저장하기
④ A 레지스터의 데이터 값을 1 증가시키고 A+1 레지스터에 저장하기

57 논리식 Y=AB+B를 간소화시킨 것은?
① A·B ② A+B
③ A   ④ B

58 32개의 입력단자를 가진 인코더(encoder)는 몇 개의 출력단자를 가지는가?
① 5개   ② 8개
③ 32개 ④ 64개

59 동기식 9진 카운터를 만드는 데 필요한 플립플롭의 개수는?
① 1 ② 2
③ 3 ④ 4

60 플립플롭이 특정 현재 상태에서 원하는 다음 상태로 변화하는 동작을 하기 위한 입력을 표로 작성한 것은?
① 카르노표   ② 여기표
③ 게이트표   ④ 트리표

2015년 제1회 과년도출제문제

01 부궤환증폭기의 특징으로 옳지 않은 것은?
① 종합이득 향상
② 안정도 개선
③ 주파수 특성 향상
④ 파형 찌그러짐 감소

02 초속도가 0인 전자가 250[V]의 전위차로 가속되었을 때 전자의 속도는 약 몇 [m/s]인가? (단, 전자의 질량 m=9.1×10^{-31}[kg]이고, 전자의 전하량 e=1.602×10^{-19}[C]이다.)
① 9.38×10^5[m/s]
② 9.38×10^6[m/s]
③ 7.29×10^5[m/s]
④ 7.29×10^6[m/s]

03 차동증폭기에서 동위상제거비(CMRR)가 어떻게 변할 때 우수한 평형 특성을 가지는가?
① 차동 이득과 동위상 이득이 클수록 좋다.
② 차동 이득과 동위상 이득이 작을수록 좋다.
③ 차동 이득이 작고, 동위상 이득은 클수록 좋다.
④ 차동 이득이 크고, 동위상 이득은 작을수록 좋다.

04 입력신호의 정(+), 부(-)의 피크(peak)를 어느 기준 레벨로 바꾸어 고정시키는 회로는?
① 클리핑회로(clipping circuit)
② 비교회로(comparison circuit)
③ 클램핑회로(clamping circuit)
④ 리미터회로(limiter circuit)

05 10[Ω] 저항 10개를 이용하여 얻을 수 있는 가장 큰 합성 저항값은?
① 1[Ω]
② 10[Ω]
③ 50[Ω]
④ 100[Ω]

06 실리콘(Si) 트랜지스터의 순방향 바이어스 전압은 대략 몇 [V] 정도인가?
① 1~2[V]
② 2~5[V]
③ 0.2~0.3[V]
④ 0.6~0.7[V]

07 홀 효과(hall effect)에 대한 설명으로 옳은 것은?
① 전류와 자기장으로 기전력 발생
② 빛과 자기장으로 기전력 발생
③ 자기 저항 소자
④ 광전도 소자

08 다이오드를 사용한 브리지 정류회로는 주로 어떤 정류회로인가?
① 반파 정류회로
② 전파 정류회로
③ 배전압 정류회로
④ 정전압 정류회로

09 비안정 멀티바이브레이터 회로에서 펄스

폭이 1[sec], 반복 주기가 5[sec]일 때 반복 주파수는 몇 [Hz]인가?
① 0.2[Hz]   ② 0.5[Hz]
③ 1.0[Hz]   ④ 5.0[Hz]

10 트랜지스터를 활성영역에서 사용하고자 할 때 E-B 접합부와 C-B 접합부의 바이어스는 어떻게 공급하여야 하는가?
① E-B : 순바이어스, C-B : 순바이어스
② E-B : 순바이어스, C-B : 역바이어스
③ E-B : 역바이어스, C-B : 순바이어스
④ E-B : 역바이어스, C-B : 역바이어스

11 컴퓨터 내부에서 음수를 표현하는 방법이 아닌 것은?
① 부호와 절대값
② 부호와 1의 보수
③ 부호와 상대값
④ 부호와 2의 보수

12 입력단자에 나타난 정보를 코드화하여 출력으로 내보내는 것으로 해독기와 정반대의 기능을 수행하는 조합 논리회로는?
① 멀티플렉서(Multiplexer)
② 플립플롭(Flip-Flop)
③ 가산기(Adder)
④ 부호기(Encoder)

13 제어장치의 PC(program counter)에 대한 기능 설명으로 가장 적합한 것은?
① 기억레지스터의 명령 코드를 기억한다.
② 다음에 실행될 명령어의 번지를 기억한다.
③ 주기억장치에 있는 명령어를 임시로 기억한다.
④ 명령 코드를 해독하여 필요한 실행신호를 발생시킨다.

14 국제 표준기구에서 개발되고 미국 국립표준연구소에 의해 제정된 코드로서, 3개의 ZONE 비트와 4개의 DIGIT 비트로 구성되는 것은?
① GRAY 코드
② EBCDIC 코드
③ 표준 BCD 코드
④ ASCII 코드

15 2진수 1001과 0011을 더하면 그 결과는 2진수로 얼마인가?
① 1110   ② 1101
③ 1100   ④ 1001

16 근거리 통신망의 구성 중 회선 형태의 케이블에 송·수신기를 통하여 스테이션을 접속하는 것으로 그림과 같은 형은?

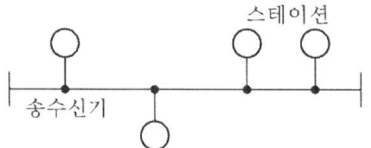

17 연산한 결과의 상태를 기록, 자림올림 및 오버플로 발생 등의 연산에 관계되는 상태와 인터럽트 신호까지 나타내어 주는 것은?
① 누산기
② 데이터 레지스터
③ 가산기

④ 상태 레지스터

18 조합 논리회로를 설계할 때 일반적인 순서로 옳은 것은?

> A. 간소화된 논리식을 구한다.
> B. 진리표에 대한 카르노 맵을 작성한다.
> C. 논리식을 기본 게이트로 구성한다.
> D. 입·출력 조건에 따라 변수를 결정하여 진리표를 작성한다.

① D → B → A → C
② D → A → B → C
③ B → D → A → C
④ B → D → C → A

19 프로그램 수행 중 서브루틴(Sub-Routine)으로 돌입할 때 프로그램의 리턴번지(Return Address) 수를 LIFO(Last-In First-Out) 기술로 메모리의 일부에 저장한다. 이 메모리와 가장 밀접한 자료구조는?
① 큐   ② 트리
③ 스택   ④ 그래프

20 출력장치(Output Unit)가 아닌 것은?
① 모니터   ② 스캐너
③ 프린터   ④ 플로터

21 네온, 아르곤 등의 혼합가스를 셀(Cell)에 채워 높은 전압을 가할 때 나오는 빛을 이용한 출력장치는?
① 음극선관(CRT)
② X-Y 플로터(X-Y plotter)
③ 플라즈마 디스플레이(Plasma Display)
④ 액정 디스플레이(Liquid Crystal Display)

22 다음 중 자기 보수(self complement) 코드는?
① 해밍 코드   ② 그레이 코드
③ BCD 코드   ④ 3초과 코드

23 프로그램 실행 중에 강제적으로 제어를 특정 주소로 옮기는 것으로 프로그램의 실행을 중단하고 그 시점에서의 주요 데이터를 주기억장치로 되돌려 놓은 다음 특정 주소로부터 시작되는 프로그램에 제어를 옮기는 것은?
① 타이밍 제어
② 인터럽트
③ 메모리 매핑
④ 마이크로 오퍼레이션

24 전자계산기나 단말장치의 출력단에서 직류 신호를 교류 신호로 변환하거나 또는 거꾸로 전송되어 온 교류 신호를 직류 신호로 변환해 주는 장치는?
① MODEM   ② DSU
③ BPS   ④ PCM

25 주소의 개념이 거의 사용되지 않는 보조기억장치로서, 순서에 의해서만 접근하는 기억장치(SASD)라고도 하는 것은?
① Magnetic Tape
② Magnetic Disk
③ Magnetic Core
④ Random Access Memory

26 오퍼랜드부에 표현된 주소를 이용하여 실제 데이터가 기억된 기억장소에 직접 사상

시킬 수 있는 주소지정방식은?
① direct addressing
② indirect addressing
③ immediate addressing
④ register addressing

27 다음 그림의 연산 결과를 올바르게 나타낸 것은?

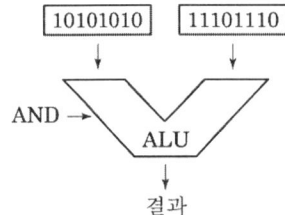

① 10011001   ② 10101010
③ 10101110   ④ 11101110

28 산술 연산에 해당하지 않는 것은?
① DIVIDE   ② SUBTRACT
③ ADD   ④ AND

29 명령을 수행하는 연산기와 레지스터, 이들에 의해 명령이 수행되도록 제어하는 제어기, 장치 상호간에 신호의 전달을 위한 신호 회선인 내부 버스로 구성되어 있으며, 기억장치에 있는 명령어를 해독하여 실행하는 것은?
① 모니터   ② 어셈블러
③ CPU   ④ 컴파일러

30 다음 중 최대 클록 주파수가 가장 높은 논리 소자는?
① TTL   ② ECL
③ MOS   ④ CMOS

31 로더의 기능으로 거리가 먼 것은?
① Allocation   ② Linking
③ Loading   ④ Translation

32 객체지향기법에서 하나 이상의 유사한 객체들을 묶어서 하나의 공통된 특성을 표현한 것은?
① 클래스   ② 메시지
③ 메소드   ④ 속성

33 운영체제의 성능평가기준으로 거리가 먼 것은?
① Throughput   ② Reliability
③ Cost   ④ Availability

34 C언어에서 사용되는 자료형이 아닌 것은?
① double   ② float
③ char   ④ integer

35 구조적 프로그래밍의 특징으로 거리가 먼 것은?
① 기능별로 모듈화하여 작성한다.
② GOTO 문의 활용이 증가한다.
③ 프로그램을 읽기 쉽고, 수정하기가 용이하다.
④ 기본 구조는 순차, 선택, 반복 구조이다.

36 프로그래밍 언어의 구문 요소 중 프로그램의 이해를 돕기 위해 설명을 적어두는 부분으로 프로그램의 실행과는 관계가 없

고, 프로그램의 판독성을 향상시키는 요소는?
① Comment
② Reserved Word
③ Operator
④ Key Word

37 프로그래머가 작성한 것으로 기계어로 번역되기 전의 프로그램은?
① 원시 프로그램   ② 목적 프로그램
③ 루트 프로그램   ④ 해석 프로그램

38 연상기호 코드(mnemonic code)를 사용하는 프로그래밍 언어는?
① C   ② PASCAL
③ COBOL   ④ ASSEMBLY

39 운영체제의 기능이 아닌 것은?
① 프로세서, 기억장치, 입·출력장치, 파일 및 정보 등의 자원 관리
② 시스템의 각종 하드웨어와 네트워크에 대한 관리, 제어
③ 원시 프로그램에 대한 목적 프로그램 생성
④ 사용자와 시스템 간의 인터페이스 기능

40 순서도에 대한 설명으로 거리가 먼 것은?
① 프로그램 개발 비용을 산출하는 역할을 한다.
② 프로그램 인수 인계 시 문서 역할을 할 수 있다.
③ 프로그램의 오류 수정을 용이하게 해 준다.
④ 프로그램에 대한 이해를 도와준다.

41 여러 진법으로 표현된 다음 수 중 가장 큰 것은?
① $(114)_{10}$ ② $(156)_8$
③ $(1101110)_2$ ④ $(6F)_{16}$

42 Y=(A+B)(A+C)의 최소화로 옳은 것은?
① Y=A+B+C   ② Y=A+BC
③ Y=B+AC   ④ Y=AB+C

43 반가산기의 구성에서 빈칸에 적합한 것은?

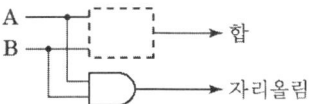

① NOT   ② NAND
③ XOR   ④ OR

44 논리식을 최소화하는 방법으로 가장 적절한 것은?
① 가법 표준형   ② 카르노 맵
③ 승법 표준형   ④ Venn diagram

45 RS 플립플롭의 R선에 인버터를 추가하여 S선과 하나로 묶어서 입력선을 하나만 구성한 플립플롭은?
① JK 플립플롭
② T 플립플롭
③ 마스터-슬레이브 플립플롭
④ D 플립플롭

46 2진수 1101을 그레이 코드로 바꾸면?

① 1011　② 0010
③ 1000　④ 1100

47 그림과 같은 회로의 출력은?

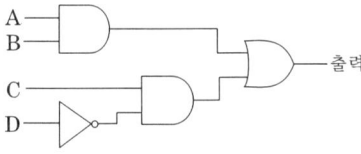

① $AB+C\overline{D}$
② $(A+B)(C+\overline{D})$
③ $(A+B)C\overline{D}$
④ $AB(C+\overline{D})$

48 어떤 연산의 수행 후 연산 결과를 일시적으로 보관하는 레지스터는?
① Address register
② Buffer register
③ Data register
④ Accumulator

49 안정된 상태가 없는 회로이며, 직사각형파 발생회로 또는 시간 발생기로 사용되는 회로는?
① 비안정 멀티바이브레이터
② 플립플롭
③ 쌍안정 멀티바이브레이터
④ 단안정 멀티바이브레이터

50 펄스가 입력되면 현재와 반대의 상태로 바뀌게 하는 토글(toggle) 상태를 만드는 것은?
① D 플립플롭
② 마스터-슬레이브 플립플롭
③ T 플립플롭
④ JK 플립플롭

51 동기식 9진 카운터를 만드는 데 필요한 플립플롭의 개수로 옳은 것은?
① 1개　② 2개
③ 3개　④ 4개

52 여러 회선의 입력이 한 곳으로 집중될 때 특정 회선을 선택하도록 하므로, 선택기라고도 하는 회로는?
① 리플 계수기(ripple counter)
② 디멀티플렉서(demultiplexer)
③ 멀티플렉서(multiplexer)
④ 병렬 계수기(parallel counter)

53 불 대수의 정리에서 옳지 않은 것은?
① A+0=A
② A+B=B+A
③ A·(B·C)=(A·B)·C
④ A·1=1

54 카운터와 같이 플립플롭을 사용하는 디지털 회로를 무엇이라고 하는가?
① 조합 논리회로
② 아날로그 논리회로
③ 순서 논리회로
④ 멀티플렉서 논리회로

55 디지털 시스템에서 사용되는 2진 코드를 우리가 쉽게 인지할 수 있는 숫자나 문자로 변환해 주는 회로는?
① 인코더회로
② 플립플롭회로

③ 전가산기회로
④ 디코더회로

56 디지털 신호를 아날로그 신호로 변환하는 장치는?
① A/D 변환기
② D/A 변환기
③ 해독기(Decoder)
④ 비교회로

57 시프트 레지스터의 출력을 입력 쪽에 되먹임시킴으로써, 클록 펄스가 가해지는 동안 같은 2진수가 레지스터 내부에서 순환하도록 만든 것으로서 환성 계수기라고도 부르는 것은?
① 링 계수기
② 시프트 계수기
③ 2bit 시프트 레지스터
④ 직렬 시프트 레지스터

58 다음 기호의 진리표와 동일한 게이트 명칭은?

① OR   ② AND
③ NAND   ④ NOR

59 2진수 11001001의 1의 보수와 2의 보수는?
① 1의 보수 : 11001000
   2의 보수 : 11001001
② 1의 보수 : 00110111
   2의 보수 : 00110110
③ 1의 보수 : 00110110
   2의 보수 : 00110110
④ 1의 보수 : 00110110
   2의 보수 : 00110111

60 계수기에서 가장 기본이 되는 계수기로서, 흔히 리플 계수기라고도 불리는 것은?
① 상향 계수기
② 하향 계수기
③ 동기형 계수기
④ 비동기형 계수기

2015년 제2회 과년도출제문제

01 저주파 증폭기에서 음되먹임을 걸면 되먹임을 걸지 않을 때에 비하여 어떻게 되는가?
① 전압이득이 커진다.
② 주파수 통과대역이 좁아진다.
③ 주파수 통과대역이 넓어진다.
④ 파형이 일그러진다.

02 펄스회로에서 펄스가 0에서 최대 크기로 상승될 때를 100[%]로 한다면 상승시간(rise time)은 몇 [%]로 하는가?
① 0[%]에서 10[%]
② 10[%]에서 90[%]
③ 20[%]에서 150[%]
④ 90[%]에서 100[%]

03 800[kW], 역률 80[%]인 부하가 15분간 소비하는 유효 전력량은?
① 150[kWh]   ② 200[kWh]
③ 250[kWh]   ④ 1600[kWh]

04 그림과 같은 회로의 출력 파형은?

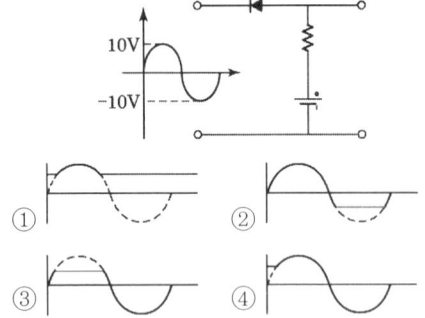

05 온도에 따라서 저항값이 변화하는 소자로서 소형이며 가격이 저렴하고, 일반적으로 120[℃] 정도 이하인 곳에서 널리 사용되는 것은?
① 열전대
② 포토다이오드
③ 서미스터
④ 포토트랜지스터

06 그림과 같은 바이어스회로의 안정계수 S는? (단, $\beta=49$, $R_c=2[k\Omega]$, $V_{cc}=10[V]$이다.)

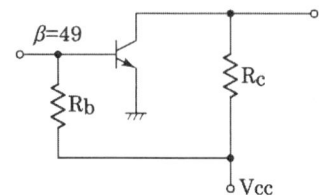

① 50   ② 59
③ 98   ④ 200

07 피어스 BC형 발진회로의 구성은 어떤 발진회로와 비슷한가?
① 이상형 발진회로
② 하틀리 발진회로
③ 빈 브리지 발진회로
④ 콜피츠 발진회로

08 저항과 콘덴서로 구성된 RC 직렬회로의 시정수 τ는?

① $\tau = RC$ ② $\tau = \dfrac{R}{C}$
③ $\tau = \dfrac{C}{R}$ ④ $\tau = \dfrac{1}{RC}$

09 수정 발진회로의 특징으로 틀린 것은?
① 수정 진동자의 Q가 높기 때문에 주파수 안정도가 높다.
② 수정 진동자는 기계적, 물리적으로 강하다.
③ 발진 조건을 만족하는 유도성 주파수 범위가 매우 좁다.
④ 주위 온도의 영향에 매우 민감하다.

10 펄스폭이 10[μs]이고, 주파수가 1[kHz]일 때 충격계수(duty factor)는?
① 1 ② 0.1
③ 0.01 ④ 0.001

11 자료구조의 구성 단계를 옳게 표현한 것은?
① byte → bit → word → file → record
② bit → byte → word → record → file
③ bit → byte → word → file → record
④ bit → byte → record → file → word

12 집적회로의 일반적인 특징에 대한 설명으로 옳은 것은?
① 수명이 짧다.
② 크기가 대형이다.
③ 동작 속도가 빠르다.
④ 외부와의 연결이 복잡하다.

13 주기억장치의 크기가 4[Kbyte]일 때 번지(address)수는?
① 1번지에서 4000번지까지
② 0번지에서 3999번지까지
③ 1번지에서 4095번지까지
④ 0번지에서 4095번지까지

14 2진수 $(1011)_2$을 그레이 코드로 변환하면?
① $(1000)_G$ ② $(0111)_G$
③ $(1010)_G$ ④ $(1110)_G$

15 오퍼랜드(Operand) 자체가 연산 대상이 되는 번지지정방식은?
① 직접번지지정방식(direct address)
② 간접번지지정방식(indirect address)
③ 상대번지지정방식(relative address)
④ 즉시번지지정방식(immediate address)

16 다음 설명이 의미하는 입·출력 방식은?

- 주기억장치의 일부를 입·출력장치에 할당한다.
- 입·출력장치의 번지와 주기억장치 번지의 구별이 없다.
- 주기억장치 이용 효율이 낮다.

① 격리형 입·출력 방식
② 메모리 맵 입·출력 방식
③ 혼합형 입·출력 방식
④ 버스형 입·출력 방식

17 송·수신 단말장치 사이에서 데이터를 전송할 때마다 통신경로를 설정하여 데이터를 교환하는 방식은?
① 메시지 교환방식
② 패킷 교환방식
③ 회선 교환방식

④ 포인트 투 포인트 방식

18 일반적인 음의 정수를 컴퓨터 내부에 표현하는 방법이 아닌 것은?
① 부호와 절대값
② 부호와 1의 보수
③ 부호와 2의 보수
④ 부호와 3의 보수

19 명령어가 일상적인 문장에 가까워 사람이 이해하기 쉬운 프로그래밍 언어의 형태는?
① 저급 언어   ② 고급 언어
③ 어셈블리언어 ④ 기계어

20 명령어 실행 사이클(Instruction Execution Cycle)에 들어가지 않는 것은?
① 결과를 기억시킨다.
② 명령어를 해독한다.
③ 지정된 연산을 수행한다.
④ 명령어가 지정한 오퍼랜드를 꺼낸다.

21 2진수 데이터 1100 1010과 1001 1001을 AND 연산한 경우 결과 값은?
① 1101 1011   ② 1001 0100
③ 1000 1000   ④ 0110 0101

22 에러의 검출과 동시에 교정까지 가능한 코드는?
① 해밍 코드
② 3초과 코드
③ 그레이 코드
④ 시프트 카운터 코드

23 1×4 디멀티플렉서(DMUX : demultiplexer)에서 필요한 선택 신호의 개수는?
① 1개   ② 2개
③ 4개   ④ 8개

24 수치 중에서 소수점이 특정 위치로부터 얼마나 이동하고 있는지를 표시하는 수를 포함시키는 방법을 무엇이라 하는가?
① 고정 소수점 표시
② 부동 소수점 표시
③ 고정 워드 길이 표시
④ 가변 워드 길이 표시

25 중앙처리장치와 입·출력장치 사이의 데이터 전송 방식에 대한 종류와 특징이 일치하지 않는 것은?
① 스트로브 제어 방식은 스트로브 신호를 위한 별도의 회선이 불필요하다.
② 핸드셰이킹 방식은 송신 쪽과 수신 쪽이 동시에 동작해야 한다.
③ 비동기 직렬 전송 방식은 저속장치에 많이 사용된다.
④ 큐에 의한 전송 방식은 비동기적이고 속도차가 많은 장치에 많이 사용된다.

26 8비트 컴퓨터의 Register에 관한 설명으로 옳지 않은 것은?
① Accumulator는 8비트 레지스터이다.
② 프로그램카운터(PC)는 16비트 레지스터이다.
③ 인터럽트 발생 시 복귀할 주소는 PC에 저장한다.
④ 명령코드는 Instruction Register에

저장된다.

27 2진수 비트 스트림 11000001 11000010을 1의 보수(1's complement) 연산 수행하였을 때 결과 값은?
① 11000001 11000010
② 00111110 00111101
③ 00111110 11000010
④ 11000001 00111101

28 입력장치의 종류가 아닌 것은?
① 스캐너(scanner)
② 라이트펜(light pen)
③ 디지타이저(digitizer)
④ 플로터(plotter)

29 미국에서 개발한 표준 코드로서 개인용 컴퓨터에 주로 사용되며, 7비트로 구성되어 128가지의 문자를 표현할 수 있는 코드는?
① EBCDIC   ② UNICODE
③ ASCII   ④ BCD

30 BCD 코드에 의한 수 0010 0101 0011을 10진수로 옳게 나타낸 것은?
① $(250)_{10}$ ② $(251)_{10}$
③ $(252)_{10}$ ④ $(253)_{10}$

31 운영체제의 역할과 거리가 먼 것은?
① 사용자와 시스템 간의 인터페이스 역할
② 데이터 공유 및 주변장치 관리
③ 원시 프로그램의 목적 프로그램 변환
④ 자원의 효율적 운영 및 자원 스케줄링

32 원시 프로그램을 한 문장씩 번역하여 즉시 실행하는 방식의 언어번역 프로그램은?
① 컴파일러   ② 링커
③ 로더   ④ 인터프리터

33 순서도의 역할로 거리가 먼 것은?
① 프로그램 작성의 기초가 된다.
② 프로그램의 인수, 인계가 용이하다.
③ 시스템 하드웨어의 설계 구조를 쉽게 파악할 수 있다.
④ 프로그램의 정확성 여부와 오류를 쉽게 판단할 수 있다.

34 하나의 시스템을 여러 명의 사용자가 시간을 분할하여 동시에 작업할 수 있도록 하는 방식은?
① Distributed System
② Batch Processing System
③ Time Sharing System
④ Real Time System

35 C언어에서 사용되는 문자열 출력함수는?
① putchar( )   ② prints( )
③ printchar( ) ④ puts( )

36 기계어에 대한 설명으로 옳지 않은 것은?
① 인간에게 친숙한 영문 단어로 표현된다.
② 실행할 명령, 데이터, 기억장소의 주소 등을 포함한다.
③ 각 컴퓨터마다 서로 다른 기계어를 가진다.
④ 작성된 프로그램의 수정, 보수가 어렵다.

37 프로그램의 처리 과정 순서로 옳은 것은?
① 적재 → 실행 → 번역
② 번역 → 적재 → 실행
③ 적재 → 번역 → 실행
④ 번역 → 실행 → 적재

38 프로그램 문서화의 목적과 거리가 먼 것은?
① 프로그램 개발 과정의 요식 행위화
② 프로그램 개발 중 추가 변경에 따른 혼란 방지
③ 프로그램 이관의 용이함 도모
④ 프로그램 유지 보수의 효율화

39 운영체제의 성능평가사항과 거리가 먼 것은?
① Availability
② Cost
③ Turn Around Time
④ Throughput

40 C언어에서 사용되는 이스케이프 시퀀스(Escape Sequence)에 대한 설명으로 옳지 않은 것은?
① \r : carriage return
② \t : tab
③ \n : new line
④ \b : backup

41 논리식 $XY + \overline{X}Z + YZ$을 불 대수의 정리를 이용하여 간소화하면?
① XY
② $X + XYZ$
③ $\overline{X}Z + YZ$
④ $XY + \overline{X}Z$

42 디지털장치에서 많이 쓰이는 회로로서 클록 펄스의 수를 세거나 제어장치에서 중요한 기능을 수행하는 것은?
① 계수회로
② 발진회로
③ 해독기
④ 부호기

43 $(27)_{10}$을 2진수로 변환하면?
① $(11011)_2$
② $(11001)_2$
③ $(11000)_2$
④ $(10111)_2$

44 정상적인 경우 8×1 멀티플렉서는 몇 개의 선택선을 가지는가?
① 1
② 2
③ 3
④ 4

45 아래 회로도에 ?=1을 가했을 때 해당하는 플립플롭은?

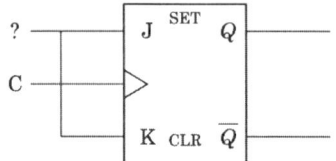

① D F/F
② T F/F
③ RS F/F
④ JK F/F

46 레지스터를 구성하는 데 가장 많이 사용되는 회로는?
① Encoder
② Decoder
③ Half-Adder
④ Flip-Flop

47 동기식 5진 계수기에서 계수값이 순차적으로 변환하는 경우 ( ) 안에 들어갈 2진수를 10진수로 옳게 변환한 것은?

000 001 010 011 ( ) 000

① 1 ② 2
③ 3 ④ 4

48 다음 JK 플립플롭의 특성표에서 가, 나, 다, 라에 들어갈 항목으로 옳은 것은?

$Q(t)$	J	K	$Q(t+1)$
0	0	0	0
0	0	1	0
0	1	0	가
0	1	1	나
1	0	0	1
1	0	1	0
1	1	0	다
1	1	1	라

① 가-0 ② 나-1
③ 다-0 ④ 라-1

49 다음 진리표의 명칭으로 옳은 것은?

입력		출력			
A	B	Y_0	Y_1	Y_2	Y_3
0	0	1	0	0	0
0	1	0	1	0	0
1	0	0	0	1	0
1	1	0	0	0	1

① 디코더(Decoder)
② 인코더(Encoder)
③ 멀티플렉서(Multiplexer)
④ 디멀티플렉서(Demultiplexer)

50 다음 4비트 2진수를 그레이 코드로 변환하였을 때 틀린 것은?

① 0011 → 0010
② 0111 → 0101
③ 1001 → 1101
④ 1011 → 1110

51 2진 리플 계수기에 사용된 플립플롭이 3개일 때 계수할 수 있는 가장 큰 수는?

① 3 ② 6
③ 7 ④ 8

52 반가산기 회로에서 두 입력이 A, B라고 하면, 합 S와 자리올림 C의 논리식은?

① S=A⊕B, C=A・B
② S=A+B, C=A・B
③ S=A・B, C=A+B
④ S=A+B, C=A⊕B

53 다음 순서 논리회로의 명칭은?

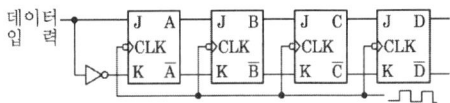

① 리플 계수기
② 링 카운터
③ 시프트 레지스터
④ 10진 계수기

54 안정된 상태가 없는 회로이며, 직사각형파 발생회로 또는 시간 발생기로 사용되는 회로는?

① 플립플롭
② 비안정 멀티바이브레이터
③ 쌍안정 멀티바이브레이터
④ 단안정 멀티바이브레이터

55 다음 회로의 설명 중 틀린 것은? (단, 초기 상태는 $Q=0$, $\overline{Q}=1$)

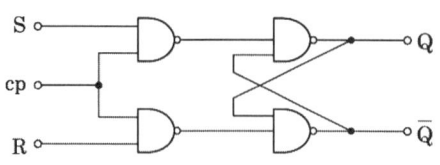

① RST 플립플롭
② CP=0이고 S=1, R=0이면 $Q=1$, $\overline{Q}=0$
③ CP=1이고 S=0, R=1이면 $Q=0$, $\overline{Q}=1$
④ S=R=1인 상태는 금지

56 8비트 기억 소자를 사용한 시스템에서 양수와 음수를 표현하려 할 때 그 사용 영역은 얼마인가?

① $+2^7 \sim +(2^7-1)$
② $-2^7 \sim +(2^7-1)$
③ $-2^8 \sim +(2^8-1)$
④ $-2^7 \sim +(2^7+1)$

57 다음 진리표와 같은 값을 갖는 논리게이트(logic gate)는?

입력		출력
A	B	Y
0	0	0
0	1	1
1	0	1
1	1	0

① XOR   ② NAND
③ NOR   ④ AND

58 $Y = \overline{A} + \overline{B}$ 의 보수를 구하면?

① $Y = A + B$ ② $Y = AB$
③ $Y = A$ ④ $Y = B$

59 다음의 그림과 같은 회로는 어떤 게이트인가?

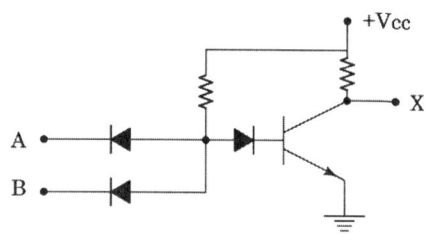

① AND   ② OR
③ NAND ④ NOR

60 다음 논리식을 카르노맵을 이용하여 간략화하면?

$$F = \overline{A}\,\overline{B}C + A\overline{B}C$$

① BC   ② $\overline{B}C$
③ $B\overline{C}$ ④ $\overline{B}\,\overline{C}$

2015년 제5회 과년도출제문제

01 펄스 파형의 구간별 명칭에 대한 설명으로 틀린 것은?
① 새그(sag) : 높은 주파수에서 공진되기 때문에 발생하는 것으로 펄스 상승 부분의 진동 정도
② 오버슈트(overshoot) : 이상적인 펄스 파형의 상승하는 부분이 기준 레벨보다 높은 부분
③ 언더슈트(undershoot) : 이상적인 펄스 파형의 하강하는 부분이 기준 레벨보다 낮은 부분
④ 상승 시간(rise time) : 진폭의 10[%]가 되는 부분에서 90[%]가 되는 부분까지 올라가는 데 소요되는 시간

02 다음 회로에서 $R_{B1}=R_{B2}=10[k\Omega]$이고, $C_1=C_2=0.5[\mu F]$일 때 발진주파수는?

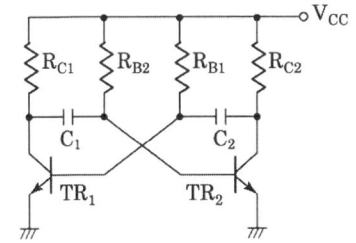

① 143[Hz]　　② 14.3[Hz]
③ 1.43[Hz]　　④ 0.143[Hz]

03 다음 회로에서 $V_{CC}=6[V]$, $V_{BE}=0.6[V]$, $R_B=300[k\Omega]$일 때 I_b는?

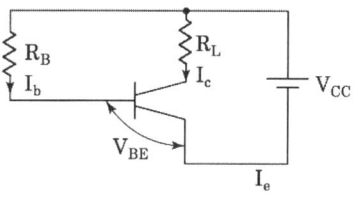

① 6[μA]　　② 12[μA]
③ 18[μA]　　④ 24[μA]

04 다음 중 디지털 변조 방식이 아닌 것은?
① AM　　② FSK
③ PSK　　④ ASK

05 다이오드를 사용한 정류회로에서 2개의 다이오드를 직렬로 연결하면 어떠한 현상이 나타나는가?
① 부하 출력의 리플전압이 커진다.
② 부하 출력의 리플전압이 줄어든다.
③ 다이오드는 과전류로부터 보호된다.
④ 다이오드는 과전압으로부터 보호된다.

06 트라이액(triac)에 관한 설명으로 틀린 것은?
① 양방향성 소자이다.
② 위상 제어 방법에 의해서 부하로 공급되는 평균 전력을 제어하는 데 사용된다.
③ 두 개의 양극 단자 양단의 전압 극성에 따라 어느 한 방향으로 도통한다.
④ 다이액(diac)과 같이 도통을 시작하기 위한 브레이크오버 전압이 필요하다.

07 다음 회로와 같은 단일 접합 트랜지스터 (UJT)를 사용한 펄스발생회로의 출력파형은 어떻게 나타나는가?

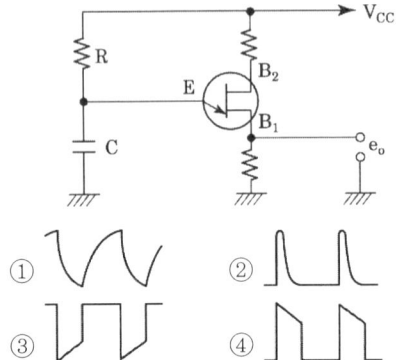

08 펄스폭이 0.2초, 반복 주기가 0.5초일 때 펄스의 반복 주파수는 몇 [Hz]인가?
① 0.5[Hz] ② 1[Hz]
③ 2[Hz]   ④ 4[Hz]

09 수정발진기의 특징이 아닌 것은?
① 수정진동자의 Q값이 크다.
② 예민한 공진 특성을 이용한 주파수 필터로도 이용 가능하다.
③ 발진주파수의 변경은 수정편 자체를 교체하면 발진주파수를 가변하기가 쉽다.
④ 주파수의 안정도가 매우 안정적이다.

10 트랜지스터가 ON, OFF 스위치로서의 역할로 사용될 때 가장 적합한 영역은?
① 차단영역
② 활성영역 및 차단영역
③ 포화영역
④ 차단영역 및 포화영역

11 아래의 DIODE(다이오드)와 등가로 구성된 논리회로의 명칭은?

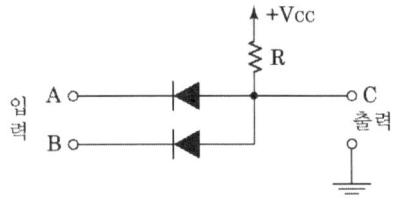

① OR GATE
② AND GATE
③ NOR GATE
④ NAND GATE

12 다음 중 입력장치가 아닌 것은?
① 마우스   ② 터치 스크린
③ 디지타이저   ④ 플로터

13 다음 중 성격이 다른 코드(code)는?
① BCD 코드
② EBCDIC 코드
③ ASCII 코드
④ GRAY 코드

14 아래의 레지스터 전송 언어는 어떤 연산을 실행하고 있는가?

$$T_1 : B \leftarrow \overline{B}$$
$$T_2 : B \leftarrow B+1$$
$$T_3 : A \leftarrow A+B$$

① 증가(INCREMENT)
② 가산(ADD)
③ 보수(COMPLEMENT)
④ 2의 보수

15 메이저 상태에서의 수행단계가 아닌 것은?
① 인출 사이클 ② 간접 사이클
③ 명령 사이클 ④ 실행 사이클

16 CPU는 처리속도가 빠르고 주변장치는 처리속도가 늦기 때문에 CPU를 효율적으로 사용하기 위한 방안으로 주변장치에서 요청이 있을 때만 취급을 하고 그 외에는 CPU가 다른 일을 하는 방식은?
① interrupt
② isolated I/O
③ parallel processing
④ DMA

17 A=1100, B=0110일 때 NAND 연산 결과는?
① 1011 ② 0011
③ 0101 ④ 0100

18 여러 회선의 입력이 한 곳으로 집중될 때 특정 회선을 선택하도록 하므로, 선택기라 하기도 하는 회로는?
① Decoder ② Encoder
③ Multiplexer ④ Demultiplexer

19 다음 중 데이터 통신이나 미니컴퓨터에서 많이 사용되는 미국 표준 코드는?
① BCD ② ASCII
③ EBCDIC ④ GRAY

20 16진수 3E.A를 8진수로 표시한 것은?
① 111110.1010 ② 175.2
③ 76.12 ④ 76.5

21 시프트(Shift) 회로란?
① 가산회로에 사용된다.
② 감산회로에 사용된다.
③ 1비트씩 삭제하거나 더해주는 회로이다.
④ 왼쪽이나 오른쪽으로 1비트씩 이동시키는 회로이다.

22 1초당 신호 변환이나 상태 변환 수를 나타내는 전송 속도 단위는?
① bps ② kbps
③ Mbps ④ baud

23 다음 중 속도가 가장 빠른 주소지정방식은?
① 간접 주소방식(Indirect addressing)
② 직접 주소방식(Direct addressing)
③ 즉시 주소방식(Immediate addressing)
④ 상대 주소방식(Relative addressing)

24 10진수 26$_{(10)}$을 8421 BCD 코드로 변환하면?
① 0001 0000 ② 0002 0006
③ 0010 0110 ④ 0010 1001

25 다음 중 주소 변환을 위한 레지스터는?
① 베이스 레지스터(Base Register)
② 데이터 레지스터(Data Register)
③ 메모리 어드레스 레지스터(Memory Address Register)
④ 인덱스 레지스터(Index Register)

26 JK 플립플롭에 대한 설명으로 틀린 것은?
① RS 플립플롭의 두 입력 R=1이고, S=1일 때 출력이 정의되지 않는 점을 개선

한 것이다.
② JK 플립플롭의 두 입력 J=1, K=1일 때 출력상태(Q_{n+1})는 반전된다.
③ JK 플립플롭은 AND 논리회로를 이용하여 RS 플립플롭의 두 출력 상태 ($Q, \overline{Q}$)를 입력측으로 궤환시켜서 구성한다.
④ JK 플립플롭의 두 입력 J와 K를 묶어서 1개의 입력상태로 변경하면 D 플립플롭으로 사용할 수 있다.

27 다음 그림은 1 address code 명령을 나타낸 것이다. 빈 칸의 내용은?

조작 부호	연산 레지스터 번호	간접 어드레스 지정	어드레스

① 직접 레지스터 번호
② 직접 어드레스 번호
③ 인덱스 레지스터 번호
④ 인덱스 어드레스 번호

28 다음 중 멀티플렉서 채널과 셀렉터 채널의 차이는?
① I/O 장치 용량
② I/O 장치의 크기
③ I/O 장치의 속도
④ I/O 장치의 주기억장치 연결

29 다음 명령어 중 제어명령에 속하는 것은?
① 로드(load)   ② 무브(move)
③ 점프(jump)   ④ 세트(set)

30 주소지정방식 중 명령어 내의 오퍼랜드부에 실제 데이터의 주소가 아니고, 실제 데이터의 주소가 저장된 곳의 주소를 표현하는 방식은?
① 직접 주소지정방식(Direct addressing)
② 상대 주소지정방식(Relative addressing)
③ 간접 주소지정방식(Indirect addressing)
④ 즉시 주소지정방식(Immediate addressing)

31 운영체제의 목적으로 거리가 먼 것은?
① 사용 가능도 향상
② 반환 시간 연장
③ 신뢰성 향상
④ 처리 능력 향상

32 기계어에 대한 설명으로 옳지 않은 것은?
① 프로그램의 유지 보수가 용이하다.
② 시스템 간 호환성이 낮다.
③ 프로그램의 실행 속도가 빠르다.
④ 2진수를 사용하여 데이터를 표현한다.

33 저급(Low Level)언어부터 고급(High Level) 언어 순서로 옳게 나열된 것은?
① C언어 → 기계어 → 어셈블리어
② 어셈블리어 → 기계어 → C언어
③ 기계어 → 어셈블리어 → C언어
④ 어셈블리어 → C언어 → 기계어

34 프로그래밍 언어의 해독 순서로 옳은 것은?
① 컴파일러 → 링커 → 로더
② 로더 → 링커 → 컴파일러
③ 컴파일러 → 로더 → 링커
④ 링커 → 컴파일러 → 로더

35 원시 프로그램을 목적 프로그램으로 번역하는 것은?
① loader
② compiler
③ linker
④ operating system

36 BNF 표기법에서 "정의"를 의미하는 기호는?
① #   ② &
③ ::=   ④ @

37 순서도에 대한 설명으로 거리가 먼 것은?
① 작업의 순서, 데이터의 흐름을 나타낸다.
② 처리 순서를 그림으로 나타낸 것이다.
③ 의사전달 수단으로도 사용된다.
④ 사용자의 성향 및 의도에 따라 기호가 상이하다.

38 시스템 프로그램으로 거리가 먼 것은?
① 로더
② 컴파일러
③ 운영체제
④ 급여 계산 프로그램

39 운영체제의 성능평가 기준 중 단위시간에 처리하는 일의 양을 의미하는 것은?
① Cost
② Throughput
③ Turn Around Time
④ User Interface

40 로더의 기능으로 거리가 먼 것은?
① Translation   ② Allocation
③ Linking   ④ Loading

41 마스터 슬레이브 플립플롭(M/S FF)의 장점으로 옳은 것은?
① 동기시킬 수 있다.
② 처리 시간이 짧아진다.
③ 게이트 수를 줄일 수 있다.
④ 폭주(RACE AROUND)를 막는다.

42 D형 flip-flop에서 출력은 어떤 식으로 표시되는가?
① D   ② $\overline{D}$
③ D$\overline{Q}$ ④ $\overline{D}$Q

43 회로의 안정 상태에 따른 멀티바이브레이터의 종류가 아닌 것은?
① 비안정 멀티바이브레이터
② 단안정 멀티바이브레이터
③ 쌍안정 멀티바이브레이터
④ 광안정 멀티바이브레이터

44 다음 2진수의 연산법칙으로 틀린 것은?
① 0+1=1
② 1-0=1
③ 1+1=0, C(자리올림) 발생
④ 1-1=1

45 그림과 같은 회로의 출력은?

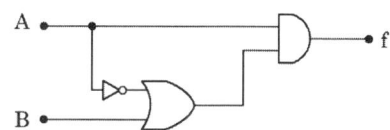

① $A(\overline{A}+\overline{B})$ ② $\overline{A}(\overline{A}+B)$
③ $A(\overline{A}+B)$ ④ $\overline{A}(A+B)$

46 외부의 신호가 들어오기 전까지 안정한 상태를 유지하는 회로는?
① 래치회로
② 구형파회로
③ 사인파회로
④ 슈미트 트리거회로

47 2진수 $(1110)_2$을 그레이 부호(gray code)로 나타낸 것으로 올바른 것은?
① 1001 ② 1010
③ 1011 ④ 1100

48 〈보기〉의 조합 논리회로 설계 단계를 순서대로 옳게 나열한 것은?

〈보기〉
ㄱ. 카르노 맵 표현
ㄴ. 진리표 작성
ㄷ. 논리회로 작성
ㄹ. 논리식의 간소화

① ㄴ → ㄱ → ㄷ → ㄹ
② ㄴ → ㄱ → ㄹ → ㄷ
③ ㄱ → ㄴ → ㄷ → ㄹ
④ ㄱ → ㄴ → ㄹ → ㄷ

49 비동기형 리플 카운터에 대한 설명으로 옳지 않은 것은?
① 모든 플립플롭 상태가 동시에 변한다.
② 회로가 간단하다.
③ 동작시간이 길다.
④ 주로 T형이나 JK 플립플롭을 사용한다.

50 정상적인 경우 8×1 멀티플렉서는 몇 개의 선택선을 가지는가?
① 1 ② 2
③ 3 ④ 4

51 불 대수의 분배 법칙을 올바르게 표현한 것은?
① $A+\overline{A}=1$
② $A+B=B+A$
③ $A+(B+C)=(A+B)+C$
④ $A+B \cdot C=(A+B) \cdot (A+C)$

52 레지스터에 대한 설명 중 옳지 않은 것은?
① 직렬 시프트 레지스터는 입력된 데이터가 한 비트씩 직렬로 이동된다.
② 링 계수기는 시프트 레지스터의 출력을 입력 쪽에 궤환시킴으로써, 클록 펄스가 가해지는 한 같은 2진수 레지스터 내부에서 순환하도록 만든 것이다.
③ 시프트 계수기는 직렬 시프트 레지스터를 역궤환시켜 만든 것으로 존슨 계수기라고도 한다.
④ 병렬 시프트 레지스터는 모든 비트를 클록 펄스에 의해 새로운 데이터로 순차적으로 바꾸어 주는 것이다.

53 현재의 입력값은 물론 이전의 입력 상태에 의하여 출력값이 결정되는 논리회로는?
① 불회로
② 유도회로
③ 순서 논리회로
④ 조합 논리회로

54 아래 입·출력 파형에 따른 출력으로 알맞은 게이트는?

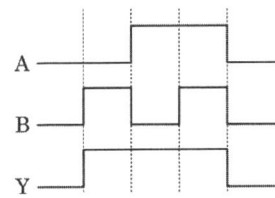

① AND ② OR
③ NOT ④ XOR

55 한 비트의 2진수를 더하여 합과 자리올림 값을 계산하는 반가산기를 설계하고자 할 때 필요한 게이트는?
① 배타적 OR 2개, OR 1개
② 배타적 OR 1개, AND 1개
③ 배타적 NOR 1개, NAND 1개
④ 배타적 OR 1개, AND 1개, NOT 1개

56 $Y = A + \overline{A}B$ 를 간소화하면?
① A ② A+B
③ B ④ A·B

57 10진 계수기(counter)를 구성하기 위해 필요한 플립플롭의 수는?
① 1 ② 2
③ 4 ④ 8

58 다음 2진수를 10진수로 변환하면?
$$(0.1111)_2 \rightarrow (\ \ )_{10}$$
① 0.9375 ② 0.0625
③ 0.8125 ④ 0.6250

59 해독기(Decoder)에서 입력이 4개일 때 최대출력수는?
① 8 ② 16
③ 32 ④ 64

60 다음 〈보기〉의 장치를 메모리 접근 및 처리 속도가 빠른 순서대로 옳게 나열한 것은?

〈보기〉
㉮ 레지스터   ㉯ 하드 디스크
㉰ RAM   ㉱ 캐시 기억장치

① ㉮ → ㉯ → ㉰ → ㉱
② ㉮ → ㉱ → ㉰ → ㉯
③ ㉰ → ㉱ → ㉯ → ㉮
④ ㉰ → ㉯ → ㉱ → ㉮

2016년 제1회 과년도출제문제

01 시스템 온 칩(SoC)에 대한 특징으로 틀린 것은?
① 핀의 수가 많아서 연결 및 신호 오류가 많이 발생한다.
② 외부 연결 핀이 많아져 칩 소켓은 매우 정교하게 제작된다.
③ 칩이 시스템이고 시스템이 칩인 반도체이다.
④ 시스템의 면적과 가격을 최소화할 수 있다.

02 PN 접합 다이오드가 순방향 바이어스되었을 때 일어나는 현상으로 옳은 것은?
① 공핍층 폭이 증가한다.
② 접합의 정전용량이 감소한다.
③ 저항이 감소한다.
④ 다수캐리어의 전류가 증가하여 전류가 흐르지 않는다.

03 발진회로 중에서 사인파 발진회로에 속하지 않는 회로는?
① LC 발진회로
② 블로킹 발진회로
③ RC 발진회로
④ 수정 발진회로

04 펄스폭이 15[μs]이고 주파수가 500[kHz]일 때 충격 계수는?
① 1　② 7.5
③ 10　④ 0.1

05 펄스폭이 1초이고 반복주기가 5초이면 주파수는 몇 [Hz]인가?
① 0.2　② 0.25
③ 2　④ 5

06 트랜지스터의 부귀환 증폭기의 특징에 대한 설명으로 가장 적합한 것은?
① 이득을 증가시킨다.
② 잡음과 왜곡을 개선한다.
③ 발진회로로 많이 사용된다.
④ 입력 및 출력 임피던스가 증가한다.

07 저항을 R이라고 하면 컨덕턴스 G[℧]는 어떻게 표현되는가?
① R^2　② R
③ $\dfrac{1}{R^2}$　④ $\dfrac{1}{R}$

08 다음 회로에서 합성저항을 구하면 몇 [Ω]인가?

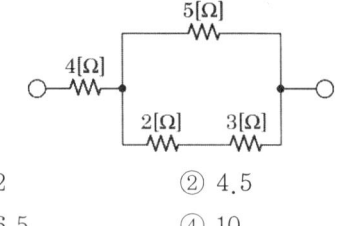

① 2　② 4.5
③ 6.5　④ 10

09 접합 전계 효과 트랜지스터(JFET)에서 3단자의 명칭으로 틀린 것은?
① 베이스　② 게이트

③ 드레인　　　④ 소스

10 반도체의 특성에 대한 설명으로 틀린 것은?
① 온도가 상승함에 따라 저항값이 감소하는 부(-)의 온도계수를 갖고 있다.
② 불순물이 증가하면 전기저항이 급격히 증가한다.
③ 매우 낮은 온도 0[K]에서는 절연체가 된다.
④ 광전 효과와 자계 효과 등을 갖고 있다.

11 하드디스크(HDD), 광학드라이브(ODD) 등이 PC 내부의 메인보드와 직접 연결되기 위한 인터페이스 방식이 아닌 것은?
① SATA　　　② EIDE
③ PATA　　　④ DVI

12 인터럽트 입·출력 방식의 처리방법이 아닌 것은?
① 소프트웨어 폴링
② 데이지 체인
③ 우선순위 인터럽트
④ 핸드 셰이크

13 연산회로 중 시프트에 의하여 바깥으로 밀려나는 비트가 그 반대편의 빈 곳에 채워지는 형태의 직렬 이동과 관계되는 것은?
① Complement　② Rotate
③ OR　　　　　④ AND

14 컴퓨터 내부에서 정보(자료)를 처리할 때 사용되는 부호는?
① 2진법　　　② 8진법
③ 10진법　　　④ 16진법

15 다음 논리식을 간소화하면?

$$X = (A+B) \cdot (A+\overline{B})$$

① A　　　　　② AB
③ $A + \overline{B}$　　　④ B

16 비동기 전송방식과 관계가 있는 것은?
① 스타트비트 스톱비트
② 시작플래그와 종료플래그
③ 주소부와 제어부
④ 정보부와 오류검사

17 다음에 수행될 명령어의 주소를 나타내는 것은?
① Instruction
② Stack Pointer
③ Program Counter
④ Accumulator

18 주소지정방식 중 명령어 내의 오퍼랜드부에 실제 데이터가 저장된 장소의 번지를 가진 기억장소의 번지를 표현하는 것은?
① 계산에 의한 주소지정방식
② 직접 주소지정방식
③ 간접 주소지정방식
④ 임시적 주소지정방식

19 다음 진리표에 해당하는 논리회로는? (단, A, B는 입력, F는 출력이다.)

A	B	F
0	0	0
1	0	1
0	1	1
1	1	0

① NAND   ② EX-OR
③ NOR   ④ INHIBIT

20 입·출력장치의 역할로 가장 적합한 것은?
① 정보를 기억한다.
② 컴퓨터의 내, 외부 사이에서 정보를 주고받는다.
③ 명령의 순서를 제어한다.
④ 기억 용량을 확대시킨다.

21 다음 프로그램 언어 중 하드웨어의 이용을 가장 효율적으로 하고, 프로그램 수행시간이 가장 짧은 언어는?
① 기계어   ② 어셈블리어
③ 포트란   ④ C언어

22 다음 중 128개의 서로 다른 문자를 표현할 수 있으며, 데이터 통신에 주로 이용되는 코드는?
① 아스키 코드
② 2진화 10진 코드
③ 확장 2진화 10진 코드
④ EBCDIC 코드

23 다음 중 산술적 연산에 해당하지 않는 것은?
① AND
② ADD
③ SUBTRACT
④ DIVIDE

24 다음 논리도(Logic Diagram)에서 단자 A에 "0000", 단자 B에 "0101"이 입력된다고 할 때 그 출력은?

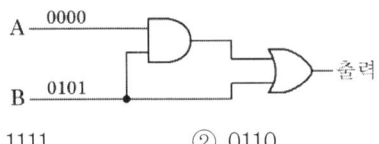

① 1111   ② 0110
③ 1001   ④ 0101

25 입·출력장치를 선택하여 입·출력 동작이 시작되면 전송이 종료될 때까지 하나의 입·출력장치를 사용하는 채널로서 디스크와 같은 고속 장치에 사용되는 채널은?
① 멀티플렉서 채널(Multiplexer Channel)
② 블록 멀티플렉서 채널(Block Multiplexer Channel)
③ 셀렉터 채널(Selector Channel)
④ 고정 채널(Fixed Channel)

26 패리티 규칙으로 코드의 내용을 검사하며, 잘못된 비트를 찾아서 수정할 수 있는 코드는?
① GRAY CODE
② EXCESS-3 CODE
③ BIQUINARY CODE
④ HAMMING CODE

27 2진수 10110에 대한 2의 보수는?
① 01101   ② 01011
③ 01010   ④ 01111

28 2진수 0111을 그레이 코드로 올바르게 변환한 것은?
① 0111   ② 0101

③ 0100 ④ 1100

29 컴퓨터에서 연산을 위한 수치를 표현하는 방법 중 부호, 지수(Exponent) 및 가수로 구성되는 것은?
① 부동 소수점 표현 형식
② 고정 소수점 표현 형식
③ 언팩 표현 형식
④ 팩 표현 형식

30 다음 논리회로를 만족하는 논리식을 가장 간단히 하면?

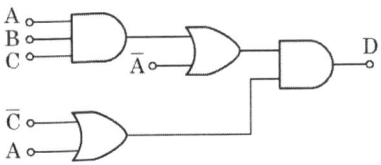

① $D = ABC + AC$
② $D = ABC + \overline{AC}$
③ $D = \overline{AB}\overline{C} + AC$
④ $D = \overline{AB}\overline{C} + \overline{AC}$

31 C언어에 대한 설명으로 옳지 않은 것은?
① 이식성이 높은 언어이다.
② 시스템 소프트웨어를 작성하기에 용이하다.
③ 컴파일 과정 없이 실행이 가능하다.
④ 다양한 연산자를 제공한다.

32 운영체제의 성능평가 요소 중 시스템을 사용할 필요가 있을 때 즉시 사용 가능한 정도를 의미하는 것은?
① Throughput
② Availability
③ Turn Around Time
④ Reliability

33 교착상태 발생의 필요 충분 조건으로 옳지 않은 것은?
① Mutual Exclusion
② Preemption
③ Hold and Wait
④ Circular Wait

34 프로그램 개발 과정에서 프로그램 안에 내재하여 있는 논리적 오류를 발견하고 수정하는 작업은?
① Mapping   ② Thrashing
③ Debugging ④ Paging

35 단항(Unary) 연산에 해당하지 않는 것은?
① SHIFT
② MOVE
③ XOR
④ COMPLEMENT

36 언어 번역 프로그램에 해당하지 않는 것은?
① 컴파일러   ② 로더
③ 인터프리터   ④ 어셈블러

37 기계어에 대한 설명으로 옳지 않은 것은?
① 프로그램의 유지보수가 용이하다.
② 2진수 0과 1만을 사용하여 명령어와 데이터를 나타낸다.
③ 실행 속도가 빠르다.
④ 호환성이 없고 시스템별로 언어가 다를 수 있다.

38 C언어에서 사용되는 이스케이프 시퀀스(Escape Sequence)에 대한 설명으로 옳지 않은 것은?
① \r : Carriage Return
② \f : Form Feed
③ \n : New Line
④ \b : Blank

39 로더의 종류 중 다음 설명에 해당하는 것은?

- 목적 프로그램을 기억 장소에 적재시키는 기능만 수행
- 할당 및 연결 작업은 프로그래머가 프로그램 작성 시 수행하며, 재배치는 언어 번역 프로그램이 담당

① Absolute Loader
② Compile And Go Loader
③ Direct Linking Loader
④ Dynamic Loading Loader

40 다음의 프로그래밍 각 단계를 순서대로 옳게 나열한 것은?

㉠ 설계 단계   ㉡ 기획 단계
㉢ 문서화 단계 ㉣ 구현 단계

① ㉠ → ㉡ → ㉢ → ㉣
② ㉡ → ㉠ → ㉢ → ㉣
③ ㉠ → ㉡ → ㉣ → ㉢
④ ㉡ → ㉠ → ㉣ → ㉢

41 플립플롭이 n개일 때 카운터가 셀 수 있는 최대의 수 N은?
① $N = 2^n$ ② $N = 2^n + 1$
③ $N = 2^n - 1$ ④ $N = 2n + 1$

42 인코더를 구성하는 데 불필요한 회로 요소는?
① NAND   ② Flip-flop
③ NOT   ④ Diode

43 시프트 레지스터(Shift Register)를 만들고자 할 경우 가장 적합한 플립플롭은?
① RST 플립플롭 ② D 플립플롭
③ RS 플립플롭   ④ T 플립플롭

44 하나의 입력 회선을 여러 개의 출력 회선에 연결하여 선택 신호에서 지정하는 하나의 회선에 출력하는 분배기라고도 하는 것은?
① 비교기(Comparator)
② 3초과 코드(Excess-3 Code)
③ 디멀티플렉서(Demultiplexer)
④ 코드 변환기(Code Converter)

45 T 플립플롭회로 2개가 직렬로 연결되어 있을 때 500[Hz]의 사각형파를 입력시킬 경우 마지막 출력되는 주파수는?
① 100[Hz]   ② 125[Hz]
③ 150[Hz]   ④ 175[Hz]

46 비동기식 카운터의 특징으로 틀린 것은?
① 플립플롭의 전파 시간 누적으로 인해 오동작을 일으킬 수 있다.
② 다음 클록을 기다리지 않으므로 고속 동작이 가능하다.
③ 복잡한 회로 수정으로 제작비용이 증가한다.

④ 게이트의 수를 줄일 수 있다.

47 $F = AB + A(B+C) + B(B+C)$를 간소화하면?
① $A + BC$
② $AB + \overline{B}C$
③ $B + AC$
④ $BC + \overline{A}C$

48 RS 플립플롭회로에서 불확실한 상태를 없애기 위하여 출력을 입력으로 궤환(Feedback)시켜 반전 현상이 나타나도록 한 회로는?
① RST 플립플롭 회로
② D 플립플롭 회로
③ T 플립플롭 회로
④ JK 플립플롭 회로

49 다음 회로의 명칭으로 적합한 것은?

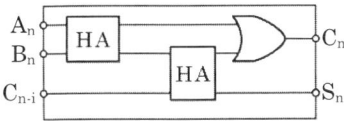

① 누산기
② 레지스터
③ 전가산기
④ 전감산기

50 어떤 연산의 수행 후 연산 결과를 일시적으로 보관하는 레지스터는?
① Accumulator
② Data Register
③ Buffer Register
④ Address register

51 다음 중 배타적-OR(Exclusive-OR) 회로를 응용하는 회로가 아닌 것은?
① 보수기
② 패리티 체커

③ 2진 비교기
④ 슈미트 트리거

52 2진수 10001001을 16진수로 바꾼 값은?
① 89
② 137
③ 178
④ 211

53 마이크로컴퓨터와 데이터 통신용 코드로서 7[bit]의 정보비트와 1[bit]의 패리티비트로 구성된 코드는?
① EBCDIC 코드
② BCD 코드
③ 그레이 코드
④ ASCII 코드

54 디지털 시스템에서 음수를 표현하는 방법으로 옳지 않은 것은?
① 6비트 BCD 부호
② 1의 보수(1 Complement)
③ 2의 보수(2 Complement)
④ 부호화 절댓값(Signed Magnitude)

55 불 대수 정리 중 다음 식으로 표현하는 정리는?

$$\overline{A+B} = \overline{A} \cdot \overline{B}, \quad \overline{AB} = \overline{A} + \overline{B}$$

① 드 모르간의 정리
② 베이스 트리거의 정리
③ 카르노프의 정리
④ 베엔의 정리

56 JK 플립플롭에서 Q_n이 RESET 상태일 때, J=0, K=1 입력 신호를 인가하면 출력 Q_{n+1}의 상태는?
① 0
② 1

③ 부정　　④ 입력금지

57 10진수 463을 16진수로 옳게 나타낸 것은?
① 1FC　　② 1DA
③ 1CF　　④ 1AD

58 입력 펄스의 적용에 따라 미리 정해진 상태의 순차를 밟아 가는 순차회로는?
① 카운터　　② 멀티플렉서
③ 디멀티플렉서　　④ 비교기

59 10진 카운터를 만들려면 플립플롭을 몇 단으로 하면 되는가?
① 1　　② 2
③ 3　　④ 4

60 다음 그림과 같은 논리 게이트의 명칭은?

① AND　　② OR
③ NOT　　④ NAND

2016년 제2회 과년도출제문제

01 실제 펄스 파형의 구간별 명칭에 대한 설명으로 틀린 것은?
① 상승 시간(rise time)이란 입력 펄스의 최대 진폭의 10[%]에서 90[%]까지 상승하는 데 걸리는 시간
② 하강 시간(fall time)이란 펄스의 하강 속도를 나타내는 척도로서 최대 진폭의 90[%]에서 10[%]까지 하강하는 데 소요하는 시간
③ 새그(sag)란 이상적인 펄스 파형의 상승하는 부분이 기준 레벨보다 높은 부분
④ 링잉(ringing)은 높은 주파수에서 공진되기 때문에 발생하는 것으로 펄스 상승 부분의 진동의 정도

02 진폭 변조에서 변조된 파형의 최대값 전압이 35[V]이고 최소값 전압이 5[V]일 때 변조도는?
① 0.60 ② 0.65
③ 0.70 ④ 0.75

03 다음 회로에 교류 전압 v_i를 가하면 출력 v_o의 파형은? (단, $0<E<V_m$이며, 다이오드의 특성이 이상적일 경우로 가정한다.)

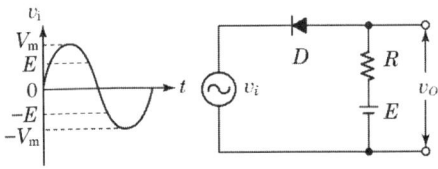

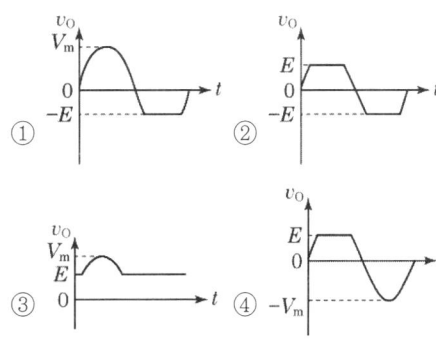

04 다음 연산증폭기를 이용한 비교기 회로에서 히스테리시스 전압(V_{HYS})은 몇 [V]인가? (단, $+V_{out(max)}$는 +5[V]이고 $-V_{out(max)}$는 -5[V]이다.)

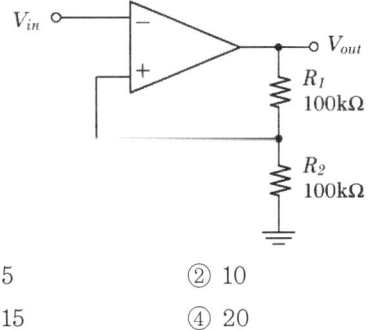

① 5 ② 10
③ 15 ④ 20

05 차동 증폭기에서 우수한 차동 특성을 나타내려면 동상 신호 제거비(common mode rejection ratio, CMRR)는?
① 동상 신호 제거비는 클수록 좋다.
② 동상 신호 제거비는 작을수록 좋다.
③ 차동 이득에 비해 동위상 이득이 커야 한다.
④ 동상 신호 제거비는 0일 때가 좋다.

06 6[Ω]과 3[Ω]의 저항을 직렬로 접속할 경우는 병렬로 접속할 경우의 몇 배가 되는가?
① 3
② 4.5
③ 6
④ 7.5

07 다음 그림의 회로에서 시정수 τ는 몇 [ms]인가?

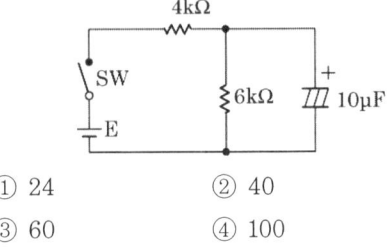

① 24
② 40
③ 60
④ 100

08 이상적인 연산증폭기의 특징에 대한 설명으로 틀린 것은?
① 주파수 대역폭이 무한대(∞)이다.
② 입력 임피던스가 무한대(∞)이다.
③ 동상 이득은 무한대(∞)이다.
④ 오픈 루트 전압 이득이 무한대(∞)이다.

09 아래 도면에 나타낸 것은 무엇의 기호인가?

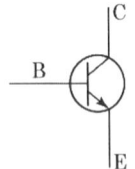

① PNP형 트랜지스터
② NPN형 트랜지스터
③ 포토인터럽터(photointerrupter)
④ 실리콘 제어 정류기(SCR)

10 수정 발진회로 중 피어스 B-E형 발진회로는 컬렉터-이미터 간의 임피던스가 어떻게 될 때 가장 안정한 발진을 지속하는가?
① 용량성
② 유도성
③ 저항성
④ 용량성 혹은 저항성

11 연관 기억장치(Associative Memory)의 설명 중 가장 옳지 않은 것은?
① 주소의 개념이 없다.
② 속도가 늦어 고속 검색에는 부적합하다.
③ 병렬 동작을 수행하기 때문에 많은 논리회로로 구성되어 있다.
④ 기억된 정보의 일부분을 이용하여 원하는 정보가 기억되어 있는 위치를 찾아내는 기억장치이다.

12 입·출력장치와 CPU의 실행 속도차를 줄이기 위해 사용하는 것은?
① Parallel I/O Device
② Channel
③ Cycle steal
④ DMA

13 다음 그림은 어떤 논리 연산을 나타낸 것인가?

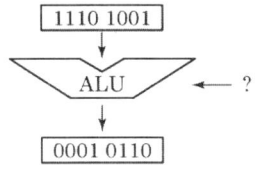

① MOVE
② AND
③ OR
④ Complement

14 휴대용 무전기와 같이 데이터를 양쪽 방향으로 전송할 수 있으나, 동시에 양쪽 방향으로 전송할 수 없는 전송 방식은?
① 단일 방식 ② 단방향 방식
③ 반이중 방식 ④ 전이중 방식

15 00001111과 11110000의 OR 논리 연산 결과는?
① 00000000 ② 11111111
③ 00001111 ④ 11110000

16 순차 접근 저장매체(SASD)에 해당하는 것은?
① 자기 드럼 ② 자기 테이프
③ 자기 디스크 ④ 자기 코어

17 컴퓨터와 인간의 통신에 있어서 자료의 외부적 표현 방식으로 가장 흔히 사용되는 코드는?
① 3초과 코드 ② Gray 코드
③ ASCII 코드 ④ BCD 코드

18 0~9의 10진법의 수치는 2진법의 최저 몇 비트(Bit)로 표현되는가?
① 3비트 ② 4비트
③ 6비트 ④ 8비트

19 다음 중 게이트당 소비 전력이 가장 낮은 것은?
① ECL ② TTL
③ MOS ④ CMOS

20 병렬전송에 대한 설명 중 틀린 것은?
① 하나의 통신회선을 사용하여 한 비트씩 순차적으로 전송하는 방식이다.
② 문자를 구성하는 비트 수만큼 통신 회선이 필요하다.
③ 한 번에 한 문자를 전송하므로 고속처리를 필요로 하는 경우와 근거리 데이터 전송에 유리하다.
④ 원거리 전송인 경우 여러 개의 통신회선이 필요하므로 회선 비용이 많이 든다.

21 주소지정방식 중에서 명령어가 현재 오퍼랜드에 표현된 값이 실제 데이터가 기억된 주소가 아니고, 그 곳에 기억된 내용이 실제의 데이터 주소인 방식은?
① 간접 주소지정방식(Indirect addressing)
② 즉시 주소지정방식(Immediate addressing)
③ 상대 주소지정방식(Relative addressing)
④ 직접 주소지정방식(Direct addressing)

22 하나의 채널이 고속 입·출력장치를 하나씩 순차적으로 관리하며, 블록(Block) 단위로 전송하는 채널은?
① 사이클 채널(Cycle channel)
② 셀렉터 채널(Selector channel)
③ 멀티플렉서 채널(Multiplexer channel)
④ 블록 멀티플렉서 채널(Block multiplexer channel)

23 다음 중 LSI 회로는?
① DECODER
② MULTIPLEXER
③ 4BIT LATCH

④ PLA

24 마이크로 오퍼레이션에 대한 정의로 가장 적합한 것은?
① 컴퓨터의 빠른 계산 동작
② 2진수 계산에서 쓰이는 동작
③ 플립플롭 내에서 기억되는 동작
④ 레지스터 상호간에 저장된 데이터의 이동에 의해 이루어지는 동작

25 중앙처리장치(CPU) 내의 기억 기능을 수행하는 요소는?
① 레지스터(Register)
② 연산기(A.L.U)
③ 제어 버스(Control bus)
④ 주소 버스(Address bus)

26 일반적인 컴퓨터의 내부 구조를 설명할 때 사용하는 연산방식이 아닌 것은?
① 2진수 연산
② 6진수 연산
③ 8진수 연산
④ 16진수 연산

27 입력 단자에 나타난 정보를 코드화하여 출력으로 내보내는 것으로 해독기와 정반대의 기능을 수행하는 조합 논리회로는?
① Adder
② Flip-Flop
③ Multiplexer
④ Encoder

28 부동 소수점으로 표현된 수가 기억장치 내에 저장되어 있을 때 비트를 필요로 하지 않는 것은?
① 부호(sign)
② 지수(exponent)
③ 소수(mantissa)
④ 소수점(decimal point)

29 사진이나 그림 등에 빛을 쪼여 반사되는 것을 판별하여 복사하는 것처럼 이미지를 입력하는 장치는?
① 플로터
② 마우스
③ 프린터
④ 스캐너

30 컴퓨터 내부에 있으며, 연산 결과를 일시 보관하는 기억장치는?
① Accumulator
② Magnetic memory
③ shift register
④ Buffer register

31 인터프리터 방식의 언어는?
① GWBASIC
② COBOL
③ C
④ FORTRAN

32 정해진 데이터를 입력하여 원하는 출력 정보를 얻기 위하여 적용할 처리 방법과 순서를 기호로 설계하는 과정은?
① 문제 분석
② 순서도 작성
③ 프로그램의 코딩
④ 프로그램의 문서화

33 고급 언어의 특징으로 옳지 않은 것은?
① 기종에 관계없이 사용할 수 있어 호환성이 높다.
② 2진수 형태로 이루어진 언어로 전자계산기가 직접 이해할 수 있는 형태의 언

어이다.
③ 하드웨어에 관한 전문적 지식이 없어도 프로그램 작성이 용이하다.
④ 프로그래밍 작업이 쉽고, 수정이 용이하다.

34 유닉스(UNIX) 운영 체제를 개발하는 데 사용된 언어는?
① FORTRAN ② PASCAL
③ BASIC   ④ C

35 프로그래밍 작성 절차 중 다음 설명에 해당하는 것은?

- 프로그램의 개발 목적 및 과정을 표준화하여 효율적인 작업이 되도록 함
- 유지보수를 용이하게 함
- 개발 과정에서의 추가 및 변경에 따르는 혼란을 감소시킴
- 시스템 개발팀에서 운용팀으로 인계, 인수를 쉽게 할 수 있음
- 시스템 운용자가 용이하게 시스템을 운용할 수 있음

① 프로그램 구현
② 프로그램 문서화
③ 문제 분석
④ 입·출력 설계

36 C언어에서 문자열 출력 함수로 사용되는 것은?
① putchar( ) ② getchar( )
③ gets( )   ④ puts( )

37 프로그램 작성 시 반복되는 일련의 명령어들을 하나의 명령으로 만들어 실행시키는 방법은?
① 매크로   ② 디버깅
③ 스케줄링   ④ 모니터

38 구조적 프로그래밍에 대한 설명으로 거리가 먼 것은?
① 유지보수가 용이하다.
② 프로그램의 구조가 간결하다.
③ 모듈별 독립성과 처리의 효율성이 고려된다.
④ 실행 속도는 빠른 편이나 프로그램의 내용을 파악하기가 까다롭다.

39 다음 기능에 대한 설명으로 알맞은 것은?

- 하드웨어와 응용프로그램 간의 인터페이스 역할을 한다.
- CPU, 주기억장치, 입·출력장치 등의 컴퓨터 자원을 관리한다.
- 프로그램의 실행을 제어하며 데이터와 파일의 저장을 관리하는 기능을 한다.

① 컴파일러(Compiler)
② 운영체제(Operating System)
③ 로더(Loader)
④ 그래픽 유저 인터페이스(GUI : Graphic User Interface)

40 프로그램 수행을 위하여 사용자의 프로그램을 필요한 루틴과 함께 메모리에 적재시키는 시스템 프로그램은?
① 컴파일러(compiler)
② 어셈블러(assembler)
③ 로더(loader)
④ 매크로(macro)

41 그림과 같은 회로와 연산 결과가 동일한 논리회로는 어느 것인가?

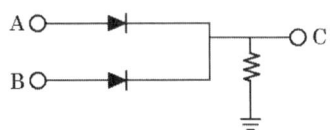

① AND ② OR
③ NAND ④ NOR

42 회로의 안정 상태에 따른 멀티바이브레이터의 종류가 아닌 것은?
① 비안정 멀티바이브레이터
② 주파수 안정 멀티바이브레이터
③ 단안정 멀티바이브레이터
④ 쌍안정 멀티바이브레이터

43 조합 논리회로에 해당하지 않는 것은?
① 비교 회로
② 패리티 체크 회로
③ 인코더 회로
④ 계수 회로

44 불 대수의 기본 정리 중 옳지 않은 것은?
① $A \cdot 0 = 0$ ② $A \cdot A = A$
③ $A + A = A$ ④ $A + 1 = A$

45 다음 계수기 회로의 올바른 명칭은?

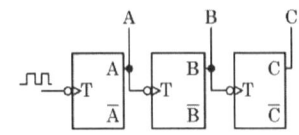

① 동기식 4진 링계수기
② 동기식 8진 링계수기
③ 비동기식 4진 리플계수기
④ 비동기식 8진 리플계수기

46 다음 중 시프트 레지스터를 이용하여 수행되는 연산은?
① 덧셈 ② 뺄셈
③ 곱셈 ④ 비교

47 동기형 계수회로의 설명 중 옳지 않은 것은?
① 병렬 계수기라고도 한다.
② 리플 계수기보다 속도가 빠르다.
③ 해독기를 사용할 때 펄스의 일그러짐이 크다.
④ 하나의 공통된 클록 펄스에 의해서 플립플롭들이 트리거된다.

48 플립플롭 회로가 불확정한 상태가 되지 않도록 반전기(NOT gate)를 설치한 회로는?
① JK-FF ② RS-FF
③ T-FF ④ D-FF

49 3초과 부호 (1001 0111 0101)를 BCD 부호로 고치면?
① $(0110\ 0100\ 0010)_{BCD}$
② $(0010\ 0100\ 0110)_{BCD}$
③ $(0101\ 0111\ 1001)_{BCD}$
④ $(0110\ 1000\ 1010)_{BCD}$

50 전원 공급에 관계없이 저장된 내용을 반영구적으로 유지하는 비휘발성 메모리는?
① RAM ② ROM
③ SRAM ④ DRAM

51 1×4 디멀티플렉서에 최소로 필요한 선택선의 개수는?
① 1개 ② 2개
③ 3개 ④ 4개

52 2진수 101111011_2을 16진수로 변환하면?
① $17A_{16}$ ② $17B_{16}$
③ $17C_{16}$ ④ $17D_{16}$

53 클록 펄스가 들어올 때마다 플립플롭의 상태가 반전되는 것을 무엇이라고 하는가?
① 리셋 ② 클리어
③ 토글 ④ 트리거

54 반가산기에서 입력 A=1이고, B=0이면 출력 합(S)과 올림수(C)는?
① S=1, C=0 ② S=0, C=0
③ S=1, C=1 ④ S=0, C=1

55 다음 논리 IC 중 속도가 가장 빠른 것은?
① DTL ② ECL
③ CMOS ④ TTL

56 두 수를 비교하여 그들의 상대적 크기를 결정하는 조합 논리 회로는?
① 가산기 ② 디코더
③ 비교기 ④ 모뎀

57 다음 중 2진(binary) 연산이 아닌 것은?
① AND ② OR
③ Shift ④ 4칙 연산

58 클록 펄스가 가해질 때마다 출력 상태가 반전하므로 계수기에 많이 사용되는 플립플롭은?
① D-FF ② T-FF
③ RS-FF ④ JK-FF

59 JK 플립플롭에서 J 입력과 K 입력이 1일 때 출력은 clock에 의해 어떻게 되는가?
① 0
② 1
③ 반전
④ 현 상태 그대로 출력

60 아래 진리표에 해당하는 논리게이트의 명칭은?

입력	출력
A	X
0	0
1	1

① AND
② 버퍼(Buffer)
③ 인버터(Inverter)
④ 배타적 논리합(XOR)

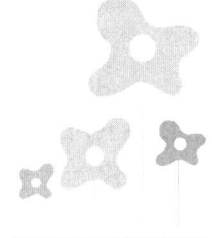

memo

부 록(해설 및 정답) 06

전자계산기기능사 과년도 해설 및 정답

2009년 제1회

정답

01	02	03	04	05	06	07	08	09	10
④	②	④	①	②	③	①	③	③	②
11	12	13	14	15	16	17	18	19	20
①	②	④	①	③	②	④	①	③	④
21	22	23	24	25	26	27	28	29	30
①	③	③	①	③	④	①	③	①	②
31	32	33	34	35	36	37	38	39	40
③	③	②	③	④	①	④	④	①	②
41	42	43	44	45	46	47	48	49	50
③	②	②	①	④	②	③	④	④	②
51	52	53	54	55	56	57	58	59	60
②	①	②	①	④	②	③	④	①	②

01 $Q = It = 3 \times 2 = 6[A]$
$V = IR = 5 \times 3 = 15[V]$
$W = VQ = 6 \times 15 = 90[J]$

02 궤환증폭도 $A_f = \dfrac{A_o}{1 - A_o \beta}$ 에서

$A_f = \dfrac{200}{1 - (-0.02 \times 200)}$
$= \dfrac{100}{1-(-4)} = \dfrac{200}{5} = 40$

03 주파수 변별기는 주파수변조파(FM)를 진폭변조파(AM)로 변환하는 회로이다.

04 정현파 발진회로는 LC 발진회로(동조형 반결합, Clapp, Hartley, Colpitts)와 수정 발진회로(Pierce, 수정발진기) 및 RC 발진회로(이상형 병렬, Wien-Bridge)로 구분되고, 멀티바이브레이터는 구형파 발진회로이다.

05 안정화 전원회로는 기준부, 비교부, 검출부, 증폭부, 제어부의 기본 구성 요소로 이루어진다.

06 회로의 합성저항(R_t)를 구하면
$R_t = 8 + \dfrac{3 \times 6}{3+6} = 8 + 2 = 10[\Omega]$

전전류(I)를 구하면 $I = \dfrac{V}{R_t} = \dfrac{150}{10} = 15[A]$

$I_{(3[\Omega])} = \dfrac{6}{3+6} \times 15 = \dfrac{6}{9} \times 15 = 10[A]$

07 디지털 변조 방식
- 진폭 편이 변조(ASK, Amplitude Shift Keying) : 디지털 신호가 1이면 출력을 송신, 0이면 off
- 주파수 편이 변조(FSK, Frequency Shift Keying) : 디지털 신호가 1이면 f_1 주파수로, 0이면 f_2 주파수로 주파수를 바꿈
- 위상 편이 변조(Phase Shift Keying) : 디지털 신호의 0, 1에 따라 2종류의 위상을 갖는 변조 방식이다.

08 변압기는 전자유도의 원리를 이용하여 1차측과 2차측의 권선비에 따라 전압이 유기된다.
최댓값 = $\sqrt{2}$ 실효값이므로
$1 : 2\sqrt{2} = 100 : x$
$\therefore x = 283[V]$

09 $\beta = \dfrac{\alpha}{1-\alpha}$ 의 식에 의하여

$\beta = \dfrac{\alpha}{1-\alpha} = \dfrac{0.95}{1-0.95} = \dfrac{0.95}{0.05} = 19$

10 $V = IR$이므로 각각의 저항에 걸리는 전압은 다르다.

11 삭제할 비트(bit) 또는 문자를 결정하는 입력 데이터를 마스크 비트(Mask bit)라 한다.

12 MOVE는 하나의 입력 자료를 갖는 단일 연산으로 전자계산기 내부에서 하나의 레지스터에 기억된 데이터를 다른 레지스터로 옮기는 데 이용하므로, A의 데이터가 C에 그대로 나타나므로 10010111이 된다.

13 ㉠ 직접, 절대 주소지정방식(direct absolute addressing mode) : 오퍼랜드가 존재하는 기억장치의 어드레스를 직접 명령 속에 포함시켜 지정하는 방법
㉡ 이미디어트 주소지정방식(immediate addressing mode) : 명령 속의 오퍼랜드 정보를 그대로 오퍼랜드로 사용하는 방법
㉢ 간접 주소지정방식(indirect addressing mode) : 오퍼랜드가 존재하는 기억장치 어드레스를 내용으로 가지고 있는 기억 장소의 어드레스를 명령 속에 포함시켜 지정하는 방법
㉣ 상대 주소지정방식(relative addressing mode) : 명령 속의 오퍼랜드 지정 정보를 레지스터 지정부와 전개부로 나누어서 레지스터 지정부로 지정된 레지스터 내용과 전개부를 더해서 오퍼랜드의 어드레스를 구한다.

14 큐(Queue)는 자료가 리스트에 첨가되는 순서대로만 처리할 수 있는 것으로 선입선출(FIFO) 리스트라 하고, 스택(Stack)은 리스트에 마지막으로 첨가된 자료가 제일 먼저 처리되는 것으로 이를 후입선출(LIFO) 리스트라 한다.

15 ㉠ 가중치 코드(Weighted Code) : 각 자릿수에 고유한 값을 가지고 있는 코드로 8421 코드(BCD 코드), 2421 코드, 5421 코드, Biquinary 코드 등이 있다.
㉡ 비가중치 코드(Non-Weighted Code) : 각 자릿수에 고유한 값이 없는 코드로 3초과 코드(Excess-3 Code), 그레이 코드(Gray Code), 시프트 카운터 코드 등이 있다.

16 Fan Out이란 게이트의 출력단자에 연결하여 구동시킬 수 있는 회로의 수를 말한다. CMOS는 50개 이상, TTL은 15개 정도이다.

17 컴퓨터 내부에서 수치자료를 표현하는 방법에는 유동 소수점 방식, 부동 소수점 방식, 팩 방식, 언팩 방식이 있다.

18 ㉠ MOVE : 하나의 입력 자료를 갖는 단일 연산으로 전자계산기 내부에서 하나의 레지스터에 기억된 데이터를 다른 레지스터로 옮기는 데 이용
㉡ Complement
ⓐ 단일 연산으로 입력 자료 1의 연산 결과는 보수가 된다.
ⓑ 음(-)수의 표현에 있어 1의 보수 또는 2의 보수를 구하는 데 이용
㉢ AND : 필요 없는 부분을 지워버리고 나머지 비트만을 가지고 처리하기 위하여 사용
㉣ OR : AND 회로와는 거의 반대의 연산을 실행하는 것으로서, 2개 이상의 데이터를 합치는 데 이용
㉤ Shift(시프트) : 입력 데이터의 모든 비트를 각각 서로 이웃의 비트자리로 옮기는 데 사용
㉥ Rotate(로테이트) : shift와 유사한 연산으로서, shift 연산에서는 연산 후에 밀려나오는 비트를 버리거나 올림수 레지스터에 기억시키지만, Rotate의 경우에는 밀려나온 비트가 다시 반대편 끝으로 들어가게 된다.

19 자기테이프는 데이터 접근이 순차에 의해 이루어지는 기억장치이고, 자기 디스크, CD-ROM, 자기코어, 하드 디스크, 플로피 디스크는 임의 액세스 기억장치이다.

20 입·출력 인터페이스(I/O Interface) 회로는 중앙처리장치(CPU)와 입·출력장치 사이에 데이터 전송이 원활하도록 중계를 담당하는 회로이다.

입·출력에는 버스와 인터페이스, 제어장치가 필요하다.

21 ㉠ LAN(근거리통신망, Local Area Network) : 근거리 또는 단일 건물 내에서 통신회선을 이용하여 네트워크를 구성하는 통신망
㉡ WAN(광대역 통신망, Wide Area Network) : 지역적으로 넓은 영역에 걸쳐 구축하는 다양하고 포괄적인 컴퓨터 통신망
㉢ VAN(부가가치통신망, Value Added Network) : 공중전기통신사업자로부터 회선을 빌려 컴퓨터를 이용한 네트워크를 구성, 정보의 축적·처리·가공을 하는 통신서비스 또는 그 네트워크를 제공하는 사업을 하는 통신망

22 인터럽트란 컴퓨터가 어떤 프로그램을 실행 중에 긴급사태 등이 발생하면 진행 중인 프로그램을 일시 중단하여 긴급 사태에 대처하고, 긴급 처리가 끝나면 중단했던 프로그램을 재개하는 것을 말한다.
하드웨어적 인터럽트에는
㉠ 정전 : 최우선 순위를 가짐
㉡ 기계검사 인터럽트(Machine Check) : CPU 및 기타 장치에서 에러가 발생했을 경우나 입·출력장치의 데이터 전송 요구, 데이터 전송이 끝났을 때 발생
㉢ 외부 인터럽트 : 타이머, 전원 등의 외부 신호 및 오퍼레이터의 조작에 의해서 발생
㉣ 입·출력 인터럽트 : 데이터 입·출력 종료나 에러가 발생했을 경우

23 기억된 프로그램의 명령을 하나씩 읽고, 해독하여 각 장치에 필요한 지시를 하는 것은 제어기능이다.

24 버퍼(buffer)는 입·출력장치와 주기억장치(CPU) 사이에 동작 속도의 차이점을 해결하기 위해 두는 기억장치이다.

25 ㉠ 명령 해독기(command decoder)는 명령부에 들어있는 명령을 해석한 후에 연산부로 보내어 실행하도록 한다.
㉡ 명령 계수기(Instruction counter)는 명령을 수행할 때마다 주소를 1씩 증가시켜 순차적으로 수행할 명령의 주소를 기억한다.

26 누산기(Accumulator)는 산술연산 또는 논리연산의 결과를 일시적으로 기억하는 레지스터의 일종이다.

27 13번 해설 참조

28 연산장치, 제어장치, 주기억장치를 합쳐 중앙처리장치(CPU)라 하며, 중앙처리장치는 크게 연산장치와 제어장치로 구분한다.

29 연산회로는 산술연산, 논리연산, 시프트회로, 가산기, 누산기 등으로 구성된다.

30 컴퓨터 간에 정보를 주고받을 때에 통신을 원하는 두 개체 간에 무엇을, 어떻게, 언제 통신할 것인가를 서로 약속한 규약

31 C언어에서 나머지를 구할 때 사용하는 산술연산자는 "%"이다.

32 처리 프로그램에는 언어번역 프로그램, 서비스 프로그램, 어플리케이션 프로그램이 있고, 제어 프로그램에는 감시 프로그램, 데이터관리 프로그램, job관리 프로그램이 있다.

33 프로그램 실행을 위한 처리 순서는 원시 프로그램 → 컴파일러 → 목적 프로그램 → 연결 → 실행 순으로 이루어지므로, 문제에서의 수행 순서는 컴파일러 → 링커 → 로더의 순서로 수행된다.

34 로더(Loader)는 목적 프로그램을 읽어들여 주기억장치에 적재시킨 후에 실행시키는 서비스 프로그램으로, 로더(Loader)는 연결(Linking) 기능, 할당(allocation) 기능, 재배치(relocation) 기능, 로딩(loading) 기능 등이 있다.

35 고급 언어로 작성된 프로그램을 기계어로 번역하는 프로그램을 컴파일러라 한다. 인터프리터 언어는 인터프리터를 통하여 고급 언어로 작성된 프로그램을 기계어로 번역한다.

36 원시 프로그램을 기계어로 번역하여 문법 오류(Syntax error)를 검사하여 오류를 수정하고, 논리적 오류를 검사하기 위하여 테스트 런(test run)을 통하여 모의 데이터를 입력하여 결과를 검사하여 오류를 올바르게 수정하는 것을 디버깅(debugging)이라 한다.

37 기계어는 0과 1로 이루어지므로, 프로그램의 유지보수가 어렵다. 저급 언어는 기계어를 말하며, 기계어는 변환과정 없이 계산기가 직접 처리할 수 있으므로 처리속도가 빠르다.
 ㉠ 2진수를 사용하여 명령어와 데이터를 표현한다.
 ㉡ 호환성이 없고, 기계마다 언어가 다르다.
 ㉢ 프로그램의 실행속도가 빠르다.
 ㉣ 프로그램의 유지보수와 배우기가 어렵다.

38 파스 트리(parse tree)란 원시 프로그램의 문법을 검사하는 과정에서 내부적으로 생성되는 트리 형태의 자료구조이다.
 ㉠ 어휘분석(Lexical Analysis)은 문법적으로 의미 있는 최소의 단위[토큰(token)]로 분할해내는 처리 단계 → 어휘분석기(lexical analyzer) 또는 스캐너(scanner)
 ㉡ 구문분석(syntax analysis)은 구문이 문법에 맞는지 분석하는 단계 → 구문분석기(syntax analyzer) 또는 파서(parser)
 ㉢ 의미분석(semantic analysis)은 어떠한 의미와 기능을 하는지 분석하는 단계 → 의미분석기(semantic analyzer)

39 C언어의 모든 변수나 함수는 자료형(data type)과 기억 클래스(storage class)의 두 가지 속성(attribute)을 갖는다. 자료형은 자료가 내부에서 기억되는 형태와 크기를 규정하는 것이고, 기억 클래스는 자료가 기억되는 기억 장소와 생존기간(life time), 유효범위(scope)를 규정하는 것이다. 기억 클래스의 종류는 자동 변수(automatic variable), 정적 변수(static variable), 외부 변수(external variable), 레지스터 변수(register variable) 등 4가지가 있다.

40 BNF(Backus-Naur form : 배커스-나우어 형식)는 구문 요소를 나타내는 기호 < >, 둘 중 하나의 선택을 의미하는 기호 //, 좌변은 우변에 의해 정의됨을 의미하는 기호 ::= 등의 메타 기호들을 사용하여 규칙을 표현한다.

41 $1 \times 2^3 + 1 \times 2^1 + 1 \times 2^0 = 8 + 2 + 1 = (11)_{10}$

42 각 자리수의 BCD(8421)코드를 10진수로 먼저 변환한다.

$$\frac{0100 \ : \ 0101 \ : \ 0010}{4 \ \ : \ \ 5 \ \ : \ \ 2}$$

즉, BCD 0100 0101 0010은 10진수로 452가 된다.

43 $Y = \overline{\overline{A} + B} = A\overline{B}$

44 $X = (\overline{A + B}) \cdot B$

45 $X = AC + ABC = AC(1 + B) = AC$

46 $F = (A+B) \cdot (\overline{A \cdot B}) = (A+B) \cdot (\overline{A} + \overline{B})$
   $= A\overline{A} + A\overline{B} + \overline{A}B + B\overline{B}$
   $= A\overline{B} + \overline{A}B = A \oplus B$

즉, 배타적 논리회로(EX-OR)의 논리식은 입력이 같으면 결과가 0, 입력이 서로 다르면 결과가 1이 된다.

47 그레이 코드(Gray Code)는 한 숫자에서 다음 숫자로 증가할 때 한 비트만 변하는 특성이 있어, 에러율이 적어서 입·출력장치나 주변장치에 사용한다.

48 시프트 레지스터(shift register)는 FF을 여러 개 종속 접속하여 시프트 펄스를 하나씩 공급할 때마다 순차적으로 다음 FF에 데이터가 전송되도록 하는 레지스터이다.

49 레지스터를 구성하는 기본소자가 플립플롭(F/F)으로, 0과 1의 안정된 논리 상태를 갖는 쌍안정 멀티바이브레이터를 플립플롭(F/F)이라 한다.

50 ㉠ 해밍 코드(Hamming Code)는 1비트의 오류를 자동적으로 정정해 주는 코드로, 1비트의 단일 오류를 정정하기 위해서는 3비트의 여유 비트가 필요하고, 2개 이상의 중복 오류를 수정하려면 더 많은 여유 비트가 필요하다.
㉡ 패리티 비트는 에러의 검색을 위한 코드이고, 에러의 검색과 교정이 가능한 것이 해밍 코드이다.

51 ㉠ 순서 논리회로는 출력신호가 현재의 입력신호와 과거의 입력신호에 의하여 결정되는 논리회로로서 F/F과 같은 기억소자나 논리게이트로 구성된다.
㉡ 조합 논리회로에는 멀티플렉서(multiplexer), 해독기(decoder), 부호기(encoder), 반가산기, 전가산기 등이 속하고, 레지스터, 플립플롭, 계수기 등은 순서 논리회로에 속한다.

52 어떤 입력상태에 대해 출력이 무엇이 되든지 상관없는 경우 출력상태를 임의 상태(don't care condition)라고 하며, 진리표나 카르노도에서는 임의 상태를 일반적으로 X로 표시한다.

53 JK F/F의 입력 J와 K를 서로 묶어서 하나의 입력으로 하여 클록신호가 1일 때 출력이 반전상태(토글)가 되도록 한 것이 T-플립플롭(F/F)이다.

54 그림에서 스위치 A와 B가 모두 1(close)일 때만 출력이 1로 되는 AND 회로이다. 직렬접속이 되면 AND 회로이다.

55 ASCII 코드는 7비트의 데이터 비트와 1개의 에러 검출용 비트로 구성되고, EBCDIC 코드는 8개의 데이터 비트와 1개의 에러 검출용 비트로 구성되어 있으므로 총 256가지의 정보를 표현할 수 있는 코드이다.

56 음수의 표현방법에는 부호와 절대값을 이용한 방법, 1의 보수 및 2의 보수를 이용한 방법이 사용된다.

57 반감산기(HS : Half Subtractor)는 두 개의 2진수를 감산하여 자리내림수 B와 차 D를 나타내는 논리회로이다.

A	B	B(자리내림수)	D(차)
0	0	0	0
0	1	1	1
1	0	0	1
1	1	0	0

$D = \overline{A}B + A\overline{B}$, $b = \overline{A}B$

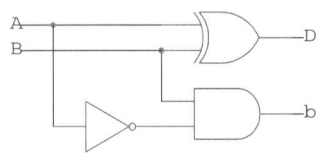

[반감산기의 회로구성]

58 JK 플립플롭의 진리치표는 아래와 같다.

J	K	Q	비고
0	0	이전상태(Q_n)	불변
0	1	0	리셋
1	0	1	세트
1	1	반전상태($\overline{Q_n}$)	보수

그러므로 J=0, K=1일 때는 0(리셋)이 되고, J=1, K=0일 때는 1(세트)이 된다.

59 음수의 경우 절대값에 대한 2의 보수로 표시하므로 $-(2^{n-1}) \leq N \leq (2^{n-1}-1)$의 범위의 수에 해당하므로 $-(2^{8-1}) \leq N \leq (2^{8-1}-1)$의 수에 해당한다. 즉, −128~+127의 범위가 된다.

60 입력단자에 공급된 데이터를 코드화하여 출력으로 내보내는 것이 부호기(encoder)이므로, $2^n = 32$가 되므로 $2^5 = 32$가 되어 5개의 출력 단자를 갖는다.

2009년 제2회

정답

01	02	03	04	05	06	07	08	09	10
②	③	①	②	②	④	③	①	②	②
11	12	13	14	15	16	17	18	19	20
②	①	②	④	①	①	④	④	③	①
21	22	23	24	25	26	27	28	29	30
②	③	②	①	②	④	②	④	③	④
31	32	33	34	35	36	37	38	39	40
②	④	②	②	①	①	②	④	④	③
41	42	43	44	45	46	47	48	49	50
④	②	①	②	③	②	④	①	②	④
51	52	53	54	55	56	57	58	59	60
④	②	①	③	①	②	②	④	②	④

01 이미터 접지 시의 전류증폭률

$$\beta = \frac{\Delta I_C}{\Delta I_B} = \frac{(-1+4) \times 10^{-3}}{(-20+50) \times 10^{-6}} = 100$$

베이스 접지 시의 전류증폭률

$$\alpha = \frac{\Delta I_C}{\Delta I_E} = \frac{\beta}{1+\beta} = \frac{100}{1+100} = 0.99$$

02 $H = 0.24 I^2 Rt = 0.24 \times 10^2 \times 100 \times 60$
$= 144,000 [\text{cal}] = 144 [\text{kcal}]$

03 궤환회로로 콘덴서를 사용하는 회로가 적분기이며, 저항과 콘덴서의 위치가 바뀌면 미분기가 된다.

04 ㉠ 진폭 변조(Amplitude Modulation, AM)란 신호파의 크기에 비례하여 반송파의 진폭을 변화시킴으로써 정보가 반송파에 합성되는 방식을 말한다. 진폭변조는 회로가 간단하고, 비용이 적게 드는 반면에 전력 효율이 안 좋고, 잡음에 약한 단점이 있다.

㉡ 주파수 변조(Frequency Modulation, FM)는 신호파의 크기변화를 반송파의 주파수 변화에 담아서 보내는 방법으로, AM이 주파수는 고정되고 진폭이 변화하는 반면에, FM은 주파수가 변하는 대신 진폭은 항상 같은 값으로 유지된다. 신호파형의 전압이 높을수록 주파수가 높아져서 파장이 조밀해지고, 그 반대로 전압이 낮을 때는 주파수가 낮아져서 파장이 넓어지게 된다. 주파수 변조는 진폭에 영향을 받지 않아 페이딩에 민감하지 않은 반면에 대역폭이 넓어지고, side lobe가 많이 생긴다.

05 ㉠ 4[Ω]에 걸리는 전압 V=1.5×4=6[V]가 된다.
㉡ 6[Ω]과 4[Ω]이 병렬이므로 6[Ω]에도 6[V]가 걸린다.
㉢ 6[Ω]에 흐르는 전류 I=$\frac{6}{6}$=1[A]가 된다.
㉣ 전전류 I=1.5+1=2.5[A], 8[Ω]에 걸리는 전압 V=2.5×8=20[V]
∴ A, B 단자 전압은 20+6=26[V]가 된다.

06 이미터 폴로어 증폭기의 특징

㉠ 전압이득이 1 이하이다.
㉡ 입력 임피던스가 높고 출력 임피던스가 낮다.
㉢ 주파수 특성이 양호하다.
㉣ 부궤환회로이다.
㉤ 전류가 증가하므로 전력증폭은 된다.

07 단측파대 SSB는 반송파 억압변조기로서 보통 링 변조기 또는 평형변조기를 이용한다.

08 전압 변동률 $\eta = \dfrac{V - V_0}{V_0} \times 100$

$10 = \dfrac{V - 100}{100} \times 100\,[\%]$

$\therefore V = 110\,[V]$

09 그림은 가산기회로로서
$V_0 = -\left(\dfrac{R_f}{R_1}V_1 + \dfrac{R_f}{R_2}V_2\right) = -\left(\dfrac{5}{1} \times 2 + \dfrac{5}{2} \times 3\right)$
$= -17.5\,[V]$

10 RC 결합 증폭회로는 증폭기의 단 간을 저항(R)과 콘덴서에 의해서 결합하는 방식으로, 입·출력 간의 임피던스 정합이 어렵고 손실이 많으나 주파수 특성이 평탄하여 저주파 증폭회로에 주로 사용된다.

11 컴퓨터의 내부구조를 설명할 때는 2진수, 8진수, 16진수 연산을 사용한다.

12 DMA(Direct Memory Access) : CPU를 거치지 않고 직접 메모리에 접근하는 방식을 말한다.

13 $(A7)_{16} = A \times 16^1 + 7 \times 16^0 = (167)_{10}$이므로 10진수 167을 2진수로 변환하면 $(167)_{10} = (10100111)_2$이므로 8비트가 필요하다.

14 ㉠ 산술 연산 명령 : 가산, 감산, 승산, 제산, 비교, 보수, 증가, 감소 10진 보정 등
㉡ 논리 연산 명령 : AND, OR, XOR 등
㉢ 비트 조작 명령 : 좌·우 비트 이동, 좌·우 비트 회전, 비트 테스트 세트 리셋 등

15 소형 컴퓨터와 데이터 통신용으로 폭 넓게 사용되는 코드가 7비트의 ASCII 코드이다. 그러나 1비트의 패리티 비트를 부가하여 8비트로 사용한다.

16 ㉠ 직접, 절대 주소지정방식(direct absolute addressing mode) : 오퍼랜드가 존재하는 기억장치의 어드레스를 직접 명령 속에 포함시켜 지정하는 방법
㉡ 이미디어트 주소지정방식(immediate addressing mode) : 명령 속의 오퍼랜드 정보를 그대로 오퍼랜드로 사용하는 방법
㉢ 간접 주소지정방식(indirect addressing mode) : 오퍼랜드가 존재하는 기억장치 어드레스를 내용으로 가지고 있는 기억 장소의 어드레스를 명령 속에 포함시켜 지정하는 방법

17 상태 레지스터(Status Register)는 연산의 결과가 양수나 0 또는 음수인지, 자리올림(carry)이나 오버플로(overflow)가 발생했는지 등의 연산에 관계되는 상태와 외부로부터의 인터럽트(interrupt) 신호의 유무를 나타낸다.

18 누산기(accumulator)는 사칙연산, 논리연산 등의 중간 결과를 기억하는 연산장치의 레지스터이다.

19 ㉠ 전송 명령 : 로드(load), 무브(move), 시프트(shift), 클리어(clear), 세트(set), 로테이트(rotate) 등
㉡ 제어 명령 : 브랜치(branch), 점프(jump), 스킵(skip), 홀트(halt), 리턴(return)

20 2의 보수는 1의 보수에 1을 더한 보수이다. $(1100)_2$의 1의 보수는 $(0011)_2$이다. 그러므로

$(0011)_2$의 2의 보수는 $(0011+1)_2$이 된다. 즉 $(0011)_2$의 2의 보수는 0100이다.

21 디지털 전자계산기(digital computer)는 실제 숫자나 수치적으로 코드화된 문자의 표현으로 이루어진 데이터를 취급한다. 일반적으로 전자계산기라고 하면 디지털 전자계산기를 의미하는 경우가 많다.

22 $512 \times 8 = 4096 = 4K$가 된다.

23 메모리 맵 입·출력 방식은 주기억장치의 일부를 입·출력장치에 할당하며, 입·출력장치의 번지와 주기억장치 번지의 구별이 없고 주기억장치의 이용 효율이 낮은 특징을 갖는다.

24 6비트 BCD 코드는 4비트 BCD 코드에 2개의 비트를 더하여 10진 숫자 이외의 문자를 표시할 수 있도록 한 것으로, 기억장치의 단어 길이가 6의 정배수인 컴퓨터에 적합하다.

25 ㉠ 단방향(Simplex) 통신방식은 접속한 두 장치 사이에서 데이터를 한 방향으로 전송하는 방식이다.
㉡ 반이중(Half Duplex) 통신방식은 양방향에서의 전송이 가능하나 동시에 양방향 통신은 불가능한 방식이다.
㉢ 전이중(Full duplex) 통신방식은 양방향에서 동시에 정보의 송·수신이 가능한 방식이다.

26 레지스터 상호 간에 저장된 데이터의 이동에 의해 이루어지는 동작을 마이크로 오퍼레이션이라 한다.

27 중앙처리장치(CPU, central processing unit)는 넓은 의미로 보면 연산, 제어, 기억의 3가지 기능을 가지고 있다. 그러나 좁은 의미에서는 기억기능은 제외되기도 한다.

28 고정 소수점(Fixed Point Number) 표현 방식에는 부호와 절대값(signed-magnitude), 부호와 1의 보수(signed-1's complement), 부호와 2의 보수(signed-2's complement)에 의한다.

29 PDP(Plasma Display Panel)는 상·하판 사이의 공간 내에 채워진 Gas에서 방출된 자외선이 형광체와 부딪혀 고유의 가시광선을 방출하는 원리로 화면을 구현하며, 벽걸이 TV로 흔히 얘기되고 있는 미래형 디지털 영상 디스플레이로서, 다양한 입력 신호(PC, Video, HDTV 등)와 연결되어 기존 영상 디스플레이장비보다 밝고 선명한 고화질의 영상을 재현할 수 있는 미래형 멀티미디어 디스플레이 시스템이며 특히 40" 이상의 대형화면을 10[cm] 이하의 얇은 두께로 구현할 수 있어 공간 활용 및 미적 디자인 면에서 매우 큰 장점을 지니고 있다.

30 ㉠ 입력장치에는 키보드와 마우스가 많이 사용되며, 스캐너, 광학 마크 판독기, 광학 문자 판독기, 자기 잉크 문자 판독기, 바코드 판독기, 조이 스틱, 디지타이저, 터치스크린, 디지털 카메라 등이 있다.
㉡ 출력장치에는 프린터와 모니터가 있으며, 프린터로는 도트 매트릭스 프린터, 잉크 제트 프린터, 레이저 프린터가 있다. 또, 모니터에는 음극선관과 모니터와 액정 화면 모니터, 플라즈마 디스플레이, 터치스크린 등이 있다.

31 언어 번역기에는 인터프리터(interpreter), 컴파일러(compiler), 어셈블러(assembler)가 있다.
㉠ 고급 언어로 작성된 프로그램을 기계어로 번역하는 프로그램을 컴파일러(compiler)라 한다.
㉡ 인터프리터 언어는 인터프리터(interpreter)를 통하여 고급 언어로 작성된 프로그램을 기계어로 번역한다.
㉢ 어셈블러(assembler)는 어셈블리어로 작성된 프로그램을 기계어로 번역한다.

32 C언어에서 사용되는 문자열 출력 함수에는 puts( ) 가 있다.

33 순서도(순서도(flow chart))를 작성하는 이유
㉠ 논리적인 체계를 쉽게 이해할 수 있다.
㉡ 업무의 전체적인 개요를 쉽게 파악할 수 있다.
㉢ 문제의 정확성 여부를 쉽게 판단할 수 있다.
㉣ 프로그램의 코딩이 쉬워진다.
㉤ 프로그램의 흐름에 대한 수정을 용이하게 한다.

34 시분할방식(Time Sharing System)은 컴퓨터와 단말기 사용자 사이에서 시간적으로 분할하여 사용자가 연속적으로 컴퓨터 정보에 접근하는 방식으로 다중화하는 데 사용된다.

35 고급 언어로 작성한 원시 프로그램을 목적 프로그램으로 번역하는 기능을 갖는 언어번역 프로그램을 컴파일러(compiler)라 한다.

36 프로그램의 실행은 원시 프로그램→번역 프로그램→목적 프로그램→로더→실행 가능 프로그램의 과정으로 이루어진다.

37 운영체제(OS)는 컴퓨터의 하드웨어 및 각종 정보들을 효율적으로 관리하며, 사용자들에게 편리하게 이용할 수 있고, 자원을 공유하도록 하는 소프트웨어이다.
운영체제(OS : Operating System)의 기능
㉠ 자원을 효율적으로 관리하고, 응용 프로그램의 실행 제어
㉡ 작업의 연속적인 처리를 위한 스케줄 관리
㉢ 사용자와 컴퓨터 간 인터페이스 제공
㉣ 메모리 상태와 운영 관리
㉤ 하드웨어 주변장치 관리
㉥ 프로그램이나 데이터 저장, 액세스 제어에 필요한 파일 관리
㉦ 프로그램 수행을 제어하는 프로세서 관리

38 ㉠ 메시지(message)란 객체가 메시지를 받아 실행해야 할 객체의 구체적인 절차를 정의한 것이다.
㉡ 메소드는 프로그래밍상에서 어떤 동작을 정의해 놓은 것이다.

39 소프트웨어의 개발은 문제의 분석 - 입 · 출력 설계 - 순서도 작성 - 프로그램 입력 - 문법오류 수정 - 모의자료 입력 - 논리오류 수정 - 실행의 절차에 따른다.

40 연계 편집 프로그램은 기계어로 번역된 목적 프로그램을 결합하여 실행 가능한 모듈로 만들어주는 프로그램이다.

41 입력 데이터가 모두 같을 경우에는 결과가 0이 되고, 서로 다를 경우에는 결과가 1이 되는 논리회로가 배타적 논리합(exclusive-OR)이며, 논리식은 $Y = A \oplus B = \overline{A}B + A\overline{B}$이다.

A	B	Y
0	0	0
0	1	1
1	0	1
1	1	0

[EX-OR 게이트의 진리치표]

42 $Z = AB + \overline{C}$ 의 결과가 0이 되기 위해서는 AB와 $\overline{C}$가 모두 0이 되어야 하므로, AB=0이 되는 조건은 (A=0, B=0), (A=0, B=1), (A=1, B=0)이 되고, C=1이 되어야 결과 Z가 0이 된다.

43 J-K F/F에서 J=K=1일 때 Q의 출력은 토글(반전)된다. 즉 0이면 1로, 1이면 0으로 반전된다.

44 OR 게이트의 논리식은 X = A + B가 된다.
①의 논리식은 $X = \overline{A \cdot B}$의 NAND 게이트

②의 논리식은 $X = \overline{\overline{A} \cdot \overline{B}} = A + B$

③은 $X = \overline{A+B}$ 의 NOR 게이트

④는 $X = \overline{\overline{A}+\overline{B}} = A \cdot B$ 가 된다.

45 D FF은 Delay FF의 약어로 데이터의 일시적인 보존이나 디지털 신호의 지연에 사용된다.

46 아날로그 데이터의 표현은 한 수에서 다음 수로 변화할 때, 한 비트만 변화하도록 하는데 이에 적합한 코드가 그레이 코드이다.

47 분배법칙이란 어떤 것을 똑같이 다른 것으로 분배하는 법칙으로 덧셈이나 뺄셈에 대한 곱셈과 같은 것이다. 즉 두 수의 합에 어떤 수를 곱할 때, 이 수를 더하는 두 수에 분배하여 곱하고 다음의 결과를 더하는 것이다.

48 전감산기는 2개의 반감산기와 1개의 OR 게이트로 구성된다.
$D = A \oplus B \oplus C_{n-1}$

㉠ 반감산기(HS : Half Subtractor)는 두 개의 2진수를 감산하여 자리내림수 B(Borrow)와 차 D(Difference)를 나타내는 논리회로이다.

A	B	B(자리내림수)	D(차)
0	0	0	0
0	1	1	1
1	0	0	1
1	1	0	0

$D = A\overline{B} + \overline{A}B$, $b = \overline{A}B$

㉡ 반가산기는 2개의 2진수 A와 B를 더한 합(Sum)과 자리올림수(Carry)를 얻는 회로로서 배타적 논리회로(Exclusive-OR)와 AND 게이트로 구성되며, 반가산기의 $S = A \oplus B = \overline{A}B + A\overline{B}$, $C = AB$이다.

㉢ 전가산기(Full Adder)는 반가산기 2개와 OR 게이트로 구성되며 입력 3개, 출력 2개로 이루어진다.

㉣ 전가산기 : 2진수 가산을 완전히 하기 위해 자리올림 입력도 함께 더할 수 있는 기능을 갖는 조합 논리회로로 입력 3개(A, B, C_{n-1}), 출력 2개(Sum, Carry)로 구성된다.

㉤ 입력 중 어느 하나가 1인 경우에는 출력은 1이 되고, 모든 입력이 1일 때에도 출력은 1이 되며, 자리올림 C_n은 입력 중 2개 이상이 1인 경우에는 1이 된다.
$S = A \oplus B \oplus C_{n-1}$

49 2진수 "1011"을 8진수로 나타내려면 하위비트부터 3비트씩 끊어 변환한다.

1	011	2진수
1	3	8진수

즉, $(1011)_2 = (13)_8$이 된다.

50 ①은 $(16)_{10}$

②는 $(F)_{16} = 15 \times 16^0 = (15)_{10}$

③은 $(17)_8 = 1 \times 8^1 + 7 \times 8^0 = 8 + 7 = (15)_{10}$

④는 $(1111)_2 = 1 \times 2^3 + 1 \times 2^2 + 1 \times 2^1 + 1 \times 2^0$
$= 8 + 4 + 2 + 1 = (15)_{10}$

정답은 ①의 답이 다르다.

51 멀티플렉서(multiplexer)는 N개의 입력 데이터에서 1개의 입력씩만 선택하여 단일 통로로 송신하는 것

52 D-FF은 RS-FF에서 2개의 입력 R, S가 동시에 1인 경우에도 불확정한 출력 상태가 되지 않도록 하기 위하여 인버터(inverter) 하나를 입력 양단에 부가한 것으로 정보를 일시 유지하는 래치(latch) 회로나 시프트 레지스터(shift register) 등에 쓰인다.

53 논리합(OR)의 부정에 해당하며, 입력 데이터가 모두 0일 때 결과가 1이 되는 NOR(부정 논리합) 논리회로의 진리표로, $Y = \overline{A+B}$ 의 논리식으로 표

현한다.

54 반가산기(Half Adder)의 구성은 XOR 게이트 1개(Sum), AND 게이트 1개(Carry)로 구성된다.

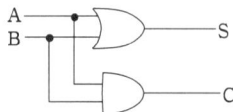

$S = \overline{A}B + A\overline{B} = A \oplus B$, $C = A \cdot B$ 가 된다.

55 문제의 논리식은 $C = A \cdot B$ 이므로 AND 게이트이다.

①의 논리식은 $C = \overline{\overline{A} + \overline{B}} = A \cdot B$ 이므로 AND 게이트이다.

②의 논리식은 $C = \overline{\overline{A + B}} = A + B$ 이므로 OR 게이트이다.

③의 논리식은 $C = \overline{\overline{A} \cdot \overline{B}} = A + B$ 이므로 OR 게이트이다.

④의 논리식은 $C = \overline{A \cdot B}$ 이므로 NAND 게이트이다.

56 JK F/F의 입력 J와 K를 서로 묶어서 하나의 입력으로 하여 클록신호가 1일 때 출력이 반전상태(토글)가 되도록 한 것이 T 플립플롭(F/F)이다.

T	Q_{n+1}
0	Q_n
1	$\overline{Q_n}$

57 3초과 코드는 BCD 코드에 3을 더한 것으로 10진수에 대한 보수를 코드 자체에 포함하고 있어 자기 보수 코드라 하며, 비트마다 일정한 값을 갖지 않으며, 연산 동작이 쉽게 이루어진다.
10진수의 각 자리에 3을 더하고, 더한 결과의 각 자리를 BCD 코드로 변환한다.

```
    3        6        5
+   3        3        3
    6        9        8
  0110     1001     1000
```

58 해밍 코드(Hamming Code)는 1비트의 오류를 자동적으로 정정해주는 코드로, 1비트의 단일 오류를 정정하기 위해서는 3비트의 여유 비트가 필요하고, 2개 이상의 중복 오류를 수정하려면 더 많은 여유 비트가 필요하다.
패리티 비트는 에러의 검색을 위한 코드이고, 에러의 검색과 교정이 가능한 것이 해밍 코드이다.

59 여기표(excitation table)란 플립플롭에서 현재의 상태와 다음 상태를 알 때 플립플롭에 어떤 입력을 주어야 하는가를 표로 나타낸 것이다.

[JK-FF 여기표]

$Q_{(t)}$	$Q_{(t+1)}$	J	K
0	0	0	X
0	1	1	X
1	0	X	1
1	1	X	0

60 ㉠ 순서 논리회로는 출력신호가 현재의 입력신호와 과거의 입력신호에 의하여 결정되는 논리회로로서 F/F과 같은 기억소자나 논리게이트로 구성된다.

㉡ 조합 논리회로에는 멀티플렉서(multiplexer), 해독기(decoder), 부호기(encoder), 반가산기, 전가산기 등이 속하고, 레지스터, 플립플롭, 계수기 등은 순서 논리회로에 속한다.

2009년 제5회

정답

01	02	03	04	05	06	07	08	09	10
②	②	②	③	③	③	④	③	③	④
11	12	13	14	15	16	17	18	19	20
②	②	③	②	④	①	①	①	②	④
21	22	23	24	25	26	27	28	29	30
②	③	②	①	①	③	④	②	④	③
31	32	33	34	35	36	37	38	39	40
②	③	①	④	①	①	④	②	①	④
41	42	43	44	45	46	47	48	49	50
②	③	②	②	④	②	③	④	②	④
51	52	53	54	55	56	57	58	59	60
③	④	①	③	②	①	②	②	③	④

01 $I = \dfrac{Q}{t} = \dfrac{600}{10 \times 60} = 1[\text{A}]$

02 $\alpha = \dfrac{\beta}{1+\beta} = \dfrac{19}{1+19} = 0.95$

03 그림은 가산기회로로서

$e_0 = -\left(\dfrac{R_f}{R_1}V_1 + \dfrac{R_f}{R_2}V_2 + \dfrac{R_f}{R_3}V_3\right)$

$= -\left(\dfrac{1 \times 10^6}{100 \times 10^3} \times 0.5 + \dfrac{1 \times 10^6}{500 \times 10^3} \times 1.5\right.$

$\left. + \dfrac{1 \times 10^6}{1 \times 10^6} \times 2\right)$

$= -10[\text{V}]$

04 수정발진기는 수정편의 Q가 높고($10^4 \sim 10^6$ 정도) 기계적으로나 물리적으로 안정하며, 발진을 만족하는 유도성 주파수 범위가 매우 좁은 반면 온도 변화에 대한 대책으로 수정 진동자를 항온조 내에 넣고 부하 변동의 영향을 막기 위해 차단회로와의 결합으로 완충증폭기 또는 전자결합방식을 채용한다.

05 궤환증폭도 $A_f = \dfrac{A_0}{1 - A_0\beta}$ 에서

$A_f = \dfrac{A_0}{1 - A_0\beta} = \dfrac{100}{1 - (100 \times -0.01)}$

$= \dfrac{100}{2} = 50$

06 직류 안정화 전원회로의 기본 구성요소는 기준부, 비교부, 검출부, 증폭부, 제어부로 구성된다.

07 듀티 사이클 $= \dfrac{\text{펄스 폭}}{\text{주기}} = \dfrac{2 \times 10^{-6}}{20 \times 10^{-6}} = 0.1$

08 평균값 = 최댓값 $\times \dfrac{2}{\pi}$, 최댓값 = 실효값 $\times \sqrt{2}$

그러므로 $V_m = \sqrt{2} \times 220 ≒ 311[\text{V}]$

09 100[%] 이상의 변조를 과변조라 한다. 과변조가 되면 피변조파의 일부가 결여되므로 검파에서 얻어지는 신호는 원래의 신호와는 다른 일그러짐이 많은 것이 된다. 또 측파대가 넓어지므로 다른 통신에 의한 혼신도 증가한다.

10 20[Ω]에 흐르는 전류를 I_1이라 하면 $I_1 = 4[\text{A}]$
전체전류(I)는 $I = I_1 + I_2 = 4 + 2 = 6[\text{A}]$
전압 $V = IR = 4 \times 20 = 80[\text{V}]$
R[Ω]에 흐르는 전류를 I_2라 하면 $I_2 = 2[\text{A}]$
$R = \dfrac{V}{I} = \dfrac{80}{2} = 40[\Omega]$

11 자료의 구성 단위
  ㉠ 비트 : 2진수 한 자리를 이용하여 0 또는 1로 표현되며, 표현의 최소 단위이다.
  ㉡ 바이트 : 8개의 비트로 구성되는 단위로 바이트로 표현할 수 있는 정보는 256개이다. 문자 표현의 기본 단위이며 기억용량의 크기를 재는 단위이다.
  ㉢ 워드 : 여러 개의 바이트로 구성되는 단위이다.
  ㉣ 필드 : 자료처리의 최소단위이다.

ⓜ 코드 : 하나 이상의 필드로 구성되며, 프로그램 처리의 기본 단위이다.
ⓗ 파일 : 연관성 있는 레코드들의 모임으로 프로그램 구성의 기본 단위이다.
ⓢ 데이터베이스 : 서로 관련된 파일들의 집합이다.

12 ㉠ fetch cycle : 기억장치에 있는 명령을 중앙처리장치로 읽어오는 사이클
㉡ indirect cycle : 간접주소일 때 유효주소를 읽기 위해 기억장치에 접근하는 사이클
㉢ execute cycle : 기억장치에서 읽어들인 명령을 실행하는 주기
㉣ interrupt cycle : 예기치 않은 상황이 발생할 경우 명령을 중단하고 인터럽트를 수행하고 복귀하는 사이클

13 큐(Queue)는 자료가 리스트에 첨가되는 순서대로만 처리할 수 있는 것으로 선입선출(FIFO) 리스트라 하고, 스택(Stack)은 리스트에 마지막으로 첨가된 자료가 제일 먼저 처리되는 것으로 후입선출(LIFO) 리스트라 한다.

14 ㉠ LOAD : 기억장치 내의 데이터를 불러들이는 명령
㉡ FETCH : 기억장치 내의 명령을 읽어들이는 과정(추출)
㉢ STORE : 기억장치에 데이터를 저장하는 명령
㉣ WRITE : 처리 결과를 기억장치에 써 넣는 과정

15 3[KByte]=1024×4=4096[Byte]이나 번지는 0번지부터 시작하므로 0~4095번지까지가 4[Kbyte]의 주소이다.

16 중앙처리장치는 비교, 판단, 연산을 담당하는 논리연산장치(arithmetic logic unit)와 명령어의 해석과 실행을 담당하는 제어장치(control unit)로 구성된다. 논리연산장치(ALU)는 각종 덧셈을 수행하고 결과를 수행하는 가산기(adder)와 산술과 논리연산의 결과를 일시적으로 기억하는 레지스터인 누산기(accumulater), 중앙처리장치에 있는 일종의 임시 기억장치인 레지스터(register) 등으로 구성되어 있다.

17 EBCDIC 코드는 4개의 존 비트와 4개의 디짓 비트로 구성된 8비트 코드로서 256개의 문자를 표현할 수 있으며 대문자와 소문자, 특수문자 및 제어신호를 구분할 수 있다.

18 중앙 처리 기능을 가진 소형 처리기를 DMA 위치에 두고 입·출력에 관한 제어 사항을 전담하도록 하는 특수 컴퓨터를 채널(channel)이라고 한다.
채널 프로그램
㉠ 채널 명령어(CCW, channel command word) : 주기억장치 내에 기억된 각 블록들의 정보이다.
㉡ 채널 프로그램 : 채널이 여러 개 블록을 입·출력할 때 각 블록에 대한 채널 명령어의 모임을 말한다.
㉢ 채널 번지 워드(CAW, channel address word) : 첫째 번 채널 명령어의 위치를 기억장치 내의 특정 위치에 기억시켜 사용하는데 이 특정 위치를 말한다.
㉣ 채널 상태어(CSW, channel status word) : 입·출력 동작이 이루어진 후 채널, 서브채널, 입·출력장치의 상태를 워드로 나타낸 것이다.

19 보수(Complement) 연산이므로 입력 데이터의 부정을 취하면 되므로, 11000001의 1의 보수는 00111110이 되고, 11000010의 1의 보수는 00111101이 된다.

20 입·출력 시스템의 제어방식에는 CPU에 의한 방식, 프로그램에 의한 방식, 인터럽트 처리 방식, DMA 방식, 채널에 의한 방식이 있다.

21 전자계산기 회로 소자의 발전
　㉠ 제1세대 : 진공관
　㉡ 제2세대 : 트랜지스터(TR)
　㉢ 제3세대 : 집적회로(IC)
　㉣ 제4세대 : 고밀도 집적회로(LSI)

22 종이테이프는 자장을 이용하는 것이 아니라 천공에 의하여 1과 0의 데이터를 처리하는 방식을 사용한다.

23 부동 소수점 방식은 부호 비트, 지수부, 가수부로 구성된다.

24 논리적 연산에서 단항 연산은 MOVE, SHIFT, ROTATE, COMPLEMENT 연산 등이 있고, 이항 연산에는 사칙연산, OR(논리합 : 문자 또는 비트의 삽입), AND(논리곱 : 불필요한 비트 또는 문자의 삭제) 등이 해당된다.

25 버스는 컴퓨터에서 데이터를 전송하는 통로로 내부 버스와 외부 버스로 구분한다.
　㉠ 내부 버스 : CPU 내부에서 레지스터 간의 데이터 전송에 사용되는 통로이다.
　㉡ 외부 버스 : CPU와 주변장치 간의 데이터 전송에 사용되는 통로로, 제어 버스, 주소 버스, 데이터 버스로 구분한다.

26 ㉠ 단방향(Simplex) 통신 방식은 접속한 두 장치 사이에서 데이터를 한 방향으로 전송하는 방식이다.
　㉡ 반이중(Half Duplex) 통신방식은 양방향에서의 전송이 가능하나 동시에 양방향 통신은 불가능한 방식이다.
　㉢ 전이중(Full duplex) 통신방식은 양방향에서 동시에 정보의 송·수신이 가능한 방식이다.

27 입·출력 인터페이스(I/O Interface) 회로는 중앙처리장치(CPU)와 입·출력장치 사이에 데이터 전송이 원활하도록 중계를 담당하는 회로이다.
입·출력에는 버스와 인터페이스, 제어장치가 필요하다.

28 기억된 프로그램의 명령을 하나씩 읽고, 해독하여 각 장치에 필요한 지시를 하는 것은 제어장치이다.

29 정보통신망은 모뎀과 단말기, 통신제어장치 등으로 구성된다.

30 스택(Stack)은 0-주소지정방식의 메모리 처리구조로 후입선출(LIFO : Last-In First-Out)의 데이터 처리방법을 갖는다.

31 예약어는 컴퓨터 프로그래밍 언어에서 이미 문법적인 용도로 사용되고 있기 때문에 식별자로 사용할 수 없는 단어들이다.

32 타임 셰어링 시스템(time sharing system, 시분할 시스템)은 여러 이용자로부터의 자료를 극히 짧은 시간으로 분할하여 단속적으로 병행 처리하는 것으로서, 이용자들이 마치 자기 자신만의 컴퓨터를 이용하는 것과 같이 독립적으로 자료를 처리할 수 있는 시스템이다.

33 논리 IF문은 논리식이나 논리 변수의 값이 참인가 거짓인가에 따라 실행을 달리하는 명령문이다.

34 운영체제의 성능평가요소에는 신뢰도, 응답시간, 처리능력, 이용가능도 등이 있다.

35 ㉠ 원시 프로그램 : 언어번역 프로그램에 의해 기계어로 번역되기 전의 프로그램
　㉡ 목적 프로그램 : 기계어로 번역된 후의 프로그램

36 기계어는 0과 1로 이루어지므로, 프로그램의 유지보수가 어렵다. 저급 언어는 기계어를 말하며, 기계어는 변환과정 없이 계산기가 직접 처리할 수 있으므로 처리속도가 빠르다.
㉠ 2진수를 사용하여 명령어와 데이터를 표현한다.
㉡ 호환성이 없고, 기계마다 언어가 다르다.
㉢ 프로그램의 실행속도가 빠르다.
㉣ 프로그램의 유지보수와 배우기가 어렵다.

37 고급 언어로 작성한 원시 프로그램을 목적 프로그램으로 번역하는 기능을 갖는 언어번역 프로그램을 컴파일러(compiler)라 한다.

38 프로그래밍에서 변수란 프로그램에 전달되는 정보나 그 밖의 상황에 따라 바뀔 수 있는 값을 의미한다.
상수란 프로그램이 수행되는 동안 변하지 않는 값을 의미한다.

39 여러 개의 명령을 묶어 하나의 명령으로 만든 명령어를 매크로라 한다.

40 C언어의 모든 변수나 함수는 자료형(data type)과 기억 클래스(storage class)의 두 가지 속성(attribute)을 갖는다. 자료형은 자료가 내부에서 기억되는 형태와 크기를 규정하는 것이고, 기억 클래스는 자료가 기억되는 기억 장소와 생존기간(life time), 유효범위(scope)를 규정하는 것이다. 기억 클래스의 종류는 자동 변수(automatic variable), 정적 변수(static variable), 외부 변수(external variable), 레지스터 변수(register variable) 등 4가지가 있다.

41 AND(논리곱) 게이트의 동작은 모든 입력신호가 1일 때만 출력상태가 1이 되며, 그 외의 입력이 인가될 때 출력상태는 0이 된다. 논리식은 X = A · B가 된다.

[AND 게이트의 기호]

A	B	X
0	0	0
0	1	0
1	0	0
1	1	1

[AND 게이트의 진리표]

42 해독기(decoder)의 출력은 AND 게이트로 이루어지고, 입력 데이터에 따라 출력이 결정되며, 그림은 2×4 해독기로서 진리치표는 아래와 같다. 반대로 부호기(encoder)의 출력은 OR 게이트로 이루어진다.

A	B	X_0	X_1	X_2	X_3
0	0	1	0	0	0
0	1	0	1	0	0
1	0	0	0	1	0
1	1	0	0	0	1

[2×4 디코더(해독기)의 진리치표]

43 RS 플립플롭에서 R=S=1의 상태에서 불확정되는 것을 피하기 위하여 NOT 게이트를 부가하여 출력이 토글되도록 한 D F/F이다.

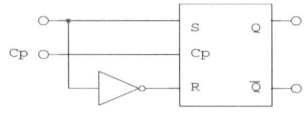

44 RS 플립플롭은 S(set)와 R(reset) 2개의 입력과 Q, $\overline{Q}$ 2개의 출력을 가지고 있으며, R, S 입력의 조합으로 출력의 상태가 변화하나 S=R=1의 경우는 불확정(부정) 상태가 되는 플립플롭이다.

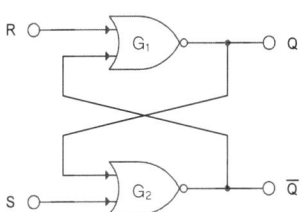

[RS 플립플롭의 회로]

R	S	Q	$\overline{Q}$
0	0	Q_0	$\overline{Q_0}$
0	1	1	0
1	0	0	1
1	1	부정	부정

[RS F/F의 진리표]

45 NAND 게이트의 동작은 모든 입력신호가 1일 때만 출력상태가 0이 되며, 그 외의 입력이 인가될 때 출력상태는 1이 된다. 논리식은 $X = \overline{A \cdot B}$ 가 된다.

[NAND 게이트의 기호]

A	B	X
0	0	1
0	1	1
1	0	1
1	1	0

[NAND 게이트의 진리표]

46 NOT 게이트는 인버터라 하며, 인버터(Inverter)의 동작은 입력 논리신호의 반대가 되는 값을 출력하는 회로로 입력에 1이 인가될 때 출력은 0이 되고, 입력에 0이 인가되면 출력은 1이 된다. 논리식은 $X = \overline{X}$ 가 된다.

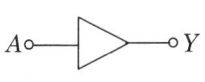

[NOT 게이트의 기호]

A	A
0	1
1	0

[NOT 게이트의 진리표]

47 $AB + ABC = AB(1+C) = AB$

48 n개의 입력단자에서 2진 데이터를 받아 최대 2^n개의 출력단자 중 그에 해당하는 출력단자에 데이터를 보내주는 조합 논리회로를 디코더라 한다. 그러므로 $2^4 = 16$개이다.

49 해밍 코드(Hamming Code)는 1비트의 오류를 자동적으로 정정해 주는 코드로, 1비트의 단일 오류를 정정하기 위해서는 3비트의 여유 비트가 필요하고, 2개 이상의 중복 오류를 수정하려면 더 많은 여유 비트가 필요하다. 패리티 비트는 에러의 검색을 위한 코드이고, 에러의 검색과 교정이 가능한 것이 해밍 코드이다.

50 $(13)_{10} = (1101)_2$
2진수를 그레이 코드로 변한
– 최상위 비트값은 그대로 사용한다.
– 다음부터는 인접한 값까지 XOR(Exclusive-OR)연산을 해서 내려쓴다.

$$\begin{array}{cccc} 1 & 1 & 0 & 1 \\ \downarrow & \downarrow & \downarrow & \downarrow \\ 1 & 0 & 1 & 1 \end{array}$$

51 JK 플립플립의 진리치표는 아래와 같다.

J	K	Q	비고
0	0	이전상태(Q_n)	불변
0	1	0	리셋
1	0	1	세트
1	1	반전상태($\overline{Q_n}$)	보수

그러므로 J=0, K=1일 때는 0(리셋)이 되고, J=1,

K=0일 때는 1(세트)이 된다.

52 반감산기(HS : Half Subtractor)는 두 개의 2진수를 감산하여 자리내림수 B(Borrow)와 차 D(Difference)를 나타내는 논리회로이다.

A	B	B(자리내림수)	D(차)
0	0	0	0
0	1	1	1
1	0	0	1
1	1	0	0

$D = A\overline{B} + \overline{A}B$, $b = \overline{A}B$

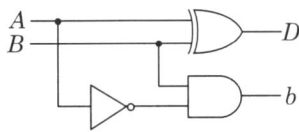

[반감산기의 회로구성]

53 드 모르간의 정리
$\overline{A+B+C+D} = \overline{A} \cdot \overline{B} \cdot \overline{C} \cdot \overline{D}$

54 입력단자에 공급된 데이터를 코드화하여 출력으로 내보내는 것이 부호기(encoder)이므로, $2^3 = 8$이 되므로 $2^4 = 16$이 되어야 4개의 출력 단자를 갖는다.

55 리플 계수기는 전단의 출력을 다음 단의 입력으로 사용하므로 동기성 계수기로 사용할 수 없다.

56 게이트당 소비전력을 비교하면
DTL : 8[mW], RTL : 12[mW], TTL : 10[mW], CMOS : 0.01[mW]이다.

57 A + 0 = A이 된다.

58 레지스터를 구성하는 기본소자가 플립플롭(F/F)으로, 0과 1의 안정된 논리 상태를 갖는 쌍안정 멀티바이브레이터를 플립플롭(F/F)이라 한다.

59 JK F/F의 입력 J와 K를 서로 묶어서 하나의 입력으로 하여 클록신호가 1일 때 출력이 반전상태(토글)가 되도록 한 것이 T 플립플롭(F/F)이다.

T	Q_{n+1}
0	Q_n
1	$\overline{Q_n}$

60 ㉠ 순서 논리회로는 출력신호가 현재의 입력신호와 과거의 입력신호에 의하여 결정되는 논리회로로서 F/F과 같은 기억소자나 논리게이트로 구성된다.
㉡ 조합 논리회로에는 멀티플렉서(multiplexer), 해독기(decoder), 부호기(encoder), 반가산기, 전가산기 등이 속하고, 레지스터, 플립플롭, 계수기 등은 순서 논리회로에 속한다.

2010년 제1회

01	02	03	04	05	06	07	08	09	10
②	④	③	①	③	③	③	③	③	③
11	12	13	14	15	16	17	18	19	20
①	①	①	③	③	④	③	④	③	③
21	22	23	24	25	26	27	28	29	30
①	④	②	③	②	①	①	①	①	①
31	32	33	34	35	36	37	38	39	40
②	④	①	③	②	④	④	②	②	④
41	42	43	44	45	46	47	48	49	50
①	④	③	②	②	②	②	②	①	②
51	52	53	54	55	56	57	58	59	60
①	②	②	②	②	②	④	①	④	④

01 $I = \dfrac{V}{R} = \dfrac{100}{20 \times 10^3} = 5 \text{[mA]}$

02 수정진동자의 특징
 ㉠ 압전효과가 있다.
 ㉡ 실온에서 0 온도계수를 가질 수 있다.
 ㉢ 절단에 의해 stress를 보상할 수 있다.
 ㉣ Q값이 매우 높아 안정하다.
 ㉤ 공정이 간단하다.

03

	베이스 접지	이미터 접지	컬렉터 접지
출력저항	크다 수십 [kΩ] 이상	중간(수[kΩ] ~수십[kΩ])	작다(수[Ω] ~수십[Ω])
입·출력 위상	동상	위상반전	동상
전압 증폭도	높다	높다	낮다(<1)
전류 증폭도	≒1	높다	높다
전류 증폭도	낮다	높다	낮다
용도	전압증폭용	전압증폭용	임피던스 변환용

04 부궤환 증폭회로의 특성
 ㉠ 증폭기의 이득이 감소한다.
 ㉡ 비선형 일그러짐이 감소한다. 특히 출력단의 잡음이 감소한다.
 ㉢ 주파수 특성이 개선된다.
 ㉣ 입력 임피던스가 증가하고, 출력 임피던스는 감소한다.
 ㉤ 부하의 변동이나 전원 전압의 변동에도 증폭도가 안정된다.

05 증폭소자(트랜지스터)의 트랜지스터의 V-I 특성 곡선에 부하선을 그려 넣음으로써 증폭이득, 동작점 등을 구할 수 있다. 아날로그회로는 활성영역을 사용하고, 디지털회로는 차단영역과 포화영역을 사용한다.

06 $I = \dfrac{Q}{t} = \dfrac{30}{1 \times 60} = 0.5 \text{[A]}$

07 $G = 20\log_{10} \dfrac{6}{60 \times 10^{-3}} = 20\log_{10} 10^2$
$= 20 \times 2 = 40 \text{[dB]}$

08 $S = \dfrac{\Delta I_c}{\Delta I_{co}} = (1+\beta)$

09 상승 시간(t_r, rise time)은 실제의 펄스가 이상적 펄스의 진폭(V)의 10[%]에서 90[%]까지 상승하는 데 걸리는 시간이다.

10 평균값=최댓값$\times \dfrac{2}{\pi}$, 최댓값=실효값$\times \sqrt{2}$
최댓값=$100 \times \sqrt{2} = 141\text{[V]}$이므로
평균값=$114 \times \dfrac{2}{\pi} = 114 \times 0.637 = 90\text{[V]}$

11 3초과 코드(Excess-3 Code)는 BCD 코드에 3(0011₍₂₎)을 더하여 만든 코드로, 자기보수 코드(self complement code)라고 한다. 3초과 코드는

비트마다 일정한 값을 갖지 않으며, 연산동작이 쉽게 이루어지는 특징이 있는 코드이다.

12 직접기억장치(DMA : Direct Memory Access) : 데이터의 입·출력 전송이 중앙처리장치(CPU)를 거치지 않고 직접 기억장치와 입·출력장치 사이에서 이루어진다.

13 ㉠ 배치처리(Batch Processing) : 데이터를 일정 기간, 일정량을 저장하였다가 한꺼번에 처리하는 방식
㉡ 시분할처리 : 시간을 분할하여 여러 이용자의 자료를 병행 처리하는 방식
㉢ 실시간 처리 : 데이터 발생 즉시 처리하는 방식
㉣ 온라인 실시간 처리 : 데이터 발생 즉시 처리하여 결과까지 완료하는 시스템
㉤ 오프라인 시스템 : 전송된 데이터를 일단 카드, 자기테이프에 기록한 다음 일괄 처리하는 방식

14 6비트 BCD 코드는 $2^6=64$이므로 64개의 서로 다른 문자의 표현이 가능하다.

15 지수에 소수점의 위치를 갖게 되므로 따로 소수점을 나타내는 비트가 필요치 않은 방식이 부동 소수점 방식이다.

16 누산기(Accumulator)는 산술연산 또는 논리연산의 결과를 일시적으로 기억하는 레지스터의 일종이다.

17 전가산기(Full Adder)는 반가산기 2개와 OR 게이트로 구성되며 입력 3개, 출력 2개로 이루어진다.
㉠ 전가산기 : 2진수 가산을 완전히 하기 위해 자리올림 입력도 함께 더할 수 있는 기능을 갖는 조합 논리회로로 입력 3개(A, B, C_{n-1}), 출력 2개(Sum, Carry)로 구성된다.
㉡ 입력 중 어느 하나가 1인 경우에는 출력은 1이 되고, 모든 입력이 1일 때에도 출력은 1이 되며, 자리올림 C_n은 입력 중 2개 이상이 1인 경우에는 1이 된다.

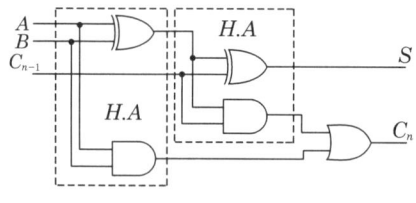

[전가산기의 구성]

18 2진수를 레지스터에 직렬로 입·출력할 수 있게 플립플롭을 연결한 것을 시프트 레지스터(shift register)라고 한다. 한 번에 여러 비트를 입·출력할 수 있는 레지스터는 병렬로 데이터가 이동한다고 한다. 왼쪽으로 2비트 이동하므로 1100에서 110000이 되므로 10진수 48이 된다.

19 RFID는 Radio Frequency Identification의 약자이며, 스마트 태그라고도 불리고, 카드 안에 초소형 칩을 내장하고 바코드의 6,000배에 달하는 정보를 수록할 수 있는 자동인식기술 중의 하나이다. 기능은 바코드와 비슷하지만 먼 거리에서도 인식이 가능하고 동시에 여러 개를 인식할 수 있다는 장점이 있어 바코드보다 활용범위가 훨씬 넓다고 할 수 있다.

20 ASCII 코드는 존 비트와 디짓 비트로 구성되는 7비트 ASCII 코드(128개의 코드)와 8비트 ASCII 코드(7비트 ASCII 코드에 패리티 비트 추가)로 구분하나 일반적으로 8비트의 ASCII 코드가 사용되며 소형 컴퓨터와 데이터 통신용으로 폭 넓게 사용되는 코드가 7비트의 ASCII 코드이다.

21 ㉠ 직접, 절대 주소지정방식(direct absolute add- ressing mode) : 오퍼랜드가 존재하는 기억장치의 어드레스를 직접 명령 속에 포함시켜 지정하는 방법

ⓒ 이미디어트 주소지정방식(immediate addressing mode) : 명령 속의 오퍼랜드 정보를 그대로 오퍼랜드로 사용하는 방법
ⓒ 간접 주소지정방식(indirect addressing mode) : 오퍼랜드가 존재하는 기억장치 어드레스를 내용으로 가지고 있는 기억 장소의 어드레스를 명령 속에 포함시켜 지정하는 방법
ⓔ 상대 주소지정방식(relative addressing mode) : 명령 속의 오퍼랜드 지정 정보를 레지스터 지정부와 전개부로 나누어서 레지스터 지정부로 지정된 레지스터 내용과 전개부를 더해서 오퍼랜드의 어드레스를 구한다.
ⓜ 레지스터 주소지정방식(register addressing mode) : 기억장치의 어드레스 대신 레지스터의 번호를 지정하고, 그 레지스터 내용을 목적으로 하는 오퍼랜드의 어드레스로 한다.(레지스터 간접 어드레스 지정 방식이라고 한다.)

22 3초과 코드(Excess-3 Code)는 BCD 코드에 3(0011₍₂₎)을 더하여 만든 코드로, 자기보수 코드(self complement code)라고 한다. 3초과 코드는 비트마다 일정한 값을 갖지 않으며, 연산동작이 쉽게 이루어지는 특징이 있는 코드이다. 그러므로 0011+0011=0110이 된다.

23 21번 해설 참조

24 음수의 표현방법에는 부호와 절대값을 이용한 방법, 1의 보수 및 2의 보수를 이용한 방법이 사용된다.

25 PDP(Plasma Display Panel)는 상·하판 사이의 공간 내에 채워진 Gas에서 방출된 자외선이 형광체와 부딪혀 고유의 가시광선을 방출하는 원리로 화면을 구현하며, 벽걸이 TV로 흔히 얘기되고 있는 미래형 디지털 영상 디스플레이로서, 다양한 입력 신호(PC, Video, HDTV 등)와 연결되어 기존 영상 디스플레이장비보다 밝고 선명한 고화질 영상을 재현할 수 있는 미래형 멀티미디어 디스플레이 시스템이며 특히 40″ 이상의 대형 화면을 10[cm] 이하의 얇은 두께로 구현할 수 있어 공간 활용 및 미적 디자인면에서 매우 큰 장점을 지니고 있다.

26 논리적 연산에서 단항 연산은 MOVE, SHIFT, ROTATE, COMPLEMENT 연산 등이 있고, 이항 연산에는 사칙연산, OR(논리합 : 문자 또는 비트의 삽입), AND(논리곱 : 불필요한 비트 또는 문자의 삭제) 등이 해당된다.

27 2진수를 레지스터에 직렬로 입·출력할 수 있게 플립플롭을 연결한 것을 시프트 레지스터(shift register)라고 한다. 한 번에 여러 비트를 입·출력할 수 있는 레지스터는 병렬로 데이터가 이동한다고 한다.

28 0주소 명령 형식은 스택(stack)에서 사용하는 주소 명령 형식이다.

29 호퍼(hopper)는 카드 리더에서 읽기 위한 카드를 쌓아 놓는 곳을 말하고, 읽은 카드를 쌓아 놓는 곳을 스태커(stacker)라 한다.

30 논리회로도를 설계하는 순서는 진리표 작성 → 카르노도 표현 → 논리식의 간소화 → 논리회로도 작성으로 이루어진다.

31 순서도는 처리하고자 하는 문제를 분석하고 입·출력 설계를 한 후에, 그 처리순서의 방법에 따라 기호를 사용하여 나타낸 그림으로 프로그램 코딩의 자료가 되고, 인수인계가 용이하고 오류 발생 시 원인을 찾아 수정이 쉽다.
순서도(순서도(flow chart))를 작성하는 이유
㉠ 논리적인 체계를 쉽게 이해할 수 있다.
㉡ 업무의 전체적인 개요를 쉽게 파악할 수 있다.

ⓒ 문제의 정확성 여부를 쉽게 판단할 수 있다.
ⓔ 프로그램의 코딩이 쉬워진다.
ⓜ 프로그램의 흐름에 대한 수정을 용이하게 한다.

32 로더(Loader)는 목적 프로그램을 읽어들여 주기억장치에 적재시킨 후에 실행시키는 서비스 프로그램으로, 로더(Loader)는 연결(Linking) 기능, 할당(Allocation) 기능, 재배치(relocation) 기능, 로딩(loading) 기능 등이 있다.

33 프로그래밍 언어의 선정 기준
  ㉠ 프로그래머가 그 언어를 쉽게 이해하고 사용할 수 있어야 함
  ㉡ 어느 컴퓨터에서나 쉽게 설치되고 실행되어야 함
  ㉢ 주어진 문제의 응용 목적에 맞는 언어이어야 함
  ㉣ 프로그래머 개인의 선호에 적합해야 함

34 스케줄링 알고리즘의 목표
  ㉠ 공정성(Fairness) : 모든 프로세스들에게 공정히 CPU 시간 할당
  ㉡ 효율성(Balance) : CPU의 사용률 극대화
  ㉢ CPU 이용률과 처리량을 최대화하고 처리시간, 대기시간, 응답시간을 최소화하는 게 바람직한 스케줄링의 기준

35 소프트웨어의 개발은 문제의 분석 – 입·출력 설계 – 순서도 작성 – 프로그램 입력 – 문법오류 수정 – 모의자료 입력 – 논리오류 수정 – 실행의 절차에 따른다.

36 어셈블리어(Assembly Language)는 사람이 기억하고 이해하기 쉬운 연상코드(문자, 숫자, 특수문자 등으로 기호화 : 니모닉)를 사용함으로써 프로그램의 작성이 기계어보다 용이하고, 프로그램의 수정이 편리하다는 장점이 있으나, 어셈블러에 의한 번역 과정이 필요하므로 처리 속도가 느리고 컴퓨터마다 어셈블러가 다르므로 호환성이 적다.

37 전처리기(preprocessor : 선행처리기)는 실질적인 컴파일 이전에 미리 처리되는 문장을 가리킨다. 따라서 컴파일러는 사용자가 작성한 코드를 컴파일을 하기 전에 전처리문에서 정의해 놓은 작업들을 먼저 수행하고 난 후에 이를 컴파일하게 된다.

38 BNF(Backus-Naur form : 배커스-나우어 형식)는 BNF는 구문 요소를 나타내는 기호 < >, 둘 중 하나의 선택을 의미하는 기호 ∥, 좌변은 우변에 의해 정의됨을 의미하는 기호 ::= 등의 메타 기호들을 사용하여 규칙을 표현한다.

39 고급 언어(High Level Language)는 자연어에 가까워 그 의미를 쉽게 이해할 수 있는 사용자 중심의 언어로, 기종에 관계없이 공통적으로 사용할 수 있는 언어로, 기계어로 변환하기 위한 컴파일러가 필요하다.

40 운영체제의 성능평가요소에는 신뢰도, 응답시간(Turn around Time), 처리능력(throughput), 이용 가능도(availability) 등이 있다.

41 JK 플립플립의 진리치표는 아래와 같다.

J	K	Q	비고
0	0	이전상태(Q_n)	불변
0	1	0	리셋
1	0	1	세트
1	1	반전상태($\overline{Q_n}$)	보수

그러므로 J=0, K=1일 때는 0(리셋)이 되고, J=1, K=0일 때는 1(세트)이 된다.

42 레지스터를 구성하는 기본소자가 플립플롭(F/F)으로, 0과 1의 안정된 논리 상태를 갖는 쌍안정 멀티바이브레이터를 플립플롭(F/F)이라 한다.

43 ㉠ 순서 논리회로는 출력신호가 현재의 입력신호와 과거의 입력신호에 의하여 결정되는 논리회로서 F/F과 같은 기억소자나 논리게이트로 구성된다.
㉡ 조합 논리회로에는 멀티플렉서(multiplexer), 해독기(decoder), 부호기(encoder), 반가산기, 전가산기 등이 속하고, 레지스터, 플립플롭, 계수기 등은 순서 논리회로에 속한다.

44 비동기형 계수기는 전단의 출력을 입력펄스로 받아 계수하는 회로이고, 동기형 계수기는 입력펄스를 병렬로 입력받아 각 단이 동시에 동작하는 계수기이다.

45 $Z = XY + Y = Y(1+X) = Y$

46

A	B	Y
0	0	1
0	1	1
1	0	1
1	1	0

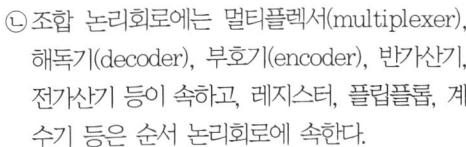

47 $B\bar{B}=0$ 이므로
$(\overline{\bar{A}+B})(\overline{\bar{A}+\bar{B}}) = (A \cdot \bar{B})(A \cdot B)$
$= AA \cdot AB \cdot A\bar{B} \cdot B\bar{B}$
$= 0$

48 각 자리수의 BCD(8421)코드를 16진수로 변환한다.

1011	1010	1100	0010
11(B)	10(A)	12(C)	2

즉, BCD 1011101011000010_2은 16진수로 $BAC2_{16}$가 된다.

49 일련의 순차적인 수를 세는 회로를 계수회로(counter)라 한다.

50 멀티플렉서(multiplexer)는 N개의 입력 데이터에서 1개의 입력씩만 선택하여 단일 통로로 송신하는 조합 논리회로이다.

51 "플립플롭의 출력은 입력 상태에 따라 가해지는 클록 펄스에 의해 변환한다. 이와 같은 변화를 플립플롭이 (트리거)되었다고 한다."

52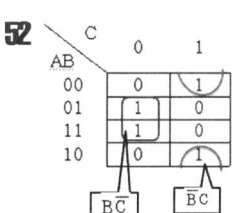

$B\bar{C}+\bar{B}C$ 가 된다.

53 드 모르간(De Morgan)의 법칙
$(\overline{X+Y}) = \bar{X} \cdot \bar{Y}, \ (\overline{X \cdot Y}) = \bar{X}+\bar{Y}$

54 비동기형 계수기는 전단의 출력을 입력펄스로 받아 계수하는 회로이고, 동기형 계수기는 입력펄스를 병렬로 입력받아 각 단이 동시에 동작하는 계수기이다.
$2^3=8$이고 $2^2=4$이므로 0~5까지의 계수가 가능한 6진 카운터를 구성하기 위해서는 3개의 플립플롭이 필요하다.
플립플롭이 n개일 때 카운터가 셀 수 있는 최대의 수를 N이라 하면 $N=2^n$개의 수를 셀 수 있고, 0에서 2^n-1의 수까지 표현한다.

55 JK F/F의 입력 J와 K를 서로 묶어서 하나의 입력으로 하여 클록신호가 1일 때 출력이 반전상태(토글)가 되도록 한 것이 T 플립플롭(F/F)이다.

T	Q_{n+1}
0	Q_n
1	$\overline{Q_n}$

56 반가산기는 한 자리수 A와 B를 더할 때 발생되는 결과는 A와 B의 합과 자리올림수(Carry)가 발생하며, 합(S)과 자리올림수(C)의 논리식은
$S = \overline{A}B + A\overline{B} = A \oplus B$, $C = A \cdot B$로 나타낸다.

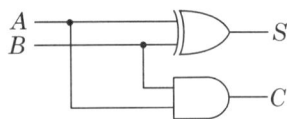

[반가산기의 구성]

A	B	S(Sum)	C(Carry)
0	0	0	0
0	1	1	0
1	0	1	0
1	1	0	1

[반가산기의 진리표]

57 8Bit로 10을 나타내면 00001010이 되고, 2의 보수 표현 방법에 의해 10과 -10을 나타내면 11110110이 된다.

58
```
      +     +     +
  0   1   1   1
  ↓ ↗ ↓ ↗ ↓ ↗ ↓
  0   1   0   1
```
그레이 코드 0111을 2진수로 변환하면 0101이 된다.

59 시프트 레지스터(shift register)는 FF을 여러 개 종속 접속하여 시프트 펄스를 하나씩 공급할 때마다 순차적으로 다음 FF에 데이터가 전송되도록 하는 레지스터이다.

60 게이트당 소비전력을 비교하면 DTL : 8[mW], RTL : 12[mW], TTL : 10[mW], CMOS : 0.01[mW]이다.

2010년 제2회

01	02	03	04	05	06	07	08	09	10
②	②	④	③	①	④	②	②	①	③
11	12	13	14	15	16	17	18	19	20
④	③	③	④	①	③	②	④	②	③
21	22	23	24	25	26	27	28	29	30
④	④	②	④	①	③	②	④	②	②
31	32	33	34	35	36	37	38	39	40
②	①	③	①	①	①	③	③	①	①
41	42	43	44	45	46	47	48	49	50
③	②	①	③	①	③	②	④	②	②
51	52	53	54	55	56	57	58	59	60
②	②	②	③	①	①	②	②	①	④

01 평활회로(smoothing circuit)는 정류기 출력 전압의 맥동(ripple)을 감쇠시키는 회로로서, 저역여파기(low-pass filter)를 사용한다.

02 상측파대 주파수
 : $f_H = f_c + f_s = 700 + 5 = 705[\text{kHz}]$
하측파대 주파수
 : $f_L = f_c - f_s = 700 - 5 = 695[\text{kHz}]$
∴ 점유 주파수대는 695~705[kHz]이므로 대역폭은 10[kHz]이다.

03 입력 오프셋 전압이란 출력전압을 0으로 하기 위해 두 입력 단자 사이에 인가해야 할 전압을 말한다.

04 $G = 20\log_{10}\dfrac{1}{1 \times 10^{-3}} = 20\log_{10}10^3$
$ = 20 \times 3 = 60$

05 진성 반도체(intrinsic semiconductor) : 불순물이 전혀 섞이지 않은 반도체
- 불순물 반도체(extrinsic semiconductor)
  ㉠ N형 반도체 : 과잉 전자(excess electron)에 의해서 전기 전도가 이루어지는 불순물 반도체
  도너(donor) : N형 반도체를 만들기 위한 불순물 원소(Sb, As, P, Pb)
  ㉡ P형 반도체 : 정공에 의해서 전기 전도가 이루어지는 불순물 반도체
  억셉터(acceptor) : P형 반도체를 만들기 위한 불순물 원소(Ga, In, B, Al)

06 반도체는 온도 상승에 따라 저항값이 감소하는 부(-)의 온도계수 특성이 있으며, 불순물을 섞을수록 도전율이 증가된다.(저항값이 감소한다.) 반도체의 재료로 가장 많이 사용되는 것이 실리콘(Si)과 게르마늄(Ge)이다.

07 $A_f = \dfrac{A}{1-A\beta} = \dfrac{90}{1-(90 \times -0.1)} = 9$

08 $W = \dfrac{1}{2}LI^2[J]$의 식에 의해
$W = \dfrac{1}{2} \times 10 \times 1^2 = 5[J]$

09 용량이 같은 콘덴서 n개를 병렬접속하면 n배가 되고, 직렬접속하면 $\dfrac{1}{n}$배가 된다.

10 C급 증폭기는 효율이 가장 좋기 때문에 송신기의 전력증폭기로 사용된다.

11 게이트당 소비전력을 비교하면 DTL : 8[mW], RTL : 12[mW], TTL : 10[mW], CMOS : 0.01[mW]이다.

12 ASCII 코드는 7비트의 코드이므로 $2^7 = 128$의 정보의 수를 표현할 수 있다.

13 DMA(Direct Memory Access)는 데이터의 입·출력 전송이 CPU를 거치지 않고 직접 기억장치와 입·출력장치에서 이루어지는 인터페이스이다.

14 3[KByte] = 1024 × 3 = 3072[Byte]

15 인터럽트 마스크 레지스터에 의해 특정 인터럽트 처리가 실행되지 않도록 억제하는 방법

16 논리적 연산에서 단항 연산은 MOVE, SHIFT, ROTATE, COMPLEMENT 연산 등이 있고, 이항 연산에는 사칙연산, OR(논리합 : 문자 또는 비트의 삽입), AND(논리곱 : 불필요한 비트 또는 문자의 삭제) 등이 해당된다.

17 해밍 코드(Hamming Code)는 1비트의 오류를 자동적으로 정정해 주는 코드로, 1비트의 단일 오류를 정정하기 위해서는 3비트의 여유 비트가 필요하고, 2개 이상의 중복 오류를 수정하려면 더 많은 여유 비트가 필요하다.

18 논리적 연산에서 이항 연산에는 사칙연산, OR(논리합 : 문자 또는 비트의 삽입), AND(논리곱 : 불필요한 비트 또는 문자의 삭제) 등이 해당된다.

19 자기테이프는 데이터 접근이 순차에 의해 이루어지는 기억장치이고, 자기 디스크, CD-ROM, 자기 코어, 하드 디스크, 플로피 디스크는 임의 액세스 기억장치이다.

20 인터럽트란 컴퓨터가 어떤 프로그램을 실행 중에 긴급사태 등이 발생하면 진행 중인 프로그램을 일시 중단하여 긴급 사태에 대처하고, 긴급 처리가 끝나면 중단했던 프로그램을 재개하는 것을 말한다.

21 하드웨어적 인터럽트에는
- 정전 : 최우선 순위를 가짐
- 기계검사 인터럽트(Machine Check) : CPU 및 기타 장치에서 에러가 발생했을 경우나 입·출력장치의 데이터 전송 요구, 데이터 전송이 끝났을 때 발생
- 외부 인터럽트 : 타이머, 전원 등의 외부 신호 및 오퍼레이터의 조작에 의해서 발생
- 입·출력 인터럽트 : 데이터 입·출력 종료나 에러가 발생했을 경우

22 - 입력장치에는 키보드와 마우스가 많이 사용되며, 스캐너, 광학 마크 판독기, 광학 문자 판독기, 자기 잉크 문자 판독기, 바코드 판독기, 조이 스틱, 디지타이저, 터치스크린, 디지털 카메라 등이 있다.
- 출력장치에는 프린터와 모니터가 있으며, 프린터로는 도트 매트릭스 프린터, 잉크 제트 프린터, 레이저 프린터가 있다. 또, 모니터에는 음극선관과 모니터와 액정 화면 모니터, 플라즈마 디스플레이, 터치스크린, 프로젝터 등이 있다.

23 - 단방향(Simplex) 통신방식은 접속한 두 장치 사이에서 데이터를 한 방향으로 전송하는 방식이다.
- 반이중(Half Duplex) 통신방식은 양방향에서의 전송이 가능하나 동시에 양방향 통신은 불가능한 방식이다.
- 전이중(Full duplex) 통신방식은 양방향에서 동시에 정보의 송·수신이 가능한 방식이다.

24 마이크로 동작(micro operation)의 결과는 레지스터에 저장된 데이터가 바뀌거나 다른 레지스터로 전송하는데 시프트(shift), 카운트(count), 클리어(clear), 적재(load) 등의 동작이 있다.

25 PCM(pulse code modulation) 전송 방식은 표본화(sampling) → 양자화(quantization) → 부호화(encoding)의 과정으로 이루어진다.
- 표본화(sampling) : 아날로그 신호를 일정한 간격으로 샘플링(표본화)하는 것
- 양자화(quantization) : 간단한 수치로 고치는 것
- 부호화(encoding) : 양자화 값을 2진 디지털 부호로 바꾸는 것

26 스택(Stack)은 0-주소지정방식의 메모리 처리구조로 후입선출(LIFO : Last-In First-Out)의 데이터 처리방법을 갖는다.

27 $(15)_{10} = (1111)_2$
2진수를 그레이 코드로 변환
- 최상위 비트값은 그대로 사용한다.
- 다음부터는 인접한 값까지 XOR(Exclusive-OR) 연산을 해서 내려쓴다.

```
       +      +      +
      ⌢      ⌢      ⌢
   1     1     1     1
   ↓     ↓     ↓     ↓
   1     0     0     0
```

28 프로그램 카운터(Program counter)는 프로그램 수행의 제어를 위한 것으로 다음에 수행할 명령의 주소를 기억한다.

29 각 논리게이트의 지연시간을 살펴보면 RTL : 12[nsec], DTL : 30[nsec], TTL : 10[nsec], ECL : 2[nsec], MOS : 100[nsec], CMOS : 500[nsec]이다. 그러므로 처리속도 순으로 나열하면 ECL-TTL-RTL-DTL-MOS-CMOS 순이 된다.

30 배타적 논리회로(Exclusive OR)는 입력되는 두 개의 값이 서로 다를 경우에만 결과가 참(True)이

되며, 논리식은 Y = A⊕B = $\overline{A}$B + A$\overline{B}$ 이다.

31 구조적 프로그래밍의 기본구조에는 반복구조, 조건구조, 순차구조 등이 있다.

32 C언어는 1974년 개발된 언어로 UNIX 시스템을 구축하기 위한 시스템 프로그래밍 언어로서 수식이나 제어 및 데이터 구조를 가장 간편하게 제공하고 있으며, C언어는 원래 시스템 프로그램으로 개발되었으나 기종에 관계없이 수치 해석, 텍스트 처리, 데이터베이스 처리를 위한 프로그램에도 많이 활용되고 있으며, UNIX 운영체제를 위해 개발한 시스템 프로그램 언어로 저급 언어와 고급 언어의 특징을 모두 갖춘 언어이다.

33 저급 언어(Low Level Language)는 사용자가 이해하고 사용하기에는 불편하지만 컴퓨터가 처리하기 용이한 컴퓨터 중심의 언어이다.
- 기계어(Machine Language) : 컴퓨터가 직접 이해할 수 있는 2진 코드(0과 1)로 기종마다 다르고, 프로그램의 작성 및 수정, 해독이 매우 어려워 거의 사용되지 않으나, 컴퓨터에서의 수행 속도는 가장 빠른 장점을 지닌다.
- 어셈블리어(Assembly Language) : 사람이 기억하고 이해하기 쉬운 연상코드(문자, 숫자, 특수문자 등으로 기호화 : 니모닉)를 사용함으로써 프로그램의 작성이 기계어보다 용이하고, 프로그램의 수정이 편리하다는 장점이 있으나, 어셈블러(assembler)에 의한 번역 과정이 필요하므로 처리 속도가 느리고 컴퓨터마다 어셈블러가 다르므로 호환성이 적다.
- 고급 언어(High Level Language)는 자연어에 가까워 그 의미를 쉽게 이해할 수 있는 사용자 중심의 언어로, 기종에 관계없이 공통적으로 사용할 수 있는 언어로, 기계어로 변환하기 위한 컴파일러가 필요하다. 베이직, 포트란, 코볼, C언어 등이 해당된다.

34 번역기의 종류
- 어셈블러(Assembler) : 어셈블리 언어로 작성된 원시 프로그램을 기계어로 번역하는 프로그램이다.
- 컴파일러(Compiler) : 전체 프로그램을 한 번에 처리하여 목적 프로그램을 생성하는 번역기로 기억 장소를 차지하지만 실행 속도가 빠르다. 한 번 번역해두면 목적 프로그램이 생성되므로 재차 실행 시에 다시 번역할 필요가 없다.
  컴파일러를 사용하는 언어에는 ALGOL, PASCAL, FORTRAN, COBOL, C 등이 있다.
- 인터프리터(Interpreter) : 작성된 원시 프로그램을 한 줄씩 읽어 번역 및 실행하는 작업을 반복하는 프로그램이다. 목적 프로그램이 남지 않으며, 일괄 처리가 아니므로 대화형이라 한다. 실행속도가 느리지만 기억 장소를 적게 차지한다. 인터프리터를 사용하는 언어에는 BASIC, LISP, 자바(JAVA), PL/1 등이 있다.

35 프로그램 작성 절차
① 문제분석 → ② 시스템 설계(입·출력 설계) → ③ 순서도 작성 → ④ 프로그램 코딩 및 입력 → ⑤ 디버깅 → ⑥ 실행 → ⑦ 문서화

36 BNF(Backus-Naur form ; 배커스-나우어 형식)는 구문 요소를 나타내는 기호 < >, 둘 중 하나의 선택을 의미하는 기호 //, 좌변은 우변에 의해 정의됨을 의미하는 기호 ::= 등의 메타 기호들을 사용하여 규칙을 표현한다.

37 순서도는 처리하고자 하는 문제를 분석하고 입·출력 설계를 한 후에, 그 처리순서의 방법에 따라 기호를 사용하여 나타낸 그림으로 프로그램 코딩의 자료가 되고, 인수인계가 용이하고 오류 발생 시 원인을 찾아 수정이 쉽다.
순서도(flow chart))를 작성하는 이유
㉠ 논리적인 체계를 쉽게 이해할 수 있다.
㉡ 업무의 전체적인 개요를 쉽게 파악할 수 있다.

ⓒ 문제의 정확성 여부를 쉽게 판단할 수 있다.
② 프로그램의 코딩이 쉬워진다.
⑩ 프로그램의 흐름에 대한 수정을 용이하게 한다.

38 운영체제의 성능평가요소에는 신뢰도, 응답시간, 처리능력, 이용가능도 등이 있다.

39 교착상태 해결방안
㉮ 예방 기법(Prevention) : 교착 상태가 발생되지 않도록 사전에 시스템을 제어하는 방법으로, 교착 상태 발생의 4가지 조건 중에서 상호 배제를 제외한 어느 하나를 제거(부정)함으로써 수행된다.
 ㉠ 상호배제 부정 : 여러 프로세스가 공유 자원을 이용(사용 X)
 ㉡ 비선점 부정 : 선점
 ㉢ 점유와 대기 부정 : 프로세스가 실행되기 전 필요한 모든 자원을 점유하여 프로세스 대기를 없앤다.
 ㉣ 환형 대기 부정 : 자원을 선형 순서로 분류하여 각 프로세스는 현재 어느 한쪽 방향으로만 자원을 요구하도록 하는 것
 ㉤ 해결방안 중 자원의 낭비가 가장 심하다.
㉯ 회피 기법(Avoidance) : 교착 상태가 발생할 가능성을 배제하지 않고, 교착 상태 가능성을 피해 나가는 방법으로, 주로 은행원 알고리즘(Banker's Algorithm)이 사용된다.
㉰ 발견 기법(Detection) : 시스템에 교착 상태가 발생했는지 점검하여 교착 상태에 있는 프로세스와 자원을 발견하는 것이다.
㉱ 회복 기법(Recovery) : 교착 상태를 일으킨 프로세스를 종료하거나 교착상태의 프로세스에 할당된 자원을 선점하여 프로세스나 자원을 회복하는 것이다.

40 작성된 프로그램을 분석 단계에서부터 작성된 데이터와 코드표, 각종 설계도, 순서도와 원시 프로그램 등의 관련된 내용을 문서로 작성하여 보관토록 하는 것이 문서화로서, 문서화가 이루어지면 시스템의 유지 보수와 관리가 용이하고 담당자가 바뀌어도 업무의 파악이 용이하여, 업무의 연속성이 유지된다.

41 JK 플립플롭의 진리치표는 아래와 같다.

J	K	Q	비고
0	0	이전상태(Q_n)	불변
0	1	0	리셋
1	0	1	세트
1	1	반전상태($\overline{Q_n}$)	보수

그러므로 J=0, K=1일 때는 0(리셋)이 되고, J=1, K=0일 때는 1(세트)이 된다.

42 비동기형 계수기는 전단의 출력을 입력펄스로 받아 계수하는 회로이고, 동기형 계수기는 입력펄스를 병렬로 입력받아 각 단이 동시에 동작하는 계수기이다.

43 드 모르간의 정리
$$\overline{A+B}=\overline{A}\cdot\overline{B},\ \overline{A\cdot B}=\overline{A}+\overline{B}$$

44 3초과 코드(Excess-3 Code)는 BCD 코드에 3($0011_{(2)}$)을 더하여 만든 코드로, 자기보수 코드(self complement code)라고 한다. 3초과 코드는 비트마다 일정한 값을 갖지 않으며, 연산 동작이 쉽게 이루어지는 특징이 있는 코드이다.

45 - 디코더(Decoder : 복호기)는 n비트의 2진 코드를 최대 2^n개의 서로 다른 정보로 바꾸어 주는 논리 조합회로로 출력은 AND 게이트로 구성된다.
 - 인코더(Encoder : 부호기)는 숫자나 문자 등의 10진수 입력을 2진 부호로 변환하는 회로로 OR 게이트로 구성된다.

46 시프트 레지스터(Shift Register)의 구성에는 입

력데이터의 구성이 용이한 RS FF이 적합하다.

47 비동기형 계수기는 전단의 출력을 입력펄스로 받아 계수하는 회로이고, 동기형 계수기는 입력펄스를 병렬로 입력받아 각 단이 동시에 동작하는 계수기이다.
$2^2=4$이고 $2^3=8$이므로 0~5까지의 계수가 가능한 6진 카운터를 구성하기 위해서는 3개의 플립플롭이 필요하다.
플립플롭이 n개일 때 카운터가 셀 수 있는 최대의 수를 N이라 하면 N=2^n개의 수를 셀 수 있고, 0에서 2^n-1의 수까지 표현한다.

48 – 전가산기(Full Adder)는 반가산기 2개와 OR 게이트로 구성되며 입력 3개, 출력 2개로 이루어진다.
 – 전가산기 : 2진수 가산을 완전히 하기 위해 자리올림 입력도 함께 더할 수 있는 기능을 갖는 조합 논리회로 입력 3개(A, B, C_{n-1}), 출력 2개(Sum, Carry)로 구성된다.
 – 입력 중 어느 하나가 1인 경우에는 출력은 1이 되고, 모든 입력이 1일 때에도 출력은 1이 되며, 자리올림 C_n은 입력 중 2개 이상이 1인 경우에는 1이 된다.
 $\therefore S = A \oplus B \oplus C_{n-1}$

49 $2^4=16$이고 $2^3=8$이므로 0~8까지의 계수가 가능한 9진 카운터를 구성하기 위해서는 4개의 플립플롭이 필요하다.
플립플롭이 n개일 때 카운터가 셀 수 있는 최대의 수를 N이라 하면 N=2^n개의 수를 셀 수 있고, 0에서 2^n-1의 수까지 표현한다.

50
```
 16 | 463   -15      1, 12, 15
 16 |  28   -12       ↓  ↓  ↓
        1             1  C  F
```
$\therefore (463)_{10} = (1CF)_{16}$

51 $Y = \overline{\overline{A} \cdot \overline{B}} = \overline{\overline{A}} + \overline{\overline{B}} = A + B$

52 – D/A 변환기 : 디지털 신호를 아날로그 신호로 변환하는 장치
 – A/D 변환기 : 아날로그 신호를 디지털 신호로 변환하는 장치

53 $AB + B = B(A+1) = B$

54 플립플롭은 두 가지 상태 사이를 번갈아 하는 전자회로를 말한다. 플립플롭에 전류가 부가되면, 현재의 반대 상태로 변하며(0에서 1로, 또는 1에서 0으로), 그 상태를 계속 유지하므로 한 비트의 정보를 저장할 수 있는 능력을 가지고 있다.
여러 개의 트랜지스터로 만들어지며 SRAM이나 하드웨어 레지스터 등을 구성하는 데 사용된다. 플립플롭에는 RS 플립플롭, D 플립플롭, JK 플립플롭, T 플립플롭 등 여러 가지 종류가 있다.

55 $Y = (\overline{A} \cdot \overline{B}) + (A \cdot B)$이므로 각각의 논리값을 대입하면
$Y - (1100 \cdot 1010) + (0011 \cdot 0101)$
$= 1000 + 0001 = 1001$

56 어떤 입력상태에 대해 출력이 무엇이 되든지 상관없는 경우 출력상태를 임의 상태(don't care condition)라고 하며, 진리표나 카르노도에서는 임의 상태를 일반적으로 X로 표시한다.

57 반가산기에서 한 자리수 A와 B를 더할 때 발생되는 결과는 A와 B의 합과 자리올림 수(Carry)가 발생하며, 합(S)과 자리올림수(C)의 논리식은
$S = \overline{A}B + A\overline{B} = A \oplus B$, $C = A \cdot B$로 나타낸다.

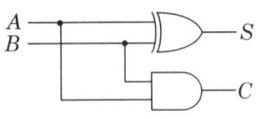

[반가산기의 회로도]

A	B	S(Sum)	C(Carry)
0	0	0	0
0	1	1	0
1	0	1	0
1	1	0	1

[반가산기의 진리표]

58 하나의 입력데이터를 다수의 출력선 중에서 선택 선의 조건(S_0, S_1)에 따라 결정된 출력으로 데이터의 전송이 이루어지도록 하는 회로를 디멀티플렉서(demultiplexer)라 한다.

59 D FF은 Delay FF의 약어로 데이터의 일시적인 보존이나 디지털 신호의 지연에 사용된다.

60 레지스터를 구성하는 기본소자가 플립플롭(F/F)으로, 0과 1의 안정된 논리 상태를 갖는 쌍안정 멀티바이브레이터를 플립플롭(F/F)이라 한다.

2010년 제5회

01	02	03	04	05	06	07	08	09	10
④	④	④	②	④	④	④	④	④	③
11	12	13	14	15	16	17	18	19	20
②	②	②	③	②	④	③	③	④	②
21	22	23	24	25	26	27	28	29	30
④	④	④	①	②	①	②	②	①	①
31	32	33	34	35	36	37	38	39	40
④	③	②	①	③	④	②	③	④	①
41	42	43	44	45	46	47	48	49	50
③	④	③	④	②	④	③	②	④	②
51	52	53	54	55	56	57	58	59	60
④	②	③	②	②	④	④	②	③	②

01 발진기는 부하의 변동으로 인하여 주파수가 변화되는데 이것을 방지하기 위하여 발진기와 부하 사이에 선형 고주파 증폭기를 넣어 안정시키는데, 이 목적의 A급 증폭단을 완충증폭기(buffer amplifier)라 한다.

02 이상적인 연산증폭기의 특성
 - 전압 이득 A_v가 무한대이다. ($A_v = \infty$)
 - 입력 저항 R_i이 무한대이다. ($R_i = \infty$)
 - 출력 저항 R_0가 0이다. ($R_0 = 0$)
 - 대역폭이 무한대이고(BW = ∞), 지연응답(response delay) = 0이다.
 - 오프셋(offset)이 0이다.
 - 특성의 변동, 잡음이 없다.
 연산증폭기는 정확도를 높이기 위하여 큰 증폭도와 높은 안정도가 필요하다.

03 링잉(ringing)은 펄스의 상승 부분에서 진동의 정도를 말하며, 높은 주파수 성분에 공진하기 때문에 생기는 것이다.

04 입력 오프셋 전압이란 출력전압을 0으로 하기 위해 두 입력단자 사이에 인가해야 할 전압을 말한다.

05 합성저항(R_f)는
$R_t = 2 \times 3 + 6 \times 2 = 6 + 12 = 18[\Omega]$

06 전압안정화회로에 기준전압으로 제너 다이오드를 사용하여 출력전압을 안정화한다.

07 클리퍼회로는 입력 전압이 어느 기준 레벨 이하일 때 일정한 출력을 유지시키는 회로이고, 리미터회로는 입력이 어떤 레벨 이상이 될 때 깎아내어 일정 레벨이 되게 하는 회로이다. 또 슬라이서는 두 기준 레벨 사이의 파형 부분만 꺼내는 회로이다. 클램퍼는 입력 파형에 (+) 또는 (−)의 전압을 가

하여 일정 레벨로 파형을 고정시키는 회로이다.

08 이미터 폴로어 증폭기는 100[%] 부궤환 증폭회로이다.

09 $H = 0.24I^2Rt = 0.24 \times 10^2 \times 100 \times 60$
$= 144,000[cal] = 144[kcal]$

10 정현파 발진회로는 LC 발진회로(동조형 반결합, Clapp, Hartley, Colpitts)와 수정 발진회로(Pierce, 수정발진기) 및 RC 발진회로(이상형 병렬, Wien-Bridge)로 구분되고, 멀티바이브레이터는 구형파 발진회로이다.

11 SRAM은 전원이 공급되는 동안 저장된 데이터를 일정하게 유지하는 기억장치. 정적 기억장치 또는 정적 저장장치라고도 한다. 전원 공급이 중단되면 저장된 데이터는 소실된다.

12 - 해밍 코드(Hamming Code)는 1비트의 오류를 자동적으로 정정해 주는 코드로, 1비트의 단일 오류를 정정하기 위해서는 3비트의 여유 비트가 필요하고, 2개 이상의 중복 오류를 수정하려면 더 많은 여유 비트가 필요하다.
  - 패리티 비트는 에러의 검색을 위한 코드이고, 에러의 검색과 교정이 가능한 것이 해밍 코드이다.

13 자기보수 코드(self complement code)는 2진수의 반전에 의해서 보수를 얻는 코드로 2421, 51111, 3초과 코드 등이 있다.

14 각 자리수를 BCD(8421) 코드로 변환한다.
$\dfrac{8 \ : \ 5}{1000 \ : \ 0101}$ 즉 10진수 85는 8421코드로 1000 0101이 된다.

15 삭제할 비트(bit) 또는 문자를 결정하는 입력 데이터를 마스크 비트(Mask bit)라 한다.

16 - 직접, 절대 주소지정방식(direct absolute addressing mode) : 오퍼랜드가 존재하는 기억장치의 어드레스를 직접 명령 속에 포함시켜 지정하는 방법
  - 간접 주소지정방식(indirect addressing mode) : 오퍼랜드가 존재하는 기억장치 어드레스를 내용으로 가지고 있는 기억 장소의 어드레스를 명령 속에 포함시켜 지정하는 방법
  - 레지스터 주소지정방식(register addressing mode) : 기억장치의 어드레스 대신 레지스터의 번호를 지정하고, 그 레지스터 내용을 목적으로 하는 오퍼랜드의 어드레스로 한다.(레지스터 간접 어드레스 지정 방식이라고 한다.)
  - 상대 주소지정방식(relative addressing mode) : 명령 속의 오퍼랜드 지정 정보를 레지스터 지정부와 전개부로 나누어서 레지스터 지정부로 지정된 레지스터 내용과 전개부를 더해서 오퍼랜드의 어드레스를 구한다.

17 실린더(cylinder)는 자기디스크에서 기록 표면에 동심원을 이루고 있는 원형의 기록 위치를 트랙(track)이라 하는데 이 트랙의 모임을 말한다.

18 통신망의 형태
  - 성형 : 중앙 집중식(온라인 시스템의 전형적 방법). 중앙 컴퓨터 장애 시 전체 시스템 기능에 영향을 미침
  - 망형 : 직통 회선 연결, 공중전화망(PSTN), 공중 데이터망(PSDN) 사용. 한 회선 고장 시 수회 경로를 통해 전송 가능. 회선수 n=n(n-1)/2
  - 링형 : 근거리 망에 사용. 우회 기능이 필요. 각 단말기마다 중계기 필요
  - 트리형 : 단말기에서 다시 연장되어 연결된 형태. 하나의 단말기를 컴퓨터로 대치시키면 분산처리가 적절

19 자료의 표현에서 내부적 표현(수치적 표현)에는 10진 데이터의 표현, 정수의 표현, 실수의 표현이 사용된다.

20 입력 데이터가 모두 같을 경우에는 결과가 0이 되고, 서로 다를 경우에는 결과가 1이 되는 논리회로가 배타적 논리합(exclusive-OR)이며, 논리식은 $Y = A \oplus B = \overline{A}B + A\overline{B}$ 이다.

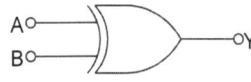

A	B	Y
0	0	0
0	1	1
1	0	1
1	1	0

[EX-OR 게이트의 진리치표]

21 우선순위(priority) 스케줄링
 - 비선점(nonpreemptive)
 - 프로세스에게 우선순위를 부여하여 우선순위가 높은 순서대로 처리
   ㉠ 정적(static) 우선순위 방법 : 주변 환경 변화에 적응하지 못하여 실행 중 우선순위를 바꾸지 않음. 구현이 쉽고 오버헤드가 적다.
   ㉡ 동적(dynamic) 우선순위 방법 : 상황 변화에 적응하여 우선순위를 변경, 구현이 복잡, 오버헤드 많다. 시스템의 응답속도를 증가시켜 효율적이다.

22 입·출력장치와 중앙처리장치 간의 데이터 전송 방식에는 스트로브 제어, 핸드셰이킹 제어, 비동기 직렬 전송방식이 사용된다.

23 이미지 스캐너(Image Scanner)는 글씨나 그림 또는 사진, 필름 등의 이미지에 빛을 쏘아 반사광과 투과광의 강약 차이에 따라 디지털 신호로 변환한 후 컴퓨터에 전송하는 입력장치로 사진이나 그림 등을 스캔하면 스캐너 내부에 있는 광원이 원고를 아래쪽에서 비춰 빛을 반사시키고, 이때 반사하는 빛이 CCD로 전달되면 CCD는 이미지를 읽어 데이터 정보(픽셀 패턴)로 변환하여 준다.
스캐너의 종류에는 평판 스캐너, 드럼 스캐너, 핸드 스캐너, 시트피드 스캐너 등이 있으며 전자출판(DTP)이나 그래픽, CAD, OCR 등 다양한 분야에서 화상이나 문자를 편집하는 데 사용되고 있다.

24 기계어는 0과 1로 이루어지므로, 프로그램의 유지보수가 어렵다. 저급 언어는 기계어를 말하며, 기계어는 변환과정 없이 계산기가 직접 처리할 수 있으므로 처리속도가 빠르다.

25 AND 연산은 모두 1일 경우에만 1이 된다. 즉, 연산하고자 하는 자리가 1로 같은 경우만 1이 되므로 10101010 · 11101110=10101010이 된다.

26 2진수의 1의 보수는 부정을 취하면 되므로, 01101001의 1의 보수는 10010110이 된다.

27 $(101011)_2$을 10진수로 변환하면
$1 \times 2^5 + 1 \times 2^3 + 1 \times 2^1 + 1 \times 2^0 = 32+8+2+1=43$이 된다.

28 각각의 자리수를 BCD 코드로 변환하면 되므로

9	4	6
1001	0100	0110

이 된다.

29 큐(Queue)는 자료가 리스트에 첨가되는 순서대로만 처리할 수 있는 것으로, 선입선출(FIFO) 리스트라 하고, 스택(Stack)은 리스트에 마지막으로 첨가된 자료가 제일 먼저 처리되는 것으로 후입선출(LIFO) 리스트라 한다.

30 프로그램의 일의 처리 순서를 기술한 명령의 집합

은 명령코드(OP-code)와 오퍼랜드(operand)로 구성된다.

31 순서도는 처리하고자 하는 문제를 분석하고 입·출력 설계를 한 후에, 그 처리순서의 방법에 따라 기호를 사용하여 나타낸 그림으로 프로그램 코딩의 자료가 되고, 인수인계가 용이하고 오류 발생 시 원인을 찾아 수정이 쉽다.
순서도(flow chart)를 작성하는 이유
㉠ 논리적인 체계를 쉽게 이해할 수 있다.
㉡ 업무의 전체적인 개요를 쉽게 파악할 수 있다.
㉢ 문제의 정확성 여부를 쉽게 판단할 수 있다.
㉣ 프로그램의 코딩이 쉬워진다.
㉤ 프로그램의 흐름에 대한 수정을 용이하게 한다.

32 Round Robin은 우선순위를 결정하는 방법으로서, 각 프로세서에게 순서대로 일정한 시간 동안 처리기를 차지하도록 하는 것. 일반적으로 하나의 프로세스 단위로 처리기를 차지한다.

33 - 링커(Linker) : 기계어로 번역된 목적 프로그램을 실행 프로그램 라이브러리를 이용하여 실행 가능한 형태의 로드 모듈로 번역하는 번역기
- 로더(Loader) : 로드 모듈을 수행하기 위해 메모리에 적재시켜 주는 기능을 수행
- 크로스 컴파일러(Cross Compiler) : 원시 프로그램을 다른 컴퓨터의 기계어로 번역하는 프로그램
- 전처리기(Preprocessor) : 원시 프로그램을 번역하기 전에 미리 언어의 기능을 확장한 원시 프로그램을 생성시켜 주는 시스템 프로그램

34 기계어는 0과 1로 이루어지므로, 프로그램의 유지보수가 어렵다. 저급 언어는 기계어를 말하며, 기계어는 변환과정 없이 계산기가 직접 처리할 수 있으므로 처리속도가 빠르다.
- 2진수를 사용하여 명령어와 데이터를 표현한다.
- 호환성이 없고, 기계마다 언어가 다르다.

- 프로그램의 실행속도가 빠르다.
- 프로그램의 유지보수와 배우기가 어렵다.

35 구조적 프로그래밍의 기본구조에는 반복구조, 조건구조, 순차구조 등이 있다.

36 원시 프로그램을 기계어로 번역하여 문법오류(Syntax error)를 검사하여 오류를 수정하고, 논리적 오류를 검사하기 위하여 테스트 런(test run)을 통하여 모의 데이터를 입력하여 결과를 검사하여 오류를 올바르게 수정하는 것을 디버깅(debugging)이라 한다.

37 프로그램 처리는 입력 → 번역 → 적재 → 실행 → 출력의 순으로 진행된다.

38 - 배치처리(Batch Processing) : 데이터를 일정 기간, 일정량을 저장하였다가 한꺼번에 처리하는 방식
- 시분할처리 : 시간을 분할하여 여러 이용자의 자료를 병행 처리하는 방식
- 실시간 처리 : 데이터 발생 즉시 처리하는 방식
- 온라인 실시간 처리 : 데이터 발생 즉시 처리하여 결과까지 완료하는 시스템
- 오프라인 시스템 : 전송된 데이터를 일단 카드, 자기테이프에 기록한 다음 일괄 처리하는 방식

39 프로그래밍에서 변수란 프로그램에 전달되는 정보나 그 밖의 상황에 따라 바뀔 수 있는 값을 의미한다.

40 로더의 종류
- Compile and Go loader : 번역기가 로더의 역할까지 담당하는 것으로 프로그램의 크기가 크고 한 가지 언어로만 프로그램을 작성할 수 있다. 실행을 원할 때마다 번역을 해야 한다. 이러한 특성 때문에 로더라고 하기에는 부적합하다.

- 절대 로더(absolute loader) : 단순히 번역된 목적 프로그램을 입력으로 받아들여 주기억장치의 프로그래머가 지정한 주소에 적재하는 기능을 가지는 간단한 로더
  ㉠ 재배치라든지 링크 등이 없음
  ㉡ 프로그래머가 절대 주소를 기억해야 함
  ㉢ 다중 프로그래밍 방식에서 사용할 수 없음
- 재배치 로더(relocating loader) : 주기억장치의 상태에 따라 목적 프로그램을 주기억장치의 임의의 공간에 적재할 수 있도록 하는 로더
- 링킹 로더(linking loader) : 하나의 부프로그램이 변경되어도 다른 모듈 프로그램을 다시 번역할 필요가 없도록 프로그램에 대한 기억장소 할당과 부프로그램의 연결이 로더에 의해 자동으로 수행되는 프로그램으로 직접 연결 로더(DLL : Direct Linking Loader)가 대표적임
- 동적 적재(Dynamic Loading = Load on call) : 모든 세그먼트를 주기억장치에 적재하지 않고 항상 필요한 부분만 주기억장치에 적재하고 나머지는 보조기억장치에 저장해두는 기법
- 연결 편집기(Linkage editor) : 연결 편집기로 로드 모듈을 만들어 놓으면 그 모듈을 기억장치에 로드하여 바로 실행할 수 있도록 하는 방식으로 진보된 방식이며 요즘 사용하는 방식이다.
- 동적 연결(Dynamic Linking) : 실제 수행 시 연결과 적재를 이행하는 기법으로 프로시저 세그먼트나 자료 세그먼트는 다른 어떤 프로시저가 수행 도중에 실제로 그것을 요구할 때까지 프로그램의 어떤 세그먼트와도 연결되지 않음

41 그레이 코드(Gray Code)는 한 숫자에서 다음 숫자로 증가할 때 한 비트만 변하는 특성이 있어, 에러율이 적어서 입·출력장치나 주변장치에 사용한다.

42 레지스터(Register)는 플립플롭을 접속하여 데이터를 일시 저장하거나 전송하는 장치로 컴퓨터 시스템 간의 직렬, 병렬 데이터 전송이나 각종 연산 등에 이용되며, JK 플립플롭을 이용하여 구성 시 J와 K에 데이터 입력단자를 연결하여 구성한다.

43 레지스터를 구성하는 기본소자가 플립플롭(F/F)으로, 0과 1의 안정된 논리 상태를 갖는 쌍안정 멀티바이브레이터를 플립플롭(F/F)이라 한다.

44 JK 플립플립의 진리치표는 아래와 같다.

J	K	Q	비고
0	0	이전상태(Q_n)	불변
0	1	0	리셋
1	0	1	세트
1	1	반전상태($\overline{Q_n}$)	보수

그러므로 J=0, K=1일 때는 0(리셋)이 되고, J=1, K=0일 때는 1(세트)이 된다.

45 멀티바이브레이터의 종류
- 비안정 멀티바이브레이터(Astable Multivibrator) : 회로에 전원이 공급되면 구형파의 발진이 이루어지는 회로이다.
- 단안정 멀티바이브레이터(Monostable Multi-vibrator) : 자체 발진의 능력은 없으나 외부의 트리거 펄스 입력이 공급될 때마다 하나의 구형파를 출력하는 회로이다.
- 쌍안정 멀티바이브레이터(Bistable Multivibrator) : 안정 상태를 유지하며 외부의 트리거 펄스 입력이 두 개 공급될 때마다 하나의 구형파를 출력하는 회로로 일반적으로 플립플롭(Flip Flop) 회로라 한다.

46 2의 보수는 1의 보수+1이므로 0000001을 1의 보수로 변환하여 1을 더하면 된다. 그러므로 1111110+1=1111111이 된다.

47 부동 소수점 방식은 부호비트, 지수부, 가수부로 구성되며, 지수에 소수점의 위치를 갖게 되므로 따로 소수점을 나타내는 비트가 필요치 않은 방식이

48 – 디코더(Decoder : 복호기)는 n비트의 2진 코드를 최대 2^n 개의 서로 다른 정보로 바꾸어 주는 논리 조합회로로 출력은 AND 게이트로 구성된다.
– 인코더(Encoder : 부호기)는 숫자나 문자 등의 10진수 입력을 2진부호로 변환하는 회로로 OR 게이트로 구성된다.

49 분배법칙이란 어떤 것을 똑같이 다른 것으로 분배하는 법칙으로 덧셈이나 뺄셈에 대한 곱셈과 같은 것이다. 즉 두 수의 합에 어떤 수를 곱할 때, 이 수를 더하는 두 수에 분배하여 곱하고, 다음의 결과를 더하는 것이다.

50 NAND 게이트의 논리기호이므로 NAND 게이트의 논리식은 $Y = \overline{A \cdot B}$ 가 된다.

51 – 순서 논리회로는 출력신호가 현재의 입력신호와 과거의 입력신호에 의하여 결정되는 논리회로서 F/F과 같은 기억소자나 논리게이트로 구성된다.
– 조합 논리회로에는 멀티플렉서(multiplexer), 해독기(decoder), 부호기(encoder), 반가산기, 전가산기 등이 속하고, 레지스터, 플립플롭, 계수기 등은 순서 논리회로에 속한다.

52 멀티플렉서(Multiplexer)는 n개의 입력신호 중 선택 제어의 조건에 따라 1개의 입력만 선택하여 출력하는 조합 논리회로로서, 2^n 개의 데이터 입력을 제어하기 위해서는 최소 n개의 선택 제어선이 필요하며, 선택 제어선의 조건에 따라 출력신호가 결정된다. 그러므로 $2^2=4$가 되어야 하므로 선택선이 2개가 필요하다.

53 비동기형 계수기는 전단의 출력을 입력펄스로 받아 계수하는 회로이고, 동기형 계수기는 입력펄스를 병렬로 입력받아 각 단이 동시에 동작하는 계수기이다.
$2^2=4$이고 $2^3=8$이므로 0~4까지의 계수가 가능한 5진 카운터를 구성하기 위해서는 3개의 플립플롭이 필요하다.
플립플롭이 n개일 때 카운터가 셀 수 있는 최대의 수를 N이라 하면 $N=2^n$개의 수를 셀 수 있고, 0에서 2^n-1의 수까지 표현한다.

54 $f = (A+B)(A+\overline{B})$
$= AA + A\overline{B} + AB + B\overline{B}$
$= A + A(B+\overline{B}) = A$
$(B\overline{B}=0,\ A(B+\overline{B})=A\cdot 0 = 0)$

55 비동기형 계수기는 전단의 출력을 입력펄스로 받아 계수하는 회로이고, 동기형 계수기는 입력펄스를 병렬로 입력받아 각 단이 동시에 동작하는 계수기이다. 그림에서는 전단의 출력을 입력으로 받아 계수하는 2단의 리플 계수기이다. 그러므로 $2^2=4$의 4진 리플 계수기 회로이다.

56 4변수 카르노 맵에서 최소항(minterm)은 AND 연산의 결합으로 2^n개의 조합이 이루어지므로 $2^4=16$의 변수항으로 구성된다.

57 반감산기(HS : Half Subtractor)는 두 개의 2진수를 감산하여 자리내림수 B(Borrow)와 차 D(Difference)를 나타내는 논리회로이다.

A	B	B(자리내림수)	D(차)
0	0	0	0
0	1	1	1
1	0	0	1
1	1	0	0

$D = A\overline{B} + \overline{A}B,\ b = \overline{A}B$

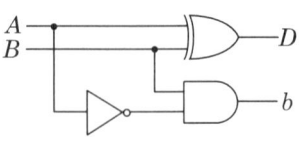

[반감산기의 회로구성]

58 컴퓨터에서 레지스터는 마이크로프로세서의 일부분으로서 아주 적은 데이터를 잠시 저장할 수 있는 공간이며, 하나의 명령어에서 다른 명령어 또는 운영체계가 제어권을 넘긴 다른 프로그램으로 데이터를 전달하기 위한 장소를 제공한다.

하나의 레지스터는 하나의 명령어를 저장하기에 충분히 커야 하는데, 예를 들어 32비트 명령어 컴퓨터에 사용되는 레지스터의 길이는 32비트 이상이어야 한다. 그러나 어떤 종류의 컴퓨터에서는 길이가 짧은 명령어를 위해, 하프 레지스터라고 불리는 크기가 더 작은 레지스터를 쓰기도 한다.

프로세서 설계나 언어규칙에 따라 차이가 있지만, 레지스터에는 대개 번호가 붙어 있거나 또는 나름대로의 이름을 가지고 있다.

산술적·논리적 연산이나 정보 해석, 전송 등을 할 수 있는 일정 길이의 2진 정보를 저장하는 중앙장치 내의 기억장치, 주기억장치에 비해서 접근 시간이 빠르다. 누산기, 프로그램 계수기, 색인 레지스터, 명령어 레지스터 등이 있다.

59 비동기형 계수기는 전단의 출력을 입력펄스로 받아 계수하는 회로이고, 동기형 계수기는 입력펄스를 병렬로 입력받아 각 단이 동시에 동작하는 계수기이다.

60 $F = (A+B) \cdot (\overline{A \cdot B})$
$\quad = (A+B) \cdot (\overline{A} + \overline{B})$
$\quad = A\overline{A} + A\overline{B} + \overline{A}B + B\overline{B}$
$\quad = A \oplus B$

즉, 배타적 논리회로(EX-OR)의 논리식과 같다. 그러므로 입력이 같으면 결과가 0, 입력이 서로 다르면 결과가 1이 된다. 그러므로 두 논리식의 배타적 논리회로의 결과는 두 번째 비트와 세 번째 비트가 서로 다르므로 0110이 된다.

2011년 제1회

01	02	03	04	05	06	07	08	09	10
③	①	①	④	①	③	①	②	①	①
11	12	13	14	15	16	17	18	19	20
①	④	④	③	④	④	①	①	④	③
21	22	23	24	25	26	27	28	29	30
④	④	③	②	②	④	②	④	②	①
31	32	33	34	35	36	37	38	39	40
④	④	②	④	④	①	②	④	③	③
41	42	43	44	45	46	47	48	49	50
①	②	①	④	③	④	①	②	②	③
51	52	53	54	55	56	57	58	59	60
②	①	②	②	②	②	③	④	②	④

01 $I_B = \dfrac{V_{CC} - V_{BE}}{R_B} = \dfrac{6 - 0.6}{100 \times 10^3}$

$= \dfrac{5.4}{100 \times 10^3} = 0.054[mA] = 54[\mu A]$

02 비오-사바르의 법칙(Biot-Savart's law)은
$\Delta H = \dfrac{I \cdot \Delta l}{4\pi r^2} \sin\theta [A/m]$으로 전류에 의한 자장을 구하는 법칙이다.

03 V_{CC}에서 R_f와 R_a로 바이어스 전압을 분배하여 얻는 전류궤환 바이어스 회로이다.

04 – 직렬접속의 경우 nr=10×10=100[Ω]
– 병렬접속의 경우 $\dfrac{r}{n} = \dfrac{10}{10} = 1[\Omega]$

05 $A_v = 20\log_{10}\dfrac{V_o}{V_i} = 20\log_{10}\dfrac{100}{10}$
$= 20\log_{10}10 = 20[dB]$

06 Y결선 $V_\ell = \sqrt{3} V_p = \sqrt{3} \times 100 ≒ 173[V]$

07 수정발진기는 압전 현상을 이용한 것으로 직렬 공진 주파수(f_0)와 병렬 공진 주파수(f_∞) 사이에는 주파수 범위가 대단히 좁으며 이 사이의 유도성을 이용하여 안정된 발진을 한다.($f_0 < f < f_\infty$)

08

정류 방식	맥동 주파수
단상 반파 정류회로	60[Hz]
단상 전파 정류회로	120[Hz]
3상 반파 정류회로	180[Hz]
3상 전파 정류회로	360[Hz]

09 디지털 변조방식
– 진폭 편이 변조(ASK : Amplitude Shift Keying) : 디지털 신호가 1이면 출력을 송신, 0이면 off
– 주파수 편이 변조(FSK : Frequency Shift Keying) : 디지털 신호가 1이면 f_1 주파수로, 0이면 f_2 주파수로 주파수를 바꿈
– 위상 편이 변조(Phase Shift Keying) : 디지털 신호의 0, 1에 따라 2종류의 위상을 갖는 변조방식이다.

10 – 펄스 진폭 변조(PAM : Pulse Amplitude Modu-lation) : 정보신호의 레벨에 따라 펄스의 진폭을 변화시키는 변조방식
– 펄스폭 변조(PWM : Pulse Width Modulation) : 정보신호의 레벨에 따라 펄스의 폭을 변화시키는 변조방식
– 펄스 부호 변조(PCM : Pulse Code Modulation) : 정보신호의 레벨에 따라 펄스의 부호를 변화시키는 변조방식
– 펄스 위상 변조(PPM : Pulse Phase Modulation) : 정보신호의 레벨에 따라 펄스의 위상을 변화시키는 변조방식

11 DMA(Direct Memory Access) : CPU를 거치지 않고 직접 메모리에 접근하는 방식을 말한다.

12 – 입력장치에는 키보드와 마우스가 많이 사용되며, 스캐너, 광학 마크 판독기, 광학 문자 판독

기, 자기 잉크 문자 판독기, 바코드 판독기, 조이 스틱, 디지타이저, 터치스크린, 디지털 카메라 등이 있다.
- 출력장치에는 프린터와 모니터가 있으며, 프린터로는 도트 매트릭스 프린터, 잉크 제트 프린터, 레이저 프린터가 있다. 또, 모니터에는 음극선관 모니터와 액정 화면 모니터, 플라즈마 디스플레이, 터치스크린, 프로젝터 등이 있다.

13 3초과 코드는 BCD 코드에 3을 더한 것으로 10진수에 대한 보수를 코드 자체에 포함하고 있어 자기보수 코드라 하며, 비트마다 일정한 값을 갖지 않으며, 연산 동작이 쉽게 이루어진다. 그러므로 0011부터 1100까지 사용되므로 0000, 0001, 0010, 1101, 1110, 1111은 사용되지 않는다.

14 1001+0011=1100이 된다.

15 게이트당 소비전력을 비교하면 DTL : 8[mW], RTL : 12[mW], TTL : 10[mW], CMOS : 0.01[mW]이다.

16 - 입력장치 : 프로그램과 자료들이 컴퓨터(CPU) 내에서 처리될 수 있도록 전달하는 장치
 - 출력장치 : 컴퓨터 내에서 처리된 결과를 사용자가 원하는 형태로 볼 수 있도록 하는 장치

17 ㉮ RTL(Resistor Transistor Logic) : 저항기와 트랜지스터로 구성되는 논리회로
  ㉠ 회로가 간단하며 경제적이다.
  ㉡ 팬 아웃(fan-out)이 적어 비실용적이다.
  ㉢ 저속 동작회로이다.
  ㉣ 레벨 시프트 다이오드와 다이오드의 채택으로 잡음에 다소 강하다.
 ㉯ TTL(Transistor Transistor Logic) : 입력과 출력회로를 모두 트랜지스터로 구성한 논리회로
  ㉠ 동작속도가 빠르다.
  ㉡ DTL과 같이 쓸 수 있다.
  ㉢ 소비전력이 작고 집적도가 높다.
  ㉣ 잡음여유(noise margin)가 작다.
 ㉰ ECL(Emitter Coupled Logic)
  ㉠ 논리게이트 중 속도가 가장 빠르다.
  ㉡ 상보관계의 출력회로이다.
  ㉢ 출력 임피던스가 낮으며 높은 팬 아웃이 가능하다.
  ㉣ 소비전력이 가장 크고 잡음여유가 0.3[V]로 작다.
  ㉤ 용량성 부하가 팬 아웃을 제한하고 다른 논리회로와 혼용이 어렵다.
  ㉥ 평행 2선식 전송선에 의해 장거리 Data 전송이 가능하다.
 ㉱ CMOS(Complementary Metal-Oxide Semiconductor) 논리회로 : 주로 저전력 소모가 요구되는 시스템에 사용되며, 회로의 밀도가 높고 제조 공정이 단순하며, 전력소비가 적어 경제적이므로 TTL과 더불어 가장 많이 사용되고 있다.
  ㉠ 낮은 소비전력회로이다.
  ㉡ 단일 전원으로 TTL과 병용 가능하다.
  ㉢ 높은 잡음여유를 갖는다.
  ㉣ 온도 안정성이 우수하나 속도가 느리다.

18 부동 소수점 방식은 부호비트, 지수부, 가수부로 구성된다.

19 EX-OR은 배타적 논리회로이다. 즉, 서로 입력이 상반될 때 결과가 1이 되는 논리회로이다.

20 8) 682   ∴ $(682)_{10} = (1252)_8$
   8) 85 ··· 2
   8) 10 ··· 5
       1 ··· 2 ↑

21 - fetch cycle : 기억장치에 있는 명령을 중앙처리장치로 읽어오는 사이클
 - indirect cycle : 간접주소일 때 유효주소를 읽

기 위해 기억장치에 접근하는 사이클
- execute cycle : 기억장치에서 읽어들인 명령을 실행하는 주기
- interrupt cycle : 예기치 않은 상황이 발생할 경우 명령을 중단하고 인터럽트를 수행하고 복귀하는 사이클

22 ASCII 코드는 존 비트와 디짓 비트로 구성되는 7비트 ASCII 코드(128개의 코드)와 8비트 ASCII 코드(7비트 ASCII 코드에 패리티 비트 추가)로 구분하나 일반적으로 8비트의 ASCII 코드가 사용되며 소형 컴퓨터와 데이터 통신용으로 폭 넓게 사용되는 코드가 7비트의 ASCII 코드이다.

23 인터럽트란 컴퓨터가 어떤 프로그램을 실행 중에 긴급사태 등이 발생하면 진행 중인 프로그램을 일시 중단하여 긴급 사태에 대처하고, 긴급 처리가 끝나면 중단했던 프로그램을 재개하는 것을 말한다.

24 큐(Queue)는 자료가 리스트에 첨가되는 순서대로만 처리할 수 있는 것으로 선입선출(FIFO) 리스트라 하고, 스택(Stack)은 리스트에 마지막으로 첨가된 자료가 제일 먼저 처리되는 것으로 후입선출(LIFO) 리스트라 한다.

25 ㉠ 위성통신의 장점
 - 기후의 영향을 받지 않는다.
 - 광대역 통신이 가능하다.
 - 광역성과 동보성을 갖는다.
 - 통신망 구축이 용이하다.
㉡ 위성통신의 단점
 - 전송지연이 발생한다.
 - 고장수리가 어렵다.
 - 통신보안장치가 필요하다.
 - 수명이 짧다.
 - 태양 잡음 및 지구일식의 영향을 받기 쉽다.

26 스택(Stack)은 0-주소지정방식의 메모리 처리 구조로 후입선출(LIFO : Last-In First-Out)의 데이터 처리방법을 갖는다.

27 해독기(decoder)의 출력은 AND 게이트로 이루어지며, 입력 데이터에 따라 출력이 결정되고, 그림은 2×4 해독기로서 진리치표는 아래와 같다. 반대로 부호기(encoder)의 출력은 OR 게이트로 이루어진다.

A	B	X_0	X_1	X_2	X_3
0	0	1	0	0	0
0	1	0	1	0	0
1	0	0	0	1	0
1	1	0	0	0	1

[2×4 디코더(해독기)의 진리치표]

28 누산기(Accumulator)는 산술연산 또는 논리연산의 결과를 일시적으로 기억하는 레지스터의 일종이다.

29 - 단방향(Simplex) 통신방식은 접속한 두 장치 사이에서 데이터를 한 방향으로 전송하는 방식이다.
 - 반이중(Half Duplex) 통신방식은 양방향에서의 전송이 가능하나 동시에 양방향 통신은 불가능한 방식이다.
 - 전이중(Full duplex) 통신방식은 양방향에서 동시에 정보의 송·수신이 가능한 방식이다.

30 - 직접, 절대 주소지정방식(direct absolute addressing mode) : 오퍼랜드가 존재하는 기억장치의 어드레스를 직접 명령 속에 포함시켜 지정하는 방법
 - 이미디어트 주소지정방식(immediate addressing mode) : 명령 속의 오퍼랜드 정보를 그대로 오퍼랜드로 사용하는 방법
 - 간접 주소지정방식(indirect addressing mode)

: 오퍼랜드가 존재하는 기억장치 어드레스를 내용으로 가지고 있는 기억 장소의 어드레스를 명령 속에 포함시켜 지정하는 방법
- 레지스터 주소지정방식(register addressing mode) : 기억장치의 어드레스 대신 레지스터의 번호를 지정하고, 그 레지스터 내용을 목적으로 하는 오퍼랜드의 어드레스로 한다.(레지스터 간접 어드레스 지정 방식이라고 한다.)
- 상대 어드레스 지정 방식(relative addressing mode) : 명령 속의 오퍼랜드 지정 정보를 레지스터 지정부와 전개부로 나누어서 레지스터 지정부로 지정된 레지스터 내용과 전개부를 더해서 오퍼랜드의 어드레스를 구한다.

31 운영체제는 컴퓨터의 하드웨어 및 각종 정보들을 효율적으로 관리하며, 사용자들에게 편리하게 이용할 수 있고, 자원을 공유하도록 하는 소프트웨어이다.
운영체제(OS : Operating System)의 기능
- 자원을 효율적으로 관리하고, 응용 프로그램의 실행 제어
- 작업의 연속적인 처리를 위한 스케줄 관리
- 사용자와 컴퓨터 간 인터페이스 제공
- 메모리 상태와 운영 관리
- 하드웨어 주변장치 관리
- 프로그램이나 데이터 저장, 액세스 제어에 필요한 파일 관리
- 프로그램 수행을 제어하는 프로세서 관리

32 C언어에서는 int(정수형), double(배정도 실수형), float(실수형), char(문자형), short(단정수형), long(장정수형) 등의 자료형이 사용된다.

33 고급 언어(High Level Language)는 자연어에 가까워 그 의미를 쉽게 이해할 수 있는 사용자 중심의 언어로, 기종에 관계없이 공통적으로 사용할 수 있는 언어로, 기계어로 변환하기 위한 컴파일러가 필요하다.

34 번역기의 종류
- 어셈블러 : 어셈블리 언어로 작성된 원시 프로그램을 기계어로 번역하는 프로그램이다.
- 컴파일러 : 전체 프로그램을 한번에 처리하여 목적 프로그램을 생성하는 번역기로 기억 장소를 차지하지만 실행 속도가 빠르다. 한번 번역해두면 목적 프로그램이 생성되므로 재차 실행시에 다시 번역할 필요가 없다. 컴파일러를 사용하는 언어에는 ALGOL, PASCAL, FORTRAN, COBOL, C 등이 있다.
- 인터프리터 : 작성된 원시 프로그램을 한 줄씩 읽어 번역 및 실행하는 작업을 반복하는 프로그램이다. 목적 프로그램이 남지 않으며, 일괄 처리가 아니므로 대화형이라 한다. 실행속도가 느리지만 기억 장소를 적게 차지한다. 인터프리터를 사용하는 언어에는 BASIC, LISP, JAVA, PL/1 등이 있다.

35 프로그램 실행을 위한 처리 순서는 원시 프로그램 → 컴파일러 → 목적 프로그램 → 연결 → 실행 순으로 이루어지므로, 문제에서의 수행 순서는 컴파일러 → 링커 → 로더의 순서로 수행된다.

36
- 예약어(Reserved word) : 컴퓨터 프로그래밍 언어에서 이미 문법적인 용도로 사용되고 있기 때문에 식별자로 사용할 수 없는 단어들이다.
- 키워드(key word) : 정보검색 시스템 등에서 키워드를 포함하는 레코드가 검색되는 경우 등에 사용하는, 문장의 핵심적인 내용을 정확히 표현한 중요한 단어
- 주석(comment) : 소스코드에 어떠한 내용을 입력하지만 그 내용이 실제 프로그램에 영향을 끼치지 않으며, 프로그래밍 언어의 구문 요소 중 프로그램의 이해를 돕기 위해 설명을 적어두는 부분이다.
- 연산자(operator) : 프로그래밍이나 논리설계에서 변수나 값의 연산을 위해 사용되는 부호

37 - FIFO(First In First Out) : 주기억장치에 저장될 때 가장 오래된(가장 먼저 기록된) 페이지를 교체하는 방법
- LRU(Least Recently Used) : 주기억장치에 저장된 시점과 관계없이, 사용률이 가장 저조한 페이지를 교체하는 방법으로 각 페이지마다 계수기나 스택을 두어 현 시점에서 가장 오랫동안 사용하지 않은, 즉 가장 오래 전에 사용된 페이지를 교체한다.
- LFU(Least Frequency Used) : 사용빈도가 가장 낮은 페이지, 즉 호출된 횟수가 가장 적은 페이지를 교체하는 방법으로 프로그램 실행 초기에 많이 사용된 페이지가 그 후로 사용되지 않을 경우에도 프레임을 계속 차지할 수 있다.
- NUR(Not Used Recently) : 최근에 사용하지 않은 페이지를 교체하는 방법으로 최근의 사용 여부를 확인하기 위해서 각 페이지마다 참조 비트(reference bit)와 변형 비트(modified bit)가 사용된다.

38 프로그래밍 언어가 갖추어야 할 요건
- 프로그래밍 언어의 구조가 체계적이어야 한다.
- 언어의 확장이 용이하여야 한다.
- 효율적인 언어이어야 한다.
- 적은 기억 장소를 사용하여야 한다.

39 구조적 프로그래밍은 하향식 설계기법으로 프로그램이 복잡해지는 것을 방지하고, 프로그램을 구성하는 각 요소를 다루기 쉽도록 보다 작은 규모로 조직화하는 설계 방법이다.
구조적 프로그래밍을 작성하는 목적
㉠ 프로그램을 읽기 쉽게 하여 프로그램 개발 및 유지보수가 용이하다.
㉡ 프로그램의 신뢰성을 높이고, 프로그램 테스트를 용이하게 한다.
㉢ 프로그램에 대한 규율을 제공하고, 소요되는 경비가 감소한다.

40 소프트웨어의 개발은 문제의 분석-입·출력 설계-순서도 작성-프로그램 입력-문법오류 수정-모의자료 입력-논리오류 수정-실행의 절차에 따른다.

41 레지스터를 구성하는 기본소자가 플립플롭(F/F)으로, 0과 1의 안정된 논리 상태를 갖는 쌍안정 멀티바이브레이터를 플립플롭(F/F)이라 한다.

42 - 순서 논리회로는 출력신호가 현재의 입력신호와 과거의 입력신호에 의하여 결정되는 논리회로서 F/F과 같은 기억소자나 논리게이트로 구성된다.
- 조합 논리회로에는 멀티플렉서(multiplexer), 해독기(decoder), 부호기(encoder), 반가산기, 전가산기 등이 속하고, 레지스터, 플립플롭, 계수기 등은 순서 논리회로에 속한다.

43 $AB+ABC=AB(1+C)=AB$

44 시프트 레지스터(shift register)는 FF을 여러 개 종속 접속하여 시프트 펄스를 하나씩 공급할 때마다 순차적으로 다음 FF에 데이터가 전송되도록 하는 레지스터이다.

45 $N = 2^n - 1$이므로 0에서 15까지의 16가지 상태를 기호화할 수 있다.

46 반감산기(HS : Half Subtractor)는 두 개의 2진수를 감산하여 자리내림수 B(Borrow)와 차 D(Difference)를 나타내는 논리회로이다.

47 비동기형 계수기는 전단의 출력을 입력펄스로 받아 계수하는 회로이고, 동기형 계수기는 입력펄스를 병렬로 입력받아 각 단이 동시에 동작하는 계수기이다.

48 일련의 순차적인 수를 세는 회로를 계수회로(counter)라 한다.

49 각 자리의 BCD 코드를 10진수로 변환한다.
0100=4, 0101=5, 0010=2
즉, $(0100\ 0101\ 0010)_{BCD} = (452)_{10}$이 된다.

50 플립플롭이 n개일 때 카운터가 셀 수 있는 최대의 수를 N이라 하면 $N = 2^n$개의 수를 셀 수 있고, 0에서 $2^n - 1$의 수까지 표현한다.

51 음수의 표현방법에는 부호와 절대값을 이용한 방법, 1의 보수 및 2의 보수를 이용한 방법이 사용된다.

52 EX-NOR는 서로 입력이 같을 때 결과가 1이 되는 논리회로이다.

A	B	Y
0	0	1
0	1	0
1	0	0
1	1	1

[EX-NOR 게이트의 진리치표]

$(Y = \overline{A \oplus B})$

53 $(3)_{10} = (0011)_2$
2진수를 그레이 코드로 변환
① 최상위 비트값은 그대로 사용한다.
② 다음부터는 인접한 값까지 X-OR(Exclusive-OR)연산을 해서 내려 쓴다.

```
    +   +   +
   ⌢   ⌢   ⌢
0   0   1   1
↓   ↓   ↓   ↓
0   0   1   0
```

54 클록형 RS F/F은 기본 RS F/F에 클록회로를 부가한 회로이다.

S	R	Q_{n+1}
0	0	Q_n
0	1	0
1	0	1
1	1	불확정

55 입력 데이터가 모두 같을 경우에는 결과가 0이 되고, 서로 다를 경우에는 결과가 1이 되는 논리회로가 배타적 논리합(exclusive-OR)이며, 논리식은 $Y = A \oplus B = \overline{A}B + A\overline{B}$이다.

A	B	F
0	0	0
0	1	1
1	0	1
1	1	0

[EX-OR 게이트의 진리치표]

56 F/F의 기능은 직렬 연결 시 1/2로 분주되므로 출력 주파수(f_o)는 $f_o = \dfrac{f}{4} = \dfrac{500}{4} = 125[Hz]$가 된다.

57 - D/A 변환기 : 디지털 신호를 아날로그 신호로 변환하는 장치
- A/D 변환기 : 아날로그 신호를 디지털 신호로 변환하는 장치

58 $A \cdot 1 = A$이다.

59 2의 보수=1의 보수+1
1111의 1의 보수는 0000이므로 2의 보수는 0000+1=0001이 된다.

60 RS 플립플롭에서 R=S=1의 상태에서 불확정되는

것을 피하기 위하여 NOT 게이트를 부가하여 출력이 토글되도록 한 D F/F이다.

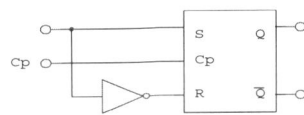

2011년 제2회

01	02	03	04	05	06	07	08	09	10
④	②	①	④	②	②	①	③	②	②
11	12	13	14	15	16	17	18	19	20
②	②	②	②	②	④	②	③	①	①
21	22	23	24	25	26	27	28	29	30
③	②	④	②	④	③	②	①	①	①
31	32	33	34	35	36	37	38	39	40
②	②	①	②	④	③	②	③	②	④
41	42	43	44	45	46	47	48	49	50
④	①	②	④	①	②	②	④	③	②
51	52	53	54	55	56	57	58	59	60
③	①	③	③	②	②	②	①	①	④

01 $V_o = \dfrac{5}{2+3} \times 3 = 3[V]$

$R = \dfrac{2 \times 3}{2+3} + 2.8 = 4[\Omega]$

02 잡음이 없을 때의 잡음지수(F)는 1일 때이다.

03 저역통과 RC회로에서 시정수는 적분회로로 구성되며 응답의 상승 속도를 표시하는 것을 의미한다.

04 저주파증폭기의 주파수 특성은 주파수에 대한 이득의 관계를 그래프로 표현하는 것이 일반적이다.

05 합성 정전용량
$C = C_1 + C_2 + C_3 \cdots C_n$ (병렬 접속 시)

$C = \dfrac{1}{\dfrac{1}{C_1} + \dfrac{1}{C_2} + \dfrac{1}{C_3} \cdots \dfrac{1}{C_n}}$ (직렬 접속 시)

병렬로 접속하면 용량이 증가하고 직렬로 접속하면 용량이 감소한다.

06 – 링잉(ringing) : 펄스의 상승 부분에서 진동의 정도를 말하며, 높은 주파수 성분에 공진하기 때문에 생긴다.
– 언더슈트(undershoot) : 하강 파형에서 이상적 펄스파의 기준 레벨보다 아랫부분의 높이(d)
– 새그(sag) : 내려가는 부분의 정도를 말하며, $\left(\dfrac{C}{V}\right) \times 100[\%]$로 나타낸다.
– 오버슈트(overshoot) : 상승 파형에서 이상적 펄스파의 진폭(V)보다 높은 부분의 높이를 말한다.

07 RC 발진기의 종류에는 이상(phase shifter) 특성을 이용한 이상형 발진기와 빈 브리지(Wien bridge) 발진기가 있으며 RC형 발진기는 LC 동조회로를 사용하지 않으며, 발진주파수는 RC의 시정수에 의해 정해지고 저주파의 정현파 발진에 주로 사용된다.

08 $m_f = \dfrac{\Delta f}{f_s} = \dfrac{16}{4} = 4$

09 – 진폭 변조(Amplitude Modulation, AM)란 신호파의 크기에 비례하여 반송파의 진폭을 변화시킴으로써 정보가 반송파에 합성되는 방식을 말한다. 진폭변조는 회로가 간단하고, 비용이 적게 드는 반면에 전력 효율이 안 좋고, 잡음에 약한 단점이 있다.
– 주파수 변조(Frequency Modulation, FM)는 신호파의 크기변화를 반송파의 주파수 변화에 담아서 보내는 방법으로, AM이 주파수는 고정되고 진폭이 변화하는 반면에, FM은 주파수가 변

하는 대신 진폭은 항상 같은 값으로 유지된다. 신호파형의 전압이 높을수록 주파수가 높아져서 파장이 조밀해지고, 그 반대로 전압이 낮을 때는 주파수가 낮아져서 파장이 넓어지게 된다. 주파수 변조는 진폭에 영향을 받지 않아 페이딩에 민감하지 않은 반면에 대역폭이 넓어지고, side lobe가 많이 생긴다.

10 $I_s = \dfrac{20-10}{680} = \dfrac{10}{680} = 0.01471[A] = 14.7[mA]$

11 입·출력장치는 기계적 동작을 수반하므로, 전자계산기의 연산속도에 비해 입·출력 정보의 전송속도는 매우 느리다. 이 속도의 차이를 조정하고 입·출력장치와 컴퓨터를 원활히 동작시키기 위한 입·출력 제어기구가 입·출력 채널이다.

12 회선의 접속 형태에는 점 대 점(Point-to-point) 방식, 다점(Multipoint) 방식, 교환방식 등이 있다.
- 점 대 점(Point-to-point) 방식은 데이터를 송·수신하는 2개의 단말 또는 컴퓨터를 전용회선으로 항상 접속을 유지하는 방식으로 송·수신하는 데이터량이 많을 경우에 적합하다.
- 다점(Multipoint) 방식은 하나의 회선에 여러 단말을 접속하는 방식으로 멀티드롭(multidrop) 방식이라고도 하며, 각 단말에서 송·수신하는 데이터량이 적을 때 효과적이다.
- 교환(Switching) 방식은 교환기를 통하여 연결된 여러 단말에 대하여 데이터의 송·수신을 행하는 방식으로 통신상대를 자유로이 선택할 수 있으나 데이터를 전송하기 전에 교환기로 상대방을 접속하기 위한 절차가 요구되며, 전송할 데이터의 양이 적고 여러 단말 간에 서로 접속해야 할 경우가 많을 때 경제적이며 적합한 방식으로 우리가 많이 사용하는 전화망을 통한 데이터 전송방식이다.

13 중앙처리장치는 비교, 판단, 연산을 담당하는 논리연산장치(arithmetic logic unit)와 명령어의 해석과 실행을 담당하는 제어장치(control unit)로 구성된다. 논리연산장치(ALU)는 각종 덧셈을 수행하고 결과를 수행하는 가산기(adder)와 산술과 논리연산의 결과를 일시적으로 기억하는 레지스터인 누산기(accumulater), 중앙처리장치에 있는 일종의 임시 기억장치인 레지스터(register) 등으로 구성되어 있다.
제어장치는 프로그램의 수행 순서를 제어하는 프로그램 계수기(program counter), 현재 수행 중인 명령어의 내용을 임시 기억하는 명령 레지스터(instruction register), 명령 레지스터에 수록된 명령을 해독하여 수행될 장치에 제어신호를 보내는 명령해독기(instruction decoder)로 이루어져 있다.

14 ASCII 코드는 7비트의 코드이므로 $2^7 = 128$의 정보의 수를 표현할 수 있다.

15 - 인터럽트는 특정 요구에 의해 정상적인 프로그램의 실행순서를 변경하여 요구한 작업을 먼저 수행한 후에 다시 원래의 프로그램으로 복귀하는 것을 의미한다.
- 폴링(polling)은 인터럽트와 달리 CPU가 특정 이벤트를 처리하기 위해 그 이벤트가 발생할 때까지 모든 연산을 모니터링하는 데 사용한다.

16 $(9)_{10} + (3)_{10} = (1001)_2 + (0011)_2 = (1100)_2$

17 자료구조는 선형 구조와 비선형 구조로 구분한다.
- 선형 구조 : 배열, 레코드, 스택, 큐, 연결리스트
- 비선형 구조 : 트리, 그래프

18
$$\begin{array}{cccc} 0.6875 & 0.375 & 0.75 & 0.5 \\ \times\ 2 & \times\ 2 & \times\ 2 & \times\ 2 \\ \hline 1.375 & 0.75 & 1.5 & 1.0 \end{array}$$
$\therefore (0.6875)_{10} = (0.1011)_2$

19 배타적 논리회로(Exclusive OR)는 입력되는 두 개의 값이 서로 다를 경우에만 결과가 참(True)이 되며, 논리식은 Y = A⊕B = $\overline{A}B + A\overline{B}$ 이다. EX-NOR는 서로 입력이 같을 때 결과가 1이 되는 논리회로이다.

A	B	Y
0	0	1
0	1	0
1	0	0
1	1	1

[EX-NOR 게이트의 진리치표]

(Y = $\overline{A \oplus B}$)

20 - 입력장치에는 키보드와 마우스가 많이 사용되며, 스캐너, 광학 마크 판독기, 광학 문자 판독기, 자기 잉크 문자 판독기, 바코드 판독기, 조이 스틱, 디지타이저, 터치스크린, 디지털 카메라 등이 있다.
- 출력장치에는 프린터와 모니터가 있으며, 프린터로는 도트 매트릭스 프린터, 잉크 제트 프린터, 레이저 프린터가 있다. 또, 모니터에는 음극선관 모니터와 액정 화면 모니터, 플라즈마 디스플레이, 터치스크린, 프로젝터 등이 있다.

21 버스(BUS)는 동일한 기능을 수행하는 많은 신호선들의 집단으로 마이크로프로세서가 주변 소자들과 데이터 교환을 위한 통로로 사용되며, 주소 버스, 데이터 버스, 제어 버스로 구분한다.
- 주소 버스(Address Bus)는 마이크로프로세서가 외부의 메모리나 입·출력장치의 번지를 지정할 때 사용하는 단방향 버스이다.
- 데이터 버스(Data Bus)는 마이크로프로세서에서 메모리나 출력장치로 데이터를 출력하거나 반대로 메모리나 출력장치로부터 데이터를 입력할 때의 전송로로 사용되는 양방향 버스이다.
- 제어 버스(Control Bus)는 마이크로프로세서가 현재 수행 중인 작업의 종류나 상태를 메모리나 입·출력장치에게 전달하는 출력신호와 외부에서 마이크로프로세서로 어떤 동작의 요구를 위한 입력신호 등으로 구성되는 단방향 버스이다.

22 $(7560)_8 = 7 \times 8^3 + 5 \times 8^2 + 6 \times 8^1$
$= 3584 + 320 + 48 = (3952)_{10}$

23 - 단방향(Simplex) 통신방식은 접속한 두 장치 사이에서 데이터를 한 방향으로 전송하는 방식이다.
- 반이중(Half Duplex) 통신방식은 양방향에서의 전송이 가능하나 동시에 양방향 통신은 불가능한 방식이다.
- 전이중(Full duplex) 통신방식은 양방향에서 동시에 정보의 송·수신이 가능한 방식이다.

24 논리적 연산에서 단항 연산은 MOVE, SHIFT, ROTATE, COMPLEMENT 연산 등이 있고, 이항 연산에는 사칙연산, OR(논리합 : 문자 또는 비트의 삽입), AND(논리곱 : 불필요한 비트 또는 문자의 삭제) 등이 해당된다.

25 전자계산기의 중앙처리장치는 기억, 제어(制御), 연산(演算)의 세 가지 장치로 구성된다.

26 Y = AA + AC + AB + BC
= A(1 + C + B) + BC = A + BC

27 ㉠ 큐(queue)는 리어(rear)라는 한쪽 끝에서 항목이 삽입되며, 다른 한쪽 끝에서 항목이 삭제되는 선입선출(FIFO) 리스트이다.
㉡ stack(스택)은 제일 나중에 들어온 원소가 제일 먼저 삭제되는 특성을 가지므로 후입선출(Last-In First-Out) 리스트라 한다.

28 ㉠ fetch cycle : 기억장치에 있는 명령을 중앙처리장치로 읽어오는 인출 사이클

ⓒ indirect cycle : 간접주소일 때 유효주소를 읽기 위해 기억장치에 접근하는 간접 사이클
ⓒ execute cycle : 기억장치에서 읽어들인 명령을 실행하는 실행 주기
ⓔ interrupt cycle : 예기치 않은 상황이 발생할 경우 명령을 중단하고 인터럽트를 수행하고 복귀하는 사이클

29 10을 8비트의 2진수로 하면 00001010이 되며, 1의 보수는 0을 1로, 1을 0으로 바꿔주면 되고, 2의 보수는 1의 보수로 변환한 후에 1을 더해주면 된다. 00001010을 1의 보수로 변환하면 11110101이 된다. 이때 맨 앞의 1이 바로 부호 비트이며, 양수일 때는 0, 음수일 때는 1이 된다.

30 – 직접, 절대 주소지정방식(direct absolute addressing mode) : 오퍼랜드가 존재하는 기억장치의 어드레스를 직접 명령 속에 포함시켜 지정하는 방법
- 이미디에트 주소지정방식(immediate addressing mode) : 명령 속의 오퍼랜드 정보를 그대로 오퍼랜드로 사용하는 방법
- 간접 주소지정방식(indirect addressing mode) : 오퍼랜드가 존재하는 기억장치 어드레스를 내용으로 가지고 있는 기억 장소의 어드레스를 명령 속에 포함시켜 지정하는 방법
- 레지스터 주소지정방식(register addressing mode) : 기억장치의 어드레스 대신 레지스터의 번호를 지정하고, 그 레지스터 내용을 목적으로 하는 오퍼랜드의 어드레스로 한다.(레지스터 간접 어드레스 지정 방식이라고 한다.)
- 상대 주소지정방식(relative addressing mode) : 명령 속의 오퍼랜드 지정 정보를 레지스터 지정부와 전개부로 나누어서 레지스터 지정부로 지정된 레지스터 내용과 전개부를 더해서 오퍼랜드의 어드레스를 구한다.

31 소프트웨어의 개발은 문제의 분석 – 입·출력설계 – 순서도 작성 – 프로그램 입력 – 문법오류 수정 – 모의자료 입력 – 논리오류 수정 – 실행의 절차에 따른다.

32 – FIFO(First In First Out) : 주기억장치에 저장될 때 가장 오래된(가장 먼저 기록된) 페이지를 교체하는 방법
- LRU(Least Recently Used) : 주기억장치에 저장된 시점과 관계없이, 사용률이 가장 저조한 페이지를 교체하는 방법으로 각 페이지마다 계수기나 스택을 두어 현 시점에서 가장 오랫동안 사용하지 않은, 즉 가장 오래 전에 사용된 페이지를 교체한다.
- LFU(Least Frequency Used) : 사용빈도가 가장 낮은 페이지, 즉 호출된 횟수가 가장 적은 페이지를 교체하는 방법으로 프로그램 실행 초기에 많이 사용된 페이지가 그 후로 사용되지 않을 경우에도 프레임을 계속 차지할 수 있다.
- NUR(Not Used Recently) : 최근에 사용하지 않은 페이지를 교체하는 방법으로 최근의 사용 여부를 확인하기 위해서 각 페이지마다 참조 비트(reference bit)와 변형 비트(modified bit)가 사용된다.

33 예약어는 컴퓨터 프로그래밍 언어에서 이미 문법적인 용도로 사용되고 있기 때문에 식별자로 사용할 수 없는 단어들이다.

34 고급 언어로 작성된 프로그램을 기계어로 번역하는 프로그램을 컴파일러라 한다. 인터프리터 언어는 인터프리터를 통하여 고급 언어로 작성된 프로그램을 기계어로 번역한다.

35 C언어는 UNIX 시스템을 구축하기 위한 시스템 프로그래밍 언어로서 수식이나 제어 및 데이터 구조를 가장 간편하게 제공하고 있으며, C언어는 원래 시스템 프로그램으로 개발되었으나 기종에 관계없이 수치 해석, 텍스트 처리, 데이터베이스 처리를

위한 프로그램에도 많이 활용되고 있으며, UNIX 운영체제를 위해 개발한 시스템 프로그램 언어로 저급 언어와 고급 언어의 특징을 모두 갖춘 언어이다.

36 기계어는 0과 1로 이루어지므로, 프로그램의 유지보수가 어렵다. 저급 언어는 기계어를 말하며, 기계어는 변환과정 없이 계산기가 직접 처리할 수 있으므로 처리속도가 빠르다.
- 2진수를 사용하여 명령어와 데이터를 표현한다.
- 호환성이 없고, 기계마다 언어가 다르다.
- 프로그램의 실행속도가 빠르다.
- 프로그램의 유지보수와 배우기가 어렵다.

37 - 워킹 세트(Working Set)는 가상기억장치 시스템에서 실행 중인 프로세스가 일정시간에 필요로 하여 참조하는 페이지들의 집합이다.
- 스래싱(Thrashing)은 빈번한 페이지 부재가 일어나는 현상을 말한다.
- 세마포어(Semaphore)는 에츠허르 데이크스트라가 고안한, 두 개의 원자적 함수로 조작되는 정수 변수로서, 멀티프로그래밍 환경에서 공유자원에 대한 접근을 제한하는 방법으로 사용된다.
- 세그먼트(segment)는 서로 구분되는 기억장치의 연속된 한 영역 또는 어떤 프로그램이 너무 커서 한 번에 주기억장치에 올릴 수 없어 갈아넣기 기법을 사용하여 쪼개었을 때, 나뉜 각 부분을 가리키는 용어

38 프로그래밍 절차
  ㉠ 문제분석 : 문제의 내용을 만족하는 결과를 도출하기 위한 해결책과 기법에 관한 내용의 분석과정
  ㉡ 입·출력 설계 : 입력 데이터의 종류와 형식 및 매체를 선정하고 출력방법에 대한 설계를 하는 과정
  ㉢ 순서도 작성 : 정해진 데이터를 입력하여 원하는 정보를 얻기 위한 처리 방법과 순서를 설계하는 과정으로 기호를 이용하여 작성한다.
  ㉣ 프로그램의 코딩 : 업무처리에 적합한 언어를 선택하여 프로그램을 기술한다.
  ㉤ 프로그램의 작성 : 입력매체를 통하여 프로그램을 컴퓨터에 기록 저장하는 과정
  ㉥ 컴파일 및 오류의 수정 : 입력매체를 통하여 작성한 프로그램을 컴파일러를 통하여 기계어로 번역하고, 문법의 오류 등을 수정(디버깅)하도록 한다.
  ㉦ 테스트와 실행 : 컴파일 및 오류수정이 끝난 후 프로그램의 논리적인 오류와 원하는 결과가 나오는지의 검사과정의 실행을 통하여 원하는 결과를 얻게 된다.

39 구조화 프로그램은 순차구조, 선택구조, 반복구조의 기본구조를 갖는다.
- 순차구조는 직선형의 구조로 제어의 흐름이 위에서 아래로, 왼쪽에서 오른쪽의 순서로 처리되는 구조이다.
- 선택구조는 주어진 조건에 따라 참(True)과 거짓(False)에 따라 처리 내용을 선택 결정하는 구조이다.
- 반복구조는 조건에 따라 결과가 만족할 때까지 또는 만족하는 동안 반복하는 구조이다.

40 운영체제의 기능
- 프로세서, 기억장치, 입·출력장치, 파일정보 등의 자원관리
- 자원의 스케줄링 기능 제공
- 사용자와 시스템 간의 편리한 인터페이스 제공
- 시스템의 각종 하드웨어와 네트워크 관리/제어
- 시스템의 오류 검사 및 복구, 데이터관리, 데이터 및 자원 공유
- 자원보호 기능의 제공

41 $A \cdot 1 = A$이다.

42 – 직렬 이동 레지스터 : 레지스터에 기억된 내용을 이동하라는 지시 신호의 펄스가 하나씩 가해질 때마다 현재의 내용이 왼쪽이나 오른쪽의 이웃한 플립플롭으로 1비트씩 이동되어 밀어내기와 같은 동작을 수행하는 레지스터를 직렬 이동 또는 시프트 레지스터라 한다.
– 병렬 이동 레지스터 : n개의 비트로 구성된 레지스터의 내용이 한 번의 이동 명령에 의하여 전체가 연결된 레지스터로 이동되는 레지스터이다.

43 멀티바이브레이터의 종류
– 비안정 멀티바이브레이터(Astable Multivibrator) : 회로에 전원이 공급되면 구형파의 발진이 이루어지는 회로이다.
– 단안정 멀티바이브레이터(Monostable Multivibrator) : 자체 발진의 능력은 없으나 외부의 트리거 펄스 입력이 공급될 때마다 하나의 구형파를 출력하는 회로이다.
– 쌍안정 멀티바이브레이터(Bistable Multivibrator) : 안정 상태를 유지하며 외부의 트리거 펄스 입력이 두 개 공급될 때마다 하나의 구형파를 출력하는 회로로 일반적으로 플립플롭(Flip Flop) 회로라 한다.

44 패리티 비트(Parity Bit)에 의한 오류 검출은 단지 오류 검출만 되지만 해밍 코드(Hamming Code)는 오류 검출 후 오류 정정까지 가능한 것이다.

45 – 멀티플렉서(multiplexer)는 여러 개의 입력선 중에서 하나를 선택하여 단일의 출력으로 내보내는 조합 논리회로로 데이터 선택기(Data Selector)라고도 한다.
– 디멀티플렉서(demultiplexer)는 멀티플렉서의 반대 기능으로 1개의 입력신호를 어드레스 정보에 의해 다수의 출력신호 단자 중의 하나로 내보내는 조합 논리회로이다.

46 ①은 버퍼(buffer), ②는 부정(NOT) 논리회로, ③은 논리곱(AND) 논리회로, ④는 논리합(OR) 논리회로의 기호이다.

47 – 동기형 카운터(synchronous counter) : 모든 플립플롭의 클록이 병렬로 연결되어 한 번의 클록 펄스에 대하여 모든 플립플롭이 동시에 동작(트리거)되는 카운터를 말하며, 비동기형 카운터보다 동작속도가 빠르므로 고속회로에 이용한다.
– 비동기형 카운터(asynchronous counter) : 모든 플립플롭이 전단의 출력 변화를 클록으로 이용하는 카운터로서, 리플 계수기라고도 불리며 동작지연이 발생하므로 동기형보다 느리나 회로의 구성이 간단하다.

48 ② $(156)_8 = 1 \times 8^2 + 5 \times 8^1 + 6 \times 8^0$
$= 64 + 40 + 6 = (110)_{10}$
③ $(1101110)_2$
$= 1 \times 2^6 + 1 \times 2^5 + 1 \times 2^3 + 1 \times 2^2 + 1 \times 2^1$
$= 64 + 32 + 8 + 4 + 2 = (110)_{10}$
④ $(6F)_{16} = 6 \times 16^1 + F \times 16^0$
$= 96 + 15 = (111)_{10}$

49 $A + B(A + \overline{A}) = A + B(A + \overline{A} = 1$이므로$)$

50 직렬 이동(serial moving) 레지스터는 레지스터에 기억된 내용을 이동하라는 지시 신호의 펄스가 하나씩 가해질 때마다 현재의 내용이 왼쪽이나 오른쪽의 이웃한 플립플롭으로 1비트씩 이동되어 밀어내기와 같은 동작을 수행하는 레지스터로, 시프트(shift) 레지스터라고도 한다. 그러므로 4개의 플립플롭으로 구성된 직렬 시프트 레지스터에서 MSB 레지스터에 기억된 내용이 출력으로 나오기 위해서는 4개의 클록 펄스가 필요하다.

51 비교기(Comparator)는 두 개의 신호를 비교하여

52 Y = AC + ACB = AC(1 + B) = AC

53 D FF은 Delay FF의 약어로 데이터의 일시적인 보존이나 디지털 신호의 지연에 사용된다.

54 논리회로의 설계 순서
㉠ 입·출력 조건에 따라 변수를 결정하여 진리표를 작성한다.
㉡ 진리표에 대한 카르노도를 구한다.
㉢ 간소화된 논리식을 구한다.
㉣ 논리식을 기본 게이트로 구성한다.

55 $2^4 = 16$이고 $2^3 = 8$이므로 0~5까지의 계수가 가능한 6진 카운터를 구성하기 위해서는 3개의 플립플롭이 필요하다.
플립플롭이 n개일 때 카운터가 셀 수 있는 최대의 수를 N이라 하면 $N = 2^n$개의 수를 셀 수 있고, 0에서 $2^n - 1$의 수까지 표현한다.

56 RS 플립플롭은 S(set)와 R(reset) 2개의 입력과 Q, $\overline{Q}$ 2개의 출력을 가지고 있으며, R, S 입력의 조합으로 출력의 상태를 변화시킬 수 있으나 S = R = 1의 경우는 불확정(부정) 상태가 되는 플립플롭이다.

R	S	Q_{n+1}
0	0	Q_n
0	1	1
1	0	0
1	1	부정

[RS F/F의 진리치표]

57 Y = $(\overline{A} \cdot \overline{B}) + (A \cdot B)$이므로 각각의 논리값을 대입하면
Y = (1100 · 1010) + (0011 · 0101)
= 1000 + 0001 = 1001

58 어떤 입력상태에 대해 출력이 무엇이 되든지 상관없는 경우 출력상태를 임의 상태(don't care condition)라고 하며, 진리표나 카르노도에서는 임의 상태를 일반적으로 X로 표시한다.

59 동기식 순서회로(카운터)의 설계 순서
㉠ 순서회로(카운터)의 계수표(count table)를 작성한다.
㉡ 원하는 단 수에 필요한 입력을 갖는 동기식 순서회로(카운터)를 작성한다.
㉢ 계수표(count table)와 여기표(동작 상태표)를 사용하여 각 단 플립플롭(F/F)의 입력에 대한 카르노도를 이용하여 간략화(단순화)한다.
㉣ 간략화한 카르노도에 따른 동기식 순서회로(카운터)를 구성한다.

60 레지스터를 구성하는 기본소자가 플립플롭(F/F)으로, 0과 1의 안정된 논리 상태를 갖는 쌍안정 멀티바이브레이터를 플립플롭(F/F)이라 한다.

2011년 제5회

01	02	03	04	05	06	07	08	09	10
①	④	①	③	③	④	①	③	③	①
11	12	13	14	15	16	17	18	19	20
③	③	④	①	①	②	①	①	②	②
21	22	23	24	25	26	27	28	29	30
②	③	①	③	①	③	②	①	③	②
31	32	33	34	35	36	37	38	39	40
①	④	①	①	②	③	②	②	①	③
41	42	43	44	45	46	47	48	49	50
①	②	④	②	①	①	①	④	①	③
51	52	53	54	55	56	57	58	59	60
①	①	④	④	③	①	①	①	①	④

01 $I = \dfrac{V}{R} = \dfrac{3}{90 \times 10^3 + 10 \times 10^3}$

$= \dfrac{3}{100 \times 10^3} = 0.03[\text{mA}]$

V=IR에 의해 $0.03 \times 10^{-3} \times 10 \times 10^3 = 0.3[\text{V}]$

02 $y = -\dfrac{R_f}{R_i} \times x$에서 $R_i = R_f$이므로 $y = -x$가 되기에 부호변환기이다.

03 피어스 BE형 수정발진기는 수정진동자가 이미터와 베이스 사이에 위치하므로 하틀리 발진기와 비슷하며, 베이스와 이미터 사이, 컬렉터와 이미터 사이는 유도성이 되어야 하고, 베이스와 컬렉터 사이는 용량성이 되어야 한다.

04 전자 및 양자의 전기량의 절대값은
$1.602 \times 10^{-19}[\text{C}]$이므로
$100 \times 10^{19} \times 1.602 \times 10^{-19} = 160.2[\text{J}]$이 된다.

05 $E_1 = 5 \times (r+3) = 5r + 15$,
$E_2 = 2.5 \times (r+8) = 2.5r + 20$
$5r + 15 = 2.5r + 20 \rightarrow 5r - 2.5r = 20 - 15$
$2.5r = 5 \rightarrow r = \dfrac{5}{2.5} = 2$
$E_1 = 5 \times (2+3) = 25[\text{V}]$,
$E_2 = 2.5 \times (2+8) = 2.5 \times 10 = 25[\text{V}]$

06 증폭회로의 특성
- 증폭기의 이득이 감소한다.
- 비선형 일그러짐이 감소한다. 특히 출력단의 잡음이 감소한다.
- 주파수 특성이 개선된다.
- 입력 임피던스가 증가하고, 출력 임피던스는 감소한다.
- 부하의 변동이나 전원 전압의 변동에도 증폭도가 안정된다.

07 출력이 입력파형의 첨두전압과 같은 값의 직류전압을 갖는 회로를 첨두검출기(피크검출기)라 한다. 회로(능동 피크검출기)에서 양의 반주기에서 다이오드(D)가 도통되고 커패시터(C)는 입력전압에서 오프셋(offset) 전압을 뺀 만큼의 전압이 충전된다. 즉, 연산증폭기(OP Amp)의 매우 높은 이득이 다이오드의 오프셋 전압 영향을 0.7[V]에서 7[mV] 범위까지 줄일 수 있게 하므로 mV 신호를 검출할 수 있다.

08 이미터 폴로어의 특징
㉠ 컬렉터 접지방식으로 전압증폭이 필요 없고 큰 전류이득이 필요한 회로에 사용된다.
㉡ 입력 임피던스가 매우 높고 출력 임피던스는 매우 낮으므로 저항 변환을 위한 버퍼단(buffet stage)으로 사용된다.
㉢ 전압이득은 1 또는 1 이하이다.

09 이상형 CR 발진회로의 CR을 3단 계단형으로 조합시켜 컬렉터측과 베이스측의 총 위상차가 180° 되게 구성하며 발진주파수는
$f = \dfrac{1}{2\pi \sqrt{6}\,CR}[\text{Hz}]$이다.

10 반파 정류회로의 역내전압(V)
$= \sqrt{2} \times$ 실효전압(E) $= \sqrt{2}\,E$이다.

11 DMA(Direct Memory Access)는 데이터의 입·출력 전송이 CPU를 거치지 않고 직접 기억장치와 입·출력장치에서 이루어지는 인터페이스이다.

12 - Complement
㉠ 단일 연산으로 입력 자료 1의 연산 결과는 보수가 된다.
㉡ 음(-)수의 표현에 있어 1의 보수 또는 2의 보수를 구하는 데 이용
- ADD : 필요 없는 부분을 지워버리고 나머지 비트만을 가지고 처리하기 위하여 사용

- Rotate(로테이트) : shift와 유사한 연산으로서, shift 연산에서는 연산 후에 밀려나오는 비트를 버리거나 올림수 레지스터에 기억시키지만, Rotate의 경우에는 밀려나온 비트가 다시 반대편 끝으로 들어가게 된다.

13 논리적 연산에서 단항 연산은 MOVE, SHIFT, ROTATE, COMPLEMENT 연산 등이 있고, 이항 연산에는 사칙연산, OR(논리합 : 문자 또는 비트의 삽입), AND(논리곱 : 불필요한 비트 또는 문자의 삭제) 등이 해당된다.

14
- 디코더(Decoder : 복호기)는 n비트의 2진 코드를 최대 2^n개의 서로 다른 정보로 바꾸어 주는 논리 조합회로로 출력은 AND 게이트로 구성된다.
- 인코더(Encoder : 부호기)는 숫자나 문자 등의 10진수 입력을 2진 부호로 변환하는 회로로 OR 게이트로 구성된다.

15 인터럽트 마스크 레지스터에 의해 특정 인터럽트 처리가 실행되지 않도록 억제하는 방법

16 인터럽트란 컴퓨터가 어떤 프로그램을 실행 중에 긴급사태 등이 발생하면 진행 중인 프로그램을 일시 중단하여 긴급 사태에 대처하고, 긴급 처리가 끝나면 중단했던 프로그램을 재개하는 것을 말한다.

17
- fetch cycle : 기억장치에 있는 명령을 중앙처리장치로 읽어오는 사이클
- indirect cycle : 간접주소일 때 유효주소를 읽기 위해 기억장치에 접근하는 사이클
- execute cycle : 기억장치에서 읽어들인 명령을 실행하는 주기
- interrupt cycle : 예기치 않은 상황이 발생할 경우 명령을 중단하고 인터럽트를 수행하고 복귀하는 사이클

18 PCM(pulse code modulation) 전송 방식은 표본화(sampling) → 양자화(quantization) → 부호화(encoding)의 과정으로 이루어진다.
- 표본화 : 아날로그 신호를 일정한 간격으로 샘플링(표본화)하는 것
- 양자화 : 간단한 수치로 고치는 것
- 부호화 : 양자화 값을 2진 디지털 부호로 바꾸는 것

19 각 논리게이트의 지연시간을 살펴보면 RTL : 12[nsec], DTL : 30[nsec], TTL : 10[nsec], ECL : 2[nsec], MOS : 100[nsec], CMOS : 500[nsec]이다. 그러므로 처리속도 순으로 나열하면 ECL-TTL-RTL-DTL-MOS-CMOS 순이 된다.

20 자기 테이프는 데이터 접근이 순차에 의해 이루어지는 기억장치이고, 자기 디스크, CD-ROM, 자기 코어, 하드 디스크, 플로피 디스크는 임의 액세스 기억장치이다.

21 자료의 구성 단위
- 비트 : 2진수 한 자리를 이용하여 0 또는 1로 표현되며, 표현의 최소 단위이다.
- 바이트 : 8개의 비트로 구성되는 단위로 바이트로 표현할 수 있는 정보는 256개이다. 문자표현의 기본 단위이며 기억용량의 크기를 재는 단위이다.
- 워드 : 여러 개의 바이트로 구성되는 단위이다.
- 필드 : 자료처리의 최소단위이다.
- 코드 : 하나 이상의 필드로 구성되며, 프로그램 처리의 기본 단위이다.
- 파일 : 연관성 있는 레코드들의 모임으로 프로그램 구성의 기본 단위이다.
- 데이터베이스 : 서로 관련된 파일들의 집합이다.

22 소형 컴퓨터와 데이터 통신용으로 폭 넓게 사용되는 코드가 7비트의 ASCII 코드이다. 그러나 1비트의 패리티 비트를 부가하여 8비트로 사용한다.

23 - 단방향(Simplex) 통신방식은 접속한 두 장치 사이에서 데이터를 한 방향으로 전송하는 방식이다.
- 반이중(Half Duplex) 통신방식은 양방향에서의 전송이 가능하나 동시에 양방향 통신은 불가능한 방식이다.
- 전이중(Full duplex) 통신방식은 양방향에서 동시에 정보의 송·수신이 가능한 방식이다.

24 통신망 형태
- 성형 : 중앙 집중식(온라인 시스템의 전형적 방법). 중앙 컴퓨터 장애 시 전체 시스템 기능에 영향을 미침
- 망형 : 직통 회선 연결, 공중전화망(PSTN), 공중 데이터망(PSDN) 사용. 한 회선 고장 시 수회 경로를 통해 전송 가능. 회선수 n=n(n-1)/2
- 링형 : 근거리망에 사용. 우회 기능이 필요. 각 단말기마다 중계기 필요
- 버스형 : 근거리망에서 데이터량이 적을 때 사용. 회선이 하나이므로 구조가 간단하고 단말장치의 증설과 삭제가 용이
- 트리형 : 단말기에서 다시 연장되어 연결된 형태. 하나의 단말기를 컴퓨터로 대치시키면 분산 처리가 적절

25 누산기(Accumulator)는 산술연산 또는 논리연산의 결과를 일시적으로 기억하는 레지스터의 일종이다.

26 자기보수 코드(self complement code)는 2진수의 반전에 의해서 보수를 얻는 코드로 2421, 51111, 3초과 코드 등이 있다.

27 - 입력장치에는 키보드와 마우스가 많이 사용되며, 스캐너, 광학 마크 판독기, 광학 문자 판독기, 자기 잉크 문자 판독기, 바코드 판독기, 조이 스틱, 디지타이저, 터치스크린, 디지털 카메라 등이 있다.
- 출력장치에는 프린터와 모니터가 있으며, 프린터로는 도트 매트릭스 프린터, 잉크 제트 프린터, 레이저 프린터가 있다. 또, 모니터에는 음극선관 모니터와 액정 화면 모니터, 플라즈마 디스플레이, 터치스크린, 프로젝터 등이 있다.

28 - 직접, 절대 주소지정방식(direct absolute addressing mode) : 오퍼랜드가 존재하는 기억장치의 어드레스를 직접 명령 속에 포함시켜 지정하는 방법
- 이미디어트 주소지정방식(immediate addressing mode) : 명령 속의 오퍼랜드 정보를 그대로 오퍼랜드로 사용하는 방법
- 간접 주소지정방식(indirect addressing mode) : 오퍼랜드가 존재하는 기억장치 어드레스를 내용으로 가지고 있는 기억 장소의 어드레스를 명령 속에 포함시켜 지정하는 방법
- 상대 주소지정방식(relative addressing mode) : 명령 속의 오퍼랜드 지정 정보를 레지스터 지정부와 전개부로 나누어서 레지스터 지정부로 지정된 레지스터 내용과 전개부를 더해서 오퍼랜드의 어드레스를 구한다.

29 중앙처리장치는 비교, 판단, 연산을 담당하는 논리연산장치(arithmetic logic unit)와 명령어의 해석과 실행을 담당하는 제어장치(control unit)로 구성된다. 논리연산장치(ALU)는 각종 덧셈을 수행하고 결과를 수행하는 가산기(adder)와 산술과 논리연산의 결과를 일시적으로 기억하는 레지스터인 누산기(accumulater), 중앙처리장치에 있는 일종의 임시 기억장치인 레지스터(register) 등으로 구성되어 있다.

제어장치는 프로그램의 수행 순서를 제어하는 프

로그램 계수기(program counter), 현재 수행 중인 명령어의 내용을 임시 기억하는 명령 레지스터(instruction register), 명령 레지스터에 수록된 명령을 해독하여 수행될 장치에 제어신호를 보내는 명령해독기(instruction decoder)로 이루어져 있다.

30 PDP(Plasma Display Panel)는 상·하판 사이의 공간 내에 채워진 Gas에서 방출된 자외선이 형광체와 부딪쳐 고유의 가시광선을 방출하는 원리로 화면을 구현하며, 벽걸이 TV로 흔히 얘기되고 있는 미래형 디지털 영상 디스플레이로서, 다양한 입력 신호(PC, Video, HDTV 등)와 연결되어 기존 영상 디스플레이장비보다 밝고 선명한 고화질의 영상을 재현할 수 있는 미래형 멀티미디어 디스플레이 시스템이며 특히 40" 이상의 대형화면을 10[cm] 이하의 얇은 두께로 구현할 수 있어 공간 활용 및 미적 디자인면에서 매우 큰 장점을 지니고 있다.

31 기억장치 배치전략은 새로 적재되어야 할 프로그램과 데이터를 주기억장치 영역 중 어느 곳에 배치할지를 결정하는 전략(또는 알고리즘)으로 최초 적합과 최적 적합 모두 시간 효율성과 공간 효율성 측면에서 최악 적합보다 좋다는 것이 입증되어 있으며, 최악 적합은 잘 사용되지 않는다. 또한 일반적으로 최초 적합이 최적 적합보다 더 빠르다.
기억장치 배치전략의 종류
- ㉠ 최초 적합(First Fit) : 기억공간 내의 사용 가능한 공간을 검색하여 첫 번째로 찾아낸 곳을 할당하는 방식이다. 검색은 공간의 첫부분부터 수행하거나, 지난 번 검색이 끝난 곳에서 시작한다. 충분한 크기의 공간을 찾으면 검색을 끝낸다.
- ㉡ 최적 적합(Best Fit) : 사용 가능한 공간들 중에서 가장 작은 것을 선택하는 방식이다. 가용 공간들에 대한 목록이 그 공간들의 크기 순서대로 정렬되어 있지 않다면 최적인 곳을 찾기 위해 전체를 검색해야 한다.
- ㉢ 최악 적합(Worst Fit) : 사용 가능한 공간들 중에서 가장 큰 것을 선택하는 방식이다. 할당해주고 남는 공간을 크게 하여 다른 프로세스들이 그 공간을 사용할 수 있도록 하는 전략이다. 이 방법 역시 최적 적합과 마찬가지로 가용 공간들에 대한 목록이 그 공간들의 크기 순서대로 정렬되어 있지 않다면 최적인 곳을 찾기 위해 전체를 검색해야 한다.

32 BNF(Backus-Naur form : 배커스-나우어 형식)는 프로그래밍 언어를 정의하기 위한 최초의 메타언어이다.
BNF는 구문 요소를 나타내는 기호 < >, 둘 중 하나의 선택을 의미하는 기호 //, 좌변은 우변에 의해 정의됨을 의미하는 기호 ::= 등의 메타 기호들을 사용하여 규칙을 표현한다. BNF의 원형은 원래 Backus normal form이었으나, Peter Naur의 이름을 넣어 오늘날과 같이 바뀌었다.

33 스케줄링 알고리즘의 종류에는 FIFO 스케줄링, 우선 순위 스케줄링, 기한부 스케줄링, RR 스케줄링, SJF 스케줄링, SRT 스케줄링, HRN 스케줄링, 다단계 피드백 스케줄링 등이 있다.
- ㉠ FIFO(또는 FCFS, First Come First Served) 스케줄링 : 가장 간단한 스케줄링 기법으로 먼저 대기 큐에 들어온 작업에게 CPU를 먼저 할당하는 비선점 스케줄링 방식이다. 중요하지 않은 작업이 중요한 작업을 기다리게 할 수 있으며, 대화식 시스템에 부적합하다.
- ㉡ 우선 순위 스케줄링 : 각 작업마다 우선 순위가 주어지며, 우선 순위가 제일 높은 작업에 먼저 CPU가 할당되는 방법이다. 우선 순위가 낮은 작업은 Indefinite Blocking이나 Starvation에 빠질 수 있고, 이에 대한 해결책으로 체류 시간에 따라 우선 순위가 높아지는 Aging 기법을 사용할 수 있다.
- ㉢ 기한부 스케줄링 : 작업이 제한 시간이나 Deadline

시간 안에 완료되도록 하는 기법이다.
ⓔ RR(Round Robin) 스케줄링 : FIFO 스케줄링 기법을 Preemptive 기법으로 구현한 스케줄링 기법으로 프로세스는 FIFO 형태로 대기 큐에 적재되지만, 주어진 시간 할당량 안에 작업을 마쳐야 하며, 할당량을 다 소비하고도 작업이 끝나지 않은 프로세스는 다시 대기 큐의 맨 뒤로 되돌아간다. 선점 스케줄링 기법으로 대화식 시분할 시스템에 적합하다.
ⓜ SJF(Shortest Job First) 스케줄링 : 비선점 스케줄링으로 처리할 작업시간이 가장 적은 프로세스에 CPU를 할당하는 기법이다. 평균 대기시간이 최소인 최적의 알고리즘이지만, 각 프로세스의 CPU 요구 시간을 미리 알기 어렵다는 단점이 있다.
ⓗ SRT(Shortest Remaining Time) 스케줄링 : SJF 스케줄링 기법의 선점 구현 기법으로 새로 도착한 프로세스에 대기 큐에 남아 있는 프로세스의 작업이 완료되기까지의 남아 있는 실행 시간 추정치가 가장 적은 프로세스에 먼저 CPU를 할당한다.
ⓢ HRN(Highest Respones Ratio Next) 스케줄링 : Brinch Hansen이 SJF 스케줄링 기법의 약점인 긴 작업과 짧은 작업의 지나친 불평등을 보완한 스케줄링 기법으로 비선점 스케줄링 기법이며, 서비스 받을 시간이 분모에 있기에 짧은 작업의 우선 순위가 높아진다. 대기 시간이 분자에 있기에 긴 작업도 대기 시간이 큰 경우에는 우선 순위가 높아진다.

34 C언어의 모든 변수나 함수는 자료형(data type)과 기억 클래스(storage class)의 두 가지 속성(attribute)을 갖는다. 자료형은 자료가 내부에서 기억되는 형태와 크기를 규정하는 것이고, 기억 클래스는 자료가 기억되는 기억 장소와 생존기간(life time), 유효범위(scope)를 규정하는 것이다. 기억 클래스의 종류는 자동 변수(automatic variable), 정적 변수(static variable), 외부 변수(external variable), 레지스터 변수(register variable) 등 4가지가 있다.

35 소프트웨어의 개발은 문제의 분석 - 입·출력 설계 - 순서도 작성 - 프로그램 입력 - 문법오류 수정 - 모의자료 입력 - 논리오류 수정 - 실행의 절차에 따른다. 문제분석 단계에서는 프로그래밍 절차에서 해결해야 할 문제가 무엇인지 정의하고, 소요비용 및 기간 등에 대한 조사, 분석을 통하여 타당성을 검토한다.

36 어셈블리어(Assembly Language)는 사람이 기억하고 이해하기 쉬운 연상코드(문자, 숫자, 특수문자 등으로 기호화 : 니모닉)를 사용함으로써 프로그램의 작성이 기계어보다 용이하고, 프로그램의 수정이 편리하다는 장점이 있으나, 어셈블러(assembler)에 의한 번역 과정이 필요하므로 처리 속도가 느리고 컴퓨터마다 어셈블러가 다르므로 호환성이 적다.

37 C언어의 특징
 ㉠ 하나 이상의 함수 정의문들의 집합으로 구성된다.
 ㉡ 유닉스 운영체제의 대다수를 차지한다.
 ㉢ 영어 소문자를 기본으로 작성된다.
 ㉣ 시스템 간의 호환성이 높다.
 ㉤ 구조적 프로그래밍 및 모듈식 설계가 용이하다.
 ㉥ 비트 연산 및 증감 연산 등의 풍부한 연산자를 제공한다.
 ㉦ 함수를 통한 입·출력만이 존재한다.
 ㉧ 동적인 메모리 관리가 쉽다.

38 번역기의 종류
 - 어셈블러(Assembler) : 어셈블리 언어로 작성된 원시 프로그램을 기계어로 번역하는 프로그램이다.
 - 컴파일러(Compiler) : 전체 프로그램을 한 번에 처리하여 목적 프로그램을 생성하는 번역기로

기억 장소를 차지하지만 실행 속도가 빠르다. 한 번 번역해두면 목적 프로그램이 생성되므로 재차 실행 시에 다시 번역할 필요가 없다. 컴파일러를 사용하는 언어에는 ALGOL, PASCAL, FORTRAN, COBOL, C 등이 있다.
- 인터프리터(Interpreter) : 작성된 원시 프로그램을 한 줄씩 읽어 번역 및 실행하는 작업을 반복하는 프로그램이다. 목적 프로그램이 남지 않으며, 일괄 처리가 아니므로 대화형이라 한다. 실행속도가 느리지만 기억 장소를 적게 차지한다. 인터프리터를 사용하는 언어에는 BASIC, LISP, 자바(JAVA), PL/1 등이 있다.
- 전처리기(Preprocessor) : 원시 프로그램을 번역하기 전에 미리 언어의 기능을 확장한 원시 프로그램을 생성시켜 주는 시스템 프로그램

39 파스 트리(parse tree)란 원시 프로그램의 문법을 검사하는 과정에서 내부적으로 생성되는 트리 형태의 자료구조이다.
- 어휘 분석(Lexical Analysis)은 문법적으로 의미 있는 최소의 단위[토큰(token)]로 분할해내는 처리 단계 → 어휘분석기(lexical analyzer) 또는 스캐너(scanner)

40 운영체제의 성능평가요소에는 신뢰도, 응답시간, 처리능력, 이용가능도 등이 있다.

41 전감산기는 2개의 반감산기와 1개의 OR 게이트로 구성된다.

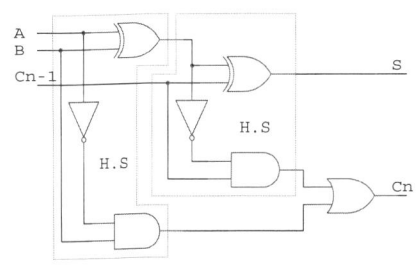

[전감산기의 회로]

$D = A \oplus B \oplus C_{n-1}$
- 반감산기(HS : Half Subtractor)는 두 개의 2진수를 감산하여 자리내림수 B(Borrow)와 차 D(Difference)를 나타내는 논리회로이다.

A	B	B(자리내림수)	D(차)
0	0	0	0
0	1	1	1
1	0	0	1
1	1	0	0

$D = A\overline{B} + \overline{A}B$, $b = \overline{A}B$
- 반가산기는 2개의 2진수 A와 B를 더한 합(Sum)과 자리올림수(Carry)를 얻는 회로로서 배타적 논리회로(Exclusive-OR)와 AND 게이트로 구성하며, 반가산기의 $S = A \oplus B = A\overline{B} + \overline{A}B$, $C = AB$이다.

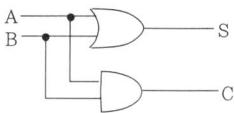

- 전가산기(Full Adder)는 반가산기 2개와 OR 게이트로 구성되며 입력 3개, 출력 2개로 이루어진다.
- 전가산기 : 2진수 가산을 완전히 하기 위해 자리올림 입력도 함께 더할 수 있는 기능을 갖는 조합 논리회로로 입력 3개(A, B, C_{n-1}), 출력 2개(Sum, Carry)로 구성된다.
- 입력 중 어느 하나가 1인 경우에는 출력은 1이 되고, 모든 입력이 1일 때에도 출력은 1이 되며, 자리올림 C_n은 입력 중 2개 이상이 1인 경우에는 1이 된다.

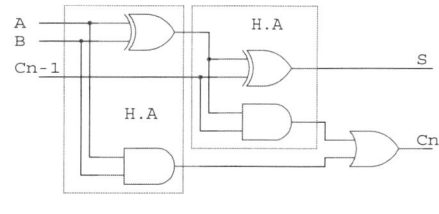

[전가산기의 구성]

$S = A \oplus B \oplus C_{n-1}$

42 1×4 디멀티플렉서는 출력선이 4개이므로, 출력선을 선택하기 위한 선택선은 2개(4가지의 경우)가 필요하다.

43 ㉠ 조합 논리회로 : 출력신호가 현재의 입력 신호의 조합만으로 결정되는 회로로서, 논리 게이트로 구성된다.
㉡ 순서 논리회로 : 출력신호가 현재의 입력신호와 과거의 입력신호에 의하여 결정되는 논리회로로서, 플립플롭과 같은 기억소자와 논리 게이트로 구성된다.

44 3상태(tri-state) 버퍼는 제어 입력이 1이면 버퍼와 동일하고, 제어 입력이 0이면 출력이 끊어지고, 고임피던스 상태가 된다.

45 JK 플립플립의 진리치표는 아래와 같다.

J	K	Q	비고
0	0	이전상태(Q_n)	불변
0	1	0	리셋
1	0	1	세트
1	1	반전상태($\overline{Q_n}$)	보수

그러므로 J=0, K=1일 때는 0(리셋)이 되고, J=1, K=0일 때는 1(세트)이 된다.

46 $B\overline{B} = 0$ 이므로
$(\overline{\overline{A}+B})(\overline{\overline{A}+\overline{B}}) = (A \cdot \overline{B})(A \cdot B)$
$= AA \cdot AB \cdot A\overline{B} \cdot B\overline{B}$
$= 0$

47 $A + AB = A(1+B) = A$ 가 된다.

48 레지스터를 구성하는 기본소자가 플립플롭(F/F)으로, 0과 1의 안정된 논리 상태를 갖는 쌍안정 멀티바이브레이터를 플립플롭(F/F)이라 한다.

49 1의 보수는 부정을 취하는 것이고, 2의 보수는 1의 보수에 1을 더한다. 그러므로 1010의 1의 보수는 0101이 되고, 2의 보수는 0110이 된다.

50 - 전가산기(Full Adder)는 반가산기 2개와 OR 게이트로 구성되며, 2진수 가산을 완전히 하기 위해 자리올림 입력도 함께 더할 수 있는 기능을 갖는 조합 논리회로로 입력 3개(A, B, C_{n-1}), 출력 2개(Sum, Carry)로 구성된다.
- 입력 중 어느 하나가 1인 경우에는 출력은 1이 되고, 모든 입력이 1일 때에도 출력은 1이 되며, 자리올림 C_n은 입력 중 2개 이상이 1인 경우에는 1이 된다.

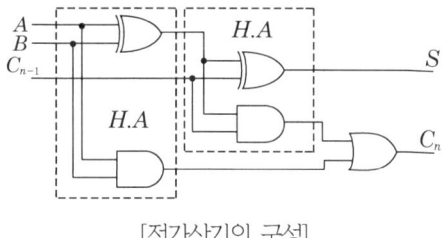

[전가산기의 구성]

$S = A \oplus B \oplus C_{n-1}$

51 시프트 레지스터(Shift Register)의 구성에는 입력 데이터의 구성이 용이한 RS FF이 적합하다.

52 비동형기 계수기는 전단의 출력을 입력펄스로 받아 계수하는 회로이고, 동기형 계수기는 입력펄스를 병렬로 입력받아 각 단이 동시에 동작하는 계수기이다.

53 2진수를 그레이 코드로 변환하면
- 최상위 비트값은 그대로 사용한다.
- 다음의 비트부터는 인접한 값까지 XOR(Exclusive-OR) 연산을 해서 내려쓴다.

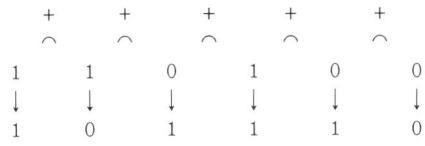

54 여기표(excitation table)란 플립플롭에서 현재의 상태와 다음 상태를 알 때 플립플롭에 어떤 입력을 주어야 하는가를 표로 나타낸 것이다.

55 JK F/F의 입력 J와 K를 서로 묶어서 하나의 입력으로 하여 클록신호가 1일 때 출력이 반전상태(토글)가 되도록 한 것이 T 플립플롭(F/F)이다.

T	Q_{n+1}
0	Q_n
1	$\overline{Q_n}$

56 반가산기는 한 자리수 A와 B를 더할 때 발생되는 결과는 A와 B의 합과 자리올림수(Carry)가 발생하며, 합(S)과 자리올림수(C)의 논리식은
$S = \overline{A}B + A\overline{B} = A \oplus B$, $C = A \cdot B$로 나타낸다.

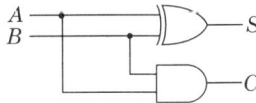

[반가산기의 회로도]

A	B	S(Sum)	C(Carry)
0	0	0	0
0	1	1	0
1	0	1	0
1	1	0	1

[반가산기의 진리표]

57 입력단자에 공급된 데이터를 코드화하여 출력으로 내보내는 것이 부호기(encoder)이므로, $2^n = 32$가 되므로 $2^5 = 32$가 되어 5개의 출력 단자를 갖는다.

58 3초과 코드는 BCD 코드에 3을 더한 것으로 10진수에 대한 보수를 코드 자체에 포함하고 있어 자기보수 코드라 하며, 비트마다 일정한 값을 갖지 않으며, 연산 동작이 쉽게 이루어진다. 그러므로 0011부터 1100까지 사용되므로 0000, 0001, 0010, 1101, 1110, 1111은 사용되지 않는다.

59 ② $(FE)_{16} = F \times 16^1 + E \times 16^0$
$= 15 \times 16 + 14 \times 1 = (254)_{10}$
③ $(11111111)_2$
$= 1 \times 2^7 + 1 \times 2^6 + 1 \times 2^5 + 1 \times 2^4 + 1 \times 2^3$
$+ 1 \times 2^2 + 1 \times 2^1 + 1 \times 2^0$
$= 128 + 64 + 32 + 16 + 8 + 4 + 2 + 1$
$= (255)_{10}$
④ $(377)_8 = 3 \times 8^2 + 7 \times 8^1 + 7 \times 8^0$
$= 192 + 56 + 7 = (255)_{10}$
그러므로 ①의 $(256)_{10}$이 가장 크다.

60 비동기형 계수기는 전단의 출력을 입력펄스로 받아 계수하는 회로이고, 동기형 계수기는 입력펄스를 병렬로 입력받아 각 단이 동시에 동작하는 계수기이다.
$2^4 = 16$이고 $2^3 = 8$이므로 0~9까지의 계수가 가능한 9진 카운터를 구성하기 위해서는 4개의 플립플롭이 필요하다.
플립플롭이 n개일 때 카운터가 셀 수 있는 최대의 수를 N이라 하면 $N = 2^n$개의 수를 셀 수 있고, 0에서 $2^n - 1$의 수까지 표현한다.

2012년 제1회

01	02	03	04	05	06	07	08	09	10
④	④	④	①	④	④	③	③	①	①
11	12	13	14	15	16	17	18	19	20
④	①	②	②	②	③	②	②	①	①
21	22	23	24	25	26	27	28	29	30
③	④	②	④	①	②	③	①	②	④
31	32	33	34	35	36	37	38	39	40
④	④	④	①	②	④	③	②	④	②
41	42	43	44	45	46	47	48	49	50
①	③	③	②	③	①	②	②	③	②
51	52	53	54	55	56	57	58	59	60
②	②	②	④	③	③	①	③	①	②

01 교류를 직류로 변환하는 회로를 정류회로라 하며, 평활회로(smoothing circuit)는 정류기 출력 전압의 맥동(ripple)을 감쇠시키는 회로로서, 저역 여파기(low pass filter)를 사용한다.

02 오프셋 전압이란 차동 출력을 0[V]로 만들기 위해 두 입력 단자 사이에 요구되는 차동 직류전압을 말한다.

03 연산증폭기는 아날로그 계산기, 아날로그 소신호 증폭, 전력증폭 등의 응용분야에 사용한다.

04 구형파(직사각형파)로부터 폭이 좁은 트리거(trigger) 펄스를 얻는 데 쓰이는 회로가 미분회로로서 입력에 구형파를 가하면 ①과 같은 출력파형이 나타난다.

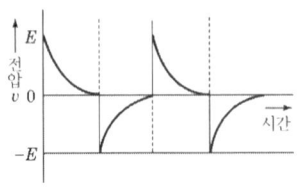

[미분회로의 출력파형]

05 전력이란 전류에 의해서 단위시간에 이루어지는 일의 양, 즉 일의 공률을 말한다.

06 터널 다이오드(에사키 다이오드) : 불순물의 농도를 매우 크게 하여 전압이 낮은 범위에서는 전류가 증가하고, 어떤 전압 이상이 되면 전류가 감소하는 부성저항 특성을 갖도록 한 소자로서, 마이크로파대의 발진이나 전자계산기 등의 고속 스위칭회로에 사용된다.

07 주파수(f)는 $f = \dfrac{1}{T} = \dfrac{1}{0.5} = 2[\text{Hz}]$

08 주파수 변조지수 : 최대 주파수 편이 Δf_c와 신호 주파수 f_s의 비
$$mf = \frac{\Delta f_c}{f_s} = \frac{4}{1} = 4$$

09 부궤환 증폭회로의 특성
- 증폭기의 이득이 감소한다.
- 비선형 일그러짐이 감소한다. 특히 출력단의 잡음이 감소한다.
- 주파수 특성이 개선된다.
- 입력 임피던스가 증가하고, 출력 임피던스는 감소한다.
- 부하의 변동이나 전원 전압의 변동에도 증폭도가 안정된다.

10 비안정 멀티바이브레이터(astable multivibrator)는 2단 비동조 증폭회로에 100[%] 정궤환을 걸어준 구형파 발진기로 2개의 AC 결합 상태로 되어 있으며 회로에서 C_2가 방전 중이면 T_2의 컬렉터 전위가 로우가 되어 T_2가 ON 상태가 되고 C_1은 충전 상태가 되어 T_1의 컬렉터 전위가 하이가 되어 T_1은 OFF 상태가 된다.

11 3-주소 명령 형식 : 오퍼레이션 코드와 피연산자의 주소1, 피연산자의 주소2, 피연산자의 주소3

(결과)의 형식으로 연산 대상이 두 개의 주소와 연산 결과를 저장하기 위한 결과주소를 표현한다. 여러 개의 범용 레지스터를 가진 컴퓨터에서 사용할 수 있는 형식으로 하나의 인스트럭션을 수행하기 위해서 최소한 4번 기억장치에 접근하여야 하므로 수행기간이 길어서 특수목적 이외에는 잘 사용하지 않는다. 연산 후에도 입력 자료가 변하지 않고 보존된다.

12 EBCDIC 코드는 4개의 존 비트와 4개의 디짓 비트로 구성된 8비트 코드로서 256개의 문자를 표현할 수 있으며 대문자와 소문자, 특수문자 및 제어신호를 구분할 수 있다.

13 MODEM(MOdulation DEModulation) modulation과 demodulation의 합성어로 변복조장치라고도 불리는 가장 기본적인 데이터 통신장비로서 전화선이나 전용선을 연결하여 PC나 호스트, PC 간에 데이터를 송·수신할 수 있도록 한다. 전화선으로 수신된 아날로그 데이터는 모뎀을 거치면서 디지털 데이터로 변환되며, 컴퓨터 내의 디지털 데이터는 모뎀을 통해 아날로그 데이터로 변환되어 전송된다.

14 1의 보수는 0을 1로 1을 0으로 바꿔주면 되므로 보수를 취하면 되고, 2의 보수는 1의 보수로 변환 후에 1을 더해주면 된다. 즉, 보수를 취한 뒤에 보수에 1을 더하면 되므로 산술 마이크로 동작은 $A \leftarrow \overline{A} + 1$로 표현한다.

15 – 입력장치에는 키보드와 마우스가 많이 사용되며, 스캐너, 광학 마크 판독기, 광학 문자 판독기, 자기 잉크 문자 판독기, 바코드 판독기, 조이 스틱, 디지타이저, 터치스크린, 디지털 카메라 등이 있다.
– 출력장치에는 프린터와 모니터가 있으며, 프린터로는 도트 매트릭스 프린터, 잉크 제트 프린터, 레이저 프린터가 있다. 또, 모니터에는 음극선관과 모니터와 액정 화면 모니터, 플라즈마 디스플레이, 터치스크린, 프로젝터 등이 있다.

16 인터럽트란 컴퓨터가 어떤 프로그램을 실행 중에 긴급사태 등이 발생하면 진행 중인 프로그램을 일시 중단하여 긴급 사태에 대처하고, 긴급 처리가 끝나면 중단했던 프로그램을 재개하는 것을 말한다.

17 – MOVE : 하나의 입력 자료를 갖는 단일 연산으로 전자계산기 내부에서 하나의 레지스터에 기억된 데이터를 다른 레지스터로 옮기는 데 이용
– Complement
  ㉠ 단일 연산으로 입력 자료 1의 연산 결과는 보수가 된다.
  ㉡ 음(-)수의 표현에 있어 1의 보수 또는 2의 보수를 구하는 데 이용
– AND : 필요 없는 부분을 지워버리고 나머지 비트만을 가지고 처리하기 위하여 사용
– OR : AND 회로와는 거의 반대의 연산을 실행하는 것으로서, 2개 이상의 데이터를 합치는 데 이용
– Shift(시프트) : 입력 데이터의 모든 비트를 각각 서로 이웃의 비트자리로 옮기는 데 사용
– Rotate(로테이트) : shift와 유사한 연산으로서, shift 연산에서는 연산 후에 밀려나오는 비트를 버리거나 올림수 레지스터에 기억시키지만, Rotate의 경우에는 밀려나온 비트가 다시 반대편 끝으로 들어가게 된다.

18 – 인코더(Encoder : 부호기)는 2^n개 이하의 입력신호를 2진 코드로 바꾸어 주는 조합 논리회로로 출력은 OR 게이트로 구성된다. 즉 입력신호를 2진수로 바꾸어 부호화하는 회로이다.
– 디코더(Decoder : 복호기 또는 해독기)는 n비트의 2진 코드를 최대 2^n개의 서로 다른 정보로 바꾸어 주는 논리 조합회로로 출력은 AND 게

이트로 구성된다. 즉 2진 코드를 그에 해당하는 10진수로 변환하여 해독하는 회로이다.

19 3초과 코드는 BCD 코드에 3을 더한 것으로 10진수에 대한 보수를 코드 자체에 포함하고 있어 자기 보수 코드라 하며, 비트마다 일정한 값을 갖지 않으며, 연산 동작이 쉽게 이루어진다. 그러므로 0011부터 1100까지 사용되므로 0000, 0001, 0010, 1101, 1110, 1111은 사용되지 않는다.

20 누산기(Accumulator)는 산술연산 또는 논리연산의 결과를 일시적으로 기억하는 레지스터의 일종이다.

21 PDP(Plasma Display Panel)는 상·하판 사이의 공간 내에 채워진 Gas에서 방출된 자외선이 형광체와 부딪쳐 고유의 가시광선을 방출하는 원리로 화면을 구현하며, 벽걸이 TV로 흔히 얘기되고 있는 미래형 디지털 영상 디스플레이로서, 다양한 입력 신호(PC, Video, HDTV 등)와 연결되어 기존 영상 디스플레이장비보다 밝고 선명한 고화질의 영상을 재현할 수 있는 미래형 멀티미디어 디스플레이 시스템이며 특히 40″ 이상의 대형화면을 10[cm] 이하의 얇은 두께로 구현할 수 있어 공간 활용 및 미적 디자인면에서 매우 큰 장점을 지니고 있다.

22 입력 데이터가 모두 같을 경우에는 결과가 0이 되고, 서로 다를 경우에는 결과가 1이 되는 논리회로가 배타적 논리합(exclusive-OR)이며, 논리식은 $Y = A \oplus B = \overline{A}B + A\overline{B}$이다.

A	B	Y
0	0	0
0	1	1
1	0	1
1	1	0

[EX-OR 게이트의 진리치표]

23 2진수를 8진수로의 변환은 하위비트부터 3비트씩 잘라 변환하면 되고 16진수로의 변환은 하위비트부터 4비트씩 잘라 변환하면 된다.

2진수	110	010	101	011
8진수	6	2	5	3
2진수	1100	1010	1011	
16진수	C	A	B	

24 상태 레지스터(status register)는 ALU에서 산술연산 또는 논리 연산의 결과로 발생된 특정한 상태를 표시해 주는 레지스터로서, 플래그 레지스터 또는 상태 코드 레지스터라고도 부른다.

25 - 직접, 절대 주소지정방식(direct absolute addressing mode) : 오퍼랜드가 존재하는 기억장치의 어드레스를 직접 명령 속에 포함시켜 지정하는 방법
- 이미디어트 주소지정방식(immediate addressing mode) : 명령 속의 오퍼랜드 정보를 그대로 오퍼랜드로 사용하는 방법
- 간접 주소지정방식(indirect addressing mode) : 오퍼랜드가 존재하는 기억장치 어드레스를 내용으로 가지고 있는 기억 장소의 어드레스를 명령 속에 포함시켜 지정하는 방법
- 레지스터 주소지정방식(register addressing mode) : 기억장치의 어드레스 대신 레지스터의 번호를 지정하고, 그 레지스터 내용을 목적으로 하는 오퍼랜드의 어드레스로 한다.(레지스터 간접 어드레스 지정 방식이라고 한다.)

26 - 직렬 이동 레지스터 : 레지스터에 기억된 내용을 이동하라는 지시 신호의 펄스가 하나씩 가해질 때마다 현재의 내용이 왼쪽이나 오른쪽의 이웃한 플립플롭으로 1비트씩 이동되어 밀어내기

와 같은 동작을 수행하는 레지스터를 직렬 이동(serial moving) 또는 시프트(shift) 레지스터라 한다.
- 병렬 이동(parallel moving) 레지스터 : n개의 비트로 구성된 레지스터의 내용이 한 번의 이동 명령에 의하여 전체가 연결된 레지스터로 이동되는 레지스터이다.

27 시프트 레지스터(Shift Register) : 기억되어 있는 데이터를 좌, 우로 순차 이동할 수 있는 시프트 회로로, 시프트 명령에 의하여 지정된 비트만큼 시프트되거나, 승제 연산에 의하여 자동으로 시프트되든지 하는 집적회로이다.

28 2의 보수는 1의 보수+1이므로 1100을 1의 보수로 변환하여 1을 더하면 된다.
∴ 0011+1=0100이 된다.

29 - 명령 해독기(command decoder)는 명령부에 들어 있는 명령을 해석한 후에 연산부로 보내어 실행하도록 한다.
- 명령 계수기(Instruction counter)는 명령을 수행할 때마다 주소를 1씩 증가시켜 순차적으로 수행할 명령의 주소를 기억한다.

30 EX-NOR는 서로 입력이 같을 때 결과가 1이 되는 논리회로이다.

A	B	Y
0	0	1
0	1	0
1	0	0
1	1	1

[EX-NOR 게이트의 진리치표]

($Y = \overline{A \oplus B}$)

31 기계어는 0과 1로 이루어지므로, 프로그램의 유지보수가 어렵다. 저급 언어는 기계어를 말하며, 기계어는 변환과정 없이 계산기가 직접 처리할 수 있으므로 처리속도가 빠르다.
- 2진수를 사용하여 명령어와 데이터를 표현한다.
- 호환성이 없고, 기계마다 언어가 다르다.
- 프로그램의 실행속도가 빠르다.
- 프로그램의 유지보수와 배우기가 어렵다.

32 작성된 프로그램을 분석 단계에서부터 작성된 데이터와 코드표, 각종 설계도, 순서도와 원시 프로그램 등의 관련된 내용을 문서로 작성하여 보관토록 하는 것이 문서화로서, 문서화가 이루어지면 시스템의 유지 보수와 관리가 용이하고 담당자가 바뀌어도 업무의 파악이 용이하여, 업무의 연속성이 유지된다.

33 ㉠ C언어의 모든 변수나 함수는 자료형(data type)과 기억 클래스(storage class)의 두 가지 속성(attribute)을 갖는다. 자료형은 자료가 내부에서 기억되는 형태와 크기를 규정하는 것이고, 기억 클래스는 자료가 기억되는 기억 장소와 생존기간(life time), 유효범위(scope)를 규정하는 것이다.
㉡ 기억 클래스의 종류는 자동 변수(automatic variable), 정적 변수(static variable), 외부 변수(external variable), 레지스터 변수(register variable) 등 4가지가 있다.

34 ㉠ 프로그래밍에서 변수란 프로그램에 전달되는 정보나 그 밖의 상황에 따라 바뀔 수 있는 값을 의미한다.
㉡ 상수(constant)란 프로그램이 수행되는 동안 변하지 않는 값을 의미한다.

35 ㉠ 운영체제(OS)는 컴퓨터의 하드웨어 및 각종 정보들을 효율적으로 관리하며, 사용자들에게 편리하게 이용할 수 있고, 자원을 공유하도록 하는 소프트웨어이다.

ⓛ 운영체제(OS : Operating System)의 기능
  - 자원을 효율적으로 관리하고, 응용 프로그램의 실행 제어
  - 작업의 연속적인 처리를 위한 스케줄 관리
  - 사용자와 컴퓨터 간 인터페이스 제공
  - 메모리 상태와 운영 관리
  - 하드웨어 주변장치 관리
  - 프로그램이나 데이터 저장, 액세스 제어에 필요한 파일 관리
  - 프로그램 수행을 제어하는 프로세서 관리

36 프로그램의 실행 과정은 원시 프로그램 → 번역 프로그램 → 목적 프로그램 → 로더 → 실행 가능 프로그램의 순이다.

37 순서도는 처리방법, 작업의 흐름, 순서 등을 정해진 기호를 사용하여 그림으로 나타내는 방법을 말한다.
  * 순서도 작성 시 고려사항
    ㉠ 처리되는 과정은 모두 표현한다.
    ㉡ 간단하고 명료하게 표현한다.
    ㉢ 전체의 흐름을 명확히 알 수 있도록 작성한다.
    ㉣ 과정이 길거나 복잡하면 나누어 작성하고, 연결자로 연결한다.
    ㉤ 통일된 기호를 사용한다.

38 운영체제(OS)는 컴퓨터의 하드웨어 및 각종 정보들을 효율적으로 관리하며, 사용자들에게 편리하게 이용할 수 있고, 자원을 공유하도록 하는 소프트웨어이다.
  * 운영체제(OS : Operating System)의 기능
    ㉠ 자원을 효율적으로 관리하고, 응용 프로그램의 실행 제어
    ㉡ 작업의 연속적인 처리를 위한 스케줄 관리
    ㉢ 사용자와 컴퓨터 간 인터페이스 제공
    ㉣ 메모리 상태와 운영 관리
    ㉤ 하드웨어 주변장치 관리
    ㉥ 프로그램이나 데이터 저장, 액세스 제어에 필요한 파일 관리
    ㉦ 프로그램 수행을 제어하는 프로세서 관리

39 printf( )는 표준 출력함수이고, putchar( )는 한 문자 출력함수로, 출력 후 개행하지 않고, puts( )는 문자열 출력함수로, 출력 후 자동 개행한다.

40 번역기의 종류
  - 어셈블러(Assembler) : 어셈블리 언어로 작성된 원시 프로그램을 기계어로 번역하는 프로그램이다.
  - 컴파일러(Compiler) : 전체 프로그램을 한 번에 처리하여 목적 프로그램을 생성하는 번역기로 기억 장소를 차지하지만 실행 속도가 빠르다. 한 번 번역해두면 목적 프로그램이 생성되므로 재차 실행 시에 다시 번역할 필요가 없다. 컴파일러를 사용하는 언어에는 ALGOL, PASCAL, FORTRAN, COBOL, C 등이 있다.
  - 인터프리터(Interpreter) : 작성된 원시 프로그램을 한 줄씩 읽어 번역 및 실행하는 작업을 반복하는 프로그램이다. 목적 프로그램이 남지 않으며, 일괄 처리가 아니므로 대화형이라 한다. 실행속도가 느리지만 기억 장소를 적게 차지한다. 인터프리터를 사용하는 언어에는 BASIC, LISP, 자바(JAVA), PL/1 등이 있다.

41 RAM(Random Access Memory) : 기억내용을 임의로 읽거나 변경할 수 있는 기억소자로서 전원을 차단하면 기억내용이 사라지므로 휘발성 기억소자라 한다.
  ㉠ SRAM(Static Random Memory : 정적 RAM) : 전원공급을 계속하는 한 저장된 내용을 기억하는 메모리로서 플립플롭으로 구성된다.
  ㉡ DRAM(Dynamic Random Access Memory : 동적 RAM) : 전원공급이 계속되더라도 주기적으로 재기억(refresh)을 해야 기억되는 메모리

로서 반도체의 극간 정전용량에 의해 메모리가 구성된다.

42 AND 연산은 모두 1일 경우에만 1이 된다. 즉, 연산하고자 하는 자리가 1로 같은 경우만 1이 되므로 01101100 · 11100101=01100100이 된다.

43 D FF은 Delay FF의 약어로 데이터의 일시적인 보존이나 디지털 신호의 지연에 사용된다.

44 - D/A 변환기 : 디지털 신호를 아날로그 신호로 변환하는 장치
- A/D 변환기 : 아날로그 신호를 디지털 신호로 변환하는 장치

45 리플 계수기는 전단의 출력을 다음 단의 입력으로 사용하므로 동기형 계수기로 사용할 수 없다.

46 카르노 맵에 의한 논리식의 간략화
주어진 논리식을 간략화하기 위해서는 불 대수의 간략화를 이용하지만 변수가 많은 항을 간략화하는 방법으로는 카르노 맵을 이용하는 것이 효율적으로, 카르노 맵은 사각형의 맵 안에 주어진 항의 수를 1로 표시하고, 인접한 칸의 1을 묶어 간략화하는 방법을 말하며, 간략화하는 방법은 다음과 같다.
㉠ 카르노 맵 안에 주어진 논리식의 항을 1로 표시한다.
㉡ 인접한 칸의 1을 2^n(1, 2, 4, 8)개로 묶는다.
㉢ 완전 중복되지 않는 범위에서 1의 수를 중복하여 묶는다.
㉣ 인접되지 않는 1은 더 이상 간략화할 수 없다.

47 JK 플립플롭의 진리치표는 다음과 같다.

J	K	Q	비고
0	0	이전상태(Q_n)	불변
0	1	0	리셋
1	0	1	세트
1	1	반전상태($\overline{Q_n}$)	보수

그러므로 J=1, K=1일 때 (Q_{n+1})의 상태는 반전상태($\overline{Q_n}$)가 된다.

48 불 대수(Boolean algebra)는 0 또는 1의 값을 갖는 변수와 논리적인 동작을 행하는 대수로, 논리적인 성질을 수학적으로 해석하기 위해 사용한다.

49 비동기형 계수기는 전단의 출력을 입력펄스로 받아 계수하는 회로이고, 동기형 계수기는 입력펄스를 병렬로 입력받아 각 단이 동시에 동작하는 계수기이다.

50 ① AB+BC+CA=0+0+1=1
② $A+\overline{B}(\overline{A}+C)=A+\overline{AB}+\overline{B}C=1+0+1=1$
③ $B+\overline{A}(B+C)=B+\overline{A}B+\overline{A}C=0+0+0=0$
④ $A\overline{B}C=1$

51 - 디코더(Decoder : 복호기)는 n비트의 2진 코드를 최대 2^n개의 서로 다른 정보로 바꾸어 주는 논리 조합회로로 출력은 AND 게이트로 구성된다.
- 인코더(Encoder : 부호기)는 숫자나 문자 등의 10진수 입력을 2진 부호로 변환하는 회로로 OR 게이트로 구성된다.
- 멀티플렉서(Multiplexer)는 n개의 입력신호 중 선택 제어의 조건에 따라 1개의 입력만 선택하여 출력하는 조합 논리회로로서, 2^n개의 데이터 입력을 제어하기 위해서는 최소 n개의 선택 제어선이 필요하며, 선택 제어선의 조건에 따라 출력신호가 결정된다.
- 디멀티플렉서(demultiplexer)는 하나의 입력데

이터를 다수의 출력선 중에서 선택선의 조건(S_0, S_1)에 따라 결정된 출력으로 데이터의 전송이 이루어지도록 하는 회로이다.

52
- 디코더(Decoder : 복호기)는 n비트의 2진 코드를 최대 2^n 개의 서로 다른 정보로 바꾸어 주는 논리 조합회로로 출력은 AND 게이트로 구성된다.
- 인코더(Encoder : 부호기)는 숫자나 문자 등의 10진수 입력을 2진 부호로 변환하는 회로로 OR 게이트로 구성된다.

53 레지스터를 구성하는 기본소자가 플립플롭(F/F)으로, 0과 1의 안정된 논리 상태를 갖는 쌍안정 멀티바이브레이터를 플립플롭(F/F)이라 한다.

54 컴퓨터에서 레지스터는 마이크로프로세서의 일부분으로서 아주 적은 데이터를 잠시 저장할 수 있는 공간이며, 하나의 명령어에서 다른 명령어 또는 운영체계가 제어권을 넘긴 다른 프로그램으로 데이터를 전달하기 위한 장소를 제공한다.

하나의 레지스터는 하나의 명령어를 저장하기에 충분히 커야 하는데, 예를 들어 32비트 명령어 컴퓨터에 사용되는 레지스터의 길이는 32비트 이상이어야 한다. 그러나 어떤 종류의 컴퓨터에서는 길이가 짧은 명령어를 위해, 하프 레지스터라고 불리는 크기가 더 작은 레지스터를 쓰기도 한다.

프로세서 설계나 언어규칙에 따라 차이가 있지만, 레지스터에는 대개 번호가 붙어 있거나 또는 나름대로의 이름을 가지고 있다.

산술적·논리적 연산이나 정보 해석, 전송 등을 할 수 있는 일정 길이의 2진 정보를 저장하는 중앙장치 내의 기억장치, 주기억장치에 비해서 접근 시간이 빠르다. 누산기, 프로그램 계수기, 색인 레지스터, 명령어 레지스터 등이 있다.

55 그레이 코드(Gray Code)는 한 숫자에서 다음 숫자로 증가할 때 한 비트만 변하는 특성이 있어, 에러율이 적어서 입·출력장치나 주변장치에 사용한다.

2진수를 그레이 코드로 변환
- 최상위 비트값은 그대로 사용한다.
- 다음부터는 인접한 값까지 XOR(Exclusive-OR) 연산을 해서 내려쓴다.

```
    +       +       +       +
   ⌒       ⌒       ⌒       ⌒
1       0       1       1       0
↓       ↓       ↓       ↓       ↓
1       1       1       0       1
```

56 레지스터를 구성하는 기본소자가 플립플롭(F/F)으로, 0과 1의 안정된 논리 상태를 갖는 쌍안정 멀티바이브레이터를 플립플롭(F/F)이라 한다.

57 $Y = \overline{A}(B+C)$

58 마이크로 연산 명령에서 A ← A+1의 레지스터 마이크로 명령은 A 레지스터의 데이터 값을 1 증가시키고 A 레지스터에 저장을 의미한다.

59 NOT 게이트는 인버터라 하며, 인버터(Inverter)의 동작은 입력 논리신호의 반대가 되는 값을 출력하는 회로로 입력에 1이 인가될 때 출력은 0이 되고, 입력에 0이 인가되면 출력은 1이 된다. 논리식은 $X = \overline{X}$ 가 된다.

[NOT 게이트의 기호]

A	$\overline{A}$
0	1
1	0

[NOT 게이트의 진리표]

60 전감산기는 2개의 반감산기와 1개의 OR 게이트로 구성된다.

2012년 제2회

01	02	03	04	05	06	07	08	09	10
③	②	③	③	②	①	④	④	①	④
11	12	13	14	15	16	17	18	19	20
④	②	①	④	③	③	④	②	①	②
21	22	23	24	25	26	27	28	29	30
④	③	③	③	③	④	②	④	④	①
31	32	33	34	35	36	37	38	39	40
④	①	④	④	②	④	④	①	④	②
41	42	43	44	45	46	47	48	49	50
④	②	③	③	④	②	④	③	⑤	④
51	52	53	54	55	56	57	58	59	60
①	③	①	②	④	④	④	②	④	④

01 수정발진기는 수정의 임피던스가 직렬 공진 주파수와 병렬 공진 주파수의 두 주파수 사이에서만 유도성이 되며, 그 범위가 매우 좁아서 안정된 발진이 가능하다.

02 적분회로의 입력에 시정수(CR)가 입력 구형파의 펄스폭(τ)에 비해 매우 큰 구형파를 가하면 삼각파가 출력된다.

03 입력 V가 가해질 때 처음 반주기 동안은 다이오드 D_1을 통하여 V의 최댓값 V_{c1}이 C_1에 충전된다. 다음 반주기 동안에는 C_1의 충전 전압은 다이오드 D_2를 통하여 방전하며, 콘덴서 C_2는 입력전압 V의 최대와 C_1의 충전 전압을 합한 것이 충전된다. 따라서 C_2 양단의 전압 V_{c2}는 $V_{c2} = 2V_{c1}$이 되고 실효값은 $2\sqrt{2}\,V$가 된다.

04 주파수 f_o[Hz]의 전류를 f_1[Hz]로 진폭했을 경우 피변조 주파수에는 f_o, (f_o+f_1) 및 (f_o-f_1) [Hz]의 세 주파수가 포함된다. 이때 (f_o+f_1)을 상측파대, (f_o-f_1)을 하측파대라 하며, 양쪽을 일괄하여 측파대 또는 점유 주파수대라고 한다. 그러므로 점유 주파수대는 8100[kHz]±5[kHz]이므로 8095~8105[kHz]이다.

05 연산증폭기(operational amplifier)는 직류로부터 특정한 주파수 범위 사이에서 되먹임 증폭기를 이용하여 일정한 연산을 할 수 있도록 한 직류증폭기이다.
연산증폭기의 정확도를 높이기 위한 조건
㉠ 큰 증폭도와 좋은 안정도가 필요하다.
㉡ 많은 양의 음되먹임을 안정하게 걸 수 있어야 한다.
㉢ 좋은 차단 특성을 가져야 한다.

06 발진 파형이 정현파와 먼 일그러진 파일 때는 기본파 외에 많은 고조파 성분이 포함되어 있다. 저역 여파기는 어느 일정한 차단 주파수보다 낮은 주파수 성분만 통과시키고 그 이상의 주파수는 큰 감쇠를 주어 통과를 저지하므로 이 저역 여파기(적분기)를 저주파 발진기의 출력단에 넣으면 기본파의 정현파에 가깝게 된다.

07 $A_f = \dfrac{A}{1-A\beta} = \dfrac{100}{1-(100\times -0.01)} = 50$

08 진폭 변조된 신호를 푸리에 변환하여 주파수 해석을 하면 반송주파수만큼씩 상하로 천이되어 똑같은 정보량을 가진 상측파대와 하측파대를 모두 전송하는 것을 양측파대(DSB : double side band) 변조라 하고 필터로 불필요한 한 측파대를 제거하여 한 측파대만을 전송하는 것을 단측파대(SSB : single side band) 변조라 하며, 단측파대 SSB는 반송파 억압 변조기로는 보통 링 변조기 또는 평형 변조기를 이용한다.

09 디지털 변조방식의 종류
  ㉠ ASK(진폭편이변조 : Amplitude shift keying) : 디지털 부호에 대응하여 사인반송파의 주파수나 위상을 그대로 두고 진폭만 변화시키는 변조방식
  ㉡ FSK(주파수편이변조 : Frequency shift keying) : 디지털 부호에 대응하여 사인반송파의 진폭과 위상을 그대로 두고 주파수만 변화시키는 변조방식
  ㉢ PSK(위상편이변조 : Phase shift keying) : 진폭과 주파수가 모두 일정한 반송파를 이용하여 그 위상을 2진 전송 부호에 대응시켜 변화시키는 방식
  ㉣ APK(진폭위상변조 : Amplitude Phase keying) : ASK와 PSK의 조합으로 QAM이라고도 한다.

10 레지스터를 구성하는 기본소자가 플립플롭(F/F)으로, 0과 1의 안정된 논리 상태를 갖는 쌍안정 멀티바이브레이터를 플립플롭(F/F)이라 하는 것으로, 외부 트리거 신호에 의해 어떤 상태가 되어 있을 때, 다음 트리거 신호가 공급될 때까지 현재의 상태를 안정하게 유지한다. 이러한 성질로 2진수 한 자리를 기억할 수 있는 기억소자(memory), 2진 계수회로, 분주회로로 사용된다.

11 - 입력장치에는 키보드와 마우스가 많이 사용되며, 스캐너, 광학 마크 판독기, 광학 문자 판독기, 자기 잉크 문자 판독기, 바코드 판독기, 조이 스틱, 디지타이저, 터치스크린, 디지털 카메라 등이 있다.
  - 출력장치에는 프린터와 모니터가 있으며, 프린터로는 도트 매트릭스 프린터, 잉크 제트 프린터, 레이저 프린터가 있다. 또, 모니터에는 음극선관 모니터와 액정 화면 모니터, 플라즈마 디스플레이, 터치스크린, 프로젝터 등이 있다.

12 AND 연산에서 레지스터 내의 삭제할 비트(bit) 또는 문자를 결정하는 입력 데이터를 마스크 비트(Mask bit)라 한다.

13 - 캐시기억장치(cache memory) : 프로그램 실행 속도를 중앙처리장치의 속도에 가깝도록 하기 위하여 개발된 고속버퍼 기억장치로서, 주기억장치보다 속도가 빠르고, 중앙처리장치 내에 위치하고 있으므로 레지스터 기능과 유사하다.
  - ROM(Read Only Memory) : 읽어내기 전용으로, 사용자가 기억된 내용을 바꾸어 넣을 수 없는 기억소자로서 전원을 차단하여도 기억 내용을 보존한다.
  - RAM(Random Access Memory) : 기억내용을 임의로 읽거나 변경할 수 있는 기억소자로서 전원을 차단하면 기억내용이 사라지므로 휘발성 기억소자라 한다.

14 누산기(Accumulator)는 산술연산 또는 논리연산의 결과를 일시적으로 기억하는 레지스터의 일종이다.

15 컴퓨터에서 명령을 실행할 때 제어신호 발생회로가 마이크로 동작을 순서적으로 실행하도록 한다.

16 DMA(Direct Memory Access)는 데이터의 입·출력 전송이 CPU를 거치지 않고 직접 기억장치와 입·출력장치에서 이루어지는 인터페이스이다.

17 11번 해설 참조 요망

18 명령어 형식의 종류
  - 0주소 명령형식 : 오퍼레이션 코드만 존재하고 피연산자의 주소가 없는 형식으로 스택을 이용하게 된다. 데이터를 기억시킬 때 PUSH, 꺼낼 때 POP을 사용한다.
  - 1주소 명령형식 : 오퍼레이션 코드와 피연산자의 주소가 있는 형식으로 연산대상이 되는 두 개 중 하나만 표현하고 나머지 하나는 누산기

(AC)를 사용하는 것이다. 동작방식은 주기억장치 내의 데이터(주소에서 표현한 번지에 있는 데이터)와 AC 내의 데이터로 연산이 이루어지며, 연산결과는 AC에 저장된다.
- 2주소 명령형식 : 오퍼레이션 코드와 피연산자의 주소1, 피연산자의 주소2가 있는 형식으로 연산대상이 되는 두 개의 주소를 표현하고 연산결과를 그중 한 곳에 저장한다. 동작특성상 한 곳의 내용이 연산결과 저장으로 소멸된다. 연산결과를 기억시킬 곳의 주소를 인스트럭션 내에 표시할 필요가 없다. 또한 주소1과 중앙처리장치 내의 AC에 동시에 기억시키도록 할 수도 있으며 이렇게 하면 계산결과를 시험할 필요가 있을 때 중앙처리장치 내에서 직접 시험이 가능하므로 시간을 절약할 수 있다.
- 3주소 명령형식 : 오퍼레이션 코드와 피연산자의 주소1, 피연산자의 주소2, 피연산자의 주소3(결과)의 형식으로 연산 대상이 두 개의 주소와 연산결과를 저장하기 위한 결과주소를 표현한다. 여러 개의 범용 레지스터를 가진 컴퓨터에서 사용할 수 있는 형식으로 하나의 인스트럭션을 수행하기 위해서 최소한 4번 기억장치에 접근하여야 하므로 수행기간이 길어서 특수목적 이외에는 잘 사용하지 않는다. 연산 후에도 입력 자료가 변하지 않고 보존된다.

19 ASCII 코드는 존 비트와 디짓 비트로 구성되는 7비트 ASCII 코드(128개의 코드)와 8비트 ASCII 코드(7비트 ASCII 코드에 패리티 비트 추가)로 구분하나 일반적으로 8비트의 ASCII 코드가 사용되며 소형 컴퓨터와 데이터 통신용으로 폭넓게 사용되는 코드가 7비트의 ASCII 코드이다.

20 부동 소수점 방식은 부호 비트, 지수부, 가수부로 구성된다.

부호비트	지수부	가수부

21 - 소프트웨어 폴링 : 소프트웨어적으로는 어느 장치가 인터럽트를 요구하는지를 조사하는 방법이다.
- 데이지 체인 : 구성이 단순하기 때문에 미니컴퓨터의 입출력 버스의 제어 등에 쓰인다. 1대의 버스 제어장치, 1개의 요구선, 1개의 수리선으로 구성된다.
- 우선순위 인터럽트 : 중앙처리장치에 연결된 주변장치에 우선순위가 부여되어 있어서 동시에 두 개 이상의 장치에서 인터럽트가 발생한 경우에 우선순위가 더 높은 장치를 먼저 처리하는 방법을 말한다.

22 16)114 ··· 2
　　　7　↑
∴ $(114)_{10} = (72)_{16}$

23 - CSMA/CD(Carrier Sense Multe-Access/Collision Detection) : LAN의 제어방식으로 정보의 전송에 앞서서 회선의 유무를 조사하여 전송하는 방식으로, 동시에 여러 개의 단말에서 송신되었을 때는 충돌을 감지하여 송신을 멈추고, 일정 시간 후에 재송한다. 이 방식은 호의 발생이 비교적 적은 경우에 유효한 방법이지만 호가 증가하는 데 따라 충돌이 급증하는 경향이 있다.
- 토큰 패싱(Token Passing) 방식 : Token이 순서에 따라서 돌아다니고 Token을 가지고 있는 컴퓨터만이 데이터의 전송을 하게 되며, 토큰 패싱(Token Passing) 방식에서는 한 대의 컴퓨터만이 네트워크 라인을 사용할 수 있기 때문에 충돌은 일어나지 않는다.
- ALOHA 방식 : 하와이 대학에서 최초로 제안된 위성 통신에 의한 패킷(packet) 교환을 하는 ALOHA 시스템에 사용된 방식으로 패킷망의 데이터 단말은 다른 단말 상태에 관계없이 일정 길이의 패킷을 송신한다. 송신이 경합하면 타국의 패킷이 잡음으로 되지만 이것을 검출하기 위

해 자국이 송신한 패킷을 수신해서 체크하여 혼신이 검출되면 재송신하는 방식이다. 넓게 산재된 다수의 낮은 트래픽(traffic) 단말 간의 데이터 교환 방식에 유효하다.

24 18번 해설 참조

25 프로토콜(protocol) : 컴퓨터 사이에 정보를 주고받을 때의 통신방법에 대한 규칙과 약속이다.

26 ㉠ 중앙처리장치는 비교, 판단, 연산을 담당하는 논리연산장치(arithmetic logic unit)와 명령어의 해석과 실행을 담당하는 제어장치(control unit)로 구성된다. 논리연산장치(ALU)는 각종 덧셈을 수행하고 결과를 수행하는 가산기(adder)와 산술과 논리연산의 결과를 일시적으로 기억하는 레지스터인 누산기(accumulator), 중앙처리장치에 있는 일종의 임시 기억장치인 레지스터(register) 등으로 구성되어 있다.
㉡ 제어장치는 프로그램의 수행 순서를 제어하는 프로그램 계수기(program counter), 현재 수행 중인 명령어의 내용을 임시 기억하는 명령 레지스터(instruction register), 명령 레지스터에 수록된 명령을 해독하여 수행될 장치에 제어신호를 보내는 명령해독기(instruction decoder)로 이루어져 있다.

27 디코더(Decoder : 복호기)는 n비트의 2진 코드를 최대 2^n개의 서로 다른 정보로 바꾸어 주는 논리 조합회로로 출력은 AND 게이트로 구성된다.

28 각 논리게이트의 지연시간을 살펴보면
RTL : 12[nsec], DTL : 30[nsec], TTL : 10[nsec], ECL : 2[nsec], MOS : 100[nsec], CMOS : 500[nsec]이다.
그러므로 처리속도 순으로 나열하면 ECL-TTL-RTL-DTL-MOS-CMOS 순이 된다.

29 - 중규모 집적회로(MSI : Middle Scale Integrated circuit) : 하나의 칩 위에 10~100개의 등가 게이트회로를 가진 집적회로로 디코더, 인코더, 카운터, 레지스터, 멀티플렉서, 디멀티플렉서, 소형 기억장치 등의 복잡한 논리 기능에 사용된다.
- 대규모 집적회로(LSI : Large Scale Integrated circuit) : 하나의 칩에 부품수가 1,000개 이상 되는 집적회로를 대규모 집적회로(LSI)라 하고, 10,000개 이상의 부품을 집적화한 것을 초대규모 집적회로(VLSI)라고 하며, 시프트 레지스터, PLA, RAM, ROM, 마이크로프로세서 등이 이에 속한다.
SSI < MSI < LSI < VLSI의 순으로 집적도가 크다.

30 - 직접, 절대 주소지정방식(direct absolute addressing mode) : 오퍼랜드가 존재하는 기억장치의 어드레스를 직접 명령 속에 포함시켜 지정하는 방법
- 이미디어트 주소지정방식(immediate addressing mode) : 명령 속의 오퍼랜드 정보를 그대로 오퍼랜드로 사용하는 방법
- 간접 주소지정방식(indirect addressing mode) : 오퍼랜드가 존재하는 기억장치 어드레스를 내용으로 가지고 있는 기억 장소의 어드레스를 명령 속에 포함시켜 지정하는 방법
- 상대 주소지정방식(relative addressing mode) : 명령 속의 오퍼랜드 지정 정보를 레지스터 지정부와 전개부로 나누어서 레지스터 지정부로 지정된 레지스터 내용과 전개부를 더해서 오퍼랜드의 어드레스를 구한다.

31 - 처리능력(throughput)의 향상
- 반환 시간(turn around time)의 최소화
- 사용 가능도(availability)
- 신뢰도(reliability) 향상

32 작성된 프로그램을 분석 단계에서부터 작성된 데이터와 코드표, 각종 설계도, 순서도와 원시 프로그램 등의 관련된 내용을 문서로 작성하여 보관토록 하는 것이 문서화로서, 문서화가 이루어지면 시스템의 유지 보수와 관리가 용이하고 담당자가 바뀌어도 업무의 파악이 용이하여, 업무의 연속성이 유지된다.

33 원시 프로그램을 기계어로 번역하여 문법오류(Syntax error)를 검사하여 오류를 수정하고, 논리적 오류를 검사하기 위하여 테스트 런을 통하여 모의 데이터를 입력하여 결과를 검사하여 오류를 올바르게 수정하는 것을 디버깅(debugging)이라 한다.

34 기계어는 0과 1로 이루어지므로 프로그램의 유지 보수가 어렵다. 저급 언어는 기계어를 말하며, 기계어는 변환과정 없이 계산기가 직접 처리할 수 있으므로 처리속도가 빠르다.
- 2진수를 사용하여 명령어와 데이터를 표현한다.
- 호환성이 없고, 기계마다 언어가 다르다.
- 프로그램의 실행속도가 빠르다.
- 프로그램의 유지보수와 배우기가 어렵다.

35 논리적 연산에서 단항 연산은 MOVE, SHIFT, ROTATE, COMPLEMENT 연산 등이 있고, 이항 연산에는 사칙연산, OR(논리합 : 문자 또는 비트의 삽입), AND(논리곱 : 불필요한 비트 또는 문자의 삭제) 등이 해당된다.

36 - 배치처리(Batch Processing System) : 데이터를 일정기간, 일정량을 저장하였다가 한꺼번에 처리하는 방식
- 시분할처리(Time Sharing System) : 시간을 분할하여 여러 이용자의 자료를 병행 처리하는 방식
- 실시간 처리(Real Time System) : 데이터 발생 즉시 처리하는 방식
- 온라인 실시간 처리 : 데이터 발생 즉시 처리하여 결과까지 완료하는 시스템
- 오프라인 시스템 : 전송된 데이터를 일단 카드, 자기테이프에 기록한 다음 일괄 처리하는 방식

37 - FIFO(First In First Out) : 주기억장치에 저장될 때 가장 오래된(가장 먼저 기록된) 페이지를 교체하는 방법
- LRU(Least Recently Used) : 주기억장치에 저장된 시점과 관계없이, 사용률이 가장 저조한 페이지를 교체하는 방법으로 각 페이지마다 계수기나 스택을 두어 현 시점에서 가장 오랫동안 사용하지 않은, 즉 가장 오래 전에 사용된 페이지를 교체한다.
- LFU(Least Frequency Used) : 사용빈도가 가장 낮은 페이지, 즉 호출된 횟수가 가장 적은 페이지를 교체하는 방법으로 프로그램 실행 초기에 많이 사용된 페이지가 그 후로 사용되지 않을 경우에도 프레임을 계속 차지할 수 있다.
- NUR(Not Used Recently) : 최근에 사용하지 않은 페이지를 교체하는 방법으로 최근의 사용 여부를 확인하기 위해서 각 페이지마다 참조비트(reference bit)와 변형 비트(modified bit)가 사용된다.

38 소프트웨어의 개발은 문제의 분석 – 입·출력 설계 – 순서도 작성 – 프로그램 입력 – 문법오류 수정 – 모의자료 입력 – 논리오류 수정 – 실행의 절차에 따른다.

39 ㉠ C언어의 모든 변수나 함수는 자료형(data type)과 기억 클래스(storage class)의 두 가지 속성(attribute)을 갖는다. 자료형은 자료가 내부에서 기억되는 형태와 크기를 규정하는 것이고, 기억 클래스는 자료가 기억되는 기억 장소와 생존기간(life time), 유효범위(scope)를 규정하는 것이다.

ⓒ 기억 클래스의 종류는 자동 변수(automatic variable), 정적 변수(static variable), 외부 변수(external variable), 레지스터 변수(register variable) 등 4가지가 있다.

40 printf( )는 표준 출력함수이고, putchar( )는 한 문자 출력함수로, 출력 후 개행하지 않고, puts( )는 문자열 출력함수로, 출력 후 자동 개행한다.

41 AC+ABC=AC(1+B)=AC

42 그레이 코드(Gray Code)는 한 숫자에서 다음 숫자로 증가할 때 한 비트만 변하는 특성이 있어, 에러율이 적어서 입출력장치나 주변장치에 사용한다.

43 멀티플렉서(Multiplexer)는 n개의 입력신호 중 선택 제어의 조건에 따라 1개의 입력만 선택하여 출력하는 조합 논리회로로서, 2^n개의 데이터 입력을 제어하기 위해서는 최소 n개의 선택 제어선이 필요하며, 선택 제어선의 조건에 따라 출력신호가 결정된다.

44 레지스터를 구성하는 기본소자가 플립플롭(F/F)으로, 0과 1의 안정된 논리 상태를 갖는 쌍안정 멀티바이브레이터를 플립플롭(F/F)이라 한다.

45 해독기(decoder)는 입력 데이터에 따라 $N=2^n$개의 출력단자가 결정되므로 디코더 회로가 4개의 입력 단자를 갖는다면 출력 단자는 AND 게이트로 이루어지며, 16개를 갖는다.

46 레지스터(Register)는 플립플롭을 접속하여 데이터를 일시 저장하거나 전송하는 장치로 컴퓨터 시스템 간의 직렬, 병렬 데이터 전송이나 각종 연산 등에 이용되며, JK 플립플롭을 이용하여 구성 시 J와 K에 데이터 입력단자를 연결하여 구성한다.

47 ⊙ 1010의 1의 보수는 0101이 된다.
ⓒ 3초과 코드는 BCD 코드에 3을 더하여 만든 코드이므로 0101에 0011을 더하면 된다.
∴ 0101+0011=1000이 된다.

48 반가산기에서 한 자리수 A와 B를 더할 때 발생되는 결과는 A와 B의 합과 자리올림수(Carry)가 발생하며, 합(S)과 자리올림수(C)의 논리식은 $S = \overline{A}B + A\overline{B} = A \oplus B$, $C = A \cdot B$로 나타낸다.

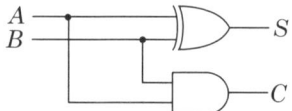

[반가산기의 구성]

A	B	S(Sum)	C(Carry)
0	0	0	0
0	1	1	0
1	0	1	0
1	1	0	1

[반가산기의 진리표]

49 JK 플립플롭이 n개일 때 카운터가 셀 수 있는 최대의 수를 N이라 하면 $N=2^n$개의 수를 셀 수 있고, 0에서 2^n-1의 수까지 표현한다. 즉, 최대의 수는 $2^4=16$까지이고 $2^4-1=15$까지 셀 수 있다.

50

구분	디지털 시스템	아날로그 시스템
처리대상	이산 데이터	연속 데이터
연산속도	고속이다.	저속이다.
기억기능	있다.	없다.
정밀도	높다.	낮다.
프로그램	필요	불필요
가격	고가	저가

51 EX-NOR는 서로 입력이 같을 때 결과가 1이 되는 논리회로(일치회로)이다.

A	B	Y
0	0	1
0	1	0
1	0	0
1	1	1

[EX-NOR 게이트의 진리치표]
($Y = \overline{A \oplus B}$)

52 JK 플립플립의 진리치표는 아래와 같다.

J	K	Q	비고
0	0	이전상태(Q_n)	불변
0	1	0	리셋
1	0	1	세트
1	1	반전상태($\overline{Q_n}$)	보수

그러므로 J=1, K=1일 때 출력은 클록에 의해 반전상태($\overline{Q_n}$)가 된다.

53 스위치에 의한 직렬 접속회로로 스위치 A와 스위치 B가 모두 on 상태가 되어야 점등하므로 AND 논리회로와 같다.

54 일련의 순차적인 수를 세는 회로를 계수회로(counter)라 하며, 쌍안정 멀티바이브레이터가 디지털 계수기에서 계수기로 주로 사용된다.

55 플립플롭이 n개일 때 카운터가 셀 수 있는 최대의 수를 N이라 하면 $N = 2^n$개의 수를 셀 수 있고, 0에서 $2^n - 1$의 수까지 표현한다. 즉, 최대의 수는 $2^4 = 16$까지이고 $2^4 - 1 = 15$까지 셀 수 있다.

56 플립플롭이 n개일 때 카운터가 셀 수 있는 최대의 수를 N이라 하면 $N = 2^n$개의 수를 셀 수 있고, 0에서 $2^n - 1$의 수까지 표현한다. 즉, 최대의 수는 $2^5 = 32$까지이고 $2^5 - 1 = 31$까지 셀 수 있다.

57 4변수 카르노 맵에서 최소항(minterm)은 AND 연산의 결합으로 2^n개의 조합이 이루어지므로 $2^4 = 16$의 변수항으로 구성된다.

58 D FF은 Delay FF의 약어로 데이터의 일시적인 보존이나 디지털 신호의 지연에 사용된다.

59 $A \cdot A = A$이다.

60 비동기형 계수기는 전단의 출력을 입력펄스로 받아 계수하는 회로이고, 동기형 계수기는 입력펄스를 병렬로 입력받아 각 단이 동시에 동작하는 계수기이다. 그림에서는 전단의 출력을 입력으로 받아 계수하는 2단의 리플 계수기이다. 그러므로 $2^2 = 4$의 4진 리플 계수기회로이다.

2012년 제5회

01	02	03	04	05	06	07	08	09	10
④	①	③	②	①	②	④	④	③	②
11	12	13	14	15	16	17	18	19	20
③	④	②	④	②	①	②	①	①	③
21	22	23	24	25	26	27	28	29	30
②	④	①	②	②	②	④	②	③	②
31	32	33	34	35	36	37	38	39	40
③	①	④	②	②	①	③	②	②	②
41	42	43	44	45	46	47	48	49	50
①	③	④	①	②	②	①	②	③	①
51	52	53	54	55	56	57	58	59	60
①	①	④	③	②	②	③	①	②	①

01 - C급 증폭기를 동조증폭기(tuned amplifier)라 부르며, 매우 좁은 대역에서 동작하므로 오디오용으로 사용하지 않는다. C급 증폭기는 20[kHz] 이상에서 사용하며 주로 신호를 동조하는 데 쓰인다.
- 완충증폭기(buffer amplifier) : 부하의 변동으로 인하여 주파수가 변화되는 것을 방지하기

위한 완충회로로 사용되는 증폭기로, 주발진기와 변조기 또는 전력증폭기와의 중간에 삽입되는 경우가 많다.

02 D(Dealy) 플립플롭은 RS-FF에서 2개의 입력 R, S가 동시에 1인 경우에도 불확정 출력상태가 되지 않도록 하기 위하여 인버터(inverter : NOT 게이트) 하나를 입력 양단에 부가한 것으로 정보를 일시 유지하는 래치(latch) 회로나 시프트 레지스터(shift register) 등에 쓰인다.

03 직렬접속 시 임피던스(Z)는
$$Z = \sqrt{R^2 + X_L^2} = \sqrt{24^2 + 7^2} = \sqrt{625} = 25[A]$$
유효전류는
$$I = \frac{V}{Z} \times \frac{R}{Z} = \frac{100}{25} \times \frac{24}{25} = 3.84[A]$$

04 변조도의 깊고 얇음에 대하여 반송파는 무관하며 변조파 전력, 출력파형, 대역폭 등에 관계된다. 과변조 상태가 되면 대역폭이 넓어지며, 변조파형의 일부가 어느 구간 잘려서 일그러짐이 생긴다.

05 발진 파형이 정현파와 먼 일그러진 파일 때는 기본파 외에 많은 고조파 성분이 포함되어 있다. 저역 여파기는 어느 일정한 차단 주파수보다 낮은 주파수 성분만 통과시키고 그 이상의 주파수는 큰 감쇠를 주어 통과를 저지하므로 이 저역 여파기(적분기)를 저주파 발진기의 출력단에 넣으면 기본파의 정현파에 가깝게 된다.

06 정류 방식별 맥동주파수(60[Hz]의 경우)

정류 방식	맥동 주파수
단상 반파 정류회로	60[Hz]
단상 전파 정류회로	120[Hz]
3상 반파 정류회로	180[Hz]
3상 전파 정류회로	360[Hz]

07 크로스오버(Crossover) 왜곡이란 B급 푸시풀 증폭기에서 트랜지스터의 부정합에 의해 차단점 근처의 입력특성이 비선형으로 되어 출력 파형의 일그러짐 현상이다.

08
$$A_{vf} = 20\log_{10}\frac{V_o}{V_i}$$
$$= 20\log_{10}\frac{20}{0.2} = 20\log_{10}100 = 40[dB]$$

09 이미터 폴로어 증폭회로(emitter follower circuit)는 컬렉터 접지 증폭회로라 하며 이미터의 저항 RE 양단에서 출력을 얻는 회로로 전압 증폭도가 약 1로서, 입력 전압을 증폭할 수는 없으며, 입력 임피던스(Z_i)는 크고, 출력 임피던스(Z_o)는 작은 값이므로 임피던스 변환회로에 사용된다.

10 입력에는 저항을, 귀환에는 콘덴서를 사용하는 회로가 적분회로이고, 입력에는 콘덴서를, 귀환에는 저항을 사용하는 회로가 미분회로로 구형파(직사각형파)로부터 폭이 좁은 트리거(trigger) 펄스를 얻는 데 쓰이는 회로이다.
$$V_o = -RC\frac{dv}{dt}$$

11 각 자리수를 BCD(8421)코드로 변환한다.
$$\frac{8 \quad : \quad 5}{1000 \quad : \quad 0101}$$
즉 10진수 85는 8421코드로 1000 0101이 된다.

12 – 입력장치에는 키보드와 마우스가 많이 사용되며, 스캐너, 광학 마크 판독기, 광학 문자 판독기, 자기 잉크 문자 판독기, 바코드 판독기, 조이 스틱, 디지타이저, 터치스크린, 디지털 카메라 등이 있다.
– 출력장치에는 프린터와 모니터가 있으며, 프린터로는 도트 매트릭스 프린터, 잉크 제트 프린터, 레이저 프린터가 있다. 또, 모니터에는 음극

선관 모니터와 액정 화면 모니터, 플라즈마 디스플레이, 터치스크린, 프로젝터 등이 있다.

13 ① 중앙처리장치는 비교, 판단, 연산을 담당하는 논리연산장치(arithmetic logic unit)와 명령어의 해석과 실행을 담당하는 제어장치(control unit)로 구성된다. 논리연산장치(ALU)는 각종 덧셈을 수행하고 결과를 수행하는 가산기(adder)와 산술과 논리연산의 결과를 일시적으로 기억하는 레지스터인 누산기(accumulator), 중앙처리장치에 있는 일종의 임시 기억장치인 레지스터(register) 등으로 구성되어 있다.
② 제어장치는 프로그램의 수행 순서를 제어하는 프로그램 계수기(program counter), 현재 수행 중인 명령어의 내용을 임시 기억하는 명령 레지스터(instruction register), 명령 레지스터에 수록된 명령을 해독하여 수행될 장치에 제어신호를 보내는 명령해독기(instruction decoder)로 이루어져 있다.

14 - 이미디어트 주소지정방식(immediate addressing mode) : 명령 속의 오퍼랜드 정보를 그대로 오퍼랜드로 사용하는 방법
- 간접 주소지정방식(indirect addressing mode) : 오퍼랜드가 존재하는 기억장치 어드레스를 내용으로 가지고 있는 기억 장소의 어드레스를 명령 속에 포함시켜 지정하는 방법
- 레지스터 주소지정방식(register addressing mode) : 기억장치의 어드레스 대신 레지스터의 번호를 지정하고, 그 레지스터 내용을 목적으로 하는 오퍼랜드의 어드레스로 한다. (레지스터 간접 어드레스 지정 방식이라고 한다.)
- 상대 주소지정방식(relative addressing mode) : 명령 속의 오퍼랜드 지정 정보를 레지스터 지정부와 전개부로 나누어서 레지스터 지정부로 지정된 레지스터 내용과 전개부를 더해서 오퍼랜드의 어드레스를 구한다.

15 우선순위(priority) 스케줄링
㉮ 비선점(nonpreemptive)
㉯ 프로세스에게 우선순위를 부여하여 우선순위가 높은 순서대로 처리한다.
  ㉠ 정적(static) 우선순위 방법 : 주변 환경 변화에 적응하지 못하여 실행 중 우선순위를 바꾸지 않는다. 구현이 쉽고 오버헤드가 적다.
  ㉡ 동적(dynamic) 우선순위 방법 : 상황 변화에 적응하여 우선순위를 변경, 구현이 복잡, 오버헤드가 많다. 시스템의 응답속도를 증가시켜 효율적이다.
㉰ 인터럽트는 특정 요구에 의해 정상적인 프로그램의 실행순서를 변경하여 요구한 작업을 먼저 수행한 후에 다시 원래의 프로그램으로 복귀하는 것을 의미한다.
㉱ 폴링(polling)은 인터럽트와 달리 CPU가 특정 이벤트를 처리하기 위해 그 이벤트가 발생할 때까지 모든 연산을 모니터링하는 데 사용한다.

16 - 단방향(Simplex) 통신방식은 접속한 두 장치 사이에서 데이터를 한 방향으로 전송하는 방식이다.
- 반이중(Half Duplex) 통신방식은 양방향에서의 전송이 가능하나 동시에 양방향 통신은 불가능한 방식이다.
- 전이중(Full duplex) 통신방식은 양방향에서 동시에 정보의 송수신이 가능한 방식이다.

17 8진수를 2진수로 변환하고자 할 때는 각 자리를 3비트의 2진수로 변환한다.

8진수	6	2
2진수	110	010

18 컴퓨터 내부에서 정보(자료)의 처리는 2진법을 사용한다.

19 AND 연산에서 레지스터 내의 삭제할 비트(bit)

또는 문자를 결정하는 입력 데이터를 마스크 비트(Mask bit)라 한다.

20 시스템 프로그램(system program) : 프로그램에서 루틴 및 특별한 계산 목적을 위한 서브루틴 등의 모임. 운영체계 또는 자료 처리와 계산 등 종합 시스템을 위한 기본이 된다. 크게 다음과 같은 6개 부문으로 나눌 수 있다.
  ㉠ 사용자 편의로 된 언어로부터 기계어로 프로그램을 번역하는 언어 처리기
  ㉡ 응용 프로그램들을 위한 표준 루틴을 제공하는 자료집 프로그램
  ㉢ 컴퓨터 요소들 간에 또는 컴퓨터와 사용자 간에 통신을 쉽게 해 주는 유틸리티 프로그램
  ㉣ 컴퓨터 유지 및 관리를 도와주는 진단 프로그램
  ㉤ 여러 가지 프로그램들을 기억장치로 읽어들이는 적재 프로그램
  ㉥ 모든 컴퓨터 프로그램들을 관리하고 그 실행을 제어하는 운영체계

21 중앙 처리 기능을 가진 소형 처리기를 DMA 위치에 두고 입·출력에 관한 제어 사항을 전담하도록 하는 특수 컴퓨터를 채널(channel)이라고 한다.
  1. 채널 프로그램
    ㉠ 채널 명령어(CCW : channel command word) : 주기억장치 내에 기억된 각 블록들의 정보이다.
    ㉡ 채널 프로그램 : 채널이 여러 개 블록을 입·출력할 때 각 블록에 대한 채널 명령어의 모임을 말한다.
    ㉢ 채널 번지 워드(CAW : channel address word) : 첫번째 채널 명령어의 위치를 기억장치 내의 특정위치에 기억시켜 사용하는데 이 특정 위치를 말한다.
    ㉣ 채널 상태어(CSW : channel status word) : 입·출력 동작이 이루어진 후 채널, 서브 채널, 입·출력장치의 상태를 워드로 나타낸 것이다.
  2. 채널 명령어 : 채널 명령어가 가질 네 가지 요소
    ㉠ 동작을 나타내는 명령으로 입력이나 출력을 지시한다.
    ㉡ 주기억장치에 접근할 블록의 위치를 표시한다.
    ㉢ 블록의 크기를 나타낸다.
    ㉣ 다음 채널 명령어의 위치를 연결시키는 표시 비트이다.
  3. 채널의 종류
    ㉠ 고정적 연결 : 입·출력장치가 특정 채널에 고정되어 있어서 다른 채널 사용이 안 된다. 하드웨어 자원 전체를 활용할 수 없으나 단일 종류의 장치인 경우 그들의 제어는 공통점이 많으므로 각각 다른 채널에 연결하는 것보다 하드웨어 비용을 줄일 수 있다.
    ㉡ 가변적 연결
      ⓐ 장점 : 하드웨어 자원을 최대로 사용할 수 있다.
      ⓑ 단점 : 하드웨어와 제어가 복잡하다.
      ⓒ 셀렉터 채널(selector channel) : 고속 입·출력장치에 사용한다.
      ⓓ 멀티플렉서 채널(multiplexer channel) : 저속인 여러 장치를 동시에 제어하는 채널이다.

22 - 해밍 코드(Hamming Code)는 1비트의 오류를 자동적으로 정정해 주는 코드로, 1비트의 단일 오류를 정정하기 위해서는 3비트의 여유 비트가 필요하고, 2개 이상의 중복 오류를 수정하려면 더 많은 여유 비트가 필요하다.
  - 패리티 비트는 에러의 검색을 위한 코드이고, 에러의 검색과 교정이 가능한 것이 해밍 코드이다.

23 ㉠ 중앙처리장치는 비교, 판단, 연산을 담당하는 논리연산장치(arithmetic logic unit)와 명령어의 해석과 실행을 담당하는 제어장치(control unit)로 구성된다. 논리연산장치(ALU)는 각종 덧셈을 수행하고 결과를 수행하는 가산기(adder)와 산술과 논리연산의 결과를 일시적으로 기억하는 레지스터인 누산기(accumulator), 중앙처리장치에 있는 일종의 임시 기억

장치인 레지스터 등으로 구성되어 있다.
ⓒ 제어장치는 프로그램의 수행 순서를 제어하는 프로그램 계수기(program counter), 현재 수행 중인 명령어의 내용을 임시 기억하는 명령 레지스터(instruction register), 명령 레지스터에 수록된 명령을 해독하여 수행될 장치에 제어신호를 보내는 명령해독기(instruction decoder)로 이루어져 있다.

24 AND 연산은 모두 1일 경우에만 1이 된다. 즉, 연산하고자 하는 자리가 1로 같은 경우만 1이 되므로 11001010 · 10011001 = 10001000이 된다.

25 전가산기(Full Adder)는 반가산기 2개와 OR 게이트로 구성되며, 2진수 가산을 완전히 하기 위해 자리올림 입력도 함께 더할 수 있는 기능을 갖는 조합 논리회로 입력 3개(A, B, C_{n-1}), 출력 2개(Sum, Carry)로 구성된다.
입력 중 어느 하나가 1인 경우에는 출력은 1이 되고, 모든 입력이 1일 때에도 출력은 1이 되며, 자리올림 C_n은 입력 중 2개 이상이 1인 경우에는 1이 된다.

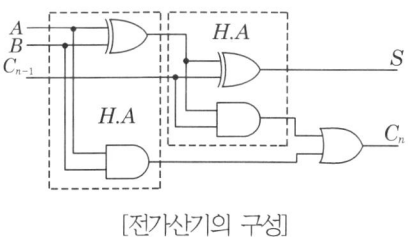

[전가산기의 구성]

26 자기테이프는 데이터 접근이 순차에 의해 이루어지는 기억장치이고, 자기 디스크, CD-ROM, 자기코어, 하드 디스크, 플로피 디스크는 임의 액세스 기억장치이다.

27 – 메모리 어드레스 레지스터(memory address register : MAR) : 어드레스를 가진 기억장치를 중앙처리장치가 이용할 때 원하는 정보의 어드레스를 넣어 두는 레지스터이다.
– 메모리 버퍼 레지스터(memory buffer register : MBR) : 기억장치로부터 불러낸 정보나 또는 저장할 정보를 넣어 두는 레지스터이다.
– 버퍼 레지스터(buffer register) : 서로 다른 입·출력 속도로 자료를 받거나 전송하는 중앙처리장치(CPU) 또는 주변 장치의 임시 저장용 레지스터이다.

28 $Y = (A+B) \cdot (A+C)$
$= AA + AC + AB + BC$
$= A(1+C+B) + BC = A + BC$

29 23번 해설 참조 요망

30 – fetch cycle : 기억장치에 있는 명령을 중앙처리장치로 읽어오는 사이클
– indirect cycle : 간접주소일 때 유효주소를 읽기 위해 기억장치에 접근하는 사이클
– execute cycle : 기억장치에서 읽어들인 명령을 실행하는 주기
– interrupt cycle : 예기치 않은 상황이 발생할 경우 명령을 중단하고 인터럽트를 수행하고 복귀하는 사이클

31 ㉠ 프로그래밍에서 변수란 프로그램에 전달되는 정보나 그 밖의 상황에 따라 바뀔 수 있는 값을 의미한다.
ⓒ 상수란 프로그램이 수행되는 동안 변하지 않는 값을 의미한다.

32 기계어는 0과 1로 이루어지므로, 프로그램의 유지보수가 어렵다. 저급 언어는 기계어를 말하며, 기계어는 변환과정 없이 계산기가 직접 처리할 수 있으므로 처리속도가 빠르다.
– 2진수를 사용하여 명령어와 데이터를 표현한다.
– 호환성이 없고, 기계마다 언어가 다르다.

- 프로그램의 실행속도가 빠르다.
- 프로그램의 유지보수와 배우기가 어렵다.

33 구조화 프로그램은 순차구조, 선택구조, 반복구조의 기본구조를 갖는다.
- 순차구조는 직선형의 구조로 제어의 흐름이 위에서 아래로, 왼쪽에서 오른쪽의 순서로 처리되는 구조이다.
- 선택구조는 주어진 조건에 따라 참(True)과 거짓(False)에 따라 처리 내용을 선택 결정하는 구조이다.
- 반복구조는 조건에 따라 결과가 만족할 때까지 또는 만족하는 동안 반복하는 구조이다.

34 예약어는 컴퓨터 프로그래밍 언어에서 이미 문법적인 용도로 사용되고 있기 때문에 식별자로 사용할 수 없는 단어들이다.

35 파스 트리(parse tree), 구문 트리 : 올바른 문장에 대해 그 문장의 구조를 나무 그림 형태로 나타낸 것을 말한다.

36 C언어의 산술연산자 %는 나머지 결과를 저장하며, 정수연산에서만 사용한다.
=은 관계연산자이고, &&는 논리연산자의 논리곱이며, //는 논리연산자의 논리합이다.

37 프로세스 스케줄링(Scheduling)이란 프로세스의 생성 및 실행에 필요한 시스템이 자원을 해당 프로세스에 할당하는 작업을 말한다.
프로세스 스케줄링의 목적은
- 모든 작업들의 대한 공평성을 유지한다.
- 단위 시간당 처리량을 최대화한다.
- 응답 시간 및 오버헤드를 최소화한다.
- 응답 시간을 줄이고 CPU의 사용률을 높인다.

38 순서도는 처리하고자 하는 문제를 분석하고 입·출력 설계를 한 후에, 그 처리순서의 방법에 따라 기호를 사용하여 나타낸 그림으로 프로그램 코딩의 자료가 되고, 인수인계가 용이하고 오류 발생시 원인을 찾아 수정이 쉽다.
* 순서도(flow chart)를 작성하는 이유
  ㉠ 논리적인 체계를 쉽게 이해할 수 있다.
  ㉡ 업무의 전체적인 개요를 쉽게 파악할 수 있다.
  ㉢ 문제의 정확성 여부를 쉽게 판단할 수 있다.
  ㉣ 프로그램의 코딩이 쉬워진다.
  ㉤ 프로그램의 흐름에 대한 수정을 용이하게 한다.

39 운영체제의 정의
- 컴퓨터 사용자와 컴퓨터 하드웨어 사이의 인터페이스로서 동작하는 시스템 소프트웨어의 일종이다.
- 컴퓨터를 사용자가 편리하게 사용하고 컴퓨터 하드웨어를 효율적으로 사용할 수 있게 한다.
- 다른 응용 프로그램이 유용한 작업을 할 수 있도록 환경을 마련한다.

40 운영체제의 운용 기법
㉠ 일괄 처리 시스템(Batch Processing System) : 데이터를 일정기간, 일정량을 저장하였다가 한꺼번에 처리하는 방식으로 한정된 시간 제약 조건에서 자료를 분석하여 처리하는 시스템 중심의 자료처리 방식으로 자기 테이프와 같은 순차 처리에 적합하다. 급여, 요금 고지 등의 업무에 적합하다.
㉡ 시분할 시스템(Time Sharing System) : 여러 명의 사용자가 사용하는 시스템에서 컴퓨터가 사용자들의 프로그램을 번갈아가며 처리해 줌으로써 각 사용자들이 독립된 컴퓨터를 사용하는 느낌을 갖는 시스템으로 응답 시간을 최소화 시켜 다중 프로그래밍 방식과 결합해 대화식 처리가 가능하다.
㉢ 실시간 처리 시스템(Real Time Processing System) : 처리해야 할 작업이 발생한 시점에

서 즉각적으로 처리하여 그 결과를 얻어내는 시스템으로 정해진 시간에 반드시 수행되어야 하는 작업들을 처리하기에 가장 적합하다.

ⓔ 분산 처리 시스템(Distributed Processing System) : 여러 대의 컴퓨터에 의해 작업을 나누어 처리하여 그 내용이나 결과를 통신망을 이용하여 상호 교환하도록 연결되어 있는 시스템이다.

41 NOR(부정 논리합) 게이트는 OR(논리합)의 부정 논리로서 입력이 모두 0일 때만 출력이 1이 되고, 다른 입력의 경우에는 출력이 0이 되는 논리회로이다.
$Y = \overline{A+B}$

42 시프트 레지스터(shift register)는 FF을 여러 개 종속 접속하여 시프트 펄스를 하나씩 공급할 때마다 순차적으로 다음 FF에 데이터가 전송되도록 하는 레지스터이다.

43 $F = \overline{A \cdot B} + \overline{A \cdot B} = \overline{A \cdot B}$ 이므로 NAND 게이트의 진리표와 같다. 그러므로 A=1, B=1의 경우에만 출력 F가 0이 되고, 그 외의 조건([A=0, B=0], [A=0, B=1], [A=1, B=0])에서는 1이 된다.

44 비동기형 계수기는 전단의 출력을 입력펄스로 받아 계수하는 회로이고, 동기형 계수기는 입력펄스를 병렬로 입력받아 각 단이 동시에 동작하는 계수기이다. 그림의 회로는 동기형 3진 카운터회로이다.

45 멀티바이브레이터의 종류
- 비안정 멀티바이브레이터(Astable Multivibrator) : 회로에 전원이 공급되면 구형파의 발진이 이루어지는 회로이다.
- 단안정 멀티바이브레이터(Monostable Multi-vibrator) : 자체 발진의 능력은 없으나 외부의 트리거 펄스 입력이 공급될 때마다 하나의 구형파를 출력하는 회로이다.
- 쌍안정 멀티바이브레이터(Bistable Multivibrator) : 안정 상태를 유지하며 외부의 트리거 펄스 입력이 두 개 공급될 때마다 하나의 구형파를 출력하는 회로로 일반적으로 플립플롭(Flip Flop) 회로라 한다.

46 JK 플립플립의 진리치표는 아래와 같다.

J	K	Q	비고
0	0	이전상태(Q_n)	불변
0	1	0	리셋
1	0	1	세트
1	1	반전상태($\overline{Q_n}$)	보수

그러므로 J=0, K=1일 때는 0(리셋)이 되고, J=1, K=0일 때는 1(세트)이 된다.

47 드 모르간의 정리
$\overline{A+B} = \overline{A} \cdot \overline{B}, \ \overline{A \cdot B} = \overline{A} + \overline{B}$

48 4변수 카르노 맵에서 최소 항(minterm)은 AND 연산의 결합으로 2^n 개의 조합이 이루어지므로 $2^4 = 16$의 변수항으로 구성된다.

49 멀티플렉서(Multiplexer)는 n개의 입력신호 중 선택 제어의 조건에 따라 1개의 입력만 선택하여 출력하는 조합 논리회로로서, 2^n 개의 데이터 입력을 제어하기 위해서는 최소 n개의 선택 제어선이 필요하며, 선택 제어선의 조건에 따라 출력신호가 결정된다. 그러므로 $2^3 = 8$이 되어야 하므로 선택선이 3개가 필요하다.

50 8Bit로 10을 나타내면 00001010이 되고, 2의 보수 표현 방법에 의해 -10을 나타내면 11110110이 된다.

51 플립플롭의 출력은 입력 상태에 따라 가해지는 클록 펄스에 의해 변환한다. 이와 같은 변화를 플립

플롭이 (트리거)되었다고 한다.

52 일련의 순차적인 수를 세는 회로를 계수회로(counter)라 한다.

53 ① $(11101110)_2$
$= 1 \times 2^7 + 1 \times 2^6 + 1 \times 2^5 + 1 \times 2^3$
$\quad + 1 \times 2^2 + 1 \times 2^1$
$= 128 + 64 + 32 + 8 + 4 + 2 = (238)_{10}$

② $(365)_8 = 3 \times 8^2 + 6 \times 8^1 + 5 \times 8^0$
$= 192 + 48 + 5 = (245)_{10}$

④ $(FA)_{16} = F \times 16^1 + A \times 16^0 = 240 + 10$
$= (250)_{10}$

54 패리티 검사기(Parity checker)는 비트열에 있는 1의 개수의 합이 홀수 또는 짝수인가를 검사하는 회로로 그림은 4비트 홀수 패리티 검사기의 회로도이다.

55 - 카운터(Counter)는 입력 신호에 따라 미리 정해진 순서대로 출력의 상태가 변하는 순서 논리회로로서, 펄스의 트리거(trigger) 방법에 따라 동기형 카운터와 비동기형 카운터로 분류된다.
- A/D 변환기는 아날로그 신호를 디지털 신호로 변환하는 장치로서 D/A 변환기보다 복잡하다.
- 인코더(Encoder : 부호기)는 2^n개 이하의 입력 신호를 2진 코드로 바꾸어 주는 조합 논리회로로 출력은 OR 게이트로 구성된다. 즉 입력신호를 2진수로 바꾸어 부호화하는 회로이다.
- 디코더(Decoder : 복호기 또는 해독기)는 n비트의 2진 코드를 최대 2^n개의 서로 다른 정보로 바꾸어 주는 논리 조합회로로 출력은 AND 게이트로 구성된다. 즉 2진 코드를 그에 해당하는 10진수로 변환하여 해독하는 회로이다.

56 메모리의 구조

㉠ 캐시 기억장치(cache memory) : 프로그램 실행속도를 중앙처리장치의 속도에 가깝도록 하기 위하여 개발된 고속버퍼 기억장치로서, 주기억장치보다 속도가 빠르고, 중앙처리장치 내에 위치하고 있으므로 레지스터 기능과 유사하다.
㉡ 가상 기억장치(virtual memory) : 제한된 주기억장치의 용량을 초과하여 사용하기 위하여 보조기억장치의 기억공간을 사용자의 주기억장치가 확장된 것과 같이 사용하는 방법이다.
㉢ 연관 기억장치(associative memory) : 검색된 자료의 내용 일부를 이용하여 자료에 직접 접근할 수 있는 기억장치이다.

57 JK F/F의 입력 J와 K를 서로 묶어서 하나의 입력으로 하여 클록신호가 1일 때 출력이 반전상태(토글)가 되도록 한 것이 T 플립플롭(F/F)이다.

T	Q_{n+1}
0	Q_n
1	$\overline{Q_n}$

58 비동기형 계수기는 전단의 출력을 입력펄스로 받아 계수하는 회로이고, 동기형 계수기는 입력펄스를 병렬로 입력받아 각 단이 동시에 동작하는 계수기이다.

59 $f = (A + B)(A + \overline{B})$
$= AA + A\overline{B} + AB + B\overline{B}$
$= A + A(B + \overline{B}) = A$
$(B\overline{B} = 0, \ A(B + \overline{B}) = A \cdot 0 = 0)$

60 곱셈회로(multiplier)는 두 입력단자에 입력된 두 신호의 곱에 비례하는 신호를 출력하는 회로이다.

2013년 제1회

01	02	03	04	05	06	07	08	09	10
③	②	②	①	①	④	④	③	②	③
11	12	13	14	15	16	17	18	19	20
②	④	④	①	②	①	④	③	②	①
21	22	23	24	25	26	27	28	29	30
④	①	③	①	③	②	①	②	②	④
31	32	33	34	35	36	37	38	39	40
①	②	④	②	②	④	②	④	②	②
41	42	43	44	45	46	47	48	49	50
③	②	④	③	②	④	②	②	②	④
51	52	53	54	55	56	57	58	59	60
②	①	④	②	③	①	③	②	③	②

01 수정발진기는 압전효과를 이용한 것으로 직렬 공진 주파수(f_0)와 병렬 공진 주파수(f_∞) 사이에는 주파수 범위가 대단히 좁으며 이 사이의 유도성을 이용하여 안정된 발진을 한다.($f_0 < f < f_\infty$)

02 $\eta = \dfrac{P_{ac}}{P_{dc}} \times 100[\%]$의 식에 의해

$P_{dc} = 200 \times 400 \times 10^{-3} = 80$

$P_{ac} = \dfrac{P_{dc} \times \eta}{100} = \dfrac{80 \times 60}{100} = 48[\text{W}]$

03 슈미트 트리거회로는 정현파 입력을 받아 구형파(방형파) 출력 파형을 만드는 회로이다.

04 $r_f = 60 \times 3 \times 2 = 360[\text{Hz}]$

정류방식별 맥동주파수(60[Hz]의 경우)

정류 방식	맥동주파수
단상 반파 정류회로	60[Hz]
단상 전파 정류회로	120[Hz]
3상 반파 정류회로	180[Hz]
3상 전파 정류회로	360[Hz]

05 – RC 결합 저주파 증폭회로에서는 출력회로 내의 병렬 커패시턴스 때문에 고주파에서 이득이 감소한다.

– RC 결합 증폭회로는 증폭기의 단 간을 저항(R)과 콘덴서에 의해서 결합하는 방식으로, 입·출력 간의 임피던스 정합이 어렵고 손실이 많으나 주파수 특성이 평탄하여 저주파 증폭회로에 주로 사용된다.

06 $\dfrac{1}{\dfrac{1}{0.4} + \dfrac{1}{C_x}} = 0.3$, $\dfrac{0.4x}{0.4+x} = 0.3$

$0.4x = 0.3(0.4+x)$ 이므로 $0.4x = 0.12 + 0.3x$

$\therefore x = \dfrac{0.12}{0.1} = 1.2[\mu\text{F}]$

07 다이오드 하나에는 약 0.7[V]의 전압강하가 발생하기 때문에 2개의 다이오드를 접속하면 전압강하가 커지며, 역전압에 대한 보호가 용이하다.

08 정현파 발진회로는 LC 발진회로(동조형 반결합, Clapp, Hartley, Colpitts)와 수정 발진회로(Pierce, 수정발진기) 및 RC 발진회로(이상형 병렬, Wien-Bridge)로 구분되고, 멀티바이브레이터는 구형파 발진회로이다.

09 미분회로는 직사각형파로부터 폭이 좁은 트리거(trigger) 펄스를 얻는 데 쓰이며, 미분회로에 삼각파를 공급하면 구형파가 출력되고, 구형파를 공급하면 삼각파가 나타난다.

10 $f = \dfrac{0.7}{RC}[\text{Hz}]$의 식에 의해

$f = \dfrac{0.7}{10 \times 10^3 \times 120 \times 10^{-12}}$

$= \dfrac{0.7}{1.2 \times 10^{-6}} \fallingdotseq 583[\text{kHz}]$

11 MODEM(변·복조기)은 아날로그 전송 매체를 통해 데이터를 전송하는 데 필수적인 기기로서, 컴퓨

터나 단말장치에서 사용되는 디지털 신호를 아날로그 전송 회선의 전송에 적합하도록 2진 직류 신호를 교류 신호로 변환하는 변조(modulation)와 변조된 교류 신호를 수신하여 원래의 2진 직류 신호로 변환하는 복조(demodulation)의 기능을 가진 일종의 신호변환기이다.

12
- 직접, 절대 주소지정방식(direct absolute addressing mode) : 오퍼랜드가 존재하는 기억장치의 어드레스를 직접 명령 속에 포함시켜 지정하는 방법
- 간접 주소지정방식(indirect addressing mode) : 오퍼랜드가 존재하는 기억장치 어드레스를 내용으로 가지고 있는 기억 장소의 어드레스를 명령 속에 포함시켜 지정하는 방법
- 레지스터 주소지정방식(register addressing mode) : 기억장치의 어드레스 대신 레지스터의 번호를 지정하고, 그 레지스터 내용을 목적으로 하는 오퍼랜드의 어드레스로 한다.(레지스터 간접 어드레스 지정 방식이라고 한다.)
- 상대 주소지정방식(relative addressing mode) : 명령 속의 오퍼랜드 지정 정보를 레지스터 지정부와 전개부로 나누어서 레지스터 지정부로 지정된 레지스터 내용과 전개부를 더해서 오퍼랜드의 어드레스를 구한다.

13
- 해밍 코드(Hamming Code)는 1비트의 오류를 자동적으로 정정해 주는 코드로, 1비트의 단일 오류를 정정하기 위해서는 3비트의 여유 비트가 필요하고, 2개 이상의 중복 오류를 수정하려면 더 많은 여유 비트가 필요하다.
- 패리티 비트는 에러의 검색을 위한 코드이고, 에러의 검색과 교정이 가능한 것이 해밍 코드이다.

14 중앙처리장치는 비교, 판단, 연산을 담당하는 논리연산장치(arithmetic logic unit)와 명령어의 해석과 실행을 담당하는 제어장치(control unit)로 구성된다. 논리 연산장치(ALU)는 각종 덧셈을 수행하고 결과를 수행하는 가산기(adder)와 산술과 논리연산의 결과를 일시적으로 기억하는 레지스터인 누산기, 중앙처리장치에 있는 일종의 임시 기억장치인 레지스터 등으로 구성되어 있다.

제어장치는 프로그램의 수행 순서를 제어하는 프로그램 계수기(program counter), 현재 수행 중인 명령어의 내용을 임시 기억하는 명령 레지스터(instruction register), 명령 레지스터에 수록된 명령을 해독하여 수행될 장치에 제어신호를 보내는 명령해독기(instruction decoder)로 이루어져 있다.

15 논리적 연산에서 단항 연산은 MOVE, SHIFT, ROTATE, COMPLEMENT 연산 등이 있고, 이항 연산에는 사칙연산, OR(논리합 : 문자 또는 비트의 삽입), AND(논리곱 : 불필요한 비트 또는 문자의 삭제) 등이 해당된다.
- MOVE : 하나의 입력 자료를 갖는 단일 연산으로 전자계산기 내부에서 하나의 레지스터에 기억된 데이터를 다른 레지스터로 옮기는 데 이용
- Complement : 단일 연산으로 입력 자료 1의 연산 결과는 보수가 된다.
   * 음(-)수의 표현에 있어 1의 보수 또는 2의 보수를 구하는 데 이용
- AND : 필요 없는 부분을 지워버리고 나머지 비트만을 가지고 처리하기 위하여 사용
- OR : AND 회로와는 거의 반대의 연산을 실행하는 것으로서, 2개 이상의 데이터를 합치는 데 이용
- Shift(시프트) : 입력 데이터의 모든 비트를 각각 서로 이웃의 비트자리로 옮기는 데 사용
- Rotate(로테이트) : shift와 유사한 연산으로서, shift 연산에서는 연산 후에 밀려나오는 비트를 버리거나 올림수 레지스터에 기억시키지만, Rotate의 경우에는 밀려나온 비트가 다시 반대편 끝으로 들어가게 된다.

16 - 순차 액세스 기억장치(Sequential Access Storage) : 정보를 읽거나 기록하기 위해, 처음부터 순차적으로 액세스하는 장치로서 자기테이프가 대표적이다.
- 자기 테이프는 데이터 접근이 순차에 의해 이루어지는 기억장치이고, 자기 디스크, CD-ROM, 자기코어, 하드 디스크, 플로피 디스크는 임의 액세스 기억장치이다.

17 마이크로 동작(micro operation)은 레지스터에 저장된 데이터들에 관해 행해지는 동작으로, 클록 펄스 1주기 동안에 병렬로 수행되는 기본 동작으로서 중앙처리장치에서 마이크로 동작(Micro Operation)이 순서적으로 일어나게 하기 위하여 제어신호가 필요하다.

18 속도가 다른 입·출력장치로 데이터를 받거나 전송하는 중앙처리장치 또는 주변장치의 임시 저장용 레지스터를 버퍼 레지스터(buffer register)라 한다.

19 - 큐(Queue)는 자료가 리스트에 첨가되는 순서대로만 처리할 수 있는 것으로 선입선출(FIFO) 리스트라 하고, 스택(Stack)은 리스트에 마지막으로 첨가된 자료가 제일 먼저 처리되는 것으로 후입선출(LIFO) 리스트라 한다.
- 스택(Stack)은 0-주소지정방식의 메모리 처리 구조로 후입선출(LIFO : Last-In First-Out)의 데이터 처리방법을 갖는다.

20 - 단방향(Simplex) 통신방식은 접속한 두 장치 사이에서 데이터를 한 방향으로 전송하는 방식이다.
- 반이중(Half Duplex) 통신방식은 양방향에서의 전송이 가능하나 동시에 양방향 통신은 불가능한 방식이다.
- 전이중(Full duplex) 통신방식은 양방향에서 동시에 정보의 송·수신이 가능한 방식이다.

21 ㉠ SRAM(static RAM) : 메모리 셀이 1개의 플립플롭으로 구성되므로 전원이 공급되고 있는 한 기억내용은 소멸되지 않는다.
㉡ DRAM(dynamic RAM) : 메모리 셀이 1개의 콘덴서로 구성되므로 충전된 전하의 누설에 의해 주기적인 리프레시(refresh)가 없으면 기억 내용이 소멸된다.
㉢ 마스크 ROM(mask-programmed ROM) : 제조 시에 바로 내용이 기입되어 생산되며, 사용자가 내용을 기입하거나 변경시킬 수 없다.
㉣ PROM(Programmable ROM) : 사용자가 특수 장치를 이용하여 내용을 단 1회만 기입할 수 있으나, 기억 내용은 변경이 불가능하다.
㉤ EPROM(erasable PROM) : 사용자가 내용을 반복해서 기입하거나 소거할 수 있으며, 자외선을 비추어 기억 내용을 소거할 수 있는 UV EPROM(ultraviolet EPROM)과 전기 신호에 의해 소거할 수 있는 EEPROM(electrical EPROM)이 있다.
㉥ 플래시 메모리는 소비전력이 작고 전원이 꺼져도 저장된 데이터가 지워지지 않는 특성을 가진 반도체를 말하며, 지속적으로 전원이 공급되는 비휘발성 메모리로, 데이터를 자유롭게 입력할 수 있는 장점도 있다.

22 15번 해설 참조 요망

23 - IC(집적회로)의 적합한 회로로서는, 코일과 콘덴서가 거의 필요 없고, 저항의 값이 비교적 작으며, 전력 출력이 작아도 되는 회로, 신뢰성이 특히 중요시되며, 소형 경량을 요하는 회로 등이다.
- 집적회로는 초소형이라는 외견상의 특징을 갖고 시스템의 초소형화·경량화를 가능하게 한다. 실용화 단계에서는 신뢰성의 증가, 제조원가의 감소, 소비전력의 감소, 동작속도의 개선 등이

이루어졌다.

24 프로그램은 각각 특정한 동작을 지정하는 명령(instruction)으로 구성되며 보통 연산자(OP code)와 하나 이상의 오퍼랜드(operand)로 구성된다.
　㉠ OP code(operation code) : 연산자, 명령의 형식, 자료의 종류를 지정한다.
　㉡ 오퍼랜드(operand) : 자료, 자료의 주소, 주소를 구하는 데 필요한 정보, 명령의 순서를 지정한다.

25 15번 해설 참조 요망

26 – 입력장치 : 프로그램과 자료들이 컴퓨터(CPU) 내에서 처리될 수 있도록 전달하는 장치
– 출력장치 : 컴퓨터 내에서 처리된 결과를 사용자가 원하는 형태로 볼 수 있도록 하는 장치

27 instruction fetch cycle : 기억장치에 있는 명령어를 중앙처리장치로 읽어오는 사이클

28 해독기(decoder)의 출력은 AND 게이트로 이루어지며, 입력 데이터에 따라 출력이 결정되고, 그림은 2×4 해독기로서 진리치표는 아래와 같다. 반대로 부호기(encoder)의 출력은 OR 게이트로 이루어진다.

A	B	X_0	X_1	X_2	X_3
0	0	1	0	0	0
0	1	0	1	0	0
1	0	0	0	1	0
1	1	0	0	0	1

[2×4 디코더(해독기)의 진리치표]

29 게이트당 소비전력을 비교하면 DTL : 8[mW], RTL : 12[mW], TTL : 10[mW], CMOS : 0.01[mW]이다.

30 – 입력장치에는 키보드와 마우스가 많이 사용되며, 스캐너, 광학 마크 판독기, 광학 문자 판독기, 자기 잉크 문자 판독기, 바코드 판독기, 조이 스틱, 디지타이저, 터치스크린, 디지털 카메라 등이 있다.
– 출력장치에는 프린터와 모니터가 있으며, 프린터로는 도트 매트릭스 프린터, 잉크 제트 프린터, 레이저 프린터가 있다. 또, 모니터에는 음극선관 모니터와 액정 화면 모니터, 플라즈마 디스플레이, 터치스크린, 프로젝터 등이 있다.

31 – C언어의 모든 변수나 함수는 자료형(data type)과 기억 클래스(storage class)의 두 가지 속성(attribute)을 갖는다. 자료형은 자료가 내부에서 기억되는 형태와 크기를 규정하는 것이고, 기억 클래스는 자료가 기억되는 기억 장소와 생존기간(life time), 유효범위(scope)를 규정하는 것이다.
– 기억 클래스의 종류는 자동 변수(automatic variable), 정적 변수(static variable), 외부 변수(external variable), 레지스터 변수(register variable) 등 4가지가 있다.

32 C언어에서 사용되는 입·출력 함수
– getchar( ) : 한 문자 입력한다.
– gets( ) : 문자열 입력한다.
– printf( ) : 표준 출력함수이다.
– putchar( ) : 한 문자 출력함수로, 출력 후 개행하지 않음
– puts( ) : 문자열 출력함수로, 출력 후 자동 개행

33 고급 언어(High Level Language)는 자연어에 가까워 그 의미를 쉽게 이해할 수 있는 사용자 중심의 언어로, 기종에 관계없이 공통적으로 사용할 수 있는 언어로, 기계어로 변환하기 위한 컴파일러가 필요하다.

34 기계어는 0과 1로 이루어지므로, 프로그램의 유지보수가 어렵다. 저급 언어는 기계어를 말하며, 기계어는 변환과정 없이 계산기가 직접 처리할 수 있으므로 처리속도가 빠르다.
- 2진수를 사용하여 명령어와 데이터를 표현한다.
- 호환성이 없고, 기계마다 언어가 다르다.
- 프로그램의 실행속도가 빠르다.
- 프로그램의 유지보수와 배우기가 어렵다.

35 C언어에서는 int(정수형), double(배정도 실수형), float(실수형), char(문자형), short(단정수형), long(장정수형) 등의 자료형이 사용된다.

36 syntax error란 문법적 잘못이 있는 에러를 말한다. 원시 프로그램을 기계어로 번역하여 문법오류(Syntax error)를 검사하여 오류를 수정하고, 논리적 오류를 검사하기 위하여 테스트 런(test run)을 통하여 모의 데이터를 입력하여 결과를 검사하여 오류를 올바르게 수정하는 것을 디버깅(debugging)이라 한다.

37 프로그램 처리는 입력 → 번역 → 적재 → 실행 → 출력의 순으로 진행된다.

38 번역기의 종류
- 어셈블러(Assembler) : 어셈블리 언어로 작성된 원시 프로그램을 기계어로 번역하는 프로그램이다.
- 컴파일러(Compiler) : 전체 프로그램을 한 번에 처리하여 목적 프로그램을 생성하는 번역기로 기억 장소를 차지하지만 실행 속도가 빠르다. 한번 번역해두면 목적 프로그램이 생성되므로 재차 실행 시에 다시 번역할 필요가 없다. 컴파일러를 사용하는 언어에는 ALGOL, PASCAL, FORTRAN, COBOL, C 등이 있다.
- 인터프리터(Interpreter) : 작성된 원시 프로그램을 한 줄씩 읽어 번역 및 실행하는 작업을 반복하는 프로그램이다. 목적 프로그램이 남지 않으며, 일괄 처리가 아니므로 대화형이라 한다. 실행속도가 느리지만 기억 장소를 적게 차지한다. 인터프리터를 사용하는 언어에는 BASIC, LISP, 자바(JAVA), PL/1 등이 있다.

39 Round Robin은 우선순위를 결정하는 방법으로서, 각 프로세서에게 순서대로 일정한 시간 동안 처리기를 차지하도록 하는 것. 일반적으로 하나의 프로세스 단위로 처리기를 차지한다.

40 작성된 프로그램을 분석 단계에서부터 작성된 데이터와 코드표, 각종 설계도, 순서도와 원시 프로그램 등의 관련된 내용을 문서로 작성하여 보관토록 하는 것이 문서화로서, 문서화가 이루어지면 시스템의 유지 보수와 관리가 용이하고 담당자가 바뀌어도 업무의 파악이 용이하여, 업무의 연속성이 유지된다.

41 10011 + 10110 = 101001

42
- 해독기(Decoder)는 2진수로 표시된 입력 코드를 어떠한 상태 또는 명령을 나타내는가를 해독하는 장치이다.
- 인코더(Encoder : 부호기)는 상태 또는 명령들을 2진수의 코드로 변환하는 장치로 Decoder(해독기)의 반대 기능을 갖도록 구성된 조합 논리회로이다.

43
- 입력 신호에 따라 미리 정해진 순서대로 출력의 상태가 변하는 순서 논리회로로서, 펄스의 트리거(trigger) 방법에 따라 동기형 카운터와 비동기형 카운터로 분류된다.
- 계수기(counter)는 플립플롭을 이용한 순서 논리회로로서 입력 펄스가 들어올 때마다 정해진 순서대로 플립플롭의 상태를 변화시켜 입력의 수를 세거나 주파수 및 시간 등의 측정 또는 주

파수 분주 등에 이용된다.
- 비동기식 계수기의 특징
  ㉠ 플립플롭의 입력으로는 클록(Ck)과 앞단의 출력이 차례로 연결되어 있어 상태가 동시에 변하지 않고 순차적으로 변한다.
  ㉡ 동작속도가 느리고 설계가 불규칙적이며 복잡하다.
  ㉢ 제어 신호와 클록(Ck), 리셋/세트 신호가 플립플롭의 입력이 된다.
  ㉣ 회로가 간단해서 작은 규모의 계수회로에 적당하다.
  ㉤ 클록신호는 첫 단에만 인가해주면 되지만 지연 시간이 문제가 된다.

44 계수기(counter)는 플립플롭을 이용한 순서 논리 회로로서 입력 펄스가 들어올 때마다 정해진 순서대로 플립플롭의 상태를 변화시켜 입력의 수를 세거나 주파수 및 시간 등의 측정 또는 주파수 분주 등에 이용된다.

45 $AB + ABC = AB(1+C) = AB$

46 RS 플립플롭에서 R=S=1의 상태에서는 동작이 불확실한 상태가 되므로, RS 플립플롭에서 Q를 R로, $\overline{Q}$를 S로 되먹임하여 불확실한 상태가 나타나지 않도록 한 회로가 JK 플립플롭이다.

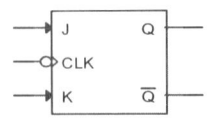

[JK F/F의 기호]

J	K	Q_{n+1}
0	0	Q_n(불변)
0	1	0
1	0	1
1	1	$\overline{Q_n}$(toggle)

[JK F/F의 진리표]

47 RS 플립플롭에서 R=S=1의 상태에서는 동작이 불확실한 상태가 되므로, RS 플립플롭에서 Q를 R로, $\overline{Q}$를 S로 되먹임하여 불확실한 상태가 나타나지 않도록 한 회로가 JK 플립플롭이다.

J	K	Q_{n+1}
0	0	Q_n(불변)
0	1	0
1	0	1
1	1	$\overline{Q_n}$(toggle)

[JK F/F의 진리표]

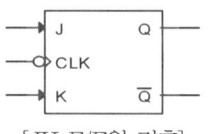

[JK F/F의 기호]

48 42번 해설 참조 요망

49 여기표(excitation table)란 플립플롭에서 현재의 상태와 다음 상태를 알 때 플립플롭에 어떤 입력을 주어야 하는가를 표로 나타낸 것이다.

50 NOR(부정 논리합) 게이트의 동작은 모든 입력이 0이 인가되면 출력상태는 1이 되고, 모든 입력상태가 0이 아닌 상태가 인가될 때 출력은 0 상태가 된다.

논리식은 $X = \overline{A+B}$ 가 된다.

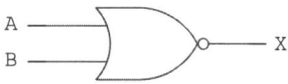

[NOR 게이트의 기호]

A	B	X
0	0	1
0	1	0
1	0	0
1	1	0

[NOR 게이트의 진리표]

51 $Z = XY + Y = Y(X+1) = Y$

52 $(13)_{10} = (1101)_2$

2진수를 그레이 코드로 변환
- 최상위 비트값은 그대로 사용한다.
- 다음부터는 인접한 값까지 XOR(Exclusive-OR) 연산을 해서 내려쓴다.

```
    +   +   +
   ⌒   ⌒   ⌒
1   1   0   1
↓   ↓   ↓   ↓
1   0   1   1
```

53 멀티바이브레이터의 종류
- 비안정 멀티바이브레이터(Astable Multivibrator) : 회로에 전원이 공급되면 구형파의 발진이 이루어지는 회로이다.
- 단안정 멀티바이브레이터(Monostable Multi-vibrator) : 자체 발진의 능력은 없으나 외부의 트리거 펄스 입력이 공급될 때마다 하나의 구형파를 출력하는 회로이다.
- 쌍안정 멀티바이브레이터(Bistable Multi-vibrator) : 안정 상태를 유지하며 외부의 트리거 펄스 입력이 두 개 공급될 때마다 하나의 구형파를 출력하는 회로로 일반적으로 플립플롭(Flip Flop) 회로라 한다.

54 시프트 레지스터(shift register)는 FF을 여러 개 종속 접속하여 시프트 펄스를 하나씩 공급할 때마다 순차적으로 다음 FF에 데이터가 전송되도록 하는 레지스터이다.

55 - 비동기형 계수기는 전단의 출력을 입력펄스로 받아 계수하는 회로이고, 동기형 계수기는 입력 펄스를 병렬로 입력받아 각 단이 동시에 동작하는 계수기이다.
- $2^2 = 4$이고 $2^3 = 8$이므로 0~4까지의 계수가 가능한 5진 카운터를 구성하기 위해서는 3개의 플립플롭이 필요하다.
- 플립플롭이 n개일 때 카운터가 셀 수 있는 최대의 수를 N이라 하면 $N = 2^n$개의 수를 셀 수 있고, 0에서 $2^n - 1$의 수까지 표현한다.

56 $(16)_{10} = 16$

$(1111)_2 = 1 \times 2^3 + 1 \times 2^2 + 1 \times 2^1 + 1 \times 1^0$
$= 8 + 4 + 2 + 1 = 15$

$(17)_8 = 1 \times 8^1 + 7 \times 8^0 = 8 + 7 = 15$

$(F)_{16} = 15 \times 16^0 = 15$

57 - 동기형 카운터(synchronous counter) : 모든 플립플롭의 클록이 병렬로 연결되어 한 번의 클록 펄스에 대하여 모든 플립플롭이 동시에 동작(트리거)되는 카운터를 말하며, 비동기형 카운터보다 동작속도가 빠르므로 고속회로에 이용한다.
- 비동기형 카운터(asynchronous counter) : 모든 플립플롭이 전단의 출력 변화를 클록으로 이용하는 카운터로서, 리플 계수기라고도 불리며 동작지연이 발생하므로 동기형보다 느리나 회로의 구성이 간단하다.

58 반가산기는 한 자리수 A와 B를 더할 때 발생되는 결과는 A와 B의 합과 자리올림수(Carry)가 발생하며, 합(S)과 자리올림수(C)의 논리식은
$S = \overline{A}B + A\overline{B} = A \oplus B$, $C = A \cdot B$로 나타낸다.

A	B	S(Sum)	C(Carry)
0	0	0	0
0	1	1	0
1	0	1	0
1	1	0	1

[반가산기의 진리표]

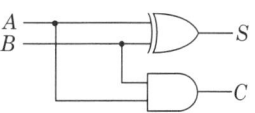

[반가산기의 회로도]

59 불 대수에 관한 기본정리
① $X + 0 = X$, $X \cdot 0 = 0$
② $X + 1 = 1$, $X \cdot 1 = X$
③ $X + X = X$, $X \cdot X = X$
④ $X + \overline{X} = 1$, $X \cdot \overline{X} = 0$

60 1×4 디멀티플렉서는 출력선이 4개이므로, 출력선을 선택하기 위한 선택선은 2개(4가지의 경우)가 필요하다.

2013년 제2회

정답

01	02	03	04	05	06	07	08	09	10
③	④	③	②	①	②	①	②	④	①
11	12	13	14	15	16	17	18	19	20
②	④	①	③	③	④	③	①	①	④
21	22	23	24	25	26	27	28	29	30
②	②	④	②	②	②	①	①	③	④
31	32	33	34	35	36	37	38	39	40
③	③	②	③	②	④	③	②	③	②
41	42	43	44	45	46	47	48	49	50
④	③	①	④	②	③	②	①	②	②
51	52	53	54	55	56	57	58	59	60
②	④	④	④	④	④	③	②	①	④

01 평활회로(smoothing circuit)는 정류기 출력 전압의 맥동(ripple)을 감쇠시키는 회로로서, 저역여파기(low-pass filter)를 사용한다.

02 콘덴서에 축적되는 전하 Q[C]은 가하는 전압 V[V]에 비례한다.
$Q = CV$이므로
$V = \dfrac{Q}{C} = \dfrac{1}{100 \times 10^{-6}} = 100,000$[V]

03 키르히호프의 제2법칙(전압 평형의 법칙) : 회로망의 임의의 한 폐회로에서 기전력의 대수합은 그 회로의 전압강하의 대수합과 같다.

$V_1 + V_2 + V_3 + \cdots + V_n = R_1I + R_2I + \cdots + R_nI$
$\Sigma V = \Sigma RI$

04 $f = \dfrac{1}{T} = \dfrac{1}{4} = 0.25$[Hz]

05 평균값 = 최댓값 × $\dfrac{2}{\pi}$, 최댓값 = 실효값 × $\sqrt{2}$
그러므로
실효값 = $\dfrac{최댓값}{\sqrt{2}} = \dfrac{100\sqrt{2}}{\sqrt{2}} = 100$[V]

06 점유 주파수 대역폭(Occupied Bandwidth) : 변조의 결과로 생기는 주파수 대폭의 하한주파수 미만의 부분과 상한주파수를 초과하는 부분에서 각각 발사되는 평균전력이 따로 정하는 경우를 제외하고 각각 0.5퍼센트와 같은 주파수 대폭
– 카슨의 법칙(Carson's rule) : FM에서 대역폭에 대한 법칙으로 FM 변조 시 무수히 많은 측대파 성분이 포함되어 이를 제외한 대역폭을 규정한 법칙이다. $B = 2(f_s + \Delta f)$, f_s = 신호주파수, Δf는 최대주파수편이. $B = \dfrac{\Delta f}{f_m}$에서 광대역 주파수변조에서 (B≫1일 때 $\Delta f \gg f_m$)이므로 $B = \Delta f$ 협대역 주파수변조에서 (B≪1일 때 $\Delta f \ll f_m$)이므로 B는 변조 지수이고 $Bf_m = \Delta f$는 최대주파수편이이다. 대역폭에 관한 위의 법칙을 카슨의 법칙(Carson's rule)이라고 한다.

07 입력 오프셋 전압이란 출력전압을 0으로 하기 위해 두 입력단자 사이에 인가해야 할 전압을 말한다.

08 궤환저항 R_f를 통하여 I_1의 전류가 흐르므로 2[MΩ]에 흐르는 전류와 I_1의 전류는 같다.

09 니켈과 망간합금, 니크롬 등의 막대는 자화되면 변형하고 반대로 변형하면 자화의 상태로 변화하는 현상이 있는데 이것을 자기 일그러짐(자왜) 현상이라 한다. 자기 일그러짐 현상을 이용한 자기 일그러짐 발진회로는 강한 진동을 발생시킬 수 있으므로 초음파 발생에 흔히 이용된다.

10 그림의 회로는 리미터(limit) 회로로서 피크 클리퍼(peak clipper)와 베이스 클리퍼를 결합하여 입력 파형의 위와 아래를 잘라버리는 회로이다.

11 기억된 프로그램의 명령을 하나씩 읽고, 해독하여 각 장치에 필요한 지시를 하는 것은 제어장치이다.

12 논리적 연산에서 단항 연산은 MOVE, SHIFT, ROTATE, COMPLEMENT 연산 등이 있고, 이항 연산에는 사칙연산, OR(논리합 : 문자 또는 비트의 삽입), AND(논리곱 : 불필요한 비트 또는 문자의 삭제) 등이 해당된다.
- MOVE : 하나의 입력 자료를 갖는 단일 연산으로 전자계산기 내부에서 하나의 레지스터에 기억된 데이터를 다른 레지스터로 옮기는 데 이용
- Complement : 단일 연산으로 입력 자료 1의 연산 결과는 보수가 된다.
  * 음(−)수의 표현에 있어 1의 보수 또는 2의 보수를 구하는 데 이용
- AND : 필요 없는 부분을 지워버리고 나머지 비트만을 가지고 처리하기 위하여 사용
- OR : AND 회로와는 거의 반대의 연산을 실행하는 것으로서, 2개 이상의 데이터를 합치는 데 이용
- Shift(시프트) : 입력 데이터의 모든 비트를 각각 서로 이웃의 비트자리로 옮기는 데 사용
- Rotate(로테이트) : shift와 유사한 연산으로서, shift 연산에서는 연산 후에 밀려나오는 비트를 버리거나 올림수 레지스터에 기억시키지만, Rotate의 경우에는 밀려나온 비트가 다시 반대편 끝으로 들어가게 된다.

13 각 자리수를 BCD(8421) 코드로 변환한다.
$$\frac{6 : 2}{110 : 010}$$ 즉, 8진수 62는 2진수로 110 010이 된다.

14 DMA(Direct Memory Access)에 의한 입·출력 방식은 마이크로 혹은 미니컴퓨터에서 볼 수 있는 가장 진보된 입·출력 방식으로서 입·출력장치의 속도가 빠른 디스크, 드럼, 자기 테이프 등과 입·출력을 할 때에 사용되는 방식이다.
- DMA 방식의 장점
  ㉠ 프로그램 제어 방식에 비하여 고속의 데이터 전송이 가능하다.
  ㉡ 주변기기와 기억장치 사이에 데이터 전송으로부터 프로세서의 손이 비기 때문에 다른 일을 할 수 있다.

15 프로그램 카운터(program counter, PC)는 프로그램 수행의 제어를 위한 것으로 다음에 수행할 명령 주소를 기억하고 있다.

16 Token Passing 방식은 데이터 전송 기회를 한 번씩만 허용하는 토큰 전달(Token Passing) 방식이다.

17 누산기(Accumulator)는 산술연산 또는 논리연산의 결과를 일시적으로 기억하는 레지스터의 일종이다.

18 실린더(cylinder)는 자기 디스크에서 기록 표면에 동심원을 이루고 있는 원형의 기록 위치를 트랙(track)이라 하는데 이 트랙의 모임을 말한다.

19 - 순차 액세스 기억장치(Sequential Access Storage) : 정보를 읽거나 기록하기 위해, 처음부터 순차적으로 액세스하는 장치로서 자기 테이프가 대표적이다.

- 자기 테이프는 데이터 접근이 순차에 의해 이루어지는 기억장치이고, 자기 디스크, CD-ROM, 자기 코어, 하드 디스크, 플로피 디스크는 임의의 액세스 기억장치이다.

20 부동 소수점(floating point numbers) : 전자계산기 내부에서 실수를 나타내는 데이터 형식으로서, 4바이트 실수형과 8바이트 실수형이 있으며 부호, 지수부, 가수부로 구성된다.

| 부호 비트 | 지수부 | 가수부 |

부호 비트는 실수가 양수(+)이면 0, 음수(-)이면 1로 표시하고, 지수부는 2진수로, 가수부는 10진 유효숫자를 2진수로 변환하여 표시한다.

21 자료의 구성 단위
- 비트 : 2진수 한 자리를 이용하여 0 또는 1로 표현되며, 표현의 최소 단위이다.
- 바이트 : 8개의 비트로 구성되는 단위로 바이트로 표현할 수 있는 정보는 256개이다. 문자표현의 기본 단위이며 기억용량의 크기를 재는 단위이다.
- 워드 : 여러 개의 바이트로 구성되는 단위이다.
- 필드 : 자료처리의 최소단위이다.
- 코드 : 하나 이상의 필드로 구성되며, 프로그램 처리의 기본 단위이다.
- 파일 : 연관성 있는 레코드들의 모임으로 프로그램 구성의 기본 단위이다.
- 데이터베이스 : 서로 관련된 파일들의 집합이다.

22 OR(논리합) 게이트의 동작은 어떤 입력에도 1이 인가되면 출력상태는 1 상태가 되며, 모든 입력상태에 0 상태가 인가될 때 출력은 0 상태가 된다. 논리식은 X = A + B가 된다.

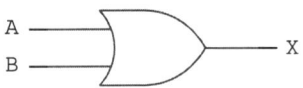

[OR 게이트의 기호]

A	B	X
0	0	0
0	1	1
1	0	1
1	1	1

[OR 게이트의 진리표]

23
- 디코더(Decoder : 복호기)는 n비트의 2진 코드를 최대 2^n 개의 서로 다른 정보로 바꾸어 주는 논리 조합회로로 출력은 AND 게이트로 구성된다.
- 인코더(Encoder : 부호기)는 숫자나 문자 등의 10진수 입력을 2진 부호로 변환하는 회로로 OR 게이트로 구성된다.

24 수의 크기는 다음 3가지 중의 한 가지 방법으로 표현한다.
① 부호와 절대값(signed-magnitude)
② 부호와 1의 보수(signed-1's complement)
③ 부호와 2의 보수(signed-2's complement)

25
- 직접, 절대 주소지정방식(direct absolute addressing mode) : 오퍼랜드가 존재하는 기억장치의 어드레스를 직접 명령 속에 포함시켜 지정하는 방법
- 이미디어트 주소지정방식(immediate addressing mode) : 명령 속의 오퍼랜드 정보를 그대로 오퍼랜드로 사용하는 방법
- 간접 주소지정방식(indirect addressing mode) : 오퍼랜드가 존재하는 기억장치 어드레스를 내용으로 가지고 있는 기억 장소의 어드레스를 명령 속에 포함시켜 지정하는 방법

26 프로그램은 각각 특정한 동작을 지정하는 명령(instruction)으로 구성되며 보통 연산자(OP code)와 하나 이상의 오퍼랜드(operand)로 구성된다.
① OP code(operation code) : 연산자, 명령의 형식, 자료의 종류를 지정한다.
② 오퍼랜드(operand) : 자료, 자료의 주소, 주소를 구하는 데 필요한 정보, 명령의 순서를 지정한다.

27 채널(channel)이란 주기억장치와 입·출력장치 간의 속도 차이를 줄일 목적으로 사용하는 것으로, CPU로부터 입·출력장치의 제어를 위임받아 한 번에 여러 데이터 블록을 입·출력할 수 있는 시스템 하드웨어로 채널의 종류는 크게 두 가지이다.
㉠ 멀티플렉서 채널(multiplexer channel) : 직렬형으로 비교적 입·출력장치 가동 시에 여러 개 동작하는 채널
㉡ 셀렉터 채널(selector channel) : 일단 하나의 입·출력장치를 선택하면 전송이 종료될 때까지 계속 동작하여, 채널은 그 장치의 전용 모선으로 동작한다.

28 MODEM(변·복조기)은 아날로그 전송 매체를 통해 데이터를 전송하는 데 필수적인 기기로서, 컴퓨터나 단말장치에서 사용되는 디지털 신호를 아날로그 전송 회선의 전송에 적합하도록 2진 직류 신호를 교류 신호로 변환하는 변조(modulation)와 변조된 교류 신호를 수신하여 원래의 2진 직류 신호로 변환하는 복조(demodulation)의 기능을 가진 일종의 신호 변환기이다.

29 - fetch cycle : 기억장치에 있는 명령을 중앙처리장치로 읽어오는 사이클
- indirect cycle : 간접주소일 때 유효주소를 읽기 위해 기억장치에 접근하는 사이클
- execute cycle : 기억장치에서 읽어들인 명령을 실행하는 주기
- interrupt cycle : 예기치 않은 상황이 발생할 경우 명령을 중단하고 인터럽트를 수행하고 복귀하는 사이클

30 2진수를 그레이 코드로 변환
① 최상위 비트값은 그대로 사용한다.
② 다음부터는 인접한 값까지 X-OR(Exclusive-OR) 연산을 해서 내려 쓴다.

```
    +    +    +
   ⌒   ⌒   ⌒
 1   0   1   1
 ↓   ↓   ↓   ↓
 1   1   1   0
```

31 상수(Constant)는 프로그램 실행 중 변화되지 않는 값으로서, 숫자 상수(numeric constant)와 문자 상수(string constant)로 구분된다.
변수(variable)는 어떤 데이터를 기억할 기억 장소의 이름을 의미하여, 상수와는 달리 프로그램이 실행되는 과정에서 그 값이 변화될 수 있다.

32 ㉠ 언어번역 프로그램(language translator) : 언어처리 프로그램이라고도 하며 프로그래밍 언어를 기계어로 번역해주는 프로그램이다.
㉡ 원시 프로그램(Source program) : 언어번역 프로그램에 의해 기계어로 번역되기 전의 프로그램
㉢ 목적 프로그램(Object program) : 기계어로 번역된 후의 프로그램

33 작성된 프로그램을 분석 단계에서부터 작성된 데이터와 코드표, 각종 설계도, 순서도와 원시 프로그램 등의 관련된 내용을 문서로 작성하여 보관토록 하는 것이 문서화로서, 문서화가 이루어지면 시스템의 유지 보수와 관리가 용이하고 담당자가 바뀌어도 업무의 파악이 용이하여, 업무의 연속성이 유지된다.

34 로더(Loader)는 목적 프로그램을 읽어들여 주기억장치에 적재시킨 후에 실행시키는 서비스 프로그램으로, 로더(Loader)는 연결(Linking) 기능, 할당(Allocation) 기능, 재배치(relocation) 기능, 로딩(loading) 기능 등이 있다.

35 타임 셰어링 시스템(time sharing system, 시분할 시스템)은 여러 이용자로부터의 자료를 극히 짧은 시간으로 분할하여 단속적으로 병행 처리하는 것으로서, 이용자들이 마치 자기 자신만의 컴퓨터를 이용하는 것과 같이 독립적으로 자료를 처리할 수 있는 시스템이다.

36 C는 1974년 개발된 언어로 UNIX 시스템을 구축하기 위한 시스템 프로그래밍 언어로서 수식이나 제어 및 데이터 구조를 가장 간편하게 제공하고 있으며, C언어는 원래 시스템 프로그램으로 개발되었으나 기종에 관계없이 수치 해석, 텍스트 처리, 데이터베이스 처리를 위한 프로그램에도 많이 활용되고 있으며, UNIX 운영체제를 위해 개발한 시스템 프로그램 언어로 저급 언어와 고급 언어의 특징을 모두 갖춘 언어이다.

37 프로그래밍 절차는 ㉠ 문제 분석 → ㉡ 입·출력 설계 → ㉢ 순서도 작성 → ㉣ 프로그램의 코딩 → ㉤ 프로그램의 작성 → ㉥ 컴파일 및 오류의 수정 → ㉦ 테스트와 실행의 과정으로 이루어진다.
  ㉠ 문제 분석 : 문제의 내용을 만족하는 결과를 도출하기 위한 해결책과 기법에 관한 내용의 분석과정
  ㉡ 입·출력 설계 : 입력 데이터의 종류와 형식 및 매체를 선정하고 출력방법에 대한 설계를 하는 과정
  ㉢ 순서도 작성 : 정해진 데이터를 입력하여 원하는 정보를 얻기 위한 처리 방법과 순서를 설계하는 과정으로 기호를 이용하여 작성한다.
  ㉣ 프로그램의 코딩 : 업무처리에 적합한 언어를 선택하여 프로그램을 기술한다.
  ㉤ 프로그램의 작성 : 입력매체를 통하여 프로그램을 컴퓨터에 기록 저장하는 과정
  ㉥ 컴파일 및 오류의 수정 : 입력매체를 통하여 작성한 프로그램을 컴파일러를 통하여 기계어로 번역하고, 문법의 오류 등을 수정(디버깅)하도록 한다.
  ㉦ 테스트와 실행 : 컴파일 및 오류수정이 끝난 후 프로그램의 논리적인 오류와 원하는 결과가 나오는지의 검사과정의 실행을 통하여 원하는 결과를 얻게 된다.

38 C언어의 특징
  ㉠ 하나 이상의 함수 정의문들의 집합으로 구성된다.
  ㉡ 유닉스 운영체제의 대다수를 차지한다.
  ㉢ 영어 소문자를 기본으로 작성된다.
  ㉣ 시스템 간의 호환성이 높다.
  ㉤ 구조적 프로그래밍 및 모듈식 설계가 용이하다.
  ㉥ 비트 연산 및 증감 연산 등의 풍부한 연산자를 제공한다.
  ㉦ 함수를 통한 입·출력만이 존재한다.
  ㉧ 동적인 메모리 관리가 쉽다.

39 기계어(Machine Language) : 컴퓨터가 직접 이해할 수 있는 2진 코드(0과 1)로 기종마다 다르고, 프로그램의 작성 및 수정, 해독이 매우 어려워 거의 사용되지 않으나, 컴퓨터에서의 수행 속도는 가장 빠른 장점을 지닌다.
  기계어는 0과 1로 이루어지므로, 프로그램의 유지보수가 어렵다. 저급 언어는 기계어를 말하며, 기계어는 변환과정 없이 계산기가 직접 처리할 수 있으므로 처리속도가 빠르다.
  - 2진수를 사용하여 명령어와 데이터를 표현한다.
  - 호환성이 없고, 기계마다 언어가 다르다.
  - 프로그램의 실행 속도가 빠르다.
  - 프로그램의 유지 보수와 배우기가 어렵다.

40 프로그래밍 절차는 ㉠ 문제 분석 → ㉡ 입·출력

설계 → ⓒ 순서도 작성 → ⓔ 프로그램의 코딩 → ⓜ 프로그램의 작성 → ⓗ 컴파일 및 오류의 수정 → ⓢ 테스트와 실행의 과정으로 이루어진다.
37번 해설 참조 요망

41 직렬 연결은 AND 논리이고, 병렬 연결은 OR 논리이므로 Y=AB+CD가 된다.

42 - 전가산기(Full Adder)는 반가산기 2개와 OR 게이트로 구성되며 입력 3개, 출력 2개로 이루어진다.
- 전가산기 : 2진수 가산을 완전히 하기 위해 자리올림 입력도 함께 더할 수 있는 기능을 갖는 조합 논리회로로 입력 3개(A, B, C_{n-1}), 출력 2개(Sum, Carry)로 구성된다.
- 입력 중 어느 하나가 1인 경우에는 출력은 1이 되고, 모든 입력이 1일 때에도 출력은 1이 되며, 자리올림 C_n은 입력 중 2개 이상이 1인 경우에는 1이 된다.

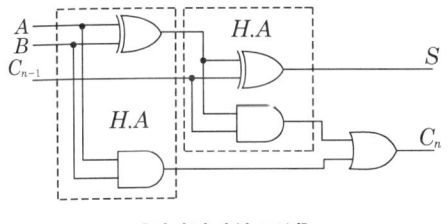

[전가산기의 구성]

$S = A \oplus B \oplus C_{n-1}$

43 JK F/F의 입력 J와 K를 서로 묶어서 하나의 입력으로 하여 클럭신호가 1일 때 출력이 반전상태(토글)가 되도록 한 것이 T 플립플롭(F/F)이다.

T	Q_{n+1}
0	Q_n
1	$\overline{Q_n}$

44 $(0.1011)_2 = 1 \times 2^{-1} + 1 \times 2^{-3} + 1 \times 2^{-4}$
$= 0.5 + 0.125 + 0.0625 = 0.6875$

45 23번 해설 참조 요망

46 버퍼(buffer) 게이트의 기호로 어떤 논리연산도 수행하지 않고 전달기능만을 수행하는 게이트로 하나의 입·출력을 가지므로 입·출력 데이터는 동일하여 지연 시간(delay time), 팬 아웃(fan out)의 확대, 감쇠 신호의 회복 기능을 갖는다.

47 - 비동기형 계수기는 클록 펄스를 계수할 때 각 단의 플립플롭에서 나온 출력 상태의 변화가 다음 단의 입력에 차례로 전달되는 계수기로 리플 카운터(ripple counter)라고 한다.
- 동기형 카운터(synchronous counter)는 모든 플립플롭의 클록이 병렬로 연결되어 한 번의 클록 펄스에 대하여 모든 플립플롭이 동시에 동작(트리거)되는 카운터를 말한다.

48 $AC + ABC = AC(1+B) = AC$

49 비동기형 계수기는 전단의 출력을 입력펄스로 받아 계수하는 회로이고, 동기형 계수기는 입력펄스를 병렬로 입력받아 각 단이 동시에 동작하는 계수기이다.
$2^4 = 16$이고 $2^3 = 8$이므로 0~9까지의 계수가 가능한 10진 카운터를 구성하기 위해서는 4개의 플립플롭이 필요하다.
플립플롭이 n개일 때 카운터가 셀 수 있는 최대의 수를 N이라 하면 $N=2^n$개의 수를 셀 수 있고, 0에서 2^n-1의 수까지 표현한다.

50 RS 플립플롭에서 R=S=1의 상태에서는 동작이 불확실한 상태가 되므로, RS 플립플롭에서 Q를 R로, $\overline{Q}$를 S로 되먹임하여 불확실한 상태가 나타나지 않도록 한 회로가 JK 플립플롭이다.

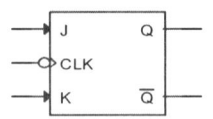

[JK F/F의 기호]

J	K	Q_{n+1}
0	0	Q_n(불변)
0	1	0
1	0	1
1	1	$\overline{Q}$n(toggle)

[JK F/F의 진리표]

51 – 해밍 코드(Hamming Code)는 1비트의 오류를 자동적으로 정정해 주는 코드로, 1비트의 단일 오류를 정정하기 위해서는 3비트의 여유 비트가 필요하고, 2개 이상의 중복 오류를 수정하려면 더 많은 여유 비트가 필요하다.
– 패리티 비트는 에러의 검색을 위한 코드이고, 에러의 검색과 교정이 가능한 것이 해밍 코드이다.

52 Exclusive-NOR 게이트의 동작은 일치회로라고도 하며, 동일한 입력(0 또는 1)이 인가되면 출력 상태는 1 상태가 되며, 입력상태가 서로 다르게(0과 1) 인가될 때 출력은 0 상태가 된다.
논리식은 X = $\overline{A \oplus B}$ 가 된다.

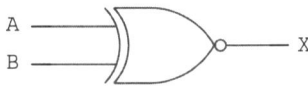

[EX-NOR 게이트의 기호]

A	B	X
0	0	1
0	1	0
1	0	0
1	1	1

[EX-NOR 게이트의 진리표]

53 42번 해설 참조 요망

54 좌측 시프트 레지스터를 사용하여 0011의 데이터를 2회 시프트 펄스를 인가하면 1100이 되므로 10진수로 변환하면 $1 \times 2^3 + 1 \times 2^2 = 8 + 4 = 12$가 된다.

55 플립플롭을 4단 연결한 2진 하향 계수기를 리셋시킨 후 첫 번째 클록 펄스가 인가되면 출력은 1111이 되므로 15가 된다.

56 ①은 교환 법칙, ②와 ③은 분배 법칙이다.

57 마스터/슬레이브 JK 플립플롭은 JK 플립플롭과 같은 동기식 플립플롭으로 레이스 현상으로 인한 오동작을 방지하기 위해서는 클록 펄스의 폭을 충분히 작게 하는 방법도 있지만 더욱 확실한 방법으로서는 플립플롭을 2단으로 하여 클록의 상승에지(S)에서 앞단의 마스터(master) 플립플롭을 세트시키고, 클록의 하강에지에서 후단의 슬레이브(slave) 플립플롭에 신호를 전달하도록 한다.

58 레지스터를 구성하는 기본소자가 플립플롭(F/F)으로, 0과 1의 안정된 논리상태를 갖는 쌍안정 멀티바이브레이터를 플립플롭(F/F)이라 한다.

59 일반적으로 n단의 카운터는 2^n개의 펄스를 계수하며, 다음의 식을 얻을 수 있다. N=2^n(여기서, N은 계수기에서 계수할 수 있는 수, n은 카운터의 단수 또는 비트 수)
플립플롭이 n개일 때 카운터가 셀 수 있는 최대의 수를 N이라 하면 $N = 2^n$개의 수를 셀 수 있고, 0에서 $2^n - 1$의 수까지 표현한다.

60 – 순서 논리회로는 출력신호가 현재의 입력신호와 과거의 입력신호에 의하여 결정되는 논리회로로서 F/F과 같은 기억소자나 논리게이트로 구성된다.
– 조합 논리회로는 입력변수의 값에 따라 일정한

출력을 갖는 논리회로로 n개의 입력 변수들은 2^n개의 2진 조합이 가능하며, 하나의 입력 조합에 대하여 단 1개의 출력 조합이 출력된다.
- 조합 논리회로에는 멀티플렉서(multiplexer), 해독기(decoder), 부호기(encoder), 반가산기, 전가산기 등이 속하고, 레지스터, 플립플롭, 계수기 등은 순서 논리회로에 속한다.

2013년 제5회

01	02	03	04	05	06	07	08	09	10
③	②	③	④	②	①	④	④	①	②
11	12	13	14	15	16	17	18	19	20
②	②	④	③	④	③	②	①	④	①
21	22	23	24	25	26	27	28	29	30
②	①	②	③	②	②	②	②	④	②
31	32	33	34	35	36	37	38	39	40
②	②	②	②	④	②	③	②	③	②
41	42	43	44	45	46	47	48	49	50
①	③	④	④	④	④	②	②	②	③
51	52	53	54	55	56	57	58	59	60
①	②	②	②	②	②	④	④	②	③

01 $\beta = \dfrac{\alpha}{1-\alpha} = \dfrac{0.98}{1-0.98} = 49$

02 $P_m = P_c\left(1+\dfrac{m^2}{2}\right) = P_c\left(1+\dfrac{1^2}{2}\right) = 1.5P_c[W]$이므로 이상적인 상태에서 100[%] 변조된 AM파는 무변조파에 비하여 출력이 1.5배가 된다.

03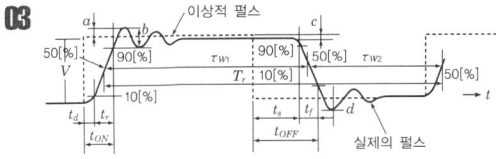

[실제의 펄스 파형]

㉠ 상승 시간(t_r, rise time) : 실제의 펄스가 이상적 펄스의 진폭(V)의 10[%]에서 90[%]까지 상승하는 데 걸리는 시간

㉡ 지연 시간(t_d, delay time) : 이상적 펄스의 상승 시각으로부터 진폭의 10[%]까지 이르는 실제의 펄스 시간

㉢ 하강 시간(t_f, fall time) : 실제의 펄스가 이상적 펄스의 진폭(V)의 90[%]에서 10[%]까지 내려가는 데 걸리는 시간

㉣ 축적 시간(t_s, storage time) : 이상적 펄스의 하강 시각에서 실제의 펄스가 진폭(V)의 90[%]가 되기까지의 시간

㉤ 펄스폭(τ_W, pulse width) : 펄스 파형이 상승 및 하강의 진폭(V)의 50[%]가 되는 구간의 시간

㉥ 오버슈트(overshoot) : 상승 파형에서 이상적 펄스파의 진폭(V)보다 높은 부분의 높이(a)를 말한다.

㉦ 언더슈트(undershoot) : 하강 파형에서 이상적 펄스파의 기준 레벨보다 아랫부분의 높이(d)

㉧ 턴 온 시간(t_{ON}, turn-on time) : 이상적 펄스의 상승 시각에서 진폭(V)의 90[%]까지 상승하는 시간($t_{ON} = t_d + t_f$)

㉨ 턴 오프 시간(t_{OFF}, turn-off time) : 이상적 펄스의 하강 시각에서 진폭(V)의 10[%]까지 하강하는 시간($t_{OFF} = t_s + t_f$)

㉩ 새그(s, sag) : 내려가는 부분의 정도를 말하며, $\left(\dfrac{C}{V}\right) \times 100$[%]로 나타낸다.

㉪ 링잉(b, ringing) : 펄스의 상승 부분에서 진동의 정도를 말하며, 높은 주파수 성분에 공진하기 때문에 생긴다.

04 증폭기의 바이어스가 적당하지 않으면 V-I 특성 곡선상의 동작점이 변하므로 출력 파형이 입력 파형에 비례하지 않아 일그러짐이 커지고 손실이 증가하며 이득도 떨어지게 된다.

05 클램핑회로(clamping circuit)는 입력 신호의 (+) 또는 (-)의 피크(peak)를 어느 기준 레벨로 바꾸

어 고정시키는 회로로서, 직류분 재생회로 등에 쓰인다.

회로는 출력파형의 그림과 같이 입력파형의 (+) 피크를 0[V] 레벨로 클램핑하는 회로이다.

06 동위상 이득에 대한 차동 이득의 비를 동위상 신호 제거비(common mode rejection ratio, CMRR)라 한다. 동위상 신호 제거비가 클수록 우수한 차동특성을 나타낸다.

$$CMRR = \frac{차동\ 이득}{동위상\ 이득}$$

07 다이액(DIAC, diode AC switch)은 역방향이라도 통전 상태와 차단 상태가 있는 쌍방향성 2단자 스위칭 소자이다.

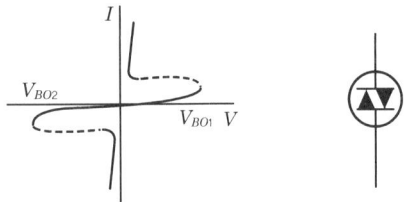

[다이액의 전압-전류특성곡선] [다이액의 기호]

08 연산증폭기의 정확도를 높이기 위한 조건
㉠ 큰 증폭도와 좋은 안정도가 필요하다.
㉡ 많은 양의 음되먹임을 안정하게 걸 수 있어야 한다.
㉢ 좋은 차단 특성을 가져야 한다.

09 전압 전류 궤환 바이어스가 트랜지스터 바이어스 회로방식 중 안정도가 가장 높다.

10 $K = \dfrac{\sqrt{V_2^2 + V_3^2}}{V} \times 100$

$= \dfrac{\sqrt{4^2 + 3^2}}{50} \times 100 = 10[\%]$

11 － AND 연산자는 필요 없는 부분을 지워버리고 나머지 비트만을 가지고 처리하기 위하여 사용되며, 마스크 비트(mask bit)는 레지스터 내의 어느 비트 또는 문자를 지울 것인지 결정하는 데이터이다.
－ OR 연산자는 AND 회로와는 거의 반대의 연산을 실행하는 것으로서, 2개 이상의 데이터를 합치는 데 이용된다.

12 AND 연산자는 필요 없는 부분을 지워버리고 나머지 비트만을 가지고 처리하기 위하여 사용되며, 마스크 비트(mask bit)는 레지스터 내의 어느 비트 또는 문자를 지울 것인지 결정하는 데이터이다.

13 프로그램 카운터(program counter, PC)는 프로그램 수행의 제어를 위한 것으로 다음에 수행할 명령 주소를 기억하고 있다.

14 － ASCII 코드는 존 비트와 디짓 비트로 구성되는 7비트 ASCII 코드(128개의 코드)와 8비트 ASCII 코드(7비트 ASCII 코드에 패리티 비트 추가)로 구분하나 일반적으로 8비트의 ASCII 코드가 사용되며 소형 컴퓨터와 데이터 통신용으로 폭넓게 사용되는 코드가 7비트의 ASCII 코드이다.
－ EBCDIC 코드는 4개의 존 비트와 4개의 디짓 비트로 구성된 8비트 코드로서 256개의 문자를 표현할 수 있으며 대문자와 소문자, 특수문자 및 제어신호를 구분할 수 있다.

15 － 직접, 절대 주소지정방식(direct absolute addressing mode) : 오퍼랜드가 존재하는 기억장치의 어드레스를 직접 명령 속에 포함시켜 지정하는 방법

- 이미디어트 주소지정방식(immediate addressing mode) : 명령 속의 오퍼랜드 정보를 그대로 오퍼랜드로 사용하는 방법
- 간접 주소지정방식(indirect addressing mode) : 오퍼랜드가 존재하는 기억장치 어드레스를 내용으로 가지고 있는 기억 장소의 어드레스를 명령 속에 포함시켜 지정하는 방법
- 계산에 의한 주소지정방식 : 주어진 주소에 상수 또는 별도로 특정 레지스터에 기억된 주소의 일부분을 합산 또는 감산하여 기억된 장소에 사상(mapping)시킬 수 있는 유효 주소를 구하는 방식이다.

16 - 순차 액세스 기억장치(Sequential Access Storage) : 정보를 읽거나 기록하기 위해, 처음부터 순차적으로 액세스하는 장치로서 자기 테이프가 대표적이다.
- 자기테이프는 데이터 접근이 순차에 의해 이루어지는 기억장치이고, 자기 디스크, CD-ROM, 자기코어, 하드 디스크, 플로피 디스크는 임의 액세스 기억장치이다.

17 입·출력 시스템의 제어방식에는 CPU에 의한 방식, 프로그램에 의한 방식, 인터럽트 처리 방식, DMA(Direct Memory Access) 방식, 채널에 의한 방식이 있다.

18 큐(Queue)는 자료가 리스트에 첨가되는 순서대로만 처리할 수 있는 것으로 선입선출(FIFO) 리스트라 하고, 스택(Stack)은 리스트에 마지막으로 첨가된 자료가 제일 먼저 처리되는 것으로 후입선출(LIFO) 리스트라 한다.

19 - 이미지 스캐너(Image Scanner)는 글씨나 그림 또는 사진, 필름 등의 이미지에 빛을 쏘아 반사광과 투과광의 강약 차이에 따라 디지털 신호로 변환한 후 컴퓨터에 전송하는 입력장치로 사진이나 그림 등을 스캔하면 스캐너 내부에 있는 광원이 원고를 아래쪽에서 비춰 빛을 반사시키고, 이때 반사하는 빛이 CCD로 전달되면 CCD는 이미지를 읽어 데이터 정보(픽셀 패턴)로 변환하여 준다.
- 스캐너의 종류에는 평판 스캐너, 드럼 스캐너, 핸드 스캐너, 시트피드 스캐너 등이 있으며 전자출판(DTP)이나 그래픽, CAD, OCR 등 다양한 분야에서 화상이나 문자를 편집하는 데 사용되고 있다.

20 시스템 프로그램(system program) : 프로그램에서 루틴 및 특별한 계산 목적을 위한 서브루틴 등의 모임. 운영 체계 또는 자료 처리와 계산 등 종합시스템을 위한 기본이 된다. 크게 다음과 같은 6개 부문으로 나눌 수 있다.
㉠ 사용자 편의로 된 언어로부터 기계어로 프로그램을 번역하는 언어 처리기
㉡ 응용 프로그램들을 위한 표준 루틴을 제공하는 자료집 프로그램
㉢ 컴퓨터 요소들 간에 또는 컴퓨터와 사용자 간에 통신을 쉽게 해 주는 유틸리티 프로그램
㉣ 컴퓨터 유지 및 관리를 도와주는 진단 프로그램
㉤ 여러 가지 프로그램들을 기억장치로 읽어들이는 적재 프로그램
㉥ 모든 컴퓨터 프로그램들을 관리하고 그 실행을 제어하는 운영 체계

21 인터럽트란 컴퓨터가 어떤 프로그램을 실행 중에 긴급사태 등이 발생하면 진행 중인 프로그램을 일시 중단하여 긴급 사태에 대처하고, 긴급 처리가 끝나면 중단했던 프로그램을 재개하는 것을 말한다.

22 - 입력장치에는 키보드와 마우스가 많이 사용되며, 스캐너, 광학 마크 판독기, 광학 문자 판독기, 자기 잉크 문자 판독기, 바코드 판독기, 조이 스틱, 디지타이저, 터치스크린, 디지털 카메라 등이 있다.

- 출력장치에는 프린터와 모니터가 있으며, 프린터로는 도트 매트릭스 프린터, 잉크 제트 프린터, 레이저 프린터가 있다. 또 모니터에는 음극선관과 모니터와 액정 화면 모니터, 플라즈마 디스플레이, 터치스크린, 프로젝터 등이 있다.
- 터치스크린은 입·출력장치에 공통으로 사용되는 장치이다.

23 MODEM(변·복조기)은 아날로그 전송 매체를 통해 데이터를 전송하는 데 필수적인 기기로서, 컴퓨터나 단말장치에서 사용되는 디지털 신호를 아날로그 전송 회선의 전송에 적합하도록 2진 직류 신호를 교류 신호로 변환하는 변조(modulation)와 변조된 교류 신호를 수신하여 원래의 2진 직류 신호로 변환하는 복조(demodulation)의 기능을 가진 일종의 신호 변환기이다.

24
- 팬-아웃(Fan-Out) : 논리회로에서 출력 단자를 가지고 있는 개수이다.
- 팬-인(Fan-In) : 논리회로에서 한 게이트에 들어가는 입력선의 개수
- 잡음 여유도(Noise margin) : 논리회로의 입력에 허용되는 잡음 전압의 변동값
- 소모전력(Power Consumption) : 논리회로에서 사용되는 단위시간당 에너지

25 JK F/F의 입력 J와 K를 서로 묶어서 하나의 입력으로 하여 클록신호가 1일 때 출력이 반전상태(토글)가 되도록 한 것이 T 플립플롭(F/F)이다.

T	Q_{n+1}
0	Q_n
1	$\overline{Q_n}$

26 수의 크기는 다음 3가지 중의 한 가지 방법으로 표현한다.
㉠ 부호와 절대값(signed-magnitude)
㉡ 부호와 1의 보수(signed-1's complement)
㉢ 부호와 2의 보수(signed-2's complement)

27 보수(Complement) 연산이므로 입력 데이터의 부정을 취하면 되므로, 01101001의 1의 보수는 10010110이 된다.

28 신호 대 잡음비는 SNR = $\dfrac{P_S}{P_N}$ 으로 정의되며, P_S와 P_N은 각각 신호의 전력과 노이즈의 전력으로 노이즈 전력 대비 신호 전력의 세기를 봄으로써 상대적인 신호 전력 크기를 나타내는 것은 통신 시스템의 성능이 절대적인 신호 전력이 아닌 노이즈 전력 대비 신호의 전력으로 결정되기 때문이다. 통신 시스템의 성능에는 최대 달성 용량인 채널 용량, 신뢰성을 나타내는 오류율 그리고 얼마나 자연스럽게 전달되는지를 나타내는 지연율 등이 있다.

29 NOT 게이트는 인버터라 하며, 인버터(Inverter)의 동작은 입력 논리신호의 반대가 되는 값을 출력하는 회로로 입력에 1이 인가될 때 출력은 0이 되고, 입력에 0이 인가되면 출력은 1이 된다. 논리식은 X = $\overline{X}$ 가 된다.

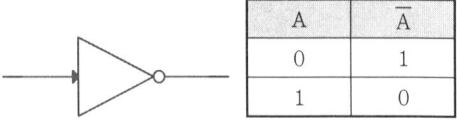

[NOT 게이트의 기호]   [NOT 게이트의 진리표]

30 기억된 프로그램의 명령을 하나씩 읽고, 해독하여 각 장치에 필요한 지시를 하는 것은 제어장치이다.

31 프로그램 실행을 위한 처리 순서는 원시 프로그램→컴파일러→목적 프로그램→연결→실행 순으로 이루어지므로, 문제에서의 수행 순서는 컴파일러 → 링커 → 로더의 순서로 수행된다.

32 고급 언어(High Level Language)는 자연어에 가까워 그 의미를 쉽게 이해할 수 있는 사용자 중심의 언어로, 기종에 관계없이 공통적으로 사용할 수 있는 언어로, 기계어로 변환하기 위한 컴파일러가 필요하다.

기계어는 0과 1로 이루어지므로, 프로그램의 유지보수가 어렵다. 저급 언어는 기계어를 말하며, 기계어는 변환과정 없이 계산기가 직접 처리할 수 있으므로 처리속도가 빠르다.

33 C언어에서 서술자는 데이터 형식을 규정한다.

서술자	기능
%o	octal : 8진수 정수
%d	decimal : 10진수 정수
%x	hexadecimal : 16진수 정수
%c	character : 문자
%s	string : 문자열
%e	지수형
%f	소수점 표기형
%μ	부호 없는 10진 정수

34 C언어는 UNIX 시스템을 구축하기 위한 시스템 프로그래밍 언어로서 수식이나 제어 및 데이터 구조를 가장 간편하게 제공하고 있으며, C언어는 원래 시스템 프로그램으로 개발되었으나 기종에 관계없이 수치 해석, 텍스트 처리, 데이터베이스 처리를 위한 프로그램에도 많이 활용되고 있으며, UNIX 운영체제를 위해 개발한 시스템 프로그램 언어로 저급 언어와 고급 언어의 특징을 모두 갖춘 컴파일러 방식의 언어이다.

C언어의 특징
㉠ 하나 이상의 함수 정의문들의 집합으로 구성된다.
㉡ 유닉스 운영체제의 대다수를 차지한다.
㉢ 영어 소문자를 기본으로 작성된다.
㉣ 시스템 간의 호환성이 높다.
㉤ 구조적 프로그래밍 및 모듈식 설계가 용이하다.
㉥ 비트 연산 및 증감 연산 등의 풍부한 연산자를 제공한다.
㉦ 함수를 통한 입·출력만이 존재한다.
㉧ 동적인 메모리 관리가 쉽다.

35 로더(Loader)는 목적 프로그램을 읽어들여 주기억장치에 적재시킨 후에 실행시키는 서비스 프로그램으로, 로더(Loader)는 연결(Linking) 기능, 할당(Allocation) 기능, 재배치(relocation) 기능, 로딩(loading) 기능 등이 있다.

36 번역기의 종류
- 어셈블러(Assembler) : 어셈블리 언어로 작성된 원시 프로그램을 기계어로 번역하는 프로그램이다.
- 컴파일러(Compiler) : 전체 프로그램을 한 번에 처리하여 목적 프로그램을 생성하는 번역기로 기억 장소를 차지하지만 실행 속도가 빠르다. 한번 번역해두면 목적 프로그램이 생성되므로 재차 실행 시에 다시 번역할 필요가 없다. 컴파일러를 사용하는 언어에는 ALGOL, PASCAL, FORTRAN, COBOL, C 등이 있다.
- 인터프리터(Interpreter) : 작성된 원시 프로그램을 한 줄씩 읽어 번역 및 실행하는 작업을 반복하는 프로그램이다. 목적 프로그램이 남지 않으며, 일괄처리가 아니므로 대화형이라 한다. 실행속도가 느리지만 기억 장소를 적게 차지한다. 인터프리터를 사용하는 언어에는 BASIC, LISP, 자바(JAVA), PL/1 등이 있다.

37 파스 트리(parse tree)란 원시 프로그램의 문법을 검사하는 과정에서 내부적으로 생성되는 트리 형태의 자료구조이다.
- 어휘분석(Lexical Analysis)은 문법적으로 의미있는 최소의 단위[토큰(token)]로 분할해 내는 처리 단계 → 어휘분석기(lexical analyzer) 또는 스캐너(scanner)
- 구문분석(syntax analysis)은 구문이 문법에 맞

는지 분석하는 단계 → 구문분석기(syntax analyzer) 또는 파서(parser)
- 의미분석(semantic analysis)은 어떠한 의미와 기능을 하는지 분석하는 단계 → 의미분석기(semantic analyzer)

38 - 배치처리(Batch Processing) : 데이터를 일정 기간, 일정량을 저장하였다가 한꺼번에 처리하는 방식
- 시분할처리 : 시간을 분할하여 여러 이용자의 자료를 병행 처리하는 방식
- 실시간 처리 : 데이터 발생 즉시 처리하는 방식
- 온라인 실시간 처리 : 데이터 발생 즉시 처리하여 결과까지 완료하는 시스템

39 작성된 프로그램을 분석 단계에서부터 작성된 데이터와 코드표, 각종 설계도, 순서도와 원시 프로그램 등의 관련된 내용을 문서로 작성하여 보관토록 하는 것이 문서화로서, 문서화가 이루어지면 시스템의 유지 보수와 관리가 용이하고 담당자가 바뀌어도 업무의 파악이 용이하여, 업무의 연속성이 유지된다.

40 - 상수(Constant)는 프로그램 실행 중 변화되지 않는 값으로서, 숫자 상수(numeric constant)와 문자 상수(string constant)로 구분된다.
- 변수(variable)는 어떤 데이터를 기억할 기억 장소의 이름을 의미하여, 상수와는 달리 프로그램이 실행되는 과정에서 그 값이 변화될 수 있다.

41 - 비동기형 계수기는 전단의 출력을 입력펄스로 받아 계수하는 회로이고, 동기형 계수기는 입력 펄스를 병렬로 입력받아 각 단이 동시에 동작하는 계수기이다.
- $2^2=4$이고 $2^3=8$이므로 0~5까지의 계수가 가능한 6진 카운터를 구성하기 위해서는 3개의 플립플롭이 필요하다.
- 플립플롭이 n개일 때 카운터가 셀 수 있는 최대의 수를 N이라 하면 $N=2^n$개의 수를 셀 수 있고, 0에서 2^n-1의 수까지 표현한다.

42 계수기(counter)는 플립플롭을 이용한 순서 논리 회로로서 입력 펄스가 들어올 때마다 정해진 순서대로 플립플롭의 상태를 변화시켜 입력의 수를 세거나 주파수 및 시간 등의 측정 또는 주파수 분주 등에 이용된다.

43 불 대수에 관한 기본정리
㉠ $A+0=A$, $A \cdot 0=0$
㉡ $A+1=1$, $A \cdot 1=A$
㉢ $A+A=A$, $A \cdot A=A$
㉣ $A+\overline{A}=1$, $A \cdot \overline{A}=0$

44 RS 플립플롭에서 R=S=1의 상태에서는 동작이 불확실한 상태가 되므로, RS 플립플롭에서 Q를 R로, $\overline{Q}$를 S로 되먹임하여 불확실한 상태가 나타나지 않도록 한 회로가 JK 플립플롭이다.

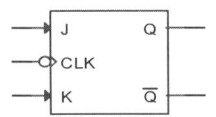

[JK F/F의 기호]

J	K	Q_{n+1}
0	0	Q_n (불변)
0	1	0
1	0	1
1	1	$\overline{Q_n}$ (toggle)

[JK F/F의 진리표]

45 비트열 내의 1의 개수를 세어 약속한 패리티가 되도록 0 또는 1을 발생시키는 패리티 발생기(Parity generator)의 회로이다. A, B의 입력이 서로 다를 때 EX-OR 게이트의 결과는 1이 되고, 입력이 서로 같을 때는 결과가 0이 된다. 출력 Y는 A, B의 결과와 C의 입력 데이터가 서로 같을 때만 EX-NOR 게이트의 출력이 1이 되고, 입력이 서로 다를 때는

결과가 0이 되는 패리티 발생회로이다.

A	B	C	P
0	0	0	1
0	0	1	0
0	1	0	0
0	1	1	1
1	0	0	0
1	0	1	1
1	1	0	1
1	1	1	0

[3비트 홀수 패리티 발생기의 진리치표]

46 JK F/F의 입력 J와 K를 서로 묶어서 하나의 입력으로 하여 클록신호가 1일 때 출력이 반전상태(토글)가 되도록 한 것이 T 플립플롭(F/F)이다.

T	Q_{n+1}
0	Q_n
1	$\overline{Q_n}$

47 10진수 8을 5비트의 2진수로 표현하면 01000이 된다. 이를 좌측으로 1비트 시프트하면 10000이 되므로 이는 10진수 16에 해당한다.

48 1×4 디멀티플렉서는 출력선이 4개이므로, 출력선을 선택하기 위한 선택선은 2개(4가지의 경우)가 필요하다.

49 – ROM(Read Only Memory) : 비소멸성의 기억소자로 이미 저장되어 있는 내용을 인출할 수는 있으나, 새로운 데이터를 저장할 수 없는 반도체 기억 소자
 – RAM(Random Access Memory) : 저장한 번지의 내용을 인출하거나 새로운 데이터를 저장할 수 있으나, 전원이 꺼지면 내용이 소멸된다.
 – 스태틱(Static)형(SRAM) : 단위 기억 소자가 플립플롭으로 구성되어, 속도가 빠르다.
 – 다이내믹(Dynamic)형(DRAM) : 단위 기억 비트당 가격이 저렴하고 집적도가 높다.

50 – 토글 : 클록 펄스가 들어올 때마다 플립플롭의 상태가 반전되는 것을 말한다.
 – 리셋 : 클록 펄스가 들어올 때마다 플립플롭의 상태가 초기화되는 것을 말한다.

51 OR(논리합) 게이트의 동작은 어떤 입력에도 1이 인가되면 출력상태는 1 상태가 되며, 모든 입력상태에 0 상태가 인가될 때 출력은 0 상태가 된다. 논리식은 X = A + B가 된다.

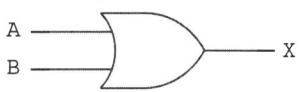

[OR 게이트의 기호]

A	B	X
0	0	0
0	1	1
1	0	1
1	1	1

[OR 게이트의 진리표]

52 멀티바이브레이터의 종류
 – 비안정 멀티바이브레이터(Astable Multivibrator) : 회로에 전원이 공급되면 구형파의 발진이 이루어지는 회로이다.
 – 단안정 멀티바이브레이터(Monostable Multivibrator) : 자체 발진의 능력은 없으나 외부의 트리거 펄스 입력이 공급될 때마다 하나의 구형파를 출력하는 회로이다.
 – 쌍안정 멀티바이브레이터(Bistable Multivibrator) : 안정 상태를 유지하며 외부의 트리거 펄스 입력이 두 개 공급될 때마다 하나의 구형파를 출력하는 회로로 일반적으로 플립플롭(Flip Flop) 회로라 한다.

53 $Y = \overline{(A+B)} = \overline{\overline{A}} \cdot \overline{B} = A \cdot \overline{B}$

54 Y = AB + B = B(A+1) = B

55 – 동기형 카운터(synchronous counter) : 모든 플립플롭의 클록이 병렬로 연결되어 한 번의 클록 펄스에 대하여 모든 플립플롭이 동시에 동작(트리거)되는 카운터를 말하며, 비동기형 카운터보다 동작속도가 빠르므로 고속회로에 이용한다.
– 비동기형 카운터(asynchronous counter) : 모든 플립플롭이 전단의 출력 변화를 클록으로 이용하는 카운터로서, 리플 계수기라고도 불리며 동작지연이 발생하므로 동기형보다 느리나 회로의 구성이 간단하다.

56 각 논리 게이트의 지연시간을 살펴보면 RTL : 12[nsec], DTL : 30[nsec], TTL : 10[nsec], ECL : 2[nsec], MOS : 100[nsec], CMOS : 500[nsec]이다. 그러므로 처리속도 순으로 나열하면 ECL-TTL-RTL-DTL-MOS-CMOS 순이 된다.

57 반가산기는 한 자리수 A와 B를 더할 때 발생되는 결과는 A와 B의 합과 자리올림수(Carry)가 발생하며, 합(S)과 자리올림수(C)의 논리식은
$S = \overline{A}B + A\overline{B} = A \oplus B$, $C = A \cdot B$로 나타낸다.

A	B	S(Sum)	C(Carry)
0	0	0	0
0	1	1	0
1	0	1	0
1	1	0	1

[반가산기의 진리표]

58 해독기(decoder)의 출력은 AND 게이트로 이루어지며, 입력 데이터에 따라 출력이 결정되고, 그림은 2×4 해독기로서 회로도와 진리치표는 아래와 같으므로 4개의 AND 게이트로 이루어지며, 반대로 부호기(encoder)의 출력은 OR 게이트로 이루어진다.

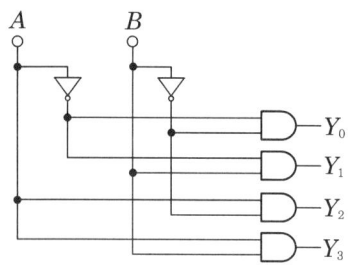

[2×4 디코더(해독기)의 회로도]

A	B	X_0	X_1	X_2	X_3
0	0	1	0	0	0
0	1	0	1	0	0
1	0	0	0	1	0
1	1	0	0	0	1

[2×4 디코더(해독기)의 진리치표]

59 13을 8비트의 2진수로 변환하면 00001101이 되며, 1의 보수는 0을 1로 1을 0으로 바꿔주면 되고, 2의 보수는 1의 보수로 변환 후에 1을 더해주면 된다.
00001101을 1의 보수로 변환하면 11110010이 된다. 이때 맨 앞의 1이 바로 부호비트이며, 양수일 때는 0 음수일 때는 1이 된다.

60 배타적 부정 논리회로(Exclusive NOR)는 입력되는 두 개의 값이 서로 같을 경우에만 결과가 참(True)이 되며, 논리식은
$Y = \overline{A \oplus B} = A \odot B = \overline{A}\overline{B} + AB$ 이다.
EX-OR 논리회로는 서로 입력이 다를 때 결과가 1이 되는 논리회로이다.

A	B	Y
0	0	1
0	1	0
1	0	0
1	1	1

[EX-NOR 게이트의 진리치표]

2014년 제1회

정답

01	02	03	04	05	06	07	08	09	10
③	③	②	②	①	①	④	③	④	④
11	12	13	14	15	16	17	18	19	20
②	②	③	②	③	②	④	④	②	①
21	22	23	24	25	26	27	28	29	30
①	④	③	②	③	①	③	③	②	④
31	32	33	34	35	36	37	38	39	40
②	②	③	①	①	②	③	④	②	①
41	42	43	44	45	46	47	48	49	50
③	④	①	①	④	②	②	④	②	④
51	52	53	54	55	56	57	58	59	60
③	②	①	③	①	④	②	②	④	②

01 ㉠ P형 반도체는 순수한 4가 원소에 3가 원소(최외곽 전자가 3개, 붕소, 갈륨, 인듐 등)를 첨가해서 만든 반도체

㉡ N형 반도체는 순수한 4가 원소에 5가 원소(최외곽 전자가 5개, 안티몬, 비소, 인 등)를 첨가해서 만든 반도체

㉢ P형 반도체를 만드는 불순물(억셉터, acceptor)로는 In, Ga, B 등이 있으며 N형 반도체를 만드는 불순물(도너, donor)에는 안티몬(Sb), 비소(As), 인(P) 등이 있다.

02 플립플롭(Flip-Flop) : 레지스터를 구성하는 기본 소자가 플립플롭(F/F)으로, 0과 1의 안정된 논리 상태를 갖는 쌍안정 멀티바이브레이터를 플립플롭(F/F)이라 하는 것으로, 외부 트리거 신호에 의해 어떤 상태가 되어 있을 때, 다음 트리거 신호가 공급될 때까지 현재의 상태를 안정하게 유지한다. 이러한 성질이 2진수 한 자리를 기억할 수 있는 기억 소자(memory)로 사용된다.

03 $f = \dfrac{1}{T} = \dfrac{1}{1} = 1[\text{Hz}]$

04 $r_f = 60 \times 3 \times 2 = 360[\text{Hz}]$
정류방식별 맥동주파수(60[Hz]의 경우)

정류 방식	맥동 주파수
단상 반파 정류회로	60[Hz]
단상 전파 정류회로	120[Hz]
3상 반파 정류회로	180[Hz]
3상 전파 정류회로	360[Hz]

05 맥동률(r) : 정류된 직류에 포함된 교류성분의 정도

$r = \dfrac{\text{출력파형에 포함된 교류성분의 실효치}}{\text{출력파형의 직류값(평균값)}} \times 100[\%]$

$= \dfrac{\Delta V}{V_d} \times 100[\%]$

(V_d : 직류전압, ΔV : 교류성분)

$\therefore r = \dfrac{0.2}{100} \times 100 = 0.2[\%]$

06 진폭변조(AM)의 변조도는 $m = \dfrac{a-b}{a+b} \times 100[\%]$ 이다.

07 정류효율(η) = $\dfrac{\text{직류 출력전압}}{\text{교류 출력전압}} \times 100[\%]$

반파 정류회로의 효율 : 40.6[%]
전파 정류회로의 효율 : 81.2[%]

08 $10\log_{1000} = 10\log_{10^3} = 10 \times 3 = 30[\text{dB}]$

09 평균값=최댓값$\times \dfrac{2}{\pi}$, 최댓값=실효값$\times \sqrt{2}$

최댓값=$100 \times \sqrt{2} = 141[\text{V}]$이고
평균값=$141 \times \dfrac{2}{\pi} = 141 \times 0.637 = 90[\text{V}]$이다.

10 평균값=최댓값$\times \dfrac{2}{\pi}$, 최댓값=실효값$\times \sqrt{2}$

최댓값=$220 \times \sqrt{2} = 311[\text{V}]$이고
평균값=$311 \times \dfrac{2}{\pi} = 311 \times 0.637 = 198[\text{V}]$이다.

11 ROM(Read Only Memory) : 읽어내기 전용으로, 사용자가 기억된 내용을 바꾸어 넣을 수 없는 기억소자로서 전원을 차단하여도 기억내용을 보존한다.
  ㉠ Mask ROM : 제조과정에서 프로그램 등을 기억시킨 것으로 전용 자동제어에 사용한다.
  ㉡ PROM : 사용자가 프로그램 등을 1회에 한하여 써넣을 수 있는 기억소자이다.
  ㉢ EPROM : 사용자가 프로그램 등을 여러 번 지우고 써넣을 수 있는 기억소자로서, 자외선이나 특정전압 전류로써 내용을 지우고 다시 기록할 수 있다.
  ㉣ EEPROM(Electrical Erasable Programmable ROM) : 기록 내용을 전기신호에 의하여 삭제할 수 있으며, 롬 라이터로 새로운 내용을 써넣을 수도 있는 기억소자이다.

12 각 논리게이트의 지연시간을 살펴보면 RTL : 12[nsec], DTL : 30[nsec], TTL : 10[nsec], ECL : 2[nsec], MOS : 100[nsec], CMOS : 500[nsec]이다. 그러므로 처리속도 순으로 나열하면 ECL-TTL-RTL-DTL-MOS-CMOS 순이 된다.

13 - fetch cycle : 기억장치에 있는 명령을 중앙처리장치로 읽어오는 사이클
  * 명령어 인출(instruction fetch) cycle은 기억장치에 있는 명령어를 중앙처리장치로 읽어오는 사이클
  - indirect cycle : 간접주소일 때 유효주소를 읽기 위해 기억장치에 접근하는 사이클
  - execute cycle : 기억장치에서 읽어들인 명령을 실행하는 주기
  - interrupt cycle : 예기치 않은 상황이 발생할 경우 명령을 중단하고 인터럽트를 수행하고 복귀하는 사이클

14 - 직접, 절대 주소지정방식(direct absolute addressing mode) : 오퍼랜드가 존재하는 기억장치의 어드레스를 직접 명령 속에 포함시켜 지정하는 방법
  - 간접 주소지정방식(indirect addressing mode) : 오퍼랜드가 존재하는 기억장치 어드레스를 내용으로 가지고 있는 기억 장소의 어드레스를 명령 속에 포함시켜 지정하는 방법
  - 상대 주소지정방식(relative addressing mode) : 명령 속의 오퍼랜드 지정 정보를 레지스터 지정부와 전개부로 나누어서 레지스터 지정부로 지정된 레지스터 내용과 전개부를 더해서 오퍼랜드의 어드레스를 구한다.

15 전자계산기는 입·출력장치와 중앙처리장치로 구분하며, 중앙처리장치는 제어장치, 연산장치, 주기억장치로 구성된다.
  ㉠ 입력장치 : 프로그램이나 데이터를 외부장치로부터 전자계산기(컴퓨터)로 읽어들여 주기억장치에 기억시키는 장치이다.
    키보드, 마우스, 디지타이저, 이미지 스캐너, 라이트 펜 등이 있다.
  ㉡ 출력장치 : 컴퓨터에 의해 처리된 정보의 결과를 사용자가 이해할 수 있는 형태로 변환하여 외부로 출력하는 기능을 갖는 장치를 말한다. 모니터, 프린터, 플로터, 포토 플로터 등이 있다.

16 버스의 종류 : CPU와 기억장치, 입·출력 인터페이스 간에 제어신호나 데이터를 주고 받는 전송로를 말한다.
  ㉠ 주소 버스(address bus) : CPU가 메모리 중의 기억 장소를 지정하는 신호의 전송통로로서, 주소 버스 수에 따라 시스템의 전체 메모리 공간이 결정된다. 주소 버스는 CPU에서 메모리나 입·출력장치 쪽의 단일 방향으로 정보를 보내는 단방향 버스로 주소 버스에서 발생하는 각 주소는 하나의 메모리 위치나 입·출력장치 하

나 하나가 일대일 대응한다.

ⓒ 데이터 버스(data bus) : 입·출력시키는 데이터 및 기억장치에 써넣고 읽어내는 데이터의 전송 통로로서, 데이터 버스 수는 CPU가 동시에 처리할 수 있는 데이터의 양을 나타내며, CPU가 몇 비트인가를 결정하는 기준이 된다. 데이터 버스는 CPU로 들어오는 데이터나 CPU에서 나가는 데이터가 양방향으로 전송되는 양방향 버스이다.

ⓒ 제어 버스(control bus) : 중앙처리장치와의 데이터 교환을 제어하는 신호의 전송통로로서, CPU가 현재 무엇을 원하는지를 메모리나 입·출력장치에 알려주거나, 역으로 CPU가 어떤 동작을 하도록 주변장치가 요청할 때 사용하는 신호이다. 제어 버스는 단일 방향으로 동작하는 단방향 버스이다.

17 OR 연산은 하나라도 1일 경우에는 1이 된다. 즉, 연산하고자 하는 자리에 1이 있으면 결과가 1이 되므로 11001100 · 10011001 = 11011101이 된다.

18 중앙처리장치는 비교, 판단, 연산을 담당하는 논리연산장치(arithmetic logic unit)와 명령어의 해석과 실행을 담당하는 제어장치(control unit)로 구성된다. 논리연산장치(ALU)는 각종 덧셈을 수행하고 결과를 수행하는 가산기(adder)와 산술과 논리연산의 결과를 일시적으로 기억하는 레지스터인 누산기(accumulator), 중앙처리장치에 있는 일종의 임시 기억장치인 레지스터(register) 등으로 구성되어 있다.

19 - 해밍 코드(Hamming Code)는 1비트의 오류를 자동적으로 정정해 주는 코드로, 1비트의 단일 오류를 정정하기 위해서는 3비트의 여유 비트가 필요하고, 2개 이상의 중복 오류를 수정하려면 더 많은 여유 비트가 필요하다.
- 패리티 비트는 에러의 검색을 위한 코드이고, 에러의 검색과 교정이 가능한 것이 해밍 코드이다.

20 입력 데이터가 모두 같을 경우에는 결과가 0이 되고, 서로 다를 경우에는 결과가 1이 되는 논리회로가 배타적 논리합(exclusive-OR)이며, 논리식은 $Y = A \oplus B = \overline{A}B + A\overline{B}$ 이다.

A	B	Y
0	0	0
0	1	1
1	0	1
1	1	0

[EX-OR 게이트의 진리치표]

21 ASCII(American Standard Code for Information Interchange) 코드
문자를 표시하기 위한 7비트 코드로서 영어 대문자, 소문자로 구별할 수 있으며, 가장 왼쪽의 한 비트는 코드의 오류 검출용 패리티 비트를 부가하여 8비트로 표시하고 데이터 통신에서 표준코드로 사용하며 개인용 컴퓨터에 사용한다.
$2^7 = 128$개의 문자까지 표시가 가능하다.

D	C B A	8 4 2 1
패리티비트 (1비트)	존 비트 (3비트)	숫자 비트 (4비트)

22 인터럽트란 컴퓨터가 어떤 프로그램을 실행 중에 긴급사태 등이 발생하면 진행 중인 프로그램을 일시 중단하여 긴급 사태에 대처하고, 긴급 처리가 끝나면 중단했던 프로그램을 재개하는 것을 말한다.

23 DMA(Direct Memory Access)에 의한 입·출력 방식은 마이크로 혹은 미니 컴퓨터에서 볼 수 있는

가장 진보된 입·출력 방식으로서 입·출력장치의 속도가 빠른 디스크, 드럼, 자기 테이프 등과 입·출력을 할 때에 사용되는 방식이다.
[DMA 방식의 장점]
㉠ 프로그램 제어 방식에 비하여 고속의 데이터 전송이 가능하다.
㉡ 주변기기와 기억장치 사이에 데이터 전송으로부터 프로세서의 손이 비기 때문에 다른 일을 할 수 있다.

24 MODEM(변·복조기)은 아날로그 전송 매체를 통해 데이터를 전송하는 데 필수적인 기기로서, 컴퓨터나 단말장치에서 사용되는 디지털 신호를 아날로그 전송 회선의 전송에 적합하도록 2진 직류 신호를 교류 신호로 변환하는 변조(modulation)와 변조된 교류 신호를 수신하여 원래의 2진 직류 신호로 변환하는 복조(demodulation)의 기능을 가진 일종의 신호변환기이다.

25 NOT 게이트는 인버터라 하며, 인버터(Inverter)의 동작은 입력 논리신호의 반대가 되는 값을 출력하는 회로로 입력에 1이 인가될 때 출력은 0이 되고, 입력에 0이 인가되면 출력은 1이 된다. 논리식은 $X = \overline{X}$가 된다.

A	$\overline{A}$
0	1
1	0

[NOT 게이트의 진리표]

26 통신망 형태
㉠ 성형 : 중앙집중식(온라인 시스템의 전형적 방법). 중앙 컴퓨터 장애 시 전체 시스템 기능에 영향을 미침
㉡ 망형 : 직통 회선 연결, 공중전화망(PSTN), 공중 데이터망(PSDN) 사용. 한 회선 고장 시 우회 경로를 통해 전송 가능
㉢ 링형 : 근거리 망에 사용. 우회 기능이 필요. 각 단말기마다 중계기 필요
㉣ 버스형 : 근거리 망에서 데이터 양이 적을 때 사용. 회선이 하나이므로 구조가 간단하고 단말장치의 증설과 삭제가 용이
㉤ 트리형 : 단말기에서 다시 연장되어 연결된 형태. 하나의 단말기를 컴퓨터로 대치시키면 분산 처리가 적당

27 – 단방향(Simplex) 통신방식은 접속한 두 장치 사이에서 데이터를 한 방향으로 전송하는 방식이다.
– 반이중(Half Duplex) 통신방식은 양방향에서의 전송이 가능하나 동시에 양방향 통신은 불가능한 방식이다.
– 전이중(Full duplex) 통신방식은 양방향에서 동시에 정보의 송·수신이 가능한 방식이다.

28 스택(Stack)은 0-주소지정방식의 메모리 처리구조로 후입선출(LIFO : Last-In First-Out)의 데이터 처리방법을 갖는다.

29 해독기(decoder)의 출력은 AND 게이트로 이루어지며, 입력 데이터에 따라 출력이 결정되고, 그림은 2×4 해독기로서 회로도와 진리치표는 아래와 같으므로 4개의 AND 게이트로 이루어지며, 반대로 부호기(encoder)의 출력은 OR 게이트로 이루어진다.

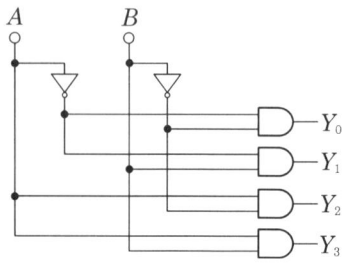

[2×4 디코더(해독기)의 회로도]

A	B	X_0	X_1	X_2	X_3
0	0	1	0	0	0
0	1	0	1	0	0
1	0	0	0	1	0
1	1	0	0	0	1

[2×4 디코더(해독기)의 진리치표]

30 출력장치는 사용자의 요구에 따라 컴퓨터에서 처리된 그래픽 데이터 및 텍스트 데이터를 물리적 형태로 출력하는 장치를 말하며, 모니터, 프린터, 플로터, 포토 플로터 등이 있다.

31 고급 언어(High Level Language)는 자연어에 가까워 그 의미를 쉽게 이해할 수 있는 사용자 중심의 언어로, 기종에 관계없이 공통적으로 사용할 수 있는 언어로, 기계어로 변환하기 위한 컴파일러가 필요하다.
기계어는 0과 1로 이루어지므로, 프로그램의 유지보수가 어렵다. 저급 언어는 기계어를 말하며, 기계어는 변환과정 없이 계산기가 직접 처리할 수 있으므로 처리속도가 빠르다.

32 논리 IF 문은 논리식이나 논리 변수의 값이 참인가 거짓인가에 따라 실행을 달리하는 명령문이다.

33 원시 프로그램을 기계어로 번역하여 문법오류(Syntax error)를 검사하여 오류를 수정하고, 논리적 오류를 검사하기 위하여 테스트 런을 통하여 모의 데이터를 입력하여 결과를 검사하여 오류를 올바르게 수정하는 것을 디버깅(debugging)이라 한다.

34 운영체제(OS)는 컴퓨터의 하드웨어 및 각종 정보들을 효율적으로 관리하며, 사용자들에게 편리하게 이용할 수 있고, 자원을 공유하도록 하는 소프트웨어이다.
운영체제(OS : Operating System)의 기능
- 자원을 효율적으로 관리하고, 응용 프로그램의 실행 제어
- 작업의 연속적인 처리를 위한 스케줄 관리
- 사용자와 컴퓨터 간 인터페이스 제공
- 메모리 상태와 운영 관리
- 하드웨어 주변장치 관리
- 프로그램이나 데이터 저장, 액세스 제어에 필요한 파일 관리
- 프로그램 수행을 제어하는 프로세서 관리

35 C언어는 UNIX 시스템을 구축하기 위한 시스템 프로그래밍 언어로서 수식이나 제어 및 데이터 구조를 가장 간편하게 제공하고 있으며, C언어는 원래 시스템 프로그램으로 개발되었으나 기종에 관계없이 수치 해석, 텍스트 처리, 데이터베이스 처리를 위한 프로그램에도 많이 활용되고 있으며, UNIX 운영체제를 위해 개발한 시스템 프로그램 언어로 저급 언어와 고급 언어의 특징을 모두 갖춘 컴파일러 방식의 언어이다.
[C언어의 특징]
㉠ 하나 이상의 함수 정의문들의 집합으로 구성된다.
㉡ 유닉스 운영체제의 대다수를 차지한다.
㉢ 영어 소문자를 기본으로 작성된다.
㉣ 시스템 간의 호환성이 높다.
㉤ 구조적 프로그래밍 및 모듈식 설계가 용이하다.
㉥ 비트 연산 및 증감 연산 등의 풍부한 연산자를 제공한다.
㉦ 함수를 통한 입·출력만이 존재한다.
㉧ 동적인 메모리 관리가 쉽다.

36 기계어(Machine Language) : 컴퓨터가 직접 이해할 수 있는 2진 코드(0과 1)로 기종마다 다르고, 프로그램의 작성 및 수정, 해독이 매우 어려워 거의 사용되지 않으나, 컴퓨터에서의 수행 속도는 가장 빠른 장점을 지닌다.
기계어는 0과 1로 이루어지므로, 프로그램의 유지보수가 어렵다. 저급 언어는 기계어를 말하며, 기

계어는 변환과정 없이 계산기가 직접 처리할 수 있으므로 처리속도가 빠르다.
- 2진수를 사용하여 명령어와 데이터를 표현한다.
- 호환성이 없고, 기계마다 언어가 다르다.
- 프로그램의 실행속도가 빠르다.
- 프로그램의 유지 보수와 배우기가 어렵다.

37 예약어(reserved word)는 컴퓨터 프로그래밍 언어에서 이미 문법적인 용도로 사용되고 있기 때문에 식별자로 사용할 수 없는 단어들이다.

38 운영체제의 성능평가요소에는 신뢰도, 응답시간(Turn around Time), 처리능력(throughput), 이용가능도(availability) 등이 있다.

39 프로그래밍 언어의 선정 기준
- 프로그래머가 그 언어를 쉽게 이해하고 사용할 수 있어야 함
- 어느 컴퓨터에서나 쉽게 설치되고 실행되어야 함
- 주어진 문제의 응용 목적에 맞는 언어이어야 함
- 프로그래머 개인의 선호에 적합해야 함

40 로더(Loader)는 목적 프로그램을 읽어들여 주기억장치에 적재시킨 후에 실행시키는 서비스 프로그램으로, 로더(Loader)는 연결(Linking) 기능, 할당(Allocation) 기능, 재배치(relocation) 기능, 로딩(loading) 기능 등이 있다.

41 ① $(F)_{16} = 15 \times 16^0 = 15$
② $(17)_8 = 1 \times 8^1 + 7 \times 8^0 = 8 + 7 = 15$
③ $(16)_{10} = 16$
④ $(1111)_2 = 1 \times 2^3 + 1 \times 2^2 + 1 \times 2^1 + 1 \times 2^0$
　　　　　 $= 8 + 4 + 2 + 1 = 15$

42 JK F/F의 입력 J와 K를 서로 묶어서 하나의 입력으로 하여 클록신호가 1일 때 출력이 반전상태(토글)가 되도록 한 것이 T 플립플롭(F/F)이다.

T	Q_{n+1}
0	Q_n
1	$\overline{Q_n}$

43 - 동기형 카운터(synchronous counter) : 모든 플립플롭의 클록이 병렬로 연결되어 한 번의 클록 펄스에 대하여 모든 플립플롭이 동시에 동작(트리거)되는 카운터를 말하며, 비동기형 카운터보다 동작속도가 빠르므로 고속회로에 이용한다.
- 비동기형 카운터(asynchronous counter) : 모든 플립플롭이 전단의 출력 변화를 클록으로 이용하는 카운터로서, 리플 계수기라고도 불리며 동작지연이 발생하므로 동기형보다 느리나 회로의 구성이 간단하다.

44 플립플롭(flipflop)은 1비트의 정보를 저장하는 기능을 가진 전자회로로 0 또는 1을 출력값으로 가지며 다른 회로로부터 출력값을 변경하라는 순간적인 펄스신호를 보낼 때까지 출력값이 일정하게 유지된다.

45 시프트 레지스터(shift register)는 FF을 여러 개 종속 접속하여 시프트 펄스를 하나씩 공급할 때마다 순차적으로 다음 FF에 데이터가 전송되도록 하는 레지스터이다.

46 - JK 플립플롭(MS-JK 플립플롭) : RS 플립플롭에서 R=S=1의 상태에서는 동작이 불확실한 상태가 되므로, RS 플립플롭에서 Q를 R로, $\overline{Q}$를 S로 되먹임하여 불확실한 상태가 나타나지 않도록 한 회로가 JK 플립플롭이다.
- 마스터/슬레이브 F/F(Master-slave Flip-flop)은 두 개의 F/F을 종속 접속하고, 클록 펄스가 서로 역으로 공급되도록 하여 클록 펄스가 상승에지일 때 입력 신호의 내용을 입력측의 MS

F/F에 일단 기억시키고, 클록 펄스가 하강 에지일 때는 MS F/F에 기억시켜 둔 내용을 출력 측의 SL F/F에 나타나도록 한다. 이처럼 Master-slave F/F은 어느 하나가 동작하면 하나는 동작하지 않게 되므로, 내용이 절반의 시간만큼 지연 시간을 가지게 된다.

J	K	Q_{n+1}
0	0	Q_n (불변)
0	1	0
1	0	1
1	1	$\overline{Q_n}$ (toggle)

[JK F/F의 진리표]

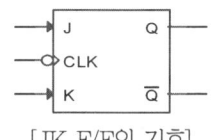

[JK F/F의 기호]

47 1의 보수는 부정을 취하는 것이고, 2의 보수는 1의 보수에 1을 더한다. 그러므로 01111의 1의 보수는 10000이 되고, 2의 보수는 1의 보수에 1을 더하므로 10001이 된다.

48 논리식을 최소화하는 방법(논리회로의 설계 순서)
- 입·출력 조건에 따라 변수를 결정하여 진리표를 작성한다.
- 진리표에 대한 카르노도를 구한다.
- 간소화된 논리식을 구한다.
- 논리식을 기본 게이트로 구성한다.

49 보수(complement)는 컴퓨터가 기본적으로 수행하는 덧셈 회로를 이용하여 뺄셈을 수행하기 위해 사용한다.

50 - 레지스터를 구성하는 기본소자가 플립플롭(F/F)으로, 0과 1의 안정된 논리상태를 갖는 쌍안정 멀티바이브레이터를 플립플롭(F/F)이라 하며, RS 플립플롭, D 플립플롭, JK 플립플롭, T 플립플롭 등 여러 가지 종류가 있다.
- 플립플롭에 전류가 부가되면, 현재의 반대 상태로 변하며(0에서 1로, 또는 1에서 0으로), 그 상태를 계속 유지하므로 한 비트의 정보를 저장할 수 있는 SRAM이나 하드웨어 레지스터 등을 구성하는 데 사용된다.
- 2진수를 레지스터에 직렬로 입·출력할 수 있게 플립플롭을 연결한 것을 시프트 레지스터(shift register)라고 한다. 한 번에 여러 비트를 입·출력할 수 있는 레지스터는 병렬로 데이터가 이동한다고 한다.

51 하나의 입력 데이터를 다수의 출력선 중에서 선택선의 조건(S_0, S_1)에 따라 결정된 출력으로 데이터의 전송이 이루어지도록 하는 회로를 디멀티플렉서(demultiplexer)라 한다.

52 1×4 디멀티플렉서는 출력선이 4개이므로, 출력선을 선택하기 위한 선택 선은 2개(4가지의 경우)가 필요하다.

53 AND(논리곱) 게이트의 동작은 모든 입력신호가 1일 때만 출력상태가 1이 되며, 그 외의 입력이 인가될 때 출력상태는 0이 된다. 논리식은 X = A · B가 된다.

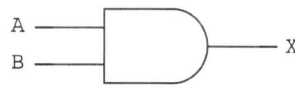

[AND 게이트의 기호]

A	B	X
0	0	0
0	1	0
1	0	0
1	1	1

[AND 게이트의 진리표]

54 $Z = X(\overline{X}+Y) = X\overline{X} + XY = XY$
여기서, $X\overline{X} = 0$이 된다.

55 2진수를 그레이 코드로 변환
① 최상위 비트값은 그대로 사용한다.
② 다음부터는 인접한 값까지 X-OR(Exclusive-OR)연산을 해서 내려 쓴다.

```
    +   +   +   +
   ⌒   ⌒   ⌒   ⌒
 1   1   0   1   1
 ↓   ↓   ↓   ↓   ↓
 1   0   1   1   0
```

56 불 대수에 관한 기본정리
㉠ $A+0=A$, $A \cdot 0 = 0$
㉡ $A+1=1$, $A \cdot 1 = A$
㉢ $A+A=A$, $A \cdot A = A$
㉣ $A+\overline{A}=1$, $A \cdot \overline{A} = 0$

57 논리회로의 설계 순서
- 입·출력 조건에 따라 변수를 결정하여 진리표를 작성한다.
- 진리표에 대한 카르노도를 구한다.
- 간소화된 논리식을 구한다.
- 논리식을 기본 게이트로 구성한다.

58 반가산기는 한 자리수 A와 B를 더할 때 발생되는 결과는 A와 B의 합과 자리올림수(Carry)가 발생하며, 합(S)과 자리올림수(C)의 논리식은 $S = \overline{A}B + A\overline{B} = A \oplus B$, $C = A \cdot B$로 나타낸다.

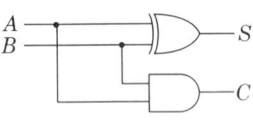

[반가산기의 회로도]

A	B	S(Sum)	C(Carry)
0	0	0	0
0	1	1	0
1	0	1	0
1	1	0	1

[반가산기의 진리표]

59 순서 논리회로를 설계할 때에는 현재 상태와 다음 상태를 보고 입력된 신호의 상태를 파악할 수 있도록 상태도(state table)라는 것을 사용한다.

60 OR 게이트와 NOR 게이트의 AND 결합이므로 $X = (A+B) \cdot (\overline{C+D})$가 된다.

2014년 제2회

01	02	03	04	05	06	07	08	09	10
①	③	③	④	②	④	②	①	④	②
11	12	13	14	15	16	17	18	19	20
②	③	②	④	①	②	③	④	①	①
21	22	23	24	25	26	27	28	29	30
③	④	④	③	④	③	①	②	②	④
31	32	33	34	35	36	37	38	39	40
①	④	④	①	②	④	③	③	②	④
41	42	43	44	45	46	47	48	49	50
②	①	④	①	④	①	④	①	②	②
51	52	53	54	55	56	57	58	59	60
④	④	④	④	①	③	①	④	②	③

01 정류회로의 종류에는 반파 정류회로, 전파 정류회로, 브리지 정류회로 등으로 구분한다.

02 전하(electric charge)의 성질이 같은 종류끼리는 밀어내고 다른 종류의 전하끼리는 끌어당기고, 가장 안정한 상태를 유지하려는 성질이 있기 때문이다.

03 변조도 : 신호파의 진폭과 반송파의 진폭의 비로서

$m = \dfrac{I_m}{I_o}$ 이다.

04 터널 다이오드(tunnel diode)는 불순물 농도를 매우 크게 만들어 부성 저항 특성을 갖는 소자로 마이크로파대의 발진이나 전자계산기의 고속 스위칭 소자로 사용된다.

[터널 다이오드의 기호]

05 전계 효과 트랜지스터(field effect transistor)는 전자 흐름을 다른 전극으로 제어하는 전압 제어형으로, 게이트에 가하는 제어 전압의 크기에 따라서 공핍층의 확산이 달라지며, 그 때문에 채널의 폭이 달라져서 드레인 전류가 제어된다. n 채널형과 p 채널형이 있다. 이 밖에 금속판을 절연물의 박층을 거쳐서 부착하여 반도체 중의 전자류를 제어하도록 한 MOS FET라고 하는 것도 있으며, 또 집적회로에 이용하기 위한 박막 FET도 만들어지고 있다. FET는 트랜지스터의 일종이기는 하지만 전압 구동형이고 특성은 진공관에 가까우며, 저잡음이고 입력 임피던스가 높다는 특징이 있다.

06 부궤환 증폭회로의 특성
- 증폭기의 이득이 감소한다.
- 비선형 일그러짐이 감소한다. 특히 출력단의 잡음이 감소한다.
- 주파수 특성이 개선된다.
- 입력 임피던스가 증가하고, 출력 임피던스는 감소한다.
- 부하의 변동이나 전원 전압의 변동에도 증폭도가 안정된다.

07 합성저항 $R_t = \dfrac{6 \times 8}{6+8} = \dfrac{48}{14} ≒ 3.4[\Omega]$

$I = \dfrac{48}{3.4} ≒ 14[A]$

$6[\Omega]$에 흐르는 전류를 I_1이라 하면
$$I_1 = \dfrac{48}{6} = 8[A]$$
$8[\Omega]$에 흐르는 전류를 I_2라 하면
$$I_2 = \dfrac{48}{8} = 6[A]$$

08 평균값 = 최댓값 $\times \dfrac{2}{\pi}$, 최댓값 = 실효값 $\times \sqrt{2}$

09 궤환증폭도 $A_f = \dfrac{A_o}{1 - A_o \beta}$ 에서

$A_f = \dfrac{100}{1-(100 \times -0.01)} = \dfrac{100}{1-(-1)}$
$= \dfrac{100}{2} = 50$

10 정현파 발진회로는 LC 발진회로(동조형 반결합, Clapp, Hartley, Colpitts)와 수정 발진회로(Pierce, 수정발진기) 및 RC 발진회로(이상형, Wien-Bridge)로 구분되고, 멀티바이브레이터는 구형파 발진회로이다.

11 마이크로 오퍼레이션(Micro Operation)이란 명령을 수행하기 위해 CPU 내의 레지스터와 플래그가 의미 있는 상태 변환을 하도록 하는 동작이다.

12 ASCII(American Standard Code for Information Interchange) 코드
문자를 표시하기 위한 7비트 코드로서 영어 대문자, 소문자로 구별할 수 있으며, 가장 왼쪽의 한 비트는 코드의 오류 검출용 패리티 비트를 부가하여 8비트로 표시하고 데이터 통신에서 표준코드로 사용하며 개인용 컴퓨터에 사용한다.
$2^7 = 128$개의 문자까지 표시가 가능하다.

D	C	B	A	8	4	2	1
패리티비트 (1비트)	존 비트 (3비트)			숫자 비트 (4비트)			

13 누산기(accumulator)는 사칙연산, 논리연산 등의 중간 결과를 기억하는 연산장치의 레지스터이다.

14 - 입력장치 : 프로그램과 자료들이 컴퓨터(CPU) 내에서 처리될 수 있도록 전달하는 장치
- 출력장치 : 컴퓨터(CPU) 내에서 처리된 결과를 사용자가 원하는 형태로 볼 수 있도록 하는 장치

15 $Y = (A+B)(A+C)$
$= AA + AC + AB + BC$
$= A(1+C+B) + BC = A + BC$

16 인터럽트란 컴퓨터가 어떤 프로그램을 실행 중에 긴급사태 등이 발생하면 진행 중인 프로그램을 일시 중단하여 긴급 사태에 대처하고, 긴급 처리가 끝나면 중단했던 프로그램을 재개하는 것을 말한다.

17 - 단방향(Simplex) 통신방식은 접속한 두 장치 사이에서 데이터를 한 방향으로 전송하는 방식이다.
- 반이중(Half Duplex) 통신방식은 양방향에서의 전송이 가능하나 동시에 양방향 통신은 불가능한 방식이다.
- 전이중(Full duplex) 통신방식은 양방향에서 동시에 정보의 송·수신이 가능한 방식이다.

18 마이크로프로세서 장치(microprocessor unit)는 마이크로컴퓨터 내의 중앙처리장치만을 의미하는 핵심적인 부분으로서, 대용량의 집적회로 기술을 이용하여 각종 레지스터와 제어장치들을 버스(bus)로 연결하여 집적한 것이다.

19 - fetch cycle : 기억장치에 있는 명령을 중앙처리장치로 읽어오는 사이클
  * 명령어 인출(instruction fetch cycle)은 기억장치에 있는 명령어를 중앙처리장치로 읽어오는 사이클
- indirect cycle : 간접주소일 때 유효주소를 읽기 위해 기억장치에 접근하는 사이클
- execute cycle : 기억장치에서 읽어들인 명령을 실행하는 주기
- interrupt cycle : 예기치 않은 상황이 발생할 경우 명령을 중단하고 인터럽트를 수행하고 복귀하는 사이클

20 스트로브(strobe) 신호는 컴퓨터나 메모리 기술에서, 인접한 병렬 회선들상의 데이터나 다른 신호들을 확인하기 위해 보내지는 신호를 말한다.
기억장치에서 주소 신호를 읽어들이는 타이밍을 지정하는 제어 신호, 주소 다중화 방식을 사용하고 있는 다이내믹 RAM의 행 주소 스트로브 신호와 열 주소 스트로브 신호는 대표적인 예이다.

21 멀티플렉서(multiplexer)는 N개의 입력 데이터에서 1개의 입력씩만 선택하여 단일 통로로 송신하는 조합 논리회로이다.
$2^3 = 8$이므로 선택선이 3개이면 8개의 입력선이 가능하다.

22 3초과 코드(Excess-3 Code)는 BCD 코드에 $3(0011_{(2)})$을 더하여 만든 코드로, 자기보수 코드(selfcomplement code)라고 한다. 3초과 코드는 비트마다 일정한 값을 갖지 않으며, 연산 동작이 쉽게 이루어지는 특징이 있는 코드이다. 그러므로 0011+0011=0110이 된다.
2진수에 3을 더하면 3초과 코드로 변환된다.

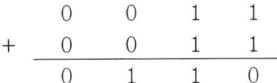

23 ㉠ RTL(Resistor Transistor Logic) : 저항과 트랜지스터로 구성되는 논리회로
- 회로가 간단하며 경제적이다.
- 팬 아웃(fan-out)이 적어 비실용적이다.
- 저속 동작회로이다.
- 레벨 시프트 다이오드와 다이오드의 채택으로 잡음에 다소 강하다.

㉡ TTL(Transistor Transistor Logic) : 입력과 출력회로를 모두 트랜지스터로 구성한 논리회로
- 동작속도가 빠르다.
- DTL과 같이 쓸 수 있다.
- 소비전력이 작고 집적도가 높다.
- 잡음여유(noise margin)가 작다.

㉢ ECL(Emitter Coupled Logic)
- 논리 게이트 중 속도가 가장 빠르다.
- 상보관계의 출력회로이다.
- 출력 임피던스가 낮으며 높은 팬 아웃이 가능하다.
- 소비전력이 가장 크고 잡음여유가 0.3[V]로 작다.
- 용량성 부하가 팬 아웃을 제한하고 다른 논리회로와 혼용이 어렵다.
- 평행 2선식 전송선에 의해 장거리 Data 전송이 가능하다.

㉣ CMOS(Complementary Metal-Oxide Semi-conductor) 논리회로 : 주로 저전력 소모가 요구되는 시스템에 사용되며, 회로의 밀도가 높고 제조공정이 단순하며, 전력소비가 적어 경제적이므로 TTL과 더불어 가장 많이 사용되고 있다.
- 낮은 소비전력 회로이다.
- 단일전원으로 TTL과 병용 가능하다.
- 높은 잡음 여유를 갖는다.

- 온도 안정성이 우수하나 속도가 느리다.

24 핸드셰이킹(handshaking) 제어는 비동기 자료 전송방식의 하나로서 자료 전송 시 송신측과 수신측에서 자료 송신과 자료 수신의 제어신호를 사용하여 서로의 동작을 확인하면서 자료를 전송하는 방식이다.

25 입력 데이터가 모두 같을 경우에는 결과가 0이 되고, 서로 다를 경우에는 결과가 1이 되는 논리회로가 배타적 논리합(exclusive-OR)이며, 논리식은 $Y = A \oplus B = \overline{A}B + A\overline{B}$ 이다.

A	B	Y
0	0	0
0	1	1
1	0	1
1	1	0

[EX-OR 게이트의 진리치표]

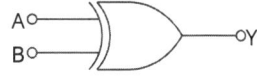

26 비동기형 계수기는 전단의 출력을 입력펄스로 받아 계수하는 회로이고, 동기형 계수기는 입력 펄스를 병렬로 입력받아 각 단이 동시에 동작하는 계수기이다.

27 ROM(Read Only Memory) : 읽어내기 전용으로, 사용자가 기억된 내용을 바꾸어 넣을 수 없는 기억소자로서 전원을 차단하여도 기억 내용을 보존한다.
㉠ Mask ROM : 제조과정에서 프로그램 등을 기억시킨 것으로 전용 자동제어에 사용한다.
㉡ PROM : 사용자가 프로그램 등을 1회에 한하여 써넣을 수 있는 기억소자이다.
㉢ EPROM : 사용자가 프로그램 등을 여러 번 지우고 써넣을 수 있는 기억소자로서, 자외선이나 특정전압 전류로써 내용을 지우고 다시 기록할

수 있다.
　㉣ EEPROM(Electrical Erasable Programmable ROM) : 기록 내용을 전기신호에 의하여 삭제할 수 있으며, 롬 라이터로 새로운 내용을 써넣을 수도 있는 기억소자이다.
　㉤ UVEPROM(Ultra-Violet Erasable Programmable Read Only Memory) : 자외선으로 기억된 내용을 지우고 다른 내용을 기록할 수 있는 롬이다.

28 각 자리의 수에 해당하는 값을 4비트의 2진수로 변환하면 BCD 코드로 변환된다.

즉, $(946)_{10} = (100101000110)_2$가 된다.

29 DMA(Direct Memory Access)에 의한 입·출력 방식은 마이크로 혹은 미니컴퓨터에서 볼 수 있는 가장 진보된 입·출력 방식으로서 입·출력장치의 속도가 빠른 디스크, 드럼, 자기 테이프 등과 입·출력을 할 때에 사용되는 방식이다.
　- DMA 방식의 장점
　　㉠ 프로그램 제어 방식에 비하여 고속의 데이터 전송이 가능하다.
　　㉡ 주변기기와 기억장치 사이에 데이터 전송으로부터 프로세서의 손이 비기 때문에 다른 일을 할 수 있다.

30 해독기(decoder)는 입력 데이터에 따라 $N = 2^n$개의 출력단자가 결정되므로 디코더 회로가 4개의 입력 단자를 갖는다면 출력 단자는 AND 게이트로 이루어지며, 4개를 갖는다.

31 기계어(Machine Language) : 컴퓨터가 직접 이해할 수 있는 2진 코드(0과 1)로 기종마다 다르고, 프로그램의 작성 및 수정, 해독이 매우 어려워 거의 사용되지 않으나, 컴퓨터에서의 수행 속도는 가장 빠른 장점을 지닌다.
기계어는 0과 1로 이루어지므로, 프로그램의 유지보수가 어렵다. 저급 언어는 기계어를 말하며, 기계어는 변환과정 없이 계산기가 직접 처리할 수 있으므로 처리속도가 빠르다.
　- 2진수를 사용하여 명령어와 데이터를 표현한다.
　- 호환성이 없고, 기계마다 언어가 다르다.
　- 프로그램의 실행속도가 빠르다.
　- 프로그램의 유지보수와 배우기가 어렵다.

32 C언어는 UNIX 시스템을 구축하기 위한 시스템 프로그래밍 언어로서 수식이나 제어 및 데이터 구조를 가장 간편하게 제공하고 있으며, C언어는 원래 시스템 프로그램으로 개발되었으나 기종에 관계없이 수치 해석, 텍스트 처리, 데이터베이스 처리를 위한 프로그램에도 많이 활용되고 있으며, UNIX 운영체제를 위해 개발한 시스템 프로그램 언어로 저급 언어와 고급 언어의 특징을 모두 갖춘 컴파일러 방식의 언어이다.
　- C언어의 특징
　　㉠ 하나 이상의 함수 정의문들의 집합으로 구성된다.
　　㉡ 유닉스 운영체제의 대다수를 차지한다.
　　㉢ 영어 소문자를 기본으로 작성된다.
　　㉣ 시스템 간의 호환성이 높다.
　　㉤ 구조적 프로그래밍 및 모듈식 설계가 용이하다.
　　㉥ 비트 연산 및 증감 연산 등의 풍부한 연산자를 제공한다.
　　㉦ 함수를 통한 입·출력만이 존재한다.
　　㉧ 동적인 메모리 관리가 쉽다.

33 운영체제의 성능평가요소에는 신뢰도, 응답시간(Turn around Time), 처리능력(throughput), 이용가능도(availability) 등이 있다.

34 printf( )는 표준 출력함수이고, putchar( )는 한

문자 출력함수로, 출력 후 개행하지 않고, puts( )는 문자열 출력함수로, 출력 후 자동 개행한다.

35 프로그램 실행을 위한 처리 순서는 원시 프로그램→컴파일러→목적 프로그램→연결→실행 순으로 이루어지므로, 문제에서의 수행 순서는 컴파일러 → 링커 → 로더의 순서로 수행된다.

36 어셈블리어(Assembly Language)는 사람이 기억하고 이해하기 쉬운 연상코드(문자, 숫자, 특수문자 등으로 기호화 : 니모닉)를 사용함으로써 프로그램의 작성이 기계어보다 용이하고, 프로그램의 수정이 편리하다는 장점이 있으나, 어셈블러에 의한 번역과정이 필요하므로 처리 속도가 느리고 컴퓨터마다 어셈블러가 다르므로 호환성이 적다.

37 운영체제(OS)는 컴퓨터의 하드웨어 및 각종 정보들을 효율적으로 관리하며, 사용자들에게 편리하게 이용할 수 있고, 자원을 공유하도록 하는 소프트웨어이다.
[운영체제(OS : Operating System)의 기능]
- 자원을 효율적으로 관리하고, 응용 프로그램의 실행 제어
- 작업의 연속적인 처리를 위한 스케줄 관리
- 사용자와 컴퓨터 간 인터페이스 제공
- 메모리 상태와 운영 관리
- 하드웨어 주변장치 관리
- 프로그램이나 데이터 저장, 액세스 제어에 필요한 파일 관리
- 프로그램 수행을 제어하는 프로세서 관리

38 고급 언어로 작성한 원시 프로그램을 목적 프로그램으로 번역하는 기능을 갖는 언어번역 프로그램을 컴파일러(compiler)라 한다.

39 순서도는 처리하고자 하는 문제를 분석하고 입·출력 설계를 한 후에, 그 처리순서의 방법에 따라 기호를 사용하여 나타낸 그림으로 프로그램 코딩의 자료가 되고, 인수인계가 용이하고 오류 발생시 원인을 찾아 수정이 쉽다.
- 순서도(flow chart)를 작성하는 이유
㉠ 논리적인 체계를 쉽게 이해할 수 있다.
㉡ 업무의 전체적인 개요를 쉽게 파악할 수 있다.
㉢ 문제의 정확성 여부를 쉽게 판단할 수 있다.
㉣ 프로그램의 코딩이 쉬워진다.
㉤ 프로그램의 흐름에 대한 수정을 용이하게 한다.

40 프로그래밍에서 변수란 프로그램에 전달되는 정보나 그 밖의 상황에 따라 바뀔 수 있는 값을 의미하고, 상수(constant)는 프로그램이 수행되는 동안 변하지 않는 값을 의미한다.

41 - D/A 변환기 : 디지털 신호를 아날로그 신호로 변환하는 장치
- A/D 변환기 : 아날로그 신호를 디지털 신호로 변환하는 장치

42 2진수 10010011을 8진수로 나타내려면 하위 비트부터 3비트씩 끊어 변환한다.

$$10 \quad 010 \quad 011$$
$$\downarrow \quad \downarrow \quad \downarrow$$
$$2 \quad 2 \quad 3$$

즉, $(10010011)_2 = (223)_8$이 된다.

43 카르노 맵에 의한 논리식의 간략화 : 주어진 논리식을 간략화하기 위해서는 불 대수의 간략화를 이용하지만 변수가 많은 항을 간략화하는 방법으로는 카르노 맵을 이용하는 것이 효율적으로, 카르노 맵은 사각형의 맵 안에 주어진 항의 수를 1로 표시하고, 인접한 칸의 1을 묶어 간략화하는 방법을 말하며, 간략화하는 방법은 다음과 같다.
- 카르노 맵 안에 주어진 논리식의 항을 1로 표시한다.
- 인접한 칸의 1을 2^n(1, 2, 4, 8)개로 묶는다.

- 완전 중복되지 않는 범위에서 1의 수를 중복하여 묶는다.
- 인접되지 않는 1은 더 이상 간략화할 수 없다.

44 - 동기형 카운터(synchronous counter) : 모든 플립플롭의 클록이 병렬로 연결되어 한 번의 클록 펄스에 대하여 모든 플립플롭이 동시에 동작(트리거)되는 카운터를 말하며, 비동기형 카운터보다 동작속도가 빠르므로 고속회로에 이용한다.
- 비동기형 카운터(asynchronous counter) : 모든 플립플롭이 전단의 출력 변화를 클록으로 이용하는 카운터로서, 리플 계수기라고도 불리며 동작지연이 발생하므로 동기형보다 느리나 회로의 구성이 간단하다.

45 플립플롭(Flip-Flop) : 레지스터를 구성하는 기본 소자가 플립플롭(F/F)으로, 0과 1의 안정된 논리 상태를 갖는 쌍안정 멀티바이브레이터를 플립플롭(F/F)이라 하는 것으로, 외부 트리거 신호에 의해 어떤 상태가 되어 있을 때, 다음 트리거 신호가 공급될 때까지 현재의 상태를 안정하게 유지한다. 이러한 성질이 2진수 한 자리를 기억할 수 있는 기억소자(memory)로 사용된다.

46 - 디코더(Decoder : 복호기)는 n비트의 2진 코드를 최대 2^n개의 서로 다른 정보로 바꾸어 주는 논리 조합회로로 출력은 AND 게이트로 구성된다.
- 인코더(Encoder : 부호기)는 숫자나 문자 등의 10진수 입력을 2진 부호로 변환하는 회로로 OR 게이트로 구성된다.

47 리플 계수기는 전단의 출력을 다음 단의 입력으로 사용하므로 동기형 계수기로 사용할 수 없다.

48 일련의 순차적인 수를 세는 회로를 계수회로(counter)라 한다.

49 - 멀티플렉서(Multiplexer)는 n개의 입력신호 중 선택 제어의 조건에 따라 1개의 입력만 선택하여 출력하는 조합 논리회로로서, 2^n개의 데이터 입력을 제어하기 위해서는 최소 n개의 선택 제어선이 필요하며, 선택 제어선의 조건에 따라 출력신호가 결정된다.
- 디멀티플렉서(demultiplexer)는 하나의 입력데이터를 다수의 출력선 중에서 선택선의 조건(S_0, S_1)에 따라 결정된 출력으로 데이터의 전송이 이루어지도록 하는 회로이다.

50 음수의 표현방법에는 부호와 절대값을 이용한 방법, 1의 보수 및 2의 보수를 이용한 방법이 사용된다.

51 반감산기(HS : Half Subtractor)는 두 개의 2진수를 감산하여 자리내림수 B(Borrow)와 차 D(Difference)를 나타내는 논리회로이다.

A	B	B(자리내림수)	D(차)
0	0	0	0
0	1	1	1
1	0	0	1
1	1	0	0

$D = A\overline{B} + \overline{A}B$, $b = \overline{A}B$

[반감산기의 회로구성]

52 분배법칙이란 어떤 것을 똑같이 다른 것으로 분배하는 법칙으로 덧셈이나 뺄셈에 대한 곱셈과 같은 것이다. 즉, 두 수의 합에 어떤 수를 곱할 때, 이 수를 더하는 두 수에 분배하여 곱하고 다음의 결과를 더하는 것이다.

53 JK 플립플립의 진리치표는 아래와 같다.

J	K	Q	비고
0	0	이전상태(Q_n)	불변
0	1	0	리셋
1	0	1	세트
1	1	반전상태($\overline{Q_n}$)	보수

그러므로 J=0, K=1일 때는 0(리셋)이 되고, J=1, K=0일 때는 1(세트)이 된다.

54 - 컴퓨터에서 레지스터는 마이크로프로세서의 일부분으로서 아주 적은 데이터를 잠시 저장할 수 있는 공간이며, 하나의 명령어에서 다른 명령어 또는 운영체계가 제어권을 넘긴 다른 프로그램으로 데이터를 전달하기 위한 장소를 제공한다.
- 하나의 레지스터는 하나의 명령어를 저장하기에 충분히 커야 하는데, 예를 들어 32비트 명령어 컴퓨터에 사용되는 레지스터의 길이는 32비트 이상이어야 한다. 그러나 어떤 종류의 컴퓨터에서는 길이가 짧은 명령어를 위해, 하프 레지스터라고 불리는 크기가 더 작은 레지스터를 쓰기도 한다.
- 프로세서 설계나 언어규칙에 따라 차이가 있지만, 레지스터에는 대개 번호가 붙어 있거나 또는 나름대로의 이름을 가지고 있다.
- 산술적·논리적 연산이나 정보 해석, 전송 등을 할 수 있는 일정 길이의 2진 정보를 저장하는 중앙장치 내의 기억장치, 주기억장치에 비해서 접근 시간이 빠르다. 누산기, 프로그램 계수기, 색인 레지스터, 명령어 레지스터 등이 있다.

55 $B\overline{B}=0$이므로
$(\overline{\overline{A}+B})(\overline{\overline{A}+\overline{B}}) = (A\overline{B})+(AB)$
$\phantom{(\overline{\overline{A}+B})(\overline{\overline{A}+\overline{B}})} = AA \cdot AB \cdot A\overline{B} \cdot B\overline{B}$
$\phantom{(\overline{\overline{A}+B})(\overline{\overline{A}+\overline{B}})} = 0$

56 플립플롭이 n개일 때 카운터가 셀 수 있는 최대의 수를 N이라 하면 N=2^n개의 수를 셀 수 있고, 0에서 2^n-1의 수까지 표현한다. 그러므로 $2^6=64$ 이다.

57 JK F/F의 입력 J와 K를 서로 묶어서 하나의 입력으로 하여 클록신호가 1일 때 출력이 반전상태(토글)가 되도록 한 것이 T 플립플롭(F/F)이다.

T	Q_{n+1}
0	Q_n
1	$\overline{Q_n}$

58 패리티 검사기(Parity checker)는 비트열에 있는 1의 개수의 합이 홀수 또는 짝수인가를 검사하는 회로이다.

59 논리합(OR)의 부정에 해당하며, 입력 데이터가 모두 0일 때 결과가 1이 되는 NOR(부정 논리합) 논리회로의 진리치표로, $Y = \overline{A+B}$ 의 논리식으로 표현한다.

입력 A	입력 B	출력 Y
0	0	1
0	1	0
1	0	0
1	1	0

60 전달지연시간(time delay)은 전자회로에서, 전달지연이나 회로지연(gate delay)은 논리회로에 안정되고 유효한 신호가 입력되는 순간부터 논리회로가 안정되고 유효한 신호를 출력할 때까지 걸리는 시간이다.

2014년 제5회

정답

01	02	03	04	05	06	07	08	09	10
④	②	②	④	③	②	①	④	③	①
11	12	13	14	15	16	17	18	19	20
②	④	①	④	①	③	④	④	②	②
21	22	23	24	25	26	27	28	29	30
④	③	②	④	④	①	④	③	④	②
31	32	33	34	35	36	37	38	39	40
③	③	③	③	④	③	①	④	①	④
41	42	43	44	45	46	47	48	49	50
④	②	②	④	②	③	①	②	③	①
51	52	53	54	55	56	57	58	59	60
①	④	①	③	①	③	④	①	④	②

01
- 반파 정류회로는 직류의 한쪽 전압을 한쪽 방향으로 흐르게 하는 정류회로이다.
- 전파 정류회로는 교류의 양쪽 전압을 한쪽 방향으로 흐르게 하는 정류회로이다.

02 플립플롭(Flip-Flop) : 레지스터를 구성하는 기본 소자가 플립플롭(F/F)으로, 0과 1의 안정된 논리 상태를 갖는 쌍안정 멀티바이브레이터를 플립플롭(F/F)이라 하는 것으로, 외부 트리거 신호에 의해 어떤 상태가 되어 있을 때, 다음 트리거 신호가 공급될 때까지 현재의 상태를 안정하게 유지한다. 이러한 성질이 2진수 한 자리를 기억할 수 있는 기억 소자(memory)로 사용된다.

03 ① 병렬접속 : 합성저항(R_p)은 각 저항의 역수의 합의 역수와 같다.

$$R_p = \frac{1}{\frac{1}{R_1}+\frac{1}{R_2}+\frac{1}{R_3}}[\Omega]$$

$$= \frac{R_1 \ R_2 \ R_3}{R_1 R_2 + R_2 R_3 + R_1 R_3}[\Omega]$$

$$= \frac{3 \times 4 \times 5}{3 \times 4 + 4 \times 5 + 3 \times 5} = \frac{60}{47}$$

② 직·병렬 접속 : 합성저항(R_t)는

$$R_t = 2 + \frac{60}{47} = \frac{90}{47} + \frac{60}{47} = \frac{154}{47}[\Omega]$$

04 제너 다이오드는 역방향 전류가 비교적 크고 제너 파괴전압이 일정한 다이오드로서 전압 안정회로에 주로 사용된다.

05 ① P형 반도체는 순수한 4가 원소에 3가 원소(최외곽 전자가 3개, 붕소, 갈륨, 인듐 등)를 첨가해서 만든 반도체
② N형 반도체는 순수한 4가 원소에 5가 원소(최외곽 전자가 5개, 안티몬, 비소, 인 등)를 첨가해서 만든 반도체
③ P형 반도체를 만드는 불순물(억셉터, acceptor)로는 In, Ga, B 등이 있으며 N형 반도체를 만드는 불순물(도너, donor)에는 안티몬(Sb), 비소(As), 인(P) 등이 있다.

06
$$K = \frac{\sqrt{V_2^2 + V_3^2}}{V} \times 100$$

$$= \frac{\sqrt{4^2 + 3^2}}{50} \times 100 = 10[\%]$$

07
- 정현파 발진회로는 LC 발진회로(동조형 반결합, Clapp, Hartley, Colpitts)와 수정 발진회로(Pierce, 수정발진기) 및 RC 발진회로(이상형, Wien-Bridge)로 구분되고, 멀티바이브레이터는 구형파 발진회로이다.
- RC 발진기의 종류에는 이상(phase shifter) 특성을 이용한 이상형 발진기와 빈 브리지(Wien bridge) 발진기가 있으며 RC형 발진기는 LC 동조회로를 사용하지 않으며, 발진 주파수는 RC의 시정수에 의해 정해지고 저주파의 정현파 발진에 주로 사용된다.

08 출력이 입력파형의 첨두전압과 같은 값의 직류전압을 갖는 회로를 첨두검출기(피크검출기)라 한다. 회로(능동 피크검출기)에서 양의 반주기에서 다이오드(D)가 도통되고 커패시터(C)는 입력전압에서 오프셋(offset) 전압을 뺀 만큼의 전압이 충

전된다. 즉, 연산증폭기(OP Amp)의 매우 높은 이득이 다이오드의 오프셋 전압 영향을 0.7[V]에서 7[mV] 범위까지 줄일 수 있게 하므로 mV 신호를 검출할 수 있다.

09 – 진폭 변조(Amplitude Modulation, AM)란 신호파의 크기에 비례하여 반송파의 진폭을 변화시킴으로써 정보가 반송파에 합성되는 방식을 말한다.
진폭변조는 회로가 간단하고, 비용이 적게 드는 반면에 전력 효율이 안 좋고, 잡음에 약한 단점이 있다.
– 주파수 변조(Frequency Modulation, FM)는 신호파의 크기 변화를 반송파의 주파수 변화에 담아서 보내는 방법으로, AM이 주파수는 고정되고 진폭이 변화하는 반면에, FM은 주파수가 변하는 대신 진폭은 항상 같은 값으로 유지된다. 신호파형의 전압이 높을수록 주파수가 높아져서 파장이 조밀해지고, 그 반대로 전압이 낮을 때는 주파수가 낮아져서 파장이 넓어지게 된다. 주파수 변조는 진폭에 영향을 받지 않아 페이딩에 민감하지 않은 반면에 대역폭이 넓어지고, side lobe가 많이 생긴다.

10 트랜지스터의 동작 영역
㉠ 포화영역 : 베이스 전류를 크게 해도 그 이상 컬렉터 전류가 증가하지 않는 영역이다.
㉡ 활성영역 : 베이스 전류의 변화에 따라 컬렉터 전류가 변화하는 영역이다.
㉢ 차단영역 : 베이스 전류가 없기(또는 극소량) 때문에 전류가 흐르지 않는 영역이다.
트랜지스터(BJT)의 동작영역에서 증폭기로 사용하기 위해서는 활성영역에서 동작하여야 하고, 논리회로에 사용하기 위해서는 포화영역과 차단영역을 사용한다.

11 각 논리게이트의 지연시간을 살펴보면 RTL : 12[nsec], DTL : 30[nsec], TTL : 10[nsec], ECL : 2[nsec], MOS : 100[nsec], CMOS : 500[nsec]이다. 그러므로 처리속도 순으로 나열하면 ECL-TTL-RTL-DTL-MOS-CMOS 순이 된다.

12 스택(Stack)은 0-주소지정방식의 메모리 처리구조로 후입선출(LIFO : Last-In First-Out)의 데이터 처리방법을 갖는다.

13 산술논리연산장치는 산술연산, 논리연산, 시프트 회로, 가산기, 누산기 등으로 구성되며, 연산장치는 제어장치의 명령에 따라 입력되는 자료의 산술연산(4칙 연산, 보수의 계산)과 논리연산(AND, OR, NOT 등)을 수행하고, 정보의 기억은 기억장치에서 수행한다.

14 ASCII(American Standard Code for Information Interchange) 코드는 문자를 표시하기 위한 7비트 코드로서 영어 대문자, 소문자로 구별할 수 있으며, 가장 왼쪽의 한 비트는 코드의 오류 검출용 패리티 비트를 부가하여 8비트로 표시하고 데이터 통신에서 표준코드로 사용하며 개인용 컴퓨터에 사용한다. $2^7 = 128$개의 문자까지 표시가 가능하다.

D	C	B	A	8	4	2	1
패리티비트 (1비트)	존 비트 (3비트)			숫자 비트 (4비트)			

15 RFID(Radio Frequency Identification)는 스마트 태그라고도 불리고, 카드 안에 초소형 칩을 내장하고 바코드의 6,000배에 달하는 정보를 수록할 수 있는 자동인식기술 중의 하나이다. 기능은 바코드와 비슷하지만 먼 거리에서도 인식이 가능하고 동시에 여러 개를 인식할 수 있다는 장점이 있어 바코드보다 활용범위가 훨씬 넓다고 할 수 있다.

16 패리티 비트(Parity Bit)에 의한 오류 검출은 단지 오류 검출만 되지만 해밍 코드(Hamming Code)는 오류 검출 후 오류 정정까지 가능한 것이다.
- 해밍 코드(Hamming Code)는 1비트의 오류를 자동적으로 정정해 주는 코드로, 1비트의 단일 오류를 정정하기 위해서는 3비트의 여유 비트가 필요하고, 2개 이상의 중복 오류를 수정하려면 더 많은 여유 비트가 필요하다.

17 $0.6875 \times 2 = 1.375$ $0.375 \times 2 = 0.75$
$0.75 \times 2 = 1.5$ $0.5 \times 2 = 1.0$
∴ $(0.6875)_{10} = (0.1011)_2$

18 인터럽트란 컴퓨터가 어떤 프로그램을 실행 중에 긴급사태 등이 발생하면 진행 중인 프로그램을 일시 중단하여 긴급 사태에 대처하고, 긴급 처리가 끝나면 중단했던 프로그램을 재개하는 것을 말한다.

19 - 배치 처리(Batch Processing) : 데이터를 일정 기간, 일정량을 저장하였다가 한꺼번에 처리하는 방식
- 시분할 처리 : 시간을 분할하여 여러 이용자의 자료를 병행 처리하는 방식
- 실시간 처리 : 데이터 발생 즉시 처리하는 방식
- 온라인 실시간 처리 : 데이터 발생 즉시 처리하여 결과까지 완료하는 시스템
- 오프라인 시스템 : 전송된 데이터를 일단 카드, 자기테이프에 기록한 다음 일괄 처리하는 방식

20 ㉠ LAN(근거리통신망 : Local Area Network) : 근거리 또는 단일 건물 내에서 통신회선을 이용하여 네트워크를 구성하는 통신망
㉡ WAN(광대역통신망 : Wide Area Network) : 지역적으로 넓은 영역에 걸쳐 구축하는 다양하고 포괄적인 컴퓨터 통신망
㉢ VAN(부가가치통신망 : Value Added Network) : 공중전기통신사업자로부터 회선을 빌려 컴퓨터를 이용한 네트워크를 구성, 정보의 축적·처리·가공을 하는 통신서비스 또는 그 네트워크를 제공하는 사업을 하는 통신망

21 플로터(Plotter)는 설계분야에서 제일 많이 사용되는 출력장치로 중요한 설계도면이나 그래프 등의 데이터를 출력하고자 하는 용지의 크기에 제한받지 않고 처리 결과를 그래프나 도형으로 출력하는 장치이다. 매우 정밀한 해상도의 출력이 가능하여 광고업계, 설계사무실 및 CAD분야 등에서 많이 사용되고 있다.

22 DMA(Direct Memory Access)에 의한 입·출력 방식은 마이크로 혹은 미니컴퓨터에서 볼 수 있는 가장 진보된 입·출력 방식으로서 입·출력장치의 속도가 빠른 디스크, 드럼, 자기 테이프 등과 입·출력을 할 때에 사용되는 방식이다.
[DMA 방식의 장점]
㉠ 프로그램 제어 방식에 비하여 고속의 데이터 전송이 가능하다.
㉡ 주변기기와 기억장치 사이에 데이터 전송으로부터 프로세서의 손이 비기 때문에 다른 일을 할 수 있다.

23 - 단방향(Simplex) 통신방식은 접속한 두 장치 사이에서 데이터를 한 방향으로 전송하는 방식이다.
- 반이중(Half Duplex) 통신방식은 양방향에서의 전송이 가능하나 동시에 양방향 통신은 불가능한 방식이다.
- 전이중(Full duplex) 통신방식은 양방향에서 동시에 정보의 송·수신이 가능한 방식이다.

24 - 순차 액세스 기억장치(Sequential Access Storage) : 정보를 읽거나 기록하기 위해, 처음부터 순차적으로 액세스하는 장치로서 자기테이프가 대표적이다.

- 자기테이프는 데이터 접근이 순차에 의해 이루어지는 기억장치이고, 자기 디스크, CD-ROM, 자기코어, 하드 디스크, 플로피 디스크는 임의 액세스 기억장치이다.

25 논리적 연산에서 단항 연산은 MOVE, SHIFT, ROTATE, COMPLEMENT 연산 등이 있고, 이항 연산에는 사칙연산, OR(논리합 : 문자 또는 비트의 삽입), AND(논리곱 : 불필요한 비트 또는 문자의 삭제) 등이 해당된다.
  - MOVE : 하나의 입력 자료를 갖는 단일 연산으로 전자계산기 내부에서 하나의 레지스터에 기억된 데이터를 다른 레지스터로 옮기는 데 이용
  - Complement : 단일 연산으로 입력 자료 1의 연산 결과는 보수가 된다.
    * 음(-)수의 표현에 있어 1의 보수 또는 2의 보수를 구하는 데 이용
  - AND : 필요 없는 부분을 지워버리고 나머지 비트만을 가지고 처리하기 위하여 사용
  - OR : AND 회로와는 거의 반대의 연산을 실행하는 것으로서, 2개 이상의 데이터를 합치는 데 이용
  - Shift(시프트) : 입력 데이터의 모든 비트를 각각 서로 이웃의 비트자리로 옮기는 데 사용
  - Rotate(로테이트) : shift와 유사한 연산으로서, shift 연산에서는 연산 후에 밀려나오는 비트를 버리거나 올림수 레지스터에 기억시키지만, Rotate의 경우에는 밀려나온 비트가 다시 반대편 끝으로 들어가게 된다.

26 2)25   ∴ $(25)_{10} = (11001)_2$
    2) 12 … 1
    2) 6 … 0
    2) 3 … 0
        1 … 1 ↑

27 명령어 형식의 종류
  - 0주소 명령형식 : 오퍼레이션 코드만 존재하고 피연산자의 주소가 없는 형식으로 스택을 이용하게 된다. 데이터를 기억시킬 때 PUSH, 꺼낼 때 POP을 사용한다.
  - 1주소 명령형식 : 오퍼레이션 코드와 피연산자의 주소가 있는 형식으로 연산대상이 되는 두 개 중 하나만 표현하고 나머지 하나는 누산기(AC)를 사용하는 것이다. 동작방식은 주기억장치 내의 데이터(주소에서 표현한 번지에 있는 데이터)와 AC 내의 데이터로 연산이 이루어지며, 연산결과는 AC에 저장된다.
  - 2주소 명령형식 : 오퍼레이션 코드와 피연산자의 주소1, 피연산자의 주소2가 있는 형식으로 연산대상이 되는 두 개의 주소를 표현하고 연산 결과를 그중 한 곳에 저장한다. 동작특성상 한 곳의 내용이 연산 결과 저장으로 소멸된다. 연산 결과를 기억시킬 곳의 주소를 인스트럭션 내에 표시할 필요가 없다. 또한 주소1과 중앙처리장치 내의 AC에 동시에 기억시키도록 할 수도 있으며 이렇게 하면 계산 결과를 시험할 필요가 있을 때 중앙처리장치 내에서 직접 시험이 가능하므로 시간을 절약할 수 있다.
  - 3주소 명령형식 : 오퍼레이션 코드와 피연산자의 주소1, 피연산자의 주소2, 피연산자의 주소3(결과)의 형식으로 연산 대상이 두 개의 주소와 연산 결과를 저장하기 위한 결과 주소를 표현한다. 여러 개의 범용 레지스터를 가진 컴퓨터에서 사용할 수 있는 형식으로 하나의 인스트럭션을 수행하기 위해서 최소한 4번 기억장치에 접근하여야 하므로 수행기간이 길어서 특수 목적 이외에는 잘 사용하지 않는다. 연산 후에도 입력 자료가 변하지 않고 보존된다.

28 수의 크기는 다음 3가지 중의 한 가지 방법으로 표현한다.
  ㉠ 부호와 절대값(signed-magnitude)
  ㉡ 부호와 1의 보수(signed-1's complement)
  ㉢ 부호와 2의 보수(signed-2's complement)

29 해독기(decoder)의 출력은 AND 게이트로 이루어지며, 입력 데이터에 따라 출력이 결정되고, 그림은 2×4 해독기로서 회로도와 진리치표는 아래와 같으므로 4개의 AND 게이트로 이루어지며, 반대로 부호기(encoder)의 출력은 OR 게이트로 이루어진다.

A	B	X_0	X_1	X_2	X_3
0	0	1	0	0	0
0	1	0	1	0	0
1	0	0	0	1	0
1	1	0	0	0	1

[2×4 디코더(해독기)의 진리치표]

30 통신망 형태
  ㉠ 성형 : 중앙집중식(온라인 시스템의 전형적 방법). 중앙 컴퓨터 장애 시 전체 시스템 기능에 영향을 미침
  ㉡ 망형 : 직통 회선 연결, 공중전화망(PSTN), 공중 데이터망(PSDN) 사용. 한 회선 고장 시 우회 경로를 통해 전송 가능
  ㉢ 링형 : 근거리 망에 사용. 우회 기능이 필요. 각 단말기마다 중계기 필요
  ㉣ 버스형 : 근거리 망에서 데이터 양이 적을 때 사용. 회선이 하나이므로 구조가 간단하고 단말장치의 증설과 삭제가 용이
  ㉤ 트리형 : 단말기에서 다시 연장되어 연결된 형태. 하나의 단말기를 컴퓨터로 대치시키면 분산 처리가 적당

31 일괄처리(batch processing) 방식은 데이터를 일정기간, 일정량을 저장하였다가 한꺼번에 처리하는 방식으로 급여 계산 업무, 전기 및 수도 요금 계산 업무, 전화 요금 업무 등의 처리에 적합하다.

32 번역기의 종류
  – 어셈블러(Assembler) : 어셈블리 언어로 작성된 원시 프로그램을 기계어로 번역하는 프로그램이다.
  – 컴파일러(Compiler) : 전체 프로그램을 한 번에 처리하여 목적 프로그램을 생성하는 번역기로 기억 장소를 차지하지만 실행 속도가 빠르다. 한번 번역해두면 목적 프로그램이 생성되므로 재차 실행 시에 다시 번역할 필요가 없다. 컴파일러를 사용하는 언어에는 ALGOL, PASCAL, FORTRAN, COBOL, C 등이 있다.
  – 인터프리터(Interpreter) : 작성된 원시 프로그램을 한 줄씩 읽어 번역 및 실행하는 작업을 반복하는 프로그램이다. 목적 프로그램이 남지 않으며, 일괄처리가 아니므로 대화형이라 한다. 실행속도가 느리지만 기억 장소를 적게 차지한다. 인터프리터를 사용하는 언어에는 BASIC, LISP, 자바(JAVA), PL/1 등이 있다.

33 구조적 프로그래밍은 하향식 설계기법으로 프로그램이 복잡해지는 것을 방지하고, 프로그램을 구성하는 각 요소를 다루기 쉽도록 보다 작은 규모로 조직화하는 설계 방법이다.
[구조적 프로그래밍을 작성하는 목적]
  ㉠ 프로그램을 읽기 쉽게 하여 프로그램 개발 및 유지보수가 용이하다.
  ㉡ 프로그램의 신뢰성을 높이고, 프로그램 테스트를 용이하게 한다.
  ㉢ 프로그램에 대한 규율을 제공하고, 소요되는 경비가 감소한다.

34 Round Robin은 우선순위를 결정하는 방법으로서, 각 프로세서에게 순서대로 일정한 시간 동안 처리기를 차지하도록 하는 것. 일반적으로 하나의 프로세스 단위로 처리기를 차지한다.

35 프로그램 실행을 위한 처리 순서는 원시 프로그램 → 컴파일러 → 목적 프로그램 → 연결 → 실행 순으로 이루어지므로, 문제에서의 수행 순서는 컴파일러 → 링커 → 로더의 순서로 수행된다.

36 기계어 : 컴퓨터가 직접 이해할 수 있는 2진 코드로 기종마다 다르고, 프로그램의 작성 및 수정, 해독이 매우 어려워 거의 사용되지 않으나, 컴퓨터에서의 수행 속도는 가장 빠른 장점을 지닌다. 기계어는 0과 1로 이루어지므로, 프로그램의 유지보수가 어렵다. 저급 언어는 기계어를 말하며, 기계어는 변환과정 없이 계산기가 직접 처리할 수 있으므로 처리속도가 빠르다.
- 2진수를 사용하여 명령어와 데이터를 표현한다.
- 호환성이 없고, 기계마다 언어가 다르다.
- 프로그램의 실행속도가 빠르다.
- 프로그램의 유지보수와 배우기가 어렵다.

37 스케줄링 알고리즘의 종류
㉠ FIFO(또는 FCFS, First Come First Served) 스케줄링 : 가장 간단한 스케줄링 기법으로 먼저 대기 큐에 들어온 작업에게 CPU를 먼저 할당하는 비선점 스케줄링 방식이다. 중요하지 않은 작업이 중요한 작업을 기다리게 할 수 있으며, 대화식 시스템에 부적합하다.
㉡ 우선순위 스케줄링 : 각 작업마다 우선순위가 주어지며, 우선순위가 제일 높은 작업에 먼저 CPU가 할당되는 방법이다. 우선순위가 낮은 작업은 Indefinite Blocking이나 Starvation에 빠질 수 있고, 이에 대한 해결책으로 체류 시간에 따라 우선 순위가 높아지는 Aging 기법을 사용할 수 있다.
㉢ 기한부 스케줄링 : 작업이 제한 시간이나 Deadline 시간 안에 완료되도록 하는 기법이다.
㉣ RR(Round Robin) 스케줄링 : FIFO 스케줄링 기법을 Preemptive 기법으로 구현한 스케줄링 기법으로 프로세스는 FIFO 형태로 대기 큐에 적재되지만, 주어진 시간 할당량 안에 작업을 마쳐야 하며, 할당량을 다 소비하고도 작업이 끝나지 않은 프로세스는 다시 대기 큐의 맨 뒤로 되돌아간다. 선점 스케줄링 기법으로 대화식 시분할 시스템에 적합하다.
㉤ SJF(Shortest Job First) 스케줄링 : 비선점 스케줄링으로 처리할 작업시간이 가장 적은 프로세스에 CPU를 할당하는 기법이다. 평균 대기시간이 최소인 최적의 알고리즘이지만, 각 프로세스의 CPU 요구 시간을 미리 알기 어렵다는 단점이 있다.
㉥ SRT(Shortest Remaining Time) 스케줄링 : SJF 스케줄링 기법의 선점 구현 기법으로 새로 도착한 프로세스에 대기 큐에 남아 있는 프로세스의 작업이 완료되기까지의 남아 있는 실행 시간 추정치가 가장 작은 프로세스에 먼저 CPU를 할당한다.
㉦ HRN(Highest Respones Ratio Next) 스케줄링 : Brinch Hansen이 SJF 스케줄링 기법의 약점인 긴 작업과 짧은 작업의 지나친 불평등을 보완한 스케줄링 기법으로 비선점 스케줄링 기법이며, 서비스 받을 시간이 분모에 있기에 짧은 작업의 우선 순위가 높아진다. 대기 시간이 분자에 있기에 긴 작업도 대기 시간이 큰 경우에는 우선 순위가 높아진다.
㉧ 다단계 피드백(Multi level Feedback Queue) 스케줄링 : 다양한 특성의 작업이 혼합될 경우 유용한 스케줄링 방법으로, 새로운 프로세스는 그 특성에 따라 각각 대기 큐에 들어오게 되며 그 실행 형태에 따라 다른 대기 큐로 이동한다.

38 프로그래밍 언어가 갖추어야 할 요건
- 프로그래밍 언어의 구조가 체계적이어야 한다.
- 언어의 확장이 용이하여야 한다.
- 효율적인 언어이어야 한다.
- 작은 기억 장소를 사용하여야 한다.

39 C언어에서 사용되는 입·출력 함수
- getchar( ) : 한 문자 입력한다.
- gets( ) : 문자열 입력한다.
- printf( ) : 표준 출력함수이다.
- putchar( ) : 한 문자 출력함수로, 출력 후 개행하지 않음
- puts( ) : 문자열 출력함수로, 출력 후 자동 개

행

40 순서도는 처리하고자 하는 문제를 분석하고 입·출력 설계를 한 후에, 그 처리순서의 방법에 따라 기호를 사용하여 나타낸 그림으로 프로그램 코딩의 자료가 되고, 인수인계가 용이하고 오류 발생 시 원인을 찾아 수정이 쉽다.
[순서도(flow chart)를 작성하는 이유]
㉠ 논리적인 체계를 쉽게 이해할 수 있다.
㉡ 업무의 전체적인 개요를 쉽게 파악할 수 있다.
㉢ 문제의 정확성 여부를 쉽게 판단할 수 있다.
㉣ 프로그램의 코딩이 쉬워진다.
㉤ 프로그램의 흐름에 대한 수정을 용이하게 한다.

41 시프트 레지스터(shift register)는 FF을 여러 개 종속 접속하여 시프트 펄스를 하나씩 공급할 때마다 순차적으로 다음 FF에 데이터가 전송되도록 하는 레지스터이다.

42 RS 플립플롭에서 R=S=1의 상태에서는 동작이 불확실한 상태가 되므로, RS 플립플롭에서 Q를 R로, $\overline{Q}$를 S로 되먹임하여 불확실한 상태가 나타나지 않도록 한 회로가 JK 플립플롭이다.

J	K	Q_{n+1}
0	0	Q_n(불변)
0	1	0
1	0	1
1	1	$\overline{Q_n}$ (toggle)

[JK F/F의 진리표]

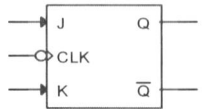

[JK F/F의 기호]

43 멀티바이브레이터의 종류
- 비안정 멀티바이브레이터(Astable Multivibrator) : 회로에 전원이 공급되면 구형파의 발진이 이루어지는 회로이다.
- 단안정 멀티바이브레이터(Monostable Multivibrator) : 자체 발진의 능력은 없으나 외부의 트리거 펄스 입력이 공급될 때마다 하나의 구형파를 출력하는 회로이다.
- 쌍안정 멀티바이브레이터(Bistable Multivibrator) : 안정 상태를 유지하며 외부의 트리거 펄스 입력이 두 개 공급될 때마다 하나의 구형파를 출력하는 회로로 일반적으로 플립플롭(Flip Flop) 회로라 한다.

44 4변수 카르노 맵에서 최소항(minterm)은 AND 연산의 결합으로 2^n개의 조합이 이루어지므로 2^4=16의 변수항으로 구성된다.

45 - 순서 논리회로는 출력신호가 현재의 입력신호와 과거의 입력신호에 의하여 결정되는 논리회로로서 F/F과 같은 기억소자나 논리게이트로 구성된다.
- 조합 논리회로는 입력변수의 값에 따라 일정한 출력을 갖는 논리회로로 n개의 입력 변수들은 2^n개의 2진 조합이 가능하며, 하나의 입력 조합에 대하여 단 1개의 출력 조합이 출력된다.

46 반가산기는 한 자리수 A와 B를 더할 때 발생되는 결과는 A와 B의 합과 자리올림수(Carry)가 발생하며, 합(S)과 자리올림수(C)의 논리식은
$S = \overline{A}B + A\overline{B} = A \oplus B$, $C = A \cdot B$로 나타낸다.

A	B	S(Sum)	C(Carry)
0	0	0	0
0	1	1	0
1	0	1	0
1	1	0	1

[반가산기의 진리표]

47

```
  +   +   +
1   1   1   0
↓ ↗ ↓ ↗ ↓ ↗ ↓
1   0   1   1
```

그레이 코드 1110을 2진수로 변환하면 1011이 된다.

48
- 디코더(Decoder : 복호기)는 n비트의 2진 코드를 최대 2^n개의 서로 다른 정보로 바꾸어 주는 논리 조합회로로 출력은 AND 게이트로 구성된다.
- 인코더(Encoder : 부호기)는 숫자나 문자 등의 10진수 입력을 2진부호로 변환하는 회로로 OR 게이트로 구성된다.
- 멀티플렉서(Multiplexer)는 n개의 입력신호 중 선택 제어의 조건에 따라 1개의 입력만 선택하여 출력하는 조합 논리회로로서, 2^n개의 데이터 입력을 제어하기 위해서는 최소 n개의 선택 제어선이 필요하며, 선택 제어선의 조건에 따라 출력신호가 결정된다.
- 디멀티플렉서(demultiplexer)는 하나의 입력데이터를 다수의 출력선 중에서 선택선의 조건(S_0, S_1)에 따라 결정된 출력으로 데이터의 전송이 이루어지도록 하는 회로이다.

49 JK F/F의 입력 J와 K를 서로 묶어서 하나의 입력으로 하여 클록신호가 1일 때 출력이 반전상태(토글)가 되도록 한 것이 T 플립플롭(F/F)이다.

T	Q_{n+1}
0	Q_n
1	$\overline{Q_n}$

50 드 모르간(De Morgan)의 법칙
$(\overline{X+Y}) = \overline{X} \cdot \overline{Y}$, $(\overline{X \cdot Y}) = \overline{X} + \overline{Y}$
$\overline{A} + \overline{B} = \overline{A \cdot B}$에 해당하므로 NAND 게이트이다.

51 Exclusive-NOR 게이트의 동작은 일치회로라고도 하며, 동일한 입력(0 또는 1)이 인가되면 출력상태는 1 상태가 되며, 입력상태가 서로 다르게(0과 1) 인가될 때 출력은 0 상태가 된다.
논리식은 $X = \overline{A \oplus B}$가 된다.

[EX-NOR 게이트의 기호]

A	B	X
0	0	1
0	1	0
1	0	0
1	1	1

[EX-NOR 게이트의 진리표]

52 1의 보수는 부정을 취하는 것이고, 2의 보수는 1의 보수에 1을 더한다. 여기서 10100101의 1의 보수는 01011010이 되고, 2의 보수는 1의 보수에 1을 더하므로 01011011이 된다.

53
- 동기형 카운터(synchronous counter) : 모든 플립플롭의 클록이 병렬로 연결되어 한 번의 클록 펄스에 대하여 모든 플립플롭이 동시에 동작(트리거)되는 카운터를 말하며, 비동기형 카운터보다 동작속도가 빠르므로 고속회로에 이용한다.
- 비동기형 카운터(asynchronous counter) : 모든 플립플롭이 전단의 출력 변화를 클록으로 이용하는 카운터로서, 리플 계수기라고도 불리며 동작지연이 발생하므로 동기형보다 느리나 회로의 구성이 간단하다.

54 불 대수에 관한 기본 정리
㉠ $A + 0 = A$, $A \cdot 0 = 0$
㉡ $A + 1 = 1$, $A \cdot 1 = A$
㉢ $A + A = A$, $A \cdot A = A$

ⓔ $A + \overline{A} = 1$, $A \cdot \overline{A} = 0$

55 보수(complement)는 컴퓨터가 기본적으로 수행하는 덧셈 회로를 이용하여 뺄셈을 수행하기 위해 사용한다.

56 마이크로 연산 명령에서 A ← A+1의 레지스터 마이크로 명령은 A 레지스터의 데이터 값을 1 증가시키고 A 레지스터에 저장을 의미한다.

57 $Y = AB + B = B(A+1) = B$

58 입력단자에 공급된 데이터를 코드화하여 출력으로 내보내는 것이 부호기(encoder)이므로, $2^n = 32$가 되므로 $2^5 = 32$가 되어 5개의 출력 단자를 갖는다.

59 비동기형 계수기는 전단의 출력을 입력펄스로 받아 계수하는 회로이고, 동기형 계수기는 입력펄스를 병렬로 입력받아 각 단이 동시에 동작하는 계수기이다.
$2^4 = 16$이고 $2^3 = 8$이므로 0~9까지의 계수가 가능한 카운터를 구성하기 위해서는 4개의 플립플롭이 필요하다.
플립플롭이 n개일 때 카운터가 셀 수 있는 최대의 수를 N이라 하면 $N=2^n$개의 수를 셀 수 있고, 0에서 2^n-1의 수까지 표현한다.

60 여기표란 플립플롭이 특정 현재 상태에서 원하는 다음 상태로 변화하는 동작을 하기 위한 입력을 표로 작성한 것을 말한다.

2015년 제1회

01	02	03	04	05	06	07	08	09	10
①	②	④	③	④	④	①	②	①	②
11	12	13	14	15	16	17	18	19	20
③	④	②	④	③	③	④	①	③	②
21	22	23	24	25	26	27	28	29	30
③	④	②	①	①	①	②	④	③	②
31	32	33	34	35	36	37	38	39	40
④	①	③	②	③	②	①	②	①	④
41	42	43	44	45	46	47	48	49	50
①	②	①	②	④	①	②	④	①	③
51	52	53	54	55	56	57	58	59	60
④	③	④	③	④	②	①	③	④	④

01 부궤환 증폭회로의 특성
- 증폭기의 이득이 감소한다.
- 비선형 일그러짐이 감소한다. 특히 출력단의 잡음이 감소한다.
- 주파수 특성이 개선된다.
- 입력 임피던스가 증가하고, 출력 임피던스는 감소한다.
- 부하의 변동이나 전원 전압의 변동에도 증폭도가 안정된다.

02 $\frac{1}{2}mv^2 = eV$에서 전자의 속도 v는

$$v = \sqrt{\frac{2eV}{m}}$$
$$= \sqrt{\frac{2 \times 1.602 \times 10^{-19} \times 250}{9.1 \times 10^{-31}}}$$
$$\fallingdotseq 9.38 \times 10^6 \text{[m/sec]}$$

03 동위상 이득에 대한 차동 이득의 비를 동위상 신호 제거비(CMRR, common mode rejection ratio)라 한다.

$$\text{CMRR} = \frac{\text{차동 이득}}{\text{동위상 이득}}$$

동위상 신호 제거비가 클수록 우수한 차동특성을 나타낸다. 즉, 차동이득이 크고, 동위상 이득이 작을수록 우수한 동위상 신호 제거비(CMRR)를 얻을 수 있다.

04 - 클리핑회로 : 입력 파형 중에서 어떤 일정 진폭 이상 또는 이하를 잘라낸 출력 파형을 얻는 회로를 클리퍼(clipper)라 하고, 이 작용을 클리핑이라 한다.
- 클램핑회로(clamping circuit) : 입력 신호의 (+) 또는 (-)의 피크(peak)를 어느 기준 레벨로 바꾸어 고정시키는 회로로서, 직류분 재생회로 등에 쓰인다.

05 직렬회로의 합성저항은 n배가 되고, 병렬회로의 합성저항은 $\frac{1}{n}$배가 된다.

직렬접속 시는 $R = nr = 10 \times 10 = 100[\Omega]$

병렬접속 시는 $R = \frac{1}{n} = \frac{10}{10} = 1[\Omega]$

그러므로 10[Ω]의 저항 10개를 직렬로 접속할 때의 합성저항은 병렬로 접속할 때의 합성저항의 100배가 된다.

06 Si(실리콘)다이오드 : 0.6~0.7[V] 정도
Ge(게르마늄)다이오드 : 0.2~0.3[V] 정도

07 홀 효과(Hall effect)는 자장(H) 안에 도체를 직각으로 놓고 이것에 전류(I)를 흐르게 하면, 플레밍의 왼손법칙에 의한 전자력으로 도체의 위와 아랫면 사이에 전위(V)가 나타나는 현상이다.

08 브리지 정류회로는 전파 정류회로의 일종으로 출력전압은 같다.
1. 브리지 정류회로의 장점
   ㉠ 중간 탭을 갖는 변압기(transformer)를 사용하지 않으므로 작은 변압기를 사용할 수 있다.
   ㉡ 각 다이오드의 최대 역전압비는 작으므로, 즉 전파 정류회로의 반이므로 고압 정류회로에

적합하다.
2. 브리지 정류회로의 단점
   ㉠ 많은 다이오드가 필요하므로 값이 비싸진다.
   ㉡ 정류 효율이 낮다.

09 $f = \dfrac{1}{T} = \dfrac{1}{5} = 0.2[\text{Hz}]$

10 트랜지스터를 활성영역에서 사용하고자 할 때 이미터와 베이스 사이에는 순방향 전압 V_{BE}에 의해 이미터의 전자가 베이스로 이동하고, 컬렉터와 베이스 사이의 역방향 전압 V_{CB}에 의해 이미터에서 베이스 쪽으로 가던 전자의 대부분이 컬렉터 쪽의 높은 전압에 끌려서 전류가 흐르게 된다.

11 음수의 크기는 다음 3가지 중의 한 가지 방법으로 표현한다.
   ㉠ 부호와 절대값(signed-magnitude)
   ㉡ 부호와 1의 보수(signed-1's complement)
   ㉢ 부호와 2의 보수(signed-2's complement)

12 – 디코더(Decoder : 복호기)는 n비트의 2진 코드를 최대 2^n개의 서로 다른 정보로 바꾸어 주는 논리 조합회로로 출력은 AND 게이트로 구성된다.
   – 인코더(Encoder : 부호기)는 숫자나 문자 등의 10진수 입력을 2진 부호로 변환하는 회로로 OR 게이트로 구성된다.
   – 멀티플렉서(Multiplexer)는 n개의 입력신호 중 선택 제어의 조건에 따라 1개의 입력만 선택하여 출력하는 조합 논리회로로서, 2^n개의 데이터 입력을 제어하기 위해서는 최소 n개의 선택 제어선이 필요하며, 선택 제어선의 조건에 따라 출력신호가 결정된다.
   – 디멀티플렉서(demultiplexer)는 하나의 입력 데이터를 다수의 출력선 중에서 선택선의 조건 (S_0, S_1)에 따라 결정된 출력으로 데이터의 전송이 이루어지도록 하는 회로이다.

13 프로그램 카운터(program counter, PC)는 프로그램 수행의 제어를 위한 것으로 다음에 수행할 명령 주소를 기억하고 있다.

14 ASCII(American Standard Code for Information Interchange) 코드는 문자를 표시하기 위한 7비트 코드로서 영어 대문자, 소문자로 구별할 수 있으며, 가장 왼쪽의 한 비트는 코드의 오류 검출용 패리티 비트를 부가하여 8비트로 표시하고 데이터 통신에서 표준코드로 사용하며 개인용 컴퓨터에 사용한다.
$2^7 = 128$개의 문자까지 표시가 가능하다.

D	C	B	A	8	4	2	1
패리티비트 (1비트)	존 비트 (3비트)			숫자 비트 (4비트)			

15 1001+0011=1100이 된다.

16 통신망 형태
   ㉠ 성형 : 중앙집중식(온라인 시스템의 전형적 방법), 중앙 컴퓨터 장애 시 전체 시스템 기능에 영향을 미침
   ㉡ 망형 : 직통 회선 연결, 공중전화망(PSTN), 공중 데이터망(PSDN) 사용. 한 회선 고장 시 우회 경로를 통해 전송 가능
   회선수 n=n(n-1)/2
   ㉢ 링형 : 근거리 망에 사용. 우회 기능이 필요. 각 단말기마다 중계기 필요
   ㉣ 버스형 : 근거리 망에서 데이터 양이 적을 때 사용. 회선이 하나이므로 구조가 간단하고 단말장치의 증설과 삭제가 용이
   ㉤ 트리형 : 단말기에서 다시 연장되어 연결된 형태. 하나의 단말기를 컴퓨터로 대치시키면 분산 처리가 적당

17 - 누산기(Accumulator) : 연산장치를 구성하는 중심이 되는 레지스터로서 사칙연산, 논리연산 등의 결과를 기억한다.
- 가산기(Adder) : 누산기와 데이터 레지스터의 두 수를 가산하는 기능을 하며, 그 결과는 누산기에 저장된다.
- 데이터 레지스터(Data Register) : 실행 대상(Operand)이 2개 필요한 경우에 주기억장치로부터 읽어들인 데이터를 임시 보관하고 있다가 필요할 때에 제공하는 역할을 한다.
- 상태 레지스터(Status Register) : 연산의 결과가 양수나 0 또는 음수인지, 자리올림(carry)이나 오버플로(overflow)가 발생했는지 등의 연산에 관계되는 상태와 외부로부터의 인터럽트(interrupt) 신호의 유무를 나타낸다.

18 논리식을 최소화하는 방법(논리회로의 설계 순서)
- 입·출력 조건에 따라 변수를 결정하여 진리표를 작성한다.
- 진리표에 대한 카르노도를 구한다.
- 간소화된 논리식을 구한다.
- 논리식을 기본 게이트로 구성한다.

19 - 큐(Queue)는 리어(rear)라는 한쪽 끝에서 항목이 삽입되며, 다른 한쪽 끝에서 항목이 삭제되는 선입선출(FIFO) 리스트이다.
- 스택(Stack)은 0-주소지정방식의 메모리 처리 구조로 후입선출(LIFO : Last-In First-Out)의 데이터 처리 방법을 갖는다.

20 - 입력장치에는 키보드와 마우스가 많이 사용되며, 스캐너, 광학 마크 판독기, 광학 문자 판독기, 자기 잉크 문자 판독기, 바코드 판독기, 조이 스틱, 디지타이저, 터치스크린, 디지털 카메라 등이 있다.
- 출력장치에는 프린터와 모니터가 있으며, 프린터로는 도트 매트릭스 프린터, 잉크 제트 프린터, 레이저 프린터가 있다. 또 모니터에는 음극선관 모니터와 액정 화면 모니터, 플라즈마 디스플레이, 터치스크린, 프로젝터 등이 있다.

21 PDP(Plasma Display Panel)는 상·하판 사이의 공간 내에 채워진 Gas에서 방출된 자외선이 형광체와 부딪쳐 고유의 가시광선을 방출하는 원리로 화면을 구현하며, 다양한 입력신호(PC, Video, HDTV 등)와 연결되어 기존 영상디스플레이 장비보다 밝고 선명한 고화질의 영상을 재현할 수 있는 미래형 멀티미디어 디스플레이 시스템이며 특히 40" 이상의 대형화면을 10[cm] 이하의 얇은 두께로 구현할 수 있어 공간 활용 및 미적 디자인 측면에서 매우 큰 장점을 지니고 있다.

22 3초과 코드(Excess-3 Code)는 BCD 코드에 $3(0011_{(2)})$을 더하여 만든 코드로, 자기보수 코드(self complement code)라고 한다. 3초과 코드는 비트마다 일정한 값을 갖지 않으며, 연산 동작이 쉽게 이루어지는 특징이 있는 코드이다.
어떤 코드의 1의 보수를 취한 값이 10진수의 9의 보수인 코드를 자기보수(self complementary) 코드라 하며 3초과 코드, 2421 코드, 51111 코드, 84-2-1 코드 등이 있다.

23 인터럽트란 컴퓨터가 어떤 프로그램을 실행 중에 긴급사태 등이 발생하면 진행 중인 프로그램을 일시 중단하여 긴급 사태에 대처하고, 긴급 처리가 끝나면 중단했던 프로그램을 재개하는 것을 말한다.

24 MODEM(변·복조기)은 아날로그 전송 매체를 통해 데이터를 전송하는 데 필수적인 기기로서, 컴퓨터나 단말장치에서 사용되는 디지털 신호를 아날로그 전송 회선의 전송에 적합하도록 2진 직류 신호를 교류 신호로 변환하는 변조(modulation)와 변조된 교류 신호를 수신하여 원래의 2진 직류 신호로 변환하는 복조(demodulation)의 기능을 가진 일종의 신호 변환기이다.

25 - 순차 액세스 기억장치(Sequential Access Storage) : 정보를 읽거나 기록하기 위해, 처음부터 순차적으로 액세스하는 장치로서 자기테이프가 대표적이다.
- 자기 테이프는 데이터 접근이 순차에 의해 이루어지는 기억장치이고, 자기 디스크, CD-ROM, 자기코어, 하드디스크, 플로피 디스크는 임의 액세스 기억장치이다.

26 - 직접, 절대 주소지정방식(direct absolute addressing mode) : 오퍼랜드가 존재하는 기억장치의 어드레스를 직접 명령 속에 포함시켜 지정하는 방법
- 이미디어트 주소지정방식(immediate addressing mode) : 명령 속의 오퍼랜드 정보를 그대로 오퍼랜드로 사용하는 방법
- 간접 주소지정방식(indirect addressing mode) : 오퍼랜드가 존재하는 기억장치 어드레스를 내용으로 가지고 있는 기억 장소의 어드레스를 명령 속에 포함시켜 지정하는 방법
- 레지스터 주소지정방식(register addressing mode) : 기억장치의 어드레스 대신 레지스터의 번호를 지정하고, 그 레지스터 내용을 목적으로 하는 오퍼랜드의 어드레스로 한다.(레지스터 간접 어드레스 지정 방식이라고 한다.)

27 AND 연산은 입력이 모두 1일 때 결과가 1이 되므로 10101010과 11101110의 AND 연산 결과는 10101010이 된다.

28 산술 연산
㉠ add : 덧셈
㉡ subtract : 뺄셈
㉢ multiplication : 곱셈
㉣ Divide : 나눗셈
※ OR(논리합) : 문자 또는 비트의 삽입
※ AND(논리곱) : 불필요한 비트 또는 문자의 삭제

29 ㉠ 중앙처리장치(CPU, Central Processing Unit)는 전자계산기 각 부분의 작동을 제어하고 연산을 수행하는 핵심적인 부분으로, 제어장치와 연산장치로 구성된다.
㉡ 제어장치는 주기억장치에 기억된 프로그램 명령들을 해독하고, 그 의미에 따라 필요한 장치에 신호를 보내어 작동시키며, 그 결과를 검사 통제하는 역할을 한다. 연산장치는 프로그램상의 명령문에 대한 모든 연산을 수행하는 장치로서, 누산기, 데이터 레지스터, 가산기, 상태 레지스터 등으로 구성된다.

30 각 논리 게이트의 지연시간을 살펴보면 RTL : 12[nsec], DTL : 30[nsec], TTL : 10[nsec], ECL : 2[nsec], MOS : 100[nsec], CMOS : 500[nsec]이다. 그러므로 처리속도 순으로 나열하면 ECL-TTL-RTL-DTL-MOS-CMOS 순이 된다.

31 로더(Loader)는 목적 프로그램을 읽어들여 주기억장치에 적재시킨 후에 실행시키는 서비스 프로그램으로, 로더(Loader)는 연결(Linking) 기능, 할당(Allocation) 기능, 재배치(relocation) 기능, 로딩(loading) 기능 등이 있다.

32 - 메소드 : 프로그래밍상에서 어떤 동작을 정의해 놓은 것이다.
- 클래스 : 객체지향기법에서 하나 이상의 유사한 객체들을 묶어서 하나의 공통된 특성을 표현한 것

33 운영체제(OS)는 컴퓨터의 하드웨어 및 각종 정보들을 효율적으로 관리하며, 사용자들에게 편리하게 이용할 수 있고, 자원을 공유하도록 하는 소프트웨어이다.
운영체제의 성능평가요소에는 신뢰도(reliability), 응답시간(Turn around Time), 처리능력(throughput),

이용가능도(availability) 등이 있다.

34 C언어에서는 int(정수형), double(배정도 실수형), float(실수형), char(문자형), short(단정수형), long(장정수형) 등의 자료형이 사용된다.

35 구조적 프로그래밍은 하향식 설계기법으로 프로그램이 복잡해지는 것을 방지하고, 프로그램을 구성하는 각 요소를 다루기 쉽도록 보다 작은 규모로 조직화하는 설계 방법이다.
구조적 프로그래밍을 작성하는 목적
㉠ 프로그램을 읽기 쉽게 하여 프로그램 개발 및 유지보수가 용이하다.
㉡ 프로그램의 신뢰성을 높이고, 프로그램 테스트를 용이하게 한다.
㉢ 프로그램에 대한 규율을 제공하고, 소요되는 경비가 감소한다.

36 - 예약어(Reserved word) : 컴퓨터프로그래밍 언어에서 이미 문법적인 용도로 사용되고 있기 때문에 식별자로 사용할 수 없는 단어들이다.
- 키워드(key word) : 정보검색 시스템 등에서 키워드를 포함하는 레코드가 검색되는 경우 등에 사용하는, 문장의 핵심적인 내용을 정확히 표현한 중요한 단어이다.
- 주석(comment) : 소스코드에 어떠한 내용을 입력하지만 그 내용이 실제 프로그램에 영향을 끼치지 않으며, 프로그래밍 언어의 구문요소 중 프로그램의 이해를 돕기 위해 설명을 적어두는 부분이다.
- 연산자(operator) : 프로그래밍이나 논리설계에서 변수나 값의 연산을 위해 사용되는 부호이다.

37 - 원시 프로그램(source program) : 언어번역 프로그램에 의해 기계어로 번역되기 전의 프로그램
- 목적 프로그램(object program) : 언어번역 프로그램에 의해 기계어로 번역된 후의 프로그램

38 어셈블리어(Assembly Language)는 사람이 기억하고 이해하기 쉬운 연상코드(문자, 숫자, 특수문자 등으로 기호화 : 니모닉)를 사용함으로써 프로그램의 작성이 기계어보다 용이하고, 프로그램의 수정이 편리하다는 장점이 있으나, 어셈블러에 의한 번역과정이 필요하므로 처리 속도가 느리고 컴퓨터마다 어셈블러가 다르므로 호환성이 적다.

39 운영체제(OS)는 컴퓨터의 하드웨어 및 각종 정보들을 효율적으로 관리하며, 사용자들에게 편리하게 이용할 수 있고, 자원을 공유하도록 하는 소프트웨어이다.
운영체제(OS : Operating System)의 기능
- 자원을 효율적으로 관리하고, 응용 프로그램의 실행 제어
- 작업의 연속적인 처리를 위한 스케줄 관리
- 사용자와 컴퓨터 간 인터페이스 제공
- 메모리 상태와 운영 관리
- 하드웨어 주변장치 관리
- 프로그램이나 데이터 저장, 액세스 제어에 필요한 파일 관리
- 프로그램 수행을 제어하는 프로세서 관리

40 순서도는 처리하고자 하는 문제를 분석하고 입·출력 설계를 한 후에, 그 처리순서의 방법에 따라 기호를 사용하여 나타낸 그림으로 프로그램 코딩의 자료가 되고, 인수인계가 용이하고 오류 발생 시 원인을 찾아 수정이 쉽다.
[순서도(flow chart)를 작성하는 이유]
㉠ 논리적인 체계를 쉽게 이해할 수 있다.
㉡ 업무의 전체적인 개요를 쉽게 파악할 수 있다.
㉢ 문제의 정확성 여부를 쉽게 판단할 수 있다.
㉣ 프로그램의 코딩이 쉬워진다.
㉤ 프로그램의 흐름에 대한 수정을 용이하게 한다.

41 ②의 $(156)_8 = 1 \times 8^2 + 5 \times 8^1 + 6 \times 8^0$
$= 64 + 40 + 6 = 110$
③의 $(1101110)_2$
$= 1 \times 2^6 + 1 \times 2^5 + 1 \times 2^3 + 1 \times 2^2 + 1 \times 2^1$
$= 64 + 32 + 8 + 4 + 2 = 110$
④의 $(6F)_{16} = 6 \times 16^1 + F(15) \times 16^0$
$= 96 + 15 = 111$

42 $Y = (A+B)(A+C)$
$= AA + AC + AB + BC$
$= A(1+C+B) + BC = A + BC$

43 반가산기는 한 자리수 A와 B를 더할 때 발생되는 결과는 A와 B의 합과 자리올림수(Carry)가 발생하며, 합(S)과 자리올림수(C)의 논리식은
$S = \overline{A}B + A\overline{B} = A \oplus B$, $C = A \cdot B$로 나타낸다.

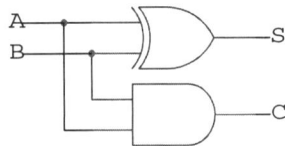

[반가산기의 구성]

A	B	S(Sum)	C(Carry)
0	0	0	0
0	1	1	0
1	0	1	0
1	1	0	1

[반가산기의 진리표]

44 카르노 맵에 의한 논리식의 간략화 : 주어진 논리식을 간략화하기 위해서는 불 대수의 간략화를 이용하지만 변수가 많은 항을 간략화하는 방법으로는 카르노 맵을 이용하는 것이 효율적으로, 카르노 맵은 사각형의 맵 안에 주어진 항의 수를 1로 표시하고, 인접한 칸의 1을 묶어 간략화하는 방법을 말하며, 간략화하는 방법은 다음과 같다.
 - 카르노 맵 안에 주어진 논리식의 항을 1로 표시한다.
 - 인접한 칸의 1을 2^n(1, 2, 4, 8)개로 묶는다.
 - 완전 중복되지 않는 범위에서 1의 수를 중복하여 묶는다.
 - 인접되지 않은 1은 더 이상 간략화할 수 없다.

45 RS 플립플롭에서 R=S=1의 상태에서 불확정되는 것을 피하기 위하여 NOT 게이트를 부가하여 출력이 토글되도록 한 D FF으로, D(Dealy) 플립플롭은 어떤 내용을 일시적으로 보존하거나 전해지는 신호의 시간지연을 필요로 할 때 사용한다.

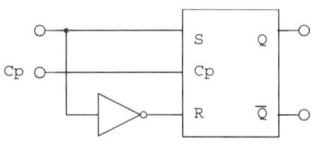

46 2진수를 그레이 코드로 변환
 - 최상위 비트값은 그대로 사용한다.
 - 다음부터는 인접한 값까지 XOR(Exclusive-OR) 연산을 해서 내려쓴다.

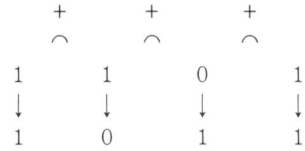

47 A와 B는 AND 게이트이므로 AB가 되고, D는 부정이므로 $\overline{D}$가 되므로 C, $\overline{D}$의 AND 출력은 $C\overline{D}$가 된다. 출력은 OR 게이트이므로 AB와 $C\overline{D}$의 OR 출력인 $AB + C\overline{D}$ 결과가 출력된다. 즉, 출력을 Y라 하면 $Y = AB + C\overline{D}$가 된다.

48 누산기(accumulator)는 사칙연산, 논리연산 등의 중간 결과를 기억하는 연산장치의 레지스터이다.

49 멀티바이브레이터의 종류
 - 비안정 멀티바이브레이터(Astable Multivibrator) :

회로에 전원이 공급되면 구형파의 발진이 이루어지는 회로이다.
- 단안정 멀티바이브레이터(Monostable Multi-vibrator) : 자체 발진의 능력은 없으나 외부의 트리거 펄스 입력이 공급될 때마다 하나의 구형파를 출력하는 회로이다.
- 쌍안정 멀티바이브레이터(Bistable Multi-vibrator) : 안정 상태를 유지하며 외부의 트리거 펄스 입력이 두 개 공급될 때마다 하나의 구형파를 출력하는 회로로 일반적으로 플립플롭(Flip Flop) 회로라 한다.

50 JK F/F의 입력 J와 K를 서로 묶어서 하나의 입력으로 하여 클록신호가 1일 때 출력이 반전상태(토글)가 되도록 한 것이 T 플립플롭(F/F)이다.

T	Q_{n+1}
0	Q_n
1	$\overline{Q_n}$

51 동기형 카운터(synchronous counter) : 모든 플립플롭의 클록이 병렬로 연결되어 한 번의 클록 펄스에 대하여 모든 플립플롭이 동시에 동작(트리거)되는 카운터를 말하며, 비동기형 카운터보다 동작 속도가 빠르므로 고속회로에 이용한다.
$2^4=16$이고 $2^3=8$이므로 0~8까지의 계수가 가능한 9진 카운터를 구성하기 위해서는 4개의 플립플롭이 필요하다.
플립플롭이 n개일 때 카운터가 셀 수 있는 최대의 수를 N이라 하면 $N=2^n$개의 수를 셀 수 있고, 0에서 2^n-1의 수까지 표현한다.

52 - 멀티플렉서(Multiplexer)는 n개의 입력신호 중 선택 제어의 조건에 따라 1개의 입력만 선택하여 출력하는 조합 논리회로로서, 2^n개의 데이터 입력을 제어하기 위해서는 최소 n개의 선택 제어선이 필요하며, 선택 제어선의 조건에 따라 출력신호가 결정된다.

- 디멀티플렉서(demultiplexer)는 하나의 입력 데이터를 다수의 출력선 중에서 선택선의 조건(S_0, S_1)에 따라 결정된 출력으로 데이터의 전송이 이루어지도록 하는 회로이다.

53 불 대수에 관한 기본 정리
㉠ $A+0=A$, $A \cdot 0=0$
㉡ $A+1=1$, $A \cdot 1=A$
㉢ $A+A=A$, $A \cdot A=A$
㉣ $A+\overline{A}=1$, $A \cdot \overline{A}=0$

54 - 순서 논리회로는 출력신호가 현재의 입력신호와 과거의 입력신호에 의하여 결정되는 논리회로서 FF과 같은 기억소자나 논리게이트로 구성된다.
- 조합 논리회로는 입력변수의 값에 따라 일정한 출력을 갖는 논리회로로 n개의 입력 변수들은 2^n개의 2진 조합이 가능하며, 하나의 입력 조합에 대하여 단 1개의 출력 조합이 출력된다.

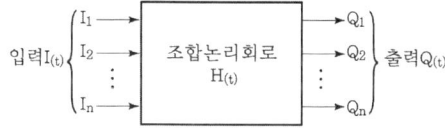

[조합 논리회로의 블록도]

조합 논리회로에는 멀티플렉서(multiplexer), 해독기(decoder), 부호기(encoder), 반가산기, 전가산기 등이 속하고, 레지스터, 플립플롭, 계수기 등은 순서 논리회로에 속한다.

55 - 디코더(Decoder : 복호기)는 n비트의 2진 코드를 최대 2^n개의 서로 다른 정보로 바꾸어 주는 논리 조합회로로 출력은 AND 게이트로 구성된다.
- 인코더(Encoder : 부호기)는 숫자나 문자 등의 10진수 입력을 2진 부호로 변환하는 회로로 OR 게이트로 구성된다.

56 - D/A 변환기 : 디지털 신호를 아날로그 신호로 변환하는 장치
 - A/D 변환기 : 아날로그 신호를 디지털 신호로 변환하는 장치

57 링 카운터(Ring Counter)란 시프트 레지스터의 출력을 입력으로 되먹임(궤환)하여 임의의 2진수 데이터가 레지스터 내부에서 순환하도록 하는 카운터이다.

58 드 모르간(De Morgan)의 법칙
$\overline{(X+Y)} = \overline{X} \cdot \overline{Y}, \ \overline{(X \cdot Y)} = \overline{X} + \overline{Y}$
$\overline{A+B} = \overline{A} \cdot \overline{B}$ 에 해당하므로 NAND 게이트이다.

59 1의 보수는 부정을 취하는 것이고, 2의 보수는 1의 보수에 1을 더한다. 그러므로 11001001의 1의 보수는 00110110이 되고, 2의 보수는 1의 보수에 1을 더하므로 00110111이 된다.

60 - 동기형 카운터(synchronous counter) : 모든 플립플롭의 클록이 병렬로 연결되어 한 번의 클록 펄스에 대하여 모든 플립플롭이 동시에 동작(트리거)되는 카운터를 말하며, 비동기형 카운터보다 동작속도가 빠르므로 고속회로에 이용한다.
 - 비동기형 카운터(asynchronous counter) : 모든 플립플롭이 전단의 출력 변화를 클록으로 이용하는 카운터로서, 리플 계수기라고도 불리며 동작지연이 발생하므로 동기형보다 느리나 회로의 구성이 간단하다.

2015년 제2회

01	02	03	04	05	06	07	08	09	10
③	②	②	③	③	①	④	①	④	③
11	12	13	14	15	16	17	18	19	20
②	③	④	④	①	②	③	②	③	②
21	22	23	24	25	26	27	28	29	30
③	①	②	②	①	③	②	④	③	④
31	32	33	34	35	36	37	38	39	40
③	④	③	④	①	③	①	①	②	④
41	42	43	44	45	46	47	48	49	50
④	①	③	②	②	④	②	①	②	④
51	52	53	54	55	56	57	58	59	60
③	①	③	②	②	②	①	②	③	②

01 부궤환 증폭회로의 특성
 - 증폭기의 이득이 감소한다.
 - 비선형 일그러짐이 감소한다. 특히 출력단의 잡음이 감소한다.
 - 주파수 특성이 개선된다.
 - 입력 임피던스가 증가하고, 출력 임피던스는 감소한다.
 - 부하의 변동이나 전원 전압의 변동에도 증폭도가 안정된다.

02 펄스 파형의 성질(응답 특성)

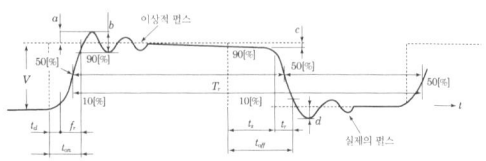

[펄스 파형]

㉠ 상승 시간(t_r, rise time) : 실제의 펄스가 이상적 펄스의 진폭(V)의 10[%]에서 90[%]까지 상승하는 데 걸리는 시간

㉡ 지연 시간(t_d, delay time) : 이상적 펄스의 상승 시각으로부터 진폭의 10[%]까지 이르는 실제의 펄스 시간

㉢ 하강 시간(t_f, fall time) : 실제의 펄스가 이상적 펄스의 진폭(V)의 90[%]에서 10[%]까지 내

려가는 데 걸리는 시간
- ㉣ 축적 시간(t_s, storage time) : 이상적 펄스의 하강 시각에서 실제의 펄스가 진폭(V)의 90[%]가 되기까지의 시간
- ㉤ 펄스폭(τ_W, pulse width) : 펄스 파형이 상승 및 하강의 진폭(V)의 50[%]가 되는 구간의 시간
- ㉥ 오버슈트(overshoot) : 상승 파형에서 이상적 펄스파의 진폭(V)보다 높은 부분의 높이(a)를 말한다.
- ㉦ 언더슈트(undershoot) : 하강 파형에서 이상적 펄스파의 기준 레벨보다 아랫부분의 높이(d)
- ㉧ 턴 온 시간(t_{ON}, turn-on time) : 이상적 펄스의 상승 시각에서 진폭(V)의 90[%]까지 상승하는 시간($t_{ON} = t_d + t_f$)
- ㉨ 턴 오프 시간(t_{OFF}, turn-off time) : 이상적 펄스의 하강 시각에서 진폭(V)의 10[%]까지 하강하는 시간($t_{OFF} = t_s + t_f$)
- ㉩ 새그(s, sag) : 내려가는 부분의 정도를 말하며, $\left(\dfrac{C}{V}\right) \times 100[\%]$로 나타낸다.
- ㉪ 링잉(b, ringing) : 펄스의 상승 부분에서 진동의 정도를 말하며, 높은 주파수 성분에 공진하기 때문에 생긴다.

03 $W = Pt = 800 \times 0.25 = 200[\text{kWh}]$

04 베이스 클리퍼(base clipper) : 부(-) 방향으로 어떤 레벨 이하가 되지 않도록 하기 위하여 입력 파형의 아랫부분을 잘라내어 버리는 회로
- 입·출력 조건 $V_i < V_r$일 경우 $V_o = V_i$
   $V_i > V_r$일 경우 $V_o = V_r$

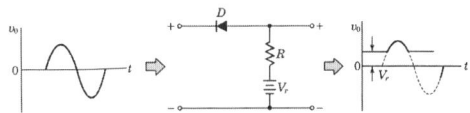

05 서미스터(thermistor)는 부(-)의 온도계수를 갖고 있으며 온도에 따라 물질의 저항값이 변하는 소자로서, 주로 회로의 전류가 일정 이상으로 오르는 것을 방지하거나, 회로의 온도를 감지하는 온도 변화의 보상, 자동제어, 온도계 등에 많이 사용된다.

06 이미터 접지 시의 전류증폭률(β)

$$\beta = \dfrac{\Delta I_C}{\Delta I_B}, \ \beta = \dfrac{\alpha}{1-\alpha}$$

베이스 접지 시의 전류증폭률(α)

$$\alpha = \dfrac{\Delta I_C}{\Delta I_E}, \ \alpha = \dfrac{\beta}{1+\beta}$$

안정계수 : $S = \dfrac{\Delta I_c}{\Delta I_{co}} = (1+\beta)$

안정계수(S) : 바이어스 회로의 안정화 정도로 S가 작을수록 안정도가 좋다.
$\therefore \ S = 1 + \beta = 1 + 49 = 50$

07 - 피어스 BE형 발진회로 : 수정진동자(이미터와 베이스 사이). 하틀리 발진회로와 비슷하다.
- 피어스 BC형 발진회로 : 수정진동자(베이스와 컬렉터 사이). 콜피츠 발진회로와 비슷하다.

08 RC 직렬회로의 시정수(τ)는 $\tau = RC$로 응답의 상승 속도를 표시한다.

09 수정 발진기는 압전 효과(piezo effect)를 이용한 것으로서 수정 진동자에 왜력(歪力)을 가하면 수축하고, 왜력을 풀면 원형으로 복구되는 관성이 있기 때문에 다시 팽창한 다음 또 다시 수축하는 자유 진동을 일으킨다. 이 왜력 대신에 전기적으로 전압을 가해도 전왜(電歪)가 생겨 진동하는데, 이 때의 전압은 수정 자체의 고유 진동수에 가까운 주파수로 변화하는 교번 전압을 가해도 진동력은 지속된다.
[수정진동자의 특징]
- 압전 효과가 있다.
- 실온에서 0 온도계수를 가질 수 있다.

- 절단에 의해 stress를 보상할 수 있다.
- Q값이 매우 높아 안정하다.
- 공정이 간단하다.

10 구형파 펄스 충격계수(점유율) : 펄스폭/펄스주기

$$t = \frac{1}{f} = \frac{1}{1 \times 10^3} = 0.001[s]$$

$$\text{duty factor} = \frac{\text{펄스 폭}}{\text{펄스 주기}} = \frac{10 \times 10^{-6}}{1 \times 10^{-3}} = 0.01$$

11 자료의 구조
  ㉠ 비트(bit) : binary digit의 약어로 정보를 나타내는 최소의 단위이다.
  ㉡ 바이트(byte) : 하나의 문자나 일정한 크기의 수를 기억하는 단위로서 8개의 비트를 연결한 모임을 말한다.
  ㉢ 워드(word) : 몇 개의 바이트의 모임으로, 하나의 기억 장소에 기억되는 데이터의 범위를 의미한다.
    ⓐ 반 워드(half word) : 2[byte]
    ⓑ 풀 워드(full word) : 4[byte]
    ⓒ 더블 워드(double word) : 8[byte]
  ㉣ 항목(field 또는 item) : 정보의 전달을 위한 최소한의 문자의 집단을 말한다.
  ㉤ 레코드(record) : 한 단위로 취급되는 서로 관련 있는 항목들의 집단을 말한다.
  ㉥ 파일(file) : 어떤 한 작업에 관련된 레코드들의 집합을 의미한다.
  ㉦ 데이터베이스(data base) : 상호 관련된 파일들의 집합을 말한다.

12 IC(집적회로)의 적합한 회로로서는, 코일과 콘덴서가 거의 필요 없고, 저항의 값이 비교적 작으며, 전력출력이 작아도 되는 회로, 신뢰성이 특히 중요시되며, 소형 경량을 요하는 회로 등이다.
- 집적회로는 초소형이라는 외견상의 특징을 갖고 시스템의 초소형화·경량화를 가능하게 한다. 실용화 단계에서는 신뢰성의 증가, 제조원가의 감소, 소비전력의 감소, 동작속도의 개선 등이 이루어졌다.

13 1[Kbyte]=2^{10}=1024[byte]이므로 4[Kbyte]=1024[byte]×4=4096[byte]이다. 그러므로 4[Kbyte] 주기억장치의 번지수는 0번지에서 4095번지까지이다.

14 그레이 코드(Gray Code)는 한 숫자에서 다음 숫자로 증가할 때 한 비트만 변하는 특성이 있어, 에러율이 적어서 입·출력장치나 주변장치에 사용한다.
[2진수를 그레이 코드로 변환]
  ㉠ 최상위 비트값은 그대로 사용한다.
  ㉡ 다음부터는 인접한 값까지 X-OR(Exclusive-OR) 연산을 해서 내려 쓴다.

```
      +     +     +
      ⌒     ⌒     ⌒
  1   0   1   1
  ↓   ↓   ↓   ↓
  1   1   1   0
```

15 - 직접, 절대 주소지정방식(direct absolute addressing mode) : 오퍼랜드가 존재하는 기억장치의 어드레스를 직접 명령 속에 포함시켜 지정하는 방법
- 즉시 주소지정방식(immediate addressing mode) : 명령 속의 오퍼랜드 정보를 그대로 오퍼랜드로 사용하는 방법
- 간접 주소지정방식(indirect addressing mode) : 오퍼랜드가 존재하는 기억장치 어드레스를 내용으로 가지고 있는 기억 장소의 어드레스를 명령 속에 포함시켜 지정하는 방법
- 상대 주소지정방식(relative addressing mode) : 명령 속의 오퍼랜드 지정 정보를 레지스터 지정부와 전개부로 나누어서 레지스터 지정부로 지정된 레지스터 내용과 전개부를 더해서 오퍼랜드의 어드레스를 구한다.

16 메모리 맵 입·출력 방식은 주기억장치의 일부를 입·출력장치에 할당하며, 입·출력장치의 번지와 주기억장치 번지의 구별이 없고 주기억장치의 이용 효율이 낮은 특징을 갖는다.

17 – 회선 교환방식은 전송이 이루어지기 전에 먼저 데이터통신을 위한 전용 전송로를 설정하는 방식으로 (회선 설정, 데이터 전송, 회선 해제) 3단계로 이루어진다. 회선 교환방식은 전화(음성)와 같은 연속적인 데이터 흐름을 갖는 경우 널리 사용되는 기술이다.
– 메시지 교환방식은 두 스테이션 사이에 전용 전송로를 설정할 필요가 없으며, 메시지에 목적지 주소를 첨부하여 전송한다. 메시지는 노드에서 노드로 네트워크를 통해 이동되는데 각 노드에서는 메시지를 받으면 잠시 저장한 다음 그다음 노드로 보내게 되므로 축적 후 전달방식이라고도 한다.
– 패킷 교환방식은 회선 교환방식과 메시지 교환방식의 장점을 결합하고 단점을 최소화한 방식이다.

18 음수의 크기는 다음 3가지 중의 한 가지 방법으로 표현한다.
㉠ 부호와 절대값(signed-magnitude)
㉡ 부호와 1의 보수(signed-1's complement)
㉢ 부호와 2의 보수(signed-2's complement)

19 고급 언어(High Level Language)는 자연어에 가까워 그 의미를 쉽게 이해할 수 있는 사용자 중심의 언어로, 기종에 관계없이 공통적으로 사용할 수 있는 언어이며 기계어로 변환하기 위한 컴파일러가 필요하다.

20 – fetch cycle : 기억장치에 있는 명령을 중앙처리장치로 읽어오는 사이클
  * 명령어 인출(instruction fetch cycle)은 기억장치에 있는 명령어를 중앙처리장치로 읽어오는 사이클
– indirect cycle : 간접주소일 때 유효주소를 읽기 위해 기억장치에 접근하는 사이클
– execute cycle : 기억장치에서 읽어들인 명령을 실행하는 주기
– interrupt cycle : 예기치 않은 상황이 발생할 경우 명령을 중단하고 인터럽트를 수행하고 복귀하는 사이클

21 AND 연산은 입력이 모두 1일 때 결과가 1이 되므로 1100 1010과 1001 1001의 AND 연산 결과는 1000 1000이 된다.

22 – 패리티 비트(Parity Bit)에 의한 오류 검출은 단지 오류 검출만 되지만 해밍 코드(Hamming Code)는 오류 검출 후 오류 정정까지 가능한 것이다.
– 해밍 코드(Hamming Code)는 1비트의 오류를 자동적으로 정정해 주는 코드로, 1비트의 단일 오류를 정정하기 위해서는 3비트의 여유 비트가 필요하고, 2개 이상의 중복 오류를 수정하려면 더 많은 여유 비트가 필요하다.

23 디멀티플렉서(demultiplexer)는 하나의 입력데이터를 다수의 출력선 중에서 선택선의 조건(S_0, S_1)에 따라 결정된 출력으로 데이터의 전송이 이루어지도록 하는 조합 논리회로이다.
1×4 디멀티플렉서는 출력선이 4개이므로, 출력선을 선택하기 위한 선택선은 2개(4가지의 경우)가 필요하다. 즉, $2^2 = 4$이므로 선택선이 2개이면 4개의 출력선이 가능하다.

24 지수에 소수점의 위치를 갖게 되므로 따로 소수점을 나타내는 비트가 필요치 않은 방식이 부동 소수점 방식이다.

25 입·출력장치와 중앙처리장치 간의 데이터 전송 방식에는 스트로브 제어, 핸드셰이킹 제어, 비동기 직렬 전송 방식이 사용된다.
- 스토로브 제어(Strobe Control) : 하나의 제어 버스를 이용하여 송신장치가 수신장치에 스트로브신호를 전송하여 수신 준비를 시킨 후 일정 시간이 지나면 데이터를 송신하는 방식
- 핸드셰이킹(Handshaking) 제어 : 송신장치가 수신장치의 상태 파악이 불가능한 스트로브 제어의 단점을 보완하기 위해 두 개의 제어 버스를 이용하여 송·수신장치 상호간에 송신 및 수신 준비가 완료되었음을 알리는 RDY(Ready) 신호를 교환한 후 송신장치에서 수신장치에 자료 전송의 시작을 알리는 STB(Strobe) 신호를 전송한 후 자료 전송을 시작하는 방식이다.

26 인터럽트 발생 시 복귀 주소(return address)를 저장해 두었다가 ISR(Interrupt Service Routine) 마지막에 복귀명령에 이용한다.
- 인터럽트가 발생하면, 현재 프로그램 상태를 PC에 저장(Program counter register)한다.
- Interrupt vector(인터럽트에 해당하는 ISR 실행 정보를 담고 있는 벡터)를 탐색한다.
- 인터럽트 처리 : 요청 장치를 식별, 실질적 인터럽트를 처리한다.
- 상태를 복구하고, PC에 저장된 프로그램 상태를 통해 실행을 재개한다.

27 2진수에서 1의 보수는 각 비트의 부정(NOT)을 취하는 것이 1의 보수이다. 그러므로 11000001 11000010의 1의 보수(1's complement)는 00111110 00111101이 된다.

28
- 입력장치에는 키보드와 마우스가 많이 사용되며, 스캐너, 광학 마크 판독기, 광학 문자 판독기, 자기 잉크 문자 판독기, 바코드 판독기, 조이 스틱, 디지타이저, 터치스크린, 디지털 카메라 등이 있다.
- 출력장치에는 프린터와 모니터가 있으며, 프린터로는 도트 매트릭스 프린터, 잉크 제트 프린터, 레이저 프린터가 있다. 또 모니터에는 음극선관 모니터와 액정 화면 모니터, 플라즈마 디스플레이, 터치스크린, 프로젝터 등이 있다.

29 ASCII(American Standard Code for Information Interchange) 코드
문자를 표시하기 위한 7비트 코드로서 영어 대문자, 소문자로 구별할 수 있으며, 가장 왼쪽의 한 비트는 코드의 오류 검출용 패리티 비트를 부가하여 8비트로 표시하고 데이터 통신에서 표준코드로 사용하며 개인용 컴퓨터에 사용한다.
$2^7 = 128$개의 문자까지 표시가 가능하다.

D	C	B	A	8	4	2	1
패리티비트 (1비트)	존 비트 (3비트)			숫자 비트 (4비트)			

30 각 자리의 BCD 코드를 10진수로 변환한다.

0010	0101	0011
2	5	3

이 된다.

즉, $(0010\ 0101\ 0011)_{BCD} = (253)_{10}$이 된다.

31 운영체제(OS)는 컴퓨터의 하드웨어 및 각종 정보들을 효율적으로 관리하며, 사용자들에게 편리하게 이용할 수 있고, 자원을 공유하도록 하는 소프트웨어이다.
* 운영체제(OS : Operating System)의 기능
  - 자원을 효율적으로 관리하고, 응용 프로그램의 실행 제어
  - 작업의 연속적인 처리를 위한 스케줄 관리
  - 사용자와 컴퓨터 간 인터페이스 제공
  - 메모리 상태와 운영 관리
  - 하드웨어 주변장치 관리
  - 프로그램이나 데이터 저장, 액세스 제어에 필요한 파일 관리

- 프로그램 수행을 제어하는 프로세서 관리

32 번역기의 종류
- 어셈블러(Assembler) : 어셈블리 언어로 작성된 원시 프로그램을 기계어로 번역하는 프로그램이다.
- 컴파일러(Compiler) : 전체 프로그램을 한 번에 처리하여 목적 프로그램을 생성하는 번역기로 기억 장소를 차지하지만 실행 속도가 빠르다. 한번 번역해두면 목적 프로그램이 생성되므로 재차 실행 시에 다시 번역할 필요가 없다. 컴파일러를 사용하는 언어에는 ALGOL, PASCAL, FORTRAN, COBOL, C 등이 있다.
- 인터프리터(Interpreter) : 작성된 원시 프로그램을 한 줄씩 읽어 번역 및 실행하는 작업을 반복하는 프로그램이다. 목적 프로그램이 남지 않으며, 일괄처리가 아니므로 대화형이라 한다. 실행속도가 느리지만 기억 장소를 적게 차지한다. 인터프리터를 사용하는 언어에는 BASIC, LISP, 자바(JAVA), PL/1 등이 있다.

33 순서도는 처리하고자 하는 문제를 분석하고 입·출력 설계를 한 후에, 그 처리순서의 방법에 따라 기호를 사용하여 나타낸 그림으로 프로그램 코딩의 자료가 되고, 인수인계가 용이하고 오류 발생 시 원인을 찾아 수정이 쉽다.
순서도(flow chart)를 작성하는 이유
㉠ 논리적인 체계를 쉽게 이해할 수 있다.
㉡ 업무의 전체적인 개요를 쉽게 파악할 수 있다.
㉢ 문제의 정확성 여부를 쉽게 판단할 수 있다.
㉣ 프로그램의 코딩이 쉬워진다.
㉤ 프로그램의 흐름에 대한 수정을 용이하게 한다.

34
- 배치처리(Batch Processing) : 데이터를 일정 기간, 일정량을 저장하였다가 한꺼번에 처리하는 방식
- 시분할 처리(Time Sharing System) : 여러 이용자로부터의 자료를 극히 짧은 시간으로 분할하여 단속적으로 병행 처리하는 것으로서, 이용자들이 마치 자기 자신만의 컴퓨터를 이용하는 것과 같이 독립적으로 자료를 처리할 수 있는 시스템이다.
- 실시간 처리(Real Time System) : 데이터 발생 즉시 처리하는 방식
- 온라인 실시간 처리 : 데이터 발생 즉시 처리하여 결과까지 완료하는 시스템
- 오프라인 시스템 : 전송된 데이터를 일단 카드, 자기테이프에 기록한 다음 일괄 처리하는 방식

35 printf( )는 표준 출력함수이고, putchar( )는 한 문자 출력함수로, 출력 후 개행하지 않고, puts( )는 문자열 출력함수로, 출력 후 자동 개행한다.
C언어에서 사용되는 입·출력 함수
- getchar( ) : 한 문자 입력한다.
- gets( ) : 문자열 입력한다.
- printf( ) : 표준 출력함수이다.
- putchar( ) : 한 문자 출력함수로, 출력 후 개행하지 않음
- puts( ) : 문자열 출력함수로, 출력 후 자동 개행

36 기계어 : 컴퓨터가 직접 이해할 수 있는 2진 코드로 기종마다 다르고, 프로그램의 작성 및 수정, 해독이 매우 어려워 거의 사용되지 않으나, 컴퓨터에서의 수행 속도는 가장 빠른 장점을 지닌다.
기계어는 0과 1로 이루어지므로, 프로그램의 유지보수가 어렵다. 저급 언어는 기계어를 말하며, 기계어는 변환과정 없이 계산기가 직접 처리할 수 있으므로 처리속도가 빠르다.
- 2진수를 사용하여 명령어와 데이터를 표현한다.
- 호환성이 없고, 기계마다 언어가 다르다.
- 프로그램의 실행속도가 빠르다.
- 프로그램의 유지보수와 배우기가 어렵다.

37 프로그램 실행을 위한 처리 순서는 원시 프로그램→컴파일러→목적 프로그램→연결→실행 순

으로 이루어지므로, 문제에서의 수행 순서는 번역 → 적재 → 로더의 순서로 수행된다.

38 작성된 프로그램을 분석 단계에서부터 작성된 데이터와 코드표, 각종 설계도, 순서도와 원시 프로그램 등의 관련된 내용을 문서로 작성하여 보관토록 하는 것이 문서화로서, 문서화가 이루어지면 시스템의 유지 보수와 관리가 용이하고 담당자가 바뀌어도 업무의 파악이 용이하여, 업무의 연속성이 유지된다.

39 운영체제의 성능평가요소에는 신뢰도(Reliability), 응답시간(Turn around Time), 처리능력(Throughput), 이용가능도(Availability) 등이 있다.

40 이스케이프 시퀀스(escape sequence : 특수 코드)는 특수한 형식화를 제어하기 위해서 사용되며, 백슬래시(\)와 하나의 문자로 구성된다.

부호	의미
₩a	경고음(bell)
₩b	백스페이스(backspace)
₩n	문자 진행(newline)
₩t	수평 탭
₩₩	백슬래시
₩?	물음표
₩'	작은따옴표

41 $XY + \overline{X}Z + YZ$
$= XY(Z+\overline{Z}) + \overline{X}Z(Y+\overline{Y}) + YZ(X+\overline{X})$
$= XYZ + XY\overline{Z} + \overline{X}ZY + \overline{X}\,\overline{Y}Z + XYZ + \overline{X}YZ$
$= XYZ + XY\overline{Z} + \overline{X}YZ + \overline{X}\,\overline{Y}Z$
$= XY(Z+\overline{Z}) + \overline{X}Z(Y+\overline{Y})$
$= XY + \overline{X}Z$

42 계수기(counter)는 플립플롭을 이용한 순서 논리회로로서 입력 펄스가 들어올 때마다 정해진 순서대로 플립플롭의 상태를 변화시켜 입력의 수를 세거나 주파수 및 시간 등의 측정 또는 주파수 분주 등에 이용된다.

43 2)27
2)13 ··· 1
2) 6 ··· 1
2) 3 ··· 0
   1 ··· 1 ↑

$(27)_{10} = (11011)_2$이 된다.

44 멀티플렉서(multiplexer)는 다수의 입력데이터를 입력선택선의 조건에 따라 하나의 출력으로 데이터의 전송이 이루어지도록 하는 조합 논리회로이다.
8×1 멀티플렉서는 입력선이 8개이므로, 입력선을 선택하기 위한 선택선은 3개(8가지의 경우)가 필요하다. 즉, $2^3 = 8$이므로 선택선이 3개이면 8개의 입력선의 선택이 가능하다.

45 JK F/F의 입력 J와 K를 서로 묶어서 하나의 입력으로 하여 클록신호가 1일 때 출력이 반전상태(토글)가 되도록 한 것이 T 플립플롭(F/F)이다.

T	Q_{n+1}
0	Q_n
1	$\overline{Q_n}$

46 레지스터를 구성하는 기본소자가 플립플롭(F/F)으로, 0과 1의 안정된 논리상태를 갖는 쌍안정 멀티바이브레이터를 플립플롭(F/F)이라 한다.

47 5진 카운터의 계수값은 000(0) → 001(1) → 010(2) → 011(3) → 100(4)까지의 계수를 반복한다.

48 RS 플립플롭에서 R=S=1의 상태에서는 동작이 불확실한 상태가 되므로, RS 플립플롭에서 Q를 R로, $\overline{Q}$를 S로 되먹임하여 불확실한 상태가 나타나지 않도록 한 회로가 JK 플립플롭이다.

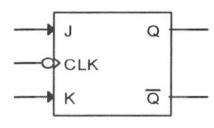

[JK F/F의 기호]

J	K	Q_{n+1}
0	0	Q_n (불변)
0	1	0
1	0	1
1	1	$\overline{Q_n}$ (toggle)

[JK F/F의 진리표]

49 해독기(decoder)의 출력은 AND 게이트로 이루어지며, 입력 데이터에 따라 출력이 결정되고, 그림은 2×4 해독기로서 진리치표는 아래와 같다. 반대로 부호기(encoder)의 출력은 OR 게이트로 이루어진다.

A	B	X_0	X_1	X_2	X_3
0	0	1	0	0	0
0	1	0	1	0	0
1	0	0	0	1	0
1	1	0	0	0	1

[2×4 디코더(해독기)의 진리치표]

50 2진수를 그레이 코드로 변환하는 방법
① 최상위 비트값은 그대로 사용한다.
② 다음 비트부터는 인접한 비트값을 X-OR(Exclusive -OR) 연산을 해서 내려 쓴다.

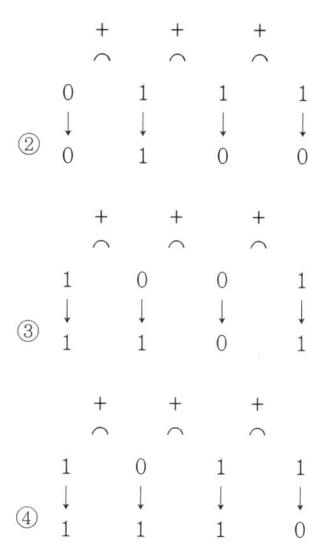

51 플립플롭이 n개일 때 카운터가 셀 수 있는 최대의 수를 N이라 하면 $N=2^n$개의 수를 셀 수 있고, 0에서 2^n-1의 수까지 표현한다. 그러므로 $2^3=8$이므로 0~7까지의 계수가 가능하다.

52 반가산기는 한 자리수 A와 B를 더할 때 발생되는 결과는 A와 B의 합과 자리올림수(Carry)가 발생하며, 합(S)과 자리올림수(C)의 논리식은
$S = \overline{A}B + A\overline{B} = A \oplus B$, $C = A \cdot B$로 나타낸다.

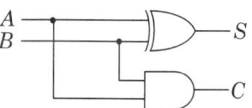

[반가산기의 회로도]

A	B	S(Sum)	C(Carry)
0	0	0	0
0	1	1	0
1	0	1	0
1	1	0	1

[반가산기의 진리표]

53 시프트 레지스터(shift register)는 FF을 여러 개

종속 접속하여 시프트 펄스를 하나씩 공급할 때마다 순차적으로 다음 FF에 데이터가 전송되도록 하는 레지스터이다.

54 멀티바이브레이터의 종류
- 비안정 멀티바이브레이터(Astable Multivibrator) : 안정된 상태가 없는 회로로 전원이 공급되면 구형파의 발진이 이루어지는 회로이다.
- 단안정 멀티바이브레이터(Monostable Multivibrator) : 자체 발진의 능력은 없으나 외부의 트리거 펄스 입력이 공급될 때마다 하나의 구형파를 출력하는 회로이다.
- 쌍안정 멀티바이브레이터(Bistable Multivibrator) : 안정 상태를 유지하며 외부의 트리거 펄스 입력이 두 개 공급될 때마다 하나의 구형파를 출력하는 회로로 일반적으로 플립플롭(Flip Flop) 회로라 한다.

55 RST 플립플롭의 동작상태
- 클록 펄스가 공급되지 않으면 S와 R의 조건에 관계없이 출력은 변화하지 않는다.
- S=0, R=0 : 클록 펄스가 공급되고 S와 R선에 각각 0, 0이 입력되면 플립플롭에 기억되어 있던 원래의 상태값은 변하지 않고 $Q_{(t)}$의 상태를 그대로 유지한다.(상태변화 무)
- S=0, R=1 : 0, 1이 입력되면 원래 기억되어 있던 상태값과 상관없이 무조건 0의 상태로 만든다. 즉 리셋(Reset)상태로 만든다.(항상 0)
- S=1, R=0 : 1, 0이 입력되면 원래의 상태에 상관없이 무조건 1의 상태로 만든다. 즉 세트(Set)의 상태로 만든다.
- S=1, R=1 : 모두 1이 입력되면 플립플롭은 정의되지 않는다.(불가능)

56 음수의 경우 절대값에 대한 2의 보수로 표시하므로 $-(2^{n-1}) \leq N \leq (2^{n-1}-1)$의 범위의 수에 해당하므로 $-(2^{8-1}) \leq N \leq (2^{8-1}-1)$의 수에 해당한다. 즉, $-2^7(-128) \sim +(2^7-1)(+127)$의 범위가 된다.

57 $F = (A+B) \cdot (\overline{A \cdot B}) = (A+B) \cdot (\overline{A}+\overline{B})$
$= A\overline{A} + A\overline{B} + \overline{A}B + B\overline{B} = A\overline{B} + \overline{A}B$
$= A \oplus B$

즉, 배타적 논리회로(EX-OR)의 논리식은 입력이 같으면 결과가 0, 입력이 서로 다르면 결과가 1이 된다. 입력 데이터가 모두 같을 경우에는 결과가 0이 되고, 서로 다를 경우에는 결과가 1이 되는 논리회로가 배타적 논리합(eXclusive-OR)이며, 논리식은 $Y = A \oplus B = \overline{A}B + A\overline{B}$이다.

A	B	F
0	0	0
0	1	1
1	0	1
1	1	0

[EX-OR 게이트의 진리치표]

58 $Y = \overline{A} + \overline{B}$의 보수는 부정을 취하면 드 모르간의 정리에 해당한다.
$Y = \overline{\overline{A}+\overline{B}} = \overline{A} \cdot \overline{B}$

59 NAND 게이트의 동작은 모든 입력신호가 1일 때만 출력상태가 0이 되며, 그 외의 입력이 인가될 때 출력상태는 1이 된다. 논리식은 $X = \overline{A \cdot B}$가 된다.

[NAND 게이트의 기호]

A	B	X
0	0	1
0	1	1
1	0	1
1	1	0

[NAND 게이트의 진리표]

60

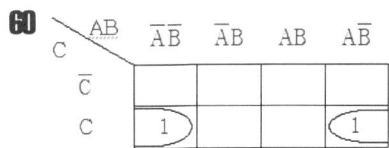

불 대수에 의한 간략화
$F = \overline{A}\overline{B}C + A\overline{B}C = \overline{B}C(\overline{A}+A) = \overline{B}C$

2015년 제5회

01	02	03	04	05	06	07	08	09	10
①	①	③	①	④	④	②	③	③	④
11	12	13	14	15	16	17	18	19	20
②	④	④	④	③	①	①	③	②	④
21	22	23	24	25	26	27	28	29	30
④	①	②	④	③	④	②	④	①	③
31	32	33	34	35	36	37	38	39	40
②	②	④	③	③	③	②	④	③	①
41	42	43	44	45	46	47	48	49	50
④	①	④	④	③	①	②	②	①	③
51	52	53	54	55	56	57	58	59	60
④	④	③	②	②	②	③	①	②	②

01 펄스 파형의 성질(응답 특성)

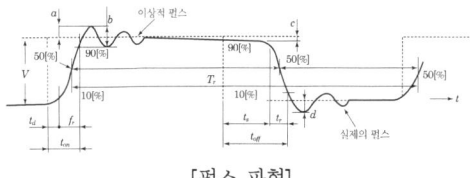

[펄스 파형]

㉠ 상승 시간(t_r, rise time) : 진폭 전압(V)의 10[%]에서 90[%]까지 상승하는 데 걸리는 시간
㉡ 오버슈트(overshoot) : 상승 파형에서 이상적 펄스파의 진폭 전압(V)보다 높은 부분의 높이 a를 말하며, 이 양은 $\left(\dfrac{a}{V}\right) \times 100[\%]$로 나타낸다.
㉢ 언더슈트(undershoot) : 하강 파형에서 이상적 펄스파의 기준 레벨보다 아래 부분의 높이 d를 말하며 이 양은 $\left(\dfrac{d}{V}\right) \times 100[\%]$로 나타낸다.
㉣ 새그(S, sag) : 내려가는 부분의 정도로서 낮은 주파수 성분이나 직류분이 잘 통하지 않기 때문에 생기는 것이다.

새그 $S = \dfrac{c}{V} \times 100[\%]$

02 비안정 멀티바이브레이터회로이므로 TR₁이 동작하는 때에는 C₂가 충전되고 있는 상태이며, TR₂가 동작(ON)할 때는 TR₁이 OFF되고 이때 C₂는 방전한다. 펄스폭 τ_W 및 반복 주기 T_r는 다음 식으로 된다.

$\tau_W ≒ 0.7 C_2 R_{B1}$
$T_r ≒ 0.7(C_2 R_{B1} + C_1 R_{B2})$
$f = \dfrac{1}{T_r} = \dfrac{1}{\tau_{W1} + \tau_{W2}} ≒ \dfrac{1}{0.7(C_1 R_{b2} + C_2 R_{b1})}$
$≒ \dfrac{1}{0.7((5 \times 10^{-6} \times 10 \times 10^3) + (5 \times 10^{-6} \times 10 \times 10^3))}$
$≒ \dfrac{1}{7 \times 10^3} ≒ 143[\text{Hz}]$

03 $I_B = \dfrac{V_{CC} - V_{BE}}{R_B} = \dfrac{6 - 0.6}{300 \times 10^3}$
$= 18 \times 10^{-5}[\text{A}] = 18[\mu\text{A}]$

04 ㉠ ASK(Amplitude Shift Keying)는 디지털 신호 (1, 0)의 정보 내용에 따라 반송파의 진폭을 변화시키는 방식
㉡ PSK(Phase Shift Keying)는 디지털 신호에 대응하여 반송파의 위상을 각각 다르게 하여 전송하는 변조방식

ⓒ 2진 FSK(Binary Frequency Shift Keying)는 Binary Phase Shift Keying(PSK)의 일종으로 디지털 신호의 0, 1에 따라 2종류의 위상을 갖는 변조 방식으로, FSK는 ASK에 비해 더 넓은 대역을 필요로 하며 오류 확률은 비슷하다.

05 다이오드를 사용한 정류회로에서 2개의 다이오드를 직렬로 연결하면 다이오드는 과전압으로부터 보호된다.

06 트라이액은 쌍방향 교류전력 제어소자로서 게이트 전압을 통하여 부하전압을 조정한다.

07 UJT를 이용한 톱니파 발진회로서 RT와 CT에 의한 적분 파형이 LTL 상태에서는 충전을 하고 HTL 상태에서는 콘덴서가 방전을 하게 된다. 이 때 V_{b1}에는 톱니파 펄스가 발생하게 된다.

08 $f = \dfrac{1}{T} = \dfrac{1}{1 \times 0.5} = 2[\text{Hz}]$

09 수정발진기는 Q가 $10^4 \sim 10^6$ 정도로 매우 높고 발진 조건을 만족시키는 유도성인 범위가 매우 좁아 안정한 발진을 할 수 있으며, 기계적으로도 안정하여 발진소자로 많이 사용한다.

10 트랜지스터(BJT)의 동작영역에서 증폭기로 사용하기 위해서는 활성영역에서 동작하여야 하고, 논리회로에 사용하기 위해서는 포화영역과 차단영역을 사용한다.
[트랜지스터의 동작 영역]
ⓐ 포화영역 : 베이스 전류를 크게 해도 그 이상 컬렉터 전류가 증가하지 않는 영역이다.
ⓑ 활성영역 : 베이스 전류의 변화에 따라 컬렉터 전류가 변화하는 영역이다.
ⓒ 차단영역 : 베이스 전류가 없기 (또는 극소량) 때문에 전류가 흐르지 않는 영역이다.

11 입력이 어느 하나라도 0이 되면, 다이오드가 도통되어 출력은 0의 상태가 되고 입력이 모두 1의 상태가 되면 다이오드는 차단 상태가 되어 출력은 1의 상태가 되므로 AND GATE 회로이다.

12 – 입력장치에는 키보드와 마우스가 많이 사용되며, 스캐너, 광학 마크 판독기, 광학 문자 판독기, 자기 잉크 문자 판독기, 바코드 판독기, 조이 스틱, 디지타이저, 터치스크린, 디지털 카메라 등이 있다.
– 출력장치에는 프린터와 모니터가 있으며, 프린터로는 도트 매트릭스 프린터, 잉크 제트 프린터, 레이저 프린터가 있다. 또 모니터에는 음극선관 모니터와 액정 화면 모니터, 플라즈마 디스플레이, 터치스크린, 프로젝터 등이 있다.

13 그레이 코드(Gray Code)는 1비트의 변화를 주어 아날로그 데이터를 디지털 데이터로 변환하는 데 사용하는 코드로, 연산에는 부적합한 코드로 A/D 변환기, 입·출력장치의 인터페이스 코드로 널리 사용된다.

14 $T_1 : B \leftarrow \overline{B}$ B를 1의 보수(부정)로 변환한다.
$T_2 : B \leftarrow B+1$ B를 2의 보수(1의 보수(부정)+1)로 변환한다.
$T_3 : A \leftarrow A+B$ A와 B를 가산하여 A에 저장하므로 2의 보수에 의한 가산 방법이다.

15 마이크로프로세서의 CPU 모듈의 동작 순서는 명령어 인출 → 명령어 해석 → 데이터 인출 → 데이터 처리의 과정으로 이루어진다.
① fetch cycle : 기억장치에 있는 명령을 중앙처리장치로 읽어오는 사이클 명령어 인출(instruction fetch cycle)은 기억장치에 있는 명령어를 중앙처리장치로 읽어오는 사이클
② indirect cycle : 간접주소일 때 유효주소를 읽기 위해 기억장치에 접근하는 사이클

③ execute cycle : 기억장치에서 읽어들인 명령을 실행하는 주기
④ interrupt cycle : 예기치 않은 상황이 발생할 경우 명령을 중단하고 인터럽트를 수행하고 복귀하는 사이클

16 인터럽트란 컴퓨터가 어떤 프로그램을 실행 중에 긴급사태 등이 발생하면 진행 중인 프로그램을 일시 중단하여 긴급 사태에 대처하고, 긴급 처리가 끝나면 중단했던 프로그램을 재개하는 것을 말한다.
㉠ 하드웨어적 인터럽트에는
- 정전 : 최우선 순위를 가짐
- 기계검사 인터럽트(Machine Check) : CPU 및 기타 장치에서 에러가 발생했을 경우나 입·출력장치의 데이터 전송요구, 데이터 전송이 끝났을 때 발생
- 외부 인터럽트 : 타이머, 전원 등의 외부 신호 및 오퍼레이터의 조작에 의해서 발생
- 입·출력 인터럽트 : 데이터 입·출력 종료나 에러가 발생했을 경우
㉡ 인터럽트 우선순위
- 하드웨어적 원인>소프트웨어적 원인
- 정전 인터럽트>기계고장 인터럽트>외부 인터럽트>I/O 인터럽트>프로그램 체크 인터럽트>SVC 인터럽트

인터럽트 발생 시 복귀 주소(return address)를 저장해 두었다가 ISR(Interrupt Service Routine) 마지막에 복귀명령에 이용한다.
- 인터럽트가 발생하면, 현재 프로그램 상태를 PC에 저장(Program counter register)한다.
- Interrupt vector(인터럽트에 해당하는 ISR 실행 정보를 담고 있는 벡터)를 탐색한다.
- 인터럽트 처리 : 요청 장치를 식별, 실질적 인터럽트를 처리한다.
- 상태를 복구하고, PC에 저장된 프로그램 상태를 통해 실행을 재개한다.

17 NAND 연산은 입력이 모두 1일 때 결과가 0이 되므로 1100과 0110의 NAND 연산 결과는 1011이 된다.

18 - 디코더(Decoder : 복호기)는 n비트의 2진 코드를 최대 2^n개의 서로 다른 정보로 바꾸어 주는 논리 조합회로로 출력은 AND 게이트로 구성된다.
- 인코더(Encoder : 부호기)는 숫자나 문자 등의 10진수 입력을 2진 부호로 변환하는 회로로 OR 게이트로 구성된다.
- 멀티플렉서(Multiplexer)는 n개의 입력신호 중 선택 제어의 조건에 따라 1개의 입력만 선택하여 출력하는 조합 논리회로로서, 2^n개의 데이터 입력을 제어하기 위해서는 최소 n개의 선택 제어선이 필요하며, 선택 제어선의 조건에 따라 출력신호가 결정된다.
- 디멀티플렉서(demultiplexer)는 하나의 입력데이터를 다수의 출력선 중에서 선택선의 조건(S_0, S_1)에 따라 결정된 출력으로 데이터의 전송이 이루어지도록 하는 회로이다.

19 ASCII 코드는 문자를 표시하기 위한 7비트 코드로서 영어대문자, 소문자로 구별할 수 있으며, 가장 왼쪽의 한 비트는 코드의 오류 검출용 패리티 비트를 부가하여 8비트로 표시하고 데이터 통신에서 표준코드로 사용하며 개인용 컴퓨터에 사용한다. $2^7=128$개의 문자까지 표시가 가능하다.

20 $(3E.A)_{16} = 3 \times 16^1 + 14 \times 16^0 + 10 \times 16^{-1}$
$= 3 \times 16 + 14 + 0.625$
$= (62.625)_{10}$

```
8)62           0.625
  7 … 6 ↑    ×    8
                5.0
```

∴ $(3E.A)_{16} = (76.5)_8$

21 시프트 레지스터(shift register)는 FF을 여러 개 종속 접속하여 시프트 펄스를 하나씩 공급할 때마다

다 입력 데이터의 모든 비트를 각각 서로 이웃의 비트자리로 옮기는 것으로, 오른쪽 시프트와 왼쪽 시프트의 두 가지가 있다.

22 - BPS(bit per second) : 초당 비트수. 1초 동안에 몇 개의 비트를 전송할 수 있는가를 나타내는 단위. 1초간에 1비트를 전송하면 1bps로 표시한다. 이것은 컴퓨터 통신에서 사용되는 용어로 데이터 전송의 빠르기를 평가하는 단위로 사용된다.
- baud(보) : 전송에서 1회선이 1초 동안에 보낼 수 있는 비트의 수로 데이터 전송속도의 단위이다.

23 - 직접, 절대 주소지정방식(direct absolute addressing mode) : 오퍼랜드가 존재하는 기억장치의 어드레스를 직접 명령 속에 포함시켜 지정하는 방법
- 즉시 주소지정방식(immediate addressing mode) : 명령 속의 오퍼랜드 정보를 그대로 오퍼랜드로 사용하는 방법
- 간접 주소지정방식(indirect addressing mode) : 오퍼랜드가 존재하는 기억장치 어드레스를 내용으로 가지고 있는 기억 장소의 어드레스를 명령 속에 포함시켜 지정하는 방법
- 상대 주소지정방식(relative addressing mode) : 명령 속의 오퍼랜드 지정 정보를 레지스터 지정부와 전개부로 나누어서 레지스터 지정부로 지정된 레지스터 내용과 전개부를 더해서 오퍼랜드의 어드레스를 구한다.

24 각 자리의 수에 해당하는 값을 4비트의 2진수로 변환하면 BCD 코드로 변환된다.
$$2 \rightarrow 0010 \quad 6 \rightarrow 0110$$
즉, $(26)_{10} = (00100110)_2$가 된다.

25 - 베이스 레지스터(base register) : 데이터용 메모리 영역에서 첫 번째 어드레스를 저장한다.
- 인덱스 레지스터(Index register) : 베이스 레지스터를 기준으로 한 상대 어드레스를 저장한다.

26 RS 플립플롭에서 R=S=1의 상태에서는 동작이 불확실한 상태가 되므로, RS 플립플롭에서 Q를 R로, $\overline{Q}$를 S로 되먹임하여 불확실한 상태가 나타나지 않도록 한 회로가 JK 플립플롭이다.

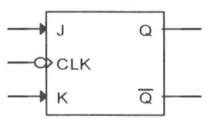

[JK F/F의 기호]

J	K	Q_{n+1}
0	0	Q_n(불변)
0	1	0
1	0	1
1	1	$\overline{Q_n}$ (toggle)

[JK F/F의 진리표]

27 명령어(Instruction)의 형식
명령어는 사용되는 Operand의 개수와 따라 0주소 명령, 1주소 명령, 2주소 명령, 3주소 명령으로 구분될 수 있다.
㉠ 0주소 명령(0-Address Instruction) : Operand 없이 OP code만으로 구성되는 명령어 형식이다.

OP code

- Stack을 이용하여 연산을 수행하므로 단항 연산에 적합하다.
- 0주소 명령으로 프로그램을 작성하면 프로그램의 길이가 길어질 수 있다.
- 대표적인 0주소 명령어 : PUSH, POP

㉡ 1주소 명령(1-Address Instruction) : OP code와 1개의 Operand로 구성되는 명령어 형식이다.

OP code	Operand 1

- 누산기(Accumulator)를 이용하여 연산을 수행한다.
ⓒ 2주소 명령(2-Address Instruction) : OP code와 2개의 Operand로 구성되는 명령어 형식으로 연산 결과를 위한 Operand 1개와 입력 자료를 위한 Operand 1개로 구성된다.

| OP code | Operand 1 | Operand 2 |

- 가장 일반적인 연산의 형태로 연산 후 입력 자료의 값이 변한다.
- Operand1은 연산 후 결과 값이 저장되는 레지스터이다.

ⓔ 3주소 명령(3-Address Instruction) : OP code와 3개의 Operand로 구성되는 명령어 형식으로 연산 결과를 위한 Operand 1개와 입력 자료를 위한 Operand 2개로 구성된다.

| OP code | Operand 1 | Operand 2 | Operand 3 |

- 연산 후 입력 자료의 값이 보관된다.

28 - 멀티플렉서 채널은 여러 개의 입·출력장치가 채널의 기능을 공유하며, 몇 대의 입·출력장치들이 시분할적으로 채널과의 데이터 전송을 행하는 방법으로 채널은 저속의 입·출력장치들을 동시 동작시키는 데 적합하다.
- 셀렉터 채널은 하나의 입·출력장치가 데이터 전송을 행하고 있는 동안에는 완전히 채널의 기능을 독점하는 방법으로 고속의 입·출력장치에 적합하다.

[입·출력 채널의 종류]
㉠ 셀렉터 채널 : 하나의 입·출력장치를 선택 결정하여 데이터를 전송하는 데 사용하며, 동작이 완료될 때까지 독점적으로 채널을 사용하는 자기 디스크나 테이프 같은 고속의 입·출력장치와 접속된다.
ⓒ 바이트-멀티플렉서 채널 : 시분할적으로 동시에 다수의 입·출력장치의 사용을 가능하게 하며, 카드 판독기나 라인 프린터 콘솔 등의 주로 저속의 장치와 접속된다.
ⓒ 블록-멀티플렉서 채널 : 셀렉터 채널의 고속 처리와 바이트-멀티플렉서 채널의 시분할적인 동시동작을 겸하고 있는 형태로 저속의 입·출력장치와 또 다른 몇 개의 고속의 입·출력장치가 공용되어 동시에 동작되도록 한다.

29 - 전송명령어 : Load, Store, Move, Exchange, Push, Pop, Input, Output
- 산술명령어 : Increment, Decrement, Add, Subtract, Multiply, Divide, Add with Carry, Subtract with borrow, Negate
- 논리명령어 : Clear, Set, Complement, AND, CR, Exclusive-OR, Clear carry, Complement carry
- 제어명령어 : Jump, Skip next instruction, Call procedure, Branch, Return from procedure, Compare[by Subtraction], Test [by ANDing]

30 23번 해설 참조 요망

31 운영체제의 성능평가요소에는 신뢰도, 응답시간, 처리능력(throughput), 이용가능도(availability) 등이 있다.

32 기계어 : 컴퓨터가 직접 이해할 수 있는 2진 코드로 기종마다 다르고, 프로그램의 작성 및 수정, 해독이 매우 어려워 거의 사용되지 않으나, 컴퓨터에서의 수행 속도는 가장 빠른 장점을 지닌다.
기계어는 0과 1로 이루어지므로, 프로그램의 유지보수가 어렵다. 저급 언어는 기계어를 말하며, 기계어는 변환과정 없이 계산기가 직접 처리할 수 있으므로 처리속도가 빠르다.
- 2진수를 사용하여 명령어와 데이터를 표현한다.
- 호환성이 없고, 기계마다 언어가 다르다.
- 프로그램의 실행속도가 빠르다.
- 프로그램의 유지보수와 배우기가 어렵다.

33 - 기계어(Machine Language) : 기계어는 저급 언어로서, 기계어는 변환과정 없이 계산기가 직접 처리할 수 있으므로 처리속도가 빠르다.
- 어셈블리어(Assembly Language) : 프로그램의 작성이 기계어보다 용이하고, 프로그램의 수정이 편리하다는 장점이 있으나, 어셈블러에 의한 번역과정이 필요하므로 처리속도가 느리고 컴퓨터마다 어셈블러가 다르므로 호환성이 적다.
- 고급 언어(high level language) : 사람 중심으로 만들어진 컴파일러 언어로서, 기종에 관계없이 사용할 수 있는 문제 지향의 공통 언어.
  ㉠ 컴파일러 언어는 10진수의 숫자, 영문자 및 특수문자들로 구성된 자연어와 유사한 형태의 언어로서, 각종의 컴파일러에 의해 기계어로 번역된다.
  ㉡ 고급 언어로는 BASIC, FORTRAN, COBOL, ALGOL, PL/1, C, ADA, LISP 등이 있다.

34 프로그램 실행을 위한 처리 순서는 원시 프로그램 → 컴파일러 → 목적 프로그램 → 연결 → 실행 순으로 이루어지므로, 문제에서의 수행 순서는 번역 → 적재 → 로더의 순서로 수행된다.

35 번역기의 종류
  ㉠ 어셈블러(Assembler) : 어셈블리 언어로 작성된 원시 프로그램을 기계어로 번역하는 프로그램이다.
  ㉡ 컴파일러(Compiler) : 전체 프로그램을 한 번에 처리하여 목적 프로그램을 생성하는 번역기로 기억 장소를 차지하지만 실행 속도가 빠르다. 한번 번역해두면 목적 프로그램이 생성되므로 재차 실행 시에 다시 번역할 필요가 없다. 컴파일러를 사용하는 언어에는 ALGOL, PASCAL, FORTRAN, COBOL, C 등이 있다.
  ③ 인터프리터(Interpreter) : 작성된 원시 프로그램을 한 줄씩 읽어 번역 및 실행하는 작업을 반복하는 프로그램이다. 목적 프로그램이 남지 않으며, 일괄처리가 아니므로 대화형이라 한다. 실행속도가 느리지만 기억 장소를 적게 차지한다. 인터프리터를 사용하는 언어에는 BASIC, LISP, 자바(JAVA), PL/1 등이 있다.

36 BNF(Backus-Naur form), 약칭 BNF는 문맥 무관 문법을 나타내기 위해 만들어진 표기법이다.
  * BNF에 사용되는 기호, ::= [정의]
  BNF는 기본적으로 다음의 문법을 사용한다.
  <기호> ::= <표현식>

37 순서도는 처리하고자 하는 문제를 분석하고 입·출력 설계를 한 후에, 그 처리순서의 방법에 따라 기호를 사용하여 나타낸 그림으로 프로그램 코딩의 자료가 되고, 인수인계가 용이하고 오류 발생시 원인을 찾아 수정이 쉽다.
  - 순서도(flow chart)를 작성하는 이유
  ㉠ 논리적인 체계를 쉽게 이해할 수 있다.
  ㉡ 업무의 전체적인 개요를 쉽게 파악할 수 있다.
  ㉢ 문제의 정확성 여부를 쉽게 판단할 수 있다.
  ㉣ 프로그램의 코딩이 쉬워진다.
  ㉤ 프로그램의 흐름에 대한 수정을 용이하게 한다.

38 시스템 프로그램(system program) : 프로그램에서 루틴 및 특별한 계산 목적을 위한 서브루틴 따위의 모임. 운영 체계 또는 자료 처리와 계산의 종합 시스템을 위한 기본이 된다. 크게 다음과 같은 6개 부문으로 나눌 수 있다.
  ㉠ 사용자 편의로 된 언어로부터 기계어로 프로그램을 번역하는 언어 프로세서
  ㉡ 응용 프로그램들을 위한 표준 루틴을 제공하는 라이브러리 프로그램
  ㉢ 컴퓨터 요소들 간에 또는 컴퓨터와 사용자 간에 통신을 쉽게 해 주는 유틸리티 프로그램
  ㉣ 컴퓨터 유지 및 관리를 도와주는 진단 프로그램
  ㉤ 여러 가지 프로그램들을 기억장치로 읽어들이는 적재 프로그램
  ㉥ 모든 컴퓨터 프로그램들을 관리하고 그 실행을 제어하는 운영 체계

39 운영체제의 성능평가요소에는 신뢰도(Reliability), 응답시간(Turn around Time), 처리능력(Through-put), 이용가능도(Availability) 등이 있다.

40 로더(Loader)는 목적 프로그램을 읽어들여 주기억장치에 적재시킨 후에 실행시키는 서비스 프로그램으로, 로더(Loader)는 연결(Linking) 기능, 할당(Allocation) 기능, 재배치(relocation) 기능, 로딩(loading) 기능 등이 있다.

41 JK-FF에서 J, K 두 입력이 동시에 1(high)이고, 사각 펄스가 1(high)이면 출력 상태는 반전한다. 이때 사각 펄스의 시간 폭이 출력 상태가 되돌아오는 시간 폭보다 크면 두 입력이 동시에 1(J=K=1)일 때 출력 상태가 다시 반전하여 오동작을 일으키는 현상을 레이싱(racing)이라 한다. 마스터 슬레이브 JK-FF는 이 레이싱 결함을 방지하기 위해 고안된 것이다.

42 D-FF은 RS-FF에서 2개의 입력 R, S가 동시에 1인 경우에도 불확정한 출력 상태가 되지 않도록 하기 위하여 인버터(inverter) 하나를 입력 양단에 부가한 것이다.

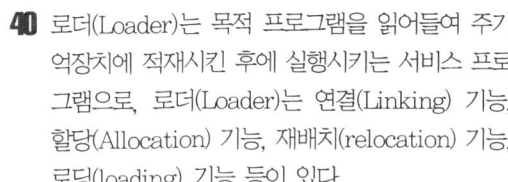

출력식 $Q_{n+1} = D$

43 멀티바이브레이터의 종류
㉠ 비안정 멀티바이브레이터(Astable Multivibrator) : 안정된 상태가 없는 회로로 전원이 공급되면 구형파의 발진이 이루어지는 회로이다.
㉡ 단안정 멀티바이브레이터(Monostable Multi-vibrator) : 자체 발진의 능력은 없으나 외부의 트리거 펄스 입력이 공급될 때마다 하나의 구형파를 출력하는 회로이다.
㉢ 쌍안정 멀티바이브레이터(Bistable Multi-vibrator) : 안정 상태를 유지하며 외부의 트리거 펄스 입력이 두 개 공급될 때마다 하나의 구형파를 출력하는 회로로 일반적으로 플립플롭(Flip Flop) 회로라 한다.

44 0+0=0, 0+1=1, 1+0=1, 1+1=0 및 자리올림수 1, 즉 0과 1을 더하면 1이 되고, 1과 1을 더하면 0이 되며, 자리올림(carry)이 발생된다.

45 $f = A(\overline{A} + B)$

46 플립플롭(flip-flop, 쌍안정 멀티바이브레이터)을 래치회로라고도 하며, 2개의 펄스가 들어올 때 1개의 펄스를 얻어내고 외부의 신호가 들어오기 전까지 안정한 상태를 유지하는 회로로서 전자계산기, 계수기 등의 디지털 기기들의 소자로 이용된다.

47 2진수를 그레이 코드로 변환하는 방법
㉠ 최상위 비트값은 그대로 사용한다.
㉡ 다음 비트부터는 인접한 비트값을 X-OR (Exclusive-OR) 연산을 해서 내려 쓴다.

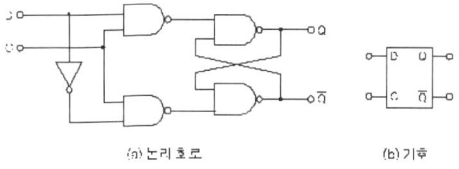

48 논리식을 최소화하는 방법(논리회로의 설계 순서)
㉠ 입·출력 조건에 따라 변수를 결정하여 진리표를 작성한다.
㉡ 진리표에 대한 카르노도를 구한다.
㉢ 간소화된 논리식을 구한다.
㉣ 논리식을 기본 게이트로 구성한다.

49 – 비동기형 계수기는 전단의 출력을 입력펄스로 받아 계수하는 회로이고, 동기형 계수기는 입력

펄스를 병렬로 입력받아 각 단이 동시에 동작하는 계수기이다.
- 플립플롭이 n개일 때 카운터가 셀 수 있는 최대의 수를 N이라 하면 $N=2^n$개의 수를 셀 수 있고, 0에서 2^n-1의 수까지 표현한다. 그러므로 $2^3=8$이므로 0~7까지의 계수가 가능하다.

50 멀티플렉서(multiplexer)는 다수의 입력데이터를 입력선택선의 조건에 따라 하나의 출력으로 데이터의 전송이 이루어지도록 하는 조합 논리회로이다. 8×1 멀티플렉서는 입력선이 8개이므로, 입력선을 선택하기 위한 선택선은 3개(8가지의 경우)가 필요하다. 즉, $2^3=8$이므로 선택선이 3개이면 8개의 입력선의 선택이 가능하다.

51 분배법칙이란 어떤 것을 똑같이 다른 것으로 분배하는 법칙으로 덧셈이나 뺄셈에 대한 곱셈과 같은 것이다. 즉, 두 수의 합에 어떤 수를 곱할 때, 이 수를 더하는 두 수에 분배하여 곱하고 다음의 결과를 더하는 것이다.

52 시프트 레지스터(shift register)는 FF을 여러 개 종속 접속하여 시프트 펄스를 하나씩 공급할 때마다 순차적으로 다음 FF에 데이터가 전송되도록 하는 레지스터이다.

53 - 순서 논리회로는 출력신호가 현재의 입력신호와 과거의 입력신호에 의하여 결정되는 논리회로로서 FF과 같은 기억소자나 논리게이트로 구성된다.
- 조합 논리회로는 입력변수의 값에 따라 일정한 출력을 갖는 논리회로로 n개의 입력 변수들은 2^n개의 2진 조합이 가능하며, 하나의 입력 조합에 대하여 단 1개의 출력 조합이 출력된다.

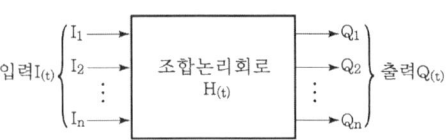

[조합 논리회로의 블록도]

조합 논리회로에는 멀티플렉서(multiplexer), 해독기(decoder), 부호기(encoder), 반가산기, 전가산기 등이 속하고, 레지스터, 플립플롭, 계수기 등은 순서 논리회로에 속한다.

54 타이밍 차트의 출력(Y)의 상태는 입력(A, B)이 어느 하나라도 H일 때 출력이 H가 되는 논리 상태이므로 OR 게이트이다.

55 반가산기는 한 자리수 A와 B를 더할 때 발생되는 결과는 A와 B의 합과 자리올림수(Carry)가 발생하며, 합(S)과 자리올림수(C)의 논리식은
$S = \overline{A}B + A\overline{B} = A \oplus B$, $C = A \cdot B$로 나타낸다.

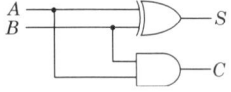

[반가산기의 회로도]

A	B	S(Sum)	C(Carry)
0	0	0	0
0	1	1	0
1	0	1	0
1	1	0	1

[반가산기의 진리표]

56 $Y = A + \overline{A}B = (A + \overline{A})(A + B) = A + B$

57 비동기형 계수기는 전단의 출력을 입력펄스로 받아 계수하는 회로이고, 동기형 계수기는 입력펄스를 병렬로 입력받아 각 단이 동시에 동작하는 계수기이다.
$2^4=16$이고 $2^3=8$이므로 0~9까지의 계수가 가

능한 10진 카운터를 구성하기 위해서는 4개의 플립플롭이 필요하다.
플립플롭이 n개일 때 카운터가 셀 수 있는 최대의 수를 N이라 하면 $N=2^n$개의 수를 셀 수 있고, 0에서 2^n-1의 수까지 표현한다.

58 $(0.1111)_2 = (0.9375)_{10}$
$1 \times 2^{-1} + 1 \times 2^{-2} + 1 \times 2^{-3} + 1 \times 2^{-4}$
  $= 0.5 + 0.25 + 0.125 + 0.0625$
  $= (0.9375)_{10}$

59 해독기(decoder)는 입력 데이터에 따라 $N=2^n$개의 출력단자가 결정되므로 디코더 회로가 4개의 입력 단자를 갖는다면 출력 단자는 AND 게이트로 이루어지며, 16개를 갖는다.
$2^4 = 16$이므로 입력선이 4개이면 16개의 출력이 가능하다.

60 메모리 접근 및 처리속도가 빠른 순서
 – 레지스터 : 마이크로프로세서의 일부분으로서 아주 적은 데이터를 잠시 저장할 수 있는 공간이며, 하나의 명령어에서 다른 명령어 또는 운영체계가 제어권을 넘긴 다른 프로그램으로 데이터를 전달하기 위한 장소를 제공한다.
 – 플립플롭(Flip-Flop) : 레지스터를 구성하는 기본소자가 플립플롭(F/F)으로, 0과 1의 안정된 논리 상태를 갖는 쌍안정 멀티바이브레터를 플립플롭(F/F)이라 하는 것으로, 외부 트리거 신호에 의해 어떤 상태가 되어 있을 때, 다음 트리거 신호가 공급될 때까지 현재의 상태를 안정하게 유지한다. 이러한 성질이 2진수 한 자리를 기억할 수 있는 기억소자(memory)로 사용된다.
 – RAM(Random Access Memory) : 저장한 번지의 내용을 인출하거나 새로운 데이터를 저장할 수 있으나, 전원이 꺼지면 내용이 소멸된다.
 – 캐시 기억장치(cache memory) : 프로그램 실행속도를 중앙처리장치의 속도에 가깝도록 하기 위하여 개발된 고속버퍼 기억장치로서, 주기억장치보다 속도가 빠르고, 중앙처리장치 내에 위치하고 있으므로 레지스터 기능과 유사하다.
 – 하드 디스크 드라이브(Hard disk drive) : 비휘발성, 순차접근이 가능한 컴퓨터의 보조기억장치이다.

2016년 제1회

01	02	03	04	05	06	07	08	09	10
①	③	②	②	①	②	④	③	①	②
11	12	13	14	15	16	17	18	19	20
④	④	②	①	①	①	③	③	②	②
21	22	23	24	25	26	27	28	29	30
①	②	①	④	②	③	③	③	①	②
31	32	33	34	35	36	37	38	39	40
③	②	②	③	②	②	③	④	①	④
41	42	43	44	45	46	47	48	49	50
③	②	③	③	②	③	④	④	③	①
51	52	53	54	55	56	57	58	59	60
④	①	④	①	①	①	③	①	④	④

01 시스템 온 칩(SoC)은 System on Chip의 약자로 프로세서, 메모리장치, 입·출력장치(디지털 신호, 아날로그 신호, 혼성 신호, RF 기능 등) 등이 한 개의 칩(chip)상에 완전 구동 가능한 제품, 즉 시스템이 들어 있는 신세대 개념의 반도체로 시스템의 크기를 기존에 비해 축소시키고, 조립과정도 단순화시킬 수 있고, 고집적·저가격·사용 편의성이 SoC의 특징이자 장점이다.

02 ㉠ 순방향 바이어스는 P형 부분에 +전압을, N형 부분에 −전압을 걸어주면 P 영역에 있는 정공과, N 영역에 있는 전자가 접합면 쪽으로 끌려온다(P 영역에 걸린 양전하가 정공을 밀어내고, N 영역에 걸린 음전하가 전자를 밀어낸다). 따라서 당연히 공핍(depletion)영역의 폭이 줄어들게 된다. 이렇게 되면 P-N 접합면의 전위 장벽(potential barrier)가 줄어들고, 전기저항이 감소하게 된다.

㉡ 역방향 바이어스는 정방향 바이어스와는 반대로, N형 부분에 +전압, P형 부분에 −전압을 걸어주는 경우이다. 이렇게 하면 built-in potential이 평형상태보다 높아져 캐리어들이 반대영역으로 움직일 수 없고, 따라서 전류가 흐르지 않는다. 하지만 높은 역방향 바이어스를 걸어줄 경우 breakdown에 의해 역방향 전류가 형성된다. Breakdown의 종류에는 Zener breakdown, avalanche breakdown이 있다.

03 사인파 발진회로는 LC 발진회로(동조형 반결합, Clapp, Hartley, Colpitts)와 수정 발진회로(Pierce, 수정발진기) 및 RC 발진회로(이상형 병렬, Wien-Bridge)로 구분된다.

04 구형파 펄스 충격계수(점유율) : 펄스폭/펄스주기

$$t = \frac{1}{f} = \frac{1}{500 \times 10^3} = 2[\mu s]$$

$$충격계수 = \frac{펄스\ 폭}{펄스\ 주기} = \frac{15 \times 10^{-6}}{2 \times 10^{-6}} = 7.5$$

05 $f = \frac{1}{T} = \frac{1}{5} = 0.2[Hz]$

06 부궤환 증폭기의 특성
㉠ 증폭기의 이득이 감소한다.
㉡ 비선형 일그러짐이 감소한다. 특히 출력단의 잡음이 감소한다.
㉢ 주파수 특성이 개선된다.
㉣ 입력의 임피던스가 증가하고, 출력 임피던스는 감소한다.
㉤ 부하의 변동이나 전원 전압의 변동에도 증폭도가 안정된다.

07 컨덕턴스
저항의 역수로서 전류의 흐르는 정도를 나타내는 것이다.
$G = \frac{1}{R}[\mho]$
기호는 G, 단위는 모($\mho$: mho), S(siemens), Ω^{-1}

08 $R_t = 4 + \frac{5 \times (2+3)}{5 + (2+3)}$
$= 4 + \frac{25}{10} = 4 + 2.5 = 6.5[\Omega]$

09 전계 효과 트랜지스터(FET : Field Effect Transistor)는 다수 반송자에 의해 전류가 흐르고 5극 진공관과 비슷한 특성을 가지며 입력 임피던스가 매우 높은 특징이 있다. FET는 게이트와 소스 사이에 역방향 바이어스(VGS)를 가하여 드레인 전류를 제어하는 전압 제어형 트랜지스터이다.

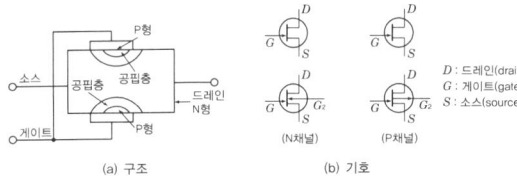

10 반도체는 절연체와 도체 사이의 중간 정도의 전기 저항을 갖는다. 반도체는 온도 상승에 따라 저항값이 감소하는 부(−)의 온도계수 특성이 있으며, 불순물을 섞을수록 도전율이 증가된다. 저항값이 감소한다. 빛을 쪼이면 저항이 감소하기도 한다(광전도성). 순수한 반도체의 전기전도도는 매우 낮다. 그러나 도핑이라고 부르는 의도적인 불순물의 첨가로 반도체의 전기적 특성을 변화시켜 전도도를 크게 할 수 있다.

11 ㉠ SATA(Serial Advanced Technology Attachment) : 하드디스크 드라이브(HDD), DVD 및 CD-RW 등 기존 IDE(Integrated Drive Electronics) 장치의 접속 규격인 병렬 방식의 각종 ATA 규격과 호환성을 갖는 직렬 방식의 인터페이스 규격
㉡ Enhanced Integrated Drive Electronics (EIDE) : 컴퓨터와 디스크 드라이브 간의 표준 인터페이스. IDE를 확장한 것으로 528[Mbyte] 이상 디스크 접근이 가능하고 기억장치 직접 접근(DMA), CD-ROM, ATA 패킷 인터페이스를 통한 테이프 장치들을 지원한다.
㉢ PATA(Parallel ATA) : 각종 ATA 규격과 호환성을 갖는 병렬 방식의 인터페이스 규격
㉣ Digital Visual Interface : 모니터와 그래픽 카드 간의 신호를 주고받는 디지털 형식 규격

12 ㉠ 폴링(Polling) : 소프트웨어적으로 우선순위가 높은 인터럽트를 알아내는 방법
㉡ 데이지 체인(Daisy-Chain)(H/W적인 방식) : 인터럽트 라인을 직렬로 연결하는 방법으로서 우선순위가 가장 높은 장치를 선두로 하여 우선 순위에 따라 연결하는 방식
㉢ 병렬 우선순위 인터럽트(H/W적인 방식) : 각 장치의 인터럽트 요청에 따라 각 비트가 개별적으로 세트될 수 있는 레지스터를 사용하며, 이 레지스터의 비트의 위치에 따라 우선순위가 결정된다. 또한 각 인터럽트 요청 상태를 조절할 수 있는 마스크(Mask) 레지스터를 이용하기도 한다.

13 ㉠ Complement : 단일 연산으로 입력 자료 1의 연산 결과는 보수가 된다.
  * 음(−)수의 표현에 있어 1의 보수 또는 2의 보수를 구하는 데 이용
㉡ AND : 필요 없는 부분을 지워버리고 나머지 비트만을 가지고 처리하기 위하여 사용
㉢ OR : AND 회로와는 거의 반대의 연산을 실행하는 것으로서, 2개 이상의 데이터를 합치는 데 이용
㉣ Shift(시프트) : 입력 데이터의 모든 비트를 각각 서로 이웃의 비트자리로 옮기는 데 사용
㉤ Rotate(로테이트) : shift와 유사한 연산으로서, shift 연산에서는 연산 후에 밀려나오는 비트를 버리거나 올림수 레지스터에 기억시키지만, Rotate의 경우에는 밀려나온 비트가 다시 반대편 끝으로 들어가게 된다.

14 컴퓨터 시스템에 의하여 정보를 표현하기 위하여 0과 1의 이진수를 조합한 부호를 사용한다.

15 $X = (A+B)(A+\overline{B})$
$= AA + A\overline{B} + AB + B\overline{B}$
$= A + A(B + \overline{B}) = A$

($B\overline{B} = 0$, $A(B + \overline{B}) = A \cdot 0 = 0$)

16 비동기 직렬전송에서는 문자코드의 양끝에 특수한 비트가 들어간다. 즉, 정보의 앞뒤에 start 비트(1비트)와 stop 비트(통상 2비트 time)를 사용하여 동기를 맞추는 것이다.

17 프로그램 카운터(Program counter, PC)는 마이크로프로세서(중앙처리장치) 내부에 있는 레지스터 중의 하나로서, 다음에 실행될 명령어의 주소를 가지고 있어 실행할 기계어 코드의 위치를 지정한다.

18 ㉠ 직접, 절대 주소지정방식(direct absolute addressing mode) : 오퍼랜드가 존재하는 기억장치의 주소를 직접 명령 속에 포함시켜 지정하는 방법
  ㉡ 간접 주소지정방식(indirect addressing mode) : 오퍼랜드가 존재하는 기억장치 주소를 내용으로 가지고 있는 기억 장소의 주소를 명령 속에 포함시켜 지정하는 방법
  ㉢ 계산에 의한 주소 지정 : 주어진 주소에 상수 또는 별도로 특정 레지스터에 기억된 주소의 일부분을 합산 또는 감산하여 기억된 장소에 사상(mapping)시킬 수 있는 유효 주소를 구하는 방식이다.

19 입력 데이터가 모두 같을 경우에는 결과가 0이 되고, 서로 다를 경우에는 결과가 1이 되는 논리회로가 배타적 논리합(exclusive-OR)이며, 논리식은 $Y = A \oplus B = \overline{A}B + A\overline{B}$ 이다.

A	B	Y
0	0	0
0	1	1
1	0	1
1	1	0

[EX-OR 게이트의 진리치표]

20 입·출력장치(Input/Output device: I/O 장치라고도 함)는 중앙 시스템과 외부장치와의 효율적인 통신방법을 제공하는 역할을 담당한다.

21 기계어(Machine Language)
컴퓨터가 직접 이해할 수 있는 2진 코드(0과 1)로 기종마다 다르고, 프로그램의 작성 및 수정, 해독이 매우 어려워 거의 사용되지 않으나, 컴퓨터에서의 수행 속도는 가장 빠른 장점을 지닌다. 기계어는 0과 1로 이루어지므로, 프로그램의 유지보수가 어렵다. 저급 언어는 기계어를 말하며, 기계어는 변환과정 없이 계산기가 직접 처리할 수 있으므로 처리속도가 빠르다.

22 ASCII 코드는 문자를 표시하기 위한 7비트 코드로서 영어 대문자, 소문자로 구별할 수 있으며, 가장 왼쪽의 한 비트는 코드의 오류 검출용 패리티 비트를 부가하여 8비트로 표시하고 데이터 통신에서 표준코드로 사용하며 개인용 컴퓨터에 사용한다. $2^7 = 128$개의 문자까지 표시가 가능하다.

D	C	B	A	8	4	2	1
패리티비트 (1비트)	존 비트 (3비트)			숫자 비트 (4비트)			

※ EBCDIC 코드는 4개의 존 비트와 4개의 디짓 비트로 구성된 8비트 코드로서 256개의 문자를 표현할 수 있으며 대문자와 소문자, 특수문자 및 제어신호를 구분할 수 있다.

23 산술 연산
  ㉠ add : 덧셈
  ㉡ subtract : 뺄셈
  ㉢ multiplication : 곱셈
  ㉣ Divide : 나눗셈
  ※ 논리적 연산 : OR(논리합), AND(논리곱)

24 논리식의 출력은 $AB + B = B(1 + A) = B$ 가 된다. 그러므로 출력은 B의 입력 데이터(0101)가 그

대로 출력된다.

25 채널(channel)이란 주기억장치와 입·출력장치 간의 속도 차이를 줄일 목적으로 사용하는 것으로, CPU로부터 입·출력장치의 제어를 위임받아 한 번에 여러 데이터 블록을 입·출력할 수 있는 시스템 하드웨어로 채널의 종류는 크게 두 가지이다.
  ㉠ 멀티플렉서 채널(multiplexer channel) : 직렬형으로 비교적 입·출력장치 가동 시에 여러 개 동작하는 채널
  ㉡ 셀렉터 채널(selector channel) : 일단 하나의 입·출력장치를 선택하면 전송이 종료될 때까지 계속 동작하여, 채널은 그 장치의 전용 모선으로 동작한다.

26 ㉠ 패리티 비트(Parity Bit)에 의한 오류 검출은 단지 오류 검출만 되지만 해밍 코드(Hamming Code)는 오류 검출 후 오류 정정까지 가능한 것이다.
  ㉡ 해밍 코드(Hamming Code)는 1비트의 오류를 자동적으로 정정해 주는 코드로, 1비트의 단일 오류를 정정하기 위해서는 3비트의 여유 비트가 필요하고, 2개 이상의 중복 오류를 수정하려면 더 많은 여유 비트가 필요하다.

27 1의 보수는 부정을 취하는 것이고, 2의 보수는 1의 보수에 1을 더한다. 여기서 10110의 1의 보수는 01001이 되고, 2의 보수는 1의 보수에 1을 더하므로 01010이 된다.

28 그레이 코드(Gray Code)는 한 숫자에서 다음 숫자로 증가할 때 한 비트만 변하는 특성이 있어, 에러율이 적어서 입·출력장치나 주변장치에 사용한다.
  [2진수를 그레이 코드로 변환]
  ㉠ 최상위 비트값은 그대로 사용한다.
  ㉡ 다음부터는 인접한 값까지 X-OR(Exclusive-OR) 연산을 해서 내려 쓴다.

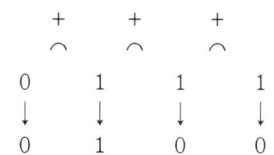

29 부동 소수점(floating point numbers) : 전자계산기 내부에서 실수를 나타내는 데이터 형식으로서, 4바이트 실수형과 8바이트 실수형이 있으며, 부호, 지수부, 가수부로 구성된다.

부호 비트	지수부	가수부

부호 비트는 실수가 양수(+)이면 0, 음수(-)이면 1로 표시하고, 지수부는 2진수로, 가수부는 10진 유효숫자를 2진수로 변환하여 표시한다.

30 $D = (ABC + \overline{A}) \cdot (A + \overline{C})$
  $= AABC + ABC\overline{C} + A\overline{A} + \overline{A}\,\overline{C}$
  $= ABC(1 + \overline{C}) + \overline{A}\,\overline{C}$
  $= ABC + \overline{A}\,\overline{C}$

31 C언어는 UNIX 시스템을 구축하기 위한 시스템 프로그래밍 언어로서 수식이나 제어 및 데이터 구조를 가장 간편하게 제공하고 있으며, C언어는 원래 시스템 프로그램으로 개발되었으나 기종에 관계없이 수치 해석, 텍스트 처리, 데이터베이스 처리를 위한 프로그램에도 많이 활용되고 있으며, UNIX 운영체제를 위해 개발한 시스템 프로그램 언어로 저급 언어와 고급 언어의 특징을 모두 갖춘 컴파일러 방식의 언어이다.
  ※ C언어의 특징
    ㉠ 하나 이상의 함수 정의문들의 집합으로 구성된다.
    ㉡ 유닉스 운영체제의 대다수를 차지한다.
    ㉢ 영어 소문자를 기본으로 작성된다.
    ㉣ 시스템 간의 호환성이 높다.
    ㉤ 구조적 프로그래밍 및 모듈식 설계가 용이하다.

ⓑ 비트 연산 및 증감 연산 등의 풍부한 연산자를 제공한다.
ⓢ 함수를 통한 입·출력만이 존재한다.
ⓞ 동적인 메모리 관리가 쉽다.

32 운영체제의 성능평가 요소
㉠ 처리능력(Throughput) : 주어진 시간에 처리할 수 있는 유용한 작업의 양
㉡ 반환시간(Turnaround Time) : 자료 입력시점부터 결과 출력시점까지의 시간
㉢ 사용가능도(Availability) : 특정 시간 동안 정확한 동작을 수행한 시간의 비율
㉣ 신뢰도(Reliability) : 주어진 기능을 실패 없이 수행하는가의 측정 단위

33 교착 상태란 프로세스들의 집합이 더 이상 진행을 못하고 영구적으로 블록되어 있는 상태로서, 집합 내의 한 프로세스가 특정 사건의 발생을 기다리며 대기하고 있고, 이 사건이 집합 내의 다른 블록된 프로세스에 의해 발생될 수 있을 때 이 프로세스의 집합은 교착 상태가 된다.
교착 상태 조건
㉠ 상호 배제(Mutual Exclusion) : 프로세스들은 자신이 필요로 하는 자원에 대해 배타적인 사용을 요구한다.
㉡ 비선점(No Preemption) : 자원을 점유하고 있는 프로세스는 그 작업의 수행이 끝날 때까지 해당 자원을 반환하지 않는다.
㉢ 점유와 대기(Hold & Wait) : 프로세스가 적어도 하나의 자원을 점유하면서, 다른 프로세스에 의해 점유된 다른 자원을 요구하고 할당받기를 기다린다.
㉣ 환형 대기(Circuit Wait) : 프로세스들의 환형 대기가 존재하여야 하며, 이를 구성하는 각 프로세스는 환형 내의 이전 프로세스가 요청하는 자원을 점유하고, 다음 프로세스가 점유하고 있는 자원을 요구하고 있는 경우 교착 상태가 발생할 수 있다.

34 원시 프로그램을 기계어로 번역하여 문법 오류(Syntax error)를 검사하여 오류를 수정하고, 논리적 오류를 검사하기 위하여 테스트 런을 통하여 모의 데이터를 입력하여 결과를 검사하여 오류를 올바르게 수정하는 것을 디버깅(debugging)이라 한다.

35 논리적 연산에서 단항 연산에는 MOVE, SHIFT, ROTATE, COMPLEMENT 연산 등이 있다.

36 번역기의 종류
㉠ 어셈블러(Assembler) : 어셈블리 언어로 작성된 원시 프로그램을 기계어로 번역하는 프로그램이다.
㉡ 컴파일러(Compiler) : 전체 프로그램을 한 번에 처리하여 목적 프로그램을 생성하는 번역기로 기억 장소를 차지하지만 실행 속도가 빠르다. 한번 번역해두면 목적 프로그램이 생성되므로 재차 실행 시에 다시 번역할 필요가 없다. 컴파일러를 사용하는 언어에는 ALGOL, PASCAL, FORTRAN, COBOL, C 등이 있다.
㉢ 인터프리터(Interpreter) : 작성된 원시 프로그램을 한 줄씩 읽어 번역 및 실행하는 작업을 반복하는 프로그램이다. 목적 프로그램이 남지 않으며, 일괄처리가 아니므로 대화형이라 한다. 실행 속도가 느리지만 기억 장소를 적게 차지한다. 인터프리터를 사용하는 언어에는 BASIC, LISP, 자바(JAVA), PL/1 등이 있다.

37 기계어(Machine Language)
㉠ 2진수를 사용하여 명령어와 데이터를 표현한다.
㉡ 호환성이 없고, 기계마다 언어가 다르다.
㉢ 프로그램의 실행속도가 빠르다.
㉣ 프로그램의 유지보수와 배우기가 어렵다.

38 이스케이프 시퀀스(escape sequence : 특수 코드)는 특수한 형식화를 제어하기 위해서 사용되며, 백

슬래시(\)와 하나의 문자로 구성된다.

부호	의미
\a	경고음(bell)
\b	백스페이스(backspace)
\n	문자 진행(newline)
\t	수평 탭
\\	백슬래시
\?	물음표
\'	작은따옴표

39 로더(Loader)는 목적 프로그램을 읽어들여 주기억장치에 적재시킨 후에 실행시키는 서비스 프로그램으로, 로더는 연결(Linking) 기능, 할당(Allocation) 기능, 재배치(relocation) 기능, 로딩(loading) 기능 등이 있다.

로더의 종류
- ⊙ 컴파일 즉시 로더(Compile and Go) : 번역기가 로더의 역할까지 담당하는 것으로 프로그램의 크기가 크고 한 가지 언어로만 프로그램을 작성할 수 있다. 실행을 원할 때마다 번역을 해야 한다. 이러한 특성 때문에 로더라고 하기에는 부적합하다.
- ⓒ 절대 로더(absolute loader) : 단순히 번역된 목적 프로그램을 입력으로 받아들여 주기억장치의 프로그래머가 지정한 주소에 적재하는 기능을 가지는 간단한 로더
- ⓒ 재배치 로더(relocating loader) : 주기억장치의 상태에 따라 목적 프로그램을 주기억장치의 임의의 공간에 적재할 수 있도록 하는 로더
- ② 링킹 로더(linking loader) : 하나의 부프로그램이 변경되어도 다른 모듈 프로그램을 다시 번역할 필요가 없도록 프로그램에 대한 기억장소 할당과 부프로그램의 연결이 로더에 의해 자동으로 수행되는 프로그램으로 직접 연결 로더(DLL : Direct Linking Loader)가 대표적이다.
- ⑩ 동적 적재(Dynamic Loading=Load on call) : 모든 세그먼트를 주기억장치에 적재하지 않고 항상 필요한 부분만 주기억장치에 적재하고 나머지는 보조기억장치에 저장해두는 기법

40 프로그래밍 과정
- ⊙ 문제 분석 : 문제의 내용을 만족하는 결과를 도출하기 위한 해결책과 기법에 관한 내용의 분석 과정
- ⓒ 입·출력 설계 : 입력 데이터의 종류와 형식 및 매체를 선정하고 출력방법에 대한 설계를 하는 과정
- ⓒ 순서도 작성 : 정해진 데이터를 입력하여 원하는 정보를 얻기 위한 처리 방법과 순서를 설계하는 과정으로 기호를 이용하여 작성한다.
- ② 프로그램의 코딩 : 업무처리에 적합한 언어를 선택하여 프로그램을 기술한다.
- ⑩ 프로그램의 작성 : 입력매체를 통하여 프로그램을 컴퓨터에 기록 저장하는 과정
- ⑪ 컴파일 및 오류의 수정 : 입력매체를 통하여 작성한 프로그램을 컴파일러를 통하여 기계어로 번역하고, 문법의 오류 등을 수정(디버깅)하도록 한다.
- ⊗ 테스트와 실행 : 컴파일 및 오류수정이 끝난 후 프로그램이 논리적인 오류와 원하는 결과가 나오는지의 검사과정의 실행을 통하여 원하는 결과를 얻게 된다.

41 플립플롭이 n개일 때 카운터가 셀 수 있는 최대의 수를 N이라 하면 $N=2^n$개의 수를 셀 수 있고, 0에서 2^n-1의 수까지 표현한다.

42 ⊙ 인코더(Encoder : 부호기)는 숫자나 문자 등의 10진수 입력을 2진 부호로 변환하는 회로로 OR 게이트로 구성된다.
- ⓒ 순서 논리회로는 출력신호가 현재의 입력신호와 과거의 입력신호에 의하여 결정되는 논리회로로서 FF과 같은 기억소자나 논리게이트로 구성된다.
- ⓒ 조합 논리회로는 입력변수의 값에 따라 일정한

출력을 갖는 논리회로로 n개의 입력 변수들은 2^n개의 2진 조합이 가능하며, 하나의 입력 조합에 대하여 단 1개의 출력 조합이 출력된다. 조합 논리회로에는 멀티플렉서(multiplexer), 해독기(decoder), 부호기(encoder), 반가산기, 전가산기 등이 속하고, 레지스터, 플립플롭, 계수기 등은 순서 논리회로에 속한다.

43 시프트 레지스터(shift register)는 FF을 여러 개 종속 접속하여 시프트 펄스를 하나씩 공급할 때마다 순차적으로 다음 FF에 데이터가 전송되도록 하는 레지스터이며, 시프트 레지스터(Shift Register)의 구성에는 입력 데이터의 구성이 용이한 RS FF이 적합하다.

44 ㉠ 멀티플렉서(Multiplexer)는 n개의 입력신호 중 선택 제어의 조건에 따라 1개의 입력만 선택하여 출력하는 조합 논리회로로서, 2^n개의 데이터 입력을 제어하기 위해서는 최소 n개의 선택 제어선이 필요하며, 선택 제어선의 조건에 따라 출력신호가 결정된다.
㉡ 디멀티플렉서(demultiplexer)는 하나의 입력데이터를 다수의 출력선 중에서 선택선의 조건(S_0, S_1)에 따라 결정된 출력으로 데이터의 전송이 이루어지도록 하는 회로이다.

45 JK F/F의 입력 J와 K를 서로 묶어서 하나의 입력으로 하여 클록신호가 1일 때 출력이 반전상태(토글)가 되도록 한 것이 T 플립플롭(F/F)이다.

T	Q_{n+1}
0	Q_n
1	$\overline{Q_n}$

T 플립플롭 하나는 1/2분주의 기능을 수행하므로 2개의 T 플립플롭을 직렬로 연결하면 1/4분주가 된다. 그러므로 출력에는 $500 \times \frac{1}{4} = 125[Hz]$의 주파수가 출력된다.

F/F의 기능은 직렬 연결 시 1/2로 분주되므로 출력주파수(f_o)는 $f_o = \frac{f}{4} = \frac{500}{4} = 125[Hz]$가 된다.

46 ㉠ 동기형 카운터(synchronous counter) : 모든 플립플롭의 클록이 병렬로 연결되어 한 번의 클록 펄스에 대하여 모든 플립플롭이 동시에 동작(트리거)되는 카운터를 말하며, 비동기형 카운터보다 동작속도가 빠르므로 고속회로에 이용한다.
㉡ 비동기형 카운터(asynchronous counter) : 모든 플립플롭이 전단의 출력 변화를 클록으로 이용하는 카운터로서, 리플 계수기라고도 불리며 동작지연이 발생하므로 동기형보다 느리나 회로의 구성이 간단하다.

47 $F = AB + A(B+C) + B(B+C)$
$= AB + AB + AC + BB + BC$
$= AB + AC + B(1+C) = AB + AC + B$
$= B(A+1) + AC = B + AC$

48 RS 플립플롭에서 R=S=1의 상태에서는 동작이 불확실한 상태가 되므로, RS 플립플롭에서 Q를 R로, $\overline{Q}$를 S로 되먹임하여 불확실한 상태가 나타나지 않도록 한 회로가 JK 플립플롭이다.

J	K	Q_{n+1}
0	0	Q_n (불변)
0	1	0
1	0	1
1	1	$\overline{Q_n}$ (toggle)

[JK F/F의 진리표]

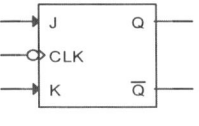

[JK F/F의 기호]

49 ㉠ 전가산기(Full Adder) : 반가산기 2개와 OR 게

이트로 구성되며 입력 3개, 출력 2개로 이루어진다.

ⓛ 전가산기 : 2진수 가산을 완전히 하기 위해 자리올림 입력도 함께 더할 수 있는 기능을 갖는 조합 논리회로로 입력 3개(A, B, C_{n-1}), 출력 2개(Sum, Carry)로 구성된다.

ⓒ 입력 중 어느 하나가 1인 경우에는 출력은 1이 되고, 모든 입력이 1일 때에도 출력은 1이 되며, 자리올림 C_n은 입력 중 2개 이상이 1인 경우에는 1이 된다.

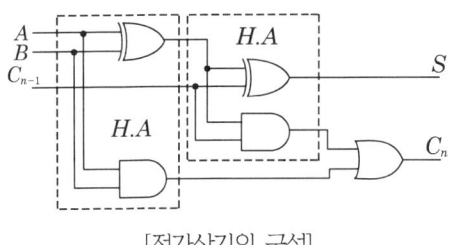

[전가산기의 구성]

$S = A \oplus B \oplus C_{n-1}$

50 누산기(accumulator)는 사칙연산, 논리연산 등의 중간 결과를 기억하는 연산장치의 레지스터이다.

51 임의의 파형에서 설정 레벨에 해당하는 신호의 파형의 펄스를 정형하여 구형파로 바꾸는 회로를 슈미트 트리거라 한다.

52

1000	1001
8	9

2진수를 하위부터 4비트씩 끊어 16진수로 변환하면 된다.

53 22번 해설 참고 요망

54 음수의 크기는 다음 3가지 중의 한 가지 방법으로 표현한다.
ⓐ 부호와 절대값(signed-magnitude)
ⓑ 부호와 1의 보수(signed-1's complement)
ⓒ 부호와 2의 보수(signed-2's complement)

55 $Y = \overline{A} + \overline{B}$ 의 보수는 부정을 취하면 드 모르간의 정리에 해당한다.
$Y = \overline{\overline{A} + \overline{B}} = A \cdot B$
드 모르간(De Morgan)의 법칙
$\overline{(X+Y)} = \overline{X} \cdot \overline{Y}, \ \overline{(X \cdot Y)} = \overline{X} + \overline{Y}$

56 JK 플립플립의 진리치표는 아래와 같다.

J	K	Q	비고
0	0	이전상태(Q_n)	불변
0	1	0	리셋
1	0	1	세트
1	1	반전상태($\overline{Q_n}$)	보수

그러므로 J=0, K=1일 때는 0(리셋)이 되고, J=1, K=0일 때는 1(세트)이 된다.

57
```
16)463
16) 28 … 15(F)
     1 … 12(C)
     1 … ↑
```
∴ $(463)_{10} = (1CF)_{16}$

58 계수기(counter)는 플립플롭을 이용한 순서 논리 회로로서 입력 펄스가 들어올 때마다 정해진 순서대로 플립플롭의 상태를 변화시켜 입력의 수를 세거나 주파수 및 시간 등의 측정 또는 주파수 분주 등에 이용된다.

59 비동기형 계수기는 전단의 출력을 입력펄스로 받아 계수하는 회로이고, 동기형 계수기는 입력펄스를 병렬로 입력받아 각 단이 동시에 동작하는 계수기이다. $2^4=16$이고 $2^3=8$이므로 0~9까지의 계수가 가능한 카운터를 구성하기 위해서는 4개의 플립플롭이 필요하다. 플립플롭이 n개일 때 카운터가 셀 수 있는 최대의 수를 N이라 하면 N=2^n개의 수를 셀 수 있고, 0에서 2^n-1의 수까지 표현한다.

60 $Y = \overline{(A \cdot B)}$의 논리식이므로 NAND 게이트의 논리기호와 같다.

2016년 제2회

01	02	03	04	05	06	07	08	09	10
③	④	④	①	①	②	①	③	②	②
11	12	13	14	15	16	17	18	19	20
②	②	④	②	②	④	②	④	②	①
21	22	23	24	25	26	27	28	29	30
①	②	④	④	①	②	④	④	④	①
31	32	33	34	35	36	37	38	39	40
①	②	④	②	②	④	①	④	②	②
41	42	43	44	45	46	47	48	49	50
②	②	④	③	②	③	②	④	②	②
51	52	53	54	55	56	57	58	59	60
②	②	③	③	③	③	③	②	③	②

01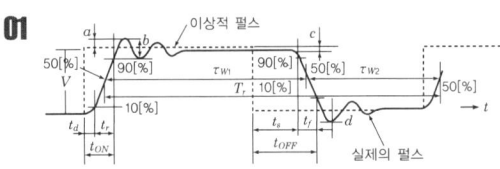

[실제의 펄스 파형]

㉠ 상승 시간(t_r, rise time) : 실제의 펄스가 이상적 펄스의 진폭(V)의 10[%]에서 90[%]까지 상승하는 데 걸리는 시간

㉡ 하강 시간(t_f, fall time) : 실제의 펄스가 이상적 펄스의 진폭(V)의 90[%]에서 10[%]까지 내려가는 데 걸리는 시간

㉢ 새그(s, sag) : 내려가는 부분의 정도를 말하며, $\left(\dfrac{C}{V}\right) \times 100[\%]$로 나타낸다.

㉣ 링잉(b, ringing) : 펄스의 상승 부분에서 진동의 정도를 말하며, 높은 주파수 성분에 공진하기 때문에 생긴다.

02 진폭변조(AM)의 변조도는 $m = \dfrac{a-b}{a+b} \times 100[\%]$이다.

$m = \dfrac{35-5}{35+5} = \dfrac{30}{40} = 0.75$

03 클리퍼 회로는 입력 전압이 어느 기준 레벨 이하일 때 일정한 출력을 유지시키는 회로이고, 리미터는 입력이 어떤 레벨 이상이 될 때 깎아내어 일정 레벨이 되게 하는 회로이다. 또 슬라이서는 두 기준 레벨 사이의 파형 부분만 꺼내는 회로이다. 클램퍼는 입력 파형에 (+) 또는 (-)의 전압을 가하여 일정 레벨로 파형을 고정시키는 회로이다.
회로에서 D는 v_i에 대하여 역방향 접속 상태로 + 부분에 대하여는 E보다 크면 v_i로 흐르게 되고, - 부분에 대해서는 순방향 상태가 되므로 출력 파형이 그대로 나타나므로 ④와 같은 파형이 출력된다.

04 기준전압 $\pm \dfrac{R}{R+R_f} V_o = V_s$에서

$V_{SH} = \dfrac{R_2}{R_1 + R_2} V_o = \dfrac{100 \times 10^3}{100 \times 10^3 + 100 \times 10^3} \times 5$
$= 2.5[V]$

$V_{SL} = \dfrac{R_2}{R_1 + R_2} \times - V_o$
$= \dfrac{100 \times 10^3}{100 \times 10^3 + 100 \times 10^3} \times -5 = -2.5[V]$

히스테리시스 전압은
$V_H = V_{SH} - V_{SL} = 2.5 - (-2.5) = 5[V]$

05 동위상 이득에 대한 차동 이득의 비를 동위상 신호 제거비(CMRR)라 한다. 동위상 신호 제거비가 클수록 우수한 차동특성을 나타낸다.

$CMRR = \dfrac{\text{차동 이득}}{\text{동위상 이득}}$

06 직렬접속의 합성저항(R_{st}) = 6 + 3 = 9[Ω]
병렬접속의 합성저항(R_{pt})
$= \dfrac{R_1 \times R_2}{R_1 + R_2} = \dfrac{18}{9} = 2[\Omega]$

$$\therefore \frac{직렬\ 접속}{병렬\ 접속} = \frac{9}{2} = 4.5배$$

07 RC 적분회로의 시정수(τ)는 $\tau = RC$로 응답의 상승 속도를 표시한다.
4[kΩ]와 6[kΩ]을 병렬로 연결하면
$$R_t = \frac{4 \times 10^3 \times 6 \times 10^3}{4 \times 10^3 + 6 \times 10^3} = \frac{24 \times 10^3}{10 \times 10^3} = 2.4 \times 10^3 [k\Omega]$$
$$\tau = RC = 2.4 \times 10^3 \times 10 \times 10^{-6} = 24 [ms]$$

08 이상적인 연산증폭기의 특성
㉠ 전압 이득이 무한대이다.(개루프) $|A_v| = \infty$
㉡ 입력 임피던스가 무한대이다.(개루프)
  $|R_i| = \infty$
㉢ 대역폭이 무한대이다. $BW = \infty$
㉣ 출력 임피던스가 0이다. $R_o = 0$
㉤ 낮은 전력 소비
㉥ 온도 및 전원 전압 변동에 따른 무영향(zero drift)
㉦ 오프셋(offset)이 0이다.(zero offset)
㉧ 동상 신호 제거비(CMRR)가 무한대이다.
㉨ 지연 응답(response delay)이 0이다.
㉩ 특성의 변동, 잡음이 없다.

09 트랜지스터의 구조
㉠ 이미터(emitter, E) : 전류의 반송자를 주입하는 전극
㉡ 베이스(base, B) : 주입된 반송자를 제어하는 전류 공급
㉢ 컬렉터(collector, C) : 전류의 반송자를 모으는 부분의 전극

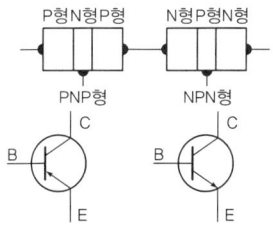

10 피어스 BE형 수정발진기는 수정진동자가 이미터와 베이스 사이에 위치하므로 하틀리 발진기와 비슷하며, 베이스와 이미터 사이, 컬렉터와 이미터 사이는 유도성이 되어야 하고, 베이스와 컬렉터 사이는 용량성이 되어야 한다.

11 메모리의 구조
㉠ 캐시 기억장치(cache memory) : 프로그램 실행 속도를 중앙처리장치의 속도에 가깝도록 하기 위하여 개발된 고속버퍼 기억장치로서, 주기억장치보다 속도가 빠르고, 중앙처리장치 내에 위치하고 있으므로 레지스터 기능과 유사하다.
㉡ 가상 기억장치(virtual memory) : 제한된 주기억장치의 용량을 초과하여 사용하기 위하여 보조기억장치의 기억공간을 사용자의 주기억장치가 확장된 것과 같이 사용하는 방법이다.
㉢ 연관 기억장치(associative memory) : 검색된 자료의 내용 일부를 이용하여 자료에 직접 접근할 수 있는 기억장치이다.

12 입·출력장치는 기계적 동작을 수반하므로, 전자계산기의 연산속도에 비해 입·출력 정보의 전송속도는 매우 느리다. 이 속도의 차이를 조성하고 입·출력장치와 컴퓨터를 원활히 동작시키기 위한 입·출력 제어기구가 입·출력 채널(I/O channel)이다.

13 그림의 연산은 입력에 따른 출력이 반전 상태이므로 1의 보수(Complement)의 연산이다. 1의 보수는 부정을 취하는 것이고, 2의 보수는 1의 보수에 1을 더한다.
보수(complement)
㉠ 단일 연산으로 입력 자료 1의 연산 결과는 보수가 된다.
㉡ 음(−)수의 표현에 있어 1의 보수 또는 2의 보수를 구하는 데 이용

14 ㉠ 단방향(Simplex) 통신 방식은 접속한 두 장치 사이에서 데이터를 한 방향으로 전송하는 방식이다.
㉡ 반이중(Half Duplex) 통신 방식은 양방향에서의 전송이 가능하나 동시에 양방향 통신은 불가능한 방식이다.
㉢ 전이중(Full duplex) 통신 방식은 양방향에서 동시에 정보의 송·수신이 가능한 방식이다.

15 논리합(OR) 논리 연산은 어느 하나가 1이면 결과가 1이 되는 논리이므로
00001111 + 11110000 = 11111111이 된다.

16 ㉠ 순차 액세스 기억장치(Sequential Access Storage) : 정보를 읽거나 기록하기 위해, 처음부터 순차적으로 액세스하는 장치로서 자기 테이프가 대표적이다.
㉡ 자기 테이프는 데이터 접근이 순차에 의해 이루어지는 기억장치이고, 자기 디스크, CD-ROM, 자기 코어, 하드 디스크, 플로피 디스크는 임의 액세스 기억장치이다.

17 ASCII(American Standard Code for Information Interchange) 코드는 문자를 표시하기 위한 7비트 코드로서 영어 대문자, 소문자로 구별할 수 있으며, 가장 왼쪽의 한 비트는 코드의 오류 검출용 패리티 비트를 부가하여 8비트로 표시하고 데이터 통신에서 표준코드로 사용하며 개인용 컴퓨터에 사용한다.

18 비동기형 계수기는 전단의 출력을 입력펄스로 받아 계수하는 회로이고, 동기형 계수기는 입력펄스를 병렬로 입력받아 각 단이 동시에 동작하는 계수기이다. $2^4 = 16$이고 $2^3 = 8$이므로 0~9까지의 계수가 가능한 10진 카운터를 구성하기 위해서는 4개의 플립플롭이 필요하다.
플립플롭이 n개일 때 카운터가 셀 수 있는 최대의 수를 N이라 하면 $N = 2^n$개의 수를 셀 수 있고, 0에서 $2^n - 1$의 수까지 표현한다.

19 게이트당 소비전력을 비교하면 DTL : 8[mV], RTL : 12[mV], TTL : 10[mV], CMOS : 0.01[mV]이다.

20 ㉠ 직렬전송 : 하나의 문자를 구성하는 각 비트들이 하나의 전송선을 통하여 순서적으로 전송되며 정보통신에 있어서는 대부분 직렬전송방식을 그 대상으로 하고 있다.
㉡ 병렬전송 : 각 비트들이 여러 개의 전송선을 통하여 동시에 전송된다. 가령 하나의 문자가 8비트로 구성되어 있다면 병렬전송에 필요한 전송선은 최소한 8개가 있어야 한다. 일반적으로 컴퓨터와 주변기기 사이의 데이터 전송을 위해서 사용되며, 거리가 멀어지면 전송로의 비용부담 때문에 거의 이용되지 않고 있다.

21 ㉠ 직접, 절대 주소지정방식(direct absolute addressing mode) : 오퍼랜드가 존재하는 기억장치의 주소를 직접 명령 속에 포함시켜 지정하는 방법
㉡ 즉시 주소지정방식(immediate addressing mode) : 명령 속의 오퍼랜드 정보를 그대로 오퍼랜드로 사용하는 방법
㉢ 간접 주소지정방식(indirect addressing mode) : 오퍼랜드가 존재하는 기억장치 주소를 내용으로 가지고 있는 기억 장소의 주소를 명령 속에 포함시켜 지정하는 방법
㉣ 상대 주소지정방식(relative addressing mode) : 명령 속의 오퍼랜드 지정 정보를 레지스터 지정부와 전개부로 나누어서 레지스터 지정부로 지정된 레지스터 내용과 전개부를 더해서 오퍼랜드의 주소를 구한다.

22 채널(channel)이란 주기억장치와 입·출력장치 간의 속도 차이를 줄일 목적으로 사용하는 것으로,

CPU로부터 입·출력장치의 제어를 위임받아 한 번에 여러 데이터 블록을 입·출력할 수 있는 시스템 하드웨어로 채널의 종류는 크게 두 가지이다.
㉠ 멀티플렉서 채널(multiplexer channel) : 직렬형으로 비교적 입·출력장치 가동 시에 여러 개 동작하는 채널
㉡ 셀렉터 채널(selector channel) : 일단 하나의 입·출력장치를 선택하면 전송이 종료될 때까지 계속 동작하여, 채널은 그 장치의 전용 모선으로 동작한다.

23 ㉠ 중규모 집적회로(MSI : Middle Scale Integrated circuit) : 하나의 칩 위에 10~100개의 등가 게이트 회로를 가진 집적회로로 디코더, 인코더, 카운터, 레지스터, 멀티플렉서, 디멀티플렉서, 소형 기억장치 등의 복잡한 논리 기능에 사용된다.
㉡ 대규모 집적회로(LSI : Large Scale Integrated circuit) : 하나의 칩에 부품수가 1,000개 이상 되는 집적회로를 대규모 집적회로(LSI)라 하고, 10,000개 이상의 부품을 집적화한 것을 초대규모 집적회로(VLSI)라고 하며, 시프트 레지스터, PLA, RAM, ROM, 마이크로프로세서 등이 이에 속한다.
※ SSI<MSI<LSI<VLSI의 순으로 집적도가 크다.

24 마이크로 오퍼레이션(Micro Operation)
㉠ 명령어 하나를 수행하기 위해 여러 동작의 과정을 거치는데 이 과정의 동작 하나 하나를 말한다.
㉡ 하나의 클록 펄스(Clock Pulse) 동안 실행되는 기본 동작으로 마이크로 오퍼레이션 동작이 여러 개 모여 하나의 명령을 처리하게 된다.
㉢ 명령을 수행하기 위해 CPU 내의 레지스터와 플래그가 의미 있는 상태로 바뀌게 하는 동작으로 레지스터에 저장된 데이터에 의해 이루어진다.

25 ㉠ 중앙처리장치는 비교, 판단, 연산을 담당하는 논리연산장치(arithmetic logic unit)와 명령어의 해석과 실행을 담당하는 제어장치(control unit)로 구성된다. 논리연산장치(ALU)는 각종 덧셈을 수행하고 결과를 수행하는 가산기(adder)와 산술과 논리연산의 결과를 일시적으로 기억하는 레지스터인 누산기(accumulator), 중앙처리장치에 있는 일종의 임시 기억장치인 레지스터(register) 등으로 구성되어 있다.
㉡ 제어장치는 프로그램의 수행 순서를 제어하는 프로그램 계수기(program counter), 현재 수행 중인 명령어의 내용을 임시 기억하는 명령 레지스터(instruction register), 명령 레지스터에 수록된 명령을 해독하여 수행될 장치에 제어신호를 보내는 명령해독기(instruction decoder)로 이루어져 있다.

26 일반적인 컴퓨터의 내부 구조에서의 연산은 2^n의 진수를 사용하므로 2진수, 8진수, 16진수를 사용한다.

27 ㉠ 디코더(Decoder : 복호기)는 n비트의 2진 코드를 최대 2^n 개의 서로 다른 정보로 바꾸어 주는 논리 조합회로로 출력은 AND 게이트로 구성된다.
㉡ 인코더(Encoder : 부호기)는 숫자나 문자 등의 10진수 입력을 2진 부호로 변환하는 회로로 OR 게이트로 구성된다.

28 부동 소수점 방식은 부호 비트, 지수부, 가수부로 구성된다.

29 이미지 스캐너(Image Scanner)는 글씨나 그림 또는 사진, 필름 등의 이미지에 빛을 쏘아 반사광과 투과광의 강약 차이에 따라 디지털 신호로 변환한 후 컴퓨터에 전송하는 입력장치로 사진이나 그림 등을 스캔하면 스캐너 내부에 있는 광원이 원고를

아래쪽에서 비친 빛을 반사시키고, 이때 반사하는 빛이 CCD로 전달되면 CCD는 이미지를 읽어 데이터 정보(픽셀 패턴)로 변환하여 준다.

스캐너의 종류에는 평판 스캐너, 드럼 스캐너, 핸드 스캐너, 시트피드 스캐너 등이 있으며 전자출판(DTP)이나 그래픽, CAD, OCR 등 다양한 분야에서 화상이나 문자를 편집하는 데 사용되고 있다.

30 누산기(Accumulator)는 산술 연산 또는 논리 연산의 결과를 일시적으로 기억하는 레지스터의 일종이다.

31 인터프리터(Interpreter) : 작성된 원시 프로그램을 한 줄씩 읽어 번역 및 실행하는 작업을 반복하는 프로그램이다. 목적 프로그램이 남지 않으며, 일괄처리가 아니므로 대화형이라 한다. 실행속도가 느리지만 기억 장소를 적게 차지한다. 인터프리터를 사용하는 언어에는 BASIC, LISP, JAVA, PL/1 등이 있다.

32 순서도는 처리하고자 하는 문제를 분석하고 입·출력 설계를 한 후에, 그 처리순서의 방법에 따라 기호를 사용하여 나타낸 그림으로 프로그램 코딩의 자료가 되고, 인수인계가 용이하고 오류 발생 시 원인을 찾아 수정이 쉽다.

33 고급 언어(High Level Language)는 자연어에 가까워 그 의미를 쉽게 이해할 수 있는 사용자 중심의 언어로, 기종에 관계없이 공통적으로 사용할 수 있는 언어로, 기계어로 변환하기 위한 컴파일러가 필요하다.

34 C언어는 UNIX 시스템을 구축하기 위한 시스템 프로그래밍 언어로서 수식이나 제어 및 데이터 구조를 가장 간편하게 제공하고 있으며, C언어는 원래 시스템 프로그램으로 개발되었으나 기종에 관계없이 수치 해석, 텍스트 처리, 데이터베이스 처리를 위한 프로그램에도 많이 활용되고 있으며, UNIX 운영체제를 위해 개발한 시스템 프로그램 언어로 저급 언어와 고급 언어의 특징을 모두 갖춘 언어이다.

35 작성된 프로그램은 분석 단계에서부터 작성된 데이터와 코드표, 각종 설계도, 순서도와 원시 프로그램 등의 관련된 내용을 문서로 작성하여 보관토록 하는 것이 문서화로서, 문서화가 이루어지면 시스템의 유지 보수와 관리가 용이하고 담당자가 바뀌어도 업무의 파악이 용이하여, 업무의 연속성이 유지된다.

36 printf( )는 표준 출력함수이고, putchar( )는 한 문자 출력함수로, 출력 후 개행하지 않고, puts( )는 문자열 출력함수로, 출력 후 자동 개행한다.

37 여러 개의 명령을 묶어 하나의 명령으로 만든 명령어를 매크로라 한다.

38 구조적 프로그래밍은 하향식 설계기법으로 프로그램이 복잡해지는 것을 방지하고, 프로그램을 구성하는 각 요소를 다루기 쉽도록 보다 작은 규모로 조직화하는 설계 방법이다.

구조적 프로그래밍을 작성하는 목적
㉠ 프로그램을 읽기 쉽게 하여 프로그램 개발 및 유지보수가 용이하다.
㉡ 프로그램의 신뢰성을 높이고, 프로그램 테스트를 용이하게 한다.
㉢ 프로그램에 대한 규율을 제공하고, 소요되는 경비가 감소한다.

39 운영체제의 정의
㉠ 컴퓨터 사용자와 컴퓨터 하드웨어 사이의 인터페이스로서 동작하는 시스템 소프트웨어의 일종이다.
㉡ 컴퓨터를 사용자가 편리하게 사용하고 컴퓨터

하드웨어를 효율적으로 사용할 수 있게 한다.
ⓒ 다른 응용 프로그램이 유용한 작업을 할 수 있도록 환경을 마련한다.

40 로더(Loader)는 목적 프로그램을 읽어들여 주기억장치에 적재시킨 후에 실행시키는 서비스 프로그램으로, 로더는 연결(Linking) 기능, 할당(Allocation) 기능, 재배치(relocation) 기능, 로딩(loading) 기능 등이 있다.

41 입력 데이터가 하나라도 1일 경우 다이오드가 on 상태가 되어 출력 저항에 전압이 나타나므로 출력이 1이 되는 논리합(OR)의 회로이다. 입력 데이터가 하나라도 1일 경우 결과가 1이 되는 논리합(OR)의 진리치표이다.

입력 A	입력 B	출력 C
0	0	0
0	1	1
1	0	1
1	1	1

[OR 게이트의 진리치표]

42 멀티바이브레이터의 종류
㉠ 비안정 멀티바이브레이터(Astable Multivibrator) : 회로에 전원이 공급되면 구형파의 발진이 이루어지는 회로이다.
㉡ 단안정 멀티바이브레이터(Monostable Multivibrator) : 자체 발진의 능력은 없으나 외부의 트리거 펄스 입력이 공급될 때마다 하나의 구형파를 출력하는 회로이다.
㉢ 쌍안정 멀티바이브레이터(Bistable Multivibrator) : 안정 상태를 유지하며 외부의 트리거 펄스 입력이 두 개 공급될 때마다 하나의 구형파를 출력하는 회로로 일반적으로 플립플롭 회로라 한다.

43 조합 논리회로에는 멀티플렉서(multiplexer), 해독기(decoder), 부호기(encoder), 반가산기, 전가산기 등이 속하고, 레지스터, 플립플롭, 계수기 등은 순서 논리회로에 속한다.

44 불 대수에 관한 기본정리
㉠ $A + 0 = A$, $A \cdot 0 = 0$
㉡ $A + 1 = 1$, $A \cdot 1 = A$
㉢ $A + A = A$, $A \cdot A = A$
㉣ $A + \overline{A} = 1$, $A \cdot \overline{A} = 0$

45 비동기형 계수기는 전단의 출력을 입력펄스로 받아 계수하는 회로이고, 동기형 계수기는 입력펄스를 병렬로 입력받아 각 단이 동시에 동작하는 계수기이다. 그림에서는 전단의 출력을 입력으로 받아 계수하는 2단의 리플계수기이다. 그러므로 $2^3 = 8$의 8진 리플 계수기 회로이다.

46 산술 시프트(Arithmetic Shift)는 부호가 있는 이진수를 시프트하는 것
㉠ 왼쪽 산술 시프트 : 이진수에 2를 곱한 것
㉡ 오른쪽 산술 시프트 : 이진수를 2로 나눈 것

47 ㉠ 동기형 카운터(synchronous counter) : 모든 플립플롭의 클록이 병렬로 연결되어 한 번의 클록 펄스에 대하여 모든 플립플롭이 동시에 동작(트리거)되는 카운터를 말하며, 비동기형 카운터보다 동작속도가 빠르므로 고속회로에 이용한다.
㉡ 비동기형 카운터(asynchronous counter) : 모든 플립플롭이 전단의 출력 변화를 클록으로 이용하는 카운터로서, 리플 계수기라고도 불리며 동작지연이 발생하므로 동기형보다 느리나 회로의 구성이 간단하다.

48 RS 플립플롭에서 R=S=1의 상태에서 불확정되는 것을 피하기 위하여 NOT 게이트를 부가하여 출력이 토글되도록 한 D F/F이다.

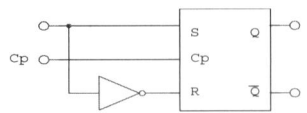

49 3초과 코드(Excess-3 Code)는 BCD 코드에 3(112)을 더하여 만든 코드로, 자기보수 코드(self complement code)라고 한다. 3초과 코드는 비트마다 일정한 값을 갖지 않으며, 연산 동작이 쉽게 이루어지는 특징이 있는 코드이다.
3초과 코드를 BCD 코드로 변환하기 위해서 각 자리에서 3(112)을 빼면 된다.

```
   1001    0111    0101
 - 0011    0011    0011
   ─────   ─────   ─────
   0110    0100    0010
```

50 ROM(Read Only Memory) : 읽어내기 전용으로, 사용자가 기억된 내용을 바꾸어 넣을 수 없는 기억소자로서 전원을 차단하여도 기억내용을 보존한다.
ⓘ Mask ROM : 제조과정에서 프로그램 등을 기억시킨 것으로 전용 자동제어에 사용한다.
ⓒ PROM : 사용자가 프로그램 등을 1회에 한하여 써넣을 수 있는 기억소자이다.
ⓒ EPROM : 사용자가 프로그램 등을 여러 번 지우고 써넣을 수 있는 기억소자로서, 자외선이나 특정전압 전류로써 내용을 지우고 다시 기록할 수 있다.
ⓔ EEPROM(Electrical Erasable Programmable ROM) : 기록 내용을 전기신호에 의하여 삭제할 수 있으며, 롬 라이터로 새로운 내용을 써넣을 수도 있는 기억소자이다.

51 1×4 디멀티플렉서는 출력선이 4개이므로, 출력선을 선택하기 위한 선택 선은 2개(4가지의 경우)가 필요하다.

52 2진수를 16진수로 변환하려면 2진수를 하위 비트부터 4비트로 잘라 16진수로 표현하면 된다.

```
  1      0111     1011
  ↓       ↓        ↓
  1       7        B
```

그러므로 (101111011)₂을 16진수로 변환하면 17B₁₆가 된다.

53 ⓘ 토글 : 클록 펄스가 들어올 때마다 플립플롭의 상태가 반전되는 것을 말한다.
ⓒ 리셋 : 클록 펄스가 들어올 때마다 플립플롭의 상태가 초기화되는 것을 말한다.

54 반가산기는 한 자리수 A와 B를 더할 때 발생되는 결과는 A와 B의 합과 자리올림수(Carry)가 발생하며, 합(S)과 자리올림수(C)의 논리식은
$S = \overline{A}B + A\overline{B} = A \oplus B$, $C = A \cdot B$로 나타낸다.

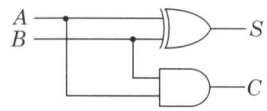

[반가산기의 회로도]

A	B	S(Sum)	C(Carry)
0	0	0	0
0	1	1	0
1	0	1	0
1	1	0	1

[반가산기의 진리표]

55 ① RTL(Resistor Transistor Logic) : 저항과 트랜지스터로 구성되는 논리회로
ⓘ 회로가 간단하며 경제적이다.
ⓒ 팬 아웃(fan-out)이 적어 비실용적이다.
ⓒ 저속 동작회로이다.
ⓔ 레벨 시프트 다이오드와 다이오드의 채택으로 잡음에 다소 강하다.
② TTL(Transistor Transistor Logic) : 입력과 출력회로를 모두 트랜지스터로 구성한 논리회로
ⓘ 동작속도가 빠르다.

ⓒ DTL과 같이 쓸 수 있다.
ⓒ 소비전력이 작고 집적도가 높다.
ⓔ 잡음 여유(noise margin)가 작다.
③ ECL(Emitter Coupled Logic)
ⓐ 논리게이트 중 속도가 가장 빠르다.
ⓑ 상보관계의 출력회로이다.
ⓒ 출력 임피던스가 낮으며 높은 팬 아웃이 가능하다.
ⓓ 소비전력이 가장 크고 잡음여유가 0.3[V]로 작다.
ⓔ 용량성 부하가 팬 아웃을 제한하고 다른 논리회로와 혼용이 어렵다.
ⓕ 평행 2선식 전송선에 의해 장거리 Data 전송이 가능하다.
④ CMOS(Complementary Metal-Oxide Semiconductor) 논리회로 : 주로 저전력 소모가 요구되는 시스템에 사용되며, 회로의 밀도가 높고 제조 공정이 단순하며, 전력소비가 적어 경제적이므로 TTL과 더불어 가장 많이 사용되고 있다.
ⓐ 낮은 소비전력 회로이다.
ⓑ 단일 전원으로 TTL과 병용 가능하다.
ⓒ 높은 잡음 여유를 갖는다.
ⓓ 온도 안정성이 우수하나 속도가 느리다.
각 논리게이트의 지연시간을 살펴보면 RTL : 12[nsec], DTL : 30[nsec], TTL : 10[nsec], ECL : 2[nsec], MOS : 100[nsec], CMOS : 500[nsec]이다. 그러므로 처리속도 순으로 나열하면 ECL-TTL-RTL-DTL-MOS-CMOS 순이 된다.

56 비교기(Comparator)는 두 개의 신호를 비교하여 그 크기의 일치 및 대소를 판별하는 조합 논리회로이다.

57 논리적 연산에서 단항 연산에는 MOVE, SHIFT, ROTATE, COMPLEMENT 연산 등이 있고, 이항 연산에는 사칙 연산, OR(논리합 : 문자 또는 비트의 삽입), AND(논리곱 : 불필요한 비트 또는 문자의 삭제) 등이 해당된다.

58 JK F/F의 입력 J와 K를 서로 묶어서 하나의 입력으로 하여 클록신호가 1일 때 출력이 반전상태(토글)가 되도록 한 것이 T 플립플롭(F/F)이다.

59 RS 플립플롭에서 R=S=1의 상태에서는 동작이 불확실한 상태가 되므로, RS 플립플롭에서 Q를 R로, $\overline{Q}$를 S로 되먹임하여 불확실한 상태가 나타나지 않도록 한 회로가 JK 플립플롭이다.

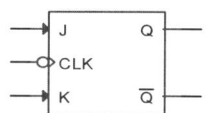

[JK F/F의 기호]

J	K	Q_{n+1}
0	0	Q_n (불변)
0	1	0
1	0	1
1	1	$\overline{Q_n}$ (toggle)

[JK F/F의 진리표]

60 버퍼(buffer) 게이트의 기호로 어떤 논리연산도 수행하지 않고 전달기능만을 수행하는 게이트로 하나의 입·출력을 가지므로 입·출력 데이터는 동일하여 지연 시간(delay time), 팬 아웃(fan out)의 확대, 감쇠 신호의 회복 기능을 갖는다.

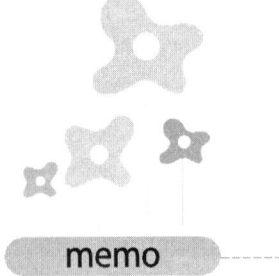

CBT 대비 모의고사 07

CBT 대비 모의고사 : 1회

01 일반적으로 디스크를 연결하는 채널은?
① 서브 채널
② 컨트롤 채널
③ 셀렉터 채널
④ 멀티플렉서 채널

02 10진수를 BCD 코드로 변환하는 것을 무엇이라 하는가?
① 디코더 ② 인코더
③ A/D 변환기 ④ D/A 변환기

03 A=1, B=0, C=1일 때, 논리식의 값이 0이 되는 것은?
① $AB+BC+CA$ ② $A+\overline{B}(\overline{A}+C)$
③ $B+\overline{A}(B+C)$ ④ $A\overline{B}C$

04 1바이트(byte)는 몇 비트(bit)인가?
① 4 ② 8
③ 16 ④ 32

05 입·출력 장치와 주기억장치 사이에 동작속도의 차이점을 해결하기 위해 두는 기억기구는?
① 버퍼(BUFFER)
② 채널(CHANNEL)
③ 버스(BUS)
④ 인터페이스(INTERFACE)

06 에러 검출뿐만 아니라 교정까지 가능한 코드는?
① BIQUINARY CODE
② GRAY CODE
③ ASCII CODE
④ HAMMING CODE

07 변조도 M〉1일 때, 과변조 전파를 수신하면 어떤 현상이 생기는가?
① 음성파 전력이 작아진다.
② 음성파 전력이 커진다.
③ 음성파가 많이 일그러진다.
④ 검파기가 과부하된다.

08 전자계산기의 출력장치와 관계가 없는 것은?
① 라인 프린터
② 카드 천공 장치
③ 영상 표시 장치
④ 증폭장치

09 정현파에서의 파형률은?
① $\dfrac{최대치}{실효치}$ ② $\dfrac{실효치}{평균치}$
③ $\dfrac{최대치}{평균치}$ ④ $\dfrac{평균치}{최대치}$

10 언어 번역 프로그램에 의해 기계어로 번역된 프로그램을 의미하는 것은?
① 원시 프로그램 ② 목적 프로그램
③ 실행 프로그램 ④ 구조 프로그램

11 프로그램의 문서화로 얻을 수 있는 이점이 아닌 것은?
① 프로그램의 유지 보수가 용이하다.
② 개발자 개개인의 독창성을 살릴 수 있다.
③ 개발 중간의 변경사항을 살릴 수 있다.
④ 프로그램의 개발 목적 및 과정을 표준화하여 효율적인 작업이 이루어지게 한다.

12 512×8bit EAROM의 총 용량은 몇 bit인가?
① 8   ② 512
③ 4K   ④ 8K

13 운영체제의 성능평가요소에 속하지 않는 것은?
① 신뢰도   ② 응답시간
③ 처리분야   ④ 이용 가능도

14 플립플롭의 명칭으로서 쓸 수 없는 것은?
① 쌍안정 멀티바이브레이터
② 래치
③ 바이너리(2진수)
④ 단안정 멀티바이브레이터

15 일반적으로 사용되는 착오 검색용 부호가 아닌 것은?
① BCD   ② LRC
③ CRC   ④ 패리티 비트

16 3K Word Memory의 실제 Word수는?
① 3000   ② 3072
③ 4056   ④ 4096

17 트랜지스터 스위치 회로의 활용영역이 아닌 것은?
① 포화영역
② 차단영역
③ 정상영역 또는 선형영역
④ 차단영역 또는 포화영역

18 기전력 E[V], 내부저항 r[Ω]의 축전지 3개를 직렬 연결한 것에 부하저항 R[Ω]을 연결하여 그 소비전력을 최대로 하기 위하여는 부하저항이 어떤 조건에 있으면 되는가?
① R=r   ② R=2r
③ R=3r   ④ R=4r

19 정현파 교류의 실효값이 100[V]이면, 평균값은 약 몇 [V]인가?
① 90   ② 110
③ 120   ④ 140

20 이상적인 연산증폭기의 대역폭은?
① 0   ② 100[kHz]
③ 1,000[kHz] ④ ∞

21 디지털 컴퓨터의 특징에 해당되지 않는 것은?
① 필요에 따라 자릿수를 잡을 수 있다.
② 논리회로가 주요 사용 회로이다.
③ 프로그래밍이 거의 불필요하다.
④ 출력형식은 숫자, 문자로서 표현된다.

22 710[kHz]의 반송파를 5[kHz]로 100% 진폭변조하였다면 그 때의 점유 주파수는 몇

[kHz]대인가?
① 705~715 ② 710~715
③ 705~710 ④ 710~720

23 40[%] 변조된 진폭변조파의 출력이 500[W]일 때 반송파 성분의 전력은 약 몇 [W]인가?
① 463 ② 524
③ 625 ④ 726

24 부호 비트 한자리와 5비트의 2진수로써 나타낼 수 있는 가장 큰 양수는?
① 36 ② 31
③ 16 ④ 8

25 어셈블리어로 작성된 프로그램을 기계어로 바꾸어 주는 언어 번역 프로그램은?
① 스풀러(SPOOLER)
② 버퍼(BUFFER)
③ 어셈블러(ASSEMBLER)
④ 역어셈블러(DIASSEMBLER)

26 입력 자료의 내용이 1만큼씩 증가되는 연산으로 프로그램 카운터 또는 스택 포인트(STACK POINTER) 등의 내용을 증가시킬 때 사용되는 것은?
① increment 연산
② clear 연산
③ rotate 연산
④ shift 연산

27 변조도 30[%]의 AM파를 자승 검파했을 때 신호파 출력의 왜율은?
① 2.5 ② 5
③ 7.5 ④ 15

28 다음 식을 간략화하면?

$$Y = A + AB$$

① 1 ② A
③ B ④ A·B

29 FM 방송은 최대 신호주파수가 15[kHz]이고 주파수 편이가 최대 75[kHz]가 표준이다. 변조지수는?
① 2 ② 3
③ 4 ④ 5

30 전가산기(Full-Adder)를 정확히 설명한 것은?
① 자리올림을 무시하고 일반계산과 같이 덧셈하는 회로
② 아랫자리의 캐리를 더하여 짝수의 덧셈을 하는 회로
③ 아랫자리의 캐리를 더하여 홀수의 덧셈을 하는 회로
④ 전가산기의 자리올림을 더하여 그 자리 2진수의 덧셈을 완전히 하는 회로

31 프로그램 작업에서 발생하는 에러를 수정하는 작업은?
① matching ② extract
③ debugging ④ paging

32 프로그램은 일의 처리 순서를 기술한 명령의 집합이다. 각 명령은 어떻게 구성되어 있는가?

① 오퍼레이션과 오퍼랜드
② 명령코드와 실행 프로그램
③ 오퍼랜드와 제어 프로그램
④ 오퍼랜드와 목적 프로그램

33 부호화된 2진 데이터를 10진의 문자나 기호로 다시 변환시키는 회로는?
① Encoder ② Decoder
③ Counter ④ Hoffer

34 다음 프린트 방식 중 충격이 가장 큰 방식은?
① 레이저 방식
② 도트 매트릭스 방식
③ 열전사 방식
④ 잉크젯 방식

35 컴퓨터가 어떤 프로그램을 실행 중에 긴급사태 등이 발생하면 진행 중인 프로그램을 일시 중단하여 긴급사태에 대처하고 긴급처리가 끝나면 중단했던 프로그램을 재개하는 것은?
① 채널 ② 스택
③ 버퍼 ④ 인터럽트

36 패리티 규칙으로 코드의 내용을 검사하여 잘못된 비트를 찾아서 수정할 수 있는 코드는?
① 3초과 코드 ② 그레이 코드
③ ASCII 코드 ④ 해밍 코드

37 2진수 1011 0010과 0110 0101을 XOR 연산한 값은?
① 1111 0111 ② 0100 1101
③ 1101 0111 ④ 0010 0000

38 데이터 전송방식에서 TDM이란?
① 시분할 방식
② 주파수 분할 방식
③ 위상 변이 방식
④ 진폭 분할 방식

39 기계어에 가장 가까운 언어는?
① FORTRAN ② C
③ COBOL ④ ASSEMBLY

40 시스템 프로그래밍 언어로서 가장 적당한 것은?
① FORTRAN ② BASIC
③ COBOL ④ C

41 컴퓨터에서 착오를 최소한으로 줄이기 위해 여분의 비트를 사용하는 방법을 무엇이라 하는가?
① REDUNDANCY
② EVEN CHECK
③ ODD CHECK
④ PARITY CHECK BIT

42 그림과 같이 T-플립플롭 여기표(EXCITATION TABLE)에 들어갈 값은?

Q_n	Q_{n+1}	0
0	0	①
0	1	②
1	0	③
1	1	④

① 1010 ② 0101
③ 0110 ④ 1001

43 다음 오퍼레이팅 시스템에서 제어 프로그램에 속하는 것은?
① 데이터 관리 프로그램
② 어셈블러
③ 컴파일러
④ 서브루틴

44 입력단자와 출력단자는 각각 하나이며, 입력단자가 1이면 출력 단자는 0이 되고, 입력단자가 0이면 출력 단자가 1이 되는 회로는?
① 플립플롭 회로   ② NOT 회로
③ OR 회로   ④ AND 회로

45 2의 보수 표현법의 수 10001001을 10진수로 변환하면?
① -128   ② -123
③ -119   ④ -9

46 2진수 101101을 10진수로 옳게 고친 것은?
① 41   ② 43
③ 45   ④ 47

47 다음 논리식의 성질 중 옳지 않은 것은?
① $\overline{\overline{A}}=A$ ② $A+A=A$
③ $A+1=A$ ④ $A \cdot A=A$

48 카드 리더(Card Reader)에서 읽기 전에 카드를 쌓아 두는 곳은?
① 호퍼(hopper)   ② 스태커(stacker)
③ 롤러   ④ 리젝 스태커

49 진공 중의 유전율의 단위는?
① H   ② F
③ F/m   ④ H/m

50 JK 플립플롭에서 반전 동작이 일어나는 경우는?
① $J=0, K=1$
② $J=1, K=1$
③ J와 K가 보수 관계일 때
④ 반전 동작은 일어나지 않는다.

51 스택(STACK) 구조를 갖는 명령 형식은?
① 0주소지정 명령
② 1주소지정 명령
③ 2주소지정 명령
④ 3주소지정 명령

52 저급 언어(low level language)에 대한 설명으로 옳은 것은?
① 자연어에 가깝다.
② 이식성이 높다.
③ 처리속도가 빠르다.
④ 배우기 쉽다.

53 언어번역기에 해당하지 않는 것은?
① 인터프리터(interpreter)
② 컴파일러(compiler)
③ 로더(loader)
④ 어셈블러(assembler)

54 전원 공급이 차단되면 기억된 내용을 상실하는 기억장치로 개인용 컴퓨터의 주기억장치로 사용되며, 사용자들이 처리할 프로그램을 기억시킬 때 사용하는 것은?

① Register ② RAM
③ ROM ④ VAM

55 프로그래밍 언어 중 형식 문법을 최초로 사용한 언어는?
① ADA ② PL/1
③ ALGOL ④ PASCAL

56 다음은 자료의 표현 단위 중 하나인 WORD의 종류를 나타낸 것이다. 각각의 byte 수를 옳게 나열한 것은?

half word=(㉠) byte
full word=(㉡) byte
double word=(㉢) byte

① ㉠ : 1, ㉡ : 2, ㉢ : 4
② ㉠ : 2, ㉡ : 4, ㉢ : 6
③ ㉠ : 2, ㉡ : 4, ㉢ : 8
④ ㉠ : 4, ㉡ : 8, ㉢ : 16

57 10진수 20을 2진수로 변환하면?
① 11011 ② 11110
③ 10100 ④ 10010

58 불 대수의 기본으로 옳지 않은 것은?
① $A+\overline{A}=1$ ② $A \cdot \overline{A}=1$
③ $A+1=1$ ④ $A \cdot A=A$

59 10진수 0.6875를 2진수로 변환한 값은?
① $(0.1001)_2$ ② $(0.1011)_2$
③ $(0.1101)_2$ ④ $(0.0011)_2$

60 전감산기를 구성하는 데 필요한 요소는?
① 1개의 반 감산기와 1개의 AND 게이트
② 1개의 반감산기와 2개의 AND 게이트
③ 2개의 반감산기와 1개의 OR 게이트
④ 2개의 반감산기와 2개이 OR 게이트

CBT 대비 모의고사 : 2회

01 매크로 프로세서의 기본 수행 작업이 아닌 것은?
① 매크로 정의 인식
② 매크로 정의 저장
③ 매크로 호출 저장
④ 매크로 호출 인식

02 실리콘 정류기의 일반적인 특징으로 틀린 것은?
① 정류 효율이 좋다.
② 주위 온도가 높아져도 견딜 수 있다.
③ 과부하에 강하다.
④ 과전압이 걸리면 순간적으로 파괴된다.

03 인터프리터와 가장 관계 깊은 것은?
① BASIC   ② COBOL
③ C   ④ FORTRAN

04 수정발진기는 어떤 것을 이용한 것인가?
① 압전기 효과   ② 홀 효과
③ 인입현상   ④ 자외현상

05 숫자나 문자 등의 키보드(key-board) 입력을 2진 코드로 부호화하는 데 사용될 수 있는 소자는?
① 디코더   ② 인코더
③ 멀티플렉서   ④ 디멀티플렉서

06 조합 논리회로를 설계할 때 일반적인 순서로 옳은 것은?
A. 간소화된 논리식을 구한다.
B. 진리표에 대한 카르노도를 작성한다.
C. 논리식을 기본 게이트로 구성한다.
D. 입·출력 조건에 따라 변수를 결정하여 진리표를 작성한다.

① D-B-A-C   ② D-A-B-C
③ B-D-A-C   ④ B-D-C-A

07 전자계산기의 기본 구성 요소가 아닌 것은?
① 중앙처리장치   ② 출력장치
③ 신호장치   ④ 입력장치

08 10진수로 표시된 수 25를 2진수로 표시하면?
① 10100   ② 10101
③ 10110   ④ 11001

09 주파수 변조에 대한 특징 중 틀린 것은?
① 대역폭이 넓으므로 주파수 특성이 좋다.
② 진폭성 잡음을 제거하여 S/N비가 높다.
③ 대역폭이 넓으므로 낮은 주파수에서 많이 사용된다.
④ 광대역 다중통신을 할 수 있다.

10 stack의 용어를 나타낸 것 중 관련이 없는 것은?
① LIFO   ② Pop-up
③ Push-down   ④ Front

11 전력증폭기의 전류 공급전압 및 전류는 12[V], 400[mA]이고 능률이 60[%]일 때, 부하에서의 출력은 몇 W인가?
① 0.707　② 1.414
③ 1.707　④ 2.88

12 산술 연산과 논리 연산의 결과를 임시로 기억하는 레지스터는?
① 기억 레지스터
② 상태 레지스터
③ 누산기
④ 데이터 레지스터

13 입력단자와 출력단자는 각각 하나이며, 입력단자가 1이면 출력 단자는 0이 되고, 입력단자가 0이면 출력 단자가 1이 되는 회로는?
① 플립플롭 회로
② NOT 회로
③ OR 회로
④ AND 회로

14 전류의 열작용과 관계가 있는 법칙은?
① 가우스의 법칙
② 키르히호프의 법칙
③ 줄의 법칙
④ 플레밍의 법칙

15 CPU를 경유하지 않고 메모리에 직접 액세스 하는 것은?
① DAM　② DMA
③ BUS　④ LED

16 주기억장치의 크기가 4[KByte]일 때 어드레스수는?
① 0번지에서 3999번지까지
② 1번지에서 4000번지까지
③ 0번지에서 4095번지까지
④ 1번지에서 4095번지까지

17 BCD 부호에 사용되지 않는 것은?
① 0000　② 0101
③ 1001　④ 1010

18 일괄처리(batch processing) 방식의 특징이 아닌 것은?
① 시스템을 능률적으로 처리할 수 있다.
② 마스터 파일의 갱신은 주기적으로 이루어진다.
③ 데이터의 발생부터 결과까지의 시간이 비교적 짧다.
④ 시스템을 이용할 스케줄(계획)을 간단히 결정할 수 있다.

19 계수를 하기도 하고, 이것의 값이 실제의 어드레스를 구하는 데 사용하는 레지스터는?
① 인덱스 레지스터
② 베이스 레지스터
③ 기억 데이터 레지스터
④ 기억 어드레스 레지스터

20 컴퓨터 내부에서 데이터를 기억할 때는 워드(word) 단위로 기억되는데, 이것을 출력할 때는 문자(byte) 단위로 출력하게 된다. 이와 같은 일을 해결해 주는 장치는?
① 연산장치

② 제어장치
③ 입·출력 인터페이스(interface)
④ 기억장치(memory)

21 논리 게이트의 지연 시간이 가장 짧은 논리소자는?
① ECL
② DTL
③ TTL
④ CMOS

22 리플 전압이란 어떤 전압을 말하는가?
① 정류된 직류전압
② 부하시의 전압
③ 무부하시의 전압
④ 정류된 전압의 교류분

23 연산장치에서 계산된 결과값은 어디에 저장되는가?
① 누산기
② 보수기
③ 상태 레지스터
④ 기억 레지스터

24 C언어의 기억 클래스(storage class)에 해당하지 않는 것은?
① 내부 변수(internal variable)
② 자동 변수(automatic variable)
③ 정적 변수(static variable)
④ 레지스터 변수(register variable)

25 컴퓨터 내부에서 음수를 표현하는 방법이 아닌 것은?
① 부호와 절대값
② 부호와 상대값
③ 부호와 1의 보수
④ 부호와 2의 보수

26 다음 ( ) 안에 알맞은 내용으로 짝지어진 것은?

(㉠) → (㉡) → (㉢)
컴파일러   연계편집기

① ㉠ 원시 프로그램 − ㉡ 목적 프로그램 − ㉢ 실행 프로그램
② ㉠ 목적 프로그램 − ㉡ 실행 프로그램 − ㉢ 원시 프로그램
③ ㉠ 원시 프로그램 − ㉡ 실행 프로그램 − ㉢ 목적 프로그램
④ ㉠ 실행 프로그램 − ㉡ 목적 프로그램 − ㉢ 원시 프로그램

27 저급 언어(low level language)에 해당하는 것은?
① C
② PASCAL
③ COBOL
④ ASSEMBLY

28 10110101과 11110000를 OR 연산한 결과는?
① 11110101
② 10101111
③ 00001010
④ 10110000

29 다음 주소지정 방식 중 레벨 수가 1인 것은?
① 즉시(immediate) 주소지정
② 직접(direct) 주소지정
③ 간접(indirect) 주소지정
④ 레지스터(register) 주소지정

30 이미터 접지 트랜지스터회로에서 컬렉터 전압이 10[V]일 때 베이스 전류를 2[mA]에서 4[mA]로 변화하면, 컬렉터 전류가 50[mA]에서 100[mA]로 변화하였다. 전류증폭률

β는 얼마인가?
① 1　　② 19
③ 25　　④ 30

31 다음 중 성격이 다른 코드(code)는?
① BCD 코드
② EBCDIC 코드
③ ASCII 코드
④ GRAY 코드

32 불 대수식 X=AD+ACD를 간략히 정리한 것은?
① 0　　② A
③ AD　　④ ACD

33 C언어에서 데이터 형식을 규정하는 서술자에 대한 설명으로 옳지 않은 것은?
① %e : 지수형
② %f : 소수점 표기형
③ %u : 부호 없는 10진 정수
④ %c : 문자열

34 송신기의 SSB 변조방식 중 AFC의 동작을 확실하게 하기 위해 반송파를 보내는 방식은?
① 억압반송파 SSB 방식
② 저감반송파 SSB 방식
③ 제어반송파 SSB 방식
④ 첨가반송파 SSB 방식

35 프로토콜의 규범을 정할 때 들지 않는 것은?
① 제어문자의 사용 방법
② 메시지의 형태
③ 착오 검출 방법
④ 데이터 전송 속도

36 데이터 전송에 있어 시간 지연을 만드는 플립플롭은?
① RS　　② JK
③ D　　④ T

37 프로그램 실행을 위해 메모리 내에 기억 공간을 확보하는 작업은?
① Relocation　　② Linking
③ Allocation　　④ Loading

38 구조적 프로그래밍 방식의 기본 논리 구조에 해당하지 않는 것은?
① 순차 구조　　② 선택 구조
③ 반복 구조　　④ 상향 구조

39 2진수 10101을 2의 보수로 나타내면?
① 01011　　② 01010
③ 01100　　④ 10011

40 프로그램의 문서화 목적으로 가장 거리가 먼 것은?
① 프로그램의 유지보수가 용이하다.
② 개발팀에서 운용팀으로 인수 인계가 용이하다.
③ 시스템 개발 중 추가 변경에 따른 혼란을 방지할 수 있다.
④ 담당자별 책임 구분을 명확히 할 수 있다.

41 $A \cdot \overline{B} \cdot \overline{C} = 1$의 논리식이 성립할 때 A,

B, C의 각 변수의 값이 옳은 것은?
① A=0, B=0, C=0
② A=0, B=0, C=1
③ A=1, B=0, C=0
④ A=1, B=1, C=1

42 저주파 특성이 가장 좋은 결합방법은?
① 직결합   ② RC 결합
③ 임피던스결합   ④ 변압기결합

43 입력이 모두 1일 때만 출력이 0이고 그 외는 1인 gate는?
① AND gate   ② OR gate
③ NAND gate   ④ NOR gate

44 클록 펄스의 개수나 시간에 따라 반복적으로 일어나는 행위를 세는 장치로서 여러 개의 플립플롭으로 구성되는 것은?
① 계수기   ② 누산기
③ 가산기   ④ 감산기

45 2진수 코드를 10진수로 변환하여 주는 것을 무엇이라 하는가?
① 디코더   ② 인코더
③ A/D 변환기   ④ D/A 변환기

46 다음의 연산 중 binary 연산에 해당하는 것은?
① 시프트(shift)
② 회전(Rotate)
③ 보수화(complement)
④ AND

47 보통 반덧셈기는 어떤 논리회로를 이용하여 구성하는가?
① AND와 OR
② EOR와 AND
③ EOR와 OR
④ NAND와 NOR

48 읽기(Read)와 쓰기(Write)가 가능한 메모리 중에서 리프레시(Refresh)가 필요한 것은?
① 정적인(Static) RAM
② 동적인(Dynamic) RAM
③ PROM
④ EPROM

49 10진수 13을 그레이 코드(gray code)로 나타낸 것은?
① 1101   ② 1001
③ 1011   ④ 0110

50 입력이 J=K=1일 때 플립플롭은 불확정한 출력을 내지 않고 클록펄스의 에지(edge) 구간에서 출력상태가 바뀌도록 하는 것을 무엇이라 하는가?
① 셋(set)
② 리셋(reset)
③ 트리거(trigger)
④ 토글(toggle)

51 하나의 프로세서가 작업 수행 과정에서 수행하는 기억 장치 접근에서 지나치게 페이지 폴트가 발생하여 전체 시스템의 성능이 저하되는 현상은?
① working set   ② thrashing

③ locality   ④ swapping

52 EPROM에 기억된 내용을 지우는 방법은?
① 자외선   ② 적외선
③ 방사선   ④ 고주파

53 2진수 $(10101.101)_2$을 10진수로 표시하면?
① 19.500   ② 21.625
③ 23.875   ④ 27.375

54 다음 장치류 중 입·출력장치를 겸할 수 있는 것은?
① OCR
② MICR
③ CARD READER
④ CONSOLE TYPEWRITE

55 증폭기에서 전압증폭도에 대한 설명으로 틀린 것은?
① 입력전압과 출력전압의 비이다.
② 입력전압과 출력전압은 반드시 동위상이어야 한다.
③ 증폭도는 벡터량이다.
④ 데시벨로 나타낼 수 있다.

56 비동기식 6진 리플카운터를 구성하려고 한다. T플립플롭이 몇 개 필요한가?
① 2   ② 3
③ 4   ④ 5

57 중앙처리장치(central processing unit)의 기능이라고 할 수 없는 것은?

① 처리기능의 제어
② 정보의 연산
③ 정보의 기억
④ operator와의 대화

58 운영체제를 기능상 분류할 경우, 처리 프로그램에 해당하는 것은?
① 감시(supervisor) 프로그램
② 작업 제어(job control) 프로그램
③ 데이터 관리(data management) 프로그램
④ 서비스(service) 프로그램

59 논리식에서 최소항의 개수를 16개 만들기 위해선 변수를 몇 개 사용하는가?
① 2   ② 4
③ 8   ④ 16

60 멀티프로그램(Multi-Program)에 대하여 가장 적합하게 설명하고 있는 것은?
① 하나의 프로그램을 여러 개의 컴퓨터에서 처리하는 것
② 여러 개의 프로그램을 여러 개의 컴퓨터에서 처리하는 것
③ 여러 개의 프로그램을 하나의 컴퓨터에서 처리하는 것
④ 하나의 컴퓨터에서 하나의 프로그램을 처리하는 것

CBT 대비 모의고사 : 3회

01 다음 회로에서 베이스 전류 I_B는?(단, V_{CC}=6[V], V_{BE}=0.6[V], R_C=2[kΩ], R_B=100[kΩ]이다.)

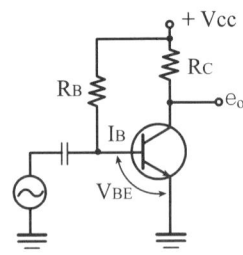

① 27[μA]　　② 36[μA]
③ 54[μA]　　④ 60[μA]

02 그림 (a)의 회로를 그림 (b)와 같은 간단한 등가회로로 만들고자 한다. V와 R은 각각 얼마인가?

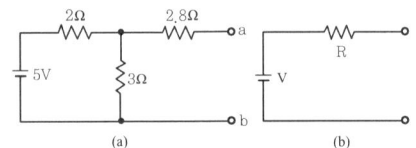

① 5[V], 4[Ω]　　② 3[V], 2.8[Ω]
③ 5[V], 2.8[Ω]　　④ 3[V], 4[Ω]

03 저역통과 RC 회로에서 시정수가 의미하는 것은?
① 응답의 상승 속도를 표시한다.
② 응답의 위치를 결정해 준다.
③ 입력의 진폭 크기를 표시한다.
④ 입력의 주기를 결정해 준다.

04 10[Ω] 저항 10개를 이용하여 얻을 수 있는 가장 큰 합성 저항값은?
① 1[Ω]　　② 10[Ω]
③ 50[Ω]　　④ 100[Ω]

05 다음 중 콘덴서의 용량을 증가시키기 위한 방법으로 옳은 것은?
① 콘덴서 소자를 직렬로 연결한다.
② 콘덴서 소자를 병렬로 연결한다.
③ 평판 콘덴서에서 서로 마주보는 간격을 크게 한다.
④ 평판 콘덴서에서 서로 마주보는 면적을 좁게 한다.

06 Y 결선의 전원에서 각 상의 전압이 100[V]일 때 선간 전압은?
① 약 100[V]　　② 약 141[V]
③ 약 173[V]　　④ 약 200[V]

07 펄스의 상승 변화 시 펄스와 반대방향으로 생기는 상승부분의 최대 돌출 부분을 무엇이라 하는가?
① 새그　　② 오버슈트
③ 스파이크　　④ 링잉

08 10진수 9를 3초과 코드(excess-3 code)로 옳게 표현한 것은?
① 0011　　② 1001
③ 1011　　④ 1100

09 진폭 변조와 비교하여 주파수 변조에 대한 설명으로 가장 적합하지 않은 것은?
① 신호대 잡음비가 좋다.
② 반향(echo)영향이 많아진다.
③ 초단파 통신에 적합하다.
④ 점유주파수 대역폭이 넓다.

10 그림의 회로에서 제너 다이오드와 직렬로 연결된 저항 680[Ω]에 흐르는 전류 I_s는 약 몇 [mA]인가?

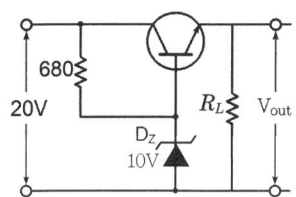

① 12.7 ② 14.7
③ 16.7 ④ 18.7

11 자료 배열에 따른 구조 중 비선형 구조는?
① tree   ② stack
③ queue   ④ deque

12 하나의 회선에 여러 대의 단말장치가 접속되어 있는 방식으로 공통 회선을 사용하며, 멀티드롭 방식이라고도 하는 것은?
① Point-to-point 방식
② Multipoint 방식
③ Switching 방식
④ Broadband 방식

13 -10에 대한 1의 보수를 8bit 2진수로 나타내면?

① 11110101 ② 11111010
③ 00000101 ④ 00001010

14 피어스(Pierce) BE 수정발진기에 대한 설명으로 가장 옳은 것은?
① 컬렉터 회로의 임피던스가 유도성일 때 가장 안정된 발진을 한다.
② 컬렉터 회로의 임피던스가 용량성일 때 가장 안정된 발진을 한다.
③ 컬렉터 회로에 저항 성분만이 존재할 때 가장 안정된 발진을 한다.
④ 컬렉터 회로의 임피던스가 저항성 및 용량성이 동시에 존재할 때 가장 안정된 발진을 한다.

15 다음과 같은 연산증폭기의 기능으로 가장 적합한 것은?(단, $R_i = R_f$이고 연산증폭기는 이상적이다.)

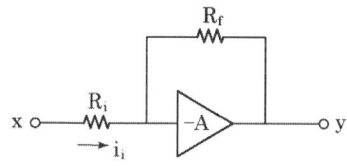

① 적분기   ② 미분기
③ 배수기   ④ 부호변환기

16 일함수 $100 \times 10^{19}[eV]$의 에너지는 몇 [J]인가?
① 1.602[J]   ② 16.02[J]
③ 160.2[J]   ④ 1602[J]

17 다음 설명에 해당하는 것은?

"입력과 출력 회로를 모두 트랜지스터로 구성한 회로로서 동작 속도가 빠르고 잡음에 강한 특징이 있으며, Fan-out를 크게 할 수 있고 출력 임피던스가 비교적 낮으며 응답속도가 빠르고 집적도가 높다."

① TTL　　② CMOS
③ RTL　　④ ECL

18 어떤 전지의 외부 회로의 저항은 3[Ω]이고, 전류는 5[A]이다. 외부 회로에 3[Ω] 대신 8[Ω]의 저항을 접속하면 전류는 2.5[A] 떨어진다. 전지의 기전력은 몇 [V]인가?

① 15　　② 20
③ 25　　④ 30

19 실효전압 E[V]를 다이오드로 반파정류 하였을 때 다이오드의 역내전압은 몇 [V]인가?

① $\sqrt{2}E$　　② $2E$
③ $\dfrac{E}{\sqrt{2}}$　　④ $\dfrac{E}{2}$

20 연산회로 중 시프트에 의하여 바깥으로 밀려나는 비트가 그 반대편의 빈 곳에 채워지는 형태의 직렬이동과 관계되는 것은?

① AND　　② OR
③ Rotate　　④ Complement

21 예약어(Reserved Word)에 대한 설명으로 틀린 것은?

① 프로그래머가 변수 이름으로 사용할 수 없다.
② 새로운 언어에서는 예약어의 수가 줄어 들고 있다.
③ 프로그램 판독성을 증가시킨다.
④ 프로그램의 신뢰성을 향상시켜 줄 수 있다.

22 PCM(pulse code modulation) 전송 방식의 기본 과정으로 필요하지 않은 것은?

① 아날로그화　　② 표본화
③ 양자화　　④ 부호화

23 미국에서 개발한 표준 코드로서 개인용 컴퓨터에 주로 사용되며, 7비트로 구성되어 128가지의 문자를 표현할 수 있는 코드는?

① EBCDIC　　② UNICODE
③ ASCII　　④ BCD

24 최대 클록 주파수가 가장 높은 논리 소자는?

① CMOS　　② ECL
③ MOS　　④ TTL

25 위성통신의 장점에 속하지 않는 것은?

① 기후의 영향을 받지 않는다.
② 광대역 통신이 가능하다.
③ 통신망 구축이 용이하다.
④ 수명이 영구적이다.

26 접속한 두 장치 사이에서 데이터의 흐름 방향이 한 방향으로 한정되어 있는 통신 방식은?

① Simplex 통신 방식
② Half duplex 통신 방식
③ Full duplex 통신 방식
④ Multi point 통신 방식

27 다음과 같은 회로도는?

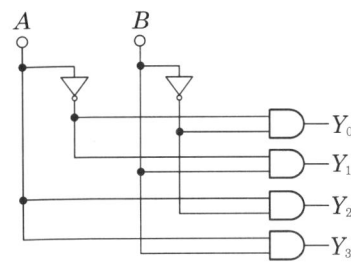

① 인코더　　② 카운터
③ 가산기　　④ 디코더

28 0과 1로 구성되며 정보를 나타내는 최소 단위는?
① word　　② bit
③ byte　　④ file

29 근거리 통신망의 구성 중 회선 형태의 케이블에 송·수신기를 통하여 스테이션을 접속하는 것으로 그림과 같은 형은?

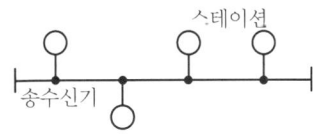

① 성(star)형　　② 루프(loop)형
③ 버스(bus)형　　④ 그물(mesh)형

30 다음 중 자기 보수적(self complement) 성질이 있는 코드는?
① 3초과 코드　　② 해밍 코드
③ 그레이 코드　　④ BCD 코드

31 다음에 수행될 명령어의 주소를 나타내는 것은?

① Stack pointer
② Instruction
③ Program counter
④ Accumulator

32 페이지 교체 알고리즘 중 각 페이지가 주기억장치에 적재될 때마다 그때의 시간을 기억시켜 가장 먼저 들어와서 가장 오래 있었던 페이지를 교체하는 기법은?
① LRU　　② FIFO
③ LFU　　④ NUR

33 고급 언어의 특징 설명으로 틀린 것은?
① 기종에 관계없이 사용할 수 있어 호환성이 높다.
② 2진수 형태로 이루어진 언어로 전자계산기가 직접 이해할 수 있는 형태의 언어이다.
③ 하드웨어에 관한 전문적 지식이 없어도 프로그램 작성이 용이하다.
④ 프로그래밍 작업이 쉽고, 수정이 용이하다.

34 운영체제의 기억장치 배치전략 중 프로그램이나 데이터가 들어갈 수 있는 크기의 빈 영역 중에서 단편화를 가장 많이 남기는 분할 영역에 배치시키는 방법은?
① Worst Fit　　② First Fit
③ Best Fit　　④ Last Fit

35 프로그래밍 언어의 수행 순서는?
① 컴파일러 → 로더 → 링커
② 로더 → 컴파일러 → 링커

③ 링커 → 로더 → 컴파일러
④ 컴파일러 → 링커 → 로더

36 BNF 표기법에서 "정의"를 의미하는 기호는?
① #
② &
③ |
④ ::=

37 프로세스가 일정 시간 동안 자주 참조하는 페이지들의 집합을 무엇이라고 하는가?
① 워킹 셋
② 스래싱
③ 세그먼트
④ 세마포어

38 스케줄링 기법 중 다음과 같은 우선순위 계산 공식을 이용하여 CPU를 할당하는 기법은?

우선순위계산식
=(대기시간+서비스시간)/서비스시간

① HRN
② SJF
③ FCFS
④ PRIORITY

39 운영체제의 기능으로 옳지 않은 것은?
① 자원을 효율적으로 관리하기 위해 자원의 스케줄링 기능을 제공한다.
② 시스템의 오류를 검사하고 복구한다.
③ 두 개 이상의 목적 프로그램을 합쳐서 실행 가능한 프로그램으로 만든다.
④ 사용자와 시스템 간의 편리한 인터페이스를 제공한다.

40 다음의 소프트웨어 개발 과정 중 가장 먼저 수행되는 단계는?
① 시스템 디자인
② 코딩 및 구현
③ 요구 분석
④ 테스팅 및 에러 교정

41 C언어의 특징으로 거리가 먼 것은?
① 구조적 프로그램이 가능하다.
② 이식성이 뛰어나 기종에 관계없이 프로그램을 작성할 수 있다.
③ 기계어에 대하여 1 : 1로 대응된 기호화한 언어이다.
④ 시스템 프로그래밍에 주로 사용되는 언어이다.

42 플립플롭에 기억된 정보에 대하여 시프트 펄스를 하나씩 공급할 때마다 순차적으로 다음 플립플롭에 옮기는 동작을 하는 레지스터를 무엇이라고 하는가?
① 직렬 이동 레지스터
② 병렬 이동 레지스터
③ 공간 이동 레지스터
④ 상황 이동 레지스터

43 안정된 상태가 없는 회로이며, 직사각형파 발생회로 또는 시간 발생기로 사용되는 회로는?
① 플립플롭
② 비안정 멀티바이브레이터
③ 쌍안정 멀티바이브레이터
④ 단안정 멀티바이브레이터

44 오류 검출뿐만 아니라 정정도 가능한 코드는?
① BCD 코드
② 그레이 코드
③ 패리티 코드
④ 해밍 코드

45 다음 중 전감산기의 출력 D(차)와 결과가 같은 것은?
① 전가산기 S(합) 출력
② 반가산기 C(자리올림수)
③ 전감산기 B(자리내림수)
④ 전가산기 C(자리올림수)

46 제어 입력이 1이면 버퍼와 동일하고, 제어 입력이 0이면 출력이 끊어지고, 고 임피던스 상태가 되는 것은?
① Totem-pole 버퍼
② O.C output 버퍼
③ Tri-state 버퍼
④ Inverted output 버퍼

47 JK 플립플롭에서 반전 동작이 일어나는 경우는?
① J=1, K=1인 경우
② J=0, K=0인 경우
③ J와 K가 보수 관계일 때
④ 반전 동작은 일어나지 않는다.

48 다음 중 가장 큰 수는?
① $(109)_{10}$
② $(156)_8$
③ $(1101110)_2$
④ $(6F)_{16}$

49 BCD(Binary Coded Decimal) 코드에 의한 수 0100 0101 0010을 10진수로 나타내면?
① 542
② 452
③ 442
④ 432

50 플립플롭이 n개일 때 카운터가 셀 수 있는 최대의 수 N은?
① $N = 2^n$
② $N = 2^n + 1$
③ $N = 2^n - 1$
④ $N = 2n + 1$

51 여러 회선의 입력이 한 곳으로 집중될 때 특정 회선을 선택하도록 하므로, 선택기라고도 하는 회로는?
① 멀티플렉서(multiplexer)
② 리플 계수기(ripple counter)
③ 디멀티플렉서(demultiplexer)
④ 병렬 계수기(parallel counter)

52 다음 논리식의 결과값은?

$$(\overline{\overline{A}+B})(\overline{\overline{A}+\overline{B}})$$

① 0
② 1
③ A
④ B

53 전가산기 회로(Full Adder)는 몇 개의 입력과 몇 개의 출력을 갖고 있는가?
① 입력 2개, 출력 3개
② 입력 3개, 출력 4개
③ 입력 3개, 출력 2개
④ 입력 2개, 출력 1개

54 다음 중 조합 논리회로 설계 시 가장 먼저 해야 할 일은?
① 진리표 작성
② 논리회로의 구현
③ 주어진 문제의 분석과 변수의 정리
④ 각 출력에 대한 불 함수의 유도 및 간소화

55 시프트 레지스터(shift register)를 만들고자 할 경우 가장 적합한 플립플롭은?
① RS 플립플롭
② T 플립플롭
③ D 플립플롭
④ RST 플립플롭

56 플립플롭이 특정 현재 상태에서 원하는 다음 상태로 변화하는 동작을 하기 위한 입력을 표로 작성한 것은?
① 카르노표
② 게이트표
③ 트리표
④ 여기표

57 32개의 입력단자를 가진 인코더(encoder)는 몇 개의 출력단자를 가지는가?
① 5개
② 8개
③ 32개
④ 64개

58 다음 중 제일 큰 수는?
① 10진수 256
② 16진수 FE
③ 2진수 11111111
④ 8진수 377

59 동기식 순서회로를 설계하는 방식이 순서대로 옳게 나열된 것은?

> ㉠ 플립플롭의 제어 신호를 결정한다.
> ㉡ 클록 신호에 대한 각 플립플롭의 상태 변화를 표로 작성한다.
> ㉢ 카르노도를 이용하여 단순화한다.

① ㉡ → ㉠ → ㉢
② ㉢ → ㉡ → ㉠
③ ㉠ → ㉡ → ㉢
④ ㉡ → ㉢ → ㉠

60 동기식 9진 카운터를 만드는 데 필요한 플립플롭의 개수는?
① 1개
② 2개
③ 3개
④ 4개

CBT 대비 모의고사 : 4회

01 컴퓨터 언어 중 그 처리 속도가 가장 빠른 것은?
① 베이직 언어
② 어셈블리 언어
③ 기계 언어
④ 포트란 언어

02 부호 비트 한자리와 5비트의 2진수로써 나타낼 수 있는 가장 큰 양수는?
① 36   ② 31
③ 16   ④ 8

03 컴퓨터에서 착오를 최소한으로 줄이기 위해 여분의 비트를 사용하는 방법을 무엇이라하는가?
① REDUNDANCY
② EVEN CHECK
③ ODD CHECK
④ PARITY CHECK BIT

04 변조도 30[%]의 AM파를 자승 검파했을 때 신호파 출력의 왜율은?
① 2.5   ② 5
③ 7.5   ④ 15

05 2진수 코드를 10진수로 변환하여 주는 것을 무엇이라 하는가?
① 디코더   ② 인코더
③ A/D변환기   ④ D/A변환기

06 BCD 부호에 사용되지 않는 것은?
① 0000   ② 0101
③ 1001   ④ 1010

07 어셈블리어로 작성된 프로그램을 기계어로 바꾸어 주는 언어번역 프로그램은?
① 스풀러(SPOOLER)
② 버퍼(BUFFER)
③ 어셈블러(ASSEMBLER)
④ 역어셈블러(DIASSEMBLER)

08 리플 계수기(ripple counter)의 설명으로 틀린 것은?
① 회로가 간단하다.
② 동작 시간이 길다.
③ 동기형 계수기이다.
④ 앞단의 플립플롭 출력 Q가 다음 난 플립플롭의 클록 입력 CLK로 연결된다.

09 AND 연산에서 레지스터 내의 어느 비트 또는 문자를 지울 것인지를 결정하는 데이터는?
① mask bit   ② parity bit
③ sign bit   ④ check bit

10 불 대수식 X=AD+ACD를 간략히 정리한 것은?
① 0   ② A
③ AD   ④ ACD

11 일반적으로 디스크를 연결하는 채널은?
① 서브 채널
② 컨트롤 채널
③ 셀렉터 채널
④ 멀티플렉서 채널

12 프로토콜의 규범을 정할 때 들지 않는 것은?
① 제어문자의 사용 방법
② 메시지의 형태
③ 착오 검출 방법
④ 데이터 전송 속도

13 적분회로의 입력에 구형파를 가할 때 출력 파형은?(단, 시정수(CR)는 입력 구형파의 펄스폭(τ)에 비해 매우 크다.)
① 정현파   ② 삼각파
③ 구형파   ④ 톱니파

14 순서 논리회로를 설계할 때 사용되는 상태표(State Table)의 구성 요소가 아닌 것은?
① 이전 상태   ② 현재 상태
③ 다음 상태   ④ 출력

15 구조적 프로그래밍의 필요성에 해당되지 않는 것은?
① 프로그램의 신뢰성 향상
② 프로그래밍의 상향식 설계 제공
③ 프로그래밍에 소요되는 경비 감소
④ 프로그램 개발 및 유지보수의 효율성 증진

16 JK-FF에서 J입력과 K입력이 모두 1일 때, 출력은 CLOCK에 의해 어떻게 되는가?
① 출력은 1   ② 반전한다.
③ 출력은 0   ④ 기억유지

17 변압기 결합 증폭회로에 관한 설명으로 옳지 않은 것은?
① 부하를 트랜지스터의 출력 임피던스와 정합시킬 수 있다.
② 직류 바이어스회로와 교류 신호회로를 독립적으로 설계할 수 있다.
③ 주파수 특성이 RC 결합의 경우보다 뛰어나다.
④ 변압기 결합회로는 대신호 증폭단의 회로 및 출력 회로에 사용된다.

18 프로그램에서 사용되는 기억장소를 의미하며, 프로그램 실행 중에 그 값이 변할 수 있는 것은?
① 주석   ② 상수
③ 변수   ④ 함수

19 FM 방송은 최대 신호주파수가 15[kHz]이고 주파수 편이가 최대 75[kHz]가 표준이다. 변조지수는?
① 2   ② 3
③ 4   ④ 5

20 C언어의 기억 클래스(storage class)에 해당하지 않는 것은?
① 내부 변수(internal variable)
② 자동 변수(automatic variable)
③ 정적 변수(static variable)
④ 레지스터 변수(register variable)

21 저주파 특성이 가장 좋은 결합방법은?
① 직접 결합
② RC 결합
③ 임피던스 결합
④ 변압기 결합

22 변조와 복조 두 가지 기능을 함께 가진 것은?
① 커넥터 ② 모뎀
③ 멀티플렉서 ④ 콘센트레이터

23 다음 중 조합 논리회로 설계 시 가장 먼저 해야 할 일은?
① 진리표 작성
② 논리회로의 구현
③ 주어진 문제의 분석과 변수의 정리
④ 각 출력에 대한 불 함수의 유도 및 간소화

24 인터프리터 언어에 해당하는 것은?
① LISP ② FORTRAN
③ COBOL ④ PASCAL

25 송신기의 SSB 변조방식 중 AFC의 동작을 확실하게 하기 위해 반송파를 보내는 방식은?
① 억압반송파 SSB 방식
② 저감반송파 SSB 방식
③ 제어반송파 SSB 방식
④ 첨가반송파 SSB 방식

26 출력장치로만 구성된 항은?
① 라인프린터, 자기 디스크, 종이테이프
② 카드 리더, 콘솔 키보드, 라인프린터
③ 카드 리더, X-Y 플로터, OCR
④ X-Y플로터, OMR, MICR

27 전가산기(Full-Adder)를 정확히 설명한 것은?
① 자리올림을 무시하고 일반계산과 같이 덧셈하는 회로
② 아랫자리의 캐리를 더하여 짝수의 덧셈을 하는 회로
③ 아랫자리의 캐리를 더하여 홀수의 덧셈을 하는 회로
④ 전가산기의 자리올림을 더하여 그 자리 2진수의 덧셈을 완전히 하는 회로

28 전원을 끄면 그 내용이 지워지는 메모리는?
① RAM ② ROM
③ PROM ④ EPROM

29 리미터 작용을 겸한 주파수 변별기는?
① 비검파기
② 포스터실리검파기
③ 헤테로나인검파기
④ 초재생검파기

30 소프트웨어(Software)에 의한 우선순위(priority) 체제에 관한 설명 중 옳지 않은 것은?
① 별도의 하드웨어가 필요 없으므로 경제적이다.
② 인터럽트 요청장치의 패널에 시간이 많이 걸리므로 반응 속도가 느리다.
③ 폴링 방법이라고 한다.
④ 우선순위(priority)의 변경이 매우 복잡하다.

31 플립플롭이 n개 일 때 카운터가 셀 수 있는 최대의 수 N은?
① $N=2^n$
② $N=2^n+1$
③ $N=2^n-1$
④ $N=2^n+1$

32 다음 오퍼레이팅 시스템에서 제어 프로그램에 속하는 것은?
① 데이터 관리 프로그램
② 어셈블러
③ 컴파일러
④ 서브루틴

33 메모리 회로에서 Chip selector란 무엇을 뜻하는가?
① 메모리 IC가 동작하도록 한다.
② 메모리 IC를 선택한다.
③ 메모리딘 것을 지운다
④ 메모리된 것을 보충한다.

34 하나의 프로세서가 작업 수행 과정에서 수행하는 기억 장치 접근에서 지나치게 페이지 폴트가 발생하여 전체 시스템의 성능이 저하되는 현상은?
① working set
② thrashing
③ locality
④ swapping

35 프로그램 작업에서 발생하는 에러를 수정하는 작업은?
① matching
② extract
③ debugging
④ paging

36 기계어에 가장 가까운 언어는?
① FORTRAN
② C
③ COBOL
④ ASSEMBLY

37 다음 논리 대수의 정리 중 옳지 않은 것은?
① $A+AB=A+B$
② $A(B+C)=AB+AC$
③ $A+BC=(A+B)\cdot(A+C)$
④ $A+(B+C)=(A+B)+C$

38 숫자나 문자 등의 키보드(Keyboard)입력을 2진 코드로 부호화하는 데 사용될 수 있는 소자는?
① 디코더
② 인코더
③ 멀티플렉서
④ 디멀티플렉서

39 진폭변조와 비교하여 주파수 변조에 대한 설명으로 적합하지 않은 것은?
① 신호대 잡음비가 좋다.
② 충격성 잡음이 많아진다.
③ 초단파 통신에 적합하다.
④ 점유 주파수 대역폭이 넓다.

40 중앙처리장치와 주기억장치의 사이에 존재하며, 수행속도를 빠르게 하는 것은?
① 캐시기억장치
② 보조기억장치
③ ROM
④ RAM

41 구조적 프로그래밍 효과에 대한 설명으로 거리가 먼 것은?
① 프로그램의 정확도가 향상된다.
② 프로그램의 구조가 간결하다.

③ 문서로서의 역할을 한다.
④ 프로그램의 수정은 쉬우나 유지하기가 까다롭다.

42 발진회로와 관계가 먼 것은?
① 자기 일그러짐 현상
② 부궤환
③ 부성저항특성
④ 압전기 현상

43 논리함수 $A\bar{B}+\bar{C}$ 가 0이 되려면 각 변수의 값은?
① A=0 B=0 C=0
② A=1 B=0 C=1
③ A=0 B=1 C=1
④ A=1 B=1 C=0

44 다음 주소지정 방식 중 레벨 수가 1인 것은?
① 즉시(immediate) 주소지정
② 직접(direct) 주소지정
③ 간접(indirect) 주소지정
④ 레지스터(register) 주소지정

45 멀티 프로그램(Multi-Program)에 대하여 가장 적합하게 설명하고 있는 것은?
① 하나의 프로그램을 여러 개의 컴퓨터에서 처리하는 것
② 여러 개의 프로그램을 여러 개의 컴퓨터에서 처리하는 것
③ 여러 개의 프로그램을 하나의 컴퓨터에서 처리하는 것
④ 하나의 컴퓨터에서 하나의 프로그램을 처리하는 것

46 연산자의 기능이 아닌 것은?
① 입·출력 기능   ② 제어 기능
③ 함수연산 기능   ④ 기억 기능

47 CPU를 경유하지 않고 메모리에 직접 액세스하는 것은?
① DAM   ② DMA
③ BUS   ④ LED

48 2의 보수 표기법에서 8비트로 표시되는 숫자의 범위는?
① $-128 \sim +127$ ② $-128 \sim +128$
③ $-127 \sim +127$ ④ $-127 \sim +128$

49 다음 중 입력장치로만 묶인 것은?
① OMR, OCR, CRT
② 프린터, 스피커, 플로터
③ 플로터, 라이트 펜, 스캐너
④ 마우스, 키보드, 스캐너

50 실리콘 정류기의 일반적인 특징으로 틀린 것은?
① 정류 효율이 좋다.
② 주위 온도가 높아져도 견딜 수 있다.
③ 과부하에 강하다.
④ 과전압이 걸리면 순간적으로 파괴된다.

51 EPROM에 기억된 내용을 지우는 방법은?
① 자외선   ② 적외선
③ 방사선   ④ 고주파

52 오프라인 방식에 속하는 것은?

① 타임 셰어링
② 로컬 배치
③ 리모트 배치
④ 온라인 실시간

53 컴퓨터 내부에서 음수를 표현하는 방법이 아닌 것은?
① 부호와 절대값
② 부호와 상대값
③ 부호와 1의 보수
④ 부호와 2의 보수

54 연결 리스트(LINKED LIST)를 기본 자료 구조로 하며 게임로봇, 자연어 처리 등 인공지능과 관계된 문제 처리에 적합한 언어는?
① PL/1   ② LISP
③ AP/L   ④ SNOBOL

55 통신을 원하는 두 개체 간에 무엇을, 어떻게, 언제 통신할 것인가를 서로 약속한 규약으로 컴퓨터 간에 통신할 때 사용하는 규칙은?
① OSI   ② protocol
③ ASCII   ④ EBCDIC

56 구조적 프로그래밍 기법에 대한 설명 중 옳지 않은 것은?
① 프로그램의 수정 및 유지보수가 용이하다.
② 프로그램의 구조가 간결하다.
③ 프로그램의 정확성이 증가된다.
④ 가능한 go to문을 많이 사용하여야 한다.

57 운영체제의 제어(control) 프로그램에 해당하는 것은?
① 감시(supervisor) 프로그램
② 언어 번역(language translator) 프로그램
③ 서비스(service) 프로그램
④ 문제(problem) 프로그램

58 컴퓨터의 하드웨어적인 성능을 가름하는 중요한 요소는?
① Operation code
② 기억장치의 bandwidth
③ compiler
④ program

59 하나의 공통된 시간 펄스에 의해 플립플롭들이 트리거되어 모든 플립플롭의 상태가 동시에 변화하는 계수회로의 명칭은?
① 병렬 이동 레지스터
② 상향 계수기
③ 비동기형 계수회로
④ 동기형 계수회로

60 Accumulator에 대하여 올바르게 설명한 것은?
① 연산 명령의 순서를 기억하는 장치이다.
② 연산 부호를 해독하는 장치이다.
③ 레지스터의 일종으로 산술연산 또는 논리연산의 결과를 일시적으로 기억하는 장치이다.
④ 연산 명령이 주어지면 연산 준비를 하는 장소이다.

CBT 대비 모의고사 : 5회

01 다음 전자계산기 장치 중 기본 장치에 속하지 않는 것은?
① 연산장치   ② 입력장치
③ 제어장치   ④ 보조기억장치

02 언어번역 프로그램에 해당하지 않는 것은?
① 어셈블러(Assembler)
② 로더
③ 컴파일러(Compiler)
④ 인터프리터(Interpreter)

03 다음은 MICRO PROCESSOR의 일반적 명령어이다. 연관이 잘못된 것은?
① CMP-비교   ② SUB-감산
③ ADD-가산   ④ AND-논리합

04 다음 중 JK 플립플롭의 특성 방정식으로 옳은 것은?
① $Q(t+1) = J\overline{Q} + \overline{K}Q$
② $Q(t+1) = \overline{J}Q + \overline{K}Q$
③ $Q(t+1) = JQ + KQ$
④ $Q(t+1) = \overline{J}Q + K\overline{Q}$

05 이미터 접지회로에서 베이스 전류가 30[mA]에서 40[mA]로 변할 때 컬렉터 전류가 500[mA]에서 900[mA]로 증가하였다. 이 때의 전류증폭률 β의 값은?
① 0.025   ② 5.8
③ 17.5   ④ 40

06 변조도 M>1일 때, 과변조 전파를 수신하면 어떤 현상이 생기는가?
① 음성파 전력이 작아진다.
② 음성파 전력이 커진다.
③ 음성파가 많이 일그러진다.
④ 검파기가 과부하된다.

07 C언어에서 나머지를 구하는 연산자는?
① &&   ② &
③ %   ④ #

08 기억장치에 있는 명령어를 해독하여 실행하는 것은?
① CPU   ② 메모리
③ I/O 장치   ④ 레지스터

09 로더의 기능으로 거리가 먼 것은?
① Allocation   ② Linking
③ Loading   ④ Translation

10 전원을 끄면 그 내용이 지워지는 메모리는?
① RAM   ② ROM
③ PROM   ④ EPROM

11 프로그램은 일의 처리 순서를 기술한 명령의 집합이다. 각 명령은 어떻게 구성되어 있는가?
① 오퍼레이션과 오퍼랜드
② 명령코드와 실행 프로그램

③ 오퍼랜드와 제어 프로그램
④ 오퍼랜드와 목적 프로그램

12 컴퓨터에서 명령을 실행할 때 마이크로 동작을 순서적으로 실행시키기 위해서 필요한 회로는?
① 분기 동작회로
② 인터럽트 회로
③ 제어신호 발생회로
④ 인터페이스 회로

13 다수의 사용자가 주컴퓨터를 사용하고자 할 때 시간을 균등하게 분할하여 사용하는 방식의 시스템은?
① On-line 처리 시스템
② Off line 처리 시스템
③ Real time 처리 시스템
④ Time sharing 처리 시스템

14 시정수가 매우 큰 RC 저역통과여파 회로의 기능으로 가장 적합한 것은?
① 적분기 ② 미분기
③ 가산기 ④ 감산기

15 4자리의 10진수를 2진수로 표현하려면 몇 자리의 2진수로 표현되는가?
① 12 ② 13
③ 14 ④ 15

16 페이지 교체가 과중하게 발생하여 처리 효율을 저하시키는 현상은?
① WORKING SET
② THRASHING
③ LOCALITY
④ SWAPPING

17 한 숫자에서 다음 숫자로 올라갈 때 한 비트만이 변하는 특징을 가지고 있어서 주로 제어 계통에서의 아날로그-디지털 변환기에 쓰이는 코드는?
① BCD 코드 ② 2421코드
③ 3초과 코드 ④ 그레이 코드

18 다음의 불 대수 정리 중 옳지 않은 것은?
① A+1=A ② A+A=A
③ A·A=A ④ A·1=A

19 C언어에서 문자형 변수를 정의할 때 사용하는 것은?
① int ② long
③ float ④ char

20 공통적인 성질의 것이 아닌 것은?
① 계수기 ② 인코더
③ 반가산기 ④ 멀티플렉서

21 산술 연산과 논리 연산의 결과를 임시로 기억하는 레지스터는?
① 기억 레지스터
② 상태 레지스터
③ 누산기
④ 데이터 레지스터

22 다음 논리식 중에서 드 모르간의 정리를 나타낸 것은?

① $\overline{A+B} = \overline{A} \cdot \overline{B}$ ② $\overline{A+B} = \overline{AB}$
③ $\overline{A+B} = \overline{\overline{A}} \cdot \overline{\overline{B}}$ ④ $A+B = \overline{\overline{A+B}}$

23 동기성 계수기로 사용할 수 없는 것은?
① BCD 계수기
② 리플 계수기
③ 2진 계수기
④ 2진 업-다운 계수기

24 특정의 비트를 삭제하기 위해 필요한 연산은?
① XOR 연산   ② OR 연산
③ AND 연산   ④ 보수 연산

25 다음 중 이미터 플로워의 특징에 대한 설명으로 적합하지 않은 것은?
① 입력전압과 출력전압의 위상이 동상이다.
② 전압 증폭도가 1보다 작으므로 전력증폭이 되지 않는다.
③ 임피던스가 높은 회로와 낮은 회로 사이의 임피던스 정합에 많이 사용된다.
④ 입력 임피던스는 이미터 접지 증폭회로에 비하여 매우 높다.

26 3K Word Memory의 실제 Word수는?
① 3000   ② 3072
③ 4056   ④ 4096

27 구조적 프로그래밍의 기본 구조에 해당하지 않는 것은?
① 반복 구조   ② 조건 구조
③ 블록 구조   ④ 순차 구조

28 10진수 20을 2진수로 변환하면?
① 11011   ② 11110
③ 10100   ④ 10010

29 표준 인터페이스가 위치한 곳은?
① 주기억장치와 입·출력 채널 사이
② CPU와 주기억장치 사이
③ 입·출력 제어장치와 입·출력장치 사이
④ 입·출력 채널과 입·출력 제어장치 사이

30 정현파 교류의 실효값이 100[V]이면, 평균값은 약 몇 [V]인가?
① 90   ② 110
③ 120   ④ 140

31 주기가 0.005초이면 주파수는 몇 [Hz]인가?
① 50   ② 100
③ 150   ④ 200

32 유한 오토마타(finite automata)에 의해 수락된 집합을 무엇이라 하는가?
① 문자열 집합   ② 정규 집합
③ 알파벳 집합   ④ 문법 집합

33 컴퓨터의 내부구조를 설명할 때 사용하는 연산방식이 아닌 것은?
① 2진수 연산   ② 6진수 연산
③ 8진수 연산   ④ 16진수 연산

34 다중 프로그래밍 환경에서 프로세스들이 서로 작업을 진행하지 못하고 영원히 대기 상태로 빠지게 되는 현상을 무엇이라 하는가?

① paging ② segment
③ semaphore ④ deadlock

35 비수치 연산에서 1개의 입력 데이터를 연산기에 넣어 그대로 출력을 내어 보내는 단일 연산은?
① MOVE ② AND
③ OR ④ Complement

36 디지털 컴퓨터의 특징에 해당되지 않는 것은?
① 필요에 따라 자릿수를 잡을 수 있다.
② 논리회로가 주요 사용 회로이다.
③ 프로그래밍이 거의 불필요하다.
④ 출력형식은 숫자, 문자로서 표현된다.

37 다음 중 디지털 변조방식이 아닌 것은?
① AM ② FSK
③ PSK ④ ASK

38 $(A+B)(A+C)$를 최소화하면?
① $A+B+C$ ② $A+BC$
③ $B+AC$ ④ $AB+C$

39 입출력 인터페이스에서 오류의 검사를 위해 짝수 패리티 비트를 채용하여, 짝수 패리티 생성 회로에 필요한 논리 게이트를 2개만 사용하려고 한다. 이 논리 게이트는?
① AND ② NAND
③ NOR ④ XOR

40 2개 이상의 자료를 섞을 때 또는 문자의 삽입 등에 사용되는 연산자는?
① AND
② MOVE
③ COMPLEMENT
④ OR

41 전압의 순시값 $V = 100\sqrt{2}\sin(\omega t + 60°)$를 직각좌표로 표시한 것은?
① $50\sqrt{3} + j50$
② $50 + j50\sqrt{3}$
③ $50\sqrt{3} + j50\sqrt{3}$
④ $50 + j50$

42 디지털 컴퓨터의 중앙 처리 장치를 기능적으로 크게 2부분으로 구분한다면?
① 어큐뮬레이터(ACC)와 연산기(ALU)
② 연산부와 제어부
③ 내부버스와 레지스터군(register group)
④ 연산기와 레지스터군

43 문자 코드(Character code) 체계가 아닌 것은?
① ASCII code
② BCD code
③ EBCDIC code
④ BINARY code

44 트랜지스터 스위치 회로의 활용영역이 아닌 것은?
① 포화영역
② 차단영역
③ 정상영역 또는 선형영역
④ 차단영역 또는 포화영역

45 ALU란?
① 연산 및 논리장치
② 주변 기억장치
③ 마이크로 제어장치
④ 중앙처리장치

46 어떤 전지에서 5[A]의 전류가 5분간 흘렀다면 이 전지에서 나온 전기량은 몇 [C]인가?
① 250   ② 750
③ 1500 ④ 3000

47 프로그래밍 절차 중 문제 분석 단계에서 해야 할 작업으로서 거리가 먼 것은?
① 프로그램 설계
② 전산화의 타당성 검사
③ 프로그래밍 작업의 문제 정의
④ 입·출력 및 자료의 개괄적 검토

48 인쇄될 문자의 상을 형성하기 위해서 점의 배열을 사용하는 인쇄장치는?
① Chain printer
② Bar printer
③ Drum printer
④ Matrix printer

49 컴퓨터 통신망에서 개인이 필요한 데이터나 서로 고유할 필요가 있는 데이터를 모아서 제공해주는 역할을 하는 것은?
① 서버   ② 단말기
③ 클라이언트 ④ 터미널

50 시스템 프로그램에 해당되지 않는 것은?
① 로더
② 컴파일러
③ 운영체제
④ 급여 계산 프로그램

51 다음 중 입력 전부가 "0"이어야만 출력이 "1"이 나오는 게이트는?
① OR   ② AND
③ NOR ④ NAND

52 정현파 교류의 실효값이 220[V]일 때, 이 교류의 최대값은 약 몇 V인가?
① 110 ② 141
③ 283 ④ 311

53 다음 반도체 메모리 중 주기적으로 재충전하면서 기억 내용을 보존해야 하는 것은?
① PROM ② EPROM
③ SRAM ④ DRAM

54 프로그램을 해독하는 장치는?
① 연산장치 ② 제어장치
③ 입력장치 ④ 출력장치

55 2진수 01011의 1의 보수로 옳은 것은?
① 10101 ② 01100
③ 10100 ④ 01010

56 2진수 01011_2의 2의 보수는?
① 11111 ② 11010
③ 10101 ④ 10100

57 비가중치 코드(non-weighted code)가 아닌 것은?
① 그레이 코드
② 3-초과 코드
③ BCD 코드
④ 시프트 카운터 코드

58 C언어에서 비트 단위 논리 연산자와 그 의미가 옳지 않은 것은?
① & : 비트 단위 AND
② | : 비트 단위 NOR
③ ^ : 비트 단위 EXCLUSIVE OR
④ ~ : 1의 보수(ONE'S COMPLEMENT)

59 정보 채널의 양쪽 가장자리에서 채널에 직접 연결되는 모든 기기의 연결집단을 무엇이라고 하는가?
① DTE
② 스테이션(station)
③ 터미널(terminal)
④ 신호변환기

60 시프트 레지스터를 옳게 나타낸 것은?
① FF에 기억된 정보를 다른 FF에 옮기는 동작을 하는 레지스터를 말한다.
② FF에 기억된 정보를 소거시키는 레지스터를 말한다.
③ FF에 기억되는 것을 방해시키는 레지스터를 말한다.
④ FF에 clock 입력을 기억시키기만 하는 레지스터를 말한다.

CBT 대비 모의고사 : 6회

01 자기 디스크에서 헤드를 움직여서 읽고 쓰는 헤드의 위치를 정하는 데 필요한 시간을 무엇이라고 하는가?
① 탐색시간(Search time)
② 회전지연시간(rotational delay time)
③ 위치설정시간(seek time)
④ 검색시간(access time)

02 중앙처리장치의 동작 속도에 가장 큰 영향을 미치는 것은?
① 중앙처리장치의 클록(clock) 주파수
② 레지스터의 비트 길이
③ 명령의 구성 형식
④ 외부 버스의 길이

03 다음 중 16진수에서 사용되는 것이 아닌 것은?
① 9　　　　　② C
③ 1　　　　　④ G

04 진폭변조가 m=1이라면 이때의 변조는 어떤 변조인가?
① 과변조 상태이다.
② 무변조 상태이다.
③ 100% 변조 상태이다.
④ 무변조 상태는 아니다. 변조도가 가장 낮은 상태의 변조이다.

05 직렬로 연결된 저항의 전압강하의 합에 대한 설명으로 옳은 것은?
① 공급전압과 같다.
② 가장 작은 전압강하의 값보다 작다.
③ 모든 전압강하의 평균값과 같다.
④ 공급전압보다 크다.

06 기억장치(Memory Unit)에서 Register로 옮겨가는 명령은?
① ADD　　　② BRANCH
③ STORE　　④ LOAD

07 가장 먼저 들어온 데이터를 가장 먼저 내보내는 처리방법은?
① FIFO　　　② DMA
③ CAM　　　④ DASD

08 조합 논리회로를 다음과 같이 설계할 때 일반적인 순서로 옳은 것은?

A. 간소화된 논리식을 구한다.
B. 진리표에 대한 카르노도를 작성한다.
C. 논리식을 기본 게이트로 구성한다.
D. 입출력 조건에 따라 변수를 결정하여 진리표를 작성한다.

① D → B → A → C
② D → A → B → C
③ B → D → A → C
④ B → D → C → A

09 부동 소수점으로 표현된 수가 기억장치 내에 저장되어 있을 때 비트를 필요로 하지

않는 것은?
① 부호(sign)
② 지수(exponent)
③ 소수(mantissa)
④ 소수점(decimal point)

10 제조회사에서 미리 만들어진 것으로 사용자는 절대로 지우거나 다시 입력할 수 없는 메모리는?
① RAM
② EAROM
③ Mask ROM
④ Flash Memory

11 5진 카운터를 만들기 위한 T 플립플롭의 단수는?
① 2단 ② 3단
③ 4단 ④ 5단

12 카드 리더(Card Reader)에서 읽기 전에 카드를 쌓아 두는 곳은?
① 호퍼(hopper)
② 스태커(stacker)
③ 롤러
④ 리젝 스태커

13 다음 표는 어떤 게이트의 진리표인가?

A	B	X
0	0	1
0	1	0
1	0	0
1	1	0

① AND ② OR
③ EOR ④ NOR

14 어큐뮬레이터(accumulator), 가산기, 보수기는 어느 장치와 관계가 있는가?
① 제어 ② 기억
③ 출력 ④ 연산

15 누산기의 내용을 주기억장치에 기억시키는 것은?
① LOAD ② STORE
③ JUMP ④ ADD

16 다음 프린트 방식 중 충격이 가장 큰 방식은?
① 레이저 방식
② 도트 매트릭스 방식
③ 열전사 방식
④ 잉크젯 방식

17 다음 컴퓨터의 분류 중 데이터 표현에 따른 분류와 거리가 먼 것은?
① 아날로그 컴퓨터
② 디지털 컴퓨터
③ 하이브리드 컴퓨터
④ 전용 컴퓨터

18 입력 자료의 내용이 1만큼씩 증가되는 연산으로 프로그램카운터 또는 스택 포인트(STACK POINTER) 등의 내용을 증가시킬 때 사용되는 것은?
① increment 연산
② clear 연산
③ rotate 연산
④ shift 연산

19 다음 중 스택(stack)과 관계가 깊은 것은?
① FIFO ② SHIFT
③ LIFO ④ QUEUE

20 구조적 프로그래밍 기법에서 가급적 배제되는 문은?
① IF 문 ② STOP 문
③ CASE 문 ④ GOTO 문

21 패리티 비트 에러 체크 시 사용되는 비트(bit) 수는?
① 1개 ② 4개
③ 7개 ④ 8개

22 출력은 입력과 같으며, 어떤 내용을 일시적으로 보존하거나 전해지는 신호를 지연시키는 플립플롭은?
① RS ② D
③ T ④ JK

23 C언어의 관계연산자 종류에 해당하지 않는 것은?
① < ② ≪
③ <= ④ >=

24 여러 개의 연산장치를 가지고 있으며 여러 개의 프로그램을 동시에 처리하는 방법을 말하는 용어는?
① MULTI PROCESSING
② MULTI PROGRAMMING
③ REAL-TIME PROCESSING
④ BATCH PROCESSING

25 다음 중 3가의 불순물이 아닌 것은?
① In ② Ga
③ Sb ④ B

26 다음 중 BCD code에서 사용하지 않는 표현은?
① 1001 ② 0101
③ 0110 ④ 1010

27 JK 플립플롭에서 반전 동작이 일어나는 경우는?
① J=0, K=1
② J=1, K=1
③ J와 K가 보수 관계일 때
④ 반전 동작은 일어나지 않는다.

28 디지털 신호를 아날로그 신호로 변환하는 장치는?
① 멀티플렉서 ② 인코더
③ D/A 변환기 ④ 디코더

29 발진을 이용하지 않는 검파방식은?
① 헤테로다인 검파회로
② 링 검파회로
③ 다이오드 검파회로
④ 평형 검파회로

30 어휘 분석기(LEXICAL ANALYZER)에 의해서 생성된 토큰(TOKEN)을 받아 파스 트리(PARSE TREE)를 생성하는 컴파일러의 단계는 무엇인가?
① 어휘 분석(LEXICAL ANALYSIS)

② 구문 분석(SYNTAX ANALYSIS)
③ 의미 분석(SEMANTIC ANALYSIS)
④ 코드 생성(CODE GENERATION)

31 Jump 동작은 어떤 것의 내용에 영향을 주는가?
① 프로그램 카운터
② 명령 레지스터
③ 스택 포인터
④ 누산기

32 구문 분석기가 올바른 문장에 대해 그 문장의 구조를 트리로 표현한 것으로 루트, 중간, 단말 노드로 구성되는 트리를 무엇이라 하는가?
① 개념 트리   ② 파스 트리
③ 유도 트리   ④ 정규 트리

33 512×8[bit] EAROM의 총 용량은 몇 bit인가?
① 8   ② 512
③ 4K   ④ 8K

34 하나의 사무실 또는 빌딩과 같이 근거리에 인접한 컴퓨터 시스템을 함께 연결하는 통신망은?
① LAN   ② MAN
③ WAN   ④ VAN

35 프로그래밍 언어 중 형식 문법을 최초로 사용한 언어는?
① ADA   ② PL/1
③ ALGOL   ④ PASCAL

36 운영체제(operating system)의 목적과 거리가 먼 것은?
① 신뢰도(reliability)의 향상
② 처리능력(throughput)의 향상
③ 응답시간(turn around time)의 단축
④ 코딩(coding) 작업의 용이

37 프로그램의 문서화로 얻을 수 있는 이점이 아닌 것은?
① 프로그램의 유지 보수가 용이하다.
② 개발자 개개인의 독창성을 살릴 수 있다.
③ 개발 중간의 변경사항을 살릴 수 있다.
④ 프로그램의 개발 목적 및 과정을 표준화하여 효율적인 작업이 이루어지게 한다.

38 C언어에서 사용되는 문자열 출력 함수는?
① printchar( )   ② prints( )
③ putchar( )   ④ puts( )

39 $A \cdot \overline{B} \cdot \overline{C} = 1$의 논리식이 성립할 때 A, B, C의 각 변수의 값이 옳은 것은?
① A=0, B=0, C=0
② A=0, B=0, C=1
③ A=1, B=0, C=0
④ A=1, B=1, C=1

40 독자적으로 번역된 여러 개의 목적 프로그램과 프로그램에서 사용되는 내장 함수들을 하나로 모아서 컴퓨터에서 실행 가능하도록 하는 것은?
① 스프레드시트   ② 에디터
③ 디버거   ④ 링커

41 C언어의 입·출력문 사용 시 데이터 형식을 규정하는 서술자의 설명으로 옳지 않은 것은?
① %d : 10진 정수
② %c : 문자
③ %s : 문자열
④ %f : 16진 정수

42 불 대수의 기본으로 옳지 않은 것은?
① $A + \overline{A} = 1$ ② $A \cdot \overline{A} = 1$
③ $A + A = A$ ④ $A \cdot A = A$

43 전자계산기의 출력장치와 관계가 없는 것은?
① 라인 프린터
② 카드 천공장치
③ 영상표시장치
④ 증폭장치

44 여러 가지 프로그래밍 언어를 배움으로써 얻어지는 장점으로 거리가 먼 것은?
① 프로그래밍 언어 선택 능력 향상
② 새로운 프로그래밍 언어의 학습용이
③ 새로운 프로그래밍 언어의 설계용이
④ 여러 프로그래밍 언어의 가격 비교용이

45 다음 MEMORY IC 중에서 자외선이나 높은 전압으로 그 내용을 지워 다시 사용할 수 있는 것은?
① RAM   ② MASK ROM
③ EPROM   ④ PROM

46 연산장치에서 계산된 결과값은 어디에 저장되는가?
① 누산기
② 보수기
③ 상태 레지스터
④ 기억 레지스터

47 보통 반덧셈기는 어떤 논리회로를 이용하여 구성하는가?
① AND와 OR   ② EOR와 AND
③ EOR와 OR   ④ NAND와 NOR

48 언어 번역 프로그램에 의해 기계어로 번역된 프로그램을 의미하는 것은?
① 원시 프로그램
② 목적 프로그램
③ 실행 프로그램
④ 구조 프로그램

49 논리식에서 최소항의 개수를 16개 만들기 위해선 변수를 몇 개 사용하는가?
① 2   ② 4
③ 8   ④ 16

50 10분 동안에 600[C]의 전기량이 이동했다고 하면 이때 전류의 크기는?
① 0.1[A]   ② 1[A]
③ 6[A]   ④ 60[A]

51 AM 변조의 과변조파를 수신(복조)했을 때 나타나는 현상으로 가장 적합한 것은?
① 검파기가 과부하된다.
② 음성파 전력이 작다.
③ 음성파가 찌그러진다.

④ 음성파 전력이 크다.

52 문자 표현의 최소 단위이며, 8비트로 구성되어 있는 것은?
① 레코드   ② 바이트
③ 필드   ④ 워드

53 기억장치(Memory Unit)에서 레지스터(Register)로 옮겨가는 명령은?
① ADD   ② BRANCH
③ LOAD   ④ STORE

54 주기억장치의 크기가 4[Kbyte]일 때 번지(Address)수는?
① 1번지에서 4000번지까지
② 0번지에서 3999번지까지
③ 1번지에서 4095번지까지
④ 0번지에서 4095번지까지

55 EBCDIC 코드에 대한 설명으로 틀린 것은?
① 최대 128문자까지 표현할 수 있다.
② 4개의 존 비트(Zone Bit)를 가지고 있다.
③ 4개의 디짓 비트(Digit Bit)를 가지고 있다.
④ 대문자, 자, 특수 문자 및 제어 신호를 구분할 수 있다.

56 컴퓨터 소자의 발달 과정을 순서대로 옳게 나열한 것은?
① 트랜지스터 → 집적회로 → 고밀도 집적회로 → 진공관
② 진공관 → 트랜지스터 → 집적회로 → 고밀도 집적회로
③ 집적회로 → 고밀도 집적회로 → 진공관 → 트랜지스터
④ 진공관 → 집적회로 → 고밀도 집적회로 → 트랜지스터

57 전자석의 원리를 사용하여 1과 0 등의 데이터를 처리하는 방식이 아닌 것은?
① 자기테이프   ② 하드디스크
③ 종이테이프   ④ 디스켓

58 컴퓨터에서 데이터를 전송하는 통로는?
① Bus   ② Buffer
③ Channel   ④ Address

59 다음 중 정보통신망 구성 시 필요 없는 장치는?
① 통신 제어장치
② 모뎀
③ 단말기
④ 통신 연산장치

60 다음 중 반복문에 해당되지 않는 것은?
① if문   ② for문
③ while문   ④ do-while문

모의고사 해설 및 정답 08

CBT 대비 모의고사 해설 및 정답

제1회

01 ③
일반적으로 고속의 입·출력 채널에는 셀렉터 채널이 사용된다.

02 ②
인코더
10진 입력을 2진 출력으로 부호화하는 부호기이다.

03 ③
$B + \overline{A}(B+C) = 0 + 0(0+1) = 0$

04 ②
1바이트(byte)는 8비트(bit)이다.

05 ①
버퍼
입·출력장치와 주기억장치와의 사이에 속도차를 줄이기 위해 사용하는 기억장치

06 ④
해밍 코드는 단일 비트의 에러를 검출하여 정정하는 코드이다.

07 ③
과변조된 전파를 수신하면 음성파가 많이 일그러진다.

08 ④
증폭장치는 아날로그 컴퓨터의 주요 회로이다.

09 ②
파형률 = $\dfrac{실효치}{평균치}$, 파고률 = $\dfrac{최대치}{실효치}$

10 ②
기계어로 번역된 프로그램을 목적 프로그램이라고 한다.

11 ②
프로그램을 문서화하면 개인의 독창성은 살릴 수 없다.

12 ③
512×8÷1024=4K가 된다.

13 ③
운영체제의 성능평가요소는 신뢰도, 응답시간, 이용가능도 등이다.

14 ④
플립플롭은 쌍안정 멀티바이브레이터라고도 하며 단안정과는 다르다.

15 ①
BCD 코드는 착오 검출 부호로는 사용하지 않는다.

16 ②
1024×3=3072

17 ③
트랜지스터를 스위치회로에 활용할 경우에는 포화영역 또는 차단영역을 이용하며 정상영역 또는 선형 영역은 아날로그에서 이용된다.

18 ③
㉠ 축전지 3개를 직렬로 연결했을 때의 합성 내부 저항 $r_o = 3r[\Omega]$
㉡ 부하에 최대 전력을 공급하기 위한 조건은 내부 저항과 부하저항이 같을 때이다.
∴ R=3r이 된다.

19 ①
평균값 $V_a ≒ 0.9[V]$(실효값)이므로
$100 × 0.9 = 90[V]$가 된다.

20 ④
이상적인 연산증폭기의 조건
㉠ 대역폭 무한대
㉡ 전압이득 무한대
㉢ 입력임피던스 무한대
㉣ 출력 임피던스 0
㉤ 오프셋 전압 0

21 ③
디지털 컴퓨터는 프로그래밍이 꼭 필요하다.

22 ①
① 하한 주파수 : 710-5
② 상한 주파수 : 710+5
∴ 주파수 대역은 705~715[kHz]가 된다.

23 ①
$P_m = P_c\left(1 + \dfrac{m^2}{2}\right)$에서 반송파 전력
$P_c = \dfrac{P_m}{1 + \dfrac{m^2}{2}} = 463[W]$

24 ②
5비트로 나타낼 수 있는 2진수의 가장 큰 양수는 31이다.

25 ③
어셈블러 : 어셈블리어를 기계어로 바꾸어주는 번역 프로그램이다.

26 ①
increment(증가) : 내용을 증가시킬 때 사용된다.

27 ③
왜율 $= \dfrac{m}{4} = \dfrac{30}{4} = 7.5$

28 ②
$A + AB = A(1+B) = A$

29 ④
변조지수 $= \dfrac{75}{15} = 5$

30 ④
전가산기는 자리올림을 더하여 그 자리 2진수의 덧셈을 완전히 하는 회로이다.

31 ③
디버깅은 에러를 수정하는 작업을 말한다.

32 ①
명령(Instruction)은 OP(operation) Code와 Oper-and로 구성된다.

33 ②
Decoder
해독기라고도 하며 부호화된 2진 데이터를 10진의 문자나 기호로 다시 변환하는 회로이다.

34 ②
도트 매트릭스 프린터는 출력되는 상을 점에 의해 출력하는 충격식 프린터이다.

35 ④

인터럽트란 컴퓨터에 예기치 않았던 일이 발생하면 현재 진행 중인 프로그램을 일시 중단하여 긴급사태에 대비하고 긴급처리가 끝나면 중단했던 프로그램을 재개하는 것을 말한다.

36 ④

해밍 코드는 패리티 규칙으로 코드의 내용을 검사하여 잘못된 비트를 찾아서 수정할 수 있는 단일 비트 에러정정 부호이다.

37 ③

XOR 회로는 두 입력이 서로 다른 때만 출력이 1로 나타나는 회로이다.

```
         1 0 1 1    0 0 1 0
XOR      0 1 1 0    0 1 0 1
         ─────────────────
         1 1 0 1    0 1 1 1
```

38 ①

TDM이란 Time Division Multiplexer의 약어로 시분할 다중화 방식을 의미한다.

39 ④

Assembly는 기호 언어로서 기계어에 가장 가까운 언어이다.

40 ④

C언어는 UNIX 운영체제를 위한 시스템 프로그램 언어로 개발된 다목적 언어이다.

41 ④

패리티 비트
착오를 최소로 하기 위해 사용하는 여분의 비트

42 ③

T플립플롭은 0일 때는 변화가 없고 1일 때는 현재 상태를 반전한다.

43 ①

제어 프로그램에는 데이터 관리, 감시, 작업 관리 프로그램이 속한다.

44 ②

문제는 부정회로인 NOT Gate이다.

45 ③

2의 보수로 표현된 수를 10진수로 변환할 때는 역보수를 취해야 하므로 10001001_2을 역보수 취하면 11110111_2가 되므로 -119_{10}가 된다.

46 ③

$101101 = 1 \times 2^5 + 1 \times 2^3 + 1 \times 2^2 + 1$
$= 32+8+4+1 = 45_{10}$

47 ③

A+1=1이다.

48 ①

① 호퍼 : 카드를 읽기 전에 쌓아 두는 곳
② 스태커 : 카드를 읽은 후에 쌓아 두는 곳

49 ③

진공 중의 유전율의 단위는 [F/m], 진공 중의 투자율의 단위는 [H/m]이다.

50 ②

반전 동작은 J와 K가 모두 1일 때이다.

51 ①

스택 구조를 갖는 명령 형식은 0 주소지정 명령이다.

52 ③

문제에서 저급 언어라 함은 기계어를 말하며 기계어는 변환 과정없이 계산기가 직접 처리할 수 있으므로 처리 속도가 빠르다.

53 ③
ⓐ 인터프리터 : BASIC 번역기
ⓑ 컴파일러 : 고급 언어 번역기
ⓒ 어셈블러 : 어셈블리어 번역기

54 ②
RAM(Random Access Memory)
전원이 끊어지면 기억된 내용을 상실하는 휘발성 메모리

55 ③
형식 문법을 사용한 언어는 ALGOL이다.

56 ③

57 ③
$20_{10} = 10100_2$

```
2) 20
2) 10 … 0
2)  5 … 0
2)  2 … 1
    1 … 0 ↑
```

58 ②
불 대수의 기본공식에서 ②항의 $A \cdot \overline{A} = 0$이다.

59 ②
$0.6875_{10} = 0.1011_2$

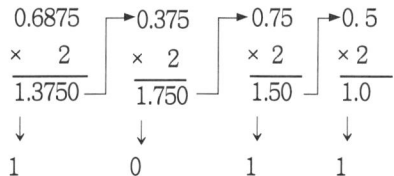

60 ③
전감산기는 2개의 반감산기와 1개의 OR Gate로 구성된다.

제2회

01 ③
매크로 프로세서는 매크로 기능을 실현하기 위한 소프트웨어로서 매크로 정의 인식, 매크로 정의 저장, 매크로 호출 인식 등의 기본적인 작업을 수행한다.

02 ④
실리콘 정류기는 고전압에 사용하는 정류기로서 과전압이 걸려도 순간적으로 파괴되지는 않는다.

03 ①
인터프리터 언어에는 BASIC, LISP, SNOBOL 등이 있다.

04 ①
수정발진기는 수정의 압전기 현상을 이용한 것이다.

05 ②
인코더는 숫자나 문자 등의 10진수 입력을 2진 코드로 부호화 하는 부호기이다.

06 ①
조합 논리회로 설계 순서
㉠ 입·출력 조건에 따른 변수 결정 및 진리표 작성
㉡ 카르노도에 의한 논리식 간소화
㉢ 기본 게이트 구성

07 ③

전자계산기의 기본 구성 요소는 입·출력장치와 중앙처리장치이다.

08 ④
$25_{10} = 11001_2$

09 ③
주파수 변조는 높은 주파수에서 많이 사용된다.

10 ④
④항의 Front는 큐(Queue)에서 사용하는 용어이다.

11 ④
출력 $P = 12 \times 0.4 \times 0.6 = 2.88[W]$

12 ③
누산기(Accumulator)는 연산장치에서 연산한 결과를 임시적으로 기억하는 레지스터이다.

13 ②
NOT 회로는 입력단자와 출력단자가 각각 하나이며, 출력은 입력과는 정반대의 결과가 나타나는 회로이다.

14 ③
줄의 법칙
도선에 전류가 흐르면 열이 발생한다.
열량 $H = I^2Rt[J]$, $H = 0.24I^2Rt[cal]$

15 ①
DMA는 Direct Memory Access의 약어로 CPU를 경유하지 않고 메모리에 직접 액세스하는 방식이다.

16 ③
1KByte는 1024Byte에서, 4KByte는 4096Byte. 그러므로 어드레스수는 0번지에서 4095번지까지이다.

17 ④
BCD 부호는 0~9까지 사용되는 2진화 10진 코드이다. 그러므로 2진수 1010은 10진수 10이므로 BCD 부호에서는 사용되지 않는다.

18 ③
일괄처리 방식은 데이터를 일정기간 또는 일정량을 모았다가 한꺼번에 처리하는 방식이므로 데이터의 발생부터 결과까지의 시간이 길다.

19 ①
인덱스 레지스터(Index Register)는 계수를 하기도 하고 이것의 값이 실제의 어드레스(Address)를 구하는 데 사용하는 레지스터이다.

20 ③
입·출력 인터페이스는 컴퓨터 내부에서 워드 단위로 기억된 내용을 문자 단위로 출력할 수 있도록 하는 장치이다.

21 ①
ECL은 불포화형 소자로서 지연시간이 가장 짧은 논리 소자이다.

22 ④
리플전압이란 정류된 직류 출력에 포함되어 있는 교류분을 말한다.

23 ①
누산기(Accumulator)는 연산장치에서 연산한 결과를 일시적으로 기억하는 레지스터이다.

24 ①
C언어의 기억 클래스란, 변수를 기억시키는 방법

을 말하며 자동 변수, 정적 변수, 레지스터 변수, 외부 변수가 있다.

25 ②

컴퓨터 내부에서 음수를 표현하는 방법에는 부호와 절대값 표현, 1의 보수 표현, 2의 보수로 표현하는 방법이 있다.

26 ①

문제는 프로그램 실행 과정을 나타내고 있으며 그 순서는 원시 프로그램 → 컴파일러(번역기) → 목적 프로그램 → 연계편집 → 실행 프로그램의 순서이다.

27 ④

저급 언어에는 기계어, Assembly가 있다.

28 ①

OR 연산은 두 입력 중 어느 하나라도 1이면 출력이 1이 되는 연산이다.

```
    1011 0101
OR  1111 0000
    1111 0101
```

29 ②

주소지정방식에 따른 레벨 수
㉠ 즉시 주소지정 : 0
㉡ 직접 주소지정 : 1
㉢ 간접 주소지정 : 2
㉣ 레지스터 주소지정 : 0.5

30 ③

이미터 접지 때의 전류증폭률
$\beta = \dfrac{\Delta I_C}{\Delta I_B} = \dfrac{50}{2} = 25$

31 ④

BCD, EBCDIC, ASCII 코드는 문자 표현이 가능한 코드이나, Gray 코드는 A/D 변환기에 쓰이는 코드이다.

32 ③

X=AD+ACD=AD(1+C)=AD

33 ④

④항의 %c는 문자열이 아니라 문자형이며 문자열은 %s이다.

34 ②

저감반송파 SSB 방식은 반송파의 전력을 어느 일정한 레벨까지 저감시켜 송신하고 수신측에서는 이 반송파를 파일럿 신호로서 국부발진기의 주파수 제어 등에 이용하는 방식이다.

35 ④

프로토콜의 규범에 데이터 전송 속도는 포함되지 않는다.

36 ③

D FF은 Delay의 약어로 시간 지연을 만드는 플립플롭이다.

37 ③

Allocation(할당)이란 프로그램 실행을 위해 메모리 내에 기억 공간을 확보하는 작업을 말한다.

38 ④

구조적 프로그래밍의 기본 구조는 순차 구조, 선택(조건) 구조, 반복 구조가 있다.

39 ①

2진수 10101의 2의 보수는 1의 보수에 1을 더한 것이므로 01011이 된다.

40 ④
프로그램이 문서화되면 담당자별 책임 구분이 불분명해진다.

41 ③
A·$\bar{B}$·$\bar{C}$=1이 되기 위한 조건은 A=1, B=0 ($\bar{B}$=1), C=0($\bar{C}$=1)일 때이다.

42 ①
저주파 특성이 가장 좋은 것은 결합 콘덴서 없이 직접 결합하는 방식이다.

43 ③
입력이 모두 1일 때만 출력이 0이고, 그 외는 1인 Gate는 NAND Gate이다.

44 ①
계수기(Counter)란 클록 펄스의 계수나 시간에 따라 반복적으로 일어나는 행위를 세는 장치이다.

45 ①
디코더는 2진수 코드를 10진수로 변환하는 해독기이다.

46 ④
Binary 연산이라 함은 이항 연산을 말하며 AND 연산이 여기에 속한다.

47 ②
반덧셈기는 보통 EOR Gate와 AND Gate로 구성된다.

48 ②
동적인(Dynamic) RAM은 읽기와 쓰기가 자유로우나 주기적으로 리프레시(재기입)가 필요하다.

49 ③
10진수 13을 2진수로 변환한 후 그레이 코드로 변환한다.
㉠ $13_{10} = 1101_2$
㉡ 2진수 1101을 그레이 코드로 변환하면 $1011_{그레이}$이 된다.

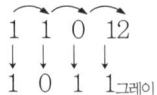

1 1 0 1₂
↓ ↓ ↓ ↓
1 0 1 1 그레이

50 ④
클록펄스의 에지(edge) 구간에서 출력상태가 바뀌는 것을 토글(Toggle) 또는 반전이라고 한다.

51 ②
Thrashing 현상이란 가상기억 시스템에서 지나치게 페이지 폴트(Page Fault)가 발생하여 전체 시스템의 성능이 저하되는 현상을 말한다.

52 ①
EPROM에 기억된 내용을 지울 때는 자외선을 이용한다.

53 ②
2진수 10101.101은 10진수 21.625_{10}가 된다.

1 0 1 0 1 . 1 0 1
↓ ↓ ↓ ↓ ↓   ↓ ↓ ↓
⑯ 8 ④ 2 ① 0.5 0.25 0.125

(16+4+1). (0.5+0.125)=21.625

54 ④
OCR, MICR, Card Reader는 입력 전용 장치이며, 입·출력을 겸할 수 있는 장치는 Console Type-write이다.

55 ②
증폭기의 입력전압과 출력전압의 위상은 접지

방식에 따라 동위상일 때도 있고 역위상일 때도 있다.

56 ②
T플립플롭 한 개는 2^1이므로 6진 리플카운터를 구성하려면 3개의 T플립플롭이 필요하다.

57 ④
중앙처리장치는 제어기능, 연산기능, 기억기능을 갖는다.

58 ④
서비스 프로그램은 처리 프로그램에 해당한다.

59 ②
논리식에서 16개의 최소항을 만들기 위해서는 16은 2^4이므로 4개의 변수를 필요로 한다.

60 ③
멀티프로그램이란 여러 개의 프로그램을 하나의 컴퓨터에서 처리하는 것을 말한다.

제3회

01 ③
$$I_B = \frac{V_{CC} - V_{BE}}{R_B} = \frac{6 - 0.6}{100 \times 10^3}$$
$$= \frac{5.4}{100 \times 10^3} = 0.054[mA] = 54[\mu A]$$

02 ④
$$V_o = \frac{5}{2+3} \times 3 = 3[V]$$
$$R = \frac{2 \times 3}{2+3} + 2.8 = 4[\Omega]$$

03 ①
저역통과 RC회로에서 시정수는 적분회로로 구성되며 응답의 상승 속도를 표시하는 것을 의미한다.

04 ④
직렬접속의 경우 $nr = 10 \times 10 = 100[\Omega]$
병렬접속의 경우 $\frac{r}{n} = \frac{10}{10} = 1[\Omega]$

05 ②
합성 정전용량 $C = C_1 + C_2 + C_3 \cdots\cdots C_n$(병렬 접속 시), $C = \cfrac{1}{\cfrac{1}{C_1} + \cfrac{1}{C_2} + \cfrac{1}{C_3} \cdots\cdots \cfrac{1}{C_n}}$ (직렬 접속 시)

∴ 병렬로 접속하면 용량이 증가하고 직렬로 접속하면 용량이 감소한다.

06 ③
Y 결선 $V_\ell = \sqrt{3}\,V_p = \sqrt{3} \times 100 ≒ 173[V]$

07 ②
㉠ 링깅(ringing) : 펄스의 상승 부분에서 진동의 정도를 말하며, 높은 주파수 성분에 공진하기 때문에 생긴다.
㉡ 언더슈트(undershoot) : 하강 파형에서 이상적 펄스파의 기준 레벨보다 아랫부분의 높이(d)
㉢ 새그(sag) : 내려가는 부분의 정도를 말하며, $\left(\dfrac{C}{V}\right) \times 100[\%]$로 나타낸다.
㉣ 오버슈트(overshoot) : 상승 파형에서 이상적 펄스파의 진폭(V)보다 높은 부분의 높이를 말한다.

08 ④
$(9)_{10} + (3)_{10} = (1001)_2 + (0011)_2 = (1100)_2$

09 ②
㉠ 진폭 변조(Amplitude Modulation, AM) : 신호

파의 크기에 비례하여 반송파의 진폭을 변화시킴으로써 정보가 반송파에 합성되는 방식을 말한다. 진폭변조는 회로가 간단하고, 비용이 적게 드는 반면에 전력 효율이 안 좋고, 잡음에 약한 단점이 있다.
ⓒ 주파수 변조(Frequency Modulation, FM) : 신호파의 크기 변화를 반송파의 주파수 변화에 담아서 보내는 방법으로, AM이 주파수는 고정되고 진폭이 변화하는 반면에, FM은 주파수가 변하는 대신 진폭은 항상 같은 값으로 유지된다. 신호파형의 전압이 높을수록 주파수가 높아져서 파장이 조밀해지고, 그 반대로 전압이 낮을 때는 주파수가 낮아져서 파장이 넓어지게 된다. 주파수 변조는 진폭에 영향을 받지 않아 페이딩에 민감하지 않은 반면에 대역폭이 넓어지고, side lobe가 많이 생긴다.

10 ②

$$I_s = \frac{20-10}{680} = \frac{10}{680} = 0.01471[A] = 14.7[mA]$$

11 ①

자료구조는 선형구조와 비선형 구조로 구분한다.
㉠ 선형구조 : 배열, 레코드, 스택, 큐, 연결리스트
ⓒ 비선형 구조 : 트리, 그래프

12 ②

회선의 접속 형태에는 점대점(Point-to-point) 방식, 다점(Multipoint) 방식, 교환방식 등이 있다.
㉠ 점대점(Point-to-point) 방식은 데이터를 송·수신하는 2개의 단말 또는 컴퓨터를 전용회선으로 항상 접속을 유지하는 방식으로 송·수신하는 데이터량이 많을 경우에 적합하다.
ⓒ 다점(Multipoint) 방식은 하나의 회선에 여러 단말을 접속하는 방식으로 멀티드롭(multidrop) 방식이라고도 하며, 각 단말에서 송·수신하는 데이터량이 적을 때 효과적이다.
ⓒ 교환방식은 교환기를 통하여 연결된 여러 단말에 대하여 데이터의 송·수신을 행하는 방식으로 통신상대를 자유로이 선택할 수 있으나 데이터를 전송하기 전에 교환기로 상대방을 접속하기 위한 절차가 요구되며, 전송할 데이터의 양이 적고 여러 단말 간에 서로 접속해야 할 경우가 많을 때 경제적이며 적합한 방식으로 우리가 많이 사용하는 전화망을 통한 데이터 전송방식이다.

13 ①

10을 8비트의 2진수로 하면 00001010이 되며, 1의 보수는 0을 1로, 1을 0으로 바꿔주면 되고, 2의 보수는 1의 보수로 변환 후에 1을 더해주면 된다. 00001010을 1의 보수로 변환하면 11110101이 된다. 이때 맨 앞의 1이 바로 부호비트이며, 양수일 때는 0, 음수일 때는 1이 된다.

14 ①

피어스 BE형 수정발진기는 수정진동자가 이미터와 베이스 사이에 위치하므로 하틀리 발진기와 비슷하며, 베이스와 이미터 사이, 컬렉터와 이미터 사이는 유도성이 되어야 하고, 베이스와 컬렉터 사이는 용량성이 되어야 한다.

15 ④

$y = -\frac{R_f}{R_i} \times x$에서 $R_i = R_f$이므로 $y = -x$가 되기에 부호변환기이다.

16 ③

전자 및 양자의 전기량의 절대값은
$1.602 \times 10^{-19}[C]$이므로
$100 \times 10^{19} \times 1.602 \times 10^{-19} = 160.2[J]$이 된다.

17 ①

㉠ RTL(Resistor Transistor Logic) : 저항과 트랜지스터로 구성되는 논리회로

ⓐ 회로가 간단하며 경제적이다.
ⓑ 팬 아웃(fan-out)이 적어 비실용적이다.
ⓒ 저속 동작 회로이다.
ⓓ 레벨 시프트 다이오드와 다이오드의 채택으로 잡음에 다소 강하다.

ⓛ TTL(Transistor Transistor Logic) : 입력과 출력 회로를 모두 트랜지스터로 구성한 논리회로
ⓐ 동작속도가 빠르다.
ⓑ DTL과 같이 쓸 수 있다.
ⓒ 소비전력이 작고 집적도가 높다.
ⓓ 잡음여유(noise margin)가 작다.

ⓒ ECL(Emitter Coupled Logic)
ⓐ 논리게이트 중 속도가 가장 빠르다.
ⓑ 상보관계의 출력회로이다.
ⓒ 출력 임피던스가 낮으며 높은 팬 아웃이 가능하다.
ⓓ 소비전력이 가장 크고 잡음여유가 0.3[V]로 작다.
ⓔ 용량성 부하가 팬 아웃을 제한하고 다른 논리회로와 혼용이 어렵다.
ⓕ 평행 2선식 전송선에 의해 장거리 Data 전송이 가능하다.

ⓔ CMOS(Complementary Metal-Oxide Semiconductor) 논리회로 : 주로 저전력 소모가 요구되는 시스템에 사용되며, 회로의 밀도가 높고 제조 공정이 단순하며, 전력소비가 적어 경제적이므로 TTL과 더불어 가장 많이 사용되고 있다.
ⓐ 낮은 소비전력 회로이다.
ⓑ 단일 전원으로 TTL과 병용 가능하다.
ⓒ 높은 잡음여유를 갖는다.
ⓓ 온도 안정성이 우수하나 속도가 느리다.

18 ③

$E_1 = 5 \times (r+3) = 5r + 15$,
$E_2 = 2.5 \times (r+8) = 2.5r + 20$
$5r + 15 = 2.5r + 20 \rightarrow 5r - 2.5r = 20 - 15$
$2.5r = 5 \rightarrow r = \frac{5}{2.5} = 2$
$E_1 = 5 \times (2+3) = 25[V]$
$E_2 = 2.5 \times (2+8) = 2.5 \times 10 = 25[V]$

19 ①

반파정류회로의 역내전압(V)
$= \sqrt{2} \times$ 실효전압(E) $= \sqrt{2}\,E$ 이다.

20 ③

㉠ Complement
* 단일 연산으로 입력 자료 1의 연산 결과는 보수가 된다.
* 음(-)수의 표현에 있어 1의 보수 또는 2의 보수를 구하는 데 이용
㉡ AND : 필요 없는 부분을 지워버리고 나머지 비트만을 가지고 처리하기 위하여 사용
㉢ OR : AND 회로와는 거의 반대의 연산을 실행하는 것으로서, 2개 이상의 데이터를 합치는 데 이용
㉣ Shift : 입력 데이터의 모든 비트를 각각 서로 이웃의 비트자리로 옮기는 데 사용
㉤ Rotate : shift와 유사한 연산으로서, shift 연산에서는 연산 후에 밀려나오는 비트를 버리거나 올림수 레지스터에 기억시키지만, Rotate의 경우에는 밀려나온 비트가 다시 반대편 끝으로 들어가게 된다.

21 ②

예약어는 컴퓨터 프로그래밍 언어에서 이미 문법적인 용도로 사용되고 있기 때문에 식별자로 사용할 수 없는 단어들이다.

22 ①

PCM 전송 방식은 표본화(sampling) → 양자화(quantization) → 부호화(encoding)의 과정으로 이루어진다.

㉠ 표본화(sampling) : 아날로그 신호를 일정한 간격으로 샘플링(표본화)하는 것
㉡ 양자화(quantization) : 간단한 수치로 고치는 것
㉢ 부호화(encoding) : 양자화 값을 2진 디지털 부호로 바꾸는 것

23 ③

소형 컴퓨터와 데이터 통신용으로 폭 넓게 사용되는 코드가 7비트의 ASCII 코드이다. 그러나 1비트의 패리티 비트를 부가하여 8비트로 사용한다.

24 ②

각 논리게이트의 지연시간을 살펴보면
RTL : 12[nsec], DTL : 30[nsec]
TTL : 10[nsec], ECL : 2[nsec]
MOS : 100[nsec], CMOS : 500[nsec]이다.
그러므로 처리속도 순으로 나열하면 ECL-TTL-RTL-DTL-MOS-CMOS 순이 된다.

25 ④

㉠ 위성통신의 장점
　ⓐ 기후의 영향을 받지 않는다.
　ⓑ 광대역 통신이 가능하다.
　ⓒ 광역성과 동보성을 갖는다.
　ⓓ 통신망 구축이 용이하다.
㉡ 위성통신의 단점
　ⓐ 전송지연이 발생한다.
　ⓑ 고장수리가 어렵다.
　ⓒ 통신보안장치가 필요하다.
　ⓓ 수명이 짧다.
　ⓔ 태양 잡음 및 지구일식의 영향을 받기 쉽다.

26 ①

㉠ 단방향(Simplex) 통신방식은 접속한 두 장치 사이에서 데이터를 한 방향으로 전송하는 방식이다.
㉡ 반이중(Half Duplex) 통신방식은 양방향에서의 전송이 가능하나 동시에 양방향 통신은 불가능한 방식이다.
㉢ 전이중(Full duplex) 통신방식은 양방향에서 동시에 정보의 송수신이 가능한 방식이다.

27 ④

해독기(decoder)의 출력은 AND게이트로 이루어지며, 입력 데이터에 따라 출력이 결정되고, 그림은 2×4 해독기로서 진리치표는 아래와 같다. 반대로 부호기(encoder)의 출력은 OR게이트로 이루어진다.

A	B	X_0	X_1	X_2	X_3
0	0	1	0	0	0
0	1	0	1	0	0
1	0	0	0	1	0
1	1	0	0	0	1

[2×4 디코더(해독기)의 진리치표]

28 ②

자료의 구성 단위
㉠ 비트 : 2진수 한 자리를 이용하여 0 또는 1로 표현되며, 표현의 최소 단위이다.
㉡ 바이트 : 8개의 비트로 구성되는 단위로 바이트로 표현할 수 있는 정보는 256개이다. 문자표현의 기본 단위이며 기억용량의 크기를 재는 단위이다.
㉢ 워드 : 여러 개의 바이트로 구성되는 단위이다.
㉣ 필드 : 자료처리의 최소 단위이다.
㉤ 코드 : 하나 이상의 필드로 구성되며, 프로그램 처리의 기본 단위이다.
㉥ 파일 : 연관성 있는 레코드들의 모임으로 프로그램 구성의 기본 단위이다.
㉦ 데이터베이스 : 서로 관련된 파일들의 집합이다.

29 ③

통신망 형태

⊙ 성형 : 중앙 집중식(온라인 시스템의 전형적 방법), 중앙 컴퓨터 장애 시 전체 시스템 기능에 영향을 미침
⊙ 망형 : 직통 회선 연결, 공중전화망(PSTN), 공중 데이터망(PSDN) 사용, 한 회선 고장 시 수회 경로를 통해 전송 가능, 회선수 n=n(n-1)/2
⊙ 링형 : 근거리망에 사용, 우회 기능이 필요, 각 단말기마다 중계기 필요
⊙ 버스형 : 근거리망에서 데이터량이 적을 때 사용, 회선이 하나이므로 구조가 간단하고 단말장치의 증설과 삭제가 용이
⊙ 트리형 : 단말기에서 다시 연장되어 연결된 형태, 하나의 단말기를 컴퓨터로 대치시키면 분산처리가 적절

30 ①

자기보수 코드(self complement code)는 2진수의 반전에 의해서 보수를 얻는 코드로 2421, 51111, 3초과 코드 등이 있다.

31 ③

중앙처리장치는 비교, 판단, 연산을 담당하는 논리연산장치(arithmetic logic unit)와 명령어의 해석과 실행을 담당하는 제어장치(control unit)로 구성된다. 논리연산장치(ALU)는 각종 덧셈을 수행하고 결과를 수행하는 가산기(adder)와 산술과 논리연산의 결과를 일시적으로 기억하는 레지스터인 누산기(accumulater), 중앙처리장치에 있는 일종의 임시 기억장치인 레지스터(register) 등으로 구성되어 있다.
제어장치는 프로그램의 수행 순서를 제어하는 프로그램 계수기(program counter), 현재 수행 중인 명령어의 내용을 임시 기억하는 명령 레지스터(instruction register), 명령 레지스터에 수록된 명령을 해독하여 수행될 장치에 제어신호를 보내는 명령해독기(instruction decoder)로 이루어져 있다.

32 ②

⊙ FIFO(First In First Out) : 주기억장치에 저장될 때 가장 오래된(가장 먼저 기록된) 페이지를 교체하는 방법
⊙ LRU(Least Recently Used) : 주기억장치에 저장된 시점과 관계없이, 사용률이 가장 저조한 페이지를 교체하는 방법으로 각 페이지마다 계수기나 스택을 두어 현 시점에서 가장 오랫동안 사용하지 않은, 즉 가장 오래 전에 사용된 페이지를 교체한다.
⊙ LFU(Least Frequency Used) : 사용빈도가 가장 낮은 페이지, 즉 호출된 횟수가 가장 적은 페이지를 교체하는 방법으로 프로그램 실행 초기에 많이 사용된 페이지가 그 후로 사용되지 않을 경우에도 프레임을 계속 차지할 수 있다.
⊙ NUR(Not Used Recently) : 최근에 사용하지 않은 페이지를 교체하는 방법으로 최근의 사용 여부를 확인하기 위해서 각 페이지마다 참조비트(reference bit)와 변형 비트(modified bit)가 사용된다.

33 ②

고급 언어(High Level Language)는 자연어에 가까워 그 의미를 쉽게 이해할 수 있는 사용자 중심의 언어로, 기종에 관계없이 공통적으로 사용할 수 있는 언어로, 기계어로 변환하기 위한 컴파일러가 필요하다.

34 ①

⊙ 기억장치 배치전략 : 새로 적재되어야 할 프로그램과 데이터를 주기억장치 영역 중 어느 곳에 배치할지를 결정하는 전략(또는 알고리즘)으로 최초 적합과 최적 적합 모두 시간 효율성과 공간 효율성 측면에서 최악 적합보다 좋다는 것이 입증되어 있으며, 최악 적합은 잘 사용되지 않는다. 또한 일반적으로 최초 적합이 최적 적합보다 더 빠르다.
⊙ 기억장치 배치전략의 종류

ⓐ 최초 적합(First Fit) : 기억공간 내의 사용 가능한 공간을 검색하여 첫 번째로 찾아낸 곳을 할당하는 방식이다. 검색은 공간의 첫 부분부터 수행하거나, 지난 번 검색이 끝난 곳에서 시작한다. 충분한 크기의 공간을 찾으면 검색을 끝낸다.

ⓑ 최적 적합(Best Fit) : 사용 가능한 공간들 중에서 가장 작은 것을 선택하는 방식이다. 가용 공간에 대한 목록이 그 공간들의 크기 순서대로 정렬되어 있지 않다면 최적인 곳을 찾기 위해 전체를 검색해야 한다.

ⓒ 최악 적합(Worst Fit) : 사용 가능한 공간들 중에서 가장 큰 것을 선택하는 방식이다. 할당해주고 남는 공간을 크게 하여 다른 프로세스들이 그 공간을 사용할 수 있도록 하는 전략이다. 이 방법 역시 최적 적합과 마찬가지로 가용 공간들에 대한 목록이 그 공간들의 크기 순서대로 정렬되어 있지 않다면 최적인 곳을 찾기 위해 전체를 검색해야 한다.

35 ④

프로그램 실행을 위한 처리 순서는 원시 프로그램 → 컴파일러 → 목적 프로그램 → 연결 → 실행 순으로 이루어지므로, 문제에서의 수행 순서는 컴파일러 → 링커 → 로더의 순서로 수행된다.

36 ④

BNF(Backus-Naur form : 배커스-나우어 형식)는 구문 요소를 나타내는 기호 〈 〉, 둘 중 하나의 선택을 의미하는 기호 //, 좌변은 우변에 의해 정의됨을 의미하는 기호 ::= 등의 메타 기호들을 사용하여 규칙을 표현한다.

37 ①

㉠ 워킹 셋(Working Set)은 가상기억장치 시스템에서 실행 중인 프로세스가 일정 시간에 필요로 하여 참조하는 페이지들의 집합이다.

㉡ 스래싱(Thrashing)은 빈번한 페이지 부재가 일어나는 현상을 말한다.

㉢ 세마포어(Semaphore)는 에츠허르 데이크스트라가 고안한, 두 개의 원자적 함수로 조작되는 정수 변수로서, 멀티프로그래밍 환경에서 공유 자원에 대한 접근을 제한하는 방법으로 사용된다.

㉣ 세그먼트(segment)는 서로 구분되는 기억 장치의 연속된 한 영역 또는 어떤 프로그램이 너무 커서 한 번에 주기억 장치에 올릴 수 없어 갈아넣기 기법을 사용하여 쪼개었을 때, 나뉜 각 부분을 가리키는 용어

38 ①

스케줄링 알고리즘의 종류

㉠ FIFO(또는 FCFS, First Come First Served) 스케줄링 : 가장 간단한 스케줄링 기법으로 먼저 대기 큐에 들어온 작업에게 CPU를 먼저 할당하는 비선점 스케줄링 방식이다. 중요하지 않은 작업이 중요한 작업을 기다리게 할 수 있으며, 대화식 시스템에 부적합하다.

㉡ 우선 순위 스케줄링 : 각 작업마다 우선 순위가 주어지며, 우선 순위가 제일 높은 작업에 먼저 CPU가 할당되는 방법이다. 우선 순위가 낮은 작업은 Indefinite Blocking이나 Starvation에 빠질 수 있고, 이에 대한 해결책으로 체류 시간에 따라 우선 순위가 높아지는 Aging 기법을 사용할 수 있다.

㉢ 기한부 스케줄링 : 작업이 제한 시간이나 Deadline 시간 안에 완료되도록 하는 기법이다.

㉣ RR(Round Robin) 스케줄링 : FIFO 스케줄링 기법을 Preemptive 기법으로 구현한 스케줄링 기법으로 프로세스는 FIFO 형태로 대기 큐에 적재되지만, 주어진 시간 할당량 안에 작업을 마쳐야 하며, 할당량을 다 소비하고도 작업이 끝나지 않은 프로세스는 다시 대기 큐의 맨 뒤로 되돌아간다. 선점 스케줄링 기법으로 대화식 시분할 시스템에 적합하다.

㉤ SJF(Shortest Job First) 스케줄링 : 비선점 스

케줄링으로 처리할 작업시간이 가장 적은 프로세스에 CPU를 할당하는 기법이다. 평균 대기시간이 최소인 최적의 알고리즘이지만, 각 프로세스의 CPU 요구 시간을 미리 알기 어렵다는 단점이 있다.
ⓑ SRT(Shortest Remaining Time) 스케줄링 : SJF 스케줄링 기법의 선점 구현 기법으로 새로 도착한 프로세스에 대기 큐에 남아 있는 프로세스의 작업이 완료되기까지의 남아 있는 실행 시간 추정치가 가장 적은 프로세스에 먼저 CPU를 할당한다.
ⓐ HRN(Highest Respones Ratio Next) 스케줄링 : Brinch Hansen이 SJF 스케줄링 기법의 약점인 긴 작업과 짧은 작업의 지나친 불평등을 보완한 스케줄링 기법으로 비선점 스케줄링 기법이며, 서비스 받을 시간이 분모에 있기에 짧은 작업의 우선 순위가 높아진다. 대기 시간이 분자에 있기에 긴 작업도 대기 시간이 큰 경우에는 우선 순위가 높아진다.
ⓞ 다단계 피드백(Multi level Feedback Queue) 스케줄링 : 다양한 특성의 작업이 혼합될 경우 유용한 스케줄링 방법으로, 새로운 프로세스는 그 특성에 따라 각각 대기 큐에 늘어오게 되며 그 실행 형태에 따라 다른 대기 큐로 이동한다.

39 ③

운영체제의 기능
㉠ 프로세서, 기억장치, 입출력장치, 파일정보 등의 자원관리
㉡ 자원의 스케줄링 기능 제공
㉢ 사용자와 시스템 간의 편리한 인터페이스 제공
㉣ 시스템의 각종 하드웨어와 네트워크 관리/제어
㉤ 시스템의 오류 검사 및 복구, 데이터관리, 데이터 및 자원 공유
㉥ 자원보호 기능의 제공

40 ③

소프트웨어의 개발은 문제의 분석 – 입출력 설계 – 순서도 작성 – 프로그램 입력 – 문법오류 수정 – 모의자료 입력 – 논리오류 수정 – 실행의 절차에 따른다.

41 ③

C언어의 특징
㉠ 하나 이상의 함수 정의문들의 집합으로 구성된다.
㉡ 유닉스 운영체제의 대다수를 차지한다.
㉢ 영어 소문자를 기본으로 작성된다.
㉣ 시스템 간의 호환성이 높다.
㉤ 구조적 프로그래밍 및 모듈식 설계가 용이하다.
㉥ 비트 연산 및 증감 연산 등의 풍부한 연산자를 제공한다.
㉦ 함수를 통한 입출력만이 존재한다.
㉧ 동적인 메모리 관리가 쉽다.

42 ①

㉠ 직렬 이동 레지스터 : 레지스터에 기억된 내용을 이동하라는 지시 신호의 펄스가 하나씩 가해질 때마다 현재의 내용이 왼쪽이나 오른쪽의 이웃한 플립플롭으로 1비트씩 이동되어 밀어내기와 같은 동작을 수행하는 레지스터를 직렬 이동(serial moving) 또는 시프트(shift) 레지스터라 한다.
㉡ 병렬 이동(parallel moving) 레지스터 : n개의 비트로 구성된 레지스터의 내용이 한 번의 이동 명령에 의하여 전체가 연결된 레지스터로 이동되는 레지스터이다.

43 ②

멀티바이브레이터의 종류
㉠ 비안정 멀티바이브레이터(Astable Multivibrator) : 회로에 전원이 공급되면 구형파의 발진이 이루어지는 회로이다.
㉡ 단안정 멀티바이브레이터(Monostable Multivibrator) : 자체 발진의 능력은 없으나 외부의 트리거 펄스 입력이 공급될 때마다 하나의 구

형파를 출력하는 회로이다.
ⓒ 쌍안정 멀티바이브레이터(Bistable Multivibrator) : 안정 상태를 유지하며 외부의 트리거 펄스 입력이 두 개 공급될 때마다 하나의 구형파를 출력하는 회로로 일반적으로 플립플롭(Flip Flop) 회로라 한다.

44 ④

패리티 비트(Parity Bit)에 의한 오류 검출은 단지 오류 검출만 되지만 해밍 코드(Hamming Code)는 오류 검출 후 오류 정정까지 가능한 것이다.

45 ①

전감산기는 2개의 반감산기와 1개의 OR 게이트로 구성된다.
$D = A \oplus B \oplus C_{n-1}$

㉠ 반감산기(HS : Half Subtracter)는 두 개의 2진수를 감산하여 자리내림수 B(Borrow)와 차 D(Difference)를 나타내는 논리회로이다.

A	B	B(자리내림수)	D(차)
0	0	0	0
0	1	1	1
1	0	0	1
1	1	0	0

$D = A\overline{B} + \overline{A}B,\ b = \overline{A}B$

㉡ 반가산기는 2개의 2진수 A와 B를 더한 합(Sum)과 자리올림수(Carry)를 얻는 회로로서 배타적 논리회로(Exclusive-OR)와 AND 게이트로 구성하며, 반가산기의 $S = A \oplus B = \overline{A}B + A\overline{B}$, $C = AB$이다.

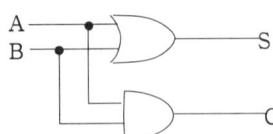

㉢ 전가산기(Full Adder)는 반가산기 2개와 OR게이트로 구성되며 입력 3개, 출력 2개로 이루어진다.

㉣ 전가산기 : 2진수 가산을 완전히 하기 위해 자리올림 입력도 함께 더할 수 있는 기능을 갖는 조합 논리회로로 입력 3개(A, B, Cn-1), 출력 2개(Sum, Carry)로 구성된다.

㉤ 입력 중 어느 하나가 1인 경우에는 출력은 1이 되고, 모든 입력이 1일 때에도 출력은 1이 되며, 자리올림 C_n은 입력 중 2개 이상이 1인 경우에는 1이 된다.
$S = A \oplus B \oplus C_{n-1}$

46 ③

3상태(tri-state) 버퍼는 제어 입력이 1이면 버퍼와 동일하고, 제어 입력이 0이면 출력이 끊어지고, 고임피던스 상태가 된다.

47 ①

JK 플립플립의 진리치표는 아래와 같다.

J	K	Q	비고
0	0	이전상태(Q_n)	불변
0	1	0	리셋
1	0	1	세트
1	1	반전상태($\overline{Q_n}$)	보수

그러므로 J=0, K=1일 때는 0(리셋)이 되고, J=1, K=0일 때는 1(세트)이 된다.

48 ④

② $(156)_8 = 1 \times 8^2 + 5 \times 8^1 + 6 \times 8^0$
$= 64 + 40 + 6$
$= (110)_{10}$

③ $(1101110)_2 = 1 \times 2^6 + 1 \times 2^5 + 1 \times 2^3$
$+ 1 \times 2^2 + 1 \times 2^1$
$= 64 + 32 + 8 + 4 + 2$
$= (110)_{10}$

④ $(6F)_{16} = 6 \times 16^1 + F \times 16^0 = 96 + 15$
$= (111)_{10}$

49 ②

각 자리의 BCD 코드를 10진수로 변환한다.
0100=4, 0101=5, 0010=2
즉, $(0100\ 0101\ 0010)_{BCD} = (452)_{10}$이 된다.

50 ③

플립플롭이 n개일 때 카운터가 셀 수 있는 최대의 수를 N이라 하면 $N = 2^n$개의 수를 셀 수 있고, 0에서 $2^n - 1$의 수까지 표현한다.

51 ①

㉠ 멀티플렉서(multiplexer)는 여러 개의 입력선 중에서 하나를 선택하여 단일의 출력으로 내보내는 조합 논리회로로 데이터 선택기(Data Selector)라고도 한다.
㉡ 디멀티플렉서(demultiplexer)는 멀티플렉서의 반대 기능으로 1개의 입력신호를 어드레스 정보에 의해 다수의 출력신호 단자 중의 하나로 내보내는 조합 논리회로이다.

52 ①

$$\overline{(\overline{A+B})}\,\overline{(\overline{A+\overline{B}})} = (A \cdot \overline{B})(A \cdot B)$$
$$= AA \cdot AB \cdot A\overline{B} \cdot B\overline{B}$$
$$(B\overline{B}=0\text{이므로})$$
$$= 0$$

53 ③

㉠ 전가산기(Full Adder)는 반가산기 2개와 OR게이트로 구성되며 입력 3개, 출력 2개로 이루어진다.
㉡ 전가산기 : 2진수 가산을 완전히 하기 위해 자리올림 입력도 함께 더할 수 있는 기능을 갖는 조합 논리회로로 입력 3개(A, B, C_{n-1}), 출력 2개(Sum, Carry)로 구성된다.
㉢ 입력 중 어느 하나가 1인 경우에는 출력은 1이 되고, 모든 입력이 1일 때에도 출력은 1이 되며, 자리올림 Cn은 입력 중 2개 이상이 1인 경우에는 1이 된다.

54 ③

논리회로의 설계 순서
㉠ 입출력 조건에 따라 변수를 결정하여 진리표를 작성한다.
㉡ 진리표에 대한 카르노도를 구한다.
㉢ 간소화된 논리식을 구한다.
㉣ 논리식을 기본 게이트로 구성한다.

55 ①

시프트 레지스터(Shift Register)의 구성에는 입력 데이터의 구성이 용이한 RS FF이 적합하다.

56 ④

여기표(excitation table)란 플립플롭에서 현재의 상태와 다음 상태를 알 때 플립플롭에 어떤 입력을 주어야 하는가를 표로 나타낸 것이다.

57 ①

입력단자에 공급된 데이터를 코드화하여 출력으로 내보내는 것이 부호기(encoder)이므로, $2^n = 32$가 되므로 $2^5 = 32$가 되어 5개의 출력 단자를 갖는다.

58 ①

② $(FE)_{16} = F \times 16^1 + E \times 16^0$
$= 15 \times 16 + 14 \times 1 = (254)_{10}$
③ $(11111111)_2$
$= 1 \times 2^7 + 1 \times 2^6 + 1 \times 2^5 + 1 \times 2^4 + 1 \times 2^3$
$+ 1 \times 2^2 + 1 \times 2^1 + 1 \times 2^0$
$= 128 + 64 + 32 + 16 + 8 + 4 + 2 + 1$
$= (255)_{10}$
④ $(377)_8 = 3 \times 8^2 + 7 \times 8^1 + 7 \times 8^0$
$= 192 + 56 + 7 = (255)_{10}$
그러므로 ①의 $(256)_{10}$이 가장 크다.

59 ①

동기식 순서회로(카운터)의 설계 순서
㉠ 순서회로(카운터)의 계수표(count table)를 작성한다.
㉡ 원하는 단 수에 필요한 입력을 갖는 동기식 순서회로(카운터)를 작성한다.
㉢ 계수표(count table)와 여기표(동작 상태표)를 사용하여 각 단 플립플롭(F/F)의 입력에 대한 카르노도를 이용하여 간략화(단순화)한다.
㉣ 간략화한 카르노도에 따른 동기식 순서회로(카운터)를 구성한다.

60 ④

비동기형 계수기는 전단의 출력을 입력펄스로 받아 계수하는 회로이고, 동기형 계수기는 입력펄스를 병렬로 입력받아 각 단이 동시에 동작하는 계수기이다.
$2^4=16$이고 $2^3=8$이므로 0~9까지의 계수가 가능한 10진 카운터를 구성하기 위해서는 4개의 플립플롭이 필요하다.
플립플롭이 n개일 때 카운터가 셀 수 있는 최대의 수를 N이라 하면 $N=2^n$개의 수를 셀 수 있고, 0에서 2^n-1의 수까지 표현한다.

제4회

01 ③

기계어는 숫자로만 구성된 언어로서 변환과정 없이 컴퓨터가 직접 이해할 수 있으므로 처리 속도가 가장 빠르다.

02 ②

5비트로 나타낼 수 있는 2진수의 가장 큰 양수는 31이다.

03 ④

패리티 비트
착오를 최소로 하기 위해 사용하는 여분의 비트

04 ③

왜율 = $\dfrac{m}{4} = \dfrac{30}{4} = 7.5$

05 ①

디코더는 2진수 코드를 10진수로 변환하는 해독기이다.

06 ④

BCD 부호는 0~9까지 사용되는 2진화 10진 코드이다. 그러므로 2진수 1010은 10진수로 10이므로 BCD 부호에서는 사용되지 않는다.

07 ③

어셈블러
어셈블리어를 기계어로 바꾸어주는 번역 프로그램이다.

08 ③

리플 계수기는 전단의 출력을 다음 단의 입력으로 사용하므로 동기형 계수기로 사용할 수 없다.

09 ①

AND 연산에서 레지스터 내의 삭제할 비트(bit) 또는 문자를 결정하는 입력 데이터를 마스크 비트(Mask bit)라 한다.

10 ③

$X = AD + ACD = AD(1+C) = AD$

11 ③

일반적으로 고속의 입·출력 채널에는 셀렉터 채널이 사용된다.

12 ④
프로토콜이란 서로 다른 통신기기 간의 전송에 관한 약속으로 전송 속도는 포함하지 않는다.

13 ②
적분회로의 입력에 시정수(CR)는 입력 구형파의 펄스폭(τ)에 비해 매우 큰 구형파를 가하면 삼각파가 출력된다.

14 ①
상태표에는 현재 상태, 다음 상태, 출력을 구성 요소로 한다.

15 ②
구조적 프로그래밍은 하향식 설계를 제공한다.

16 ②
J와 K 입력이 모두 1이면 반전한다.

17 ③
주파수 특성은 RC 결합회로보다 불량하다.

18 ③
① 프로그래밍에서 변수란 프로그램에 전달되는 정보나 그 밖의 상황에 따라 바뀔 수 있는 값을 의미한다.
② 상수란 프로그램이 수행되는 동안 변하지 않는 값을 의미한다.

19 ④
변조지수 = $\frac{75}{15} = 5$

20 ①
C언어의 기억 클래스란 변수를 기억시키는 방법을 말하며, 자동 변수, 정적 변수, 레지스터 변수, 외부 변수가 있다.

21 ①
저주파 특성이 가장 좋은 것은 결합 콘덴서없이 직접 결합하는 방식이다.

22 ②
모뎀은 변조와 복조의 기능을 갖는다.

23 ③
논리회로의 설계 순서
① 입출력 조건에 따라 변수를 결정하여 진리표를 작성한다.
② 진리표에 대한 카르노도를 구한다.
③ 간소화된 논리식을 구한다.
④ 논리식을 기본 게이트로 구성한다.

24 ①
LISP, BASIC, SNOBOL 등이 인터프리터 언어에 속한다.

25 ②
저감반송파 SSB 방식은 반송파의 전력을 어느 일정한 레벨까지 저감시켜 송신하고 수신측에서는 이 반송파를 파일럿 신호로서 국부발진기의 주파수 제어 등에 이용하는 방식이다.

26 ①

27 ④

28 ①
RAM(Random Access Memory)은 전원이 끊어지면 그 내용이 지워지는 휘발성 메모리이다.

29 ①
비(Ratio)검파기는 자체에서 진폭제한 작용을 겸한다.

30 ④

소프트웨어에 의한 우선순위의 변경은 복잡하지 않다.

31 ③

플립플롭이 n개면 셀 수 있는 최대 수 N은
$N = 2^n - 1$이다. (10진수가 0부터 시작하므로 1을 빼야 한다.)

32 ①

제어 프로그램에는 데이터 관리, 감시, 작업 관리 프로그램이 속한다.

33 ②

Chip Selector란 메모리 IC를 선택한다는 뜻이다.

34 ②

Thrashing 현상이란 가상기억 시스템에서 지나치게 페이지 폴트(Page Fault)가 발생하여 전체 시스템의 성능이 저하되는 현상을 말한다.

35 ③

디버깅은 에러를 수정하는 작업을 말한다.

36 ④

Assembly는 기호 언어로서 기계어에 가장 가까운 언어이다.

37 ①

$A + AB = A(1 + B) = A$

38 ②

인코더
키보드 입력을 2진 코드로 부호화하는 부호기

39 ②

- 진폭 변조(Amplitude Modulation, AM)란 신호파의 크기에 비례하여 반송파의 진폭을 변화시킴으로서 정보가 반송파에 합성되는 방식을 말한다.
 진폭변조는 회로가 간단하고, 비용이 적게 드는 반면에 전력 효율이 안 좋고, 잡음에 약한 단점이 있다.
- 주파수 변조(Frequency Modulation, FM)는 신호파의 크기변화를 반송파의 주파수 변화에 담아서 보내는 방법으로, AM이 주파수는 고정되고 진폭이 변화하는 반면에, FM은 주파수가 변하는 대신 진폭은 항상 같은 값으로 유지된다. 신호파형의 전압이 높을수록 주파수가 높아져서 파장이 조밀해지고, 그 반대로 전압이 낮을 때는 주파수가 낮아져서 파장이 넓어지게 된다. 주파수 변조는 진폭에 영향을 받지 않아 페이딩에 민감하지 않은 반면에 대역폭이 넓어지고, sidelobe가 많이 생긴다.

40 ①

- 캐시기억장치(cache memory) : 프로그램 실행속도를 중앙처리장치의 속도에 가깝도록 하기 위하여 개발된 고속버퍼 기억장치로서, 주기억장치보다 속도가 빠르고, 중앙처리장치 내에 위치하고 있으므로 레지스터 기능과 유사하다.
- ROM(Read Only Memory) : 읽어내기 전용으로, 사용자가 기억된 내용을 바꾸어 넣을 수 없는 기억소자로서 전원을 차단하여도 기억 내용을 보존한다.
- RAM(Random Access Memory) : 기억내용을 임의로 읽거나 변경할 수 있는 기억소자로서 전원을 차단하면 기억내용이 사라지므로 휘발성 기억소자라 한다.

41 ④

프로그램의 수정과 유지 보수가 쉽다.

42 ②

부궤환회로는 증폭회로와 관계가 있다.

43 ③

$A\bar{B}+\bar{C}$ 가 0이 되려면 C는 무조건 1이어야 하며 A가 0이면 B는 어떤 수든지 관계없지만 A가 1일 경우에는 B가 1이어야 한다.

44 ②

주소지정 방식에 따른 레벨 수
㉠ 즉시 주소지정 : 0
㉡ 직접 주소지정 : 1
㉢ 간접 주소지정 : 2
㉣ 레지스터 주소지정 : 0.5

45 ③

멀티 프로그램이란 여러 개의 프로그램을 하나의 컴퓨터에서 처리하는 것을 말한다.

46 ④

연산자는 입·출력 기능, 제어 기능, 함수연산 기능 등이 있다.

47 ②

DMA(Direct Memory Access)
CPU를 거치지 않고 직접 메모리에 접근하는 방식을 말한다.

48 ①

음수의 경우 절대값에 대한 2의 보수로 표시하므로 $-(2^{n-1}) \le N \le (2^{n-1}-1)$의 범위의 수에 해당하므로 $-(2^{8-1}) \le N \le (2^{8-1}-1)$의 수에 해당한다. 즉, $-128\sim+127$의 범위가 된다.

49 ④

- 입력장치에는 키보드와 마우스가 많이 사용되며, 스캐너, 광학 마크 판독기, 광학 문자 판독기, 자기 잉크 문자 판독기, 바코드 판독기, 조이 스틱, 디지타이저, 터치스크린, 디지털 카메라 등이 있다.
- 출력장치에는 프린터와 모니터가 있으며, 프린터로는 도트 매트릭스 프린터, 잉크 제트 프린터, 레이저 프린터가 있다. 또, 모니터에는 음극선관 모니터와 액정 화면 모니터, 플라즈마 디스플레이, 터치스크린, 프로젝터 등이 있다.

50 ④

실리콘 정류기는 고전압에 사용하는 정류기로서 과전압이 걸려도 순간적으로 파괴되지는 않는다.

51 ①

EPROM에 기억된 내용을 지울 때는 자외선을 이용한다.

52 ②

Local Batch는 오프라인 방식에 속한다.

53 ②

컴퓨터 내부에서 음수를 표현하는 방법
부호와 절대값 표현, 1의 보수 표현, 2의 보수로 표현하는 방법이 있다.

54 ②

LISP
게임, 로봇 등 인공지능과 관계된 문제 처리에 적합한 언어이다.

55 ②

컴퓨터 간에 정보를 주고받을 때에 통신을 원하는 두 개체 간에 무엇을, 어떻게, 언제 통신할 것인가를 서로 약속한 규약

56 ④

구조적 프로그래밍 기법은 불규칙적인 GO TO 문을 사용하지 않고 논리 흐름의 제어가 가능하도록 한다.

57 ①

운영체제에서 제어 프로그램은 감시 프로그램, 데이터 관리 프로그램, 작업 관리 프로그램 등이다.

58 ②

컴퓨터에서 기억장치의 Bandwidth(대역폭)은 하드웨어적인 성능을 가름하는 중요한 요소가 된다. Bandwidth란 기억장치의 자료처리 속도를 나타내는 단위이다.

59 ④

비동기형 계수기는 전단의 출력을 입력 펄스로 받아 계수하는 회로이고, 동기형 계수기는 입력 펄스를 병렬로 입력받아 각 단이 동시에 동작하는 계수기이다.

60 ③

연산장치에서 산술연산 및 논리연산의 결과를 일시적으로 기억하는 레지스터이다.

제5회

01 ④

전자계산기의 5대 기본 장치
입력장치, 출력장치, 제어장치, 연산장치, 주기억장치이다.

02 ②

번역기의 종류
- 어셈블러 : 어셈블리 언어로 작성된 원시 프로그램을 기계어로 번역하는 프로그램이다.
- 컴파일러 : 전체 프로그램을 한 번에 처리하여 목적 프로그램을 생성하는 번역기로 기억 장소를 차지하지만 실행 속도가 빠르다. 한 번 번역해두면 목적 프로그램이 생성되므로 재차 실행시에 다시 번역할 필요가 없다. 컴파일러를 사용하는 언어는 ALGOL, PASCAL, FORTRAN, COBOL, C 등이 있다.
- 인터프리터 : 작성된 원시 프로그램을 한 줄씩 읽어 번역 및 실행하는 작업을 반복하는 프로그램이다. 목적 프로그램이 남지 않으며, 일괄 처리가 아니므로 대화형이라 한다. 실행 속도가 느리지만 기억 장소를 적게 차지한다. 인터프리터를 사용하는 언어는 BASIC, LISP, 자바(JAVA), PL/1 등이 있다.

03 ④

논리합은 OR Gate이다.

04 ①

JK 플립플립의 진리치표는 아래와 같다.

J	K	Q	비고
0	0	이전상태(Q_n)	불변
0	1	0	리셋
1	0	1	세트
1	1	반전상태($\overline{Q_n}$)	보수

JK 플립플롭의 특성 방정식은
$Q(t+1) = J\overline{Q} + \overline{K}Q$로 나타낸다.

05 ④

전류증폭률 $\beta = \dfrac{\Delta I_C}{\Delta I_B} = \dfrac{400}{10} = 40$

06 ③

과변조된 전파를 수신하면 음성파가 많이 일그러진다.

07 ③

C언어에서 나머지를 구할 때 사용하는 산술연산자는 "%"이다.

08 ①
- 명령 해독기(command decoder)는 명령부에 들어 있는 명령을 해석한 후에 연산부로 보내어 실행하도록 한다.
- 명령 계수기(Instruction counter)는 명령을 수행할 때마다 주소를 1씩 증가시켜 순차적으로 수행할 명령의 주소를 기억한다.

09 ④
로더(Loader)는 목적 프로그램을 읽어들여 주기억장치에 적재시킨 후에 실행시키는 서비스 프로그램으로, 로더(Loader)는 연결(Linking) 기능, 할당(allocation) 기능, 재배치(relocation) 기능, 로딩(loading) 기능 등이 있다.

10 ①
RAM(Random Access Memory)
기억내용을 임의로 읽거나 변경할 수 있는 기억소자로서 전원을 차단하면 기억내용이 사라지므로 휘발성 기억소자라 한다.
① SRAM(Static Random Memory : 정적 RAM) : 전원공급을 계속하는 한 저장된 내용을 기억하는 메모리로서 플립플롭으로 구성된다.
② DRAM(Dynamic Random Access Memory : 동적 RAM) : 전원공급이 계속되더라도 주기적으로 재기억(refresh)을 해야 기억되는 메모리로서 반도체의 극간 정전용량에 의해 메모리가 구성된다.

11 ①
명령(Instruction)은 OP(operation) Code와 Operand로 구성된다.

12 ③
중앙처리장치에서 마이크로 동작(micro operation)이 순서적으로 일어나기 위해서는 제어신호가 필요하다.

13 ④
Time Sharing(시분할) 시스템이란 다수의 이용자가 주컴퓨터를 사용하고자 할 때 시간을 균등하게 분할하여 사용하는 방식의 시스템을 말한다.

14 ①
발진 파형이 정현파와 먼 일그러진 파일 때는 기본파 외에 많은 고조파 성분이 포함되어 있다. 저역 여파기는 어느 일정한 차단 주파수보다 낮은 주파수 성분만 통과시키고 그 이상의 주파수는 큰 감쇠를 주어 통과를 저지하므로 이 저역 여파기(적분기)를 저주파 발진기의 출력단에 넣으면 기본파의 정현파에 가깝게 된다.

15 ③
4자리의 10진수로 표현되는 가장 큰 수는 9999이므로 2진수 14자리가 필요하다.

16 ②
Thrashing
페이지 교체가 과중하게 발생하여 처리 효율을 저하시키는 현상

17 ④
그레이 코드는 인접한 한 비트만이 변하는 특징을 가지고 있으며, A/D 변환기에 주로 이용되는 코드이다.

18 ①
A+1=1이 된다. 결과와 A의 값은 무관하다.

19 ④
C언어에서 변수의 정의에서 정수형 int, 문자형 char, 실수형 float, long〈정수형〉을 사용한다.

20 ①
①항은 순서 논리회로이고, ②, ③, ④항은 조합 논

리회로이다.

21 ③
누산기(Accumulator)는 연산장치에서 연산한 결과를 임시적으로 기억하는 레지스터이다.

22 ①
드 모르간의 정리
$\overline{A+B} = \overline{A} \cdot \overline{B}$, $\overline{A \cdot B} = \overline{A} + \overline{B}$

23 ②
리플 계수기는 비동기식으로만 구성된다.

24 ③
AND
삭제 연산, OR : 삽입 연산

25 ②
이미터 플로워 증폭기의 특징
- 전압이득이 1이하이다.
- 입력 임피던스가 높고 출력 임피던스가 낮다.
- 주파수 특성이 양호하다.
- 부궤환 회로이다.
- 전류가 증가하므로 전력증폭은 된다.

26 ②
$1024 \times 3 = 3072$

27 ③
구조적 프로그래밍의 기본 구조에는 반복 구조, 조건 구조, 순차 구조 등이 있다.

28 ③
$20_{10} = 10100_2$

$$\begin{array}{r} 2)\underline{20} \\ 2)\underline{10} \cdots 0 \\ 2)\underline{5} \cdots 0 \\ 2)\underline{2} \cdots 1 \\ 1 \cdots 0 \end{array}$$

29 ③

30 ①
평균값 $Va \fallingdotseq 0.9[V]$(실효값)이므로 $100 \times 0.9 = 90[V]$가 된다.

31 ④
주파수 $f = \dfrac{1}{T} = \dfrac{1}{0.005} = 200[Hz]$

32 ②
유한 오토마타에 의해 수락된 집합을 정규 집합이라고 한다.

33 ②
컴퓨터의 내부구조를 설명할 때는 2진수, 8진수, 16진수 연산을 사용한다.

34 ④
두개 이상의 프로세스가 서로 다른 프로세스들이 차지하고 있는 자원들을 요구하여 무한정 기다리는 대기상태로 되는 교착상태(deadlock)에 빠지게 된다.

35 ①
비수치적 연산에서 AND는 삭제 연산, OR은 삽입 연산, Complement는 보수 연산, MOVE는 데이터의 이동 연산이다.

36 ③
디지털 컴퓨터는 프로그래밍이 꼭 필요하다.

37 ①

디지털 변조방식의 종류

① ASK(진폭편이변조 : Amplitude shift keying) : 디지털 부호에 대응하여 사인반송파의 주파수나 위상을 그대로 두고 진폭만 변화시키는 변조방식

② FSK(주파수편이변조 : Frequency shift keying) : 디지털 부호에 대응하여 사인반송파의 진폭과 위상을 그대로 두고 주파수만 변화시키는 변조방식

③ PSK(위상편이변조 : Phase shift keying) : 진폭과 주파수가 모두 일정한 반송파를 이용하여 그 위상을 2진 전송 부호에 대응시켜 변화시키는 방식

④ APK(진폭위상변조 : Amplitude Phase keying) : ASK와 PSK의 조합으로 QAM이라고도 한다.

38 ②

$$(A+B)(A+C) = AA + AC + AB + BC$$
$$= A(1+B+C) + BC$$
$$= A+BC$$

39 ④

EX-NOR는 서로 입력이 같을 때 결과가 1이 되는 논리회로이다.

A	B	Y
0	0	1
0	1	0
1	0	0
1	1	1

[EX-NOR 게이트의 진리치표]

$(Y = \overline{A \oplus B})$

40 ④

OR 연산자는 문자의 삽입 등에 사용된다.

41 ②

$V = 100\sqrt{2} \sin(\omega t + 60°)$를 직각좌표로 표시하면
$V = 100 \cos 60° + j100 \sin 60°$
$= (100 \times \frac{1}{2}) + j(100 \times \frac{\sqrt{3}}{2})$
$= 50 + j50\sqrt{3}$

42 ②

43 ④

문자를 표현하는 데는 최소한 6[bit]가 필요하다. 그러므로 BINARY(2진) code는 해당되지 않는다.

44 ③

트랜지스터를 스위치 회로에 활용할 경우에는 포화영역 또는 차단영역을 이용하며 정상영역 또는 선형 영역은 아날로그에서 이용된다.

45 ①

ALU란 Arithmetic and Logic Unit의 약어로 연산 및 논리장치를 말한다.

46 ③

전기량 Q=I·T[C]=5×5×60=1500[C]

47 ①

문제 분석이 끝난 후 프로그램을 설계한다.

48 ④

Dot Matrix Printer는 인쇄될 문자의 상을 점의 배열을 사용하여 인쇄한다.

49 ①

네트워크에서 데이터의 공유를 위한 핵심적인 역할은 서버가 담당한다.

50 ④

시스템 프로그램

컴퓨터를 효율적으로 운영할 수 있도록 하드웨어의 동작을 제어, 관리하는 다양한 기능을 갖는 프로그램으로 운영체제, 컴파일러, 로더, 매크로 프로세서, 링커, 컴파일러 등은 시스템 프로그램에 속하고, 급여 계산 프로그램은 응용 프로그램에 속한다.

51 ③

입력 모두가 논리 0일 때만 출력이 논리 1이 되는 것이 NOR 게이트이고, 입력 모두 0 일 때만 출력이 0이고, 그 외는 1이 되는 것이 OR 게이트이다.

52 ④

최댓값=실효값$\times \sqrt{2} = 220 \times 1.414 = 311[V]$

53 ④

DRAM은 콘덴서에 충전된 전하의 방전으로 인하여 주기적으로 재충전해야 한다.

54 ②

제어장치는 주기억장치에 기억된 프로그램 명령들을 해독하고 그 명령에 따라 필요한 장치에 신호를 보내어 작동시키며 통제하는 역할을 한다.

55 ③

2진수 1의 보수는 1은 0으로 0은 1로 바꾸어주면 된다.
∴ 01011은 10100이 된다.

56 ③

01011의 1의 보수는 10100이 되고, 2의 보수는 1의 보수에 1을 더하므로 10101이 된다.

57 ③

① 가중치 코드(weighted code) : 각 자릿수에 고유한 값을 가지고 있는 코드로 8421코드(BCD 코드), 2421 코드, 5421 코드, biquinary 코드 등이 있다.
② 비 가중치 코드(non-weighted code) : 각 자릿수에 고유한 값이 없는 코드로 3초과 코드(excess-3 code), 그레이 코드(gray Code), 시프트 카운터 코드 등이 있다.

58 ②

②항은 비트 단위 OR 게이트이다.

59 ①

채널에 직접 연결되는 모든 기기의 집단을 DTE라 한다.

60 ①

제6회

01 ②

① 회전지연시간(rotational delay time) : 자기 디스크 등에서 헤드를 움직여서 읽고 쓰는 헤드의 위치를 정하는 데 필요한 시간
② 검색시간(search time) : 자기 디스크에서 헤드가 원하는 섹터까지 접근하는 데 걸리는 시간
③ 탐색시간(seek time) : 자기 디스크에서 헤드가 원하는 트랙까지 접근하는 데 걸리는 시간
④ 접근시간(access time) : 데이터를 읽거나 쓰는(read/write) 데 걸리는 시간

02 ①

중앙처리장치의 동작 속도에 가장 큰 영향을 미치는 것은 중앙처리장치의 클럭(Clock) 주파수이다.

03 ④

16진수는 1에서 F(15)까지만 사용되므로 G는 16진수에서 사용되지 않는다.

04 ③

변조도 m=1이라 함은 100% 변조된 상태를 말한다.

05 ①

키르히호프의 제2법칙에 따라 직렬로 연결된 각 저항 양단에 강하된 전압의 합은 공급전압의 대수합과 같다.

06 ④

기억장치에서 레지스터로 옮겨가는 명령을 LOAD 라 한다.

07 ①

FIFO(First In First Output : 선입선출)는 먼저 들어온 데이터가 먼저 출력되는 방법으로 큐(Queue)의 데이터 처리방법이다.

08 ①

논리회로도를 설계하는 순서
진리표 작성 → 카르노도 표현 → 논리식의 간소화 → 논리회로도 작성으로 이루어진다.

09 ④

부동 소수점 표현방식은 지수를 이용하는 방식으로 지수 속에 소수점의 위치를 포함하고 있으므로 따로 비트를 필요로 하지 않는다.

10 ③

Mask ROM
제조회사에서 미리 만들어진 것으로 사용자는 어떤 경우에도 지우거나 다시 입력할 수 없는 비휘발성 메모리이다.

11 ②

5진 카운터는 T 플립플롭 3단으로 구성된다.

12 ①

① 호퍼 : 카드를 읽기 전에 쌓아 두는 곳
② 스태커 : 카드를 읽은 후에 쌓아 두는 곳

13 ④

진리표는 두 입력 A와 B가 모두 0일 때만 출력이 1로 나타나고 그 외에는 모두 0이 출력되는 NOR 게이트이다.

14 ④

연산장치는 누산기, 가산기, 보수기 및 레지스터로 구성된다.

15 ②

㉠ 입력장치에서 주기억장치로 : Load
㉡ 주기억장치에서 레지스터로 : Load
㉢ 레지스터에서 주기억장치로 : Store

16 ②

도트 매트릭스 프린터는 출력되는 상을 점에 의해 출력하는 충격식 프린터이다.

17 ④

① 디지털 컴퓨터(digital computer) : 실제 숫자나 수치적으로 코드화된 문자의 표현으로 이루어진 데이터를 취급한다.
② 아날로그 컴퓨터(analog computer) : 연속적인 물리량(길이, 전압, 전류, 전력)을 나타내는 자료를 처리하는 컴퓨터로서, 미분 방정식을 기본으로 하는 연산 방식에 의해 처리하는 회로로 구성된다.
③ 하이브리드 컴퓨터 (hybrid computer) : 아날로그 및 디지털 컴퓨터의 기능을 하나의 컴퓨터 시스템에 혼합시킨 형태로서, 아날로그 자료를 입력하여 디지털 처리를 행하고자 할 때에 유용하다.

18 ①

Increment(증가)
내용을 증가시킬 때 사용된다.

19 ③

① 큐(queue)는 리어(rear)라는 한쪽 끝에서 항목이 삽입되며, 다른 한쪽 끝에서 항목이 삭제되는 선입선출(FIFO) 리스트이다.
② stack(스택)은 제일 나중에 들어온 원소가 제일 먼저 삭제되는 특성을 가지므로 후입선출(Last-In First-Out)리스트라 한다.

20 ④

프로그램의 제어 구조를 순차적, 조건분기적, 반복적으로 나타내어 설계하는 방법을 구조적 프로그래밍 기법이라 하며, GOTO문의 사용은 배제하고, 순차, 선택, 반복 구조만 사용한다.

21 ①

패리티 검사에서 에러를 검사할 때 사용하는 비트 수는 1개이다.

22 ②

D FF의 D의 원어는 Delay로서 신호를 지연시키는 플립플롭이다.

23 ②

C언어의 관계 연산자

연산자	의미	형식	기능
>	보다 크다.	(b>c)	b는 c보다 크다.
<	보다 작다.	(b<c)	b는 c보다 작다.
>=	크거나 같다.	(b>=c)	b는 c보다 크거나 같다.
<=	작거나 같다.	(b<=c)	b는 c보다 작거나 같다.
=	같다.	(b=c)	b는 c와 같다.
!=	같지 않다.	(b!=c)	b와 c는 같지 않다.

24 ①

멀티 프로세싱
여러 개의 연산 장치로 여러 개의 프로그램을 동시에 처리하는 방법

25 ③

㉠ P형 반도체는 순수한 4가 원소에 3가 원소(최외곽 전자가 3개, 붕소, 갈륨, 인듐 등)를 첨가해서 만든 반도체
㉡ N형 반도체는 순수한 4가 원소에 5가 원소(최외곽 전자가 5개, 안티몬, 비소, 인 등)를 첨가해서 만든 반도체
㉢ P형 반도체를 만드는 불순물(억셉터, acceptor)로는 In, Ga, B 등이 있으며 N형 반도체를 만드는 불순물(도너, donor)에는 안티몬(Sb), 비소(As), 인(P) 등이 있다.

26 ④

BCD(Binary Coded Decimal) 코드는 2진화 10진수로 0에서 9까지를 나타내는 코드이다.

27 ②

반전 동작은 J와 K가 모두 1일 때이다.

28 ③

- D/A 변환기 : 디지털 신호를 아날로그 신호로 변환하는 장치
- A/D 변환기 : 아날로그 신호를 디지털 신호로 변환하는 장치

29 ③

다이오드는 2극이므로 발진을 할 수 없다.

30 ②

31 ①

Jump 동작은 프로그램 카운터의 내용에 가장 큰

영향을 준다.

32 ②

파스 트리(parse tree), 구문 트리
올바른 문장에 대해 그 문장의 구조를 나무 그림 형태로 나타낸 것을 말한다.

33 ③

$512 \times 8 \div 1024 = 4K$가 된다.

34 ①

① LAN(근거리통신망 : Local Area Network)) : 거리 또는 단일 건물 내에서 통신회선을 이용하여 네트워크를 구성하는 통신망
② WAN(광대역통신망 : Wide Area Network) : 지역적으로 넓은 영역에 걸쳐 구축하는 다양하고 포괄적인 컴퓨터 통신망
③ VAN(부가가치통신망 : Value Added Network) : 공중전기통신사업자로부터 회선을 빌려 컴퓨터를 이용한 네트워크를 구성, 정보의 축적·처리·가공을 하는 통신서비스 또는 그 네트워크를 제공하는 사업을 하는 통신망

35 ③

형식 문법을 사용한 언어는 ALGOL이다.

36 ④

① 운영체제(OS)는 컴퓨터의 하드웨어 및 각종 정보들을 효율적으로 관리하며, 사용자들에게 편리하게 이용할 수 있고, 자원을 공유하도록 하는 소프트웨어이다.
② 운영체제의 기능
 - 자원을 효율적으로 관리하고, 응용 프로그램의 실행 제어
 - 작업의 연속적인 처리를 위한 스케줄 관리
 - 사용자와 컴퓨터 간 인터페이스 제공
 - 메모리 상태와 운영 관리
 - 하드웨어 주변장치 관리
 - 프로그램이나 데이터 저장, 액세스 제어에 필요한 파일 관리
 - 프로그램 수행을 제어하는 프로세서 관리

37 ②

프로그램을 문서화하면 개인의 독창성은 살릴 수 없다.

38 ④

C언어에서 사용되는 문자열 출력 함수에는 puts( )가 있다.

39 ③

$A \cdot \overline{B} \cdot \overline{C} = 1$이 되기 위한 조건은 $A=1$, $B=0$ ($\overline{B}=1$이므로), $C=0$($\overline{C}=1$이므로)일 때이다.

40 ②

연계 편집 프로그램은 기계어로 번역된 목적 프로그램을 결합하여 실행 가능한 모듈로 만들어주는 프로그램이다.

41 ④

- %f : 실수(소수 6자리)
- %e : 지수출력
- %g : 입력한대로 출력
- %u : 부호 없는 정수
- %x : 16진수
- %o : 8진수

42 ②

$A \cdot \overline{A} = 0$이 된다.

43 ④

증폭장치는 아날로그 컴퓨터의 주요 회로이다.

44 ④

여러 가지 프로그래밍 언어를 배움으로써 얻어지는 장점
① 프로그래밍 언어 선택 능력 향상
② 새로운 프로그래밍 언어의 학습용이
③ 새로운 프로그래밍 언어의 설계용이

45 ③
EPROM
자외선을 이용하여 지우고 다시 사용할 수 있는 ROM

46 ①
누산기(Accumulator)는 연산장치에서 연산한 결과를 일시적으로 기억하는 레지스터이다.

47 ②
반덧셈기는 보통 EOR Gate와 AND Gate로 구성된다.

48 ②
기계어로 번역된 프로그램을 목적 프로그램이라고 한다.

49 ②
논리식에서 16개의 최소항을 만들기 위해서는 16은 2^4이므로 4개의 변수를 필요로 한다.

50 ②
$I = \dfrac{Q}{t} = \dfrac{600}{10 \times 60} = 1[A]$

51 ③
100[%] 이상의 변조를 과변조라 한다. 과변조가 되면 피변조파의 일부가 결여되므로 검파에서 얻어지는 신호는 원래의 신호와는 다른 일그러짐이 많은 것이 된다. 또 측파대가 넓어지므로 다른 통신에 의한 혼신도 증가한다.

52 ②
자료의 구성 단위
- 비트 : 2진수 한 자리를 이용하여 0 또는 1로 표현되며, 표현의 최소 단위이다.
- 바이트 : 8개의 비트로 구성되는 단위로 바이트로 표현할 수 있는 정보는 256개이다. 문자 표현의 기본 단위이며 기억용량의 크기를 재는 단위이다.
- 워드 : 여러 개의 바이트로 구성되는 단위이다.
- 필드 : 자료처리의 최소단위이다.
- 코드 : 하나 이상의 필드로 구성되며, 프로그램 처리의 기본 단위이다.
- 파일 : 연관성 있는 레코드들의 모임으로 프로그램 구성의 기본 단위이다.
- 데이터베이스 : 서로 관련된 파일들의 집합이다.

53 ③
- LOAD : 기억 장치 내의 데이터를 불러들이는 명령
- FETCH : 기억 장치 내의 명령을 읽어들이는 과정(추출)
- STORE : 기억 장치에 데이터를 저장하는 명령
- WRITE : 처리 결과를 기억 장치에 써 넣는 과정

54 ④
3[KByte]=1024×4=4096[Byte]이나 번지는 0번지부터 시작하므로 0~4095번지까지가 4[Kbyte]의 주소이다.

55 ①
EBCDIC 코드는 4개의 존 비트와 4개의 디짓 비트로 구성된 8비트 코드로서 256개의 문자를 표현할 수 있으며 대문자와 소문자, 특수문자 및 제어신호를 구분할 수 있다.

56 ②

전자계산기 회로 소자의 발전
- 제1세대 : 진공관
- 제2세대 : 트랜지스터(TR)
- 제3세대 : 집적회로(IC)
- 제4세대 : 고밀도 집적회로(LSI)

57 ③
종이테이프는 자장을 이용하는 것이 아니라 천공에 의하여 1과 0의 데이터를 처리하는 방식을 사용한다.

58 ①
버스는 컴퓨터에서 데이터를 전송하는 통로로 내부버스와 외부버스로 구분한다.
- 내부 버스 : CPU 내부에서 레지스터 간의 데이터 전송에 사용되는 통로이다.
- 외부 버스 : CPU와 주변장치 간의 데이터 전송에 사용되는 통로로, 제어 버스, 주소 버스, 데이터 버스로 구분한다.

59 ④
정보통신망은 모뎀과 단말기, 통신제어장치 등으로 구성된다.

60 ①
논리 IF문은 논리식이나 논리 변수의 값이 참인가 거짓인가에 따라 실행을 달리하는 명령문이다.

memo

한국산업인력공단 출제 기준에 의한

전자계산기기능사 필기 과년도 문제해설

1판 1쇄 발행	2010년	1월 10일
1판 2쇄 발행	2011년	1월 05일
1판 3쇄 발행	2012년	1월 30일
2판 1쇄 발행	2013년	1월 10일
3판 1쇄 발행	2014년	4월 10일
4판 1쇄 발행	2016년	1월 05일
5판 1쇄 발행	2017년	1월 31일
6판 1쇄 발행	2018년	2월 25일
7판 1쇄 발행	2020년	1월 15일

지은이 계산기문제연구회
펴낸이 김 주 성
펴낸곳 도서출판 엔플북스
주 소 경기도 구리시 체육관로 113번길 45, 114-204(교문동, 두산)
전 화 (031)554-9334
F A X (031)554-9335

등 록 2009. 6. 16   제398-2009-000006호

정가 21,000원

ISBN 978 - 89 - 6813 - 312- 1   13560

※ 파손된 책은 교환하여 드립니다.
　 본 도서의 내용 문의 및 궁금한 점은 저희 카페에 오셔서 글을 남겨주시면 성의껏 답변해 드리겠습니다.
　 http : // cafe.daum.net/enplebooks

전자기기 수험서

전자기기기능사 필기   전자기기기능사 필기 과년도3주완성   전자기기기능사 실기

전자캐드 수험서

  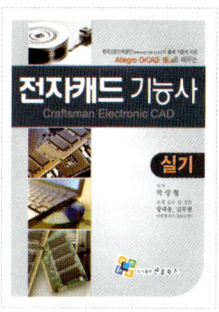 

전자캐드기능사 필기   전자캐드기능사 필기 과년도3주완성   전자캐드기능사 실기   의료전자기능사 과년도3주완성

무선 통신 수험서

무선설비기능사 필기   통신선로기능사 필기   통신선로기능사 과년도 3주완성   통신기기기능사 필기   무선설비&통신기기기능사 실기

전기 수험서

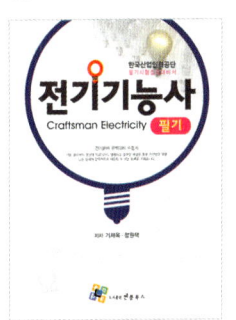  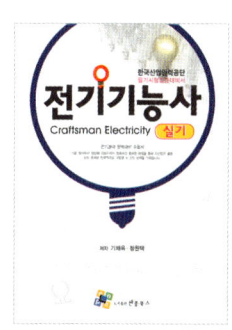  

전기기능사 필기   전기기능사 과년도 3주완성   전기기능사 실기   전기기능장 필기   전기기능장 실기

📝 공조냉동기계 수험서

| 공조냉동기계기사 필기 | 공조냉동기계기사 과년도7주완성 | 공조냉동기계산업기사 필기 | 공조냉동기계산업기사 과년도4주완성 |

공조냉동기계기능사 필기 / 공조냉동기계기능사 과년도3주완성 / 공조냉동기계기능사/산업기사 실기

📝 실내건축 수험서

  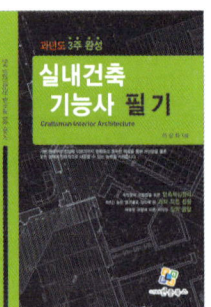  

실내건축기사 필기 과년도7주완성 / 실내건축산업기사 필기 과년도4주완성 / 실내건축기능사 필기 과년도3주완성 / 실내건축기능사 실기 / 실내건축시공실무

📝 건축설비 수험서   📝 전산응용건축 수험서   📝 컴퓨터응용 수험서

건축설비기사 필기 과년도 문제해설 / 전산응용건축제도기능사 과년도3주완성 / 전산응용건축제도기능사 실기 / 컴퓨터응용선반기능사 과년도3주완성 / 컴퓨터응용밀링기능사 과년도3주완성

지적직 공무원 수험서

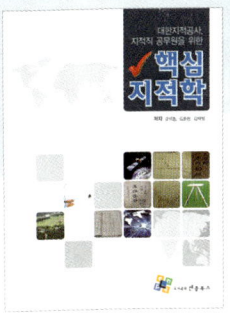
핵심 지적학

핵심 공간정보 법규

자동차 및 지적직 공무원 수험서

자동차정비기능사 필기

자동차정비기능사 실기

용접 및 에너지·승강기 수험서

용접기능사 필기

용접기능사 과년도3주완성

용접산업기사 과년도4주완성

승강기기능사 과년도3주완성

에너지관리기능사 필기

전자계산기 수험서

에너지관리기능사 필기 과년도3주완성

전자계산기기능사 과년도 문제해설

전자계산기기사 과년도7주완성

전자계산기조직응용기사 과년도7주완성

기타 수험서

| 조경기사 산업기사 필기 | 조경기사 산업기사 실기 | 조리기능사 실기 (한식) | NCS 조리 실무 |

교재 및 활용서

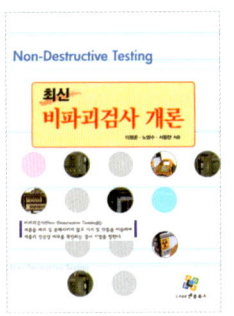 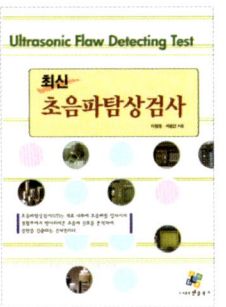   

비파괴검사개론 / 초음파탐상 검사 / 맛있는 예쁜 손글씨 POP / 강의 스킬과 커뮤니케이션 / 안드로이드 프로그래밍 가이드

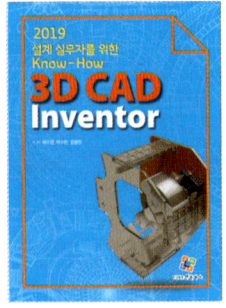    

3D CAD Inventor / 성능위주 방화설계 이해 / PADS로 PCB 아트웍 혼자하기(Ver. 9.4) / PADS로 PCB 아트웍 혼자하기(Ver. VX1.2) / 축전지 관리 바이블

 도서출판 엔플북스

주소 경기도 구리시 체육관로 113번길 45, 114-204 (교문동, 두산아파트)
TEL 031-554-9334   FAX 031-554-9335

Homepage www.enplebooks.co.kr
DAUM Cafe http://cafe.daum.net/enplebooks

사장이 되려면 알아야 한다